电力行业职业技能鉴定考核指导书

送电线路工

国网河北省电力有限公司人力资源部　组织编写
《电力行业职业技能鉴定考核指导书》编委会　编

中国建材工业出版社

图书在版编目(CIP)数据

送电线路工/国网河北省电力有限公司人力资源部组织编写．--北京：中国建材工业出版社，2018.11

电力行业职业技能鉴定考核指导书

ISBN 978-7-5160-2208-5

Ⅰ.①送… Ⅱ.①国… Ⅲ.①输电线路—职业技能—鉴定—自学参考资料 Ⅳ.①TM726

中国版本图书馆 CIP 数据核字（2018）第 061755 号

内 容 简 介

为提高电网企业生产岗位人员理论和技能操作水平，有效提升员工履职能力，国网河北省电力有限公司根据电力行业职业技能鉴定指导书、国家电网公司技能培训规范，结合国网河北省电力有限公司生产实际，组织编写了《电力行业职业技能鉴定考核指导书》。

本书包括了送电线路工职业技能鉴定五个等级的理论试题、技能操作大纲和技能操作考核项目，规范了送电线路工各等级的技能鉴定标准。本书密切结合国网河北省电力有限公司生产实际，鉴定内容基本涵盖了当前生产现场的主要工作项目，考核操作步骤与现场规范一致，评分标准清晰明确，既可作为送电线路工技能鉴定指导书，也可作为送电线路工的培训教材。

本书是职业技能培训和技能鉴定考核命题的依据，可供劳动人事管理人员、职业技能培训及考评人员使用，也可供电力类职业技术院校教学和企业职工学习参考。

送电线路工

国网河北省电力有限公司人力资源部　组织编写

《电力行业职业技能鉴定考核指导书》编委会　编

出版发行：中国建材工业出版社

地　　址：北京市海淀区三里河路 1 号

邮　　编：100044

经　　销：全国各地新华书店

印　　刷：北京鑫正大印刷有限公司

开　　本：787mm×1092mm　1/16

印　　张：37.25

字　　数：620 千字

版　　次：2018 年 11 月第 1 版

印　　次：2018 年 11 月第 1 次

定　　价：119.80 元

本社网址：www.jccbs.com，微信公众号：zgjcgycbs

请选用正版图书，采购、销售盗版图书属违法行为

版权专有，盗版必究。本社法律顾问：北京天驰君泰律师事务所，张杰律师

举报信箱：zhangjie@tiantailaw.com　　举报电话：（010）68343948

本书如有印装质量问题，由我社市场营销部负责调换，联系电话：（010）88386906

《送电线路工》编审委员会

主　　任：董双武

副 主 任：高　岩　张燕兴

委　　员：王英杰　徐　磊　周敬巍　杨志强　李晓宁
赵金亭　祝　波　许建茹

主　　编：祝　波

编写人员：刘明亮　王英军　解朝立　肖东明

审　　定：董　青　魏立民　王惠斌　李树平

前　　言

为进一步加强国网河北省电力有限公司职业技能鉴定标准体系建设，使职业技能鉴定适应现代电网生产要求，更贴近生产工作实际，让技能鉴定工作更好地服务于公司技能人才队伍成长，国网河北省电力有限公司组织相关专家编写了《电力行业职业技能鉴定考核指导书》（以下简称《指导书》）系列丛书。

《指导书》编委会以提高员工理论水平和实操能力为出发点，以提升员工履职能力为落脚点，紧密结合公司生产实际和设备设施现状，依据电力行业职业技能鉴定指导书、中华人民共和国职业技能鉴定规范、中华人民共和国国家职业标准和国家电网公司生产技能人员职业能力培训规范所规定的范围和内容，编制了职业技能鉴定理论试题、技能操作大纲和技能操作项目，重点突出实用性、针对性和典型性。在国网河北省电力有限公司范围内公开考核内容，统一考核标准，进一步提升职业技能鉴定考核的公开性、公平性、公正性，有效提升公司生产技能人员的理论技能水平和岗位履职能力。

《指导书》按照国家劳动和社会保障部所规定的国家职业资格五级分级法进行分级编写。每级别中由“理论试题”“技能操作”两大部分组成。理论试题按照单选题、判断题、多选题、计算题、识图题五种题型进行选题，并以难易程度顺序组合排列。技能操作包含“技能操作大纲”和“技能操作项目”两部分内容。技能操作大纲系统规定了各工种相应等级的技能要求，设置了与技能要求相适应的技能培训项目与考核内容，其项目设置充分结合了电网企业现场生产实际。技能操作项目中规定了各项目的操作规范、考核要求及评分标准，既能保证考核鉴定的独立性，又能充分发挥对培训的引领作用，具有很强的系统性和可操作性。

《指导书》最大程度地力求内容与实际紧密结合，理论与实际操作并重，既可作为技能鉴定学习辅导教材，又可作为技能培训、专业技术比赛和相关技术人员的学习辅导材料。

因编者水平有限和时间仓促，书中难免存在错误和不妥之处，我们将在今后的再版修订中不断完善，敬请广大读者批评指正。

《电力行业职业技能鉴定考核指导书》编委会

编　制　说　明

国网河北省电力有限公司为积极推进电力行业特有工种职业技能鉴定工作，更好地提升技能人员岗位履职能力，推进公司技能员工队伍成长，保证职业技能鉴定考核公开、公平、公正，提高鉴定管理水平和管理效率，紧密结合各专业生产现场工作项目，组织编写了《电力行业职业技能鉴定考核指导书》（以下简称《指导书》）。

《指导书》编委会依据电力行业职业技能鉴定指导书、中华人民共和国职业技能鉴定规范、中华人民共和国国家职业标准和国家电网公司生产技能人员职业能力培训规范所规定的范围和内容进行编写，并按照国家劳动和社会保障部所规定的国家职业资格五级分级法进行分级。

一、分级原则

1. 依据考核等级及企业岗位级别

依据国家劳动和社会保障部规定，国家职业资格分为5个等级，从低到高依次为初级工、中级工、高级工、技师和高级技师。其框架结构如下图所示。

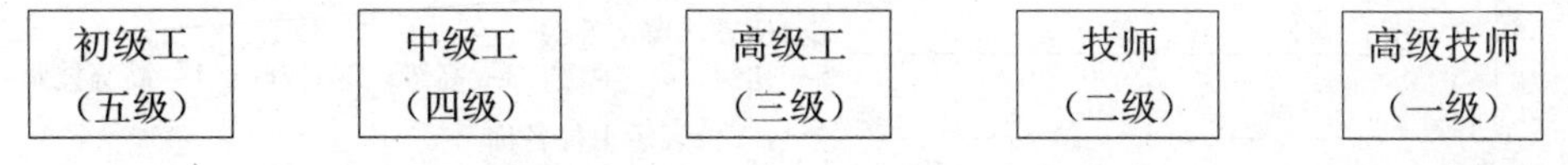

个别职业工种未全部设置5个等级，具体设置以各工种鉴定规范和国家职业标准为准。

2. 各等级鉴定内容设置

每个级别中由“理论试题”“技能操作”两大部分内容构成。

理论试题按照单选题、判断题、多选题、计算题、识图题5种题型进行选题，并以难易程度顺序组合排列。

技能操作含“技能操作大纲”和“技能操作项目”两部分。“技能操作大纲”系统规定了各工种相应等级的技能要求，设置了与技能要求相适应的技能培训项目与考核内容，使之完全公开、透明。其项目设置充分考虑到电网企业的实际需要，充分结合电网企业现场生产实际。“技能操作项目”规定了各项目的操作规范、考核要求及评分标准，既能保证考核鉴定的独立性，又能充分发挥对培训的引领作用，具有很强的针对性、系统性、操作性。

目前，该职业技能知识及能力四级涵盖五级；三级涵盖五、四级；二级涵盖五、四、三级；一级涵盖五、四、三、二级。

二、试题符号含义

1. 理论试题编码含义

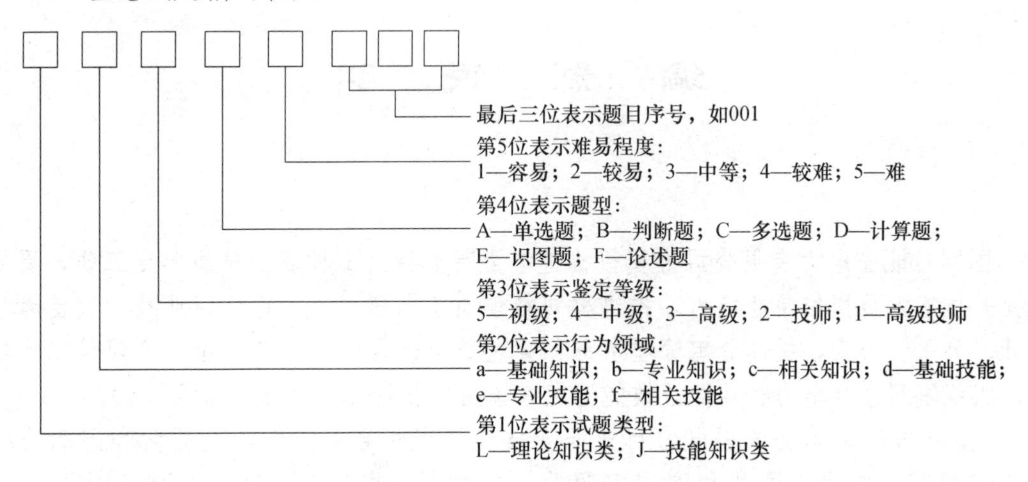

2. 技能操作试题编码含义

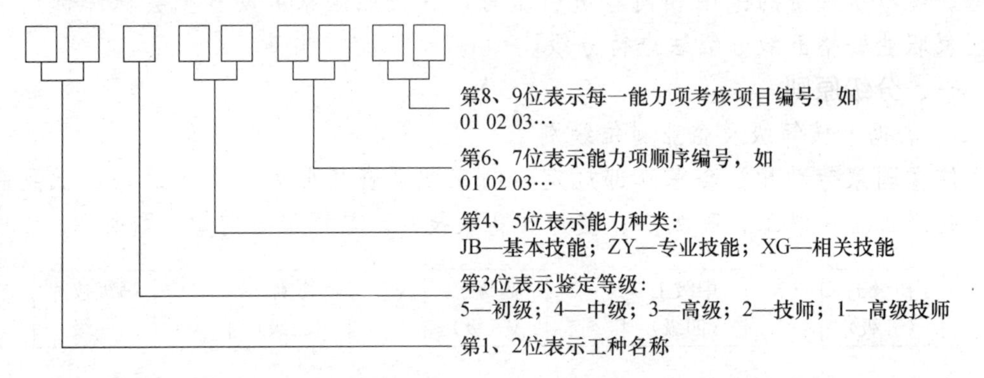

其中第1、2位表示具体工种名称，如GJ—高压线路带电检修工；SX—送电线路工；PX—配电线路工；DL—电力电缆工；BZ—变电站值班员；BY—变压器检修工；BJ—变电检修工；SY—电气试验工；JB—继电保护工；FK—电力负荷控制员；JC—用电监察员；CS—抄表核算收费员；ZJ—装表接电工；DX—电能表修校工；XJ—送电线路架设工；YA—变电一次安装工；EA—变电二次安装工；NP—农网配电营业工配电部分；NY—农网配电营业工营销部分；KS—用电客户受理员；DD—电力调度员；DZ—电网调度自动化运行值班员；CZ—电网调度自动化厂站端调试检修员；DW—电网调度自动化维护员。

三、评分标准相关名词解释

（1）行为领域：d—基础技能；e—专业技能；f—相关技能。

（2）题型：A—单项操作；B—多项操作；C—综合操作。

（3）鉴定范围：对农网配电营业工划分了配电和营销两个范围，对其他工种未明确划分鉴定范围，所以该项大部分为空。

目　录

第一部分　初　级　工

第二部分　中　级　工

第三部分 高 级 工

第四部分 技 师

第五部分 高级技师

第一部分　初　级　工

1 理论试题

1.1 单选题

La5A1001 我们把提供电流的装置，例如电池之类统称为(　　)。
(A) 电源　　(B) 电动势　　(C) 发电机　　(D) 电能
答案：A

La5A1002 两只阻值相同的电阻串联后，其阻值(　　)。
(A) 等于两只电阻阻值的乘积　　(B) 等于两只电阻阻值的和
(C) 等于两只电阻阻值之和的一半　　(D) 等于其中一只电阻阻值的一半
答案：B

La5A1003 金属导体的电阻与(　　)无关。
(A) 导体长度　　(B) 导体截面面积　　(C) 外加电压　　(D) 导体电阻率
答案：C

La5A1004 为了保证用户的电压质量，系统必须保证有足够的(　　)。
(A) 有功容量　　(B) 电压　　(C) 无功容量　　(D) 频率
答案：C

La5A2005 我国交流电的周期是(　　)s。
(A) 0.01　　(B) 0.02　　(C) 0.03　　(D) 0.04
答案：B

La5A2006 欧姆定律阐明了电路中(　　)。
(A) 电压和电流是正比关系　　(B) 电流与电阻的反比关系
(C) 电压、电流和电阻三者之间的关系　　(D) 电阻与电压的正比关系
答案：C

La5A2007 欧姆定律只适用于(　　)电路。
(A) 电感　　(B) 电容　　(C) 线性　　(D) 非线性
答案：C

La5A2008 材料力学是研究力的(　　)。

(A) 内效应　(B) 外效应　(C) 材料的属性　(D) 作用效果

答案：A

La5A2009 电力线路采用架空地线的主要目的是为了(　　)。

(A) 减少内过电压对导线的冲击　(B) 减少导线受感应雷的次数

(C) 减少操作过电压对导线的冲击　(D) 减少导线受直击雷的次数

答案：D

La5A2010 输电线路的电压等级是指线路的(　　)。

(A) 相电压　(B) 线电压

(C) 线路总电压　(D) 端电压

答案：B

La5A2011 一个物体受力平衡，则(　　)。

(A) 该物体必静止　(B) 该物体做匀速运动

(C) 该物体保持原来的运动状态　(D) 该物体做加速运动

答案：C

La5A2012 作用在物体上的力叫(　　)。

(A) 反作用力　(B) 推力　(C) 拉力　(D) 作用力

答案：D

La5A3013 在串联电路中(　　)。

(A) 流过各电阻元件的电流相同　(B) 加在各电阻元件上的电压相同

(C) 各电阻元件的电流、电压都相同　(D) 各电阻元件的电流、电压都不同

答案：A

La5A3014 铁磁材料在反复磁化过程中，磁感应强度的变化始终落后于磁场强度的变化，这种现象称为(　　)。

(A) 磁化　(B) 磁滞　(C) 剩磁　(D) 减磁

答案：B

La5A3015 将一个100W的白炽灯泡分别接入220V交流电源上或220V直流电源上，灯泡的亮度(　　)。

(A) 前者比后者亮　(B) 一样亮　(C) 后者比前者亮　(D) 不能确定

答案：B

La5A3016 在两个以电阻相连接的电路中求解总电阻时，把求得的总电阻称为电路的(　　)。

(A) 电阻　　(B) 等效电阻　　(C) 电路电阻

答案：B

La5A3017 有两个带电量不相等的点电荷Q_1、Q_2 ($Q_1>Q_2$)，它们相互作用时，Q_1、Q_2受到的作用力分别为F_1、F_2，则(　　)。

(A) $F_1>F_2$　　(B) $F_1<F_2$

(C) $F_1=F_2$　　(D) 无法确定

答案：C

La5A3018 只要有(　　)存在，其周围必然有磁场。

(A) 电压　　(B) 电流　　(C) 电阻　　(D) 电容

答案：B

La5A3019 我们把电路中任意两点之间的电位之差称为(　　)。

(A) 电动势　　(B) 电势差　　(C) 电压　　(D) 电压差

答案：C

La5A3020 任一瞬间电感上的电压与自感电势(　　)。

(A) 大小相等，方向相同　　(B) 大小相等，方向相反

(C) 大小不等，方向相同　　(D) 大小不等，方向相反

答案：B

La5A3021 将2Ω与3Ω的两个电阻串联后，在两端加10V电压，2Ω电阻上消耗的功率是(　　)。

(A) 4W　　(B) 6W　　(C) 8W　　(D) 10W

答案：C

La5A3022 在并联电路中每一个电阻上都承受同一(　　)。

(A) 电流　　(B) 电压　　(C) 电量　　(D) 功率

答案：B

La5A3023 两台额定功率相同，但额定电压不同的用电设备，若额定电压为110V设备的电阻为R，则额定电压为220V设备的电阻为(　　)。

(A) $2R$　　(B) $R/2$　　(C) $4R$　　(D) $R/4$

答案：C

La5A3024 一段导线，其电阻为 R，将其从中对折合并成一段新的导线，则其电阻为(　　)。

(A) $2R$　　(B) R　　(C) $R/2$　　(D) $R/4$

答案：D

La5A3025 交流电路中常用 P、Q、S 表示有功功率、无功功率、视在功率，而功率因数是指(　　)。

(A) Q/P　　(B) P/S　　(C) Q/S　　(D) P/Q

答案：B

La5A3026 交流电的电流(　　)。

(A) 大小随时间作周期性变化，方向不变

(B) 大小不变，方向随时间作周期性变化

(C) 大小和方向随时间作周期性变化

(D) 大小和方向都不随时间作周期性变化

答案：C

La5A3027 在欧姆定律中，电流的大小与(　　)成正比。

(A) 电阻　　(B) 电压　　(C) 电感　　(D) 电容

答案：B

La5A3028 判断载流导线周围磁场的方向用(　　)定则。

(A) 左手　　(B) 右手　　(C) 右手螺旋　　(D) 左手螺旋

答案：C

La5A3029 正弦交流电的幅值就是(　　)。

(A) 正弦交流电最大值的 2 倍　　(B) 正弦交流电最大值

(C) 正弦交流电波形正负振幅之和　　(D) 正弦交流电最大值的倍

答案：B

La5A3030 正弦交流电的三要素是最大值、频率和(　　)。

(A) 有效值　　(B) 最小值　　(C) 周期　　(D) 初相角

答案：D

La5A3031 在正弦交流电的一个周期内，随着时间变化而改变的是(　　)。

(A) 瞬时值　　(B) 最大值　　(C) 有效值　　(D) 平均值

答案：A

La5A3032 电力网是指（　　）。
（A）由所有变电设备组成
（B）由不同电压等级线路组成
（C）由所有变电设备及不同电压等级线路组成
（D）由所有变电所组成
答案：C

La5A3033 电力系统是指（　　）。
（A）由发电厂的电气部分、电力网及用户所组成的整体
（B）由发电厂、电力网及用户所组成的整体
（C）由电力网及用户所组成的整体
（D）由发电厂的电气部分及电力网所组成的整体
答案：A

La5A3034 电力系统在运行中发生三相短路时，通常出现（　　）现象。
（A）电流急剧减小　　（B）电流急剧增大
（C）电流谐振　　（D）电压升高
答案：B

La5A3035 动力系统是指（　　）。
（A）由电力网及用户所组成的整体
（B）由发电厂、电力网及用户所组成的整体
（C）由发电厂的电气部分及电力网所组成的整体
（D）动力系统是由发电厂及电力网所组成的整体
答案：B

La5A3036 通常所说的交流电压220V或380V，是指它的（　　）。
（A）平均值　　（B）最大值
（C）瞬时值　　（D）有效值
答案：D

La5A3037 汇交力系是指（　　）。
（A）所有力作用线位于同一平面内的力系
（B）所有力的作用线汇交于同一点的力系
（C）所有力的作用线相互平行的力系
（D）都错误
答案：B

La5A3038 平行力系是指（ ）。

（A）所有力作用线位于同一平面内的力系

（B）所有力的作用线汇交于同一点的力系

（C）所有力的作用线相互平行的力系

（D）都错误

答案：C

La5A3039 平面力系是指（ ）。

（A）所有力作用线位于同一平面内的力系

（B）所有力的作用线汇交于同一点的力系

（C）所有力的作用线相互平行的力系

（D）都错误

答案：A

La5A4040 导线切割磁力线运动时，导线中会产生（ ）。

（A）感应电动势 （B）感应电流

（C）磁力线 （D）感应磁场

答案：A

La5A4041 关于等效变换说法正确的是（ ）。

（A）等效变换只保证变换的外电路的各电压、电流不变

（B）等效变换是说互换的电路部分一样

（C）等效变换对变换电路内部等效

（D）等效变换只对直流电路成立

答案：A

La5A4042 已知某节点A，流入该节点电流为10A，则流出该节点电流为（ ）。

（A）0A （B）5A （C）10A （D）不能确定

答案：C

La5A4043 电容器中储存的能量是（ ）。

（A）热能 （B）机械能 （C）磁场能 （D）电场能

答案：D

La5A4044 一个实际电源的端电压随着负载电流的减小将（ ）。

（A）降低 （B）升高 （C）不变 （D）稍微降低

答案：B

La5A5045 载流导体周围的磁场方向与产生磁场的(　　)有关。
(A) 磁场强度　(B) 磁力线的方向　(C) 电场方向　(D) 电流方向
答案：D

Lb5A1046 兆欧表又称(　　)。
(A) 绝缘电阻表　(B) 欧姆表　(C) 接地电阻表　(D) 万用表
答案：A

Lb5A1047 弧垂减小导线应力(　　)。
(A) 增大　(B) 减小
(C) 不变　(D) 可能增大，可能减小
答案：A

Lb5A1048 线路杆塔的编号顺序应从(　　)。
(A) 送电端编至受电端　(B) 受电端编至送电端
(C) 耐张杆开始　(D) 变电站开始
答案：A

Lb5A1049 电力线路杆塔编号的涂写方位或挂杆号牌应在(　　)。
(A) 杆塔的向阳面　(B) 面向巡线通道或大路
(C) 面向横线路侧　(D) 面向顺线路方向送电侧
答案：D

Lb5A1050 由雷电引起的过电压称为(　　)。
(A) 内部过电压　(B) 工频过电压　(C) 谐振过电压　(D) 大气过电压
答案：D

Lb5A1051 接地线的截面面积应(　　)。
(A) 符合短路电流的要求并不得小于 $25mm^2$
(B) 符合短路电流的要求并不得小于 $35mm^2$
(C) 不得小于 $25mm^2$
(D) 不得大于 $50mm^2$
答案：A

Lb5A1052 LGJ-95～150 型导线应用的悬垂线夹型号为(　　)。
(A) XGU-1　(B) XGU-2　(C) XGU-3　(D) XGU-4
答案：C

Lb5A1053　直线杆悬垂绝缘子串除有设计特殊要求外，其与铅垂线之间的偏斜角不得超过(　　)。

(A) 4°　　(B) 5°　　(C) 6°　　(D) 7°

答案：B

Lb5A2054　架空线受到均匀轻微风的作用时，产生的周期性的振动称为(　　)。

(A) 舞动　　(B) 横向碰击　　(C) 次档距振荡　　(D) 微风振动

答案：D

Lb5A2055　相分裂导线与单根导线相比(　　)。

(A) 电容小　　(B) 电感小　　(C) 电感大　　(D) 对通信干扰加重

答案：B

Lb5A2056　使用悬式绝缘子串的杆塔，根据线路电压和(　　)的不同，其水平线间距离也不同。

(A) 杆塔　　(B) 地形　　(C) 档距　　(D) 悬点高度

答案：C

Lb5A2057　若用LGJ-50型导线架设线路，该导线发生电晕的临界电压为(　　)。

(A) 10kV　　(B) 35kV　　(C) 110kV　　(D) 153kV

答案：D

Lb5A2058　水平档距的含义是(　　)。

(A) 相邻两杆塔中心点之间的水平距离

(B) 相邻两杆塔之间的水平距离

(C) 某杆塔两侧档距中点之间的水平距离

(D) 某杆塔两侧导线最低点间的水平距离

答案：C

Lb5A2059　悬垂线夹应有足够的握着力，普通钢芯铝绞线用的悬垂线夹，其握着力不小于导线的计算拉断力的(　　)。

(A) 20%　　(B) 30%　　(C) 35%　　(D) 40%

答案：A

Lb5A2060　验收110kV线路时，弧垂应不超过设计弧垂的(　　)，－2.5%。

(A) ＋4%　　(B) ＋5%　　(C) ＋6%　　(D) ＋2.5%

答案：B

Lb5A2061 线路的杆塔上必须有线路名称、杆塔编号、(　　)以及必要的安全、保护等标志。

(A) 电压等级　　(B) 相位

(C) 用途　　(D) 回路数

答案：B

Lb5A3062 采用分裂导线的输电线路中，相邻两个间隔棒之间的水平距离称为(　　)。

(A) 档距　　(B) 次档距

(C) 垂直档距　　(D) 水平档距

答案：B

Lb5A3063 档距的含义是(　　)。

(A) 相邻两杆塔中心点之间的垂直距离

(B) 杆塔两侧档距中点之间的水平距离

(C) 杆塔两侧档距中点之间的垂直距离

(D) 相邻两杆塔中心点之间的水平距离

答案：D

Lb5A3064 线路中起传导电流，输送电能作用的元件是(　　)。

(A) 架空地线　　(B) 电力电缆线路　　(C) 导线　　(D) 光缆

答案：C

Lb5A3065 线路导线换位，即(　　)。

(A) 三相导线相位改变　　(B) 三相导线相序改变

(C) 三相导线在空间轮流改换位置　　(D) 多回来杆塔导线互相换位

答案：C

Lb5A3066 直流高压送电和交流高压送电的线路杆塔相比(　　)。

(A) 直流杆塔简单　　(B) 交流杆塔简单

(C) 基本相同没有多大区别　　(D) 直流杆塔消耗材料多

答案：A

Lb5A3067 线路缺陷分为本体缺陷、附属设施缺陷和(　　)三类。

(A) 树障矛盾　　(B) 外部隐患

(C) 防护区内施工缺陷　　(D) 通道环境缺陷

答案：B

Lb5A3068 线路状态信息应(　　)地反映线路运行状况及通道环境状况，并及时补充完善。

(A) 真实　(B) 实时　(C) 真实、有效　(D) 准确、完整

答案：D

Lb5A3069 架空地线一般通过杆塔或接地引下线与大地相连，接地引下线应(　　)。

(A) 尽量短而直

(B) 与电杆缠绕固定后接地，以防止晃动

(C) 用铜绞线可靠接地

(D) 用扁铁可靠接地

答案：A

Lb5A3070 连接金具包括(　　)。

(A) 接续管及补修管　(B) 并沟线夹

(C) 预绞丝　(D) U形挂环

答案：D

Lb5A3071 耐张串的串数是根据(　　)来确定的。

(A) 导线断线张力　(B) 导线综合荷载

(C) 导线最大风力　(D) 导线最大使用张力

答案：D

Lb5A3072 无人机常规巡检主要对输电线路导线、地线和杆塔上部的塔材、金具、(　　)、附属设施、线路走廊等进行常规性检查。

(A) 间隔棒　(B) 防振锤　(C) 绝缘子　(D) 销钉

答案：C

Lb5A3073 无人机巡检数据要进行最后的备份、归档操作，而且档案至少保留(　　)，以备后期的检查监督。

(A) 1年　(B) 1.5年　(C) 2年　(D) 3年

答案：C

Lb5A3074 新、改建线路或区段在投运后3个月内，应(　　)进行1次全面巡视。

(A) 每周　(B) 半月　(C) 每月　(D) 一个半月

答案：C

Lb5A3075 夜间巡线的目的是(　　)。

(A) 完成上级布置的任务

（B）避免因思维定势带来的巡视空白点
（C）可发现白天巡线不易发现的线路缺陷
（D）可以了解设备运行情况，监督巡视质量
答案：C

Lb5A4076 所谓气象条件的组合，即把（ ）。
（A）各种可能同时出现的气象组合在一起
（B）出现的各种气象组合在一起
（C）年平均气温、最大风速时的气温等各种温度组合在一起
（D）年平均气温、最高气温等各种温度组合在一起
答案：A

Lb5A4077 垂直档距的含义是（ ）。
（A）杆塔两侧档距中点之间的水平距离
（B）某杆塔两侧导线最低点间的水平距离
（C）杆塔两侧档距中点之间的垂直距离
（D）某杆塔两侧导线最低点间的垂直距离
答案：B

Lb5A4078 输电线路的导线和架空地线补偿初伸长的方法是（ ）。
（A）降温法　　（B）升温法
（C）增加弧垂百分数法　　（D）减少张力法
答案：A

Lb5A4079 对采空区和大跨越铁塔每年应开展 1 次倾斜检测，特殊情况应（ ）。
（A）每半年开展 1 次倾斜检测　　（B）缩短测试周期
（C）上报运检部　　（D）上报改造
答案：B

Lb5A4080 相邻两耐张杆塔之间各档距的和叫作（ ）。
（A）代表档距　　（B）水平档距
（C）耐张段长度　　（D）垂直档距
答案：C

Lb5A4081 输电运维班应根据线路状态信息划分不属于特殊区段的是（ ）。
（A）树竹速长区　　（B）轻污区
（C）微风振动区　　（D）无人区
答案：B

Lb5A4082 在线路巡视周期内，已开展直升机或无人机巡视的线路或区段，（　　）周期可适当调整，巡视内容以通道环境和塔头以下部件为主。

（A）线路巡视　　（B）巡视
（C）人工巡视　　（D）Ⅱ类线路巡视

答案：C

Lb5A4083 线路发生故障后，不论开关重合是否成功，线路运检单位均应根据气象环境、故障录波、行波测距、雷电定位系统、在线监测、现场巡视情况等信息初步判断（　　），组织故障巡视。

（A）故障类型　　（B）故障位置
（C）故障挡　　（D）故障点

答案：A

Lb5A4084 退运线路应纳入正常运维范围，巡视周期一般为（　　）月。发现丢失塔材等缺陷应及时进行处理，确保线路完好、稳固。

（A）2　　（B）3　　（C）2～6　　（D）3～6

答案：B

Lb5A4085 根据线路运行状态，适时开展夜间巡视，及时发现线路电晕放电隐患。对电晕放电较严重的部位，宜进行（　　），采取相应的处理措施。

（A）缺陷分析　　（B）缺陷评估　　（C）状态评价　　（D）紫外成像分析

答案：D

Lb5A4086 跨区线路、重要电源送出线路、单电源线路、重要联络线路、电铁牵引站供电线路、重要负荷供电线路巡视周期不应超过（　　）月。

（A）4　　（B）3　　（C）2　　（D）1

答案：D

Lb5A4087 线路正常巡视采用状态巡视方式，状态巡视是指根据线路设备和（　　）特点，结合状态评价和运行经验确定线路区段的巡视周期并动态调整的巡视方式。

（A）通道环境　　（B）本体缺陷　　（C）天气　　（D）季节

答案：A

Lb5A5088 地线的型号一般配合导线截面进行选择，500kV线路的地线采用镀锌钢绞线时，其标称截面面积不应小于（　　）mm^2。

（A）25　　（B）35　　（C）50　　（D）70

答案：D

Lb5A5089 （ ）指组成线路本体的全部构件、附件及零部件缺陷，包括基础、杆塔、导线、地线（OPGW）、绝缘子、金具、接地装置、拉线等发生的缺陷。

（A）线路缺陷　　（B）本体缺陷
（C）附属设施缺陷　　（D）外部隐患

答案：B

Lb5A5090 重大缺陷的处理要求是（ ）。

（A）一般应在24小时内消除
（B）应列入年、季检修计划中消除
（C）必须尽快消除或采取必要的安全技术措施进行临时处理，随后消除
（D）应在短期内消除，消除前应加强监视

答案：D

Lb5A5091 重大缺陷是指（ ）。

（A）缺陷对线路安全运行已构成严重威胁，短期内线路尚可维持安全运行
（B）缺陷已危及到线路安全，随时可能导致线路事故发生
（C）缺陷在一定期间对线路安全运行影响不大
（D）必须在当天内消除的缺陷

答案：A

Lb5A5092 每年雷雨季节前应对强雷区杆塔进行1次接地装置检查和接地电阻检测，对地下水位较高、强酸强碱等腐蚀严重区域应按（ ）比例开挖检查。

（A）20%　　（B）30%　　（C）40%　　（D）50%

答案：B

Lb5A5093 巡检作业时，严禁无人机直升机在线路正上方飞行。无人机直升机飞行巡检时与杆塔及边导线的距离应不小于规定的安全距离；同时为保证巡检效果，无人机与最近一侧的线路、铁塔净空距离不宜大于（ ）。

（A）50m　　（B）100m　　（C）150m　　（D）200m

答案：B

Lb5A5094 严禁无人机在变电站（所）、电厂上空穿越。相邻两回线路边线之间的距离小于（ ）（山区为150m）时，无人机严禁在两回线路之间上空飞行。

（A）50m　　（B）80m　　（C）100m　　（D）120m

答案：C

Lb5A5095 根据线路运维现状合理安排无人机巡检周期，巡检周期一般为1个月，重载线路建议每月开展2次巡检。外部隐患多发区宜增至（ ），对于线下施工作业频繁

的线路可适当增加巡检频次。

(A) 每月 3 次　(B) 每月 5 次　(C) 每周 1 次　(D) 每周 2 次

答案：C

Lb5A5096　Ⅰ类线路巡视周期一般为 1 个月。其中不包括(　　)。

(A) 特高压交直流线路

(B) 城市（城镇）及近郊区域的线路区段

(C) 外破易发区，偷盗多发区，采动影响区，水淹（冲刷）区，垂钓区，重要跨越、大跨越等特殊区段

(D) 状态评价为“正常”状态的线路区段

答案：D

Lc5A1097　铝材料比铜材料的导电性能(　　)。

(A) 好　(B) 差　(C) 一样　(D) 稍好

答案：B

Lc5A1098　高压电气设备电压等级在(　　)V 及以上。

(A) 220　(B) 380　(C) 500　(D) 1000

答案：D

Lc5A1099　电力法适用的范围是(　　)。

(A) 大陆　(B) 大陆及港、澳、台地区

(C) 中华人民共和国境内　(D) 中国

答案：C

Lc5A2100　经常有人工作的场所及施工车辆上宜配备急救箱，存放急救用品，并应指定(　　)经常检查、补充或更换。

(A) 技术员　(B) 管理员　(C) 单人　(D) 专人

答案：D

Lc5A2101　巡线人员发现导线断裂落地后，应设法防止行人靠近断线地点(　　)以内。

(A) 5m　(B) 7m　(C) 8m　(D) 10m

答案：C

Lc5A2102　高处作业是指工作地点离地面(　　)及以上的作业。

(A) 2m　(B) 3m　(C) 4m　(D) 4.5m

答案：A

Lc5A2103 线路电杆在运输过程中的要求是（ ）。

（A）放置平衡

（B）不宜堆压

（C）必须捆绑牢固、放置平稳

（D）小心轻放、防止曝晒

答案：C

Lc5A3104 作业人员应经医师鉴定，无妨碍工作的病症，体格检查每（ ）至少一次。

（A）半年 （B）一年 （C）两年 （D）三年

答案：C

Lc5A3105 触电急救时，首先要将触电者迅速（ ）。

（A）送往医院 （B）用心肺复苏法急救

（C）脱离电源 （D）注射强心剂

答案：C

Lc5A3106 现场使用的安全工器具应（ ）并符合有关要求。

（A）规范 （B）合格 （C）齐备 （D）可靠

答案：B

Lc5A3107 高压设备上工作需全部停电或部分停电者，需执行（ ）方式，才能进行工作。

（A）第一种工作票 （B）第二种工作票

（C）口头命令 （D）电话命令

答案：A

Lc5A3108 在所有电力法律法规中，具有最高法律效力的是（ ）。

（A）电力法 （B）电力供应与使用条例

（C）电力设施保护条例 （D）供电营业规则

答案：A

Lc5A3109 对违反《电力设施保护条例》规定的，电力管理部门处以（ ）元以下的罚款。

（A）1000 （B）5000

（C）10000 （D）15000

答案：C

Lc5A4110 对成人进行胸外按压时，压到(　　)后立即全部放松，使胸部恢复正常位置让血液流进心脏。

(A) 2～3cm　(B) 3～4cm　(C) 3～5cm　(D) 4～6cm

答案：C

Lc5A4111 对人体危害最大的触电形式是(　　)。

(A) 跨步电压触电　(B) 单相触电

(C) 接触电压触电　(D) 两相触电

答案：D

Lc5A5112 测量杆塔接地电阻，在解开或恢复接地引线时，应(　　)。

(A) 戴手套　(B) 戴绝缘手套　(C) 戴纱手套　(D) 随便戴与不戴

答案：B

Jd5A1113 导线单位长度、单位面积的荷载叫作(　　)。

(A) 应力　(B) 张力　(C) 比载　(D) 最小荷载

答案：C

Jd5A1114 154～220kV导线与树木之间的最小垂直距离为(　　)。

(A) 4.0m　(B) 4.5m　(C) 5.5m　(D) 6.0m

答案：B

Jd5A1115 220kV线路导线与35kV线路导线之间的最小垂直距离不应小于(　　)。

(A) 2.5m　(B) 3.0m　(C) 4.0m　(D) 5.0m

答案：C

Jd5A1116 在使用滑轮组起吊相同重物时，在采用的工作绳数相同的情况下，绳索的牵引端从定滑轮绕出比从动滑轮绕出所需的牵引力(　　)。

(A) 大　(B) 小　(C) 相同　(D) 无法确定

答案：A

Jd5A1117 主要用镐，少许用锹、锄头挖掘的黏土、黄土、压实填土等称为(　　)。

(A) 沙砾土　(B) 次坚石　(C) 软石土　(D) 坚土

答案：D

Jd5A1118 绝缘子盐密测量周期为(　　)一次。

(A) 三个月　(B) 半年　(C) 一年　(D) 两年

答案：C

Jd5A1119　绝缘子是用来使导线和杆塔之间保持(　　)状态。

(A) 稳定　(B) 平衡　(C) 绝缘　(D) 保持一定距离

答案：C

Jd5A1120　输电线路在跨越标准轨铁路时，其跨越档内(　　)。

(A) 不允许有接头　(B) 允许有一个接头

(C) 允许有两个接头　(D) 不能超过三个接头

答案：A

Jd5A1121　35～110kV线路跨越公路时，对路面的最小垂直距离是(　　)。

(A) 9.0m　(B) 8.0m　(C) 7.5m　(D) 7.0m

答案：D

Jd5A1122　重力基础是指杆塔与基础总的重力(　　)。

(A) 大于9.81kN　(B) 等于上拔力

(C) 小于上拔力　(D) 大于上拔力

答案：D

Jd5A2123　在软土、坚土、砂、岩石四者中，电阻率最高的是(　　)。

(A) 软土　(B) 砂　(C) 岩石　(D) 坚土

答案：C

Jd5A2124　杆塔下横担下弦边线至杆塔施工基面的高度叫(　　)。

(A) 杆塔的高度　(B) 导线对地高度

(C) 杆塔呼称高　(D) 绝缘子悬挂点高度

答案：C

Jd5A2125　下列不属于基本安全用具有(　　)。

(A) 绝缘操作棒　(B) 绝缘手套　(C) 绝缘夹钳　(D) 验电笔

答案：B

Jd5A4126　混凝土的坍落度是指(　　)。

(A) 拌和好的混凝土自行坍落下的高度

(B) 将拌和好的混凝土按要求装入测试容器后，混凝土自行坍落下的高度

(C) 将拌和好的混凝土按要求装入测试容器后，容器取出时混凝土自行坍落下的高度

(D) 都不是

答案：C

Jd5A4127 相邻两基耐张杆塔之间的架空线路，称为一个(　　)。

(A) 耐张段　(B) 代表档距　(C) 水平档距　(D) 垂直档距

答案：A

Jd5A5128 线路的绝缘薄弱部位应加装(　　)。

(A) 接地线　(B) 放电间隙

(C) FZ普通型避雷器　(D) 无续流氧化锌避雷器

答案：D

Je5A1129 输电线路的导线截面一般根据(　　)来选择。

(A) 允许电压损耗　(B) 机械强度　(C) 经济电流密度　(D) 电压等级

答案：C

Je5A1130 导线悬挂点的应力(　　)导线最低点的应力。

(A) 大于　(B) 等于　(C) 小于　(D) 根据计算确定

答案：A

Je5A1131 非张力放线时，在一个档距内，每根导线上只允许有(　　)。

(A) 一个接续管和三个补修管　(B) 两个接续管和四个补修管

(C) 一个接续管和两个补修管　(D) 两个接续管和三个补修管

答案：A

Je5A1132 在档距中导线、架空地线上挂梯（或飞车）时，钢芯铝绞线的截面面积不得小于(　　)mm^2。

(A) 95　(B) 120　(C) 150　(D) 70

答案：B

Je5A1133 输电线路直线杆塔如需要带转角，一般不宜大于(　　)。

(A) 5°　(B) 10°　(C) 15°　(D) 20°

答案：A

Je5A1134 运行中的500kV线路盘形绝缘子，其绝缘电阻值应不低于(　　)。

(A) 100MΩ　(B) 200MΩ　(C) 300MΩ　(D) 500MΩ

答案：D

Je5A1135 悬垂绝缘子串不但承受导线的垂直荷载，还要承受导线的(　　)。

(A) 斜拉力　(B) 水平荷载　(C) 吊力　(D) 上拔力

答案：B

Je5A2136 用ZC-8型接地电阻测量仪测量接地电阻时，电压极越靠近接地极，所测得的接地电阻数值(　　)。

(A) 越大　　(B) 越小　　(C) 不变　　(D) 无穷大

答案：B

Je5A2137 在线路施工中对所用工器具的要求是(　　)。

(A) 出厂的工具就可以使用

(B) 经试验合格后就可使用

(C) 每次使用前不必进行外观检查

(D) 经试验合格有效及使用前进行外观检查合格后方可使用

答案：D

Je5A2138 起重用的手拉葫芦一般起吊高度为(　　)m。

(A) 3.5～5　　(B) 2.5～3

(C) 3～4.5　　(D) 2.5～5

答案：B

Je5A2139 导地线产生稳定振动的基本条件是(　　)。

(A) 均匀的微风　　(B) 较大的风速

(C) 风向与导线呈30°　　(D) 风向与导线呈90°

答案：A

Je5A2140 导线垂直排列时的垂直线间距离一般为水平排列时水平线间距离的(　　)。

(A) 50%　　(B) 60%　　(C) 75%　　(D) 85%

答案：C

Je5A2141 一根LGJ-400型导线在放线过程中，表面一处4根铝线被磨断（每根铝股的截面面积为7.4mm^2），对此应进行(　　)。

(A) 缠绕处理　　(B) 补修管处理

(C) 锯断重新接头处理　　(D) 换新线

答案：B

Je5A2142 电杆需要卡盘固定时，上卡盘的埋深要求是(　　)。

(A) 电杆埋深的1/2处　　(B) 电杆埋深的1/3处

(C) 卡盘与地面持平　　(D) 卡盘顶部与杆底持平

答案：B

Je5A2143 杆塔组立后，杆塔左右偏离线路中心误差尺寸不得大于(　　)。

(A) 20mm　　(B) 30mm　　(C) 40mm　　(D) 50mm

答案：D

Je5A2144 线路架设施工中，杆坑的挖掘深度，一定要满足设计要求，其允许误差不得超过(　　)。

(A) ±50mm　　(B) ＋120mm

(C) ＋100mm，－50mm　　(D) ±30mm

答案：C

Je5A2145 挖掘杆坑时，坑底的规格要求是底盘四面各加(　　)。

(A) 100mm 以下的裕度　　(B) 200mm 左右的裕度

(C) 300～500mm 的裕度　　(D) 500mm 以上的裕度

答案：B

Je5A2146 送电线路的拉线坑若为流沙坑基时，其埋设深度不得小于(　　)。

(A) 2.2m　　(B) 2.0m　　(C) 1.8m　　(D) 1.5m

答案：A

Je5A2147 XP-70 型绝缘子的(　　)为 70kN。

(A) 1h 机电荷载　　(B) 额定机电破坏荷载

(C) 机电荷载　　(D) 能够承受的荷载

答案：B

Je5A2148 容易发生污闪事故的天气是(　　)。

(A) 大风、大雨　　(B) 雷雨　　(C) 毛毛雨、大雾　　(D) 晴天

答案：C

Je5A2149 为了限制内部过电压，在技术经济比较合理时，较长线路可(　　)。

(A) 多加装架空地线　　(B) 加大接地电阻

(C) 设置中间开关站　　(D) 减少接地电阻

答案：C

Je5A3150 输电线路的导线连接器为不同金属连接器时，规定检查测试的周期是(　　)。

(A) 半年一次　　(B) 一年一次　　(C) 一年半一次　　(D) 两年一次

答案：B

Je5A3151 输电线路的拉线坑若为流沙坑基时，其埋设深度不得小于(　　)。
(A) 2.2m　(B) 2.0m　(C) 1.8m　(D) 1.5m
答案：A

Je5A3152 铁塔基础坑开挖深度超过设计规定+100mm时，其超深部分应(　　)。
(A) 石块回填　(B) 回填土夯实
(C) 用灰土夯实　(D) 进行铺石灌浆处理
答案：D

Je5A3153 输电线路盘形绝缘子的绝缘测试周期是(　　)。
(A) 一年一次　(B) 两年一次　(C) 三年一次　(D) 五年一次
答案：B

Je5A4154 钢丝绳在使用时损坏应该报废的情况有(　　)。
(A) 钢丝断丝
(B) 钢丝绳钢丝磨损或腐蚀达到原来钢丝直径的40%及以上
(C) 钢丝绳受过轻微退火或局部电弧烧伤者
(D) 钢丝绳受压变形及表面起毛刺者
答案：B

Je5A4155 运行中的钢筋混凝土电杆允许倾斜度范围为(　　)。
(A) 3/1000　(B) 5/1000　(C) 10/1000　(D) 15/1000
答案：D

Je5A4156 均压环的作用是(　　)。
(A) 使悬挂点周围电场趋于均匀
(B) 使悬垂线夹及其他金具表面的电场趋于均匀
(C) 使导线周围电场趋于均匀
(D) 使悬垂绝缘子串的分布电压趋于均匀
答案：D

Je5A4157 钢绞线制作拉线时，端头弯回后距线夹(　　)处应用铁线或钢丝卡子固定。
(A) 300～400mm　(B) 300～500mm　(C) 300～600mm　(D) 300～700mm
答案：B

Je5A5158 用导线的应力、弧垂曲线查应力（或弧垂）时，必须按(　　)确定。
(A) 代表档距　(B) 垂直档距　(C) 水平档距　(D) 平均档距
答案：A

Je5A5159　架线施工时，某观测档已选定，但弧垂最低点低于两杆塔基部连线，架空线悬挂点高差大，档距也大，应选用观测弧垂的方法是(　　)。

(A) 异长法　(B) 等长法　(C) 角度法　(D) 平视法

答案：C

Je5A5160　线路的转角杆塔组立后，其杆塔结构中心与中心桩间横、顺线路方向位移不得超过(　　)。

(A) 38mm　(B) 50mm　(C) 80mm　(D) 100mm

答案：B

Je5A5161　杆塔钢筋混凝土基础“三盘”加工尺寸长宽厚的允许误差分别为(　　)。

(A) －10mm、－5mm、－10mm　(B) －10mm、－10mm、－5mm

(C) －5mm、－10mm、－5mm　(D) －10mm、－10mm、－10mm

答案：B

Jf5A1162　绝缘架空地线应视为带电体，作业人员与架空地线之间的安全距离不应小于(　　)m。

(A) 0.4　(B) 0.8　(C) 1.0　(D) 1.5

答案：A

Jf5A2163　水灰比相同的条件下，碎石与卵石混凝土强度的比较，(　　)。

(A) 碎石混凝土比卵石混凝土的强度低

(B) 碎石混凝土比卵石混凝土的强度略高

(C) 碎石混凝土和卵石混凝土的强度一样

(D) 碎石混凝土和卵石混凝土的强度无法比较

答案：B

Jf5A2164　紧线施工中，牵引的导地线拖地时，人不得(　　)。

(A) 穿越　(B) 横跨　(C) 停留　(D) 暂停通行

答案：B

Jf5A2165　在超过(　　)深的坑内作业时，抛土要特别注意防止土石回落坑内。

(A) 1.0m　(B) 1.5m　(C) 2.0m　(D) 2.5m

答案：B

Jf5A2166　使用伸缩式验电器时应保证绝缘的(　　)。

(A) 长度　(B) 有效　(C) 有效长度　(D) 良好

答案：C

Jf5A2167 装、拆接地线时，人体不准碰触(　　)。
(A) 接地线的导体端　　(B) 接地线和未接地的导线
(C) 已接地的导线　　(D) 接地通道
答案：B

Jf5A3168 水泥的细度是指(　　)。
(A) 水泥颗粒的磨细程度　　(B) 水泥颗粒的光滑程度
(C) 水泥颗粒的细腻程度　　(D) 水泥颗粒的粗糙程度
答案：A

Jf5A3169 杆塔上有人时，(　　)调整或拆除拉线。
(A) 可　　(B) 宜　　(C) 不宜　　(D) 不准
答案：D

Jf5A3170 同杆塔架设的多层电力线路停电后挂接地线时应(　　)。
(A) 先挂低压后挂高压，先挂上层后挂下层
(B) 先挂低压后挂高压，先挂下层后挂上层
(C) 先挂高压后挂低压，先挂上层后挂下层
(D) 先挂高压后挂低压，先挂下层后挂上层
答案：B

Jf5A3171 在相分裂导线上工作时，安全带（绳）应挂在同一根子导线上，后备保护绳应挂在(　　)上。
(A) 同一根子导线　　(B) 相邻两根子导线
(C) 任意两根子导线　　(D) 整组相导线
答案：D

Jf5A4172 在220kV线路直线杆上，用火花间隙测试零值绝缘子，当在一串中已测出(　　)零值绝缘子时，应停止对该串继续测试。
(A) 2片　　(B) 3片　　(C) 4片　　(D) 5片
答案：D

Jf5A4173 线路停电后，装设接地线时应(　　)。
(A) 先装中相后装两边相　　(B) 先装两边相后装中相
(C) 先装导体端　　(D) 先装接地端
答案：D

1.2 判断题

La5B1001 当电压不变时，电路中并联的电阻越多，总电阻就越大，总电流就越小。（×）

La5B1002 并联电阻电路的等效电阻的倒数等于各并联电阻值的倒数之和。（√）

La5B1003 并联电阻电路的等效电阻等于各并联电阻之和。（×）

La5B1004 并联电阻电路的等效电阻的倒数等于各并联电阻值的倒数和。（√）

La5B1005 串联电路中，总电阻等于各电阻的倒数之和。（×）

La5B1006 磁力线是在磁体的外部，由 N 极到 S 极，而在磁体的内部，由 S 极到 N 极的闭合曲线。（√）

La5B1007 单位正电荷由低电位移向高电位时，非电场力对它所做的功，称为电压。（×）

La5B1008 载流导体在磁场中要受到力的作用。（√）

La5B1009 导体中的自由电子时刻处于杂乱无章的运动中。（√）

La5B1010 电场强度反映电场的力的特征，电位反映电场的能的特征，电压反映电场力做功的能力。（√）

La5B1011 电场中任意一点的电场强度，在数值上等于放在该点的单位正电荷所受电场力的大小；电场强度的方向是正电荷受力的方向。（√）

La5B1012 单位正电荷由高电位移向低电位时，电场力对它所做的功，称为电动势。（×）

La5B1013 在电感电容（LC）电路中，发生谐振的条件是容抗等于感抗，用公式表示为 $2\pi fL=2\pi fC$。（×）

La5B1014 任何电荷在电场中都要受到电场力的作用。（√）

La5B1015 电荷之间存在着作用力，同性相互排斥，异性相互吸引。（√）

La5B1016 电流的方向规定为正电荷运动的方向。（√）

La5B1017 电荷在电路中有规则地定向运动叫电流，单位时间内流过导体横截面的电荷量叫作电流强度，电流强度的简称又叫电流。（√）

La5B1018 在导体中电子运动的方向是电流的实际方向。（×）

La5B1019 当电压相同时，电流与电阻成反比关系。（√）

La5B1020 在电场力的作用下，电荷有规律的运动称为电流，用字母 I 来表示。（√）

La5B1021 单位时间内通过一段导体的电量为电流强度。（×）

La5B1022 电流的大小用电荷量的多少来度量，称为电流强度。（×）

La5B1023 电能质量的两个基本指标是电压和频率。（√）

La5B1024 电容 C_1 和电容 C_2 并联，则其总电容是 $C=C_1+C_2$。（√）

La5B2025 电场或电路中两点间的电位差称为电压，用字母 U 来表示。（√）

La5B2026 电位高低的含义是指该点与参考点间电位差的大小。（×）

La5B2027 电压的方向是由低电位指向高电位，而电动势的方向是由高电位指向低电位。（×）

La5B2028 电阻并联时的等效电阻值比其中最小的电阻值还要小。(√)

La5B2029 若干电阻串联时，其中阻值越小的电阻，通过的电流也越小。(×)

La5B2030 几个阻值不等的电阻串联，每个电阻中流过的电流都相等。(√)

La5B2031 两只阻值相同的电阻串联后，其阻值为两电阻的和。(√)

La5B2032 能使发电机、变压器以及各种电力设备其技术性能和经济效果最好的工作电压叫作这些电力设备的额定电压。(√)

La5B2033 负载电功率为正值表示负载吸收电能，此时电流与电压降的实际方向一致。(√)

La5B2034 感抗 X_L 的大小与电流的大小有关。(×)

La5B2035 感应电动势的大小与线圈电感量和电流变化率成正比。(√)

La5B2036 在电磁感应中，感应电流和感应电动势是同时存在的；没有感应电流，也就没有感应电动势。(×)

La5B2037 当输送容量一定时，线路电压越高，线路中的功率损耗就高。(×)

La5B2038 功率因数是交流电路中无功功率与视在功率的比值，即功率因数其大小与电路的负荷性质有关。(×)

La5B2039 功率因数通常指有功功率与视在功率的比值。(√)

La5B2040 基尔霍夫第二定律是：沿任一回路环绕一周，回路中各电位升之和必定等于各电位降之和。(√)

La5B2041 交流电的超前和滞后，只能对同频率的交流电而言，不同频率的交流电，不能说超前和滞后，也不能进行相量运算。(√)

La5B2042 交流电的周期和频率互为倒数。(√)

La5B2043 交流电流通过某电阻，在一周期时间内产生的热量，如果与一直流电流通过同一电阻、在同一时间内产生的热量相等，则这一直流电的大小就是交流电的最大值。(×)

La5B2044 在交流电路中，把热效应与之相等的直流电的值称为交流电的有效值。(√)

La5B2045 电阻两端的交流电压与流过电阻的电流相位相同，在电阻一定时，电流与电压成正比。(√)

La5B2046 交流电有效值实质上是交流电压或交流电流的平均值。(×)

La5B2047 金属导体的电阻与外加电压无关。(√)

La5B2048 金属导体的电阻 $R=U/I$，因此可以说导体的电阻与它两端的电压成正比。(×)

La5B2049 金属导体电阻的大小与加在其两端的电压有关。(×)

La5B2050 把一个带电体移近一个原来不带电的用绝缘架支撑的另一导体时，在原不带电体的两端将出现等量异性电荷。接近带电体的一端出现的电荷与移近的带电体上的电荷相异，远离带电体的一端出现的电荷与移近的带电体上的电荷相同，这种现象叫作静电感应。(√)

La5B2051 相邻耐张杆塔之间的水平距离叫作耐张段长度。(×)

La5B2052 纯电阻单相正弦交流电路中的电压与电流，其瞬时值遵循欧姆定律。(√)

La5B2053 简单支路欧姆定律的内容是：流过电阻的电流，与加在电阻两端的电压成正比，与电阻值成反比，这就是欧姆定律；表达公式是：$I=E/(R+R_0)$(×)

La5B2054 全电路欧姆定律是：在闭合电路中的电流与电源电压成正比，与全电路中总电阻成反比。用公式表示为：$I=E/(R+R_i)$。(√)

Ja5B2055 根据欧姆定律可得：导体的电阻与通过它的电流成反比。(×)

Ja5B2056 全电路欧姆定律的内容是：在闭合的电路中，电路中的电流与电源的电动势成正比，与负载电阻及电源内阻之和成反比，这就是全电路欧姆定律。其表达公式为 $I=U/R$。(×)

Ja5B2057 在具有电阻和电抗的电路中，电压与电流有效值的乘积称为视在功率。(√)

La5B2058 同组及同基拉线的各个线夹，尾线端方向应上下交替。(×)

La5B2059 消耗在电阻上的功率 $P=UI$。使该电阻上的电压增加一培，则该电阻所消耗的功率也增加一倍。(×)

La5B2060 正弦交流电压任一瞬间所具有的数值叫瞬时值。(√)

La5B2061 正弦交流量的三要素：角频率、初相角和时间。(×)

La5B2062 自感电动势的方向总是与产生它的电流方向相反。(×)

La5B2063 超高压直流输电能进行不同频率交流电网之间的联络。(√)

La5B2064 电力网包括电力系统中的所有变电设备及不同电压等级的线路。(√)

La5B2065 常用电力系统示意图是以单线画出，因此也称之为单线图。(√)

La5B2066 任何一个合力总会大于分力。(×)

La5B2067 物体的重心一定在物体的内部。(×)

La5B2068 作用力与反作用力是大小相等，方向相反，作用在同一物体上的一对力。(×)

Lb5B2069 由于铜导线的导电性能和机械性能比铝导线好，因此，目前的架空输电线路广泛采用铜导线。(×)

Lb5B2070 导线连接时，在清除导线表面氧化膜后，涂上一层中性凡士林比涂上导电脂好，因为导电脂熔化流失温度较低。(×)

Lb5B2071 输电线路架空地线对导线的防雷保护效果要取决于保护角的大小，保护角越大保护效果越好。(×)

Lb5B2072 500kV 线路的地线采用镀锌钢绞线时，标称截面面积不应小于 $50mm^2$。(×)

Lb5B2073 振动对架空线的危害很大，易引起架空线断股甚至断线，因此要求施工紧线弧垂合格后应及时安装附件。(√)

Lb5B2074 因钢绞线的电阻系数较大，所以在任何情况下不宜用作导线。(×)

Lb5B2075 基础拆模时，其混凝土强度应保证其表面及棱角不损坏。(√)

Lb5B2076 为保证混凝土基础具有较高强度，在条件许可情况下水泥用量越大越好。(×)

Lb5B2077 冬季日平均气温低于5℃进行混凝土浇制施工时，应自浇制完成后12h以后浇水养护。(×)

Lb5B2078 在其他条件相同的情况下，水灰比小，混凝土强度高。(√)

Lb5B2079 混凝土的配合比是指组成混凝土的材料水、水泥、砂、石的质量比，并以水为基数1。(×)

Lb5B2080 在相同强度等级、相同品牌水泥和相同水灰比的条件下，卵石混凝土强度比碎石混凝土强度高。(×)

Lb5B2081 钢筋混凝土内的钢筋在环境温度变化较大时，在混凝土内会发生少量的位置移动。(×)

Lb5B2082 混凝土的抗压强度是混凝土试块经养护后测得的抗压极限强度。(×)

Lb5B2083 混凝土浇制时，采用有效振捣固方式能减小混凝土的水灰比，提高混凝土强度，因此混凝土捣固时间越长，对混凝土强度提高越有利。(×)

Lb5B2084 拌制混凝土时，为符合配合比水泥用量要求，应尽量选用较细的砂粒。(×)

Lb5B3085 多雷区的线路应加强对防雷设施各部件连接状况、防雷设备和观测装置动作情况的检测，并做好雷电活动观测记录。(√)

Lb5B3086 雷击引起的线路故障多为永久性接地故障，因此必须采取必要措施加以预防。(×)

Lb5B3087 不沿全线架设地线的线路，在变电所或发电厂的进出线段架设1～2km，其作用主要是保护线路绝缘免遭雷击。(×)

Lb5B3088 为使接地引下线与电杆可靠固定，可将接地引下线在电杆上适当缠绕。(×)

Lb5B3089 接地引下线尽可能短而直，切忌将接地引下线在电杆上缠绕。(√)

Lb5B3090 接地装置外露或腐蚀严重，要求被腐蚀后其导体截面不得低于原值的80%。(√)

Lb5B3091 城市（城镇）及近邻区域的巡视周期一般为一个月。(√)

Lb5B3092 线路发生故障重合成功，可不必组织巡视。(×)

Lb5B3093 检测工作是发现设备隐患、开展预知维修的重要手段。(√)

Lb5B3094 防振锤和护线条的作用相同，都是减少或消除导线的振动。(×)

Lb5B3095 为保持高杆塔的可靠性能，全高超过40m有地线的杆塔，高度每增加10m，应增加一片同型绝缘子。(×)

Lb5B3096 杆塔各构件的组装应牢固，交叉处有空隙时应用螺栓紧固，直至无空隙。(×)

Lb5B3097 杆塔拉线用于平衡线路运行中出现的不平衡荷载，以提高杆塔的承载能力。(√)

Lb5B3098 高压输电线路正常运行时，靠近导线第一片绝缘子上的分布电压最高，因此该片绝缘子绝缘易出现劣化。(√)

Lb5B3099 绝缘子表面出现放电烧伤痕迹，说明该绝缘子的绝缘已被击穿。(×)

Lb5B3100 新的瓷绝缘子安装前可不必进行绝缘测量。(√)

Lb5B3101 线路清扫绝缘子表面污秽物可用汽油或肥皂水擦净，再用干净抹布将其表面擦干净便符合要求。（√）

Lb5B3102 绝缘子瓷表面出现裂纹或损伤时应及时更换，以防引起良好绝缘子上电压升高。（√）

Lb5B3103 拉线连接采用的楔形线夹尾线，宜露出线夹 300～500mm。尾线与本线应采取有效方法扎牢或压牢。（√）

Lb5B3104 对立体结构的构架，螺栓穿入方向规定为：水平方向由内向外，垂直方向由上向下。（×）

Lb5B3105 螺栓穿向按运行单位要求，不符合规程也行。（×）

Lb5B3106 耐张杆塔在线路正常运行和断线事故情况下，均承受较大的顺线方向的张力。（√）

Lb5B3107 耐张线夹用于将导线固定在承力杆塔的耐张绝缘子串上。（√）

Lb5B3108 线路按用途分类，由发电厂（电源）向电力用户中心输送电能的线路属于输电线路。（√）

Lb5B3109 停电清扫绝缘子表面的污秽不受天气状况限制。（×）

Lb5B3110 线路按用途分类，由电力用户中心向电力用户分配电能的线路属于配电线路。（√）

Lb5B3111 经过完全换位的线路，要求其各相导线在空间长度和相等。（×）

Lb5B3112 线路绝缘子污秽会降低其绝缘性能，所以线路污闪事故常常在环境较干燥的条件下出现。（×）

Lb5B3113 同一线路顺线路方向的横断面构件螺栓穿入方向应统一。（√）

Lb5B3114 线路缺陷是指线路设备存有残损和隐患，如不及时处理将会影响安全运行。（√）

Lb5B3115 每条线路必须有明确的维护分界点，应与变电所和相邻的运行管理单位明确划分分界点，不得出现空白点。（√）

Lb5B3116 线路巡视一般沿线路走向的下风侧进行巡查。（×）

Lb5B3117 采用楔形线夹连接的拉线，线夹的舌板与拉线接触应紧密，受力后不应滑动。线夹的凸肚应在尾线侧。（√）

Lb5B3118 悬式绝缘子串组装对碗口方向没有规定。（×）

Lb5B3119 架空线路的一般缺陷是指设备有明显损坏、变形，发展下去可能造成故障，但短时内不会影响安全运行的缺陷。（×）

Lb5B3120 转角杆塔属于耐张型杆塔，一般位于线路转角处，也可位于直线段。（×）

Lc5B3121 任何人进入生产现场（办公室、控制室、值班室和检修班组除外），应戴安全帽。（√）

Lc5B3122 在停电线路上进行检修作业必须填写第二种工作票。（×）

Lc5B3123 如果人站在距离导线落地点 10m 以外的地方，发生跨步电压触电事故的可能性较小。（√）

Lc5B3124 施工人员进入施工现场应佩戴胸卡，着装整齐，个人防护用具齐全。(√)

Lc5B3125 正在停电检修的设备不是运用中的电气设备。(×)

Lc5B3126 非法占用变电设施用地、输电线路走廊或者电缆通道的，由市级以上地方人民政府责令限期改正；逾期不改正的，强制清除障碍。(√)

Jd5B3127 导线的比载是指导线单位面积上承受的荷载。(×)

Jd5B3128 用理想元件代替实际电器设备而构成的电路模型，叫电路图。(√)

Jd5B3129 杆塔用于支承导线、架空地线及其附件，并使导线具备足够的空气间隙和安全距离。(√)

Jd5B3130 地线一般都通过杆塔接地，但也有采用所谓的“绝缘地线”的。(√)

Jd5B3131 只要用具有测量饱和盐密的盐密度测试仪就可测出绝缘子的饱和等值附盐密度。(×)

Jd5B3132 架空线路导线线夹处安装均压环的目的是为了改善超高压线路绝缘子串上的电位分布。(√)

Jd5B3133 M24 螺栓的标准扭矩为 250N·m。(√)

Jd5B3134 球头挂环属于连接金具。(√)

Jd5B3135 设备完好率是指完好线路与线路总数比值的百分数。(√)

Jd5B3136 水泥标号反映水泥的细度。(×)

Jd5B3137 各种线夹除承受机械荷载外，还是导电体。(√)

Jd5B3138 直线杆用于线路直线段上，一般情况下不兼带转角。(√)

Je5B3139 锉刀的型号越大，说明锉齿越粗。(×)

Je5B3140 放线滑车的滑轮在材质上应与其他滑车有一定区别，目的是为了防止放线时滑车的滑轮被磨损。(×)

Je5B3141 钢丝绳弯曲严重极易疲劳破损，其极限弯曲次数与钢丝绳所受拉力及通过滑轮槽底直径大小有关。(√)

Je5B3142 插接的钢丝绳绳套，其插接长度不得小于其外径的 15 倍，且不得小于 300mm。新插接的钢丝绳绳套应作 100%允许负荷的抽样试验。(×)

Je5B3143 因滑车组能省力，所以其机械效率大于 100%。(×)

Je5B3144 搅拌机在运转时，严禁将工具伸入滚筒内扒料。(√)

Je5B3145 锯条的正确安装方法是使锯条齿尖朝后，装入夹头销钉上。(×)

Je5B3146 麻绳浸油后其抗腐防潮能力增加，因此其抗拉强度比不浸油麻绳高。(×)

Je5B3147 双钩紧线器应经常润滑保养，紧线器受力后应至少保留 1/6 有效丝杆长度。(×)

Je5B3148 采用缠绕法对导线损伤进行处理时，缠绕铝单丝每圈都应压紧，缠绕方向与外层铝股绞制方向一致，最后线头插入导线线股内。(×)

Je5B3149 转角度数较大的杆塔在放线施工时，需打导线反向临时拉线，以防杆塔向外角侧倾斜或倒塌。(√)

Je5B3150 杆塔多层拉线应在监视下逐层对称调紧，防止过紧或受力不均而使杆塔产生倾斜或局部弯曲。(√)

Je5B3151 杆塔基础坑深允许偏差为＋100mm、－50mm，坑底应平整。（√）

Je5B3152 当杆塔基础坑深与设计坑深偏差超过＋300mm时，应回填土、砂或石进行夯实处理。（×）

Je5B3153 杆塔整体起立开始阶段，制动绳受力最大。（×）

Je5B3154 杆塔整体起立时，抱杆的初始角大，抱杆的有效高度能得到充分利用，且抱杆受力可减小，因此抱杆的初始角越大越好。（×）

Je5B3155 杆塔组立后，杆塔上、下两端2m范围以内的螺栓应尽可能使用防松螺栓。（×）

Je5B3156 基础养护人员可在支撑模板上走动。（×）

Je5B3157 现场浇筑混凝土基础，浇制完成后12h内应开始浇水养护，当天气炎热、干燥有风时，应在3h内浇水养护。（√）

Je5B3158 拉线基础坑坑深不允许有正偏差。（×）

Je5B3159 拉线紧固后，NUT线夹留有不大于1/2的螺杆螺纹长度。（×）

Je5B3160 拉线盘的抗拔能力仅与拉线盘的埋深、土壤性质有关。（×）

Je5B3161 拉线制作时，在下料前应用20～22号铁丝绑扎牢固后断开。（√）

Je5B3162 拉线制作时，其线夹的凸肚应在尾线侧。（√）

Je5B3163 当采用螺栓连接构件时，螺杆应与构件面垂直，栓头平面与构件间不应有空隙。（√）

Je5B3164 铝包带的缠绕方向与导线外层股线的绞向一致。（√）

Je5B3165 顺绕钢丝绳表面光滑、磨损少，所以输电线路施工中采用的大多为顺绕钢丝绳。（×）

Je5B3166 现浇杆塔基础立杆同组地脚螺栓中心对立柱中心偏移的允许值为10cm。（×）

Je5B4167 转角杆塔结构中心与线路中心桩在横线路方向的偏移值称为转角杆塔的位移。（√）

Jf5B4168 安全工器具宜存放在温度－15～＋35℃、相对湿度30%以下、干燥通风的室内。（×）

Jf5B4169 成套接地线应用由透明护套的多股软铜线组成，其截面面积不应小于25mm²，同时应满足装设地点短路电流的要求。（√）

Jf5B4170 开挖基坑时，作业人员可在坑内休息。（×）

Jf5B4171 在杆塔高空作业时，应使用有后备绳的双保险安全带，安全带和保险绳应挂在杆塔不同部位的牢固构件上，并不得低挂高用。（√）

Jf5B4172 混凝土杆运输时应绑固可靠，在运输中车箱内应有专人看护。（×）

Jf5B4173 电气设备发生火灾时，首先应立即进行灭火，以防止火势蔓延扩大。（×）

Jf5B4174 在工作中遇到创伤出血时，应先止血，后进行医治。（√）

Jf5B4175 触电者心跳、呼吸停止的，立即就地迅速用心肺复苏法进行抢救。（√）

Jf5B4176 紧急救护的原则是在现场采取积极措施保护伤员的生命。（√）

Jf5B4177 作业现场的生产条件和安全设施等应符合有关标准、规范的要求，工作人员的劳动防护用品应合格、齐备。（√）

Jf5B4178 经常有人工作的场所及施工车辆上宜配备急救箱，存放急救用品，并应指定专人经常检查、补充或更换。(√)

Jf5B4179 现场使用的安全工器具应合格并符合有关要求。(√)

Jf5B4180 各类作业人员应被告知其作业现场和工作岗位存在的危险因素、防范措施及事故紧急处理措施。(√)

Jf5B4181 经医师鉴定，无妨碍工作的病症（体格检查每三年至少一次）。(×)

Jf5B4182 具备必要的电气知识和业务技能，且按工作性质，熟悉本规程的相关部分，并经考试合格。(√)

Jf5B4183 具备必要的安全生产知识，学会紧急救护法，特别要学会触电急救。(√)

Jf5B4184 各类作业人员应接受相应的安全生产教育和岗位技能培训，经考试合格上岗。(√)

Jf5B4185 作业人员对本规程应每年考试一次。因故间断电气工作连续六个月以上者，应重新学习本规程，并经考试合格后，方能恢复工作。(×)

Jf5B4186 新参加电气工作的人员、实习人员和临时参加劳动的人员（管理人员、非全日制用工等），应经过安全知识教育后，方可下现场参加指定的工作，并且不准单独工作。(√)

Jf5B4187 参与公司系统所承担的外单位承担或外来人员参与公司系统电气工作的工作人员应熟悉本规程，经考试合格，经设备运行管理单位认可，方可参加工作。工作前，设备运行管理单位应告知现场电气设备接线情况、危险点和安全注意事项。(√)

Jf5B4188 工作票制度、工作许可制度、工作监护制度、工作间断制度是在电气设备上安全工作的组织措施。(×)

Jf5B4189 进行电力线路施工作业、工作票签发人或工作负责人认为有必要现场勘察的检修作业，施工、检修单位均应根据工作任务组织现场勘察，并填写现场勘察记录。现场勘察由工作票签发人或工作负责人组织。(√)

Jf5B4190 现场勘察应查看现场施工（检修）作业需要停电的范围、保留的带电部位和作业现场的条件、环境及其他危险点等。根据现场勘察结果，对危险性、复杂性和困难程度较大的作业项目，应编制组织措施、技术措施、安全措施，经本单位批准后执行。(√)

Jf5B4191 在停电的线路或同杆（塔）架设多回线路中的部分不停电线路上的工作。(×)

Jf5B4192 在停电的配电设备上的工作，填用第一种工作票。(√)

Jf5B4193 带电线路杆塔上且与带电导线最小安全距离规定不小于10m，填用第二种工作票。(×)

Jf5B4194 在运行中的配电设备上的工作，填用第二种工作票。(√)

Jf5B4195 电力电缆不需停电的工作，填用第二种工作票。(√)

Jf5B4196 带电作业或与邻近带电设备距离规定小于10m的工作，填用带电作业工作票。(×)

Jf5B4197 测量接地电阻；修剪树枝；杆塔底部和基础等地面检查、消缺工作；涂写杆塔号、安装标志牌等，工作地点在杆塔最下层导线以下，并能够保持50m安全距离的工作；接户、进户计量装置上的低压带电工作和单一电源低压分支线的停电工作。（×）

Jf5B4198 工作票应用黑色或蓝色的钢（水）笔或圆珠笔填写与签发，一式两份，内容应正确，填写应清楚，不准任意涂改。如有个别错、漏字需要修改时，应使用规范的符号，字迹应清楚。（√）

Jf5B4199 用计算机生成或打印的工作票应使用统一的票面格式。由工作票签发人审核无误，手工或电子签名后方可执行。工作票一份交工作负责人，一份留存工作票签发人或工作许可人处。工作票应提前交给工作负责人。（√）

Jf5B4200 第一种工作票，每张只能用于一条线路或同一个电气连接部位的几条供电线路或同（联）杆塔架设且同时停送电的几条线路。（√）

Jf5B4201 第二种工作票，对同一电压等级、同类型工作，可在数条线路上共用一张工作票。（√）

Jf5B4202 带电作业工作票，对同一电压等级、同类型且依次进行的带电作业，可在数条线路上共用一张工作票。（×）

Jf5B4203 第一、二种工作票和带电作业工作票的有效时间，以批准的检修期为限。（√）

Jf5B4204 第一种工作票需办理延期手续，应在有效时间尚未结束以前由工作负责人向工作许可人提出申请，经同意后给予办理。（√）

Jf5B4205 第二种工作票需办理延期手续，应在有效时间尚未结束以前由工作负责人向工作票签发人提出申请，经同意后给予办理。（√）

Jf5B4206 第一、第二种工作票的延期只能办理两次。带电作业工作票不准延期。（×）

Jf5B4207 工作票签发人应由熟悉人员技术水平、熟悉设备情况、熟悉本规程，并具有相关工作经验的生产领导人、技术人员或经本单位批准的人员担任。工作票签发人员名单应公布。（√）

Jf5B4208 工作负责人（监护人）、工作许可人应由有一定工作经验、熟悉本规程、熟悉工作范围内的设备情况，并经工区（车间）批准的人员担任。工作负责人还应熟悉工作班成员的工作能力。（√）

Jf5B4209 专责监护人应是具有相关工作经验，熟悉设备情况和本规程的人员。（√）

Jf5B4210 工作票签发人的安全职责：工作安全性；工作票上所填安全措施是否正确完备；所派工作负责人和工作班人员是否适当和充足。（×）

Jf5B4211 工作负责人（监护人）职责：

1）正确组织工作；

2）检查工作票所列安全措施是否正确完备，是否符合现场实际条件，必要时予以补充；

3）工作前，对工作班成员进行工作任务、安全措施、技术措施交底和危险点告知并确认每一个工作班成员都已签名；

4）组织执行工作票所列安全措施；

5）督促工作班成员遵守本规程，正确使用劳动防护用品和安全工器具以及执行现场安全措施；

6）关注工作班成员身体状况和精神状态是否出现异常迹象，人员变动是否合适。（√）

Jf5B4212 工作许可人职责：

1）审查工作可靠性；

2）线路停、送电和许可工作的命令是否正确；

3）许可的接地等安全措施是否正确完备。（×）

Jf5B4213 专责监护人职责：

1）确认被监护人员和监护范围；

2）工作前，对被监护人员交待监护范围内的安全措施、告知危险点和安全注意事项；

3）监督被监护人员遵守本规程和执行现场安全措施，及时纠正被监护人员的不安全行为。（√）

Jf5B5214 许可开始工作的命令，方法可采用：当面通知；电话下达；派人送达。（√）

Jf5B5215 工作许可手续完成后，工作负责人、专责监护人应向工作班成员交待工作内容、人员分工、进行危险点告知，并履行确认手续，装完工作接地线后，工作班方可开始工作。工作负责人、专责监护人应始终在工作现场，对工作班人员的安全进行认真监护，及时纠正不安全的行为。（×）

Jf5B5216 在线路停电时进行工作，专责监护人在班组成员确无触电等危险的条件下，可以参加工作班工作。（×）

Jf5B5217 在工作中遇雷、雨、大风或其他任何情况威胁到工作人员的安全时，工作负责人或专责监护人可根据情况，快速进行工作。（×）

Jf5B5218 完工后，工作负责人（包括小组负责人）应检查线路检修地段的状况，确认在杆塔上、导线上、绝缘子串上及其他辅助设备上没有遗留的个人保安线、工具、材料等，查明全部工作人员确由杆塔上撤下后，再命令拆除工作地段所挂的接地线。接地线拆除后，应即认为线路带电，不准任何人再登杆进行工作。（√）

Jf5B5219 停电；验电；接地；使用个人保安线；悬挂标示牌和装设遮栏（围栏）。（√）

Jf5B5220 成套接地线应用由透明护套的多股软铜线组成，其截面面积不准小于 $25mm^2$，同时应满足装设地点短路电流的要求。（√）

Jf5B5221 装设接地线时，应先接接地端，后接导线端，接地线应接触良好、连接可靠。拆接地线的顺序与此相反。（√）

Jf5B5222 接地体的截面面积不准小于 $200mm^2$（如 $\phi16$ 圆钢）。接地体在地面下深度不准小于 0.6m。（×）

Jf5B5223 装设时，应先接接地端，后接导线端，且接触良好，连接可靠。拆个人保安线的顺序与此相反。（√）

Jf5B5224 个人保安线应使用有透明护套的多股软铜线，截面面积不准小于 $16mm^2$，且应带有绝缘手柄或绝缘部件。（√）

Jf5B5225 巡线人员发现导线、电缆断落地面或悬挂空中，应设法防止行人靠近断线地点 10m 以内，以免跨步电压伤人，并迅速报告调度和上级，等候处理。(×)

Jf5B5226 操作票应用黑色或蓝色钢（水）笔或圆珠笔逐项填写。(√)

Jf5B5227 倒闸操作应由两人进行，一人操作，一人监护，并认真执行唱票、复诵制。(√)

Jf5B5228 雷电时，快速进行倒闸操作和更换熔丝工作。(×)

Jf5B5229 作业的导、地线还应在工作地点接地。绞车等牵引工具应接地。(√)

Jf5B5230 同杆塔架设的多回线路中部分线路停电或直流线路中单极线路停电检修，应在工作人员对带电导线最小距离不小于 15m 的安全距离时，才能进行。(×)

Jf5B5231 遇有五级以上的大风时，禁止在同杆塔多回线路中进行部分线路停电检修工作及直流单极线路停电检修工作。(√)

Jf5B5232 在杆塔上进行工作时，可以进入带电侧的横担，或在该侧横担上放置任何物件。(×)

Jf5B5233 绑线要在下面绕成小盘再带上杆塔使用。禁止在杆塔上卷绕或放开绑线。(√)

Jf5B5234 绞车等牵引工具应接地，放落和架设过程中的导线亦应接地，以防止产生感应电。(√)

Jf5B5235 在±660kV 及以上电压等级的直流线路单极停电侧进行工作时，必须穿着全套屏蔽服。(×)

Jf5B5236 带电更换架空地线或架设耦合地线时，应通过金属滑车可靠接地。(√)

Jf5B5237 用绝缘绳索传递大件金属物品（包括工具、材料等）时，杆塔或地面上作业人员应将金属物品接地后再接触，以防电击。(√)

1.3 多选题

La5c1001 磁体具有以下性质(　　)。

(A) 吸铁性和磁化性

(B) 具有南北两个磁极，即N极（北极）和S极（南极）

(C) 不可分割性

(D) 磁极间有相互作用

答案：ABCD

La5c1002 力的三要素内容是(　　)。

(A) 大小　(B) 速度　(C) 方向　(D) 作用点

答案：ACD

La5c1003 投影法分为(　　)。

(A) 垂直投影法　(B) 中心投影法　(C) 平行投影法　(D) 斜投影法

答案：BC

La5c1004 下列属于物体保持静止的条件有(　　)。

(A) 受到两个反方向力的作用　(B) 合力等于零

(C) 受到两个相等的力的作用　(D) 合力矩等于零

答案：BD

La5c1005 已知(　　)单一条件可以画出正六边形。

(A) 对角线长度作图　(B) 对边长作图

(C) 六边形边长作图　(D) 内角角度

答案：AB

La5c2006 (　　)是组成物体的基本几何元素。

(A) 点　(B) 直线　(C) 平面　(D) 角度

答案：ABC

La5c2007 静力学公理包括(　　)。

(A) 二力平衡公理　(B) 加减平衡力系公理

(C) 力的平行四边形法则　(D) 力的可传性原理

(E) 三力平衡正交定理

答案：ABCDE

La5c2008 雷电的参数包括(　　)。

(A) 雷电流的幅值　　(B) 雷电通道波阻抗

(C) 雷电持续时间　　(D) 雷曝日及雷曝小时

(E) 雷电波的速度

答案：ABDE

La5c2009 四端钮接地电阻测量仪 P_2、C_2、P_1、C_1 端钮在测量接地电阻时的用途为(　　)。

(A) P_2、C_2 短接与被测接地体相连　　(B) P_1、C_1 短接与被测接地体相连

(C) P_1 接电位辅助探针　　(D) C_2 接电流辅助探针

(E) C_1 接电流辅助探针

答案：ACE

La5c2010 注写文本包括(　　)。

(A) 画箭头　　(B) 注写尺寸数字

(C) 填写标题栏　　(D) 其他文字

答案：ABCD

La5c3011 粗实线在图上的一般应用(　　)。

(A) 可见轮廓线　　(B) 尺寸界线　　(C) 可见过渡线　　(D) 引出线

答案：AC

La5c3012 电力系统内常见的内过电压有(　　)。

(A) 大气过电压　　(B) 切空载变压器过电压

(C) 弧光接地过电压　　(D) 感应过电压

(E) 谐振过电压

答案：BCE

La5c3013 平面力系包括(　　)等类型。

(A) 平面汇交力系　　(B) 平面平行力系

(C) 平面任意力系　　(D) 平面力偶系

答案：ABCD

La5c3014 平面图形中的线段（直线和圆弧）定形尺寸均已知，根据其定位尺寸的完整与否可分为(　　)。

(A) 已知线段　　(B) 中间线段　　(C) 连接线段　　(D) 首端线段

答案：ABC

La5c4015 电力系统等值电路中，所有参数应归算到同一电压等级（基本级）的参数。关于基本级的选择，下述说法中不正确的是(　　)。

(A) 必须选择最高电压等级作为基本级

(B) 在没有明确要求的情况下，选择最高电压等级作为基本级

(C) 在没有明确要求的情况下选择最低电压等级作为基本级

(D) 选择发电机电压等级作为基本级

答案：ACD

La5c4016 关于基尔霍夫第一定律的正确说法有(　　)。

(A) 该定律基本内容是研究电路中各支路电流之间的关系

(B) 电路中任何一个节点（即3个以上的支路连接点叫节点）的电流其代数和为零，其数学表达式为 $\Sigma I=0$

(C) 规定一般取流入节点的电流为正，流出节点的电流为负

(D) 基本内容是研究回路中各部分电流之间的关系

答案：BC

La5c4017 三端钮接地电阻测量仪 E、P、C 在测量接地电阻时的用途为(　　)。

(A) E 接电位辅助探针

(B) E 接被测接地体

(C) C 接电流辅助探针

(D) P 接电位辅助探针

答案：BCD

La5c4018 下面不是国家标准规定表达机件的内部结构形状的是(　　)。

(A) 视图　(B) 剖视图　(C) 断面图　(D) 局部放大图

答案：ACD

La5c5019 关于基尔霍夫第二定律的正确说法是(　　)。

(A) 对于电路中任何一个闭合回路内，各段电压的代数和为零

(B) 其数学表达式为 $\Sigma U=0$ 或 $\Sigma E=\Sigma IR$，即任一闭合回路中各电阻元件上的电压降代数和等于电动势代数和

(C) 规定电压方向与绕行方向一致者为正，相反取负

(D) 基本内容是研究回路中各部分电压之间的关系

答案：ACD

La5c5020 平面根据其对投影面得相对位置不同，可以分为(　　)。

(A) 一般位置平面

(B) 投影面的垂直面

(C) 投影面的平行面

(D) 投影面的斜面

答案：ABC

La5c5021 平面汇交力系平衡的必要和充分条件是(　　)。

(A) ΣFix＝0　(B) ΣFiy＝0　(C) ΣM＝0　(D) ΣFiy＝ΣFix

答案：AB

Lb5c1022 架空线路杆塔作用有(　　)。

(A) 支承导线、避雷线及其附件

(B) 避免杆塔出现上拔、下压与倾覆

(C) 保证杆塔接地电阻符合要求

(D) 使导线与地面之间保持足够的安全距离

答案：AD

Lb5c1023 架空线路裸导线的型号的组成为(　　)。

(A) 导线的材料　(B) 导线的直径　(C) 导线的结构　(D) 导线的载流截面

答案：ACD

Lb5c1024 双回架空线路导线常见的排列方式有(　　)。

(A) 水平排列　(B) 垂直排列　(C) 鼓形排列　(D) 伞形排列

答案：BCD

Lb5c1025 下列关于巡线时应遵守的规定，说法正确的是(　　)。

(A) 新担任巡线工作的人员可以单独巡线

(B) 巡线人员发现导线断落地面或悬吊空中时，应设法防止行人靠近断线地点 8m 以内，同时迅速向上级领导报告，等候处理

(C) 单人巡线，禁止攀登杆塔，以免因无人监护造成触电

(D) 夜间巡线应沿线路外侧进行，大风巡线时应沿线路上风侧前进

答案：BCD

Lb5c1026 线路接地装置分为(　　)。

(A) 接地引下线　(B) 接地体　(C) 架空地线　(D) 杆塔

答案：AB

Lb5c1027 夜巡的主要检查项目有(　　)。

(A) 连接器过热现象

(B) 绝缘子污秽泄漏放电火花

(C) 导线的电晕现象

(D) 跳线与杆塔间空气间隙变化

答案：ABC

Lb5c2028 架空线的线材使用应满足的特性有（ ）。

（A）电阻率高　　（B）耐热好

（C）耐振、耐磨、耐化学腐蚀　　（D）质轻价廉，性能稳定

（E）机械强度高，弹性系数小

答案：BCD

Lb5c2029 架空线路导线常见的排列方式有（ ）。

（A）水平排列　（B）三角形排列　（C）鼓形排列　（D）垂直排列

答案：ABCD

Lb5c2030 架空线路的导线制成钢芯铝绞线的原因有（ ）。

（A）机械强度要求低　　（B）机械强度要求高

（C）需要较好的导电率　　（D）交流电的趋肤效应

答案：BCD

Lb5c2031 架空线路杆塔荷载分为（ ）。

（A）水平荷载　（B）纵向荷载　（C）垂直荷载　（D）横向荷载

答案：ABC

Lb5c2032 架空线路施工工序有（ ）。

（A）编写作业指导书　　（B）基础施工

（C）杆塔组立　　（D）架线

答案：BCD

Lb5c2033 输电线路检修的目的是（ ）。

（A）完成上级安排的工作

（B）消除各种缺陷，提高线路完好水平

（C）预防事故发生，确保线路安全供电

（D）提高检修质量

答案：BC

Lb5c2034 下列属于复合多股导线的有（ ）。

（A）铝合金绞线　（B）钢绞线　（C）铝绞线　（D）普通钢芯铝绞线

答案：AD

Lb5c2035 下列属于现行线路防污闪事故的措施有（ ）。

（A）定期清扫绝缘子

（B）定期测试和更换不良绝缘子

（C）增加绝缘子串的片数，提高线路绝缘水平
（D）既是重污区又是多雷区优先选用防污型瓷绝缘子
（E）采用憎水性涂料
答案：ABCE

Lb5c2036 夜间巡线的主要检查项目是（ ）。
（A）快速寻找故障点，迅速恢复供电 （B）连接器过热现象
（C）绝缘子污秽泄漏放电火花 （D）导线的电晕现象
答案：BCD

Lb5c3037 架空地线（镀锌钢绞线）常用的接续方法有（ ）。
（A）插接法 （B）钳压法 （C）液压法 （D）爆压法
答案：CD

Lb5c3038 架空线路采用分裂导线可以（ ）。
（A）减小线路电晕 （B）增加导线截面
（C）减小线路阻抗 （D）减小导线电阻
答案：AC

Lb5c3039 架空线路的绝缘子，它应（ ）。
（A）具有足够的绝缘强度和机械强度
（B）对化学杂质的侵蚀具有足够的抗御能力
（C）能耐受冰雪灾害
（D）能适应周围大气条件的变化
答案：ABD

Lb5c3040 架空线路与电缆线路相比，有如下优点：（ ）。
（A）结构简单，技术要求不高 （B）施工、检修方便，建设费用低
（C）事故概率低，供电可靠性高 （D）散热性能好，输送容量大
答案：ABD

Lb5c3041 输电线路的设计用气象条件，广义的是指那些与架空线路的（ ）有关的气象参数。
（A）雷电参数 （B）覆冰情况 （C）电气强度 （D）机械强度
答案：CD

Lb5c3042 输电线路中广泛使用钢芯铝绞线，是因为它有以下优点：（ ）。
（A）不仅有较好的机械强度，且有较高的电导率

（B）由于中间有钢芯，使铝截面增加
（C）由于中间有钢芯，使铝线截面的载流作用得到充分利用
（D）钢芯机械强度高，所以导线的机械荷载则由钢芯承担
答案：AC

Lb5c3043 送电线覆冰对导线安全运行的威胁主要有（ ）。
（A）使导线、杆塔荷载增大，严重时甚至断导线、倒杆塔
（B）使导线弧垂显著增大
（C）使导线跳跃
（D）引起导线摇摆
答案：ABC

Lb5c3044 下列能消除导线上覆冰的方法有（ ）。
（A）用绝缘杆敲打脱冰
（B）用木制套圈脱冰
（C）用滑车除冰器脱冰
（D）改变电力网的运行方式，减小负荷电流
答案：ABC

Lb5c3045 选择导线的排列方式时，主要看其（ ）。
（A）对线路运行的可靠性
（B）对施工安装、维护检修是否方便
（C）能否简化杆塔结构，减小杆塔头部尺寸
（D）能否保证各种安全距离
答案：ABC

Lb5c3046 氧化锌避雷器的特点有（ ）。
（A）体积大，重量轻　　（B）无续流
（C）结构复杂，通流能力强　　（D）无间隙
（E）残压低
答案：BDE

Lb5c4047 多股绞线相邻层间的捻层方向不同的原因有（ ）。
（A）相当于减少导线直径　　（B）减少施工困难
（C）降低导线性能　　（D）减少电晕损耗
答案：BD

Lb5c4048 架空地线是接地的，其作用是当雷击线路时（ ）。
（A）把雷电流引入大地
（B）使塔顶始终保持地电位
（C）保证线路不被雷击
（D）保护线路绝缘免遭大气过电压的破坏
答案：AD

Lb5c4049 输电线路导线截面的基本选择和校验方法是（ ）。
（A）按容许电压损耗选择
（B）按经济电流密度选择
（C）按满足五年内电网发展规划选择
（D）按满足环境保护需求校验
（E）按电晕条件校验
答案：AB

Lb5c4050 跳线安装的要求是（ ）。
（A）跳线成悬链线状自然下垂
（B）跳线弧垂要小
（C）引流板连接要光面对光面
（D）螺栓按规程规定要求拧紧
答案：ACD

Lb5c4051 下列属于坍落度评价的主要指标有（ ）。
（A）混凝土和易性
（B）混凝土密实性
（C）混凝土强度
（D）混凝土稀稠程度
答案：AD

Lb5c4052 现行线路防污闪事故的措施一般方式为（ ）。
（A）完善防污闪管理体系
（B）严格执行绝缘子质量的全过程管理
（C）定期对对外绝缘表面的盐密测量、污秽调查和运行巡视
（D）新建或扩建的输变电设备外缘配置应以污秽区分布图为基础，在留有裕度的前提下选取绝缘子的种类、伞形和爬距
（E）运行设备外绝缘的爬距不满足的应予以调整
（F）坚持适时的、保证质量的清扫，定期测试和更换不良绝缘子
（G）合理选用硅橡胶复合绝缘子
答案：ABCDEFG

Lb5c4053 在架空线路定期巡视中，属于架空导线、避雷线的巡视内容有(　　)。

(A) 导线、地线锈蚀、断股、损伤或闪络烧伤

(B) 导线、地线弧垂变化、相分裂导线间距变化

(C) 导线、地线在线夹内滑动

(D) 导线、地线连续金具过热、变色、变形、滑移

(E) 导线、地线上悬挂有异物

答案：ABDE

Lb5c5054 风对输电线路的影响主要有(　　)。

(A) 增加了作用在导线和杆塔上的荷载

(B) 改变了带电导线与横担、杆塔等接地部件的距离

(C) 引起导线振动和舞动

(D) 引起导线跳跃

答案：ABC

Lb5c5055 输电线路导线覆冰形成的气候条件一般是(　　)。

(A) 空气相对湿度在60%左右

(B) 周围空气温度在−2～−10℃

(C) 风速在5～15m/s范围内

(D) 空气相对湿度在90%左右

答案：BCD

Lb5c5056 影响架空线振动的因素有(　　)。

(A) 风速、风向

(B) 悬点高度

(C) 导线弧垂

(D) 档距

(E) 导线自重

答案：ABD

Lb5c5057 在连续倾斜档紧线时，导致绝缘子串出现的情况的原因有(　　)。

(A) 各档导线最低点水平张力相等

(B) 各档导线最低点不处于同一水平线上

(C) 各档导线最低点水平张力不等

(D) 各档导线最低点处于同一水平线上

答案：BC

Lc5c1058 《国家电网公司电力安全工作规程》规定电力线路工作人员必须具备条件为(　　)。

(A) 经医生鉴定无妨碍工作的病症（体格检查每两年至少一次）

(B) 具备必要的电气知识和业务技能

（C）熟悉《国家电网公司电力安全工作规程》，并经考试合格
（D）学会紧急救护方法，特别要学会触电急救
（E）取得进网电工作业资格证
答案：ABD

Lc5c1059 保证作业安全的组织措施包括（ ）。
（A）停电 （B）工作许可制度
（C）挂接地线 （D）工作间断制度
（E）工作票制度
答案：BDE

Lc5c1060 电力供应与使用双方应当根据（ ）原则，按照国务院制定的电力供应与使用办法签订供用电合同，确定双方的权利和义务。
（A）平等互利 （B）利益共享 （C）平等自愿 （D）协商一致
答案：CD

Lc5c1061 对验电和挂接地线人员的要求有（ ）。
（A）应戴手套操作 （B）持绝缘棒操作
（C）设专人监护 （D）人体可以触及接地体
答案：BC

Lc5c1062 《国家电网公司电力安全工作规程》规定电力线路工作人员必须具备的条件有（ ）。
（A）熟悉《国家电网公司电力安全工作规程》（发电厂和变电所电气部分），并经考试合格
（B）经医生鉴定无妨碍工作的病症
（C）具备必要的电气知识和业务技能
（D）学会紧急救护方法，特别要学会触电急救
答案：BCD

Lc5c1063 基本安全用具一般包括（ ）。
（A）绝缘操作棒 （B）绝缘夹钳 （C）验电器 （D）安全帽
答案：ABC

Lc5c1064 经常发生触电的形式有（ ）。
（A）单相触电 （B）两相触电 （C）跨步电压触电 （D）接触电压触电
答案：ABCD

Lc5c1065 下列属于基本安全用具的有（ ）。
（A）脚扣 （B）绝缘操作棒 （C）绝缘夹钳 （D）验电器
答案：BCD

Lc5c2066 “三个百分之百”保安全是指(　　)百分之百。

(A) 人员　　(B) 设备　　(C) 时间　　(D) 力量

答案：ACD

Lc5c2067 《国家电网公司电力安全工作规程》对单人夜间、事故情况下的巡线工作的规定有(　　)。

(A) 当发现导线断线落地或悬在空中，应维护现场，应设法防止行人靠近导线落地点 6m 以内，并及时与部门负责人取得联系

(B) 大风巡线应沿线路下风侧前进

(C) 夜间巡线时应沿线路外侧进行

(D) 特殊巡视应注意选择路线，防止出现人身伤害

(E) 事故巡线时应始终认为线路带电

答案：CDE

Lc5c2068 挂、拆接地线的步骤是(　　)。

(A) 挂接地线时，先接接地端，后接导线端

(B) 挂接地线时，先接导线端，后接接地端

(C) 拆除接地线时，先拆接地端，后拆导线端

(D) 拆除接地线时，先拆导线端，后拆接地端

答案：AD

Lc5c2069 基本安全用具是指(　　)。

(A) 导电性能高的安全用具

(B) 绝缘强度高的安全用具

(C) 电阻率低的安全用具

(D) 能长期承受工作电压作用的安全用具

答案：BD

Lc5c2070 下列施工条件下，工作人员必须戴安全帽的有(　　)。

(A) 深度超过 1.0m 的坑下作业

(B) 土石方爆破

(C) 坑下混凝土捣固

(D) 高空作业和进入高空作业区下面的工作

(E) 起重吊装和杆塔组立准备工作

答案：BCD

Lc5c3071 安全帽能对头部起保护作用的原因是(　　)。

(A) 避免了集中打击一点

(B) 头顶与帽之间的空间能吸收能量
(C) 起到缓冲作用
(D) 安全帽出厂前经受了静负荷、冲击负荷、耐穿刺性能试验
答案：ABC

Lc5c3072 符合(　　)施工条件下，工作人员必须戴安全帽。
(A) 深度超过1.5m的坑下作业
(B) 土石方爆破
(C) 坑下混凝土捣固
(D) 高空作业和进入高空作业区下面的工作
(E) 起重吊装和杆塔组立
答案：ABCDE

Lc5c3073 关于在杆塔上工作应采取安全措施有(　　)。
(A) 在杆塔上工作，必须使用安全带和戴安全帽
(B) 安全带应系在电杆及牢固的构件上，应防止安全带从杆顶脱出或被锋利物伤害
(C) 系安全带后必须检查扣环是否扣牢
(D) 为方便在杆塔上作业转位，可以在转位时，解开安全带
(E) 为加快施工进度，可以在杆上操作人员即将结束时，拆除拉线
答案：ABC

Lc5c3074 下列属于检修杆塔时的安全规定的有(　　)。
(A) 不得随意拆除受力构件，如需拆除应事先做好补强措施
(B) 杆塔倾斜需调整，应马上进行
(C) 杆塔上有人时不准调整拉线
(D) 杆塔上有人工作时，不准拆除拉线
答案：ACD

Lc5c4075 规程规定：在中性点直接接地的电力网中，对换位的要求(　　)。
(A) 长度超过50km的线路，均应换位
(B) 长度超过100km的线路，均应换位
(C) 换位循环长度不宜大于200km
(D) 长度超过200km的线路，均应换位
答案：BC

Jd5c1076 送电线路的的组成有(　　)。
(A) 杆塔　　(B) 基础　　(C) 导线　　(D) 避雷线
答案：ABCD

Jd5c2077 单回架空线路导线常见的排列方式有（ ）。
（A）水平排列 （B）三角形排列 （C）鼓形排列 （D）伞形排列
答案：AB

Jd5c2078 杆塔上螺栓的穿向，对立体结构应符合如下规定：（ ）。
（A）水平方向由内向外 （B）垂直方向由下向上
（C）顺线路方向由送电侧穿入 （D）斜向者宜由斜下向斜上
答案：ABCD

Jd5c2079 关于直线杆塔下列说法正确的有（ ）。
（A）一般位于线路的直线段 （B）正常情况不承受顺线方向张力
（C）绝缘子串是垂直悬挂的 （D）杆塔沿直线排列
答案：ABC

Jd5c2080 塔身的材料按构件可分为（ ）。
（A）主材 （B）斜材 （C）横隔材 （D）辅助材
（E）塔脚材
答案：ABCD

Jd5c2081 下列（ ）属于承力杆塔。
（A）耐张杆塔 （B）转角杆塔 （C）终端杆塔 （D）直线塔
答案：ABC

Jd5c2082 下列属于架空输电线路的结构组成元件有（ ）。
（A）导线、地线 （B）接地装置 （C）杆塔、基础 （D）绝缘子、金具
（E）拉线及其附件
答案：ABCDE

Jd5c2083 下列属于普通拉线的构成部分有（ ）。
（A）楔形线夹 （B）拉线钢绞线（中把）
（C）卡盘 （D）拉盘
（E）UT 线夹
答案：ABDE

Jd5c3084 “线路转角”即为（ ）。
（A）转角杆塔两侧线路的夹角
（B）转角杆塔两侧导线张力的角度合力
（C）线路转向内角的补角

（D）原线路方向的延长线与线路方向的夹角

答案：CD

Jd5c3085　承力杆塔按用途可分为（　　）。

（A）耐张杆塔　　（B）终端杆塔　　（C）分歧杆塔　　（D）耐张换位杆塔

（E）直线杆塔

答案：ABCD

Jd5c3086　杆塔构件的运输方式有（　　）。

（A）汽车运输　　（B）拖拉机运输

（C）人力或特殊运输　　（D）船只运输

答案：ABCD

Jd5c3087　接地体采用搭接焊接时的要求有（　　）。

（A）圆钢搭接长度应为其直径的4倍，并应双面施焊

（B）连接前应清除连接部位的氧化物

（C）圆钢搭接长度应为其直径的6倍，并应双面施焊

（D）扁钢搭接长度应为其宽度的2倍，并应四面施焊

答案：BCD

Jd5c3088　停电清扫不同污秽绝缘子的操作方法有（　　）。

（A）一般污秽：用抹布擦净绝缘子表面

（B）粘结牢固的污秽：绝缘子可更换新绝缘子

（C）含有机物的污秽：用浸有溶剂（汽油、酒精、煤油）的抹布擦净绝缘子表面，并用干净抹布最后将溶剂擦干净

（D）粘结层严重的污秽：用刷子刷去污秽层后用抹布擦净绝缘子表面

答案：AC

Jd5c3089　下列属于用抱箍连接的门杆叉梁的要求有（　　）。

（A）叉梁上端抱箍的组装尺寸允许偏差为±50mm

（B）横隔梁的组装尺寸允许偏差为±60mm

（C）分股组合叉梁组装后应正直，不应有明显鼓肚、弯曲

（D）横隔梁的组装尺寸允许偏差为±50mm

答案：ACD

Jd5c3090　一般等径电杆的直径分别为（　　）mm。

（A）300　　（B）400　　（C）450　　（D）500

答案：AB

Jd5c3091 转角杆塔的型式有(　　)之分。

(A) 终端型　　(B) 转角型　　(C) 耐张型　　(D) 直线型

答案：CD

Jd5c4092 “绝缘地线”对防雷作用毫无影响，且还能(　　)。

(A) 利用地线作载流线　　(B) 作为载波通信通道

(C) 减小线路附加电能损耗　　(D) 对小功率用户供电

答案：ABCD

Jd5c4093 导地线损伤在下列情况下允许缠绕修补的是(　　)。

(A) 钢芯铝绞线或钢芯铝合金绞线，在同一截面处损伤超过修复标准，但强度损失不超过总拉断力的5%，且截面面积损伤不超过总截面面积的7%时

(B) 钢芯铝绞线或钢芯铝合金绞线，在同一截面处损伤超过修复标准，但强度损失不超过总拉断力的5%，且截面面积损伤不超过总截面面积的15%时

(C) 镀锌钢绞线为19股者断1股的情况

(D) 镀锌钢绞线为7股者断1股的情况

答案：AC

Jd5c4094 下列选项属于杆塔的呼称高的组成部分有(　　)。

(A) 绝缘子串的长度　　(B) 最大安全距离

(C) 导线的最大弧垂　　(D) 考虑测量、施工误差所留裕度

答案：ACD

Jd5c5095 不同风力对架空线运行的影响有(　　)。

(A) 风速为0.5～4m/s时，易引起架空线因舞动而断股甚至断线

(B) 风速为0.5～8m/s时，易引起架空线因振动而断股甚至断线

(C) 风速为8～15 m/s时，易引起架空线因跳跃而发生碰线故障

(D) 大风引起导线不同期摆动而发生相间闪络

答案：BCD

Je5c1096 一般小工具应根据工具的功能选用(　　)或(　　)材料制作。

(A) 木板　　(B) 金属

(C) 绝缘　　(D) 塑料

(E) 橡胶

答案：BC

Je5c1097 钢筋混凝土电杆的优点是(　　)。

(A) 经久耐用　　(B) 可以分段制造，运输方便

(C) 维护简单，运行费用低　　(D) 较铁塔节约钢材

答案：ACD

Je5c1098　绝缘子的作用是(　　)。

(A) 支撑导线　　(B) 固定导线

(C) 使导线与杆塔之间保持绝缘状态　　(D) 调节导线松紧

答案：BC

Je5c2099　对硬质梯子的要求是(　　)。

(A) 坚固完整

(B) 支柱能承受作业人员及所携带的工具材料攀登时的总重量

(C) 梯阶大于 40cm

(D) 横档应嵌在支柱上

(E) 长度在 5m 以上；

(F) 在距梯顶 1m 处设限高标志

答案：ABCDF

Je5c2100　杆塔钢筋混凝土基础“三盘”是指(　　)。

(A) 拉线盘　　(B) 卡盘　　(C) 磁盘　　(D) 底盘

答案：ABD

Je5c2101　钢丝绳按绕捻方向可分为(　　)。

(A) 顺绕　　(B) 逆绕

(C) 交绕　　(D) 混绕

答案：ACD

Je5c2102　关于混凝土施工中应注意有(　　)。

(A) 使用合格的原材料

(B) 正确掌握砂、石配合比

(C) 合理地搅拌、振捣、养护

(D) 为加快施工进度，可以多处同时浇筑混凝土

答案：ABC

Je5c2103　接续金具包括(　　)。

(A) 接续管及补修管　　(B) 并沟线夹

(C) 预绞丝　　(D) U 形挂环

答案：ABC

Je5c2104　经纬仪使用时的基本操作环节有(　　)。

(A) 对中　　(B) 整平

(C) 对光　　(D) 瞄准

(E) 精平和读数

答案：ABCDE

Je5c2105　拉线金具主要用于杆塔拉线的(　　)。

(A) 紧固　　(B) 接续　　(C) 调整　　(D) 连接

答案：ACD

Je5c2106　起重葫芦可分为(　　)等。

(A) 手拉葫芦　　(B) 绳拉葫芦　　(C) 手摇葫芦　　(D) 手扳葫芦

答案：ACD

Je5c2107　起重滑车按用途可分为(　　)。

(A) 定滑车　　(B) 动滑车　　(C) 滑车组　　(D) 平衡滑车

答案：ABCD

Je5c2108　下列属于常用线路金具的有(　　)。

(A) 线夹类金具　　(B) 合成绝缘子　　(C) 连接金具　　(D) 保护金具

(E) 调节金具

答案：ACDE

Je5c3109　拌制混凝土尽可能选用较粗的砂的原因为(　　)。

(A) 易与水泥浆完全胶合　　(B) 有利于提高混凝土强度

(C) 单位体积的表面积大　　(D) 可以减少混凝土搅拌时间

答案：AB

Je5c3110　采用螺栓连接构件时，应符合的技术规定是(　　)。

(A) 螺杆应与构件面垂直，螺杆头平面与构件间不应有空隙

(B) 螺母拧紧后，螺杆露出螺母的长度：对单螺母不应小于两个螺距，对双螺母可与螺杆相平

(C) 螺杆必须加垫者，每端不宜超过两个垫片

(D) 螺杆的防松、防卸应符合设计要求

答案：ABCD

Je5c3111　采用楔形线夹连接拉线，安装时规定有(　　)。

(A) 同组拉线使用两个线夹时其尾端方向应统一

（B）线夹的舌板与拉线应紧密接触，受力后不应滑动

（C）拉线弯曲部分不应有明显的松股，尾线宜露出线夹 150～350mm，尾线与本线应扎牢

（D）线夹的凸肚在尾线侧，安装时不应使线股受损

答案：ABD

Je5c3112 冬季混凝土施工增强混凝土早期强度的方法有（　　）。

（A）使用早强水泥　　（B）增大水灰比，加强捣固

（C）增加混凝土搅拌时间　　（D）用热材料拌制混凝土

（E）使用早强剂

答案：ACDE

Je5c3113 混凝土按密度可分为（　　）。

（A）特重混凝土　　（B）重混凝土

（C）大体积混凝土　　（D）稍轻混凝土

（E）特轻混凝土

答案：ABDE

Je5c3114 绞磨主要有（　　）几部分组成。

（A）磨芯　　（B）地锚　　（C）推杆　　（D）支架

答案：ACD

Je5c3115 捆绑物件的操作要点有（　　）。

（A）捆绑前根据物件形状、重心位置确定合适的绑扎点

（B）捆扎时考虑起吊、吊索与水平面要有一定的角度（以 45°为宜）

（C）捆扎有棱角物件时应垫以木板、旧轮胎等，以免物件棱角和钢丝绳受损

（D）可以用单根吊索吊重量较轻的物体

（E）要考虑吊索拆除时方便，重物就位后是否会吊索压住压坏

答案：ABCE

Je5c3116 起重抱杆按材料分类可分为（　　）。

（A）角钢抱杆　　（B）钢管抱杆　　（C）铝合金抱杆　　（D）单抱杆

答案：ABC

Je5c3117 下列关于钢筋混凝土结构的缺点论述正确的是（　　）。

（A）自重大

（B）抗拉强度比抗压强度低得多

（C）养护期长、冬期施工养护困难

（D）硬化时间短，不易操作
（E）夏季施工，凝固时间快，水化热大，容易出现裂纹
答案：ABCE

Je5c3118 下列关于钢筋混凝土结构的优点论述正确的是（ ）。
（A）造价低，砂、石、水等不仅价格低，而且还可就地取材
（B）抗压强度高，近似天然石材，且在外力作用下变形较小
（C）强度可根据原材料和配合比的变化灵活掌握
（D）容易做成所需形状
（E）稳固性和耐久性好
答案：ABCDE

Je5c3119 下列属于锚固工具的有（ ）。
（A）地锚 （B）地钻 （C）船锚 （D）木桩
答案：ABC

Je5c3120 悬垂线夹用于（ ）。
（A）将导线固定在直线杆塔的悬垂绝缘子串上
（B）将地线悬挂在直线杆塔上
（C）换位杆塔上支持换位导线
（D）非直线杆塔上跳线的固定
答案：ABCD

Je5c3121 影响混凝土强度的因素有（ ）。
（A）水泥品种 （B）水灰比 （C）骨料品种 （D）养护条件
（E）捣固方式
答案：BDE

Je5c3122 用于槽形绝缘子的连接应选（ ）。
（A）平行挂板 （B）球头挂环
（C）U形挂板 （D）单（双）联碗头挂板
答案：AC

Je5c3123 用于球窝形绝缘子的连接应选（ ）。
（A）平行挂板 （B）球头挂环
（C）直角挂板 （D）单（双）腿碗头挂板
答案：BD

Je5c3124　预制混凝土卡盘安装要求有(　　)。

(A) 卡盘安装位置及方向应符合图纸规定

(B) 直线杆卡盘一般沿线路左右交叉埋设

(C) 承力杆卡盘一般埋于张力侧

(D) 卡盘安装前应将其下部回填土夯实，其深度允许偏差不应超过±60mm

答案：ABC

Je5c4125　安装悬垂绝缘子串要求有(　　)。

(A) 绝缘子的规格和片数应符合设计规定，单片绝缘子良好

(B) 绝缘子串应与地面垂直，个别情况下，顺线路方向的倾斜度一般不应超过5°，最大偏移值不应超过200mm

(C) 绝缘子串上的穿钉和弹簧销子的穿入方向为：悬垂串，两边线由外向内穿中线由左向右穿分裂导线上的穿钉、螺栓，一律由线束外侧向内穿

(D) 穿钉开口销子必须开口60°～90°，销子开口后不得有折断、裂纹等现象，禁止用线材代替开口销子穿钉呈水平方向时，开口销子的开口应向下

答案：ABD

Je5c4126　抱杆按其形式可分为(　　)。

(A) 独脚抱杆　　(B) 人字抱杆　　(C) 系缆抱杆　　(D) 龙门抱杆

答案：ABCD

Je5c4127　对正常运行中绝缘子的绝缘电阻的要求有(　　)。

(A) 绝缘子的绝缘电阻用5000V的兆欧表测试时盘形绝缘子大于300MΩ

(B) 绝缘子的绝缘电阻用5000V的兆欧表测试时盘形绝缘子不得小于300MΩ

(C) 500kV线路绝缘子的绝缘电阻用5000V的兆欧表测试时盘形绝缘子大于500MΩ

(D) 500kV线路绝缘子的绝缘电阻用5000V的兆欧表测试时盘形绝缘子不得小于500MΩ

答案：BD

Je5c4128　钢丝绳的编插工艺要求是(　　)。

(A) 破头长度为钢绳直径的45～48倍

(B) 插接长度为钢绳直径的20～24倍

(C) 每股穿插次数不少于4次

(D) 使用前125%的超负荷试验合格

(E) 尾端用铁丝绑扎

答案：ABCD

Je5c4129 混凝土的和易性对混凝土构件质量的影响是(　　)。

(A) 影响构件内部的密实性　　(B) 影响构件表面的质量

(C) 影响构件棱角的质量　　(D) 影响构件的尺寸

答案：ABC

Je5c4130 每一悬垂串上绝缘子的个数，是根据线路的额定电压等级按绝缘配合条件选定的。即应使线路能在(　　)等条件下安全可靠地运行。

(A) 最高运行电压　(B) 操作过电压　(C) 雷电过电压　(D) 工频电压

答案：BCD

Je5c4131 钳工画线的常用量具有(　　)。

(A) 三角板　(B) 万能量角器　(C) 钢板尺　(D) 游标卡尺

(E) 角度规

答案：BCDE

Je5c4132 人工掏挖基坑应注意的事项有(　　)。

(A) 根据土质情况放坡

(B) 坑上、坑下人员应相互配合，以防石块回落伤人

(C) 随时鉴别不同深层的土质状况，防止上层土方塌坍造成事故

(D) 坑挖至一定深度要用梯子上下

(E) 严禁任何人在坑下休息

答案：ABCDE

Je5c4133 下列关于钢筋混凝土电杆在地面组装的顺序及要求正确的是(　　)。

(A) 地面组装的顺序一般为：拉线抱箍→组装地线横担→导线横担→叉梁

(B) 检查杆身是否平直，焊接质量是否良好，各组装部件有无规格错误和质量问题根开、对角线、眼孔方向是否正确，如需拨正杆身或转动眼孔，必须有1～3个施力点

(C) 组装时，如果不易安装或眼孔不对，不要轻易扩孔或强行组装，必须查明原因，妥善处理

(D) 组装完毕，螺栓穿向符合要求，铁构件平直无变形，局部锌皮脱落应涂防锈漆，杆顶堵封良好，混凝土叉梁碰伤、掉皮等问题应补好，所有尺寸符合设计要求

答案：CD

Je5c4134 下列关于钢筋混凝土杆地面组装叙述正确的有(　　)。

(A) 螺栓连接构件越紧越好，以防起吊时损坏构件

(B) 组装横担：可将横担两端稍微翘起10～20mm，以便悬挂后保持水平

(C) 组装叉梁：先安装四个叉梁抱箍，将叉梁交叉点垫高，其中心与叉梁抱箍保持垂直，再装上、下叉梁

(D) 绝缘子组装后在杆顶离地时再挂在横担上，以防绝缘子碰伤

(E) 金具、拉线、爬梯等尽量地面组装，减少高空作业安装完毕后，进行各部分全面检查

答案：BDE

Je5c4135 下列混凝土中水泥的用量说法正确的有(　　)。

(A) 混凝土中水泥用量越多越好，可以提高混凝土强度

(B) 混凝土中水泥用量越少越好，可以提高混凝土强度

(C) 混凝土中水泥用量不能过量，应符合配合比设计要求

(D) 混凝土中水泥用量过多会造成混凝土开裂

答案：CD

Je5c4136 下列属于保护金具的有(　　)。

(A) 间隔棒　　(B) 护线条　　(C) 铝包带　　(D) 均压屏蔽环

答案：ABD

Je5c4137 悬垂串的串数是根据(　　)来决定的。

(A) 导线的最大受力　　(B) 导线最大综合荷载

(C) 导线最大重力　　(D) 导线断线张力

答案：BD

Je5c4138 一般输电线路中，每串耐张串的绝缘子片数应比每串悬垂串同型号绝缘子的个数多1片，是因为(　　)。

(A) 耐张串在正常运行中经常承受较大的导线张力，绝缘子容易劣化

(B) 自洁性能较好

(C) 位于线路末端，承受的电压较高

(D) 对耐张串可靠性要求高

答案：AD

Je5c5139 绞磨主要用于(　　)工作中。

(A) 启动速度不快　　(B) 没有电动卷扬机

(C) 没有电源　　(D) 绳索牵引力不大

答案：ABCD

Je5c5140 水泥细度高的优点有(　　)。

(A) 搅拌后混凝土和易性好

(B) 水泥颗粒越细，其单位体积的面积越大，水化作用越快

(C) 混凝土早期强度高

(D) 混凝土表面光滑

答案：BC

Jf5c2141 下列可能发生骨折的症状有(　　)。

(A) 某部位剧痛　(B) 发生畸变

(C) 肿胀　(D) 功能受限

(E) 骨擦声或骨擦感

答案：ABCDE

Jf5c3142 施行人工呼吸法之前应做好的准备工作有(　　)。

(A) 松裤带，摘假发　(B) 检查口、鼻中有无妨碍呼吸的异物

(C) 测量血压　(D) 解衣扣，摘假牙

答案：BD

1.4 计算题

La5D1001 某一正弦交流电流的表达式为 $i=X_1\sin(314t+30^\circ)A$，则其最大值 I_{max} 为________、有效值 I 为________；角频率 ω 为________；初相角 φ 为________。

X_1取值范围：310～320 之间的整数

计算公式： $I_{max}=X_1A$，$I=\dfrac{X_1}{\sqrt{2}}$，$\omega=314\text{rad/s}$，$\varphi=30^\circ$

La5D1002 某 220kV 输电线路，位于Ⅰ类污秽区，要求其泄漏比距 $S_0=X_1\text{cm/kV}$，每片 XP-60 型绝缘子的泄漏距离 λ 为 290mm。则悬式绝缘子串的绝缘子片数 $N=$________片。

X_1取值范围：1.4～1.7 之间保留一位小数的数值

计算公式： $N=\dfrac{S_0\times1.15\times U}{\lambda}=\dfrac{X_1\times1.15\times220}{29}$

La5D1003 如图所示，有三个电阻串联于电路中，已知 $R_1=X_1\Omega$，$R_2=30\Omega$，$R_3=5\Omega$，且已知电源电压 $U=50\text{V}$，则流经三个电阻上的电流 $I=$________A；电阻 R_1 上的电压 $U_1=$________V；电阻 R_2 上的电压 $U_2=$________V；电阻 R_3 上的电压 $U_3=$________V。

R_1 15Ω　R_2 30Ω　R_3 5Ω　U

X_1取值范围：10～15 之间的整数

计算公式： $I=\dfrac{U}{R_1+R_2+R_3}=\dfrac{50}{X_1+30+5}$，$U_1=\dfrac{R_1U}{R_1+R_2+R_3}=\dfrac{50X_1}{X_1+30+5}$，

$U_2=\dfrac{R_2U}{R_1+R_2+R_3}=\dfrac{30\times50}{X_1+30+5}$，$U_3=\dfrac{R_3U}{R_1+R_2+R_3}=\dfrac{5\times50}{X_1+30+5}$

La5D2004 某耐张段如图所示，若档距 $l_1=250\text{ m}$，$l_2=X_1\text{ m}$，$l_3=240\text{ m}$，则 2 号杆的水平档距 $l_h=$________m。

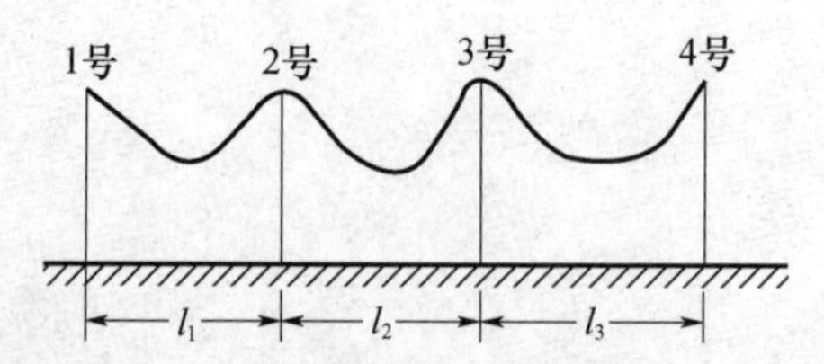

X_1取值范围：260，270，280

计算公式： $l_h=\dfrac{l_1+l_2}{2}=\dfrac{250+X_1}{2}$

La5D2005 某一线路耐张段，有四个档距，分别为 $l_1=X_1$m，$l_2=200$m，$l_3=210$m，$l_4=220$m（不考虑悬挂点高差的影响），则此耐张段代表档距 $l_0=$________m。

X_1取值范围：190，200，210

计算公式：$l_0=\sqrt{\dfrac{l_2^3+l_1^3+l_3^3+l_4^3}{l_2+l_1+l_3+l_4}}=\sqrt{\dfrac{200^3+X_1^3+210^3+220^3}{200+X_1+210+220}}$

La5D2006 某110kV架空输电线路，悬垂串的长度 $\lambda=1.5$m，导线最大弧垂 $f_{max}=X_1$m，裕度 $\Delta h=0.6$m，《国家电网公司电力安全工作规程》规定导线对地最小安全距离 $[h]=6.0$m，则直线杆塔的呼称高 $H_1=$________m 和耐张杆塔的呼称高 $H_2=$________m。

X_1取值范围：5～7之间的整数

计算公式：$H_1=\lambda+f_{max}+[h]+\Delta h=1.5+X_1+6.0+0.6$

$H_2=f_{max}+[h]+\Delta h=X_1+6.0+0.6$

La5D2007 某一铝导线，长度为 X_1m，截面面积 A 为 $4mm^2$，则此导线的电阻 $R=$________Ω。(20℃时的铝电阻率为 $\rho=0.0283\Omega\cdot mm^2/m$)

X_1取值范围：100，200，300，400，500

计算公式：$R=\dfrac{\rho}{A}\times X_1=\dfrac{0.0283}{4}\times X_1=0.007075X_1$

La5D2008 如图所示，某线路两杆塔之间有高差，当采用仪器进行视距测量时，塔尺读数上丝 M 为4.4 m，下丝 N 为1.1 m，仰角 $\alpha=X_1°$，则此线路该档档距 $l=$________m。(视距常数 $K=100$)

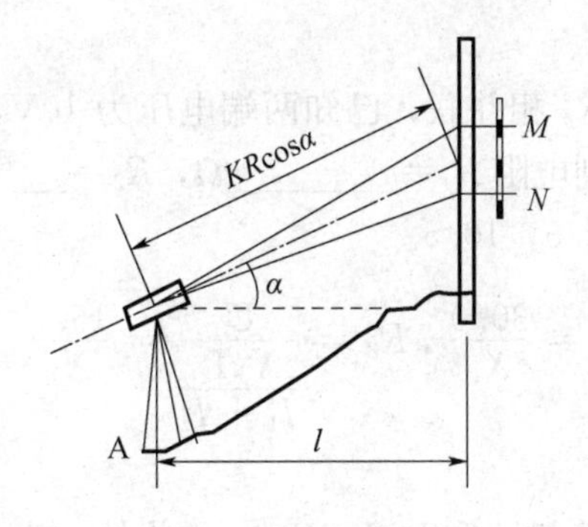

X_1取值范围：25，30，35

计算公式：$l=K(M-N)\cos^2\alpha=330\times\cos^2X_1$

La5D2009 有一电源的电动势 $E=X_1$V，内阻 $r_0=0.4\Omega$，外电路电阻 $R=9.6\Omega$，则电源内部电压降 $U_0=$________V，端电压 $U=$________V。

X_1取值范围：3～6之间的整数

计算公式：$U_0=\dfrac{E}{r_0+R}\times r_0=\dfrac{X_1}{25.0},U=E-U_0=\dfrac{24}{25}X_1$

La5D2010 更换某耐张绝缘子串，导线为 LGJ-150/25 型，其安全系数为$K=X_1$。则收紧导线时，工具需承受的拉力$T=$________N。（已知导线的计算计算拉断力$T_p=$ 54110N）

X_1取值范围：2.5～3.0 之间之间保留一位小数的数值

计算公式：$T=\dfrac{T_p}{K}=\dfrac{54110}{X_1}$

La5D2011 已知某 220kV 线路，直线绝缘子串采用 XP-70 型X_1片，XP-70 型绝缘子泄漏距离$h_x=295$mm，则直线串绝缘子的泄漏比距$\lambda=$________cm/kV。

X_1取值范围：13，14

计算公式：$\lambda=\dfrac{X_1h_x}{1.15U}=\dfrac{X_1\times29.5}{1.15\times220}$

La5D2012 有一条长度为$L=X_1$km 的 110kV 的架空输电线路，导线型号为 LGJ-185/30（$\rho_{铜}=18.8\Omega\cdot mm^2/km$，$\rho_{铝}=31.5\Omega\cdot mm^2/km$），则线路的电阻$R=$________Ω。

X_1取值范围：100，150，200

计算公式：$R=\dfrac{\rho_{铝}L}{185}=\dfrac{31.5\times X_1}{185.0}$

La5D3013 某交流电的周期为X_1s，则这个交流电的频率$f=$________Hz。

X_1取值范围：0.01，0.02，0.04，0.05

计算公式：$f=\dfrac{1}{X_1}$

La5D3014 电阻R_1和R_2相并联，已知两端电压为 10V，总电流为X_1A，两条支路电流之比为$I_1:I_2=1:2$，则电阻$R_1=$________Ω，$R_2=$________Ω。

X_1取值范围：2.5，5，7.5，10.5

计算公式：$R_1=\dfrac{U}{\dfrac{X_1I_1}{I_1+I_2}}=\dfrac{30.0}{X_1}$，$R_2=\dfrac{U}{\dfrac{X_1I_2}{I_1+I_2}}=\dfrac{15.0}{X_1}$

La5D3015 某 1-2 滑轮组起吊重为$Q=X_1$kg 的物体，牵引绳由定滑轮引出，由人力绞磨牵引，则提升该重物所需拉力$P=$________N。（已知单滑轮工作效率为 95%，滑轮组的综合效率$\eta=90\%$。）

X_1取值范围：1000，2000，3000

计算公式：已知滑轮数$n=3$，且钢丝绳由定滑轮引出，$P=\dfrac{9.8Q}{n\eta}=\dfrac{9.8\times X_1}{2.7}$

La5D3016 有一根国产白棕绳，直径为19mm，其有效破断拉力 T_p=22.5kN，当在紧线作牵引绳时，则其允许拉力 T=________ kN（提示：安全系数为 $K=X_1$，动荷系数为 K_1=1.1）。

X_1取值范围：5.0～6.0之间之间保留一位小数的数值

计算公式：$T=\dfrac{T_p}{K_1K}=\dfrac{22.5}{1.1\times X_1}$

La5D3017 一台功率为 X_1kW的电动机，每天工作时间为 t=8h，则一个月（30天）的用电量 W=________ kW·h。

X_1取值范围：10～50之间的整数

计算公式：$W=t\times 30\times X_1=240\times X_1$

La5D3018 如图所示，物体在外力 P_1、P_2的作用下作匀速运动，当 $P_1=X_1$N时，则 P_2=________ N。

X_1取值范围：20，30，40

计算公式：$P_2=P_1=X_1$

La5D3019 如图所示，R=20Ω，$U=X_1$V，则电路流过的电流 I=________ A。

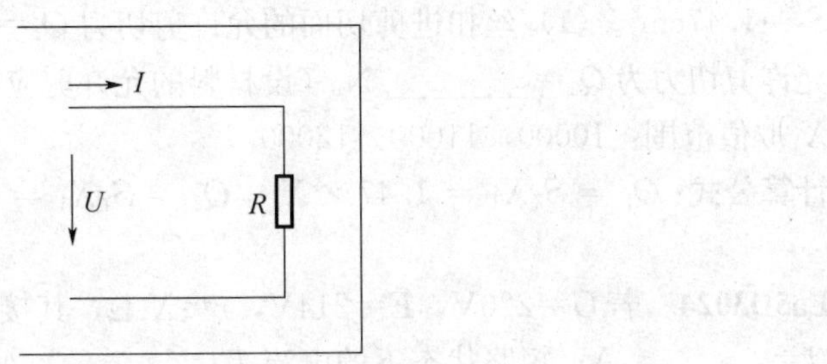

X_1取值范围：20，40，60，80

计算公式：$I=\dfrac{U}{R}=\dfrac{X_1}{20}$

La5D3020 频率 $f=X_1$Hz的工频交流电，则它的周期 T=________ s。

X_1取值范围：50～200之间的整数

计算公式：$T=\dfrac{1.0}{f}=\dfrac{1.0}{X_1}$

La5D3021 如图所示，$P_1=X_1$N，P_2=30N，当它们的夹角 α 分别为0°、90°、180°时，则其合力 R_1=________ N，R_2=________ N，R_3=________ N。

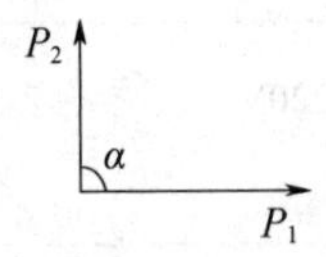

X_1取值范围：20，30，40，50

计算公式：$R_1 = P_1 + P_2 = X_1 + 30$，$R_2 = \sqrt{P_1^2 + P_2^2} = \sqrt{X_1^2 + 30^2}$，$R_3 = P_1 - P_2 = X_1 - 30$

La5D3022 如图所示的电路中，电阻 $R_1=80\Omega$，$R_2=20\Omega$，两者串联后，在其两端加 $U=X_1$ V 电压，则电阻 R_1 上的电压值 $U_1=$________ V，流过的电流 $I_1=$________ A。

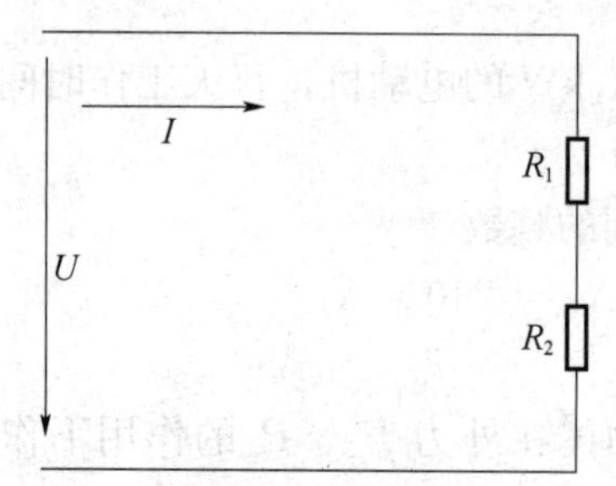

X_1取值范围：200，220，240，280

计算公式：$U_1 = \dfrac{R_1}{R_1 + R_2} \times U = \dfrac{4 \times X_1}{5.0}$，$I_1 = \dfrac{U}{R_1 + R_2} = \dfrac{X_1}{100.0}$

La5D3023 M16 螺栓的毛面积（丝扣未进剪切面）$S_1=2\text{cm}^2$，净面积（丝扣进剪切面）$S_2=1.47\text{cm}^2$。(1) 丝扣进剪切面的允许剪切力 $Q_1=$________ N，(2) 丝扣未进剪切面的允许剪切力为 $Q_2=$________ N。(设材料的允许剪应力为 $X_1=[\tau]=X_1\text{N/cm}^2$)

X_1取值范围：10000，11000，12000

计算公式：$Q_1 = S_2 X_1 = 1.47 \times X_1$，$Q_2 = S_1 X_1 = 2 \times X_1$

La5D3024 若 $U=220$V，$E=214$V，$r=X_1\Omega$，其接线如图所示，则在正常状态下的电流 $I=$________ A；短路状态下的电流 $I_K=$________ A。

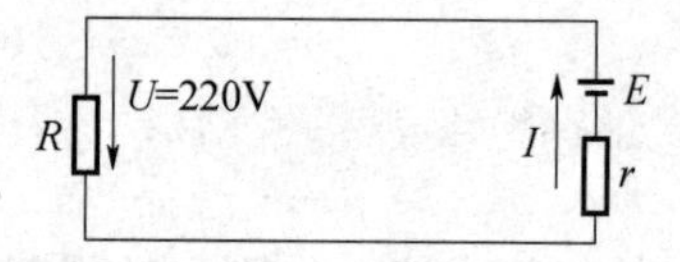

X_1取值范围：0.015，0.003，0.006

计算公式：$I = \dfrac{E - U}{r} = \dfrac{-6}{X_1}$，$I_K = \dfrac{E}{r} = \dfrac{214}{X_1}$

La5D3025 如图所示的电路，已知电动势为 $E=X_1$ V，R 两端电压 $U=220$V，电路中的内阻 $r=5\Omega$，计算电路中的电流 $I=$________ A。

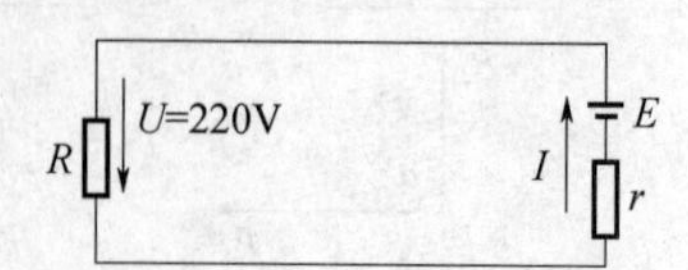

X_1取值范围：280，300，320

计算公式：$I=\frac{E-U}{r}=\frac{X_1-220}{5.0}$

La5D3026 已知一电阻为 $R=X_1\Omega$，当加上 $U=6.3V$ 电压时，电阻上的电流 $I=$ ________ A。

X_1取值范围：10～50 之间的整数

计算公式：$I=\frac{U}{R}=\frac{6.3}{X_1}$

La5D4027 一电熨斗发热元件的电阻是 $X_1\Omega$，通入电流为 3.5A，则其功率 P= ________ W。

X_1取值范围：30，40，50

计算公式：$P=I^2R=12.25\times X_1$

La5D4028 某导体在 5min 内均匀流过的电量为 X_1C，其电流强度 $I=$ ________ A。

X_1取值范围：3，6，9

计算公式：$I=\frac{X_1}{5\times 60}=\frac{X_1}{300}$

La5D4029 某施工现场，需用撬杠把重物移动，已知撬杠支点到重物距离 $L_1=0.2m$，撬杠支点到施力距离 $L_2=1.8m$。若要把重为 $G=X_1$kg 的物体撬起来，人对撬杠施加的力 $F=$ ________ N。

X_1取值范围：200，250，300

计算公式：$F=9.8G\frac{L_1}{L_2}=X_1\times 9.8\times\frac{0.2}{1.8}$

La5D4030 已知线路的导线为 LGJ-185/30 型，其计算截面面积 $A=210.93\ mm^2$，许用应力 $X_1=[\sigma]=116MPa$。耐张串绝缘子采用 XP-70 型 X_1串，则耐张串绝缘子的安全系数 $K=$ ________。

X_1取值范围：1～3 之间的整数

计算公式：$K=\frac{70000X_1}{[\sigma]A}$

La5D4031 有一幅值为 $U_0=300kV$ 的无穷长直角波，沿一波阻抗 Z_1为 $X_1\Omega$ 的架空地线袭来，经冲击接地电阻 Z_2为 10Ω 的接地装置入地。接地装置上的电压 $U_2=$ ________ kV，通过接地装置的电流 $I_2=$ ________ kA。

X_1取值范围：300～400 之间的整数

计算公式：$U_2=\frac{2U_0Z_2}{X_1+Z_2}$，$I_2=\frac{U_2}{Z_2}$

La5D4032 如图所示为某 110kV 的架空输电线的一个耐张段，导线型号为 LGJ-95/20，其自重为 $G=408.9$kg/km，$l_{v4}=X_1$m，则 4 号直线杆塔的垂直荷载 Gv=________ N（不计绝缘子串重量）。

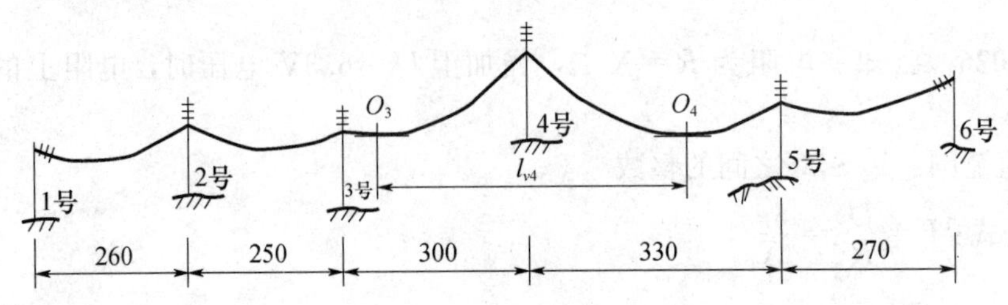

X_1取值范围：500，550，600

计算公式：$G_V=9.807\times G\times I_{v4}\times 10^{-3}=9.807\times 408.9\times X_1\times 10^{-3}$

La5D5033 欲使 $I=200$mA 的电流流过一个 $R=X_1\Omega$ 的电阻，则需要在该电阻的两端施加的电压 $U=$________ V。

X_1取值范围：70，80，90，100

计算公式：$U=IR\times 10^{-3}=0.2\times X_1$

La5D5034 在电压为 220V 电源上并联两只灯泡，它们的功率分别是 X_1W 和 200W，则总电流 $I=$________ A。

X_1取值范围：200，400，600

计算公式：$I=\frac{P_1}{U}+\frac{P_2}{U}=\frac{X_1}{220}+\frac{200}{220}$

Lb5D1035 在某一 110V 线路运行中检查导线弧垂，计算该气温下的弧垂值为 12.5m，实际测弧垂 $f=X_1$m，则导线弧垂的偏差 $\Delta F=$________。

X_1取值范围：13.15～13.50 之间保留两位小数的数值

计算公式：$\Delta F=\left(\frac{f-f_1}{f_1}\right)\times 100\%=\left(\frac{X_1-12.5}{12.5}\right)\times 100\%$

Lb5D1036 如图所示，某 110kV 的架空输电线的一个耐张段，导线型号为 LGJ-95/20，其计算截面面积 $A=113.96\text{mm}^2$，自重为 $G=408.9$kg/km，$l=X_1$m，在风速 $v=30$m/s 时，导线的风压比载 g（30）$=60.424\times 10^{-3}$ N/（m·mm^2），则 4 号直线杆塔的水平荷载$S=$________ N。（不计绝缘子串风压）

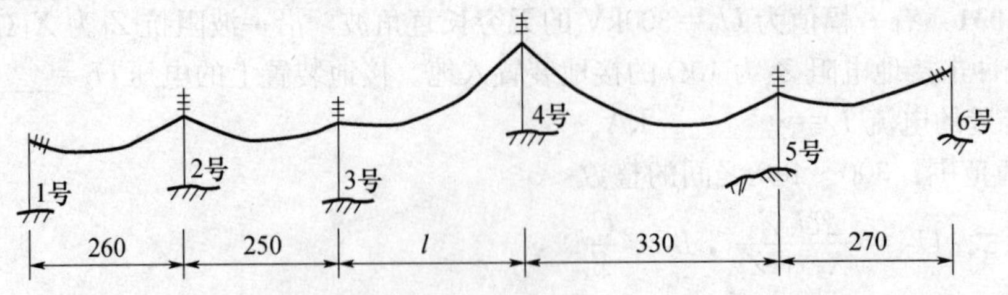

X_1取值范围：250，300，350

计算公式：$S=g(30)\times10^{-3}\times A\times\frac{l+330}{2}=60.425\times10^{-3}\times113.96\times\frac{X_1+330}{2}$

Lb5D1037 某110kV送电线路，运行人员发现一电杆倾斜，经测量杆塔地面上高度H=18m，杆顶横线路方向倾斜值$\Delta x=X_1$m，顺线路倾斜值Δy=0.3m，则电杆结构的倾斜值Y=________。

X_1取值范围：0.3，0.4，0.5

计算公式：$Y=\frac{\sqrt{\Delta X^2+\Delta y^2}}{H}=\frac{\sqrt{X_1^2+0.3^2}}{18}$

Lc5D1038 已知线路的导线为LGJ-185/30型，其计算截面面积A=210.93 mm²，许用应力X_1=［σ］=X_1MPa。绝缘子采用XP-60型，绝缘子的安全系数K=2.7，则耐张串的串数N=________串。

X_1取值范围：100，115，120

计算公式：$N=\frac{KA[\sigma]}{6000}=\frac{2.7\times210.93\times X_1}{60000}$

Lc5D2039 某线路采用LGJ-70/10型导线，其瞬时拉断力T_p为23390 N，安全系数$K=X_1$，截面面积A为79.39 mm²，则导线的最大使用应力σ=________ MPa。

X_1取值范围：2.5～3.5之间保留一位小数的数值

计算公式：$\sigma=\frac{T_p}{\frac{A}{K}}=\frac{23390}{\frac{79.39}{X_1}}$

Lc5D2040 某阻值为$X_1\Omega$的电阻，在其两端加交流电压$u=220\sin314t$V，则电阻上流过电流的有效值I=________ A，电阻消耗的功率P=________ W，则在t=0.005s时，电流的瞬时值I_2=________ A。

X_1取值范围：50，100，150，200

计算公式：$I=\frac{U}{R}=\frac{220}{X_1}$，$P=\frac{U^2}{R}=\frac{48400}{X_1}$，$I_2=\frac{U}{R}\times\sqrt{2}\times\sin(100\pi t)=\frac{220}{X_1}\times\sqrt{2}\times\sin(100\times3.141592653589793\times0.005)$

Lc5D3041 将$R=8\Omega$的电阻和容抗$X_C=6\Omega$的电容器串接起来，接在频率f=50Hz，电压$U=X_1$V的正弦交流电源上，则电路中的电流I=________ A，所消耗的有功功率P=________ W。

X_1取值范围：110，220，330，440

计算公式：$I=\frac{U}{\sqrt{R^2+(X_C)^2}}=\frac{X_1}{10}$，$P=I^2R=\left(\frac{X_1}{10}\right)^2\times8$

Lc5D4042 一个额定电压220V、额定功率 X_1 W的灯泡，接在220V的交流电源上，则通过灯泡的电流 $I=$________A，灯泡的电阻值 $R=$________Ω。

X_1取值范围：40，80，100

计算公式：$I=\dfrac{P}{U}=\dfrac{X_1}{220}$，$R=\dfrac{U^2}{P}=\dfrac{48400}{X_1}$

Jd5D2043 用经纬仪测视距，已知上丝读数为 $a=X_1$m，下丝读数 $b=1.66$m。望远镜视线水平，且视距常数 $K=100$，则经纬仪测站至测点间的水平距离 $D=$________m。

X_1取值范围：2.0～3.0之间的整数

计算公式：$D=K(a-b)=100\times(X_1-1.66)$

Jd5D3044 220kV线路某孤立档距为 $l=X_1$m，采用LGJ-400/35型导线，温度在0℃时的弧垂 f 为9.1m，孤立档中导线的长度 $L=$________m。

X_1取值范围：350，400，450

计算公式：$L=l+\dfrac{8f^2}{3l}=X_1+\dfrac{8\times9.1^2}{3\times X_1}$

Jd5D3045 如图所示，已知拉线与地面的夹角为 $\alpha=X_1°$，拉线挂线点距地面12m，拉线盘埋深为2.2m，则拉线长度 $L_{AB}=$________m，拉线坑中心距杆塔中心水平距离 $L=$________m。

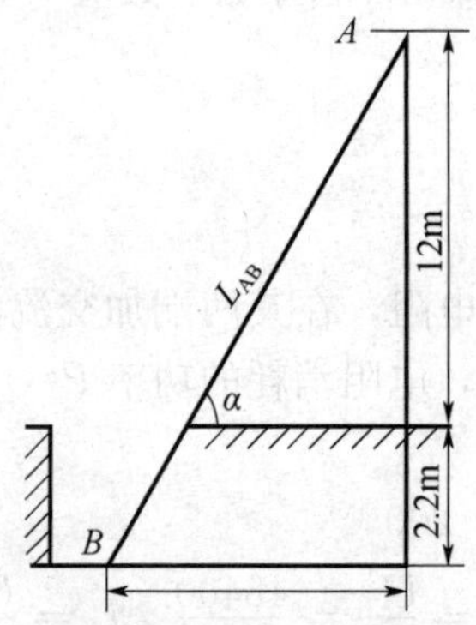

X_1取值范围：50.0～60.0之间的整数

计算公式：$L=(12+2.2)\tan(90°-\alpha)=14.2\times\tan(90-X_1)°$，

$$L_{AB}=\frac{12+2.2}{\cos(90°-d)}=\frac{14.2}{\cos(90-X_1)°}$$

Jd5D5046 白棕绳的最小破断拉力 T_p 为31200 N，其安全系数为 $K=X_1$。白棕绳的允许使用拉力 $T=$________N。

X_1取值范围：3.0～5.0之间的整数

计算公式：$T=\dfrac{T_p}{K}=\dfrac{31200.0}{X_1}$

Je5D3047 某基础现场浇制所用水、砂、石、水泥的质量分别为 X_1kg、120kg、215kg 和 50kg，则该基础的配合比 N=________。

X_1取值范围：35，50，100

计算公式：$N=\frac{X_1}{50}:\frac{120}{50}:\frac{215}{50}$

Je5D3048 某 35kV 线路直线钢筋混凝土水泥杆的基础埋深 $h=X_1$m，坑的直径 d=0.7m，则该直线杆基础开挖的土方量 V=________ m³。

X_1取值范围：1.7～2.0 之间保留一位小数的数值

计算公式：$V=\pi\left(\frac{d}{2}\right)^2 h=\frac{3.141592653589793}{4}\times 0.7^2\times X_1$

Je5D4049 某送电线路采用 LGJ-150/25 型钢芯铝绞线，在放线时受到损伤，损伤情况为铝股断 $n=X_1$ 股，1 股损伤深度为直径的二分之一，导线结构为 28×2.5/7×2.2，则导线截面损伤的百分数 AP=________。

X_1取值范围：5～8 之间的整数

计算公式：$AP=\frac{X_1+0.5}{28}\times 100\ \%$

Je5D4050 某拔捎电杆的梢径为 230mm，则距杆顶 X_1m 处的直径 D=________ mm。

X_1取值范围：3～6 之间的整数

计算公式：$D=230+\frac{X_1}{75}\times 10^{-3}$

Je5D4051 如图所示，人字抱杆的长度 L=15m，抱杆的根开 A=8m，立塔受力时，抱杆腿下陷为 $\Delta h=X_1$m，起吊时整副抱杆与地面夹角 $\alpha=60°$，则抱杆顶端到地面的垂直有效高度 h=________ m。

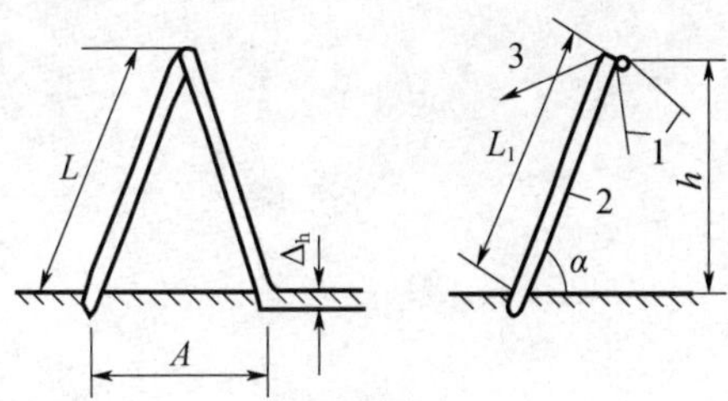

X_1取值范围：0.2～0.3 之间保留两位小数的数值

计算公式：$h=\sqrt{L^2-\left(\frac{A}{2}\right)^2}\times\sin\alpha-\Delta h=\sqrt{15^2-\left(\frac{8}{2}\right)^2}\times\sin 60°-X_1$

Je5D5052 线路施工紧线时，计算牵引力为 X_1kN，牵引绳对地夹角 $\theta=30°$，则横担所受的下压力 N=________ kN。

X_1取值范围：20，25

计算公式：$N=F\sin\theta=X_1\times\sin 30°$

Je5D5052 线路施工紧线时，计算牵引力为 X_1kN，牵引绳对地夹角为 $\theta=30°$，则横担所受的下压力 $N=$_______ kN。

X_1取值范围：20，25

计算公式： $N = F \times \sin\theta = X_1 \times \sin 30°$

Je5D5053 有一根高为 $L=X_1$的锥型电杆，顶部直径 $d=0.19$m，锥度 $\lambda=1/75$，求电杆在正立面上的投影面积 $S=$_______ m^2。

X_1取值范围：12～18 之间的整数

计算公式： $S = \left(d+\lambda \times \frac{L}{2}\right)L = \left(0.19+\frac{1}{75}\times\frac{X_1}{2}\right)\times X_1$

Jf5D4054 用四桩柱接地电阻测量仪，测量土壤电阻率，四个电极布置在一条直线上，极间距离 a 为 10m，测得接地电阻 $R=X_1\Omega$。土壤电阻率 $S=$_______ $\Omega\cdot$m。

X_1取值范围：4～7 之间的整数

计算公式： $S = 2\pi a R = 2\times 3.14\times 10\times X_1$

1.5 识图题

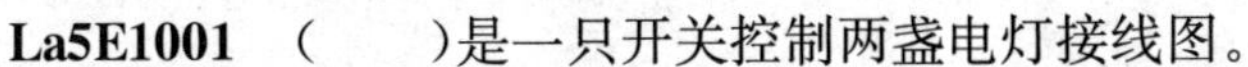

La5E1001 （　　）是一只开关控制两盏电灯接线图。

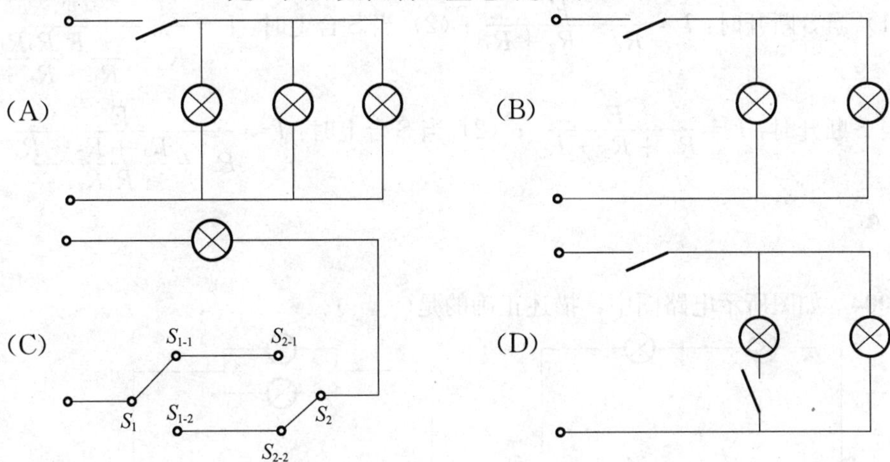

答案：B

La5E1002 如图（　　）是3个电阻串联的示意图。

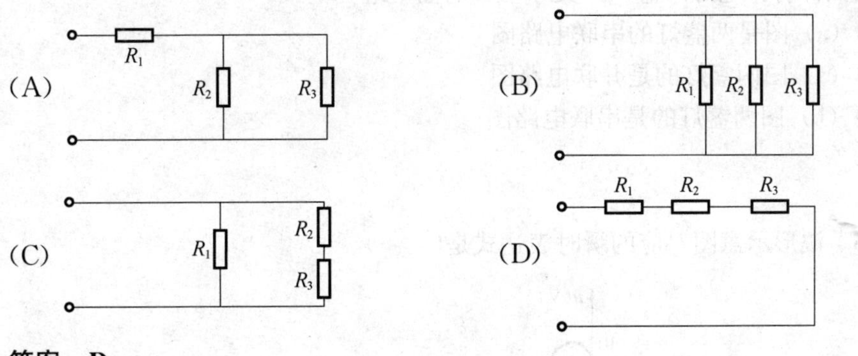

答案：D

La5E2003 符合下列电路图中 I 的计算式的是（　　）。

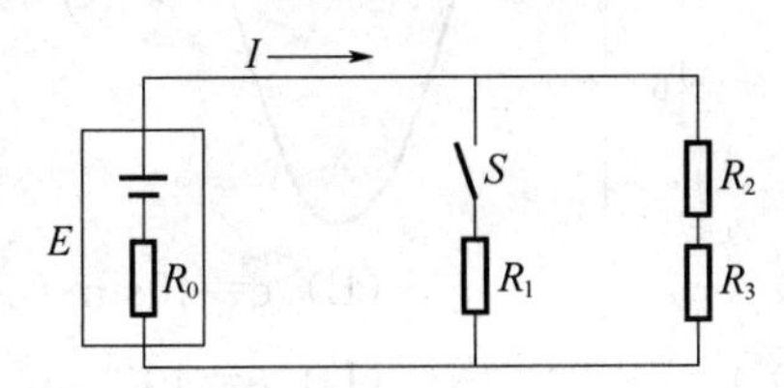

（A）（1）当S断开时：$I=\dfrac{E}{R_0+R_2+R_3}$；（2）当S合上时：$I=\dfrac{E}{R_0+\dfrac{R_1\cdot(R_2+R_3)}{R_1+R_2+R_3}}$

(B)(1)当S断开时：$I=\dfrac{E}{R_0+\dfrac{R_1\cdot(R_2+R_3)}{R_1+R_2+R_3}}$；(2)当S合上时：$I=\dfrac{E}{R_0+R_2+R_3}$

(C)(1)当S断开时：$I=\dfrac{E}{R_0+R_2+R_3}$；(2)当S合上时：$I=\dfrac{E}{R_0+\dfrac{R_1R_2R_3}{R_1+R_2+R_3}}$

(D)当S断开时：$I=\dfrac{E}{R_0+R_2+R_3}$；(2)当S合上时：$I=\dfrac{E}{R_0+\dfrac{R_1+R_2+R_3}{R_1R_2R_3}}$

答案：A

La5E2004 如图所示电路图中，描述正确的是(　　)。

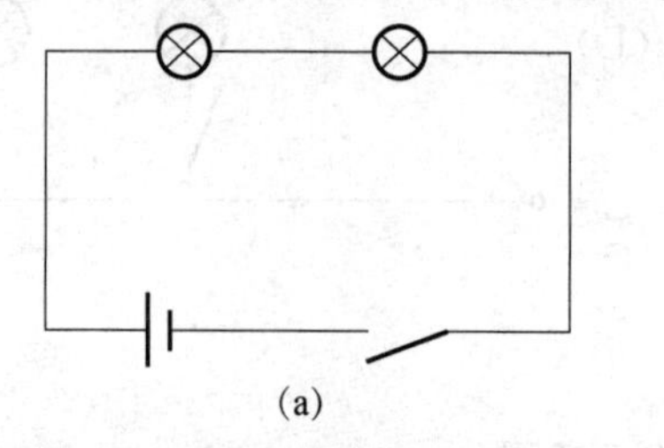

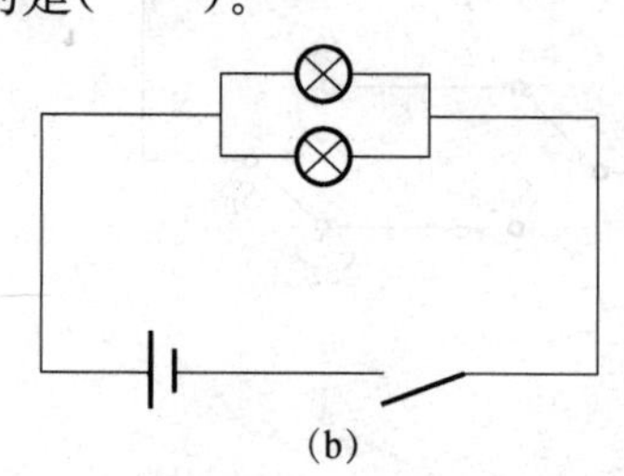

(A)电路元件有：电灯两盏，开关一个，电池一组
(B)其中(a)图是两盏灯的串联电路图
(C)其中(a)图两盏灯的是并联电路图
(D)其中(b)图两盏灯的是串联电路图

答案：B

La5E2005 波形示意图对应的瞬时表达式是(　　)。

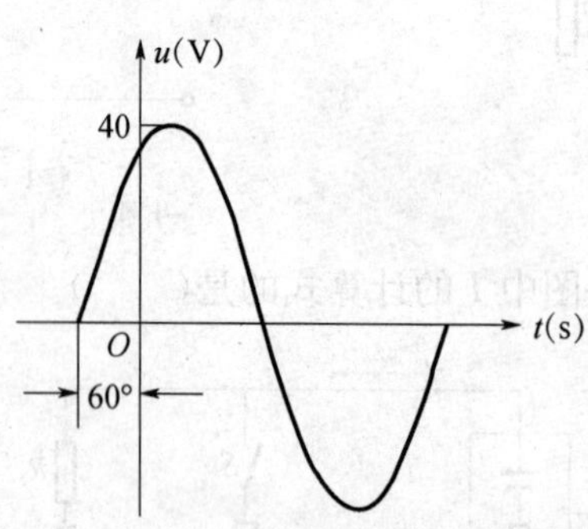

(A) $e=40\sin(\omega t+60°)$　　(B) $e=40\sin(\omega t-60°)$
(C) $e=40\sqrt{2}\sin(\omega t+60°)$　　(D) $e=40\sqrt{2}\sin(\omega t-60°)$

答案：A

La5E3006 电容 C、电感线圈 L_1、有铁芯的电感线圈 L_2 的图形符号依次分别是(　　)。

(A) 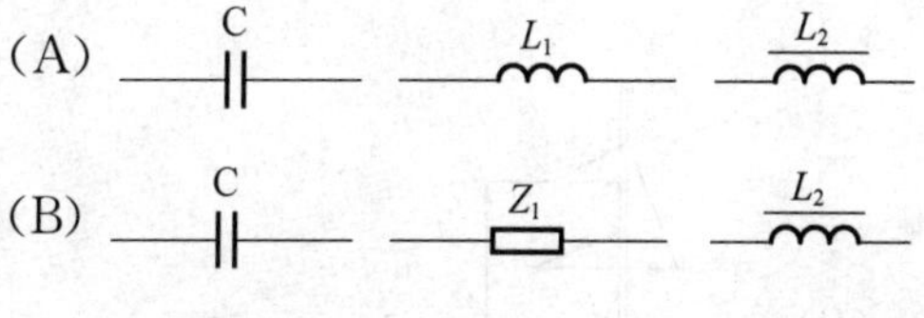

(B) C Z_1 L_2

(C) L_1 C L_2

(D) C L_2 L_1

答案：A

La5E3007 如图所示，物体受到力 P 作用处于静止状态，当已知物重为 G，地面与物体间的摩擦系数为 f，则地面对该物体的摩擦力是（　　）。

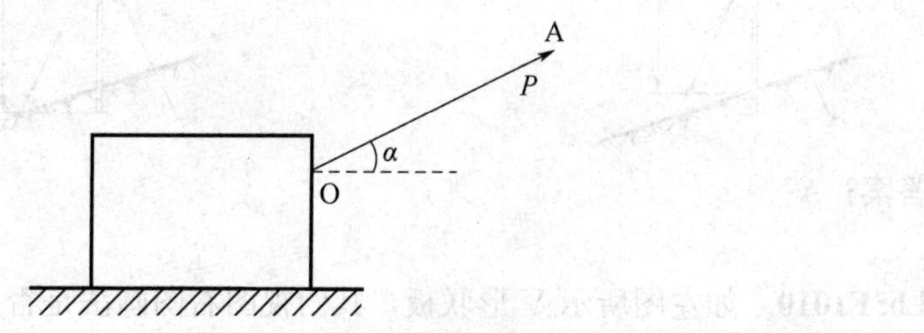

(A) $F=f\mathrm{G}$　　(B) $F=P\cos\alpha$

(C) $F>P\cos\alpha$　　(D) $F<P\cos\alpha$

答案：B

Lb5E1008 下列金具中属于U形螺钉的是（　　）。

(A) 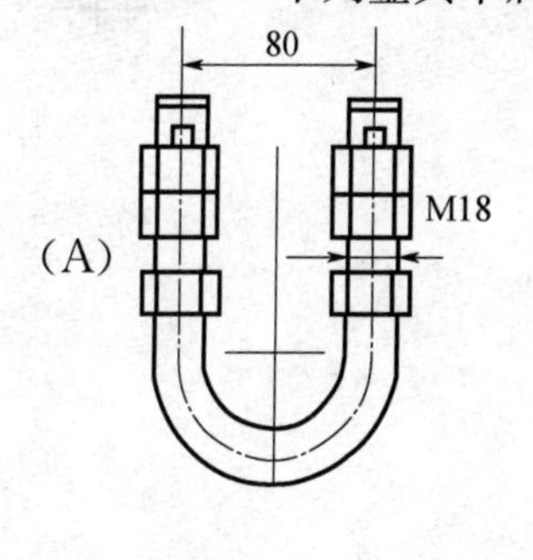

(B) 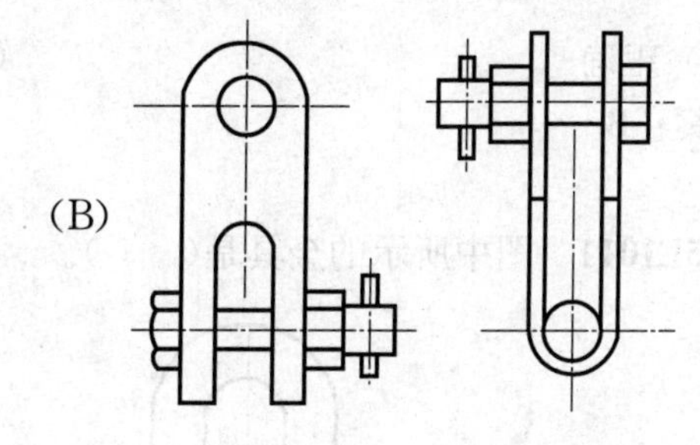

(C) 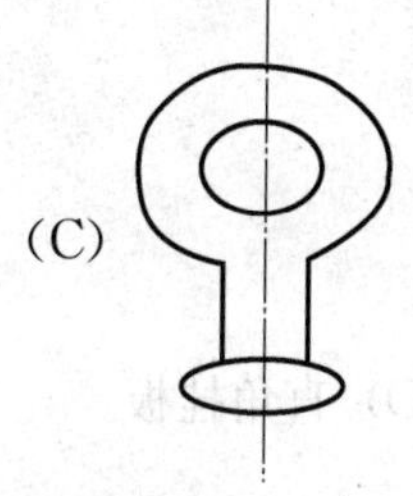
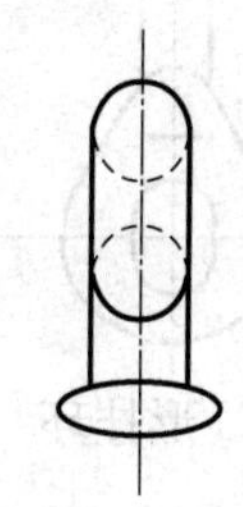

(D) 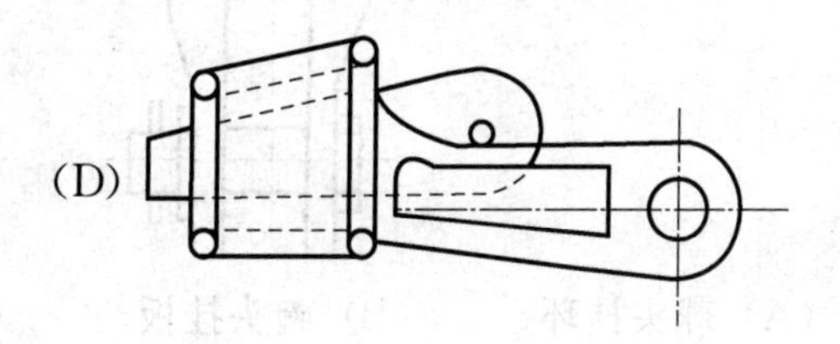

答案：A

Lb5E1009　下面表示杆塔呼称高的是(　　)。

(A) 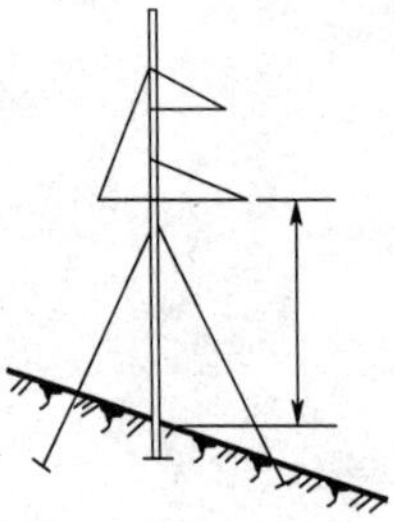　(B)

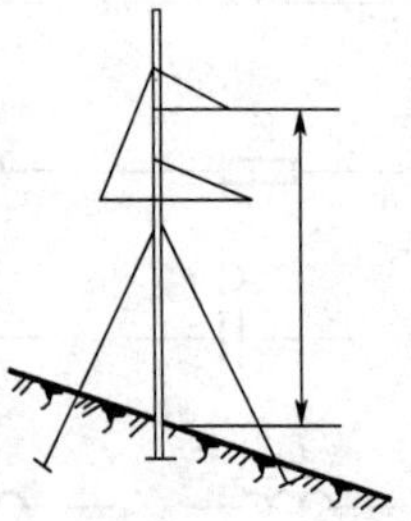

(C) 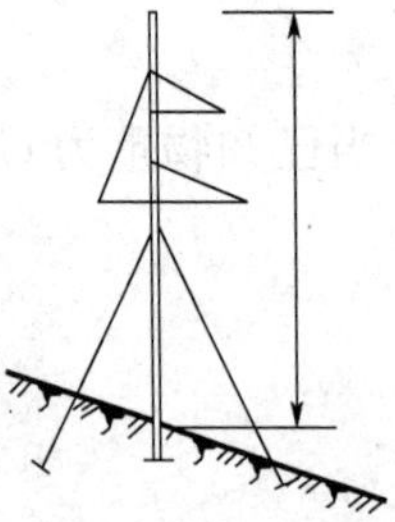　(D)

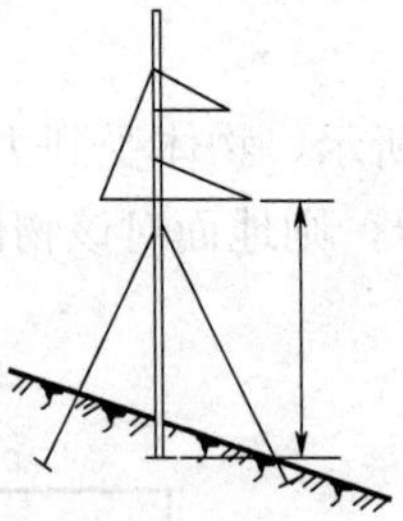

答案：A

Lb5E1010　如左图所示 V 形联板，其俯视图右图画法是否正确。(　　)

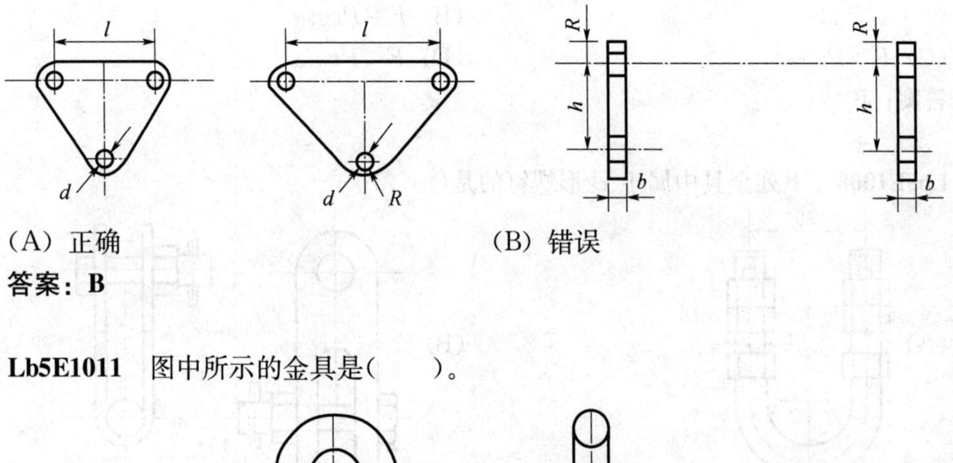

(A) 正确　(B) 错误

答案：B

Lb5E1011　图中所示的金具是(　　)。

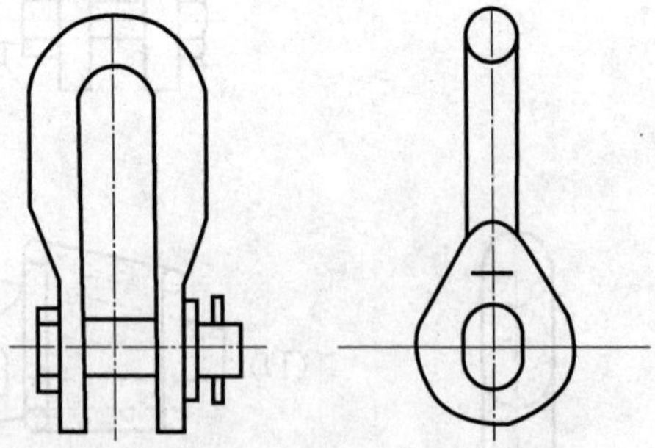

(A) 球头挂环　(B) 碗头挂板　(C) U 形挂环　(D) 直角挂板

答案：C

Lb5E1012　下列金具中属于楔形线夹的是(　　)。

(A) 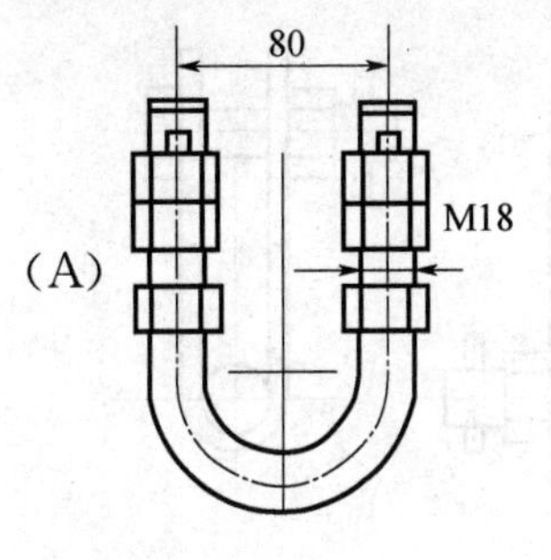

(B) 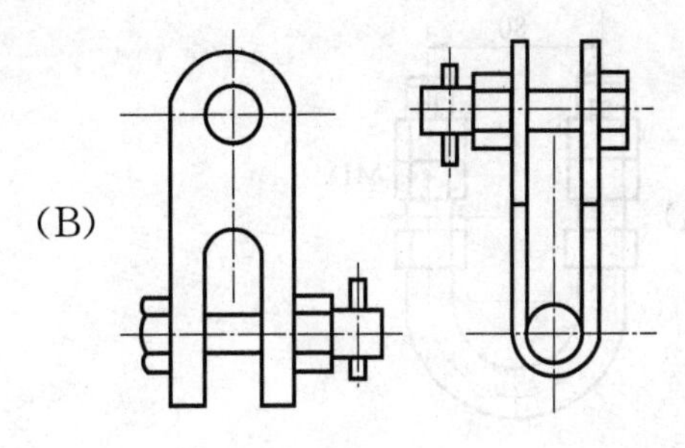

(C) 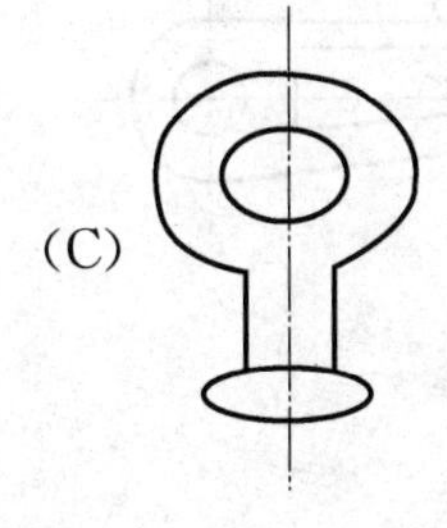 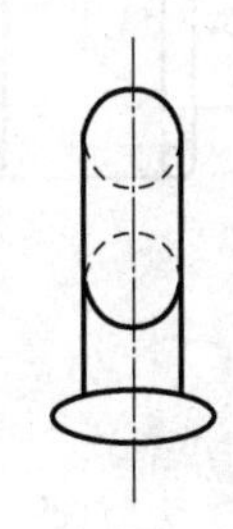

(D) 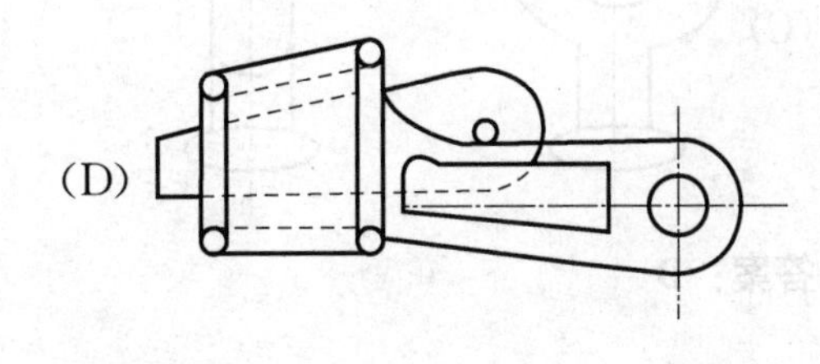

答案：D

Lb5E1013　下列金具中属于球头的是(　　)。

(A) 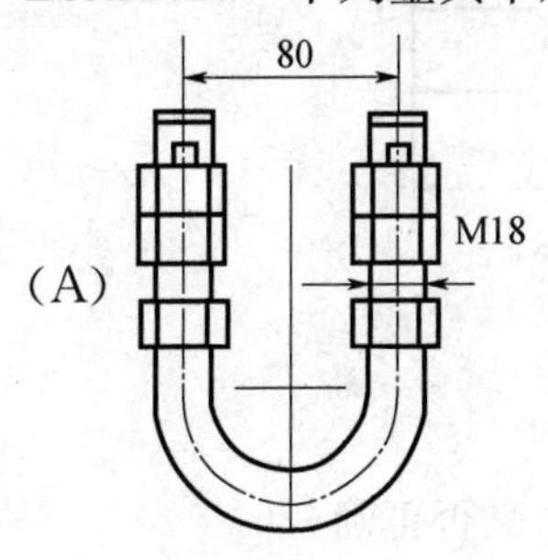

(B) 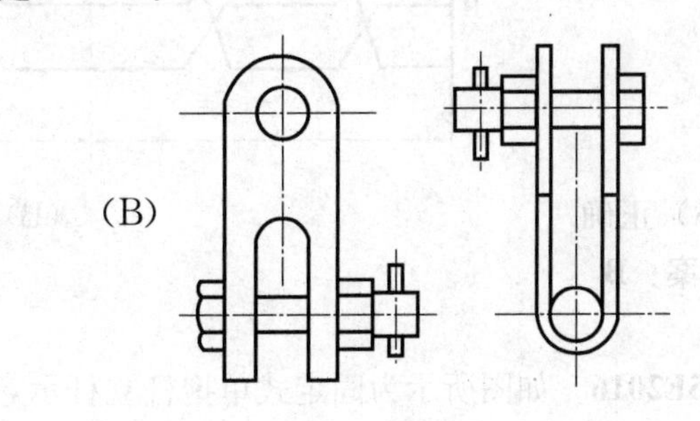

(C) 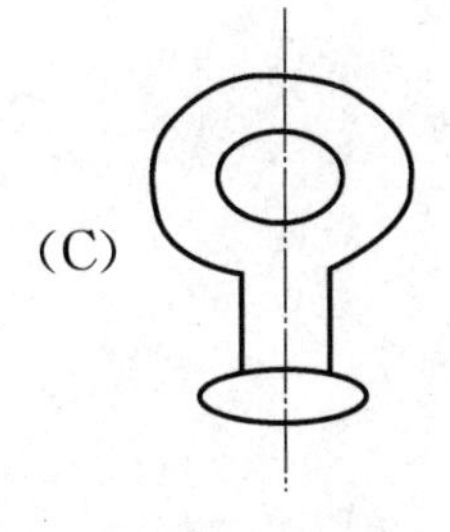 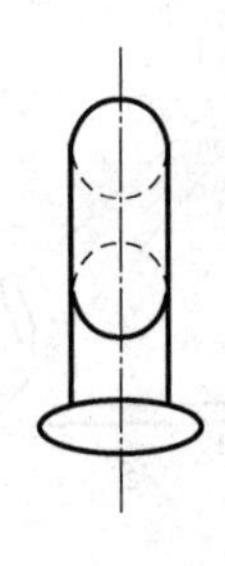

(D) 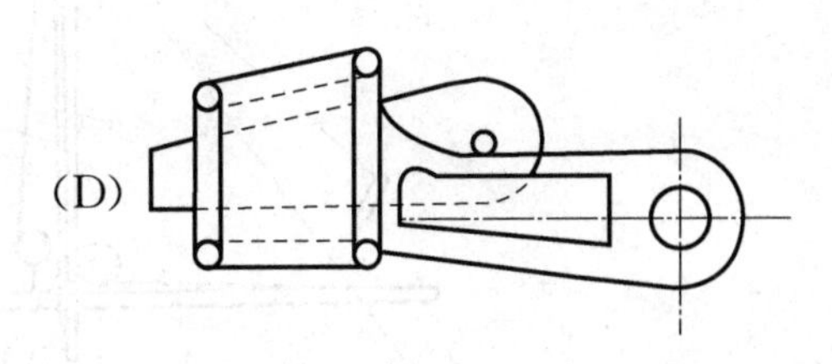

答案：C

Lb5E1014　下列金具中属于直角挂板的是(　　)。

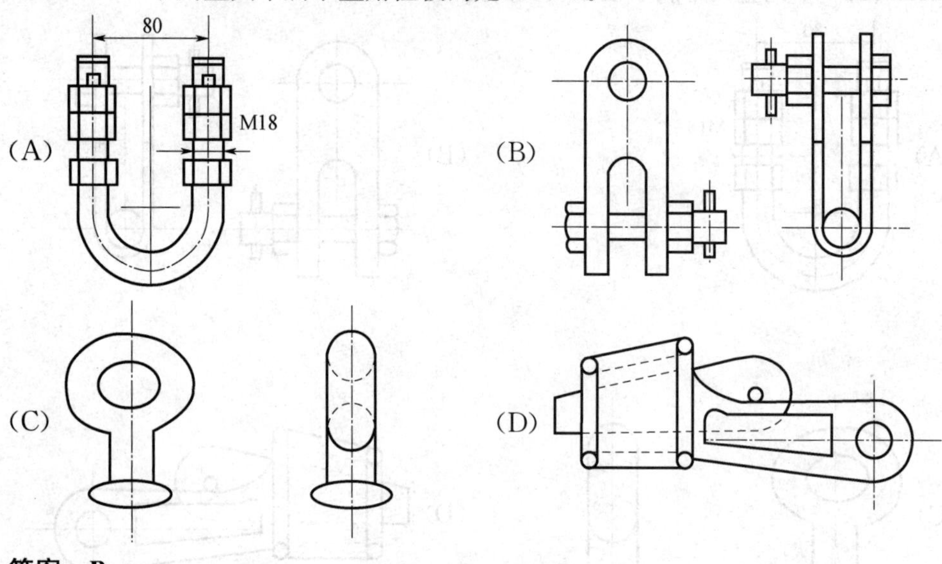

答案：B

Je5E2015　如图所示为直线单杆换位示意图，是否正确。(　　)

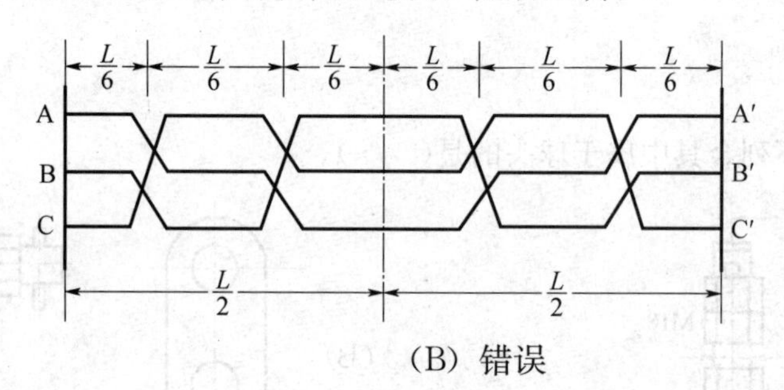

(A) 正确　　　　(B) 错误

答案：B

Je5E2016　如图所示为固定式单抱杆立杆示意图，其画法是否正确。(　　)

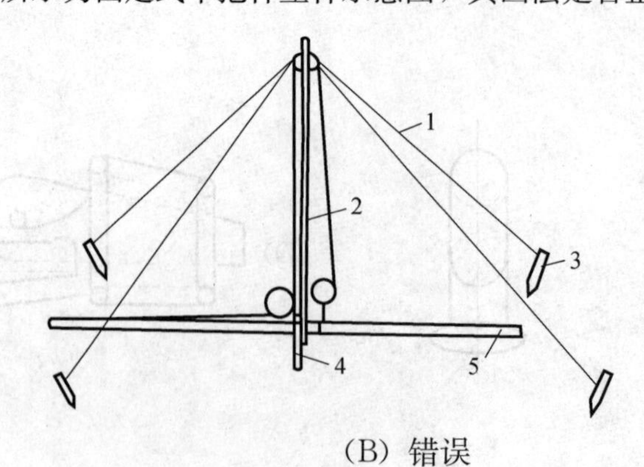

(A) 正确　　　　(B) 错误

答案：A

Je5E3017 如图所示关于直线双杆及直线塔定位图画法是否正确。（ ）

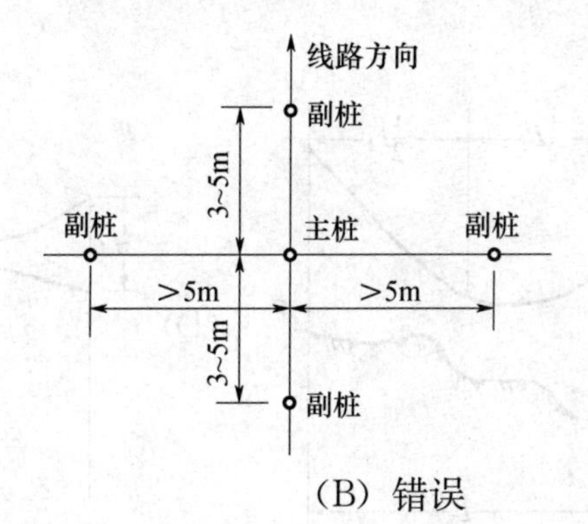

（A）正确 （B）错误

答案：B

Je5E3018 如图关于直线杆定位图的画法是否正确。（ ）

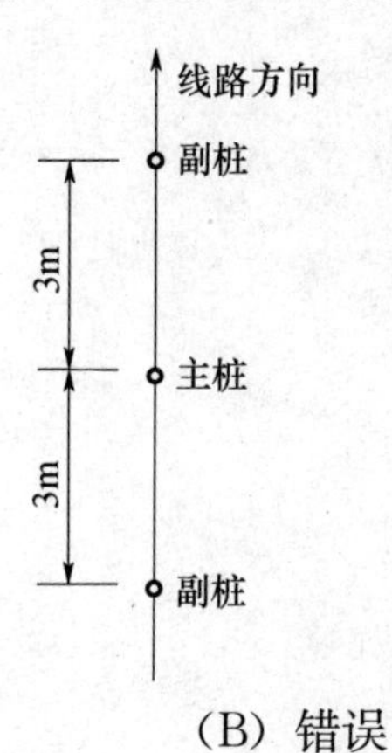

（A）正确 （B）错误

答案：A

Je5E4019 下图属于等长法的是（ ）。

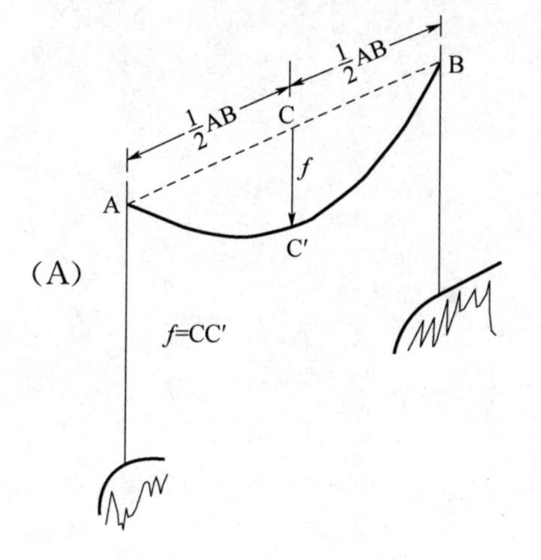

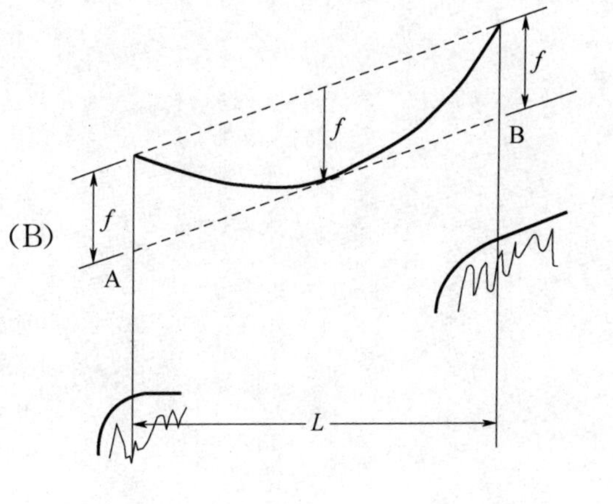

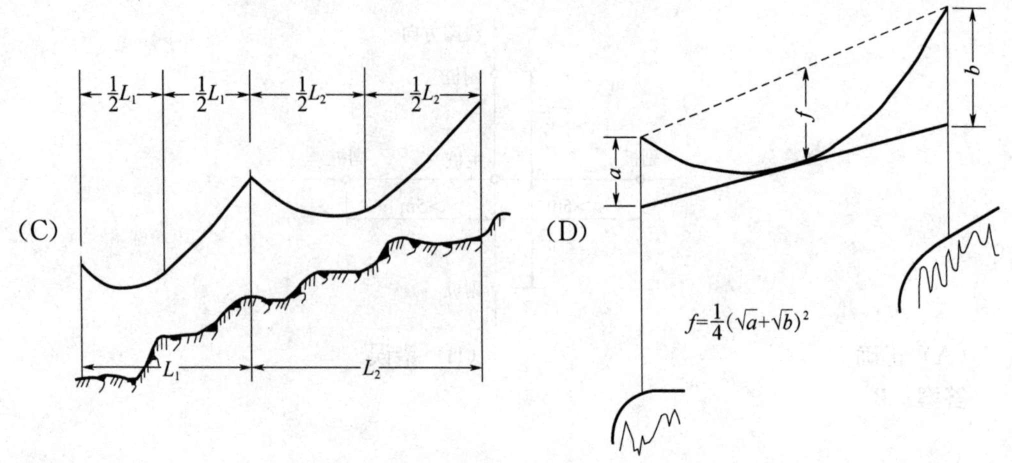

(C)
$\frac{1}{2}L_1$
$\frac{1}{2}L_1$
$\frac{1}{2}L_2$
$\frac{1}{2}L_2$
L_1
L_2
(D)
a
f
b
$f=\frac{1}{4}(\sqrt{a}+\sqrt{b})^2$

答案：B

2 技能操作

2.1 技能操题大纲

送电线路工（初级工）技能鉴定技能操作考核大纲

等级	考核方式	能力种类	能力项	考核项目	考核主要内容
初级工	技能操作	基本技能	01. 专业基础	01. 输电线路检修工器具识别	熟悉常用输电线路检修工具的名称；掌握常用输电线路检修工具的使用方法
			02. 起重搬运作业及起重工具	01. 常用绳扣打结方法	掌握绳扣的种类；掌握吊装常用的系结方法
			03. 工程图纸的识读与审核	01. 常用施工图纸识别	熟悉常用电气图中的元器件的图形标记；掌握常用电力设备图形标注方法；正确识读电路图和简化电路图；掌握电路图布局的基本规则；掌握电路图的一般识图方法
				02. 输电线路线路图、部件识别	熟悉输电线路设备，掌握输电线路工程图形表达方法
		专业技能	01. 导地线检修	01. 缠绕补修损伤导线的处理（地面）	掌握导线的修补方法，熟悉绑线的缠绕手法；熟悉预绞丝安装方法
			02. 杆塔检修	01. 杆塔接地电阻测量的操作	掌握接地电阻测试仪仪器的接线相关安全要求；正确掌握测量过程要求，测量数据记录清晰完整
			03. 拉线、叉梁和横担更换	01. 整条拉线备料	作业人员的着装，工器具及材料的准备正确、齐全
			04. 绝缘子、金具更换	01. 110kV 单串耐张绝缘子串备料	掌握输电线路基本知识，了解输电线路元器件
				02. 110kV 输电线路直线杆单串绝缘子串组装	掌握输电线路安装图纸的识读方法，了解输电线路元器件及安装方法和安装标准
				03. 线路绝缘子电阻测量的操作	正确掌握对绝缘电阻表进行开短路的检测；掌握绝缘电阻表的正确使用和注意事项
			05. 输电线路巡视。	01. 定期巡视要做哪些工作	掌握线路有关参数特点及接线方式、把握巡视重点；熟悉缺陷的填写和报告流程

2.2 技能操作试题

2.2.1 SX5JB0101 输电线路检修工器具识别

一、作业

（一）工器具、材料、设备

（1）工器具：断线钳、液压钳、手扳葫芦、地锚钻、双钩、钢钎、大锤、绳套、棘轮扳手、力矩扳手、打孔器、卡线器、放线滑车、起重滑车、验电器、接地线等不少于15件工器具。

（2）材料：无。

（3）设备：无。

（二）安全要求

选取工器具时防止器物伤人。

（三）操作步骤及工艺要求（含注意事项）

1. 工作前准备

（1）着装。

（2）根据考试内容选择工具、材料，并做外观检查。

2. 工作过程

（1）随机抽取10种检修工具。

（2）填写检修工具的名称及用途。

3. 工作终结

工作完毕后清理现场，交还工器具。

二、考核

（一）考核场地

考场可设在考核场地的室内或室外。

（二）考核时间

考核时间为20min，在规定时间内完成。

（三）考核要点

（1）识别各种工器具。

（2）正确填写各种工器具的名称及用途。

三、评分标准

行业：电力工程　　　　工种：送电线路工　　　　等级：五

编号	SX5JB0101	行为领域	d	鉴定范围		送电	
考核时限	20min	题型	A	满分	100分	得分	
试题名称	输电线路检修工器具识别						
考核要点及其要求	熟悉常用检修工具的名称及用途						

续表

考核时限	20min	题型	A	满分	100分	得分	
试题名称	输电线路检修工器具识别						
现场设备、工器具、材料	(1) 工器具：断线钳、液压钳、手扳葫芦、地锚钻、双钩、钢钎、大锤、绳套、棘轮扳手、力矩扳手、打孔器、卡线器、放线滑车、起重滑车、验电器、接地线等不少于15件工器具。 (2) 材料：无。 (3) 设备：无						
备注	无						

评分标准

序号	考核项目名称	质量要求	分值	扣分标准	扣分原因	得分
1	着装	正确佩戴安全帽，穿工作服，穿绝缘鞋，戴手套	5	(1) 未正确佩戴安全帽，扣1分； (2) 未穿全棉工作服，扣1分； (3) 未穿绝缘鞋，扣1分； (4) 未戴手套进行操作，扣1分； (5) 工作服领口、袖口扣子未系好，扣1分		
2	随机抽取10种检修工器具	书写检修工器具名称	35	每答错一个扣3.5分		
3	回答抽取的10种工器具的用途	准确解答抽取的5个检修工器具用途和作用	50	(1) 每答错一个扣5分； (2) 回答不准确不全面，扣5分		
4	安全文明生产	工作完毕后清理考场	10	(1) 未在规定时间完成，每超时1min，扣2分，扣完为止； (2) 未清理考场，扣5分		

2.2.2 SX5JB0201 常用绳扣的打结方法

一、作业

（一）工器具、材料、设备

（1）工器具：个人工具及安全用具，绳索若干。

（2）材料：无。

（3）设备：无。

（二）安全要求

无

（三）操作步骤及工艺要求（含注意事项）

1. 工作前准备

（1）着装。

（2）根据考试内容选择工具、材料。

2. 工作过程

（1）写出10种绳索打结名称。

①直扣。临时将麻绳的两端接在一起，能自紧，容易解开如图所示。

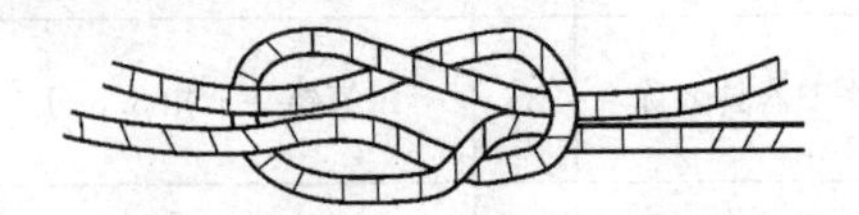

图 直扣

② 倒扣。倒扣在临时拉线在地锚上固定时使用，如图所示。

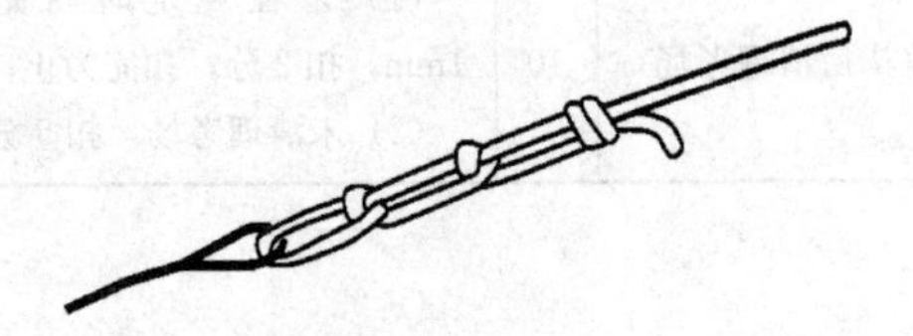

图 直扣

③ 双套结。双套结在传递物件和抱杆顶部等处绑绳时使用，具有能自紧，容易解开的特点，如图所示。

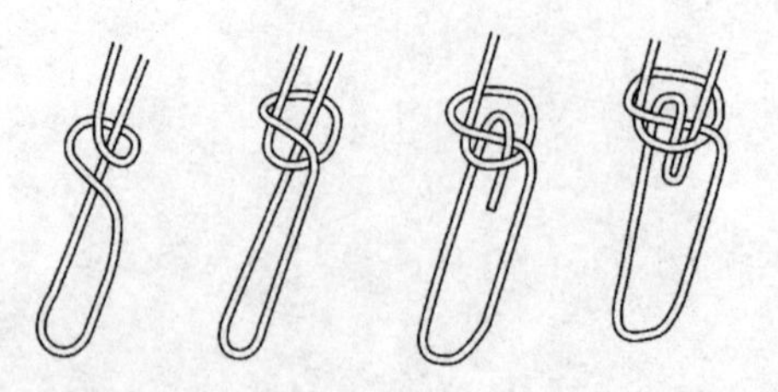

图 双套扣

④ 拴马扣。在绑扎临时拉线时使用，如图所示。

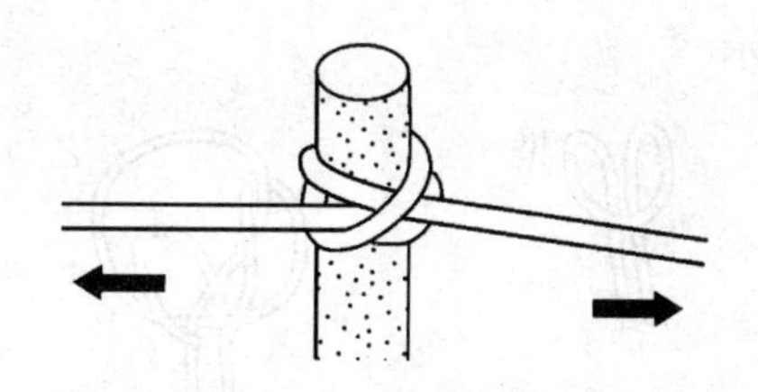

图　拴马扣

⑤ 紧线扣。紧线扣是在紧线时用来绑接导线，也可以用于拴腰绳系扣，具有能自紧、容易解开的特征，如图所示。

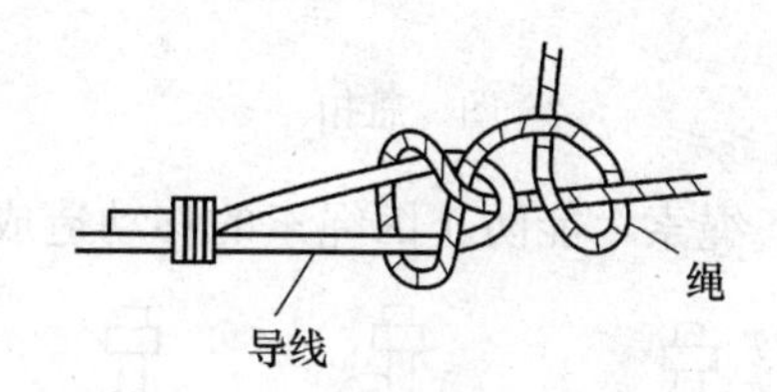

图　紧线扣

⑥ 抬扣。在抬重物时使用，具有调整和解开方便的特点，如图所示。

图　抬扣

⑦ 背扣。在杆塔上作业时，上下传递工具、材料时使用，如图所示。

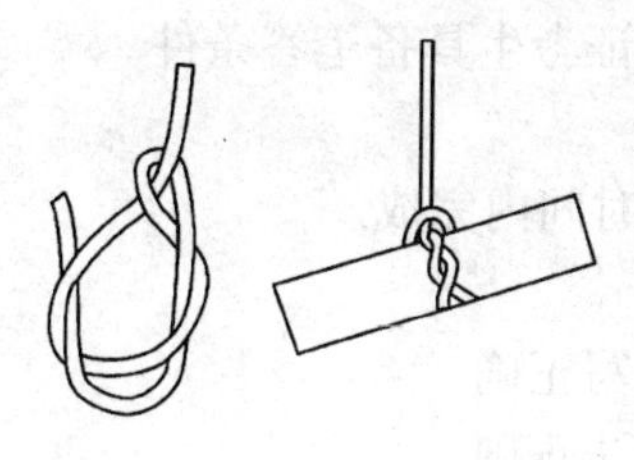

图　背扣

⑧ 倒背扣。在垂直起吊轻而细长的物件时使用，如图所示。

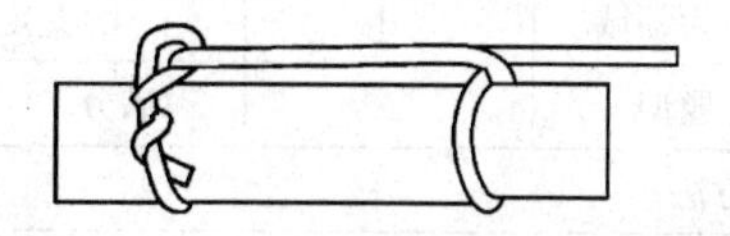

图　倒背扣

⑨ 瓶扣。在吊物体时用此扣，物体吊起时能保证不摆动，而且扣结实可靠，吊瓷套

管等物体多用此扣，如图所示。

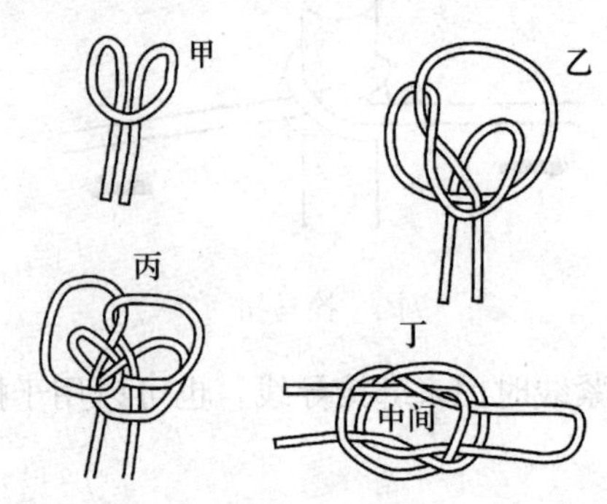

图　瓶扣

⑩ 吊钩扣。用于起吊设备绳索，能防止因绳索的移动造成吊物倾斜，如图所示。

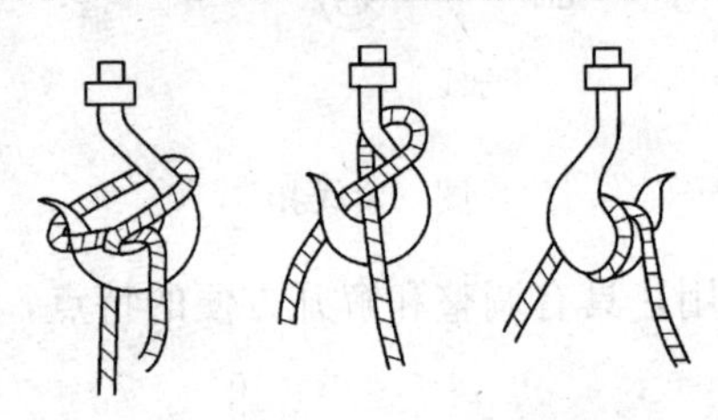

图　吊钩扣

(2) 随机抽样完成四种绳扣的打结方法。

3. 工作终结

工作完毕后清理现场，交还工器具。

二、考核

(一) 考核场地

考场可设在平坦的空地，保证考生具备笔答条件。

(二) 考核时间

考核时间为 20min，在规定时间内完成。

(三) 考核要点

(1) 绳索打结名称和特点书写正确。

(2) 随机抽取的四种打结方法正确。

三、评分标准

行业：电力工程　　　　**工种：送电线路工**　　　　**等级：五**

编号	SX5JB0201	行为领域	d	鉴定范围		送电	
考核时限	20min	题型	A	满分	100 分	得分	
试题名称	常用绳扣的打结方法						
考核要点及其要求	(1) 绳索打结名称和特点书写正确。 (2) 随机抽取的四种打结方法正确						

续表

考核时限	20min	题型	A	满分	100分	得分	
试题名称	常用绳扣的打结方法						
现场设备、工器具、材料	(1) 工器具：个人工具及安全用具，绳索若干。 (2) 材料：无。 (3) 设备：无						
备注	无						

评分标准

序号	考核项目名称	质量要求	分值	扣分标准	扣分原因	得分
1	着装	正确佩戴安全帽，穿工作服，穿绝缘鞋，戴手套	5	(1) 未正确佩戴安全帽，扣1分； (2) 未穿全棉长袖工作服，扣1分； (3) 未穿绝缘鞋，扣1分； (4) 未戴手套进行操作，扣1分； (5) 工作服领口、袖口扣子未系好，扣1分		
2	工器具选用	根据考项要求，正确选择工器具	5	(1) 错选漏选，扣3分； (2) 物件未检查，扣2分		
3	书写绳索打结方法	绳索打结方法种类齐全，内容正确	20	(1) 种类每缺少一项扣2分； (2) 内容不正确，扣2分		
4	随机抽取四种打结方法	打结方法正确、规范，受力无滑动	60	(1) 系法不正确，扣5分； (2) 不规范，扣5分； (3) 受力出现滑动，扣5分； (4) 出现返工，每次扣5分； (5) 本项分值扣完为止		
5	安全文明生产	工作完毕后清理现场，交还工器具	10	(1) 未在规定时间完成，每超时1min，扣2分，扣完为止； (2) 未清理现场或交还工器具，扣5分		

2.2.3 SX5JB0301 常用施工图纸识别

一、作业

（一）工器具、材料、设备

（1）工器具：无。

（2）材料：无。

（3）设备：无。

（二）安全要求

无。

（三）操作步骤及工艺要求（含注意事项）

（1）随机抽取一套施工图纸，书写10个图纸中图形数据代表的设备名称和含义。

（2）准确解答抽取的施工图纸中10个图形数据所代表设备的用途和作用。

二、考核

（一）考核场地

考场可设考生具备笔答条件的教室内。

（二）考核时间

考核时间为10min，在规定时间内完成。

（三）考核要点

熟悉施工图纸代表的设备名称及用途。

三、评分标准

行业：电力工程　　　　工种：送电线路工　　　　等级：五

编号	SX5JB0301	行为领域	d	鉴定范围		送电	
考核时限	10min	题型	A	满分	100分	得分	
试题名称	常用施工图纸识别						
考核要点及其要求	熟悉施工图纸代表的设备名称及用途						
现场设备、工器具、材料	（1）工器具：无。 （2）材料：无。 （3）设备：无						
备注	无						

评分标准

序号	考核项目名称	质量要求	分值	扣分标准	扣分原因	得分
1	着装	正确佩戴安全帽，穿工作服，穿绝缘鞋，戴手套	5	（1）未正确佩戴安全帽，扣1分； （2）未穿全棉长袖工作服，扣1分； （3）未穿绝缘鞋，扣1分； （4）未戴手套进行操作，扣1分； （5）工作服领口、袖口扣子未系好，扣1分		

续表

序号	考核项目名称	质量要求	分值	扣分标准	扣分原因	得分
2	随机抽取一套施工图纸	书写10个图纸中图形数据代表的设备名称和含义	35	每答错一个扣3.5分		
3	回答抽取的施工图纸代表设备用途作用	准确解答抽取的施工图纸中10个图形数据所代表设备的用途和作用	50	(1) 每答错一个扣5分; (2) 回答不准确、不全面，扣2分		
4	安全文明生产	工作完毕后清理考场	10	(1) 未在规定时间完成，每超时1min，扣2分，扣完为止; (2) 未清理考场，扣5分		

2.2.4 SX5JB0302 输电线路系统图、线路图识别

一、作业

（一）工器具、材料、设备

（1）工器具：无。

（2）材料：无。

（3）设备：无。

（二）安全要求

无。

（三）操作步骤及工艺要求（含注意事项）

（1）随机抽取系统图或者线路图。

（2）正确识别系统图或者线路图上各图形符号的含义。

（3）依据考场输电线路手绘线路图。

二、考核

（一）考核场地

考场可设考生具备笔答条件的教室。

（二）考核时间

考核时间为20min。在规定时间内完成，时间到终止作业。

（三）考核要点

（1）熟悉系统图或者线路图上各图形符号的含义。

（2）能够依据现场输电线路绘制线路图。

三、评分标准

行业：电力工程　　　　工种：送电线路工　　　　等级：五

编号	SX5JB0302	行为领域	d	鉴定范围		送电	
考核时限	20min	题型	A	满分	100分	得分	
试题名称	输电线路系统图、线路图识别						
考核要点及其要求	（1）熟悉系统图或者线路图上各图形符号的含义。 （2）能够依据现场输电线路绘制线路图						
现场设备、工器具、材料	（1）工器具：无。 （2）材料：无。 （3）设备：无						
备注	无						

评分标准

序号	考核项目名称	质量要求	分值	扣分标准	扣分原因	得分
1	着装	正确佩戴安全帽，穿工作服，穿绝缘鞋，戴手套	5	（1）未正确佩戴安全帽，扣1分； （2）未穿全棉长袖工作服，扣1分； （3）未穿绝缘鞋，扣1分； （4）未戴手套进行操作，扣1分； （5）工作服领口、袖口扣子未系好，扣1分		

续表

序号	考核项目名称	质量要求	分值	扣分标准	扣分原因	得分
2	随机抽取系统图或者线路	正确识别系统图或者线路图上10个图形符号的含义	40	每答错一处扣4分		
3	现场绘制线路图	利用正确的电气设备图形符号绘制线路图，线路图应现场设备情况一致	45	每答错一处扣5分，扣完为止		
4	安全文明生产	工作完毕后清理现场，交还工器具	10	（1）未在规定时间完成，每超时1min，扣2分，扣完为止； （2）未清理现场或交还工器具，扣5分		

2.2.5 SX5ZY0101 缠绕修补损伤导线的处理（地面）

一、作业

（一）工器具、材料、设备

（1）工器具：个人工具及安全用具、钢卷尺、记号笔。

（2）材料：LGJ-120导线若干，配套的预绞丝及单股铝丝、棉纱、汽油、0号砂纸等。

（3）设备：导线两端需要的固定设备。

（二）安全要求

（1）选取工器具材料时，防止器物伤人。

（2）使用工器具时，防止脱手砸伤。

（三）操作步骤及工艺要求（含注意事项）

1. 工作前准备

（1）着装。

（2）选择工器具，并做外观检查。

2. 工作过程

（1）将受伤处线股处理平整。

（2）做好缠绕区端标记。

（3）选用与导线同材质的单股线。

（4）缠绕修补导线。

（5）缠绕线尾线与副线头对拧。

3. 工作终结

工作完毕后清理现场，交还工器具。

4. 工艺要求（含注意事项）

（1）缠绕线副线头放置导线非损伤侧，缠绕方向与导线外层扭向一致。

（2）缠绕应紧密、平滑，其中心应位于损伤最严重处，缠绕长度应超出损伤部分两端各30mm，缠绕长度不得小于100mm。

（3）缠绕线尾线与副线头对拧2～3个回合，绞紧，平整放置。

二、考核

（一）考核场地

考核场地可以在满足工作要求的室内进行，工位满足实际操作需要。

（二）考核时间

考核时间为30min，在规定时间内完成。

（三）考核要点

（1）修补导线的流程。

（2）缠绕线的选用及准备。

（3）缠绕的方法与工艺要求。

三、评分标准

行业：电力工程　　　　工种：送电线路工　　　　等级：五

编号	SX5ZY0101	行为领域	e	鉴定范围		送电	
考核时限	30min	题型	A	满分	100分	得分	
试题名称	缠绕修补损伤导线的处理（地面）						
考核要点及其要求	（1）由考生单独操作（地面）。 （2）修补导线的工作流程。 （3）缠绕修补导线的方法与工艺要求						
现场设备、工器具、材料	（1）工器具：个人工具及安全用具、钢卷尺、记号笔。 （2）材料：配套的预绞丝及单股铝丝、棉纱、汽油等。 （3）设备：无						
备注	导线两端需要固定						

评分标准

序号	考核项目名称	质量要求	分值	扣分标准	扣分原因	得分
1	着装	正确佩戴安全帽，穿工作服，穿绝缘鞋，戴手套	5	（1）未正确佩戴安全帽，扣1分； （2）未着全棉长袖工作服，扣1分； （3）未穿绝缘鞋，扣1分； （4）未戴手套进行操作，扣1分； （5）工作服领口、袖口扣子未系好，扣1分		
2	工器具选用	根据考项要求，正确选择工器具	5	（1）错选漏选，扣3分； （2）物件未检查，扣2分		
3	选择单股铝丝	单股铝丝与被修补导线单股丝截面相同，并绕成线圈	10	（1）选择不正确不得分； （2）单股铝丝没有保持平滑弧度，扣2分		
4	损伤导线处理	用0号砂纸打磨导线处理平整	10	不处理扣10分		
5	顺导线方向压一段单铝丝	单股铝丝应顺平同导线接触紧密	10	不满足要求扣10分		
6	缠绕	（1）缠绕时压紧，每一圈之间缝隙均匀。 （2）缠绕中心应位于损伤最严重处，并将损伤全部覆盖	20	（1）缠绕不紧，扣5分； （2）线圈之间有大缝隙每一个，扣2分； （3）不处于损伤中心，不完全覆盖损伤最严重处，扣10分		
7	缠绕方向	与被修补导线的外层铝绞制方向一致	10	缠绕方向与外层线绞向不一致，扣10分		
8	线头的处理	（1）缠绕长度不短于100mm。 （2）线头应与先压单丝头绞紧，并紧靠导线	20	（1）缠绕长度每少10mm，扣1分； （2）线头没有绞够3圈，扣10分； （3）线头没有紧靠导线，扣10分		
9	安全文明生产	操作过程中无跌落物，工作完毕后清理现场，交还工器具	10	（1）未在规定时间完成，每超时1min，扣2分，扣完为止； （2）未清理现场或交还工器具，扣5分		

2.2.6　SX5ZY0201　杆塔接地电阻测量的操作

一、作业

（一）工器具、材料、设备

（1）工器具：ZC-8型接地电阻测试仪1台、ϕ10接地探针2根、2.5mm^2检测线20m和40m各1根、5磅手锤1把、30mm扳手2把、钢丝刷1把。

（2）材料：导电脂、纱布、4～6个M16×45mm螺栓。

（3）设备：无。

（二）安全要求

（1）工作中若遇雷云在杆塔上方活动时，应停止测量工作并撤离现场。

（2）接触与地断开的接地线时，应使用绝缘手套，测量过程中，检测人员不得裸手接触测试仪接头线。

（三）操作步骤及工艺要求（含注意事项）

1. 工作准备

（1）着装规范。

（2）选择工具、材料，并做外观检查。

2. 工作过程

（1）得到开工许可后，开始测量工作。

（2）沿线路垂直方向展放测试线，在测试线末端的合适位置安装接地探针，并将测试线与探针进行可靠连接。

（3）用扳手拆除杆塔所有的接地线连接螺栓，使接地网与杆塔处于断开状态。

（4）将接地引下线用砂布擦拭干净，以确保连接可靠。

（5）将接地测量线与ZC-8型接地电阻测试仪接线端E、P、C正确连接。

（6）将仪表放置水平，检查检流计是否指在中心线上，否则可用调零器调整指在中心线上。

（7）将倍率标度指在最大倍率上，慢慢摇动发电机摇把。同时拨动测量标度盘使检流计指针指在中心线上，如测量标度盘的读数小于1时，应将倍率标度置于较小标度倍数上，再重新调整测量标度盘以得到正确的读数。

（8）用测量标度盘的读数乘以倍率标度的倍数即为所测杆塔的工频接地电阻值，按季节系数换算后为本杆塔的实际工频接地电阻值。

（9）测量结束，拆除接地电阻测量仪，恢复接地体与杆塔连接，清除接地体表面的锈蚀并涂抹导电脂，安装接地线连接螺栓（如接地线路连接螺栓锈蚀，需进行更换）。

3. 工作终结

（1）整理记录资料。

（2）工作完毕后清理现场，交还工器具。

4. 注意事项

（1）两根接地测量导线彼此相距5m。

（2）按本杆塔设计的接地线长度为L，布置测量辅助射线为互2.5L和4L，或电压辅助射线应比本杆塔接地线长20m，电流辅助射线比本杆塔接地线长40m。

（3）将接地探针用砂布擦拭干净，并使接地测量导线与探针接触可靠、良好。

(4) 探针应紧密不松动地插入土壤中 20cm 以上，且应与土壤接触良好。

(5) 当检流计指针接近平衡时，加大摇把转速，使其达到 120r/min 以上，调整测量标度盘使指针指在中心线上。

(6) 在断开、恢复接地体与杆塔连接时，两手不得同时触及断开点两端，防止感应电触电。测量过程中，不得裸手触碰绝缘电阻表接线头，防止触电。

二、考核

（一）考核场地

在培训线路上模拟运行中线路操作，配有一定区域的安全围栏。

（二）考核时间

考核时间为 20min，在规定时间内完成。

（三）考核要点

(1) 正确选择满足工作需要的工器具、材料，并进行外观检查。

(2) 接地电阻测试仪接线正确。

(3) 测量过程正确规范，测量数据记录清晰完整。

(4) 正确使用测试仪器，施放和测试接地棒打入地下的深度符合要求。

三、评分标准

行业：电力工程　　　　**工种：送电线路工**　　　　**等级：五**

编号	SX5ZY0201	行业领域	e	鉴定范围		送电	
考核时间	20min	题型	A	满分	100 分	得分	
试题名称	杆塔接地电阻测量的操作						
考核要点及其要求	(1) 规范穿戴工作服、绝缘鞋、安全帽等。 (2) 工器具及材料选用满足工作需要，进行外观检查。 (3) 仪器接线正确规范，操作过程中满足相关安全要求。 (4) 测量过程正确规范，测量数据记录清晰、完整。						
现场工器具、材料	(1) 工器具：ZC-8 型接地电阻测试仪 1 台、ϕ10 接地探针 2 根、2.5mm^2 检测线 20m 和 40m 各 1 根、5 磅手锤 1 把、300mm 扳手 2 把、钢丝刷 1 把。 (2) 材料：导电脂、纱布、4～6 个 M16×45mm 螺栓。 (3) 设备：无						
备注	无						

评分标准

序号	考核项目名称	质量要求	分值	扣分标准	扣分原因	得分
1	着装	正确佩戴安全帽，穿工作服，穿绝缘鞋，戴手套	5	(1) 未正确佩戴安全帽，扣 1 分； (2) 未穿全棉长袖工作服，扣 1 分； (3) 未穿绝缘鞋，扣 1 分； (4) 未戴手套进行操作，扣 1 分； (5) 工作服领口、袖口扣子未系好，扣 1 分		
2	工具选用	工器具选用满足施工需要，工器具做外观检查	5	(1) 选用不当，扣 3 分； (2) 工器具未做外观检查，扣 2 分		

续表

序号	考核项目名称	质量要求	分值	扣分标准	扣分原因	得分
3	拆卸接地引下线	戴绝缘手套、一次拆卸完全部接地引下线，打磨接触点	10	(1) 未戴绝缘手套，扣5分； (2) 未拆卸全部接地引下线倒，扣5分； (3) 未打磨接触点一处，扣2分		
4	绝缘电阻表选位	地面平整，摇测时，绝缘电阻表不会簸动	5	选位置不正确，扣5分		
5	展放测试线	垂直线路方向展放测试线，C、P两级的接线相距大于5m（平行不得交叉），打入测试棒，深度大于0.2m，打磨接触点	15	每错一处，扣5分		
6	连接测试线	连接C、P、E接线柱，连接点正确、接触良好	20	接线不正确，不得分		
7	测试接地电阻	(1) 从最大挡开始设置，设置挡位； (2) 从最大读数处开始旋转读数盘； (3) 旋转摇柄由慢到快，直至达120r/min，持续5s以上； (4) 读数准确	25	(1) 未从最大挡开始设置，扣3分； (2) 旋转摇柄速度未达到120r/min，扣3分； (3) 读数不正确，扣10分		
8	恢复接地引下线	拆除各点接线，恢复接地引下线，操作时戴绝缘手套，螺栓连接处紧密	5	恢复接地引下线时未戴绝缘手套，扣5分		
9	安全文明生产	检查工作质量无误，工作完毕后清理现场，交还工器具	10	(1) 未在规定时间完成，每超时1min，扣2分，扣完为止； (2) 未清理现场或交还工器具，扣5分		

2.2.7 SX5ZY0301 整条拉线备料

一、作业

（一）工器具、材料、设备

（1）工器具：个人工具及安全用具、传递绳、卷尺、木槌、断线钳、紧线器、卡线器、钢丝绳套。

（2）材料：楔形线夹、UT型线夹、U形环、延长环、球头环、碗头挂板、钢绞线、拉线抱箍和螺栓、铁线、扎丝、防锈漆。

（3）设备：无。

（二）安全要求

选取工器具材料时防止器物落地伤人。

（三）操作步骤及工艺要求（含注意事项）

1. 工作前准备

（1）着装。

（2）选择材料，并做外观检查。

2. 工作过程

（1）列出材料计划表。

（2）选取材料和工器具。

（3）材料和工器具进行摆放。

3. 工作终结

工作完毕后清理现场，交还工器具。

二、考核

（一）考核场地

考场可设在培训专用库房，库房材料尽量齐全。

（二）考核时间

考核时间为20min，在规定时间内完成。

（三）考核要点

（1）由考生在库房内任选，选用材料外观检查合格。

（2）不方便移动的材料只要说明其名称规格、数量和要求。

（3）选取的材料和工器具应完整齐备。

三、评分标准

行业：电力工程 **工种：送电线路工** **等级：五**

编号	SX5ZY0301	行为领域	e	鉴定范围		送电	
考核时限	20min	题型	A	满分	100分	得分	
试题名称	整条拉线备料						
考核要点及其要求	（1）由考生在库房内任选，选用材料外观检查合格。 （2）如库房内没有或太笨重材料，只要说明其名称规格及数量和质量要求。 （3）选取的材料和工器具应齐全完好						

续表

试题名称	整条拉线备料
现场设备、工器具、材料	(1) 工器具：个人工具及安全用具、传递绳、卷尺、木槌、断线钳、紧线器、卡线器、钢丝绳套。 (2) 材料：楔形线夹、UT型线夹、U形环、延长环、球头环、碗头挂板、钢绞线、拉线抱箍和螺栓、铁线、扎丝、防锈漆。 (3) 设备：无
备注	无

评分标准

序号	考核项目名称	质量要求	分值	扣分标准	扣分原因	得分
1	着装	正确佩戴安全帽，穿工作服，穿绝缘鞋，戴手套	5	(1) 未正确佩戴安全帽，扣1分； (2) 未穿全棉长袖工作服，扣1分； (3) 未穿绝缘鞋，扣1分； (4) 未戴手套进行操作，扣1分； (5) 工作服领口、袖口扣子未系好，扣1分		
2	列出材料工器具计划表	规格符合工作需要无遗漏	10	不符合规格或者遗漏一种，扣1分		
3	清理场地以便摆放	满足摆放要求	5	不满足要求，扣2～5分		
4	工器具摆放	工器具摆放整齐正确	30	不整齐扣5分，缺一项扣10分		
5	材料摆放	材料摆放整齐规范，数量正确	40	不整齐扣5分，规格数量错一项扣5分		
6	安全文明生产	工作完毕后清理现场，交还工器具	10	(1) 未在规定时间完成，每超时1min，扣2分，扣完为止； (2) 未清理现场或交还工器具，扣5分		

2.2.8 SX5ZY0401 110kV单串耐张绝缘子串备料

一、作业

（一）工器具、材料、设备

（1）工器具：个人常用电工工具，安全帽一顶。

（2）材料：U形挂环、延长环、直角挂板，瓷悬式绝缘子，球头挂环，单联碗头挂板，弧垂调整板，螺栓式耐张线夹。

（3）设备：无。

（二）安全要求

选取工器具材料时，防止器物落地伤人。

（三）操作步骤及工艺要求（含注意事项）

1. 工作前准备

（1）着装。

（2）选择材料，并做外观检查。

2. 工作过程

（1）列出材料计划表。

（2）选取材料和工器具。

（3）材料摆放整齐。

3. 工作终结

工作完毕后清理现场，交还工器具。

二、考核

（一）考核场地

考场可设在培训专用库房，库房材料尽量齐全。

（二）考核时间

考核时间为20min，在规定时间内完成。

（三）考核要点

（1）由考生在库房内任选，选用材料外观检查合格。

（2）不方便移动的材料只要说明其名称规格及数量和要求。

（3）选取的材料应完整齐备。

三、评分标准

行业：电力工程　　　　　　工种：送电线路工　　　　　　等级：五

编号	SX5ZY0401	行为领域	e	鉴定范围		送电	
考核时限	20min	题型	A	满分	100分	得分	
试题名称	110kV单串耐张绝缘子串备料						
考核要点及其要求	（1）由考生在库房内任选，选用材料外观检查合格。 （2）如库房内没有或太笨重材料，只要说明其名称规格及数量和质量要求。 （3）选取的材料和工器具应齐全完好						

续表

考核时限	20min	题型	A	满分	100分	得分	
试题名称	110kV单串耐张绝缘子串备料						
现场设备、工器具、材料	(1) 工器具：个人常用电工工具，安全帽一顶。 (2) 材料：U形挂环、延长环、直角挂板，瓷悬式绝缘子，球头挂环，单联碗头挂板，弧垂调整板，螺栓式耐张线夹。 (3) 设备：无						
备注	无						

评分标准

序号	考核项目名称	质量要求	分值	扣分标准	扣分原因	得分
1	着装	正确佩戴安全帽，穿工作服，穿绝缘鞋，戴手套	5	(1) 未正确佩戴安全帽，扣1分； (2) 未穿全棉长袖工作服，扣1分； (3) 未穿绝缘鞋，扣1分； (4) 未戴手套进行操作，扣1分； (5) 工作服领口、袖口扣子未系好，扣1分		
2	列出材料计划表	规格符合工作需要无遗漏	10	不符合规格或者遗漏一种，扣1分		
3	清理场地以便摆放	满足摆放要求	10	不满足要求，扣10分		
4	材料摆放	材料摆放整齐规范，数量正确	65	不整齐，扣5分；规格数量错一项，扣5分；扣完为止		
5	安全文明生产	工作完毕后清理现场，交还工器具	10	(1) 未在规定时间完成，每超时1min扣2分，扣完为止； (2) 未清理现场或交还工器具，扣5分		

2.2.9 SX5ZY0402 110kV输电线路直线杆单串绝缘子串组装

一、作业

（一）工器具、材料、设备

（1）工器具：个人常用电工工具，安全帽1顶。

（2）材料：瓷悬式绝缘子8片、球头挂环1个，单联碗头挂板1个、直线线夹1个、W形弹簧销若干、铝包带若干、LGJ-120导线1m、施工图1份。

（3）设备：无。

（二）安全要求

操作过程中确保人身与设备安全。

（三）操作步骤及工艺要求（含注意事项）

1. 工作前准备

（1）着装。

（2）选择材料，并做外观检查。

2. 工作过程

（1）列出材料计划表。

（2）选取材料。

（3）根据施工图组装直线绝缘子串，将瓷悬式绝缘子和球头挂环连接起来，用W形弹簧销固定，将缠绕铝包带的导线放到直线线夹中，将直线线夹和瓷悬式绝缘子用碗头挂板连接起来，分别用销钉和W形弹簧销固定。

3. 工作终结

工作完毕后清理现场，交还工器具。

4. 工艺要求

（1）绝缘子安装时应检查球头、碗头与弹簧销子之间的间隙。在安装好弹簧销子的情况下，球头不得自碗头中脱出。严禁线材（铁丝）代替弹簧销。

（2）使用W形弹簧销，绝缘子大口均向下，特殊情况可由内向外，由左向右穿入。

二、考核

（一）考核场地

考场可设在考核场地的材料仓库或平坦的空地上。

（二）考核时间

考核时间为30min。在规定时间内完成，时间到终止作业。

（三）考核要点

（1）要求一人作业，一人监护。

（2）工器具、材料选用满足工作需要，进行外观检查。

（3）组装直线绝缘子串要满足工艺要求。

三、评分标准

行业：电力工程　　　　工种：送电线路工　　　　等级：五

编号	SX5ZY0402	行为领域	e	鉴定范围		送电	
考核时限	30min	题型	A	满分	100分	得分	
试题名称	110kV输电线路直线杆单串绝缘子串组装						
考核要点及其要求	（1）要求一人作业，一人监护。 （2）工器具、材料选用满足工作需要，进行外观检查。 （3）组装直线绝缘子串要满足工艺要求						
现场设备、工器具、材料	（1）工器具：个人常用电工工具，安全帽一顶。 （2）材料：瓷悬式绝缘子8片、球头挂环1个、单联碗头挂板1个、直线线夹1个、W形弹簧销若干、铝包带若干、LGJ-120导线1m、施工图1份。 （3）设备：无						
备注	无						

评分标准

序号	考核项目名称	质量要求	分值	扣分标准	扣分原因	得分
1	着装	正确佩戴安全帽，穿工作服，穿绝缘鞋，戴手套	5	（1）未正确佩戴安全帽，扣1分； （2）未穿全棉长袖工作服，扣1分； （3）未穿绝缘鞋，扣1分； （4）未戴手套进行操作，扣1分； （5）工作服领口、袖口扣子未系好，扣1分		
2	选择工器具	选择工器具满足工作需要，工器具做外观检查	10	（1）选用不当，扣8分； （2）工器具未做外观检查，扣2分		
3	列出材料计划表	规格符合工作需要无遗漏	15	不符合规格或者遗漏一种扣1分，扣完为止		
4	选择材料	选择材料准确齐全	20	错误或缺失一项扣2分，扣完为止		
5	组装绝缘子串	将悬式绝缘子和球头挂环连接起来，用W形弹簧销固定，将缠绕铝包带的导线放到直线线夹中，将直线线夹和瓷悬式绝缘子用碗头挂板连接起来，分别用销钉和W形弹簧销固定	40	（1）组装不熟练，扣2分； （2）组装错误，扣30分； （3）未完成工作，扣8分		
6	安全文明生产	工作完毕后清理现场，交还工器具	10	（1）未在规定时间完成，每超时1min扣2分，扣完为止； （2）未清理现场或交还工器具，扣5分		

2.2.10 SX5ZY0403 线路绝缘子电阻测量的操作

一、作业

（一）工器具、材料、设备

（1）工器具：ZC-7 型绝缘电阻表、测试连接线、绝缘手套、遮栏（围栏）、安全帽、笔、纱布、绝缘垫。

（2）材料：悬式瓷绝缘子 3 片。

（3）设备：无。

（二）安全要求

防触电伤人。绝缘电阻表在使用过程中应戴绝缘手套，测试过程中禁止接触测量表笔或绝缘子的金属部分。

（三）操作步骤及工艺要求（含注意事项）

1. 工作准备

（1）着装规范。

（2）选择工具、材料，并做外观检查。

（3）对绝缘电阻表进行开、短路试验，检查绝缘电阻表是否完好。

2. 工作过程

（1）对绝缘子进行外观检查。检查瓷裙有无破损、钢帽有无锈蚀、钢脚有无歪斜。

（2）用干净纱布擦拭绝缘子表面，使其瓷裙表面光亮无污物。

（3）用绝缘电阻表的两接线柱 E 和 L 分别接绝缘子的钢帽和钢脚。

（4）测量并读取数据，记录数据，对数据进行判断，电阻值低于 300MΩ 判定为不合格。

3. 工作终结

工作完毕后清理现场，交还工器具。

4. 注意事项

（1）测量前，应将绝缘电阻表保持水平位置，左手按住表身，右手摇动绝缘电阻表摇柄，转速约为 120r/min，指针应指向无穷大（∞），否则说明绝缘电阻表有故障。

（2）测量前，应切断被测电器及回路的电源，并对相关元件进行临时接地放电，以保证人身与绝缘电阻表的安全和测量结果准确。

（3）测量时必须正确接线。绝缘电阻表共有 3 个接线端（L、E、G）。测量绝缘子绝缘电阻时，分别将 L、E 两端接绝缘子的钢帽和钢脚。

（4）绝缘电阻表接线柱引出的测量软线绝缘应良好，两根导线之间和导线与地之间应保持适当距离，以免影响测量精度。

（5）摇动绝缘电阻表时，不能用手接触绝缘电阻表的接线柱和被测回路，以防触电。

（6）摇动绝缘电阻表后，各接线柱之间不能短接，以免损坏。

（7）摇动绝缘电阻表后，时间不要久。

二、考核

（一）考核场地

考场可设在室内，每个工位为 3～4m^2，配有一定区域的安全围栏。

（二）考核时间

考核时间为 30min，在规定时间内完成。

（三）考核要点

（1）正确选用工器具满足工作需要，并进行外观和性能检查。

（2）正确对绝缘电阻表进行开短路的检测。

（3）绝缘电阻表的正确使用和注意事项。

（4）要求操作过程熟练连贯，施工有序，工具、材料存放整齐，现场清理干净。

三、评分标准

行业：电力工程　　　　工种：送电线路工　　　　等级：五

编号	SX5ZY0403	行为领域	e	鉴定范围		送电	
考核时限	30min	题型	A	满分	100 分	得分	
试题名称	线路绝缘子电阻测量的操作						
考核要点及其要求	（1）规范穿戴工作服、绝缘鞋、安全帽等。 （2）工器具选用满足工作需要，进行外观及性能检查。 （3）熟练使用绝缘电阻表。 （4）测量过程正确规范，测量数据记录清晰完整						
现场设备、工器具、材料	（1）工器具：ZC-7 型绝缘电阻表、测试连接线、绝缘手套、遮栏（围栏）、安全帽、笔、纱布、绝缘垫。 （2）材料：无。 （3）设备：无						
备注	上述栏目未尽事宜						

评分标准

序号	考核项目名称	质量要求	分值	扣分标准	扣分原因	得分
1	着装	正确佩戴安全帽，穿工作服，穿绝缘鞋，戴手套	5	（1）未正确佩戴安全帽，扣 1 分； （2）未穿全棉长袖工作服，扣 1 分； （3）未穿绝缘鞋，扣 1 分； （4）未戴手套进行操作，扣 1 分； （5）工作服领口、袖口扣子未系好，扣 1 分		
2	工具选用与检查	（1）工器具选用是否满足作业需要，绝缘电阻表外观及性能是否进行检查，检查校验合格证是否有效； （2）绝缘电阻表应水平放置，未接线之前，应先摇动绝缘电阻表，观察指针是否在“∞”处。再将 L 和 E 两接线端短路，慢慢摇动绝缘电阻表，指针应在零处。经开、短路试验，证实绝缘电阻表完好方可进行测量	10	（1）工器具选用不当，扣 3 分； （2）工器具未做外观检查，扣 2 分； （3）绝缘电阻表未放平，扣 3 分； （4）未做开、短路试验，扣 2 分		

续表

序号	考核项目名称	质量要求	分值	扣分标准	扣分原因	得分
3	绝缘子外观检查	对绝缘子进行外观检查，检查瓷裙有无破损，钢帽有无锈蚀，钢脚有无歪斜	10	未对绝缘子进行外观检查，扣10分		
4	擦拭绝缘子	用干净纱布擦拭绝缘子表面，使其瓷裙表面光亮无污物	10	未擦拭绝缘子，扣10分		
5	正确接线	把绝缘子放绝缘垫上，用绝缘电阻表的两接线柱E和L分别接绝缘子的钢帽和钢脚	10	接线不准确，扣10分		
6	绝缘子检测	摇动手柄，转速从低速慢慢增加到120r/min左右，并维持1min后读数；绝缘电阻表在使用过程中戴绝缘手套，测试过程中，禁止接触测量表笔或绝缘子的金属部分	25	(1) 遥测不准确，扣10分 (2) 未戴绝缘手套，扣10分 (3) 接触表笔或金属，扣5分		
7	记录判断结果	整理测量的绝缘子阻值，记录资料并归档，小于300MΩ判定为零值绝缘子	20	判定结果不正确，扣20分		
8	安全文明生产	操作过程中无落物，工作完毕后清理现场，交还工器具	10	(1) 未超在规定时间完成，每超时1min扣2分，扣完为止 (2) 未清理现场或交还工器具，扣5分		

2.2.11 SX5ZY0501 定期巡视要做哪些工作

一、作业

（一）工器具、材料、设备

（1）工具：巡检仪、望远镜、数码照相机、个人工具带、手锯等。

（2）材料：螺栓、电力设施告知书等。

（3）设备：无。

（二）安全要求

（1）巡视线路时应穿绝缘鞋，雨雪天路滑应慢走，过沟、上坡时防止摔伤；防止动物伤害，偏僻山区巡线由两人进行。汛期、暑天、雪天等恶劣天气巡线，必要时由两人进行。单人巡线时，禁止攀登电杆和铁塔。

（2）巡线应沿线路外侧进行。大风时，巡线应沿线路上风侧前进，巡线人员发现导线、电缆断落地面或悬挂空中，应设法防止行人靠近断线地点8m以内，以免跨步电压伤人，并迅速报告调度和上级，等候处理。

（3）穿越公路、铁路、高速时，要注意瞭望，避免发生交通意外事故。

（三）操作步骤及工艺要求（含注意事项）

1. 工作前准备

（1）了解情况，查阅图纸资料及线路缺陷情况，明确工作任务、范围，掌握线路有关参数特点及接线方式、把握巡视重点。

（2）准备个人工器具及材料，确保齐全完整。

2. 工作过程

（1）严格按照巡视周期，负责对线路实行定期巡视、检查和维护，并做好记录。

（2）巡视人员在巡视过程中发现设备异常或有缺陷、隐患时要认真分析研判，并正确处理。如发现一般缺陷，应按照缺陷管理办法及时进行处理，填报缺陷记录。如发现紧急和重大缺陷要及时向上级领导汇报有关情况，以便采取措施。

二、考核

（一）考核场地

在考核场地杆塔上或运行的线路上实施考试，线路上预先设置几个缺陷。

（二）考核时间

考核时间为20min，在规定时间内完成。

（三）考核要点

（1）工作前准备，按要求准备好巡查所需工器具以及资料，做好危险点分析与预防工作。

（2）严格遵守现场巡视作业流程，巡视到位认真检查线路各部件运行情况，及时填写巡视记录表，如下表所示。

巡视记录表

序号	线路名称	巡视杆号	巡视日期	缺陷内容	缺陷等级	备注

三、评分标准

行业：电力工程　　　　　　　　工种：送电线路工　　　　　　　　等级：五

编号	SX5ZY0501	行为领域	e	鉴定范围		送电	
考核时限	20min	题型	C	满分	100分	得分	
试题名称	定期巡视要做哪些工作						
考核要点及其要求	（1）按地面巡视要求准备工器具及材料。 （2）根据作业指导书（卡）完成巡视工作，并填写巡视记录。 （3）查看预设缺陷发现的数量及质量						
现场设备、工器具、材料	（1）工具：巡检仪、望远镜、数码照相机、个人工具带、手锯等。 （2）材料：螺栓、电力设施告知书等。 （3）设备：无						
备注	上述栏目未尽事宜						

评分标准

序号	考核项目名称	质量要求	分值	扣分标准	扣分原因	得分
1	着装	正确佩戴安全帽，穿工作服，穿绝缘鞋，戴手套	5	（1）未正确佩戴安全帽，扣1分； （2）未穿全棉长袖工作服，扣1分； （3）未穿绝缘鞋，扣1分； （4）未戴手套进行操作，扣1分； （5）工作服领口、袖口扣子未系好，扣1分		
2	准备工器具及资料	（1）巡检仪、望远镜、数码照相机、个人工器具、手锯等； （2）资料：螺栓、电力设施告知书等	10	工具器、材料漏项，每件扣1分，扣完为止		

续表

序号	考核项目名称	质量要求	分值	扣分标准	扣分原因	得分
3	线路通道巡视	（1）有无向线路设施射击、抛掷物件； （2）在杆塔或拉线之间有无修建车道； （3）线路附近（约300m内）有无施工爆破、开山炸石、放风筝等； （4）线路附近河道、冲沟的变化，巡视维修使用的道路、桥梁是否损坏； （5）线路保护区内是否新增与本线路交叉跨越的公路、铁路、电力线、通信线或其他设施，交叉跨越设施与导线的安全距离是否满足要求； （6）在线路保护区内有无修建建筑、用火及堆放稻草、木材等易燃易爆物； （7）在线路保护区内有无种植树木； （8）在线路保护区内有无进入或穿越保护区的超高机械； （9）线路附近有无有危及线路安全或风摆时可能引起放电的树木或其他设施	10	（1）在本六项工作中设置六项缺陷，未发现一项，扣10分； （2）记录不规范，每项扣2分		
4	杆塔、拉线、基础巡视	（1）杆塔有无倾斜，横担歪斜，铁塔主材弯曲； （2）塔材、拉线（棒）等有无被偷盗破坏或锈蚀； （3）拉线锈蚀、断股或松弛、张力不均； （4）混凝土杆有无出现裂纹或裂纹扩展，混凝土脱落，钢筋外露，脚钉缺损； （5）在杆塔上有无架设电力线、通信线等； （6）有无利用杆塔拉线作起重牵引地锚，在拉线上栓牲畜，悬挂物件； （7）杆塔或拉线上有无有危及供电安全的巢以及有蔓藤类植物附生； （8）检查杆塔及拉线基础变异，周围土壤突起或沉陷，基础裂纹、损坏、下沉或上拔，护基沉塌或被冲刷； （9）基础保护帽上部塔材被埋入土或废弃物堆中，塔材锈蚀； （10）防洪设施坍塌或损坏； （11）在基础周围取土、打桩、开挖或倾倒有害化学品； （12）铁塔地脚螺母松动、缺损	10			
5	导地线（包括耦合地线、屏蔽线、OPGW通信光缆）巡视	（1）有无导、地线锈蚀、损伤、断股或烧伤； （2）有无导、地线弧垂变化，相分裂导线间距变化，间隔棒松动、移位； （3）有无导、地线连接金具过热、变色、变形、滑移； （4）有无跳线断股、变形、与杆塔空气间隙变化或摆动过大； （5）导线对地、对交叉跨越设施及其他物体的距离变化； （6）导、地线上悬挂异物	10			

续表

序号	考核项目名称	质量要求	分值	扣分标准	扣分原因	得分
6	绝缘子、横担及金具巡查	（1）绝缘子与瓷横担脏污； （2）瓷质绝缘子破碎、裂纹，玻璃绝缘子爆裂，合成绝缘子伞裙破裂、烧伤，金具、均压环扭曲变形； （3）绝缘子串、横担倾斜； （4）绝缘横担绑线松动、断股； （5）预绞丝滑动、断股或烧伤； （6）防振锤移位、脱落、偏斜； （7）附属通信设施损坏； （8）各种检测装置缺损； （9）防振锤、间隔棒等发生移位； （10）屏蔽环、均压环出现倾斜与松动； （11）接续金具外观鼓包、裂纹、烧伤、滑移或出口处断股，弯曲度不符合相关规程要求； （12）接续金具过热变色或连接螺栓松动	10	（1）在本六项工作中设置六项缺陷，未发现一项，扣10分； （2）记录不规范，每项扣2分		
7	防雷设施和接地装置巡查	（1）放电间隙变动、烧损； （2）避雷器、避雷针等防雷装置和其他设备的连接、固定情况； （3）线路避雷器间隙变化情况； （4）地线、接地引下线，接地装置、连接接地线间的连接、固定以及锈蚀情况	10			
8	标示牌及其他设施的巡视	（1）杆塔编号牌被盗破坏； （2）警告、指示及防护等标志缺损、丢失； （3）相位牌锈蚀不清； （4）设施损坏、变形或缺损； （5）航道警示灯工作情况	10			
9	缺陷记录、分类	填写巡视记录表，所有异常均要记录，并按缺陷划分标准进行分类整理	15	无记录，扣15分；未分类，每项扣3分		
10	安全文明生产	工作完毕后清理现场，交还工器具	10	（1）未在规定时间完成，每超时1min扣2分，扣完为止； （2）未清理现场或没有交还工器具，扣5分		

第二部分　中　级　工

1 理论试题

1.1 单选题

La4A1001 电流周围产生的磁场方向可用(　　)确定。
(A) 安培定则　(B) 左手定则　(C) 楞次定律　(D) 右手定则
答案：A

La4A1002 交流电的有效值，就是与它的(　　)相等的直流值。
(A) 热效应　(B) 光效应　(C) 电效应　(D) 磁效应
答案：A

La4A1003 电容器在电路中的作用是(　　)。
(A) 通交流阻直流　(B) 通直流阻交流
(C) 通低频阻高频　(D) 交流和直流均不能通过
答案：A

La4A1004 交流电路中，电阻所消耗的功为(　　)。
(A) 视在功率　(B) 无功功率　(C) 有功功率　(D) 电动率
答案：C

La4A1005 电力线的形状是(　　)。
(A) 一段曲线　(B) 封闭曲线　(C) 放射线　(D) 直线
答案：C

La4A1006 电气设备外壳接地属于(　　)。
(A) 工作接地　(B) 保护接地
(C) 防雷接地　(D) 保护接零
答案：B

La4A2007 在线路平、断面图上常用的代表符号 N 表示(　　)。
(A) 直线杆　(B) 转角杆　(C) 换位杆　(D) 耐张杆
答案：D

La4A2008 载流导体在磁场中所受力的大小与导体有效长度(　　)。

(A) 的 1/2 成正比　　(B) 无关

(C) 成正比　　(D) 成反比

答案：C

La4A2009 两根平行导线通过相同方向的交流电流时，两根导线受电磁力的作用方向是(　　)。

(A) 向同一侧运动　　(B) 靠拢

(C) 分开　　(D) 无反应

答案：B

La4A2010 电场中，正电荷受电场力的作用总是(　　)移动。

(A) 从高电位向低电位　　(B) 从低电位向高电位

(C) 垂直于电力线的方向　　(D) 保持原位

答案：A

La4A2011 关于电感 L、感抗 X，正确的说法是(　　)。

(A) L 的大小与频率有关　　(B) L 对直流来说相当于短路

(C) 频率越高，X 越小　　(D) X 值可正可负

答案：B

La4A2012 几个电阻的两端分别接在一起，每个电阻两端电压相等，这种连接方法称为电阻的(　　)。

(A) 串联　　(B) 并联　　(C) 串并联　　(D) 电桥连接

答案：B

La4A2013 线路损耗率指电能在(　　)。

(A) 电力系统中的损耗量占供电量之百分比

(B) 各级电网环节中的损耗量占供电量之百分比

(C) 电力系统中的损耗量占售量之百分比

(D) 各级电网环节中的损耗量占售电量之百分比

答案：B

La4A2014 一条电压 U 为 220V 纯并联电路，共有额定功率 P_1 为 40W 的灯泡 25 盏，额定功率 P_2 为 60W 的灯泡 20 盏，此线路的熔断器容量应选(　　)。

(A) 8A　　(B) 9A　　(C) 10A　　(D) 11A

答案：C

La4A2015 电容器在充电和放电过程中，充放电电流与(　　)成正比。

(A) 电容器两端电压　(B) 电容器两端电压的变化率

(C) 电容器两端电压的变化量　(D) 与电压无关

答案：B

La4A2016 电阻和电感串联的交流电路中，用(　　)表示电阻、电感及阻抗之间的关系。

(A) 电压三角形　(B) 功率三角形

(C) 阻抗三角形　(D) 电流三角形

答案：C

La4A2017 正弦交流电的最大值、有效值是(　　)。

(A) 随时间变化而变化　(B) 不随时间变化

(C) 当 $t=0$ 时，均为 0　(D) 有效值不变，最大值会变化

答案：B

La4A2018 星形连接时，三相电源的公共点叫三相电源的(　　)。

(A) 中性点　(B) 参考点

(C) 零电位点　(D) 接地点

答案：A

La4A2019 三相四线制电路可看成是由三个单相电路构成的，其平均功率等于各相(　　)之和。

(A) 功率因数　(B) 视在功率

(C) 有功功率　(D) 无功功率

答案：C

La4A2020 三相电源的线电压为 380V，对称负载 Y 形接线，没有中性线，如果某相突然断掉，则其余两相负载的相电压(　　)。

(A) 不相等　(B) 380V

(C) 190V　(D) 220V

答案：C

La4A2021 自感系数 L 与(　　)有关。

(A) 电流大小　(B) 电压高低

(C) 电流变化率　(D) 线圈结构及材料性质

答案：D

La4A2022 已知 R、L、C 串联电路中，电流滞后端电压，则下面结论中，正确的是(　　)。

(A) $X_C > X_L$　　(B) $X_C < X_L$

(C) $L = C$　　(D) 电路呈谐振状态

答案：B

La4A2023 在 R、L、C 串联电路中，当 $X_L = X_C$ 时，比较电阻上 UR 和电路总电压 U（U 不为 0）的大小为(　　)。

(A) $U_R < U$　　(B) $U_R = U$

(C) $U_R > U$　　(D) $U_R = 0$

答案：B

La4A2024 一电容接到 $f = 50$Hz 的交流电路中，容抗 $X_C = 240\Omega$；若改接到 $f = 150$Hz 的电源电路中，则容抗 X_C 为(　　)Ω。

(A) 80　　(B) 120

(C) 160　　(D) 720

答案：A

La4A2025 高频保护一般装设在(　　)。

(A) 220kV 及以上线路　　(B) 35～110kV 线路

(C) 35kV 以下线路　　(D) 10～35kV 线路

答案：A

La4A2026 电力线路的电流速断保护范围是(　　)。

(A) 线路全长　　(B) 线路的 1/2

(C) 线路全长的 15％～20％　　(D) 线路全长的 15％～85％

答案：D

La4A2027 隔离开关的主要作用是(　　)。

(A) 切断有载电路　　(B) 切断短路电流

(C) 切断负荷电流　　(D) 隔离电源

答案：D

La4A2028 供电可靠率即为(　　)占全年时间（8760h）的百分数来表示。

(A) 一般用户平均供电时间　　(B) 重要用户平均供电时间

(C) 全部用户平均供电时间　　(D) Ⅱ类用户平均供电时间

答案：C

La4A3029 电流 I 通过具有电阻 R 的导体，在时间 t 内所产生的热量为 $Q=0.24I^2Rt$，这个关系式又叫(　　)定律。

(A) 牛顿第一　　(B) 牛顿第二
(C) 焦耳-楞次　　(D) 欧姆

答案：C

La4A3030 在复杂的电路中，计算某一支路电流用(　　)方法比较简单。

(A) 支路电流法　　(B) 叠加原理法
(C) 等效电源原理　　(D) 线性电路原理

答案：A

La4A3031 在一个由恒定电压源供电的电路中，负载电阻 R 增大时，负载电流(　　)。

(A) 增大　　(B) 减小
(C) 恒定　　(D) 基本不变

答案：B

La4A3032 导线的电阻值与(　　)。

(A) 其两端所加电压成正比　　(B) 流过的电流成反比
(C) 所加电压和流过的电流无关　　(D) 导线的截面面积成正比

答案：C

La4A3033 电路中(　　)定律指出：流入任意一节点的电流必定等于流出该节点的电流。

(A) 欧姆　　(B) 基尔霍夫第一
(C) 楞次　　(D) 基尔霍夫第二

答案：B

La4A3034 基尔霍夫第二定律（回路电压定律）：在复杂电路的任一闭合回路中，电动势的代数和等于各(　　)电压降的代数和。

(A) 电流　　(B) 电压　　(C) 电阻　　(D) 电功率

答案：C

La4A3035 在任意三相电路中，(　　)。

(A) 三个相电压的相量和必为零　　(B) 三个线电压的相量和必为零
(C) 三个线电流的相量和必为零　　(D) 三个相电流的相量和必为零

答案：B

La4A3036 R、L、C 串联电路接于交流电源中，总电压与电流之间的相位关系为(　　)。
(A) U 超前于 I　　(B) U 滞后于 I
(C) U 与 I 同期　　(D) 无法确定
答案：D

La4A3037 当线圈中磁通减小时，感应电流的磁通方向(　　)。
(A) 与原磁通方向相反　　(B) 与原磁通方向相同
(C) 与原磁通方向无关　　(D) 与线圈尺寸大小有关
答案：B

La4A3038 在纯电感单相交流电路中，电压(　　)电流。
(A) 超前　　(B) 滞后
(C) 既不超前也不滞后　　(D) 相反 180°
答案：A

La4A3039 在纯电感正弦电路中，下列各式(　　)是正确的。
(A) $i=U/\omega L$　　(B) $I=U/\omega L$
(C) $I=Um/\omega L$　　(D) $i=u/\omega L$
答案：B

La4A3040 在纯电容单相交流电路中，电压(　　)电流。
(A) 超前　　(B) 滞后
(C) 既不超前也不滞后　　(D) 相反 180°
答案：B

La4A3041 正弦交流电的平均值等于(　　)倍最大值。
(A) 2　　(B) $\pi/2$　　(C) $2/\pi$　　(D) 0.707
答案：C

La4A3042 电阻和电感串联的单相交流电路中的无功功率计算公式是(　　)。
(A) $P=UI$　　(B) $P=Ui\cos\varphi$
(C) $Q=Ui\sin\varphi$　　(D) $P=S\sin\varphi$
答案：C

La4A3043 电阻和电容串联的单相交流电路中的有功功率计算公式是(　　)。
(A) $P=UI$　　(B) $P=UI\cos\varphi$　　(C) $P=UI\sin\varphi$　　(D) $P=S\sin\varphi$
答案：B

La4A3044 电源电动势的大小表示(　　)做功本领的大小。

(A) 电场力　(B) 外力　(C) 摩擦力　(D) 磁场力

答案：A

La4A3045 对人体伤害最轻的电流途径是(　　)。

(A) 从右手到左脚　(B) 从左手到右脚

(C) 从左手到右手　(D) 从左脚到右脚

答案：D

La4A3046 有两个正弦量，其瞬时值的表达式分别为 $u=220\sin(\omega t-10°)$ V，$i=5\sin(\omega t-40°)$ A。那么(　　)。

(A) 电流滞后电压 40°　(B) 电流滞后电压 30°

(C) 电压滞后电流 50°　(D) 电压滞后电流 30°

答案：B

La4A3047 两个 10μF 的电容器并联后与一个 20μF 的电容器串联，则总电容是(　　)μF。

(A) 10　(B) 20　(C) 30　(D) 40

答案：A

La4A3048 电阻串联时总电阻为 10Ω，并联时总电阻为 2.5Ω，则这两只电阻分别为(　　)。

(A) 2Ω 和 8Ω　(B) 4Ω 和 6Ω　(C) 3Ω 和 7Ω　(D) 5Ω 和 5Ω

答案：D

La4A3049 当交流电流 i 通过某电阻，在一定时间内产生的热量与某直流电流 I 在相同时间内通过该电阻所产生的热量相等，那么就把此直流 I 定为交流电流的(　　)。

(A) 最大值　(B) 有效值　(C) 最小值　(D) 瞬时值

答案：B

La4A3050 试验证明，磁力线、电流方向和导体受力的方向，三者的方向(　　)。

(A) 一致　(B) 互相垂直　(C) 相反　(D) 互相平行

答案：B

La4A3051 继电保护装置对其保护范围内发生故障或不正常工作状态的反应能力称为继电保护装置的(　　)。

(A) 灵敏性　(B) 快速性　(C) 可靠性　(D) 选择性

答案：A

La4A3052 35kV 及以上供电电压正、负偏差的绝对值之和不超过标称系统电压的( )。

(A) 5% (B) 7% (C) ±10% (D) 10%

答案：D

La4A3053 在中性点不接地系统中发生单相接地故障时，允许短时运行，但不应超过( )h。

(A) 1 (B) 2 (C) 3 (D) 4

答案：B

La4A3054 静力学是研究物体在力系（一群力）的作用下，处于( )的学科。

(A) 静止 (B) 固定 (C) 平衡 (D) 匀速运动

答案：C

La4A3055 作用于同一物体上的两个力大小相等、方向相反，且作用在同一直线上，使物体平衡，我们称为( )。

(A) 二力定理 (B) 二力平衡公理

(C) 二力相等定律 (D) 物体匀速运动的条件定理

答案：B

La4A4056 金属导体的电阻与( )无关。

(A) 导体长度 (B) 导体截面面积

(C) 外加电压 (D) 导体电阻率

答案：C

La4A4057 并联电阻电路中的总电流等于( )。

(A) 各支路电流的和 (B) 各支路电流的积

(C) 各支路电流的倒数和 (D) 各支路电流和的倒数

答案：A

La4A4058 纯电容元件在电路中( )电能。

(A) 储存 (B) 分配 (C) 消耗 (D) 改变

答案：A

La4A4059 在感性负载交流电路中，常用( )方法可提高电路功率因数。

(A) 负载串联电阻 (B) 负载并联电阻

(C) 负载串联电容器 (D) 负载并联电容器

答案：D

La4A4060 欧姆定律阐明了电路中(　　)。
(A) 电压和电流是正比关系　(B) 电流与电阻是反比关系
(C) 电压、电流和电阻三者之间的关系　(D) 电阻值与电压成正比关系
答案：C

La4A4061 交流电路中电流比电压滞后90°，该电路属于(　　)电路。
(A) 复合　(B) 纯电阻　(C) 纯电感　(D) 纯电容
答案：C

La4A4062 在纯电感交流电路中电压超前(　　)90°。
(A) 电阻　(B) 电感　(C) 电压　(D) 电流
答案：D

La4A4063 几个电容器串联连接时，其总电容量等于(　　)。
(A) 各串联电容量的倒数和　(B) 各串联电容量之和
(C) 各串联电容量之和的倒数　(D) 各串联电容量倒数和的倒数
答案：D

La4A4064 由于导体本身的(　　)发生变化而产生的电磁感应现象叫自感现象。
(A) 磁场　(B) 电流　(C) 电阻　(D) 电量
答案：B

La4A5065 通电导体在磁场中所受的力是(　　)。
(A) 电场力　(B) 磁场力
(C) 电磁力　(D) 引力
答案：C

Lb4A1066 对使用过的钢丝绳要定期(　　)。
(A) 浸油　(B) 用钢刷清除污垢
(C) 用水清洗　(D) 用50%酒精清洗
答案：A

Lb4A1067 对处于(　　)、飑线风多发的局部微气象区段杆塔，应根据故障时风速调查情况重新核算设计条件。
(A) 强风区　(B) 大风区
(C) 中风及以上风力区　(D) 多风地区
答案：A

Lb4A1068 分裂导线子导线装设间隔棒的作用是(　　)。

(A) 使子导线间保持绝缘　　(B) 防止子导线间鞭击

(C) 防止混线　　(D) 防止导线微风振动

答案：B

Lb4A1069 一片 XP-60 型绝缘子的泄漏距离为(　　)。

(A) 146mm　　(B) 250mm

(C) 290mm 左右　　(D) 350mm 左右

答案：C

Lb4A1070 输电线路在山区单架空地线对导线的保护角一般为(　　)。

(A) 15°　　(B) 20°　　(C) 25°左右　　(D) 30°以下

答案：C

Lb4A1071 挂接地线时，若杆塔无接地引下线时，可采用临时接地棒，接地棒在地面以下深度不得小于(　　)。

(A) 0.3m　　(B) 0.5m　　(C) 0.6m　　(D) 1.0m

答案：C

Lb4A1072 各级运检部门应不断完善线路通道安全联防、联控机制。线路运检单位应组织开展(　　)工作，加强联防护线员的业务培训，落实异常情况汇报制度。

(A) 群众护线　　(B) 与警察联合执法护线

(C) 全民护线　　(D) 联防护线

答案：A

Lb4A1073 (　　)指附加在线路本体上的线路标识、安全标示牌、各种技术监测或具有特殊用途的设备（如在线监测、防雷、防鸟装置等）发生的缺陷。

(A) 线路缺陷　　(B) 本体缺陷

(C) 附属设施缺陷　　(D) 外部隐患

答案：C

Lb4A1074 在 220kV 带电线路杆塔上工作的安全距离是(　　)。

(A) 0.7m　　(B) 1.0m　　(C) 1.5m　　(D) 3.0m

答案：D

Lb4A2075 导地线悬挂点的最大张力不应超过导地线拉断力的(　　)。

(A) 50%　　(B) 100%　　(C) 77%　　(D) 60%

答案：C

Lb4A2076 最容易引起架空线发生微风振动的风向是(　　)。

(A) 顺线路方向　　(B) 垂直线路方向

(C) 旋转风　　(D) 与线路呈45°角方向

答案：B

Lb4A2077 导线产生稳定振动的风速上限与(　　)有关。

(A) 悬点高度　　(B) 导线直径

(C) 周期性的间歇风力　　(D) 风向

答案：A

Lb4A2078 运行线路普通钢筋混凝土杆的裂缝宽度不允许超过(　　)。

(A) 0.05mm　　(B) 0.1mm　　(C) 0.15mm　　(D) 0.2mm

答案：D

Lb4A2079 运行中普通钢筋混凝土电杆可以有(　　)。

(A) 纵向裂纹　　(B) 横向裂纹

(C) 纵向、横向裂纹　　(D) 超过0.2mm裂纹

答案：B

Lb4A2080 在分裂导线线路上，不等距离安装间隔棒的作用是(　　)。

(A) 保持绝缘　　(B) 抑制振动

(C) 防止鞭击　　(D) 保持子导线间距离

答案：B

Lb4A2081 并沟线夹、压接管、补修管均属于(　　)。

(A) 线夹金具　　(B) 连接金具　　(C) 保护金具　　(D) 接续金具

答案：D

Lb4A2082 高压绝缘子在干燥、淋雨、雷电冲击条件下承受的冲击和操作过电压称为(　　)。

(A) 绝缘子的绝缘性能　　(B) 耐电性能

(C) 绝缘子的电气性能　　(D) 绝缘子的机电性能

答案：C

Lb4A2083 绝缘子盐密测量原则上在(　　)进行。

(A) 每年5月到6月　　(B) 每年7月到10月

(C) 每年10月到次年的4月　　(D) 每年11月到次年的3月

答案：D

Lb4A2084　无人机应在杆塔、导线(　　)以盘旋、直飞的方式开展巡检作业。

(A) 正上方　　(B) 平行　　(C) 左侧　　(D) 右侧

答案：A

Lb4A2085　架空输电线路拉线及基础巡视检查内容有拉线金具等被拆卸、拉线棒严重锈蚀和蚀损拉线松弛、断股、(　　)、基础回填土下沉或缺土等。

(A) 严重锈蚀　　(B) 裂纹

(C) 土埋塔角　　(D) 爬梯变形

答案：A

Lb4A2086　电力线路适当加强导线绝缘或减少架空地线的接地电阻，目的是为了(　　)。

(A) 减少雷电流　　(B) 避免反击闪络

(C) 减少接地电流　　(D) 避免内过电压

答案：B

Lb4A2087　(　　)指外部环境变化对线路的安全运行已构成某种潜在性威胁的情况，如在线路保护区内违章建房、种植树竹、堆物、取土及各种施工作业等。

(A) 线路缺陷　　(B) 本体缺陷

(C) 附属设施缺陷　　(D) 外部隐患

答案：D

Lb4A2088　电力线路发生接地故障时，在接地点周围区域将会产生(　　)。

(A) 接地电压　　(B) 感应电压

(C) 短路电压　　(D) 跨步电压

答案：D

Lb4A2089　高压架空线路发生接地故障时，会导制邻近的通信线路发生(　　)。

(A) 电磁感应　　(B) 电压感应

(C) 接地感应　　(D) 静电感应

答案：A

Lb4A2090　(　　)是为掌握线路的运行状况，及时发现线路本体、附属设施和保护区出现的缺陷或隐患，并为线路检修、维护及状态评价（评估）等提供依据，近距离对线路进行观测、检查、记录的工作。

(A) 正常巡视　　(B) 故障巡视

(C) 特殊巡视　　(D) 线路巡视

答案：D

Lb4A2091 （　）是运维单位为查明线路故障点、故障原因及故障情况等所组织的线路巡视。

（A）正常巡视　　（B）故障巡视

（C）特殊巡视　　（D）线路巡视

答案：B

Lb4A2092 （　）根据线路本体各组件运行状态及周围环境变化情况，有针对性开展的运维和检修工作。

（A）状态评价　　（B）状态检测

（C）状态管理　　（D）线路检修

答案：C

Lb4A2093 电力线路杆塔编号的涂写部位应距离地面（　）。

（A）1.5～2m　（B）2.5～3m　（C）3.5～4m　（D）4m 以上

答案：B

Lb4A2094 各级运检部门应建立防外破内部联控、外部联防机制，加强防外破过程工作检查和重大事件的协调；线路运检单位开展（　）故障分析工作，掌握故障特点，划分易发区域，建立隐患档案，及时跟踪处理，实现闭环管理；输电运维班应对外部隐患进行排查治理。

（A）外力破坏　　（B）线路

（C）本体　　（D）高温跳闸

答案：A

Lb4A2095 带电作业绝缘工具的电气试验周期是（　）。

（A）一年一次　　（B）半年一次

（C）一年半一次　　（D）两年一次

答案：B

Lb4A3096 各级运检部门应加强线路防风偏管理，组织开展风偏故障统计分析工作，掌握沿线气象环境资料，每（　）年统一修订风区分布图。

（A）1　（B）2　（C）3　（D）4

答案：C

Lb4A3097 线路覆冰后，对线路覆冰、舞动重点区段的导地线线夹出口处、绝缘子锁紧销及相关金具进行检查和消缺，及时（　）导地线弧垂。

（A）测量　（B）调整　（C）校核和调整　（D）校核

答案：C

Lb4A3098 各线路运检单位应根据覆冰厚度和天气情况，对导地线采取融冰、除冰等措施以减少(　　)。

(A) 覆冰厚度　　(B) 覆冰长度　　(C) 导地线覆冰　　(D) 对导线危害

答案：C

Lb4A3099 为了避免线路发生电晕，规范要求220kV线路的导线截面面积最小是(　　)。

(A) $150mm^2$　　(B) $185mm^2$　　(C) $240mm^2$　　(D) $400mm^2$

答案：C

Lb4A3100 预制基础的混凝土强度等级不宜低于(　　)。

(A) C10　　(B) C15　　(C) C20　　(D) C25

答案：C

Lb4A3101 混凝土基础应一次浇灌完成，如遇特殊原因，浇灌时间间断(　　)及以上时，应将接缝表面打成麻面等措施处理后继续浇灌。

(A) 2h　　(B) 8h　　(C) 12h　　(D) 24h

答案：A

Lb4A3102 完全用混凝土在现场浇灌而成的基础，且基础体内没有钢筋，这样的基础为(　　)。

(A) 钢筋混凝土基础　　(B) 桩基础

(C) 大块混凝土基础　　(D) 岩石基础

答案：C

Lb4A3103 混凝土倾倒入模盒内，自由倾落高度应不超过(　　)。

(A) 2m　　(B) 3m　　(C) 4m　　(D) 5m

答案：A

Lb4A3104 绝缘子串的干闪电压(　　)湿闪电压。

(A) 大于　　(B) 小于

(C) 等于　　(D) 小于或等于

答案：A

Lb4A3105 未喷涂防污闪涂料的瓷、玻璃绝缘子应结合停电检修做好清扫；必要时对已喷涂防污闪涂料的瓷、玻璃绝缘子开展(　　)检查。

(A) 外观　　(B) 不定期　　(C) 定期　　(D) 憎水性

答案：D

Lb4A3106 线路绝缘子的沿面闪络故障一般发生在（　　）。

（A）绝缘子的胶合剂内部　　（B）绝缘子内部

（C）绝缘子的连接部位　　（D）绝缘子表面

答案：D

Lb4A3107 巡检人员应在作业前（　　）准备好现场作业工器具以及备品、备件等物资，完成无人机巡检系统检查，确保各部件工作正常。

（A）一个工作日　　（B）两个工作日

（C）三个工作日　　（D）五个工作日

答案：A

Lb4A3108 无人机巡检需工作负责人1名，作业人员至少（　　）。其中，程控手1人，负责无人机飞行姿态保持，数传信息监测；操控手1人，负责任务找荷操作、现场环境和图传信息监测等工作。

（A）2名　　（B）3名　　（C）4名　　（D）5名

答案：A

Lb4A3109 作业所用无人机巡检系统应通过本单位入网检测，各设备、系统应运行良好。巡检人员应确保身体健康，精神状态良好，作业前（　　）及作业过程中严禁饮用任何酒精类饮品。

（A）4h　　（B）6h　　（C）8h　　（D）12h

答案：C

Lb4A3110 采用单导线的输电线路，一个耐张段的长度一般采用（　　）。

（A）不宜大于2km　　（B）不宜大于5km

（C）不宜大于10km　　（D）不宜大于12km

答案：B

Lb4A3111 雷击跳闸率是每百千米线路（　　）中因雷击发生跳闸的次数（包括重合成功的情况），计算单位为次/（百千米·年）。

（A）1个月　　（B）1个季度　　（C）半年　　（D）1年

答案：D

Lb4A3112 缺陷应纳入运检管理系统进行全过程（　　），主要包括缺陷登录、统计、分析、处理、验收和上报等。

（A）监控　　（B）管控　　（C）管理　　（D）闭环管理

答案：D

Lb4A3113 （　　）是在特殊情况下或根据特殊需要、采取特殊巡视方法所进行的线路巡视。特殊巡视包括夜间巡视、交叉巡视、登杆塔检查、防外力破坏巡视以及直升机（或利用其他飞行器）空中巡视等。

（A）正常巡视　　（B）故障巡视

（C）特殊巡视　　（D）线路巡视

答案：C

Lb4A3114 为了使长距离线路三相电压降和相位间保持平衡，电力线路必须（　　）。

（A）按要求进行换位　　（B）经常检修

（C）改造接地　　（D）增加爬距

答案：A

Lb4A3115 从线路运行可靠性来讲，重冰区、多雷区的单回线路宜采用（　　）排列。

（A）上字形　　（B）水平形　　（C）三角形　　（D）干字形

答案：B

Lb4A3116 线路巡视人员按一定的周期对线路所进行的巡视，包括对线路设备（　　）和线路保护区（线路通道）所进行的巡视。

（A）线路本体和附属设备　　（B）通道环境

（C）防护区内施工作业　　（D）风刮异物

答案：A

Lb4A3117 电力线路在同样电压下，经过同样地区，单位爬距越大，则发生闪络的（　　）。

（A）可能性越小　　（B）可能性越大

（C）机会均等　　（D）条件不够，无法判断

答案：A

Lb4A3118 线路跳闸率是每百千米线路（　　）中发生跳闸的次数（包括重合成功的情况），计算单位为次/（百千米·年）。

（A）1个月　　（B）1个季度　　（C）半年　　（D）1年

答案：D

Lb4A3119 架空输电线路杆塔基础巡视检查内容有：破损、酥松、（　　）漏筋、基础下沉、保护帽破损、边坡保护不够。

（A）螺栓丢失　　（B）裂纹　　（C）土埋塔角　　（D）爬梯变形

答案：B

Lb4A3120 电力线路的杆塔编号涂写工作，要求在(　　)。

(A) 施工结束后，验收移交投运前进行　(B) 验收后由运行单位进行

(C) 送电运行后进行　(D) 杆塔立好后进行

答案：A

Lb4A3121 状态评价工作应纳入日常生产管理，定期进行评价。对评价为(　　)状态的线路应制订相应的检修策略并结合技改大修进行处理。

(A) 注意　(B) 异常

(C) 严重　(D) 异常、严重

答案：D

Lb4A3122 110kV绝缘操作杆的有效绝缘长度为(　　)m。

(A) 1　(B) 1.3　(C) 1.5　(D) 1.8

答案：B

Lb4A4123 各级运检部门应结合(　　)，对设计冰厚取值偏低、抗冰能力弱而又未采取防冰措施的线路进行改造。

(A) 天气情况　(B) 经验

(C) 线路周边环境　(D) 冰区分布图

答案：D

Lb4A4124 无冰时，作用在导线每米长每平方毫米截面上的风压荷载称为(　　)。

(A) 导线风压比载　(B) 无冰时导线风压

(C) 无冰时导线风压比载　(D) 无冰时导线的荷载

答案：C

Lb4A4125 当线路负荷增加时，导线弧垂将会(　　)。

(A) 增大　(B) 减小

(C) 不变　(D) 因条件不足，无法确定

答案：A

Lb4A4126 导线的瞬时破坏应力为(　　)。

(A) 瞬时拉断力与导线的标称截面面积之比

(B) 瞬时拉断力与导线的铝截面面积之比

(C) 瞬时拉断力与导线的综合截面面积之比

(D) 瞬时拉断力与导线的钢芯截面面积之比

答案：C

Lb4A4127 导线的温度热膨胀系数即(　　)所引起的相对变形。

(A) 导线温度变化　　(B) 导线温度变化1℃

(C) 导线温度变化5℃　　(D) 导线温度变化10℃

答案：B

Lb4A4128 导线微风振动的振动风速下限为(　　)。

(A) 0.5m/s　　(B) 1m/s　　(C) 2m/s　　(D) 4m/s

答案：A

Lb4A4129 浇筑混凝土基础时，保护层厚度的误差应不超过(　　)。

(A) －3mm　　(B) －5mm　　(C) ±3mm　　(D) ±5mm

答案：B

Lb4A4130 钢筋混凝土构件，影响钢筋和混凝土粘结力大小的主要因素有(　　)。

(A) 混凝土强度越高，粘结力越小　　(B) 钢筋表面积越大，粘结力越小

(C) 钢筋表面越粗糙，粘结力越大　　(D) 钢筋根数越多，粘结力越小

答案：C

Lb4A4131 运行中的绝缘子串，分布电压最高的一片绝缘子是(　　)。

(A) 靠近横担的第一片　　(B) 靠近导线的第一片

(C) 中间的一片　　(D) 靠近导线的第二片

答案：B

Lb4A4132 悬式绝缘子的泄漏距离是指(　　)。

(A) 绝缘子钢帽至钢脚间的最近距离

(B) 绝缘子钢帽至钢脚间瓷表面的距离

(C) 绝缘子钢帽至钢脚间瓷表面的最近距离

(D) 绝缘子瓷表面的最近距离

答案：C

Lb4A4133 35～500kV的电压，都是指三相三线制的(　　)。

(A) 相电压　　(B) 线间电压　　(C) 线路总电压　　(D) 端电压

答案：B

Lb4A4134 220kV输电线路杆塔架设双地线时，其保护角为(　　)。

(A) 不大于15°　　(B) 20°左右　　(C) 30°左右　　(D) 不大于40°

答案：A

Lb4A4135 大气污染特别严重的地区，离海岸盐场 1km 以内，离化学污染源和炉烟污秽 300m 以内的地区属于(　　)级污秽等级。

(A) Ⅰ　　(B) Ⅱ　　(C) Ⅲ　　(D) Ⅳ

答案：D

Lb4A4136 线路故障停运率是每百千米线路(　　)中发生跳闸重合不成功的次数，计算单位为次/（百千米·年)。

(A) 1 个月　　(B) 1 个季度　　(C) 半年　　(D) 1 年

答案：D

Lb4A4137 架空输电线路地基与(　　)巡视检查内容有：回填土下沉或缺土、水淹、冬涨、堆积杂物等。

(A) 无人机巡视　　(B) 基面

(C) 通道环境　　(D) 线路周边异物

答案：B

Lb4A4138 架空输电线路接地装置巡视检查内容有(　　)、严重锈蚀、螺栓松脱、地线带丢失、接地带外露、接地带连接部位有雷电烧痕等。

(A) 杆塔倾斜　　(B) 保护帽破损

(C) 边坡保护不够　　(D) 断裂

答案：D

Lb4A4139 严重缺陷指缺陷情况对线路安全运行已构成严重威胁，短期内线路尚可维持安全运行，情况虽危险，但紧急程度较危急缺陷次之的一类缺陷。此类缺陷的处理一般不超过(　　)，最多不超过 1 个月，消除前须加强监视。

(A) 48 小时　　(B) 64 小时　　(C) 五天　　(D) 1 周

答案：D

Lb4A4140 (　　)是能够实时自动采集架空输电线路设施运行状态信息，通过通信网络系统，将信息传输到后端数据处理的系统。

(A) 无人机巡视　　(B) 状态评价

(C) 在线监测系统　　(D) 气象监测设备

答案：C

Lb4A4141 设备缺陷比较重大但设备在短期内仍可继续安全运行的缺陷是(　　)。

(A) 一般缺陷　　(B) 危重缺陷

(C) 重大缺陷　　(D) 紧急缺陷

答案：C

Lb4A5142 除无冰区外，地线设计冰厚应较导线冰厚增加(　　)。

(A) 5mm　　(B) 8mm　　(C) 10mm　　(D) 15mm

答案：A

Lb4A5143 如一个变电所某级电压的每回出线均小于100km，但其总长度超过200km，则(　　)。

(A) 可采用变换各回路的相序排列或换位

(B) 必须进行换位

(C) 只能采用变换各回路的相序排列

(D) 可采用部分线路换位

答案：A

Lb4A5144 架空输电线路绝缘子巡视检查内容有伞裙破损、严重污秽、有放电痕迹、弹簧销缺失、钢帽裂纹断裂、钢脚严重锈蚀、绝缘子串顺线路方向角大于(　　)或300mm。

(A) 200mm　　(B) 7.5°　　(C) 400mm　　(D) 8.5°

答案：B

Lb4A5145 利用无人机巡检时，山区作业地面风速不宜大于7m/s；平原作业地面风速不宜大于(　　)。

(A) 5m/s　　(B) 10m/s　　(C) 15m/s　　(D) 20m/s

答案：B

Lb4A5146 相分裂导线同相子导线弧垂允许偏差值应符合下列规定：220kV为(　　)mm。

(A) 50　　(B) 60　　(C) 70　　(D) 80

答案：D

Lb4A5147 相分裂导线同相子导线弧垂允许偏差值应符合下列规定：500kV为(　　)mm。

(A) 50　　(B) 60　　(C) 70　　(D) 80

答案：A

Lb4A5148 泄漏比距是指绝缘子的爬电距离对(　　)有效值之比。

(A) 最高工作电压　　(B) 操作过电压

(C) 雷电过电压　　(D) 运行电压

答案：A

Lb4A5149 各级运检部门组织开展（　　），加强山区线路大档距的边坡及新增交叉跨越的排查，对影响线路安全运行的隐患及时治理。

（A）弧垂测量　　（B）风偏校核

（C）特殊区段隐患排查　　（D）大档距、交叉跨越排查

答案：B

Lb4A5150 危急缺陷指缺陷情况已危及到线路安全运行，随时可能导致线路发生事故，既危险又紧急的缺陷。危急缺陷消除时间不应超过（　　），或临时采取确保线路安全的技术措施进行处理，随后消除。

（A）12 小时　（B）24 小时　（C）48 小时　（D）一周

答案：B

Lb4A5151 架空输电线路杆塔巡视检查内容有（　　）、主材弯曲、地线支架变形、塔材、螺栓丢失、严重锈蚀、脚钉缺失、爬梯变形土埋塔角。

（A）杆塔倾斜　　（B）保护帽破损

（C）边坡保护不够　　（D）基础下沉

答案：A

Lc4A1152 绝缘子盐密测量，若采用悬挂不带电绝缘子监测盐密，则每个点悬挂（　　）串并进行编号。

（A）1　（B）2　（C）3　（D）4

答案：C

Lc4A1153 下列不能按口头或电话命令执行的工作为（　　）。

（A）在全部停电的低压线路上工作　　（B）测量杆塔接地电阻

（C）杆塔底部和基础检查　　（D）杆塔底部和基础消缺工作

答案：A

Lc4A2154 班组管理中一直贯彻（　　）的指导方针。

（A）安全第一、质量第二　　（B）安全第二、质量第一

（C）生产第一、质量第一　　（D）安全第一、质量第一

答案：D

Lc4A2155 保证安全的技术措施有停电、验电、接地、使用个人（　　）、悬挂标示牌和装设遮栏（围栏）。

（A）安全用具　　（B）防护用品

（C）保安线　　（D）工器具

答案：C

Lc4A2156 高压设备上工作至少应有(　　)一起工作。

(A) 1人　(B) 2人　(C) 3人　(D) 4人

答案：B

Lc4A2157 不按工作票要求布置安全措施，工作负责人应负(　　)。

(A) 主要责任　(B) 次要责任

(C) 直接责任　(D) 连带责任

答案：A

Lc4A3158 凡在离地面(　　)及以上的地点进行的工作，都应视作高处作业。

(A) 2.0m　(B) 2.5m　(C) 3.0m　(D) 5.0m

答案：A

Lc4A3159 正确安全地组织检修工作主要由(　　)负责。

(A) 工作票签发人　(B) 工作负责人

(C) 工作许可人　(D) 部门领导

答案：B

Lc4A3160 因故间断电气工作连续(　　)以上者，必须重新学习本规程，并经考试合格后，方能恢复工作。

(A) 一个月　(B) 二个月　(C) 三个月　(D) 六个月

答案：C

Lc4A3161 架空电力线路保护区，在一般地区35～110kV电压导线的边线延伸距离为(　　)m。

(A) 5　(B) 10　(C) 15　(D) 20

答案：B

Lc4A3162 在一般地区，220kV架空电力线路保护区为导线边线向外侧延伸(　　)m所形成的两平行线内的区域。

(A) 5　(B) 10　(C) 15　(D) 20

答案：C

Lc4A3163 任何单位和个人不得在距电力设施周围(　　)m范围内（指水平距离）进行爆破作业。

(A) 500　(B) 400　(C) 300　(D) 200

答案：C

Lc4A4164 利用无人机巡检时，山区作业地面风速不宜大于(　　)；平原作业地面风速不宜大于 10m/s。

(A) 5m/s　　(B) 6m/s　　(C) 7m/s　　(D) 8m/s

答案：C

Lc4A4165 在 110kV 线路上安全距离小于(　　)m 的作业应填用带电作业工作票。

(A) 1.5　　(B) 1　　(C) 0.7　　(D) 3

答案：A

Lc4A4166 220kV 绝缘操作杆的有效绝缘长度为(　　)m。

(A) 1.6　　(B) 1.8　　(C) 2.1　　(D) 3

答案：C

Lc4A4167 500kV 绝缘操作杆的有效绝缘长度为(　　)m。

(A) 3　　(B) 3.7　　(C) 4　　(D) 5

答案：C

Lc4A4168 任何单位或个人不得在距 110kV 及以上电力线路杆塔、拉线基础周围(　　)m 的区域进行取土、打桩、钻探、开挖活动。

(A) 5　　(B) 10　　(C) 15　　(D) 20

答案：B

Lc4A5169 在带电线路杆塔上工作与带电导线最小安全距离 220kV 为(　　)。

(A) 2.5m　　(B) 2.8m　　(C) 3.0m　　(D) 3.2m

答案：C

Lc4A5170 在带电线路杆塔上工作与带电导线最小安全距离 500kV 为(　　)。

(A) 4.0m　　(B) 4.5m　　(C) 5.0m　　(D) 6.0m

答案：C

Jd4A2171 用独脚抱杆起立电杆时，抱杆应设置牢固，抱杆最大倾斜角应不大于(　　)。

(A) 5°　　(B) 10°　　(C) 15°　　(D) 20°

答案：B

Jd4A2172 若钢芯铝绞线断股损伤截面面积占铝股总面积的 7%～25%时，处理时应采用(　　)。

(A) 缠绕　　(B) 补修　　(C) 割断重接　　(D) 换线

答案：B

Jd4A2173 耐张塔的底宽与塔高之比为(　　)。

(A) 1/2～1/3　　(B) 1/4～1/5　　(C) 1/6～1/7　　(D) 1/7～1/8

答案：B

Jd4A3174 导线的瞬时拉断力除以安全系数为导线的(　　)。

(A) 水平张力　　(B) 最大许用张力

(C) 平均运行张力　　(D) 放线张力

答案：B

Jd4A4175 在同一耐张段中，各档导线的(　　)相等。

(A) 水平应力　　(B) 垂直应力

(C) 悬挂点应力　　(D) 杆塔承受应力

答案：A

Jd4A4176 用滚杆拖运笨重物体时，添放滚杆的人员应站在(　　)，并不得戴手套。

(A) 滚动物体的前方　　(B) 滚动物体的后方

(C) 滚动物体的侧方　　(D) 方便添放滚杆的方向

答案：C

Jd4A4177 跨越架顶端两侧应设外伸羊角，长度为(　　)。

(A) 1.5m　　(B) 2m　　(C) 2.5m　　(D) 3m

答案：B

Jd4A4178 线路拉线应采用镀锌钢绞线，其截面面积应按受力情况计算确定，且不应小于(　　)。

(A) $16mm^2$　　(B) $25mm^2$　　(C) $35mm^2$　　(D) $50mm^2$

答案：B

Jd4A4179 螺栓型耐张线夹用于导线截面面积为(　　)。

(A) $185mm^2$ 及以下　　(B) $240mm^2$ 及以下

(C) $240mm^2$ 及以上　　(D) $300mm^2$ 及以下

答案：B

Jd4A4180 输电线路某杆塔的水平档距是指(　　)。

(A) 相邻档距中两弧垂最低点之间的距离

(B) 耐张段内的平均档距

(C) 相邻两档距中点之间的水平距离
(D) 耐张段的代表档距
答案：C

Jd4A5181 架线施工时弧垂是指(　　)。
(A) 架空线悬点连接线上任一点与架空线垂距
(B) 架空线低悬点至架空线垂距
(C) 架空线高点至架空线垂距
(D) 架空线悬点连接线中点与架空线垂距
答案：D

Jd4A5182 直线杆塔的绝缘子串顺线路方向的偏斜角（除设计要求的预偏外）大于(　　)，且其最大偏移值大于300mm，应进行处理。
(A) 5°　(B) 7.5°　(C) 10°　(D) 15°
答案：B

Je4A1183 在导线上安装防振锤是为(　　)。
(A) 增加导线的重量　(B) 减少导线的振动次数
(C) 吸收和减弱振动的能量　(D) 保护导线
答案：C

Je4A1184 对220kV线路导、地线各相弧垂相对误差一般情况下应不大于(　　)。
(A) 100mm　(B) 200mm　(C) 300mm　(D) 400mm
答案：C

Je4A1185 导线和架空地线的设计安全系数不应小于2.5，施工时的安全系数不应小于(　　)。
(A) 1.5　(B) 2　(C) 2.5　(D) 3
答案：B

Je4A1186 为了防止出现超深坑，在基坑开挖时，可预留暂不开挖层，其深度为(　　)。
(A) 500mm　(B) 100～200mm　(C) 300mm　(D) 400mm
答案：B

Je4A1187 杆塔上两根架空地线之间的水平距离不应超过架空地线与导线间垂直距离的(　　)倍。
(A) 3　(B) 5　(C) 6　(D) 7
答案：B

Je4A1188 整立铁塔过程中，随塔身起立角度增大所需牵引力越来越小，这是因为(　　)。

(A) 铁塔的重心位置在不断改变

(B) 重心矩的力臂不变，而拉力臂不断变大

(C) 重心矩的力臂不断变小，而拉力臂不断变大

(D) 铁塔的重力在减小

答案：C

Je4A1189 导线在直线杆采用多点悬挂的目的是(　　)。

(A) 解决对拉线的距离不够问题

(B) 增加线路绝缘

(C) 便于施工

(D) 解决单个悬垂线夹强度不够问题或降低导线的静弯应力

答案：D

Je4A2190 在风力的作用下，分裂导线各间隔棒之间发生的振动称为(　　)。

(A) 舞动　(B) 摆动　(C) 次档距振动　(D) 风振动

答案：C

Je4A2191 LGJ-185～240型导线应选配的悬垂线夹型号为(　　)。

(A) XGU-1　(B) XGU-2　(C) XGU-3　(D) XGU-4

答案：D

Je4A2192 相分裂导线同相子导线的弧垂应力求一致，220kV线路非垂直排列的同相子导线其相对误差应不超过(　　)mm。

(A) 60　(B) 80　(C) 100　(D) 120

答案：B

Je4A2193 搭设的跨越架与公路主路面的垂直距离为(　　)。

(A) 6.5m　(B) 7.5m

(C) 4.5m　(D) 5.5m

答案：D

Je4A2194 整体立杆制动绳受力在(　　)时最大。

(A) 电杆刚离地时　(B) 杆塔立至40°以前

(C) 杆塔立至80°以后　(D) 抱杆快失效前

答案：D

Je4A2195 铝绞线及钢芯铝绞线连接器的检验周期是(　　)。

(A) 一年一次　　(B) 两年一次　　(C) 三年一次　　(D) 四年一次

答案：D

Je4A2196 用倒落式人字抱杆起立电杆时，牵引力的最大值出现在(　　)。

(A) 抱杆快失效时　　(B) 抱杆失效后

(C) 电杆刚离地时　　(D) 电杆与地呈45°角时

答案：C

Je4A3197 防振锤的理想安装位置是(　　)。

(A) 靠近线夹处　　(B) 波节点

(C) 最大波腹处　　(D) 最大波腹与最小波腹之间

答案：D

Je4A3198 放线滑车轮槽底部的轮径与钢芯铝绞线导线直径之比不宜小于(　　)。

(A) 5　　(B) 10　　(C) 15　　(D) 20

答案：D

Je4A3199 绝缘棒平时应(　　)。

(A) 放置平衡

(B) 放在工具间，使它们不与地面和墙壁接触，以防受潮

(C) 放在墙角

(D) 放在经常操作设备的旁边

答案：B

Je4A3200 钢芯铝绞线断股损伤截面面积占铝股总截面面积的20%时，应采取的处理方法为(　　)。

(A) 缠绕补修　　(B) 护线预绞丝补修

(C) 补修管或补修预绞丝补修　　(D) 切断重接

答案：C

Je4A3201 观测弧垂时，若紧线段为1～5档者，可选其中(　　)。

(A) 两档观测　　(B) 靠近中间地形较好的一档观测

(C) 三档观测　　(D) 靠近紧线档观测

答案：B

Je4A3202 导线悬挂点的应力与导线最低点的应力相比，(　　)。

(A) 一样　　(B) 不大于1.1倍

(C) 不大于2.5倍　　(D) 要根据计算确定

答案：B

Je4A3203　采用张力放线时，牵张机的地锚抗拔力应是正常牵引力的(　　)倍。

(A) 1～2　　(B) 2～3　　(C) 3～4　　(D) 4～5

答案：B

Je4A3204　倒落式抱杆整立杆塔时，抱杆的初始角设置(　　)为最佳。

(A) 40°～50°　　(B) 50°～60°　　(C) 60°～65°　　(D) 65°～75°

答案：C

Je4A3205　电杆立直后填土夯实的要求是(　　)。

(A) 每300mm夯实一次　　(B) 每400mm夯实一次

(C) 每600mm夯实一次　　(D) 每500mm夯实一次

答案：A

Je4A3206　500kV线路瓷绝缘子其绝缘电阻值应不低于(　　)。

(A) 200MΩ　　(B) 300MΩ　　(C) 400MΩ　　(D) 500MΩ

答案：D

Je4A3207　110kV线路，耐张杆单串绝缘子共有8片，在测试零值时发现同一串绝缘子有(　　)片零值，要立即停止测量。

(A) 2片　　(B) 3片　　(C) 4片　　(D) 5片

答案：C

Je4A3208　跨越架与通信线路的水平安全距离和垂直安全距离分别为(　　)。

(A) 0.6m，3.0m　(B) 3.0m，0.6m　(C) 0.6m，1.0m　(D) 1.0m，0.6m

答案：C

Je4A3209　拉线坑超深时超深部分应(　　)。

(A) 铺石灌浆　　(B) 回土夯实

(C) 不需处理　　(D) 有影响时回土夯实

答案：D

Je4A3210　线路施工时，耐张绝缘子串的销子一律(　　)穿。

(A) 向右(面向受电侧)　　(B) 向左(面向受电侧)

(C) 向上　　(D) 向下

答案：D

Je4A3211 铁塔组装困难时，少量螺孔位置不对，需扩孔部分应不超过(　　)mm。

(A) 1　　(B) 3　　(C) 5　　(D) 8

答案：B

Je4A4212 输电线路的铝并沟线夹检查周期为(　　)。

(A) 每年一次　　(B) 每两年一次　　(C) 每三年一次　　(D) 每四年一次

答案：A

Je4A4213 已知一钢芯铝绞线钢芯有7股，每股直径为1.85mm，铝芯有26股，每股直径为2.38mm。该导线标称截面面积为(　　)mm^2。

(A) 95　　(B) 120　　(C) 150　　(D) 185

答案：B

Je4A4214 当导线截面面积为(　　)时采用钳压方法连接。

(A) 185mm^2 及以下　　(B) 240mm^2 及以上

(C) 300mm^2 及以下　　(D) 240mm^2 及以下

答案：D

Je4A4215 LGJ-120型导线使用钳压接续管接续时，钳压坑数为(　　)个。

(A) 16　　(B) 20　　(C) 24　　(D) 26

答案：C

Je4A4216 杆塔整立时，牵引钢丝绳与地夹角不应大于(　　)。

(A) 30°　　(B) 45°　　(C) 60°　　(D) 65°

答案：A

Je4A4217 钢管电杆连接后，其分段及整根电杆的弯曲均不应超过其对应长度的(　　)。

(A) 1‰　　(B) 2‰　　(C) 3‰　　(D) 4‰

答案：B

Je4A4218 杆塔基坑回填时，坑口的地面上应筑防沉层，防沉层高度宜为(　　)。

(A) 100～200mm　　(B) 200～300mm　　(C) 300～400mm　　(D) 300～500mm

答案：D

Je4A4219 杆塔基坑回填，应分层夯实，每回填(　　)厚度要夯实一次。

(A) 100mm　　(B) 200mm　　(C) 300mm　　(D) 400mm

答案：C

Je4A4220 当测量直线遇有障碍物，而障碍物上又无法立标杆或架仪器时，可采用(　　)绕过障碍向前测量。

(A) 前视法　　(B) 后视法　　(C) 矩形法　　(D) 重转法

答案：C

Je4A5221 整体立杆制动绳受力在(　　)时最大。

(A) 电杆刚离地　　(B) 杆塔立至40°以前

(C) 杆塔立至80°以后　　(D) 抱杆快失效前

答案：D

Jf4A1222 安全带的试验周期是(　　)。

(A) 每三个月一次　　(B) 半年一次

(C) 每一年半一次　　(D) 每年一次

答案：D

Jf4A1223 在户外工作突遇雷雨天气时，应该(　　)。

(A) 进入有宽大金属构架的建筑物或在一般建筑物内距墙壁一定距离处躲避

(B) 在有防雷装置的金属杆塔下面躲避

(C) 在大树底下躲避

(D) 靠近避雷器或避雷针更安全

答案：A

Jf4A2224 砂子的细度模数表示(　　)。

(A) 砂子颗粒级配　　(B) 砂子粗细

(C) 砂子空隙率　　(D) 砂子质量

答案：B

Jf4A2225 入库水泥应按(　　)分别堆放，防止混淆使用。

(A) 品种　　(B) 强度等级

(C) 出产日期　　(D) 品种，标号，生产日期

答案：D

Jf4A2226 触电者触及断落在地上的带电高压导线，救护人员在未做好安全措施前，不得接近距断线接地点(　　)的范围。

(A) 3m以内　　(B) 5m以内

(C) 8m以内　　(D) 12m以上

答案：C

Jf4A3227 登杆用的脚扣，必须经静荷重 1176N 试验，持续时间为 5min，周期试验每(　　)进行一次。

(A) 3 个月　　(B) 6 个月

(C) 12 个月　　(D) 18 个月

答案：C

Jf4A4228 一次事故死亡 3 人及以上，或一次事故死亡和重伤 10 人及以上，未构成特大人身事故者称为(　　)。

(A) 一般人身事故　　(B) 一类障碍

(C) 重大人身事故　　(D) 特大人身事故

答案：C

1.2 判断题

La4B1001 交流电路中，R、L、C 串联时，若 $R=5\Omega$，$X_L=5\Omega$，$X_C=5\Omega$，则串联支路的总阻抗是 15Ω。(×)

La4B1002 在并联电路中，各支路中的电流与各支路的总电阻成反比。(√)

La4B1003 把电路元件并列接在电路上两点间的连接方法称为并联电路。(√)

La4B1004 把一条 32Ω 的电阻线截成 4 等份，然后将 4 根电阻线并联，并联后的电阻为 8Ω。(×)

La4B1005 把用电元件首端与首端、末端与末端相连组成的电路叫作并联电路。(√)

La4B1006 日光灯并联电容器的目的是改善电压。(×)

La4B1007 在串联电路中，流过各串联元件的电流相等，各元件上的电压则与各自的阻抗成正比。(√)

La4B1008 在串联电路中，流过各电阻的电流都不相等。(×)

La4B1009 在串联电路中，流经各电阻的电流是相等的。(√)

La4B1010 在 R、L、C 串联电路中，当 $X_C=X_L$ 时电路中的电流和总电压相位不同时，电路中就产生了谐振现象。(×)

La4B1011 串联回路中，各个电阻两端的电压与其阻值成正比。(√)

La4B1012 在交流电路中，电流滞后电压 90°，是纯电容电路。(×)

La4B1013 在纯电阻电路中，外加正弦交流电压时，电路中有正弦交流电流，电流与电压的频率相同，相位也相同。(√)

La4B1014 描述磁场的磁力线，是一组既不中断又互不相交，却各自闭合，既无起点又无终点的回线。(√)

La4B1015 磁极不能单独存在，任何磁体都是同时具有 N 极和 S 极。(√)

La4B1016 当导体没有电流流过时，整个导体是等电位的。(√)

La4B1017 关于导体电阻的正确说法是，因为电阻 $R=U/I$，所以导体的电阻与外加电压成正比。与流过的电流成反比。(×)

La4B1018 载流导体在磁场中受到力的作用。(√)

La4B1019 只要有电流存在，其周围必然有磁场。(√)

La4B1020 电动势与电压的方向是相同的。(×)

La4B1021 电动势和电压都以"伏特"为单位，但电动势是描述非静电力做功，把其他形式的能转化为电能的物理量，而电压是描述电场力做功，把电能转化为其他形式的能的物理量，它们有本质的区别。(√)

La4B1022 在直流回路中串入一个电感线圈，回路中的灯就会变暗。(×)

La4B1023 电流所做的功称为电功。单位时间内电流所做的功称为电功率。(√)

La4B1024 电功率表示单位时间内电流所做的功，它等于电流与电压的乘积，公式为 $P=UI$。(√)

La4B1025 习惯上规定正电荷运动的方向为电流的方向，因此在金属导体中电流的方

向和自由电子的运动方向相同。(×)

La4B1026 通常规定把负电荷定向移动的方向作为电流的方向。(×)

La4B1027 在外电路中，电流的方向总是从电源的正极流向负极。(√)

La4B1028 电流通过电阻会产生热的现象，称为电流的热效应。(√)

La4B1029 电流的热效应是电气运行的一大危害。(√)

La4B1030 大量自由电子或离子朝着一定的方向流动，就形成了电流。(√)

La4B1031 自由电子在磁场力的作用下，产生定向的运动，就形成电流。(×)

La4B1032 电路就是电流流经的路径。电路的构成元件有电源、导体、控制器和负载装置。(√)

La4B2033 在电路中只要没有电流通过，就一定没有电压。(×)

La4B2034 电路是电流所流经的路径。最简单的电路是由电源、负载、连接导线和电气控制设备组成的闭合回路。(×)

La4B2035 如果一个220V、40W的白炽灯接在110V的电压上，那么该灯的电阻值变为原阻值的1/2。(×)

La4B2036 两只额定电压为220V的白炽灯泡，一个是100W，一个是40W。当将它们串联后，仍接于220V线路，这时100W灯泡亮，因为它的功率大。(×)

La4B2037 在电路计算时，我们规定：(1)电流的方向规定为正电荷移动的方向。(2)计算时先假定参考方向，计算结果为正说明实际方向与参考方向相同；反之，计算结果为负说明实际方向与参考方向相反。(√)

La4B2038 两只灯泡A、B，其额定值分别为220V、100W及220V、220W，串联后接在380V的电源上，此时B灯消耗的功率大。(×)

La4B2039 在一电阻电路中，如果电压不变，当电阻增加时，电流也就增加。(×)

La4B2040 电路中任一节点的电流代数和等于零。(√)

La4B2041 电路开路时，开路两端的电压一定为零。(×)

La4B2042 电路一般由电源、负载和连接导线组成。(√)

La4B2043 电容越大容抗越大。(×)

La4B2044 电容并联时，总电容的倒数等于各电容倒数之和。(×)

La4B2045 电容C_1和电容C_2串联，则其总电容是$C=C_1C_2$。(×)

La4B2046 两只电容器的电容不等，而它们两端的电压一样，则电容大的电容器带的电荷量多，电容小的电容器带的电荷量少。(√)

La4B2047 电容器在直流电路中相当于开路，电感相当于短路。(√)

La4B2048 给电容器充电就是把直流电能储存到电容器内。(√)

La4B2049 在电容器串联电路中，电容量较小的电容器所承受的电压较高。(√)

La4B2050 在电容器的两端加上直流电时，阻抗为无限大，相当于“开路”。(√)

La4B2051 在电压相同的条件下，不同电容器充电所获得的电量与电容器的电容成正比。(√)

La4B2052 两只10μF电容器相串联的等效电容应为20μF。(×)

La4B2053 电位是相对的。离开参考点谈电位没有意义。(√)

La4B2054 电压也称电位差，电压的方向是由低电位指向高电位。(×)

La4B2055 电位的符号为 φ，电位的单位为 V。(√)

La4B2056 电压的符号为 U，电压的单位为 V。(√)

La4B2057 外力 F 将单位正电荷从负极搬到正极所做的功，称为这个电源的电动势。(√)

La4B2058 在直流电源中，把电流流出的一端称为电源的正极。(√)

La4B2059 当电源内阻为零时，电源电动势的大小等于电源的端电压。(√)

La4B2060 有三个电阻并联使用，它们的电阻比是 1∶3∶5，所以，通过三个电阻的电流之比是 5∶3∶1。(×)

La4B2061 几个电阻串联后的总电阻等于各串联电阻的总和。(√)

La4B2062 几个电阻一起连接在两个共同的节点之间，每个电阻两端所承受的是同一个电压，这种连接方式称为电阻的串联。(×)

La4B2063 几个电阻并联后的总电阻等于各并联电阻的倒数和。(×)

La4B2064 将两根长度各为 10m，电阻各为 10Ω 的导线并接起来，总的电阻为 5Ω。(√)

La4B2065 一根导线的电阻是 6Ω，把它折成等长的 3 段，合并成一根粗导线，它的电阻是 2Ω。(×)

La4B2066 电阻率是指长度为 1m、截面面积为 $1mm^2$ 的导体所具有的电阻值，电阻率常用字母 ρ 表示，单位是 $\Omega \cdot mm^2/m$。(√)

La4B2067 在 100Ω 的电阻器中通以 5A 电流，则该电阻器消耗功率为 500W。(×)

La4B2068 当流过一个线性电阻元件的电流不论为何值时，它的端电压恒为零值，就称它为开路。(×)

La4B2069 叠加原理适用各种电路。(×)

La4B2070 在对称三相电路中，负载做三角形连接时，线电流是相电流的$\sqrt{3}$倍，线电流的相位滞后相应的相电流 30°。(√)

La4B2071 电流在一定时间内所做的功称为功率。(×)

La4B2072 通过电阻上的电流增大到原来的 2 倍时，它所消耗的功率也增大 2 倍。(×)

La4B2073 功率为 100W，额定电压为 220V 的白炽灯，接在 110V 电源上，灯泡消耗的功率为 25W。(√)

La4B2074 加在电阻上的电流或电压增加一倍，功率消耗是原来的四倍。(√)

La4B2075 功率因数是有功功率与无功功率的比值。(×)

La4B2076 基尔霍夫电压定律指出：在直流回路中，沿任一回路方向绕行一周，各电源电势的代数和等于各电阻电压降的代数和。(√)

La4B2077 所谓交流电是指电动势、电压或电流的大小和方向都随时间而变化的。(√)

La4B2078 交流电的频率越高，电感线圈的感抗越大。(√)

La4B2079 交流电的平均值是指交流电一个周期内的平均值。(√)

La4B2080 交流电流通过电感线圈时，线圈中会产生感应电动势来阻止电流的变化，因而有一种阻止交流电流流过的作用，我们把它称为电感。(√)

La4B2081 交流电流的最大值是指交流电流最大的瞬时值。(√)

La4B2082 在交流电路中，阻抗包含电阻 R 和电抗 X 两部分，其中电抗 X 在数值上等于感抗与容抗的差值。(√)

La4B2083 金属导体的电阻除与导体的材料和几何尺寸有关外，还和导体的温度有关。(√)

La4B2084 金属导体的电阻与导体的截面面积无关。(×)

La4B2085 当电路中某一点断线时，电流 I 等于零，称为开路。(√)

La4B2086 全电路欧姆定律是用来说明在一个闭合电路中，电流与电源的电动势成正比，与电路中电源的内阻和外阻之和成反比。(√)

La4B2087 容抗随频率的升高而增大，感抗随频率的下降而增大。(×)

La4B2088 对称负载为三角形接线的电路中，负载的线电压等于相电压，线电流为相电流的 3 倍。(√)

La4B2089 三相对称负载做三角形连接时，线电流的大小为相电流的$\sqrt{3}$倍，相位上相差 120°。(×)

La4B2090 三相负载做三角形连接时，线电压等于相电压。(√)

La4B2091 三相频率相同、幅值相等、互差 120°的正弦电动势，称为对称三相电动势。(√)

La4B2092 三相电动势达到最大值的先后次序叫相序。(√)

La4B2093 三相电路中，相线间的电压叫线电压。(√)

La4B2094 三相电路中，相线与零线间的电压叫相电压。(√)

La4B2095 三相电路中，在电源电压对称的情况下，如果三相负载不对称，而且没有中性线或者中性线阻抗较大，则负载中性点就会出现电压，即电源中性点和负载中性点之间的电压不再为零，我们把这种现象叫中性点位移。(√)

La4B2096 在三相电路中，从电源的三个绕组的端头引出三根导线供电，这种供电方式称为三相三线制。(√)

La4B2097 三相电路中，中性线的作用就是当不对称的负载接成星形连接时，使其每相的电流保持对称。(×)

La4B2098 三相电源中，任意两根相线间的电压为线电压。(√)

La4B2099 在三相对称电路中，功率因数角是指线电压与线电流之间的夹角。(×)

La4B2100 在负载为三角形接法的三相对称电路中，线电压等于相电压。(√)

La4B2101 三相交流电是由三个频率相同、电动势振幅相等、相位相差 120°角的交流电路组成的电力系统。(√)

La4B2102 三相交流电是由三个最大值相等、角频率相同、彼此相互差 120°的电动势、电压和电流的统称。(√)

La4B2103 在三相交流电路中，最大值是有效值的 2 倍。(×)

La4B2104 三相对称电源接成三相四线制，目的是向负载提供两种电压，在低压配电系统中，标准电压规定线电压为 380V，相电压为 220V。(√)

La4B2105 三相星形连接线电压等于相电压。(×)

La4B2106 线圈的电感与其匝数成正比。(√)

La4B2107 两交流电之间的相位差说明了两交流电在时间上超前或滞后的关系。(√)

La4B2108 在负载为星形接线的电路中，负载的相电压等于线电压，线电流为相电流的$\sqrt{3}$倍。(×)

La4B2109 在星形连接的电路中，线电压等于相电压。(×)

La4B2110 判断通电线圈产生磁场的方向是用右手螺旋定则来判断。(√)

La4B2111 判断线圈中电流产生的磁场方向，可用右手螺旋定则。(√)

La4B2112 正弦交流电的有效值等于$\sqrt{3}$倍正弦交流电的最大值。(×)

La4B2113 正弦交流电的三要素是最大值、初相位、角频率。(√)

La4B2114 正弦交流电路中，纯电感元件电流超前电压90°。(×)

La4B3115 正弦交流量的有效值大小为相应正弦交流量最大值的$\sqrt{2}$倍。(×)

La4B3116 若电流的大小和方向都不随时间变化，此电流就称为直流电流。(√)

La4B3117 在直流电路中，电流的频率为零、电感的感抗为无穷大、电容的容抗为零。(×)

La4B3118 左手定则也称电动机定则，是用来确定载流导体在磁场中的受力方向的。(√)

La4B3119 当磁力线、电流和作用力这三者的方向垂直时，可用左手螺旋定则来确定其中任一量的方向。(×)

La4B3120 电网处于低功率因数下运行会影响整个系统运行的经济性。(√)

La4B3121 过电压是指系统在运行中遭受雷击、系统内短路、操作等原因引起系统设备绝缘上电压的升高。(√)

La4B3122 在三相电路星形连接的供电系统中，电源的中性点与负载的中性点之间产生的电位差，称为中性点位移。(√)

La4B3123 不引出中性线的三相供电方式叫三相三线制，一般用于高压输电系统。(√)

La4B3124 三相四线平衡，对称负载时，中性线中无电流。(√)

La4B3125 有中性线的三相供电方式称为三相四线制，它常用于低压配电系统。(√)

La4B3126 在三相四线制低压供电网中，三相负载越接近对称，其中性线电流就越小。(√)

La4B3127 系统电压220V是指三相四线制接线中相线对地电压。(√)

La4B3128 系统频率的稳定取决于系统内无功功率的平衡。(×)

La4B3129 线路断路器动作后，若使用了自动重合闸装置的，无论重合成功与否皆称为线路事故。(×)

La4B3130 雷击中性点不接地系统的线路时，易引起单相接地闪络造成线路跳闸停电。(×)

La4B3131 系统中性点采用直接接地方式有利于降低架空线路的造价。因此该接地方式广泛使用在输电、配电线路中。(×)

La4B3132 在高压输电线路上，当三相导线的排列不对称时，各相导线的电抗就不相等。（√）

La4B3133 从中性点引出的导线叫中性线，当中性线直接接地时称为零线，又叫地线。（√）

La4B3134 任意一个力只要不为零总可以分解出无穷个分力。（√）

La4B3135 力的大小、方向、作用点三者合称为力的三要素。（√）

Lb4B3136 由于铝导线比铜导线导电性能好，故使用广泛。（×）

Lb4B3137 导线的弹性伸长系数在数值上就是单位应力所引起的相对变形。（√）

Lb4B3138 相分裂导线同相子导线的弧垂应力求一致，四分裂导线弧垂允许偏差为50mm。（√）

Lb4B3139 导线的相对变形就是导线在拉力作用下所引起的伸长与导线的总长之比。（×）

Lb4B3140 作用在导线上的所有荷载将引起导线的拉伸。（√）

Lb4B3141 导线与一般公路交叉时，最大弧垂应按导线温度+70℃计算。（√）

Lb4B3142 导线在档距内接头处的电阻值不应大于等长导线的电阻值。（√）

Lb4B3143 导线连接前应清除表面的氧化膜，并涂上一层导电脂，以减小导线的接触电阻。（√）

Lb4B3144 导线上任意一点的拉力方向与该点的曲线方向一致。（√）

Lb4B3145 送电线路导线上覆冰的唯一条件是空气中有足够的水分。（×）

Lb4B3146 架空线的连接点应尽量靠近杆塔，以方便连接器的检测和更换。（×）

Lb4B3147 架空线弧垂的最低点是一个固定点。（×）

Lb4B3148 同一电压等级架空线路杆型的外形尺寸是相同的。（×）

Lb4B3149 在同一档距内，架空线最大应力出现在该档高悬点处。（√）

Lb4B3150 某110kV线路跨10kV线路，在距交叉跨越点$L=20$m位置安放经纬仪，测量10kV线路仰角为28°、110kV线路仰角为34°，经判断交叉跨越符合要求。（×）

Lb4B3151 GJ-50型镀锌钢绞线有7股和19股两种系列。（√）

Lb4B3152 预应力钢筋混凝土电杆不得有纵向及横向裂纹。（√）

Lb4B3153 和易性好的混凝土其坍落度小。（×）

Lb4B3154 钢筋混凝土不得有纵向及横向裂纹。（×）

Lb4B3155 对于无接地引下线的杆塔，可采用临时接地体。接地体的截面面积不得小于190mm^2（如ϕ16圆钢）。（√）

Lb4B3156 埋入地中并直接与大地接触的金属导体叫自然接地极。（×）

Lb4B3157 接地引下线尽量短而直。（√）

Lb4B3158 通过非预应力混凝土电杆的接地装置，在采用接地电阻仪测量时，应从杆顶将接地引下线脱离与地线的连接后再进行测量。（√）

Lb4B3159 对于重冰区的架空线路，应重点巡视架空线的弧垂及金具是否存在缺陷，以防覆冰事故发生。（√）

Lb4B3160 紧急缺陷比重大缺陷更为严重，必须尽快处理。（√）

Lb4B3161 每一悬垂串上绝缘子的个数，是根据线路的额定电压等级按绝缘配合条件选定的。(√)

Lb4B3162 输电线路每相绝缘子片数应根据电压等级、海拔、系统接地方式及地区污秽情况进行选择。(√)

Lb4B3163 绝缘子污闪事故大多出现在大雾或毛毛雨天气。(√)

Lb4B3164 不能使用白棕绳做固定杆塔的临时拉线。(√)

Lb4B3165 压缩型耐张线夹用于导线截面为 150mm^2 及以上的导线。(×)

Lb4B3166 LGJ-95～150 型导线应选配 XGU-2 型的悬垂线夹。(×)

Lb4B3167 各类压接管与耐张线夹之间的距离不应小于 10m。(×)

Lb4B3168 绝缘子串使用 R 弹簧销子时，绝缘子大口均朝线路后方。(×)

Lb4B3169 绝缘子串使用 W 弹簧销子时，绝缘子大口均朝线路方向。(×)

Lb4B3170 垂直档距是用来计算导线及架空地线传递给杆塔垂直荷载的档距。(√)

Lb4B3171 完整的电力线路杆塔编号一般应包括电压等级、线路名称、设备编号、杆号、色标等。(√)

Lb4B3172 单人巡线时，禁止攀登电杆或铁塔。(√)

Lb4B3173 夜间巡线可以发现在白天巡线中所不能发现的线路缺陷。(√)

Lb4B3174 状态巡视是根据架空送电线路的实际状况和运行经验动态确定线路（段、点）巡查周期的巡视。(√)

Lb4B3175 隐蔽工程验收检查，应在隐蔽前进行。(√)

Lc4B3176 进行杆塔底部和基础等地面检查、消缺工作应填写第一种工作票。(×)

Lc4B3177 电气设备电压等级为 1000V 是高压电气设备。(√)

Lc4B3178 绝缘操作杆的试验周期为一年一次。(√)

Lc4B3179 专职监护人在班组成员确无触电危险的条件下，可参加工作班工作。(×)

Lc4B3180 选用绳索时，安全系数越大，绳索受力越小，说明使用时越安全合理。(×)

Lc4B3181 挖坑时，应及时清除坑口附近浮土、石块，坑边禁止外人逗留。在超过 1.5m 深的基坑内作业时，向坑外抛掷土石应防止土石回落坑内，并做好临边防护措施。作业人员不准在坑内休息。(√)

Lc4B3182 在土质松软处挖坑，应有防止塌方措施，如加挡板、撑木等。不准站在挡板、撑木上传递土石或放置传土工具。禁止由下部掏挖土层。(√)

Lc4B3183 在下水道、煤气管线、潮湿地、垃圾堆或有腐质物等附近挖坑时，应设监护人。在挖深超过 5m 的坑内工作时，应采取安全措施，如戴防毒面具、向坑中送风和持续检测等。监护人应密切注意挖坑人员，防止煤气、沼气等有毒气体中毒。(×)

Lc4B3184 在居民区及交通道路附近开挖的基坑，应设坑盖或可靠遮栏，加挂警告标示牌，夜间挂红灯。(√)

Lc4B3185 塔脚检查，在不影响铁塔稳定的情况下，可以在对角线的两个塔脚同时挖坑。(√)

Lc4B3186 变压器台架的木杆打帮桩时，相邻两杆不准同时挖坑。承力杆打帮桩挖坑时，应采取防止倒杆的措施。使用铁钎时，注意上方导线。(√)

Lc4B3187 线路施工需要进行爆破作业应遵守《民用爆炸物品安全管理条例》等国家有关规定。（√）

Lc4B3188 攀登杆塔作业前，应先检查根部、基础和拉线是否牢固。新立杆塔在杆基未完全牢固或做好临时拉线前，缓慢攀登。（×）

Lc4B3189 作业人员攀登杆塔、杆塔上转位及杆塔上作业时，手扶的构件应牢固，不准失去安全保护，并防止安全带从杆顶脱出或被锋利物损坏。（√）

Lc4B3190 杆塔作业应使用工具袋，较大的工具应固定在牢固的构件上，不准随便乱放。上下传递物件应用绳索栓牢传递，禁止上下抛掷。（√）

Lc4B3191 在杆塔上水平使用梯子时，应使用特制的专用梯子。工作前应将梯子两端与固定物可靠连接，一般应由两人在梯子上工作。（×）

Lc4B3192 在分裂导线上工作时，安全带（绳）应挂在同一根子导线上，后备保护绳应挂在整组相导线。（√）

Lc4B3193 立、撤杆要使用合格的起重设备，禁止过载使用。（√）

Lc4B3194 立、撤杆塔过程中基坑内禁止有人工作。除指挥人及指定人员外，其他人员应在处于杆塔高度的1.2倍距离以外。（√）

Lc4B3195 立杆及修整杆坑时，应有防止杆身倾斜、滚动的措施，如采用拉绳和叉杆控制等。（√）

Lc4B3196 顶杆及叉杆只能用于竖立8m以下的拔稍杆，不准用铁锹、桩柱等代用。立杆前，应开好“马道”。工作人员要均匀地分配在电杆的两侧。（√）

Lc4B3197 利用已有杆塔立、撤杆，应先检查杆塔根部及拉线和杆塔的强度，必要时增设临时拉线或其他补强措施。（√）

Lc4B3198 杆塔分段吊装时，上下段联接牢固后，方可继续进行吊装工作。分段分片吊装时，应将各主要受力材联结牢固后，方可继续施工。（√）

Lc4B3199 放线、紧线与撤线工作均应有专人指挥、统一信号，并做到通信畅通、加强监护。工作前应检查放线、紧线与撤线工具及设备是否良好。（√）

Lc4B3200 禁止采用突然剪断导、地线的做法松线。（√）

Lc4B3201 各类交通道口的跨越架的拉线和路面上部封顶部分，应悬挂醒目的警告标志牌。（√）

Lc4B3202 跨越架应经验收合格，每次使用前检查合格后方可使用。强风、暴雨过后应对跨越架进行检查，确认合格后方可使用。（√）

Lc4B3203 借用已有线路做软跨放线时，使用的绳索不必符合承重安全系数要求；跨越带电线路时应使用绝缘绳索。（×）

Lc4B3204 在交通道口使用软跨时，施工地段两侧应设立交通警示标志牌，控制绳索人员应注意交通安全。（√）

Lc4B3205 雷雨天不准进行放线作业。（√）

Lc4B3206 在张力放线的全过程中，工作人员可以在牵引绳、导引绳、导线下方通过或逗留。（×）

Lc4B3207 放线作业前检查导线与牵引绳连接应可靠牢固。（√）

Lc4B3208 凡在坠落高度基准面 5m 及以上的高处进行的作业，都应视作高处作业。（×）

Lc4B3209 凡参加高处作业的人员，应每年进行一次体检。（√）

Lc4B3210 高处作业均应先搭设脚手架、使用高空作业车、升降平台或采取其他防止坠落措施，方可进行。（√）

Lc4B3211 在坝顶、陡坡、屋顶、悬崖、杆塔、吊桥以及其他危险的边沿进行工作，临空一面应装设安全网或防护栏杆，否则，工作人员应使用安全带。（√）

Lc4B3212 峭壁、陡坡的场地或人行道上的冰雪、碎石、泥土应经常清理，靠外面一侧应设 1050～1200mm 高的栏杆。在栏杆内侧设 200mm 高的侧板，以防坠物伤人。（×）

Lc4B3213 在没有脚手架或者在没有栏杆的脚手架上工作，高度超过 1.5m 时，应使用安全带，或采取其他可靠的安全措施。（√）

Lc4B3214 安全带和专作固定安全带的绳索在使用前应进行外观检查。安全带应定期抽查检验，不合格的不准使用。（√）

Lc4B3215 在电焊作业或其他有火花、熔融源等的场所使用的安全带或安全绳应有隔热防磨套。（√）

Lc4B3216 高处作业使用的脚手架应经验收合格后方可使用。上下脚手架应走坡道或梯子，作业人员不准沿脚手杆或栏杆等攀爬。（√）

Lc4B3217 当临时高处行走区域不能装设防护栏杆时，应设置 1050mm 高的安全水平扶绳，且每隔 10m 应设一个固定支撑点。（×）

Lc4B3218 低温或高温环境下进行高处作业，应采取保暖和防暑降温措施，作业时间不宜过长。（√）

Lc4B3219 起重设备经检验检测机构监督检验合格，并在特种设备安全监督管理部门登记。（√）

Lc4B3220 起重设备、吊索具和其他起重工具不准超铭牌使用。（√）

Lc4B3221 雷雨天气时，赶快进行野外起重作业。（×）

Lc4B3222 移动式起重设备应安置平稳牢固，并应设有制动和逆止装置。禁止使用制动装置失灵或不灵敏的起重机械。（√）

Lc4B3223 更换绝缘子和移动导线的作业，当采用单吊线装置时，应采取防止导线脱落时的后备保护措施。（√）

Lc4B3224 吊物上不许站人，禁止作业人员利用吊钩来上升、下降。（√）

Lc4B3225 没有得到司机的同意，任何人不准登上起重机。（√）

Lc4B3226 起重机上应备有灭火装置，驾驶室内应铺橡胶绝缘垫，禁止存放易燃物品。（√）

Lc4B3227 在用起重机械应当在每次使用前进行一次经常性检查，并做好记录。起重机械每年至少应做十次全面技术检查。（×）

Lc4B3228 禁止与工作无关人员在起重工作区域内行走或停留。（√）

Lc4B4229 搬运的过道应当平坦畅通，如在夜间搬运应有足够的照明。如需经过山地陡坡或凹凸不平之处，应预先制订运输方案，采取必要的安全措施。（√）

Lc4B4230 凡使用机械牵引杆件上山，应将杆身绑牢，钢丝绳不准触磨岩石或坚硬地面，牵引路线两侧 18m 以内，不准有人逗留或通过。（×）

Lc4B4231 多人抬杠，应同肩，步调一致，起放电杆时应相互呼应协调。重大物件不准直接用肩扛运，雨、雪后抬运物件时应有防滑措施。(√)

Lc4B4232 带电作业应设专责监护人。监护人可以参加工作。监护的范围不准超过一个作业点。复杂或高杆塔作业必要时应增设（塔上）监护人。(×)

Lc4B4233 工作票签发人或工作负责人认为需要停用重合闸或直流再启动保护的作业，不准强送电。(√)

Lc4B4234 等电位作业一般在63（66）kV、±125kV及以上电压等级的电力线路和电气设备上进行。若需在35kV电压等级进行等电位作业时，应采取可靠的绝缘隔离措施。(√)

Lc4B4235 等电位作业人员应在衣服外面穿合格的全套屏蔽服（包括帽、衣裤、手套、袜和鞋，750kV、1000kV等电位作业人员还应戴面罩)，且各部分应连接良好。屏蔽服内还应穿着阻燃内衣。(√)

Lc4B4236 可以通过屏蔽服断、接接地电流、空载线路和耦合电容器的电容电流。(×)

Lc4B4237 等电位作业人员与地电位作业人员传递工具和材料时，应使用绝缘工具或绝缘绳索进行，其有效长度不准小于20m。(√)

Lc4B4238 在查明线路确无接地、绝缘良好、线路上无人工作且相位确定无误后，方可进行带电断、接引线。(√)

Lc4B4239 可以同时接触未接通的或已断开的导线两个断头，以防人体串入电路。(×)

Lc4B4240 现场抢救的原则“坚持”的含义就是抢救必须坚持到底，直至医务人员判定触电者已经死亡，已再无法抢救时，才能停止抢救。(√)

Lc4B4241 用水直接喷射燃烧物属于抑制法灭火。(×)

Lc4B4242 不能用水扑灭电气火灾。(×)

Lc4B4243 电力建设项目依法征用土地的，应当依法支付土地补偿费和安置补偿费，做好迁移居民的安置工作。(√)

Lc4B4244 因电力运行事故给用户或者第三人造成损害的供电企业应当依法承担赔偿责任。(√)

Jd4B4245 挖坑时，坑壁垂直深度与放宽量的比称为边坡。(√)

Jd4B4246 导线自重引起的比载称为垂直比载。(×)

Jd4B4247 所谓导线的冰重比载就是把导线上覆冰的重量分配到每米导线的荷载。(×)

Jd4B4248 导线弹性系数的倒数，称为导线的弹性伸长系数。(√)

Jd4B4249 导线的弹性系数，系指在弹性限度内，导线受拉力作用时，其应力与相对变形的比例系数。(√)

Jd4B4250 杆塔的呼称高是指杆塔下横担下弦边线至杆塔施工基面间的高度。(√)

Jd4B4251 不能传导电荷的物体叫作绝缘体。导电性能良好的物体叫作导体。(√)

Jd4B4252 每片绝缘子的泄漏距离是指铁帽和钢脚之间的绝缘距离。(×)

Jd4B4253 施工基面至坑底的垂直距离称为坑深。(√)

Jd4B4254 空载长线路末端电压比线路首端电压高。(√)

Jd4B4255 施工基面至拉线盘上表面中点的垂直距离称为埋深。(√)

Jd4B4256 杆塔中心桩处地面至施工基面的垂直距离，称为施工基面。(×)

Jd4B4257 计算坑深，定位塔高的起始基准面，成为施工基面值。(×)

Jd4B4258 土壤的许用耐压力是指单位面积土壤允许承受的压力。(√)

Jd4B4259 线路终勘测量也称为定线测量。(√)

Jd4B4260 从各相首端引出的导线叫相线，俗称火线。(√)

Je4B4261 ZC-8型接地电阻测量仪，测量时E接被测接地体，P、C分别接上电位和电流辅助探针。(√)

Je4B4262 定滑轮只能改变力的方向，而不省力。(√)

Je4B4263 某3-3滑车组，牵引绳动滑车引出，若忽略摩擦，则牵引钢绳受力为被吊物重力的1/6。(×)

Je4B4264 起重时，定滑车可以省力，而动滑车能改变力的作用方向。(×)

Je4B4265 钢锯安装锯条时，锯齿尖应向前，锯条要调紧，越紧越好。(×)

Je4B4266 2008型钢模板表示模板长2000mm，宽800mm。(×)

Je4B4267 钢丝绳套在制作时，应将每股线头用绑扎处理，以免在操作中散股。(√)

Je4B4268 活动扳手不可反用，即动扳唇不可作重力点使用，也不可加长手柄的长度来施加较大的扳拧力矩。(√)

Je4B4269 各类绞磨和卷扬机，其牵引绳应从卷筒上方卷入。(×)

Je4B4270 线路施工测量使用的经纬仪，其最小读数应不小于$1'$。(×)

Je4B4271 连接金具的机械强度一般是按导线的荷载选择。(×)

Je4B4272 锚固工具分为地锚、桩锚、地钻和船锚四种。(√)

Je4B4273 双钩紧线器是输电线路施工中唯一能进行收紧或放松的工具。(×)

Je4B4274 兆欧表的L、G、E端钮分别指“线”、“地”和“屏”端钮。(×)

Je4B4275 桩和锚都是线路施工中承载拉力的起重工具。(×)

Je4B4276 人字抱杆每根抱杆的受力一般大于其总压力的一半。(√)

Je4B4277 布线应根据每盘线的长度或重量，合理分配在各耐张段，力求接头最少，并避开不允许出现接头的档距。(√)

Je4B4278 拆除跨越架时，应由下而上的进行，不得抛掷，更不得将架子一次推倒。(×)

Je4B4279 瓷质绝缘子安装前应用不低于5000V的兆欧表逐个进行绝缘测定。(×)

Je4B4280 当导线采用钳压连接时，操作人员必须经过培训及考试合格，持有操作许可证。(×)

Je4B4281 导线截面面积为300mm^{2}及以上时采用液压或爆压方法连接。(√)

Je4B4282 为防止线盘的滚动，线盘应平放在地面上。(×)

Je4B4283 杆塔基础地脚螺栓放入支立好模板内的下端弯钩是为了增大钢筋与混凝土的黏结力。(√)

Je4B4284 现浇混凝土杆塔基础强度以现场试块强度为依据。(√)

Je4B4285 杆塔整体起立制动钢绳在起立瞬间受力最大。(×)

Je4B4286 钢筋混凝土杆在装卸时，起吊点应尽可能固定在杆身重心位置附近。(√)

Je4B4287 紧线时，弧垂观测档宜选在档距大、悬点高差较大的档内进行。(×)

Je4B4288 现浇基础主钢筋弯钩方向应平行模板。(×)

Je4B4289 石坑回填应以石子与土按 5∶1 掺和后回填夯实。(×)

Je4B4290 在桩锚进行临时拉线固定时，其拉力的作用点最好靠近地面，这样受力较好。(√)

Je4B4291 固定杆塔的临时拉线时应使用钢丝绳，固定的同一个临时地锚上的拉线最多不超过三根。(×)

Je4B4292 杆塔组立的临时拉线可用白棕绳。(×)

Je4B4293 螺栓型耐张线夹用于导线截面面积为 240mm^2 以下的导线。(×)

Je4B5294 钢芯铝绞线采用铝管对接压接时，压接顺序应从压接管中央部位开始分别向两端上下交替压接。(×)

Je4B5295 耐张塔组立后，经检查合格后可随即浇筑混凝土保护帽。(×)

Je4B5296 配置钢模板时应尽量错开模板间的接缝。(√)

Je4B5297 立杆开始瞬间牵引绳受力最大。(√)

Je4B5298 钳压连接时，最后两模应压在主线上。(×)

Je4B5299 人工开挖基坑时，坑底面积不小于 2m。(×)

Je4B5300 施工基面下降就是以现场塔位桩为基准，开挖出满足施工需要工作面的下降高度。(√)

Je4B5301 对杆塔倾斜或弯曲进行调整时，应根据需要打临时拉线，杆塔上有人作业不得调整拉线。(√)

Je4B5302 铁塔组装采用单螺母时，要求螺母拧紧后螺杆露出长度不少于 2 个螺距。(√)

Je4B5303 张力放线不宜超过 10 个放线滑车。(×)

Je4B5304 整体立杆人字抱杆的初始角越大越好。(×)

Je4B5305 整体立杆时，牵引地锚距杆塔基础越远，牵引绳的受力越小。(√)

Je4B5306 整体立杆选用吊点数的基本原则是保证杆身强度能够承受起吊过程中产生的最大弯矩。(√)

Je4B5307 转角杆转角度数复测时偏差不得大于设计值的 1′30″。(√)

Jf4B5308 在带电设备区域内使用汽车吊、斗臂车时，车身应使用截面面积不小于 16mm^2 的软铜线可靠接地。(√)

Jf4B5309 现场起重指挥人手拿红旗下指，表示放慢牵引速度。(×)

Jf4B5310 起重时，如需多人绑挂时，应由一人负责指挥。(√)

Jf4B5311 为安全起见，在錾削时应戴手套，以增大手与锤柄以及手与錾子的摩擦力。(×)

Jf4B5312 带电作业必须设专责监护人。监护人不得直接操作。监护的范围不得超过

一个作业组。（×）

Jf4B5313 对用绝缘材料制成的操作杆进行电气试验，应保证其工频耐压试验、机电联合试验的绝缘和机械强度符合要求。（√）

Jf4B5314 杆塔上作业应在良好的天气下进行，在工作中遇有五级以上大风应停止工作。（×）

Jf4B5315 机械装卸工作前必须知道吊件的重量，严禁超负荷起吊。（√）

Jf4B5316 在检修工作的安全技术措施中，挂接地线是检修前重要的安全措施之一。在挂接地线时，先接导体端，后接接地端；拆除顺序与此相反。（×）

Jf4B5317 禁止工作人员穿越未停电接地或未采取隔离措施的绝缘导线。（√）

Jf4B5318 在山区可利用树木做牵引锚桩。（×）

Jf4B5319 工作地段如有邻近、平行、交叉跨越及同杆塔架设线路，为防止停电检修线路上感应电压伤人，在需要接触或接近导线工作时，应使用个人保安线。（√）

Jf4B5320 线路停电检修必须做好各项安全措施，安全措施分为组织措施和技术措施。其中，组织措施包括停电、验电、挂接地线及悬挂标示牌、设置护栏等内容。（×）

Jf4B5321 现场抢救的原则“准确”的含义就是抢救的方法和实施的动作姿势要合适得当。（√）

Jf4B5322 现场抢救的原则“就地”的含义就是要争分夺秒、千方百计地使触电者尽快脱离电源，并将受害者放到安全地方。这是现场抢救的关键。（×）

Jf4B5323 现场抢救的原则“迅速”的含义就是争取时间，在现场（安全地方）就地抢救触电者。（×）

Jf4B5324 触电急救在现场实施时，一般不得随意移动触电者，如确需移动触电者，其抢救时间不得中断 60s。（×）

Jf4B5325 电气元件着火时，不准使用泡沫灭火器和砂土灭火。（√）

1.3 多选题

La5c1001 常见的回旋体有(　　)。

(A) 圆柱　(B) 圆球　(C) 棱锥　(D) 棱柱

答案：AB

La4c1002 电阻并联的电路有(　　)特点。

(A) 各支路电阻上电压相等

(B) 总电流等于各支路电流之和

(C) 总电阻的倒数等于各支路电阻的倒数之和

(D) 总电阻等于各支路电阻的倒数之和

答案：ABC

La4c1003 电力生产与电网运行应当遵循的原则是(　　)。

(A) 安全　(B) 优质　(C) 经济　(D) 可靠

答案：ABC

La4c1004 对同一电网内的(　　)用户，执行相同的电价标准。

(A) 同一电压等级　(B) 同一用电类别

(C) 同一地区　(D) 同一装表

答案：AB

La4c1005 由(　　)所组成的一个发电、变电、输电、配电和用电的整体，称为电力系统。

(A) 发电厂的电气设备　(B) 发电厂的动力部分

(C) 不同电压的电力网　(D) 电力用户的用电设备

答案：ACD

La4c1006 电力系统的基本要求是(　　)。

(A) 保证供电的可靠性　(B) 保证电能质量

(C) 保证供电的电压　(D) 保证供电的时间

答案：AB

La4c1007 由(　　)所组成的整体，称为电力网。

(A) 发电厂的电气设备　(B) 不同电压的电力线路

(C) 各种电压等级的变电所　(D) 电力用户的用电设备

答案：BC

La5c2008 以下属于平面体的是(　　)。
(A) 圆球　(B) 圆柱　(C) 棱锥　(D) 棱柱
答案：CD

La4c2009 一般规定电动势的方向是(　　)。
(A) 由低电位指向高电位　(B) 电位升高的方向
(C) 电压降的方向　(D) 电流的方向
答案：ABC

La4c2010 导电脂的特点有(　　)。
(A) 导电脂滴点高，可达 150℃　(B) 黏滞性好
(C) 能保护导线不受损伤　(D) 能降低连接面的接触电阻
答案：ABD

La4c2011 电流通过人体内部，影响其对人体伤害严重程度的因素有(　　)。
(A) 电流的大小　(B) 电流通过人体的持续时间
(C) 电流通过人体的途径　(D) 电流的种类
(E) 人体的状态
答案：ABCDE

La4c2012 决定导体电阻大小的因素有(　　)。
(A) 导体的长度　(B) 导体的截面
(C) 材料的电阻率　(D) 温度的变化
答案：ABCD

La5c3013 三棱锥需要标注的尺寸有(　　)。
(A) 长　(B) 宽
(C) 高　(D) 锥顶的定位尺寸
答案：ABCD

La5c3014 轴测图由很多种，常用的有(　　)。
(A) 不等轴测图　(B) 正等轴测图
(C) 斜二轴测图　(D) 多轴测图
答案：CD

La4c3015 在纯电感电路中，电压与电流的关系是(　　)。
(A) 纯电感电路的电压与电流频率相同
(B) 电流的相位滞后于外加电压 U 为 $\pi/2$ (即 90°)

（C）电流的相位超前于外加电压 U 为 $\pi/2$（即 90°）
（D）电压与电流有效值的关系也具有欧姆定律的形式
答案：ABD

La4c3016 在直流电路中，下列说法正确的是（ ）。
（A）电容的容抗为零 （B）电容的容抗为无穷大
（C）电感的感抗为零 （D）电流的频率为零
答案：BCD

La5c4017 当物体上的两个坐标轴 OX 和 OZ 与轴测投影面平行，而投射方向与轴测投影面倾斜时，所得的图形称为（ ）。
（A）正等测 （B）正等轴测图
（C）斜二轴测图 （D）斜二测
答案：CD

La4c4018 在电阻、电感、电容的并联电路中，出现电路端电压和总电流同相位的现象，叫并联谐振。它的特点是（ ）。
（A）并联谐振是一种完全的补偿，电源无需提供无功功率，只提供电阻所需的有功功率
（B）电路的总电流最小，而支路的电流往往大于电路的总电流，并联谐振也称电流谐振
（C）发生并联谐振时，在电感和电容元件中会流过很大的电流，会造成电路的熔丝熔断或烧毁电气设备等事故
（D）在电感和电容上可能产生比电源电压大很多倍的高电压
答案：ABC

La4c4019 在电阻、电感、电容的串联电路中，出现电路端电压和总电流同相位的现象，叫串联谐振。串联谐振的特点有（ ）。
（A）电路呈纯电阻性，端电压和总电流同相位
（B）电抗 X 等于零，阻抗 Z 等于电阻 R
（C）电路的阻抗最小，电流最大
（D）在电感和电容上可能产生比电源电压大很多倍的高电压，因此串联谐振也称电压谐振
答案：ABCD

La4c4020 在纯电容电路中，电压与电流的关系是（ ）。
（A）纯电容电路的电压与电流频率相同
（B）电流的相位滞后于外加电压 U 为 $\pi/2$（即 90°）

（C）电流的相位超前于外加电压 U 为 $\pi/2$（即 90°）
（D）电压与电流有效值的关系也具有欧姆定律的形式
答案：ACD

La5c5021 轴测投影属于平行投影，因此其具有的性质为（　　）。
（A）平行性　　（B）定比性
（C）沿轴向测量　　（D）等比性
答案：ABC

Lb4c2022 架空输电线路状态测温的对象有（　　）。
（A）导线接续管　　（B）耐张液压管
（C）导线并沟线夹　　（D）跳线引流板、T 形引流板（器）
（E）导线不同金属接续金具
答案：ABCDE

Lb4c2023 接地装置的接地电阻的组成部分有（　　）。
（A）接地线电阻　　（B）接地体电阻
（C）接地线与土壤的接触电阻　　（D）地电阻
答案：ABD

Lb4c2024 110kV 及以上线路杆塔的接地体型式主要是水平状接地，分为（　　）两种。
（A）环形　　（B）放射型
（C）星形　　（D）矩形
答案：AB

Lb4c2025 导线的比载就是（　　）。
（A）导线单位截面面积，单位长度的荷载
（B）导线单位体积的荷载
（C）导线自重引起的比载
（D）导线每立方米的荷载
答案：AB

Lb4c3026 架空线路金具的用处有（　　）。
（A）拉线的组装及调整　　（B）导线、地线的接续
（C）预防振动　　（D）绝缘子的组装
（E）绝缘子的固定及保护
答案：ABCDE

Lb4c3027　架空线路耐张段内交叉跨越档邻档断线对被交叉跨越物的影响有（　　）。

（A）交叉跨越档的应力衰减，弧垂减小

（B）交叉跨越档的应力衰减，弧垂增大

（C）导线对被交叉跨越物距离减小

（D）导线对被交叉跨越物距离增大

（E）对重点交叉跨越物必须进行邻档断线交叉跨越距离校验

答案：**BCE**

Lb4c3028　在无冰有风时，送电线路导线上有以下荷载作用（　　）。

（A）导线自重　　（B）导线上的风压

（C）导线上的冰重　　（D）导线上垂直总荷载

答案：**AB**

Lb4c3029　在有冰有风时，送电线路导线上有以下荷载作用（　　）。

（A）导线自重　　（B）导线上的风压

（C）导线上的冰重　　（D）导线上综合荷载

答案：**ABC**

Lb4c3030　影响架空线弧垂大小的因素的有（　　）。

（A）杆塔高度　　（B）架空线的档距

（C）架空线的应力　　（D）架空线所处的环境气象条件

答案：**BCD**

Lb4c4031　常见线路状态检测内容是（　　）。

（A）瓷质绝缘子零值测试　　（B）接地电阻测量

（C）交叉跨越垂距测量　　（D）导线连接设备温度测量

（E）绝缘子附盐密度测量

答案：**ABCDE**

Lb4c4032　影响架空线路的垂直档距大小的因素有（　　）。

（A）杆塔两侧档距大小　　（B）导线弧垂

（C）导线应力　　（D）气象条件

（E）悬点高差

答案：**ACDE**

Lb4c4033　确定地线悬挂点的位置时应满足的要求有（　　）。

（A）钢管杆搭地线防雷保护角不大于15°

（B）档距中央导线与地线之间的距离 $S \geqslant 0.12l + 1\text{m}$

（C）220kV 多回线路双地线防雷保护角不大于 0°

（D）双地线在杆塔顶的水平距离 $d \leqslant 5\Delta h$

答案：ACD

Lb4c5034 输电线路防雷的原因是（ ）。

（A）受雷击的机会很多，供电不安全

（B）装设避雷线后，雷电流即沿避雷线经接地引下线进入大地，从而可保证线路的安全供电

（C）防止雷电波直击档距中的导线，产生危及线路绝缘的过电压

（D）雷电波在避雷线中传波时，会与线路导线耦合而感应出一个行波，这行波及杆顶电位作用到线路绝缘的过电压幅值都比雷电波直击档中导线时产生的过电压幅值低得多

答案：ABCD

Lb4c5035 防止逆闪络的措施有（ ）。

（A）减小避雷针与被保护设备间的空间距离

（B）增大避雷针与被保护设备间的空间距离

（C）减小避雷针与被保护设备接地体间的距离

（D）增大避雷针与被保护设备接地体间的距离

（E）降低避雷针的接地电阻

答案：BDE

Lc4c1036 保证检修安全的技术措施内容包括（ ）。

（A）停电 （B）验电

（C）接地 （D）悬挂标示牌

（E）设置护栏

答案：ABCDE

Lc4c1037 事故处理中，四不放过原则的内容是（ ）。

（A）事故原因不清楚不放过

（B）事故责任者和应受教育者没有受到教育不放过

（C）没有采取防范措施不放过

（D）应受教育者没有受到处罚不放过

（E）事故责任者没有受到处罚不放过

答案：ABCE

Lc4c1038 保证检修安全的技术措施内容有（ ）。

（A）制订安全措施，明确作业人员及监护人

（B）停电 （C）工作票制度

(D) 接地　　　　　　　　　　　　(E) 设置护栏

答案：**BDE**

Lc4c1039　许可开始工作的命令，应通知工作负责人。其方法可采用(　　)。

(A) 当面通知　　　　　　　　　　(B) 派人送达

(C) 电话下达　　　　　　　　　　(D) 约时停送电

答案：**ABC**

Lc4c1040　国家对电力供应和使用，实行的管理原则是(　　)。

(A) 安全用电　　　　　　　　　　(B) 合理利用

(C) 节约用电　　　　　　　　　　(D) 计划用电

答案：**ACD**

Lc4c1041　电力线路保护区分为(　　)。

(A) 架空电力线路保护区　　　　　(B) 电力电缆线路保护区

(C) 变电设施保护区

答案：**AB**

Lc4c2042　使用高压验电器进行验电正确的有(　　)。

(A) 验电器的作用是验证电气设备或线路等是否有电压

(B) 验电器的额定电压可以与被验设备的电压等级不相适应

(C) 验电器使用前必须在带电设备上试验，以检查验电器是否完好

(D) 对必须接地的指示验电器在末端接地

(E) 进行验电时必须带手套，并设立监护人

答案：**ACD**

Lc4c2043　专责监护人的安全职责是(　　)。

(A) 确认被监护人员和监护范围

(B) 工作前对被监护人员交待监护范围内的安全措施、告知危险点和安全注意事项

(C) 正确安全地组织工作

(D) 监督被监护人员遵守安全规程和现场安全措施，及时纠正被监护人员的不安全行为

答案：**ABD**

Lc4c2044　线路检修的组织措施包括(　　)。

(A) 工作票制度

(B) 工作终结和恢复送电制度

(C) 根据现场施工的具体情况进行人员分工

(D) 组织施工人员了解检修内容

（E）制订安全措施，明确作业人员及监护人

答案：CDE

Lc4c2045 电力设施的保护，实行（ ）相结合的原则。

（A）电力主管部门 （B）人民群众

（C）公安部门 （D）电力企业

答案：ABCD

Jd4c1046 整体吊装有（ ）等优点。

（A）速度快 （B）效率高

（C）劳动强度小 （D）高空作业少

答案：ABCD

Jd4c1047 机动绞磨机安装时，应选择（ ）的位置。

（A）视野宽广 （B）便于操作人员观察

（C）便于指挥人员观察 （D）紧挨起吊设备

答案：ABC

Jd4c2048 杆塔基础的作用是（ ）。

（A）将杆塔固定在地面 （B）保证杆塔在运行中不出现倾斜

（C）保证杆塔在运行中不出现下沉 （D）保证杆塔在运行中不出现倒塌

答案：ABCD

Jd4c2049 杆塔基础开挖时，不允许有负误差的是（ ）。

（A）预制铁塔基础 （B）掏挖式基础

（C）岩石基础 （D）拉线基础

答案：BCD

Jd4c2050 架空地线一般可采用（ ）。

（A）镀锌钢绞线 （B）铝绞线

（C）良导体导线 （D）复合光缆

答案：ACD

Jd4c2051 对立体结构，杆塔上螺栓的穿向应符合的规定是（ ）。

（A）水平方向由内向外 （B）垂直方向由下向上

（C）垂直方向由上向下 （D）水平方向由外向内

答案：AB

Jd4c2052 对平面结构，杆塔上螺栓的穿向应符合的规定是(　　)。

(A) 顺线路方向由送电侧穿入或按统一方向穿入

(B) 垂直方向由下向上

(C) 横线路方向两侧由内向外，中间由左向右（面向受电侧）或按统一方向

(D) 垂直方向由上向下

答案：ABC

Jd4c2053 绞磨的磨芯工作时，承受(　　)作用。

(A) 弯曲　　(B) 扭转　　(C) 拉伸　　(D) 挤压

答案：ABD

Jd4c2054 装卸车有(　　)等常用方法。

(A) 机械装卸　　(B) 扒杆装卸

(C) 专用工具装卸　　(D) 滑滚装卸

答案：ABCD

Jd4c2055 扒杆装卸方法常用在(　　)场所。

(A) 交通不便　　(B) 交通便利

(C) 机具较少　　(D) 地形开阔

答案：AC

Jd4c2056 设备吊装一般可归纳为(　　)等方法。

(A) 分体吊装　　(B) 整体吊装

(C) 组合吊装　　(D) 顺序吊装

答案：AB

Jd4c3057 基础分坑前杆塔中心桩位置在复测中出现下列情况应予以纠正的是(　　)。

(A) 顺线路方向偏差大于 50mm　　(B) 顺线路方向偏差大于设计档距的 3%

(C) 转角杆的角度偏差超过 1′30″　　(D) 标高与设计值相比偏差超过 0.5m

答案：CD

Jd4c3058 现浇铁塔基础，单腿尺寸的允许偏差是(　　)。

(A) 保护厚度允许偏差：－5mm

(B) 立柱及各底座断面尺寸允许偏差：±1%

(C) 同组地脚螺栓中心对立柱中心偏移：10mm

(D) 地脚螺栓露出混凝土面高度：＋10mm，－5mm

答案：ACD

Jd4c3059 浇筑拉线基础的允许偏差应符合规定正确的是(　　)。

(A) 基础尺寸偏差：断面尺寸为－1%

(B) 基础尺寸偏差：断面尺寸为＋1%

(C) 基础位置偏差：拉线环中心在拉线方向前、后、左、右与设计位置，即拉线环中心至杆塔拉线固定点的水平距离的偏差为1%

(D) 拉环中心与设计位置的偏移为20mm

答案：ACD

Jd4c3060 整体起立杆塔优点有(　　)。

(A) 高空作业量小　　(B) 提高组装质量

(C) 适合流水作业　　(D) 分量轻，工器具少

答案：ABC

Jd4c3061 杆塔整体组立时，规定人字抱杆的初始角设置的原因(　　)。

(A) 初始角设置过大，抱杆受力虽可减小，但此时抱杆失效过早，对立杆不利

(B) 初始角设置过小，抱杆受力虽可减小，但此时抱杆失效过早，对立杆不利

(C) 初始角设置过小，抱杆受力增大，且杆塔起立到足够角度不易脱帽，同样对立杆不利

(D) 初始角设置过大，抱杆受力减小，且杆塔起立到足够角度不易脱帽，同样对立杆不利

答案：AC

Jd4c3062 采用螺栓连接构件时，应符合(　　)技术规定。

(A) 螺杆应与构件面垂直，螺杆头平面与构件间不应有空隙

(B) 必须加垫者，每端不宜超过两个垫片

(C) 螺母拧紧后，螺杆露出螺母的长度：对单螺母不应小于两个螺距，对双螺母可与螺杆相平

(D) 必须加垫者，每端不宜超过三个垫片

答案：ABC

Jd4c3063 滑车有以下情况严禁使用(　　)。

(A) 滑车吊钩变形　　(B) 滑车铭牌脱落

(C) 使用超过5年　　(D) 吊钩口开口超过实际尺寸的15%

答案：AD

Jd4c3064 机动绞磨的优点有(　　)。

(A) 结构合理　　(B) 体积小

(C) 质量轻　　(D) 操作灵活

(E) 搬运方便

答案：**ABCDE**

Jd4c3065 一般抱杆的底座可采用( )。

(A) 地锚固定 (B) 铰链连接
(C) 滑板连接 (D) 球形支座

答案：**BD**

Jd4c3066 就自行起重机吊装工艺而言，有( )等方法。

(A) 单机吊装 (B) 双机抬吊
(C) 多机抬吊 (D) 组合抬吊

答案：**ABC**

Jd4c3067 机动绞磨的选择，应根据( )来确定。

(A) 吊物的体积 (B) 吊物的质量
(C) 滑轮系统引出绳的牵引力 (D) 吊物的形状

答案：**BC**

Jd4c3068 使用飞车的注意事项有( )。

(A) 使用前应对飞车进行全面检查 (B) 使用中行驶速度不宜过快
(C) 使用时安全带连在飞车上 (D) 使用后注意保养

答案：**ABD**

Jd4c3069 链条葫芦的使用应遵守下列规定( )。

(A) 使用前检查串钩、链条、转动及刹车装置
(B) 刹车严禁沾污油脂
(C) 不得超负荷125%使用
(D) 起重链不得打扭

答案：**ABD**

Jd4c4070 使用倒落式抱杆整体组立杆塔，控制反面临时拉线的措施，正确的有( )。

(A) 当杆塔起立到70°时，应加快牵引速度
(B) 随着杆塔起立角度的增大，抱杆受力渐渐增大
(C) 在抱杆失效前，必须带上反面临时拉线
(D) 反面临时拉线随杆塔起立角度增加进行长度控制
(E) 当杆塔起立到80°时，停止牵引，用临时拉线调直杆身

答案：**CDE**

Jd4c4071 进行转角杆塔中心桩的位移的原因是（ ）。

（A）转角杆塔，杆塔中心桩与线路中心桩相重合

（B）横担两侧的耐张绝缘子串，不可能挂在同一个悬挂点上，只能分别挂在位于横担两侧出口悬挂点上

（C）长短横担，应使两侧线路延长线交点与原设计转角桩重合

（D）保证相邻直线杆塔不出现小转角，就必须将转角杆塔的中心桩进行位移

答案：BCD

Jd4c4072 架空线的平断面图包括的内容有（ ）。

（A）沿线路走廊的平面情况

（B）平面上交叉跨越点及交叉跨越距离

（C）线路里程

（D）杆塔型式及垂直档距、耐张段长度等

（E）线路转角方向和转角度数

答案：ACE

Jd4c4073 起重信号的准确性包括（ ）。

（A）形象信号的动作准确

（B）口笛声音信号要清楚

（C）信号的提前量掌握得恰到好处

（D）在每发一组信号要符合信号发出程序

（E）各种信号发出符合吊装需要

答案：ABCDE

Jd4c4074 吊车梁的校正主要包括（ ）。

（A）标高校正　　（B）倾斜面校正

（C）垂直度校正　　（D）平面位置校正

答案：ACD

Je4c2075 现场浇筑混凝土用水为（ ）。

（A）可饮用水　　（B）清洁的河溪水

（C）清洁的池塘水　　（D）清洁的海水

答案：ABC

Je4c2076 紧线施工时，架空线弧垂观测档选择的原则是（ ）。

（A）宜选择档距较大的　　（B）宜选择两端悬挂点高差较小的

（C）宜选择接近代表档距的　　（D）观测档分布均匀

答案：ABCD

Je4c2077 在紧线施工中，对工作人员的要求有（　）。
（A）展放余线时，护线人员站在线圈内或线弯内侧
（B）不得在悬空的架空线下方停留或穿行
（C）被牵引离地的架空线不得横跨
（D）在未取得指挥员同意之前不得离开岗位
（E）可以抓线
答案：BCD

Je4c3078 混凝土浇筑质量检查应符合规定有（　）。
（A）坍落度检查：每班日或每基基础腿应检查两次以上，其数值可以大于设计规定值
（B）配比材料用量检查：每班日或每基基础应至少检查两次
（C）混凝土的强度检查：应以试块为依据，并符合规定要求
（D）混凝土基础不允许有负误差
答案：BC

Je4c3079 紧线施工时，架空线弧垂观测选择数量规定是（　）。
（A）紧线段在5档及以下时靠近中间选择一档
（B）紧线段在6～12档时靠近两端各选择一档
（C）紧线段在12档以上时靠近两端及中间各选择一档
（D）可根据现场情况，适当增加观测档，但不能减少
答案：ABCD

Je4c3080 拉线盘的埋设要求是（　）。
（A）拉线盘的埋设方向，应顺着拉线拉力方向
（B）拉线棒与拉线盘应垂直，连接处应采用双螺母，其外露地面部分的长度应为500～700mm
（C）拉线坑应有斜坡，回填土时应将土块打碎后夯实
（D）拉线坑宜设防沉层
答案：BCD

Je4c3081 架空导线常用的接续方法有（　）。
（A）插接法　　（B）并沟线夹连接法
（C）钳压法和液压法　　（D）爆压法
答案：BCD

Je4c3082 下列属于导、地线线轴布置应遵循的原则的是（　）。
（A）架空线的接头尽量靠近导线的最低点

(B) 避免在不允许接头的档内出现接头
(C) 尽量减少放线后的余线
(D) 运输方便
答案：ABCD

Je4c3083 架空线连接前后应做的检查为(　　)。
(A) 被连接的架空线绞向是否一致
(B) 连接部位有无线股绞制不良、断股、缺股现象
(C) 切割铝股时严禁伤及钢芯
(D) 连接后管口附近不得有明显松股现象
答案：ABCD

Je4c4084 下列选项可以检查现浇混凝土质量的为(　　)。
(A) 坍落度越大越好
(B) 配比材料误差应控制在施工措施规定范围内
(C) 水灰比越小越好
(D) 混凝土强度检查以现场试块为依据
答案：BD

Je4c4085 现场浇筑基础混凝土的养护应符合(　　)。
(A) 浇筑后应在12h内开始浇水养护
(B) 养护日期不少于7昼夜
(C) 采用养护剂养护，涂刷养护剂后只需浇少量水
(D) 日平均气温低于5℃时，可缩短浇水日期
答案：AB

Je4c4086 现浇基础施工时，如遇特殊情况中途中断混凝土浇灌，应按下规定处理(　　)。
(A) 改变混凝土配合比
(B) 混凝土的强度达到1.18MPa
(C) 连接面打毛，并用水清洗
(D) 浇一层厚为10～15mm与原混凝土同样成分的水泥砂浆
答案：BCD

Je4c4087 环形截面普通钢筋混凝土电杆安装前应进行的外观检查有(　　)。
(A) 电杆的直径和长度
(B) 表面光洁平整，壁厚均匀，无露筋、跑浆等现象
(C) 放置地平面检查时，应无纵向裂缝，横向裂缝的宽度不应超过0.1mm

(D) 杆身弯曲不应超过杆长的 1/1000

答案：BCD

Je4c4088 紧线时，承力杆塔均需打临时拉线，对其要求是(　　)。

(A) 沿架空线受力反方向布置　　(B) 对地夹角为 30°～45°

(C) 临时拉线上端靠近挂线点　　(D) 使用钢绳或钢绞线

答案：ABCD

Jf4c1089 重心是物体重力的作用点，它与物体(　　)有关。

(A) 大小　　(B) 形状

(C) 质量分布　　(D) 状态

答案：ABC

Jf4c2090 应进行试验的安全工器具有(　　)。

(A) 新购置和自制的安全工器具

(B) 对安全工器具的机械、绝缘性能发生疑问或发现缺陷时

(C) 检修后或关键零部件经过更换的安全工器具

(D) 未试验过的安全工器具

答案：ABCD

Jf4c2091 以下属于高压辅助绝缘安全用具有(　　)。

(A) 绝缘手套　　(B) 绝缘靴

(C) 绝缘垫　　(D) 绝缘鞋

(E) 绝缘梯

答案：ABCD

Jf4c2092 摩擦力的大小不能完全由平衡方程确定，应按(　　)情况考虑。

(A) 物体处于平衡静止状态

(B) 物体处于临界平衡状态

(C) 物体处于匀速运动状态

(E) 物体处于不规则运动状态

答案：ABC

Jf4c2093 登杆工具正确使用与保管的方法有(　　)。

(A) 使用前应承载试验

(B) 使用前应仔细进行外观检查

(C) 使用前应进行人体冲击试验

(D) 登杆工具应指定专人管理，在使用期间，应定期进行试验

答案：BCD

Jf4c3094 卸扣使用前应遵守的规定是(　　)。

(A) U形环变形　(B) 不得纵向受力

(C) 销子不得扣在能活动的索具内　(D) 不得处于吊件的转角处

答案：CD

Jf4c3095 整体起立杆塔有(　　)优点。

(A) 高空作业量小　(B) 施工比较方便

(C) 适合流水作业　(D) 施工占地面积大

答案：ABC

Jf4c3096 下面构件中能发生扭转变形的构件有(　　)。

(A) 隔离开关操纵机构中的转动部件

(B) 断路器操纵机构中的转动部件

(C) 输电线路的电杆

(D) 机械上的传动轴

(E) 洗车方向盘的操动杆

答案：ABCDE

Jf4c3097 高压辅助绝缘安全用具主要包括(　　)。

(A) 绝缘手套　(B) 绝缘垫

(C) 验电器　(D) 安全带

(E) 绝缘台

答案：ABE

1.4 计算题

La4D1001 如图所示电路，已知电阻 $R_1=60\Omega$，$R_2=40\Omega$，总电流 $I=X_1$A，则分别流过 R_1 和 R_2 两支路的电流 $I_1=$________A、$I_2=$________A。

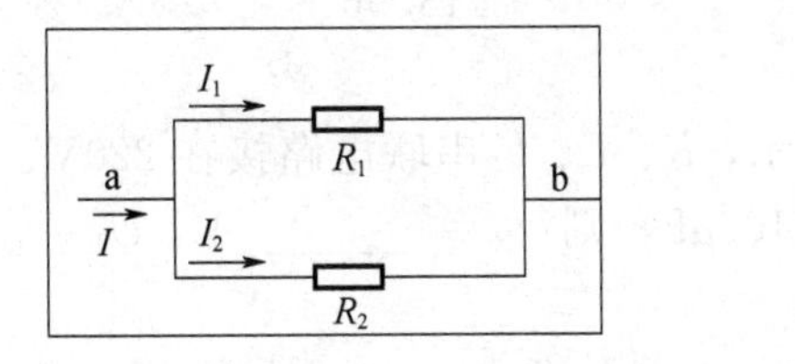

X_1 取值范围：1～6 之间的整数

计算公式： $I_1=\frac{R_2}{R_1+R_2}I=0.4\times X_1$，$I_2=\frac{R_1}{R_1+R_2}I=0.6\times X_1$

La4D1002 有一条三相 380/220V 的对称电路，负载是星形接线，线电流 $I=X_1$A，功率因数 0.8，则负载消耗的有功功率 $P=$________kW，负载消耗的无功功率 $Q=$________kV·A。

X_1 取值范围：10，15，20，25

计算公式： $P=3UI\cos\phi=0.526\times X_1$，$Q=3UI\sin\phi=0.395\times X_1$

La4D2003 设某架空送电线路通过第Ⅱ典型气象区，导线为 LGJ-95/20，其计算截面面积 $A=113.96\text{mm}^2$，直径 $d=13.87$mm，则在覆冰厚度 $b=X_1$mm 时的冰重比载 $G=$________N/（m·mm²）。

X_1 取值范围：5～10 之间的整数

计算公式： $G=\frac{27.728\times X_1\times(13.87+X_1)}{113.96}\times10^{-3}\times X_1$

La4D1004 有一条长度为 $L=X_1$km 的 110kV 的双回路架空输电线路，导线型号为 LGJ-185/30［$\gamma_{铜}=53.0$m/（Ω·mm²），$\gamma_{铝}=32.0$m/（Ω·mm²）］，则线路的电阻 $R=$________Ω。

X_1 取值范围：100，200，300

计算公式： $R=\frac{L\times10^{-3}}{\gamma_{铝}\times A\times2}=\frac{X_1\times10^{-3}}{32\times185\times2}$

La4D2005 一额定电流 $In=X_1$A 的电炉箱接在电压 $U=220$V 的电源上，则该电炉的功率 $P=$________kW；若用 10h，则电炉所消耗电能 $A=$________kW·h。

X_1 取值范围：10，15，20

计算公式： $P=0.22\times X_1$，$A=2.2\times X_1$

La4D2006 设某架空送电线路通过第Ⅱ典型气象区，导线为LGJ-95/20，其计算截面面积 $A=113.96\text{mm}^2$，直径 $d=13.87\text{mm}$，自重 $G=X_1\text{kg/km}$，则导线的比载 $N=$ ________ $\text{N/（m·mm}^2\text{）}$。

X_1 取值范围：408.9～410.0之间保留一位小数的数值

计算公式：$N=\dfrac{9.8\times G}{A}\times 10^{-3}=\dfrac{9.8\times X_1}{113.96}\times 10^{-3}$

La4D2007 如图所示，R、L、C 串联电路接在220V、50Hz交流电源上，已知 $R=X_1\Omega$，$L=300\text{mH}$，$C=100\mu\text{F}$，则 $U_R=$ ________ V，$U_L=$ ________ V，$U_C=$ ________ V。（保留两位小数）

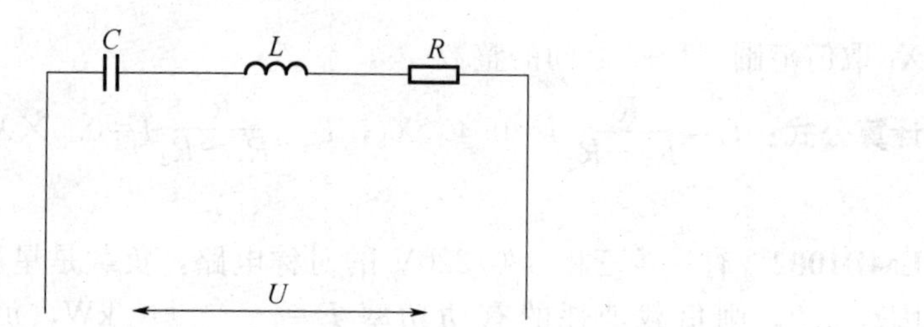

X_1 取值范围：10，20，30

计算公式：

$$U_R=\frac{U}{\sqrt{R^2+X^2}}\times R_1=\frac{U}{\sqrt{R^2+(X_L-X_C)^2}}\times R_1$$

$$=\left[\frac{220\times X_1}{\sqrt{X_1\times X_1+（94.2-31.847）\times（94.2-31.847）}}\right]^2$$

$$U_L=\frac{U}{\sqrt{R^2+X^2}}\times X_L=\frac{U}{\sqrt{R^2+(X_L-X_C)^2}}\times X_L$$

$$=\left[\frac{220\times 94.2}{\sqrt{X_1\times X_1+（94.2-31.847）\times（94.2-31.847）}}\right]^2$$

$$U_C=\frac{U}{\sqrt{R^2+X^2}}\times X_C=\frac{U}{\sqrt{R^2+(X_L-X_C)^2}}\times X_C$$

$$=\left[\frac{220\times 31.847}{\sqrt{X_1\times X_1+（94.2-31.847）\times（94.2-31.847）}}\right]^2$$

La4D2008 电磁波沿架空输电线的传播速度为光速，已知光波速度为 $v=30\times 10^4\text{km/s}$，$f=X_1\text{Hz}$，则工频电流的波长为 $\lambda=$ ________ km。

X_1 取值范围：50

计算公式：$\lambda=v\times\dfrac{1}{f}=30\times 10^4\times\dfrac{1.0}{X_1}$

La4D2009 在电力系统计算时，考虑集肤效应及扭绞因数，20℃时铝的电阻率采用 $\rho=31.5\Omega\cdot\text{mm}^2\text{/km}$，则温度50℃时，长度为 $L=X_1\text{km}$ 的LGJ-240/30型导线的电阻值 $R=$ ________ Ω。（铝的电阻温度系数为 $\alpha=0.003561/℃$）

X_1 取值范围：1，2，3，5

计算公式：$R=\rho\dfrac{L}{S}$［$1+\alpha$（50－20）］$=31.5\times\dfrac{X_1}{240.0}\times1.1068$

La4D2010 一台变压器从电网输入的功率 $P_i=150$kW，变压器本身的损耗 $P_o=X_1$kW，变压器效率 $\eta=$________%。

X_1 取值范围：10，15，20

计算公式：$\eta=\dfrac{P_i-P_o}{P_i}\times100=\dfrac{150-X_1}{150}\times100$

La4D2011 已知某 110kV 线路，经过Ⅱ级气象区，要求泄漏比距 $\lambda=X_1$cm/kV，线路绝缘子采用 XP-70 型，其泄漏距离 $h_x=295$mm，则耐张串的片数为 $N=$________片。

X_1 取值范围：1.7～2.0 之间保留一位小数的数值

计算公式：$N=\lambda\times1.15\times\dfrac{u}{h_x}+1=X_1\times1.15\times\dfrac{110}{29.5}+1$

La4D3012 图示为一物体在力 P_1、P_2、P 作用下平衡，若已知 $P_1=200$N，$P_2=X_1$N，则力的大小 $P=$________N 和方向 $\beta=$________°。

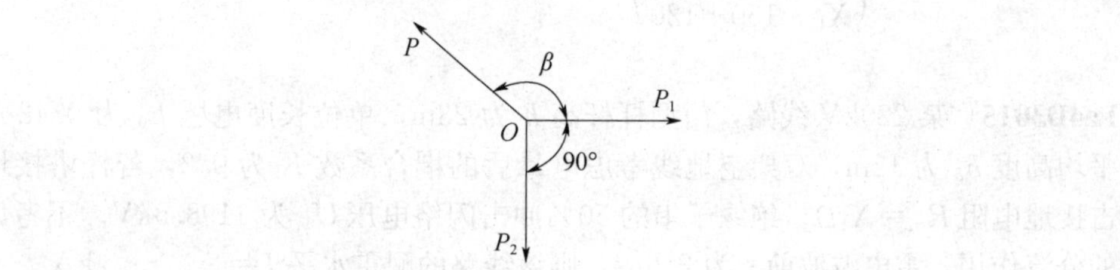

X_1 取值范围：200，250，300

计算公式：$P=\sqrt{P_1^2+P_2^2}=\sqrt{X_1^2+200^2}$

$$\beta=90+\frac{\arctan\left(\frac{P_1}{P_2}\right)\times180}{\pi}=90+\frac{\arctan\left(\frac{200.0}{X_1}\right)\times180}{3.141592653589793}$$

La4D3013 已知一电感线圈的电感 $L=0.551$H，电阻 $R=X_1\Omega$，当将它作为负载接到频率为 $f=50$Hz，$U=220$V 的电源上时，则通过线圈的电流 $I=$________A；负载的功率因数 $\cos\phi=$________和负载消耗的有功功率 $P=$________W。（计算结果保留两位小数，中间过程至少保留三位小数）

X_1 取值范围：100，200，300，400

计算公式：$I=\dfrac{220}{\sqrt{X_1^2+29933.8442}}$

$$\cos\phi=\frac{X_1}{\sqrt{X_1^2+29933.8442}}$$

$$P=\left(\frac{220}{\sqrt{X_1^2+29933.8442}}\right)^2\times 200$$

La4D3014 如图所示电路中，$R_1=X_1\Omega$，$R_2=300\Omega$，$R_3=300\Omega$，$R_4=150\Omega$，$R_5=600\Omega$，则开关 S 打开时等效电阻 $R_{ab1}=$________ Ω，开关 S 闭合时等效电阻 $R_{ab2}=$________ Ω。

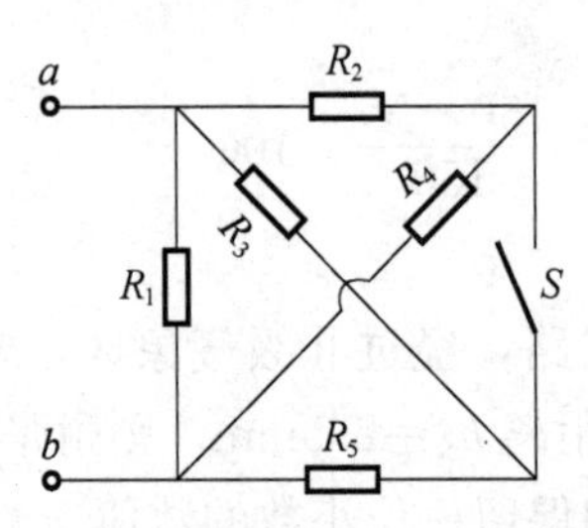

X_1 取值范围：800，900，1000，1100

计算公式：
$$R_{ab1}=\frac{1}{\left(\frac{1}{X_1}+\frac{1}{300+150}+\frac{1}{300+600}\right)}$$

$$R_{ab2}=\frac{1}{\left(\frac{1}{X_1}+\frac{1}{150+120}\right)}$$

La4D3015 某220kV线路，门型杆杆高 h 为23m，单位长度电感 L_0 为0.42μH/m，导线平均高度 h_d 为12m，双架空地线考虑电晕后的耦合系数 K 为0.2，若杆塔接地装置的冲击接地电阻 $R_{ch}=X_1\Omega$，绝缘子串的50%冲击闪络电压 U_1 为1198.5kV。不考虑架空地线的分流作用，雷电波波前 τ 为2.6μs，则该线路的耐雷水平 $I=$________ kA。

X_1取值范围：6.0～10.0之间的整数

计算公式：
$$I=\frac{U_1}{\left(R_{ch}+\frac{L_0h}{\tau}+\frac{h_d}{\tau}\right)(1-K)}=\frac{1198.5}{\left(X_1+\frac{0.42\times 23}{2.6}+\frac{12}{2.6}\right)\times(1-0.2)}$$

La4D3016 如图所示，已知电阻 $R_1=2\text{k}\Omega$，$R_2=5\text{k}\Omega$，B 点的电位 $U_B=X_1$，C 点的电位 $U_C=-5$V，则电路中 a 点的电位 $U_a=$________ V。

X_1 取值范围：15.0～25.0之间的整数

计算公式：
$$U_a=U_B-\frac{U_B-U_C}{(R_1+R_2)}R_1=X_1-\frac{2\times(X_1+5)}{7.0}$$

La4D3017 如图所示，该线路为小转角，转角度数为 $X_1°$，已知横担宽 $c=500$mm，长 $a=1200$mm，则分坑前中心桩位移值 $S=$________ mm。

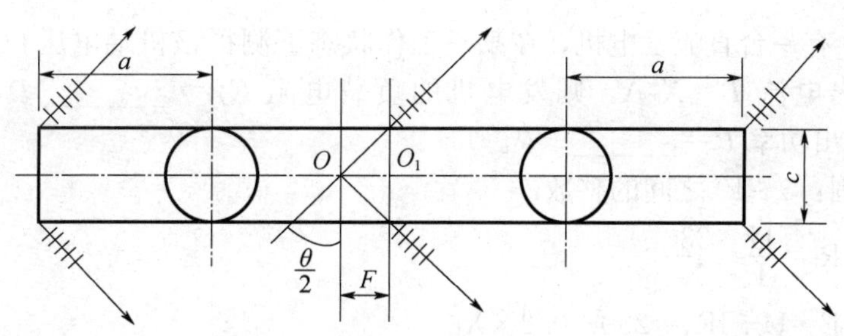

X_1 取值范围：15，20，30

计算公式：$S=\frac{500}{2}\times\tan\left(\frac{X_1}{2}\right)$

La4D3018 已知 LGJ-185/30 型导线的瞬时拉断力 $Tp=64.32kN$，计算截面面积 $A=210.93mm^2$，导线的安全系数 $K=X_1$，则导线的允许应力 $\sigma=$________MPa。

X_1 取值范围：2.5～3.5 之间保留一位小数的数值

计算公式：$\sigma=\frac{T_P\times10^3}{KA}=\frac{64.32\times10^3}{X_1\times210.93}$

La4D3019 如图所示，$P_1=X_1N$，$P_2=30N$，当它们的夹角 $\alpha=90°$时，则其合力的大小 $R=$________N 和方向（指合力 R 与 P_1 的夹角）$\beta=$________°。

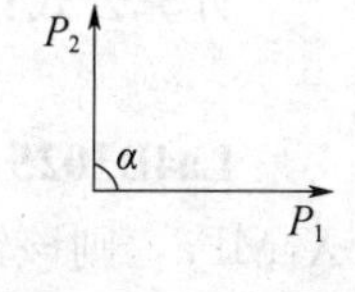

X_1 取值范围：20，30，40

计算公式：$R=\sqrt{X_1^2+30^2}$

$$\beta=\frac{\arctan\left(\frac{30.0}{X_1}\right)\times180}{3.141592653589793}$$

La4D3020 有一个 R、L、C 串联电路，如图所示，$R=X_1\Omega$，$L=2H$，$C=10\mu F$，频率 $f=50Hz$，则电路的阻抗 $Z=$________Ω。

X_1 取值范围：70，80，90，100，110

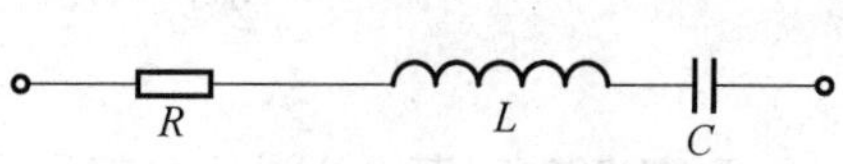

计算公式：$Z=\sqrt{X_1^2+310^2}$

La4D3021 某 110kV 的架空输电线路导线型号为 LGJ-150/20 型，该线路中某直线杆塔的导线垂直荷载 $G=X_1N$，水平荷载 $P=830N$，悬垂绝缘子串重 $G_j=520N$，则直线杆塔悬垂绝缘子串的风偏摇摆角 $F=$________°（不计绝缘子串风压）。

X_1 取值范围：1300，1500，1600

计算公式：$F=\frac{\arctan\left(\frac{830}{\frac{520}{2}+X_1}\times180\right)}{3.141592653589793}$

La4D3022 有一台直流发电机，在某一工作状态下测得该机端电压 $U=230V$，内阻 $R_0=0.2\Omega$，输出电流 $I=X_1A$，则发电机的负载电阻 $R_f=$________ Ω，电动势 $E=$________ V，输出功率 $P=$________ W。

X_1 取值范围：5～10 之间的整数

计算公式： $R_f=\frac{U}{I}=\frac{230}{X_1}$

$E=U+IR_0=230+0.2\times X_1$

$P=UI=230\times X_1$

La4D3023 有一线圈，若将它接在电压 $U=220V$，频率 $f=50Hz$ 的交流电源上，测得通过线圈的电流 $I=X_1A$，则线圈的电感 $L=$________ H。

X_1 取值范围：5.0～10.0 之间的整数

计算公式： $L=\frac{U}{I2\pi f}=\frac{220}{100\times 3.141592653589793\times X_1}$

La4D3024 有一电阻、电感串联电路，电阻上的压降 $U_R=X_1V$，电感上的压降 $U_L=40V$，则电路中的总电压有效值 $U=$________ V。

X_1 取值范围：20，30，40，50

计算公式： $U=\sqrt{U_R^2+U_L^2}=\sqrt{X_1^2+1600}$

La4D3025 已知有一根 7 股，每股直径为 3.0mm 的镀锌钢绞线，极限抗拉强度 $\sigma_p=X_1MPa$，则该镀锌钢绞线的截面面积 $A=$________ mm^2 和拉断力 $T_p=$________ N（提示：7 股钢绞线扭绞系数 $f=0.92$，19 股钢绞线扭绞系数 $f=0.89$）。

X_1 取值范围：1270，1370，1470，1570

计算公式： $A=7\pi\left(\frac{d}{2}\right)^2=7\times 3.141592653589793\times\left(\frac{3}{2}\right)^2$

$T_p=7\pi\left(\frac{d}{2}\right)^2\times\sigma_P\times f=7\times 3.141592653589793\times\left(\frac{3}{2}\right)^2\times X_1\times 0.92$

La4D3026 某 2-2 滑轮组起吊一重 $Q=X_1kg$ 的物体，牵引绳由动滑轮引出，由人力绞磨牵引，提升该重物所需拉力 $P=$________ N。（已知单滑轮工作效率为 95%，滑轮组的综合效率 $\eta=90\%$。）

X_1 取值范围：1000，2000，3000

计算公式： $P=\frac{9.8\times X_1}{4.5}$

La4D3027 三相负载接成星形，已知线电压有效值为 X_1V，每相负载的阻抗为 $Z=22\Omega$。求：(1) 相电压的有效值 $U_g=$________ V；(2) 相电流的有效值 $I_g=$________ A；(3) 线电流的有效值 $I_n=$________ A。

X_1 取值范围：220，330，450

计算公式：$U_g=\frac{X_1}{\sqrt{3}}$

$$I_g=\frac{U_g}{Z}=\frac{X_1}{38.104}$$

$$I_n=I_g=\frac{X_1}{38.104}$$

La4D4028 已知：杆长 L=18m 等径单杆如图所示，横担重为 X_1kg，绝缘子串（包括金具）重 3×34=102kg，则整杆重心 H_0=________ m。（电杆每米杆重 q=102kg/m）

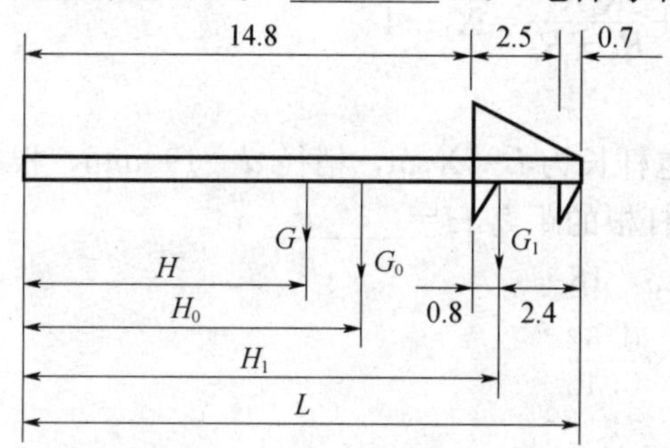

X_1 取值范围：60，70，80

计算公式：$H_0=\frac{18\times102\times9+(X_1+102)\times\left(14.8+\frac{2.5}{3}\right)}{18\times102+X_1+102}$

La4D4029 某低压三相四线供电平衡负载用户，有功功率为 $P=X_1$kW，工作电流 I=5A，则该用户的功率因数 $\cos\phi$=________。

X_1 取值范围：1，2，3

计算公式：$\cos\phi=\frac{P\times1000}{\sqrt{3}UI}=\frac{X_1\times1000}{380\times5\times\sqrt{3}}$

La4D4030 有一三角形连接的三相对称负载，每相具有电阻 $R=X_1\Omega$，感抗 X_L=6Ω，接在线电压为 380V 的电源上，则该三相负载的有功功率 P=________ W、无功功率 Q=________ V·A、视在功率 S=________ V·A。

X_1 取值范围：4～10 之间的整数

计算公式：$P=\frac{433200\times X_1}{X_1^2+36.0}$

$$Q=\frac{2599200}{X_1^2+36.0}$$

$$S=\frac{100\times\sqrt{18766244\times X_1^2+675584064}}{X_1^2+36.0}$$

La4D4031 如图所示，已知 $R_1=5\Omega$，$R_2=X_1\Omega$，$R_3=20\Omega$，则电路中 a、b 两端的等效电阻 $R_{ab}=$________ Ω。

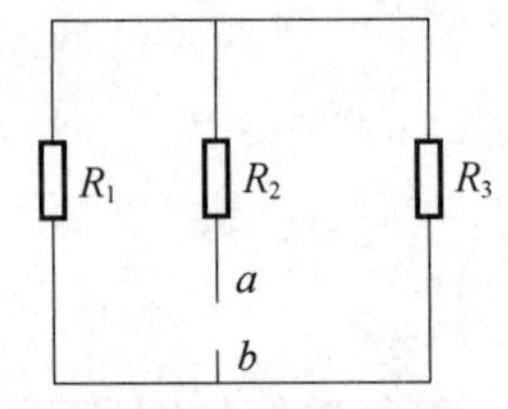

X_1 取值范围：5，10，15

计算公式： $R_{ab}=R_2+\dfrac{R_1R_3}{R_1+R_3}=X_1+4$

La4D4032 已知某电杆长为 $L=X_1$m，梢径 $d=190$mm，根径 $D=390$mm，壁厚 $t=50$mm，则电杆的重心距杆根的距离 $H=$________ m。

X_1 取值范围：12，15，18

计算公式： $H=\dfrac{X_1}{3.0}\times\dfrac{0.62}{0.48}$

La4D4033 平面汇交力系如图所示，已知 $P_1=300$N，$P_2=400$N，$P_3=X_1$N，$P_4=150$N。它们的合力在 x 轴方向投影 $R_x=$________ N，在 y 轴方向投影 $R_y=$________ N。

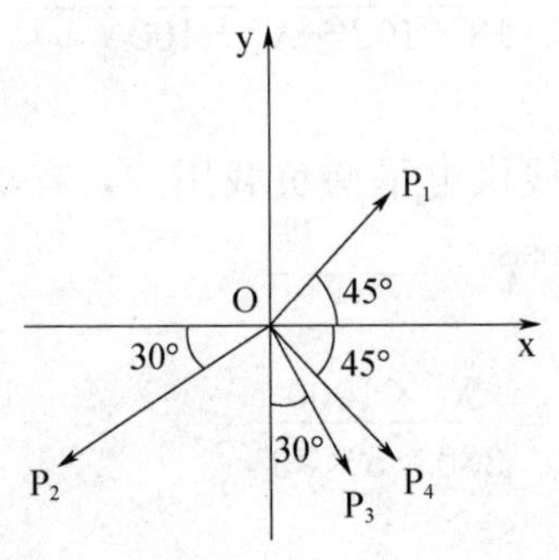

X_1取值范围：100，150，200

计算公式： $R_x=300\times\cos45°-400\times\cos30°-X_1\times\cos60°+150\times\cos45°$

$R_y=300\times\sin45°-400\times\sin30°+X_1\times\cos60°-150\times\cos45°$

La4D4034 有一个三相负载，其有功功率 $P=X_1$kW，无功功率 $Q=15$kV・A，则功率因数 $\cos\phi=$________。

X_1取值范围：15，20，25，30

计算公式： $\cos\phi=\dfrac{P}{S}=\dfrac{P}{\sqrt{P^2+Q^2}}=\dfrac{X_1}{\sqrt{X_1^2+15^2}}$

La4D5035 有两个电容器，其电容量分别为 $C_1=$X1μF，$C_2=6\mu$F，串接后接于 120V 直流电源上，则它们的总电容 $C=$________ μF 及总电荷量 $Q=$________ C。

X_1 取值范围：2，4，6，8

计算公式：$C=\dfrac{C_1C_2}{C_1+C_2}=\dfrac{6\times X_1}{6+X_1}$

$$Q=UC=\frac{7.2\times X_1}{6+X_1}\times 10^4$$

La4D5036 如图所示电路中，$C_1=0.3\mu F$，$C_2=0.3\mu F$，$C_3=0.8\mu F$，$C_4=X_1\mu F$。开关 S 断开时，A、B 两点间的等效电容 Q=________ μF，开关 S 闭合时，A、B 两点间的等效电容 P=________ μF。

X_1取值范围：0.1，0.2，0.3，0.4

计算公式：$Q=\dfrac{C_1C_2}{C_1+C_2}+\dfrac{C_3C_4}{C_3+C_4}=\dfrac{0.3\times 0.3}{0.3+0.3}+\dfrac{0.8\times X_1}{0.8+X_1}$

$$P=\frac{(C_1+C_2)(C_3+C_4)}{(C_1+C_2)+(C_3+C_4)}$$

$$=\frac{(0.3+0.8)\times(0.3+X_1)}{0.3+0.8+0.3+X_1}$$

Jd4D1037 如图所示，用白棕绳起吊及牵引重物。安全系数 $K=X_1$，动荷系数 K_1 取 1.2，1-1 滑轮组动滑车质量取被起吊质量的 0.05 倍，效率 $\eta=0.9$，白棕绳的瞬时拉断力 T_p 为 15kN，则最大允许起吊质量 Q=________ kg。

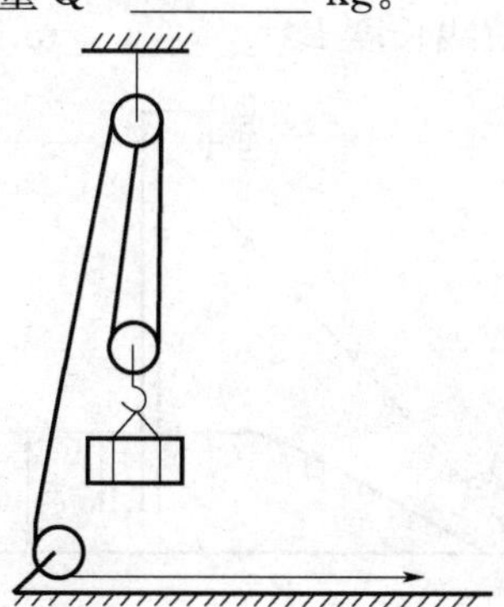

X_1取值范围：4～7 之间的整数

计算公式：$Q=\dfrac{\dfrac{T_p}{K}n\eta}{K_1}=\dfrac{\dfrac{15\times 10^{-3}}{X_1}\times 2\times 0.9}{1.2\times 1.05\times 9.8}$

Jd4D1038 已知某架空线路的档距为 $l=X_1$m，悬点高差 $\Delta h=10$m，导线为 LGJ-70/10，在某气象条件导线最低点的应 $\sigma_0=109.84$MPa，比载 $g_7=65.675\times 10^{-3}$N/（m·mm^2），则该档距导线最低点偏离档距中央的距离 M=________ m。

X_1取值范围：300，350，400

计算公式：$M=\dfrac{\sigma_0\times\Delta h}{g_7\times X_1}=\dfrac{109.84\times 10}{65.675\times 10^{-3}\times X_1}$

Jd4D2039 某基础配合比为0.66∶1∶2.17∶4.14，测得砂含水率为3%，石含水率为1%，则一次投料水泥质量 $m=X_1$kg时的砂用量 $S_1=$______kg，石用量 $S_2=$______kg，水用量 $S_3=$______kg。

X_1取值范围：50，60，75，80

计算公式： $S_1=X_1\times2.17+X_1\times2.17\times0.03$

$S_2=X_1\times4.14+X_1\times4.14\times0.01$

$S_3=X_1\times0.66-X_1\times2.17\times0.03-X_1\times4.14\times0.01$

Jd4D2040 有一横担拉杆结构如图所示，边导线、绝缘子串、金具总质量 $G=X_1$kg，横拉杆和斜拉杆质量不计，则AC受力 $F_{AC}=$______N，BC受力 $F_{BC}=$______N。

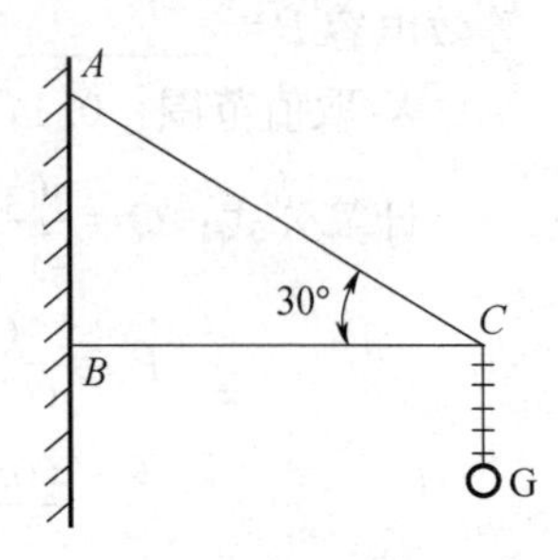

X_1 取值范围：500～1000之间的整数

计算公式： $F_{AC}=X_1\times\frac{9.8}{\sin30^\circ}$

$F_{BC}=X_1\times\frac{9.8}{\tan30^\circ}$

Jd4D3041 图为12m终端杆，横担距杆顶0.6m，电杆埋深2.0m，拉线抱箍与横担平齐，拉线与电杆夹角为 X_1°，拉线棒露出地面1m，电杆埋设面与拉线埋设面高差为3m，拉线尾端露线夹各为0.5m，则拉线长度 $L=$______m。

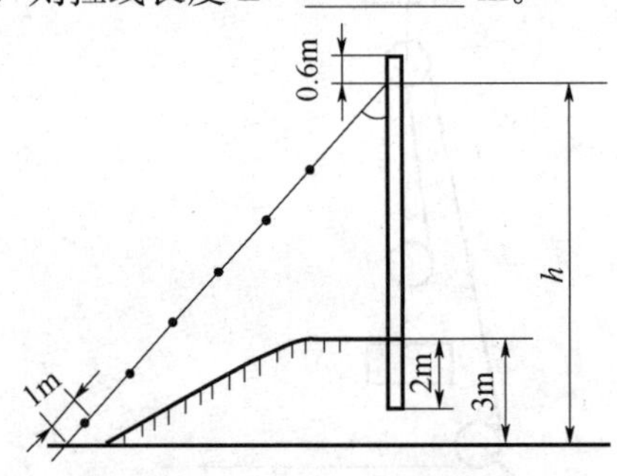

X_1取值范围：40，45，50

计算公式： $h=(12-0.6-2)+3=12.4(\text{m})$

$$L=\frac{h}{\cos X_1}-1+2\times0.5=\frac{12.4}{\cos X_1}-1+2\times0.5$$

Jd4D3042 用某公司生产的白棕绳作牵引用，白棕绳直径 $d_1=25$mm，瞬时拉断力 $T_p=23.52$kN，使用的滑轮直径 $d_2=180$mm，安全系数 $K=X_1$，则白棕绳的最大使用拉力 $T=$______kN。

X_1取值范围：5，5.5，6

计算公式： 因为 $\frac{d_1}{d_2}=\frac{180}{25}=7.2<10$，所以白棕绳的使用拉力降低25%

$$T=\frac{T_p}{K}\times75\%=\frac{23.52\times0.75}{X_1}$$

Je4D1043　已知某线路耐张段的代表档距为185m，观测档距为 $l_c=X_1$m，观测弧垂时的温度为20℃，则观测档的观测弧垂 $f=$________ m。（由安装曲线查得代表档距185m，20℃时的弧垂 $f_0=2.7$m）

X_1取值范围：230，240，250，260

计算公式：$f=f_0\left(\frac{l_c}{185}\right)^2=2.7\times\left(\frac{X_1}{185.0}\right)^2$

Je4D2044　用经纬仪测量时，望远镜中上线对应的读数 $a=2.261$m，下线对应的读数 $b=1.741$m，测量仰角 $\alpha=X_1°$，中丝切尺 $c=2$m，仪高 $d=1.5$m。已知视距常数 $K=100$，则测站与测点接尺之间的水平距离 $D=$________ m，高差 $h=$________ m。

X_1取值范围：25～35之间的整数

计算公式：$D=K(a-b)\cos^2\alpha=100\times(2.261-1.741)\times\cos^2X_1=52\cos^2X_1$

$h=D\tan\alpha-c+b=52\times\cos^2X_1\times\tan X_1-2+1.5$

Je4D2045　某一根长 $L=X_1$m，直径 $d=16$mm的钢拉杆，当此杆受到拉力 $P=29400$N时，则其绝对伸长 $L=$________ cm（材料弹性模量 $E=19.6\times10^6$N/cm²）。

X_1取值范围：5.0，6.0，7.0

计算公式：$L=\frac{100PX_1}{\frac{\pi}{4}Ed^2}=\frac{29400\times X_1\times100}{19.6\times10^6\times\frac{3.141592653589793}{4}\times1.6^2}$

Je4D4046　已知某架空线路的导线为LGJ-70/10，导线安全系数 $K=2.5$，导线最低点的应力 $\sigma_0=109.84$MPa，比载 $g_7=65.675\times10^{-3}$N/（m·mm²），则该线路某档距 $l=X_1$m悬点等高时的导线弧垂 $F=$________ m。

X_1取值范围：250，260，270

计算公式：$F=\frac{g_7X_1^2}{8\times\sigma_0}$

Je4D5047　图示为测量某架空输电线路导线对C点地面的距离，被测档距为 l，现测得图中数据如下：$\theta_1=15°$，$\theta_2=7°$，$h=1.1$m，仪器距交跨点的水平距离 $b=X_1$m，则导线对C点地面的垂距 $H=$________ m。

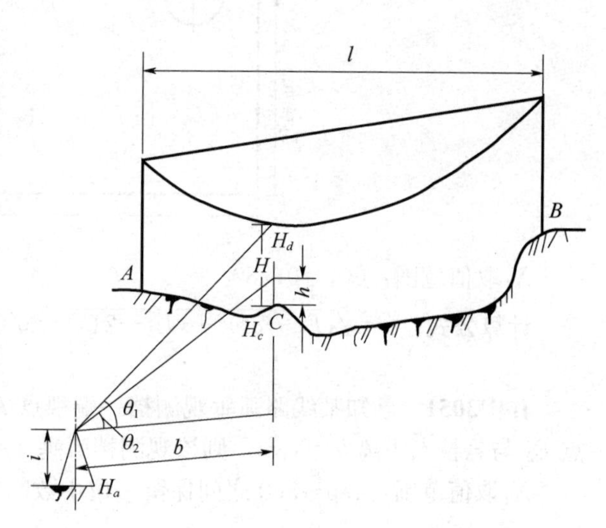

X_1取值范围：40，50，55

计算公式：$H=(\tan\theta_1-\tan\theta_2)b+h=(\tan15°-\tan7°)\times X_1+1.1$

Je4D5048 图示为测量某架空输电线路导线对 C 点地面的距离，现测得图中数据如下：$\theta_1=8°$，$h_=1.1$m，仪器距对 C 点地面的水平距离为 b=X_1m，则导线对 C 点地面的垂距 $H=$________ m。

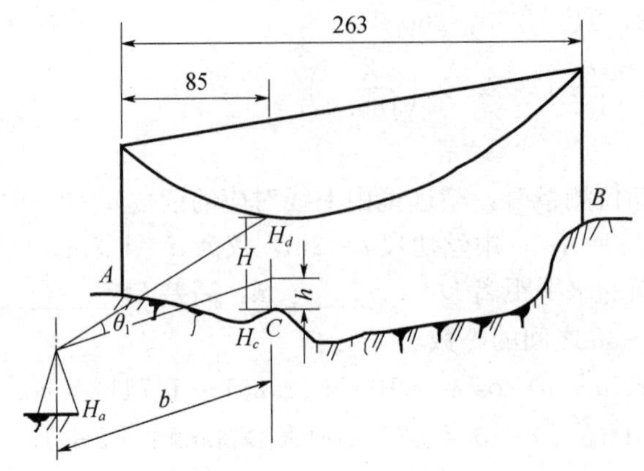

X_1取值范围：40，50，60

计算公式：$H=\tan\theta_1 X_1+h=\tan 8°\times X_1+1.1$

Jf4D2049 已知某输电线路的代表档距为 250m，最大振动半波长 $\lambda max/2=X_1$m，最小振动半波长 $\lambda min/2=X_2$m，决定安装一个防振锤，则防振锤安装距离 $S=$________ m。

X_1取值范围：13.55～14.00 之间保留两位小数的数值；X_2取值范围：1.21～1.25 之间保留两位小数的数值

计算公式：$S=\dfrac{X_1\times X_2}{X_1+X_2}$

Jf4D3050 有一零件如图所示，$L_1=X_1$mm，则两孔中心的直线距离 $c=$________ mm。

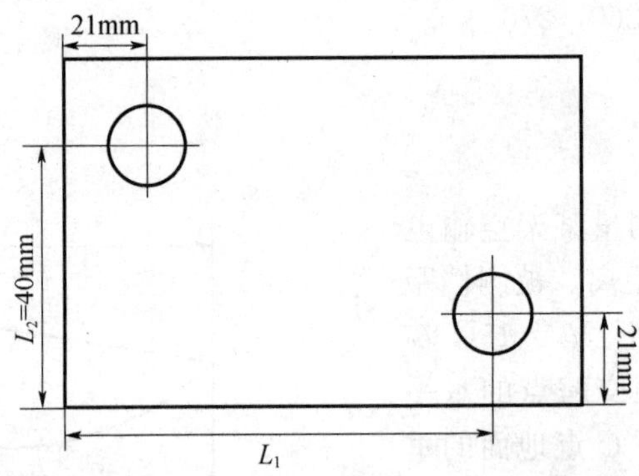

X_1取值范围：60，70，80

计算公式：$c=\sqrt{(L_1-21)^2+(L_2-21)^2}=\sqrt{(X_1-2)^2+(40-21)^2}$

Jf4D3051 已知某线路弧垂观测档一端视点 A_0 与导线悬挂点距离 a 为 1.5m，另一视点 B_0 与悬挂点距离 $b=X_1$m，则该观测档弧垂 $f=$________ m。

X_1取值范围：4.5～5.0 之间保留一位小数的数值

计算公式：$f=\frac{1}{4}\times(\sqrt{a}+\sqrt{b})^2=\frac{1}{4}\times(\sqrt{1.5}+\sqrt{X_1})^2$

Jf4D4052 某1-2滑轮组提升G=3000kg重物，牵引绳从定滑轮引出，由人力绞磨牵引，求提升该重物所需钢丝绳的破断力 T_D=________N（已知：单滑轮工作效率为95%，滑轮组综合效率 η=90%，钢丝绳动荷系数 $K_1=1.2$，安全系数 $K=X_1$）。

X_1取值范围：4.0，4.5，5.0

计算公式：$T_D=\frac{9.8\times G\times K_1\times K}{3\times 0.95\eta}=\frac{9.8\times 3000\times 1.2\times X_1}{3\times 0.9}$

Jf4D4053 现有一根19股，$S=X_1\text{mm}^2$ 的镀锌钢绞线用作线路架空地线，则该镀锌钢绞线的拉断力为 T_p=________kN，最大允许拉力 T_m=________kN。（提示：19股钢绞线扭绞系数 $f=0.9$，用于架空地线时其安全系数 K 不应低于2.5，极限抗拉强度 σ=1370N/mm²）

X_1取值范围：70，80，90

计算公式：$T_p=S\sigma f=X_1\times 1.370\times 0.9$

$$T_m=\frac{T_p}{K}=\frac{X_1\times 1.370\times 0.9}{2.5}$$

Jf4D5054 图示为某35kV的架空输电线路的一个弧垂观测档，观测数据如图，其中 $a=X_1$m，则该档导线的弧垂 f=________m。

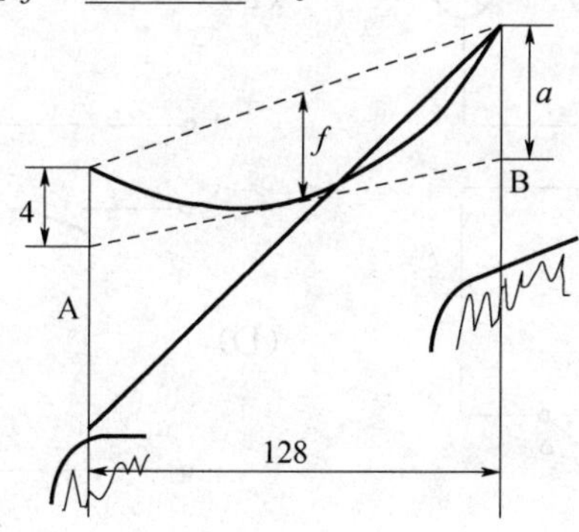

X_1取值范围：4，6，9

计算公式：$f=\frac{1}{4}\times(\sqrt{X_1}+\sqrt{4})^2$

1.5 识图题

La4E1001 （ ）是一个简单的全电路电流回路图。

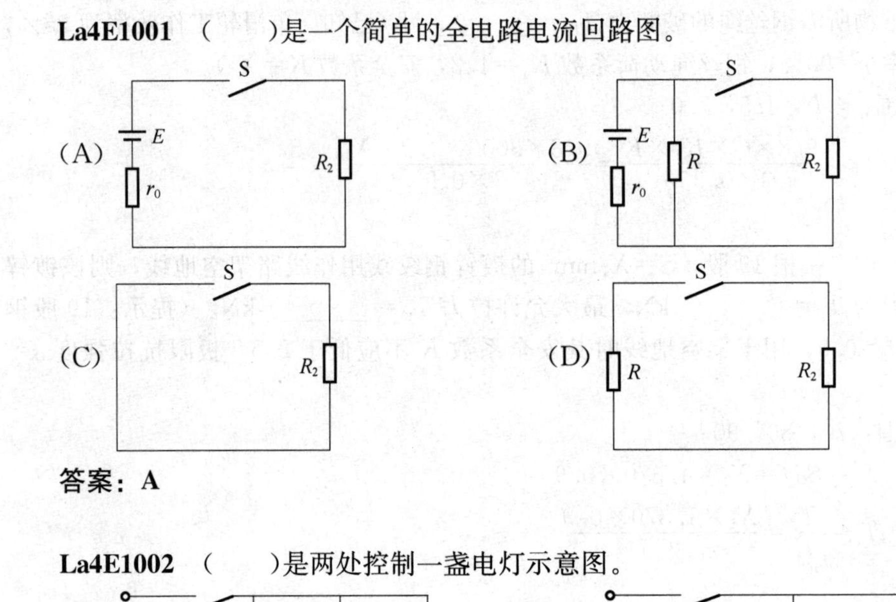

答案：A

La4E1002 （ ）是两处控制一盏电灯示意图。

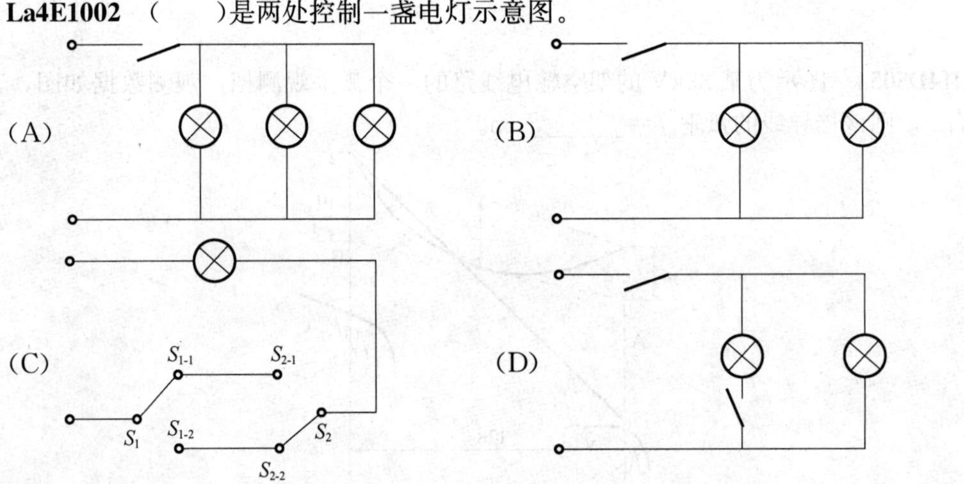

答案：C

La4E2003 （ ）是负载三角形接法示意图。

(A)

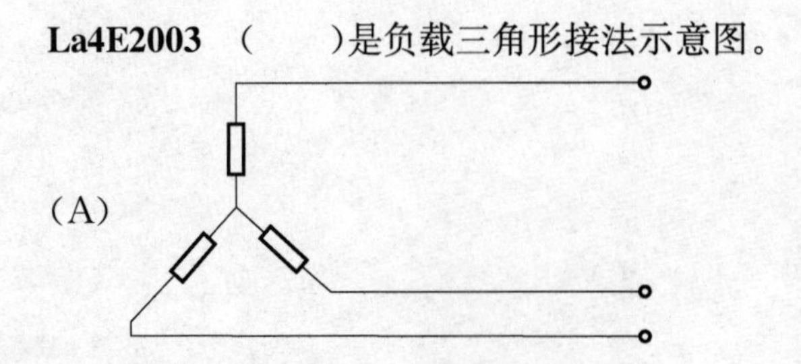

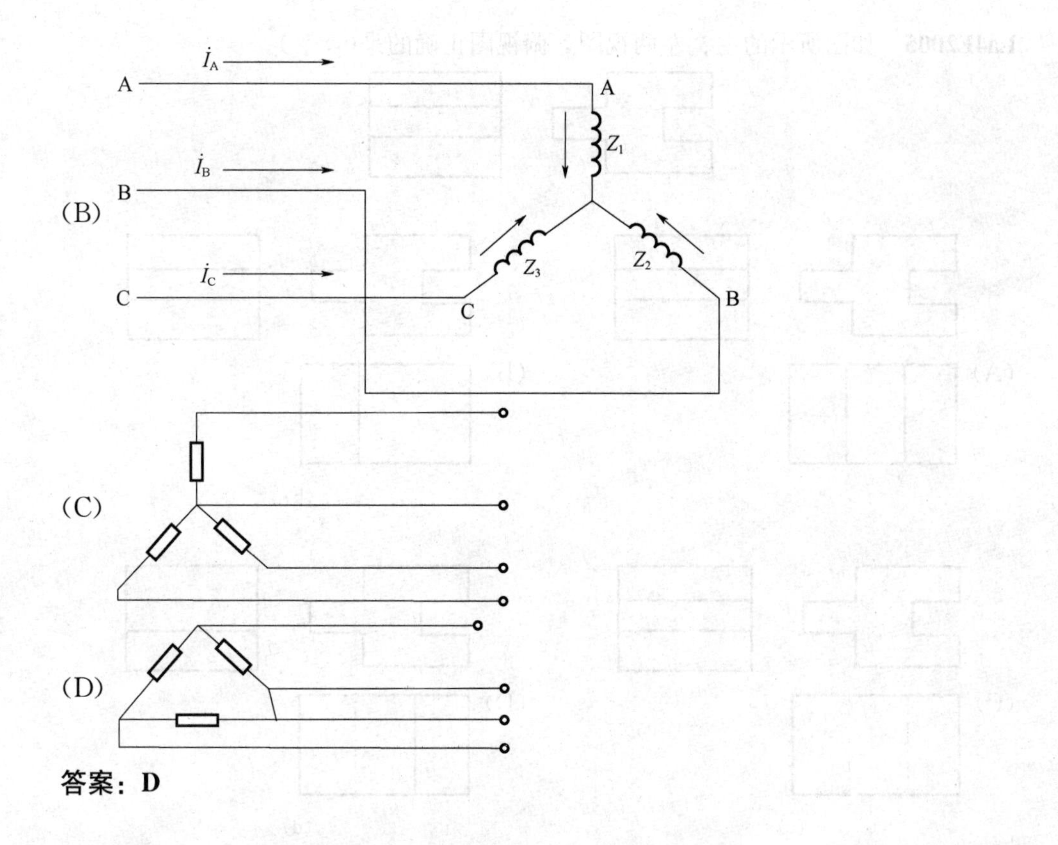

答案：**D**

La4E2004　(　　)交流电通过电容器的电压、电流波形图。

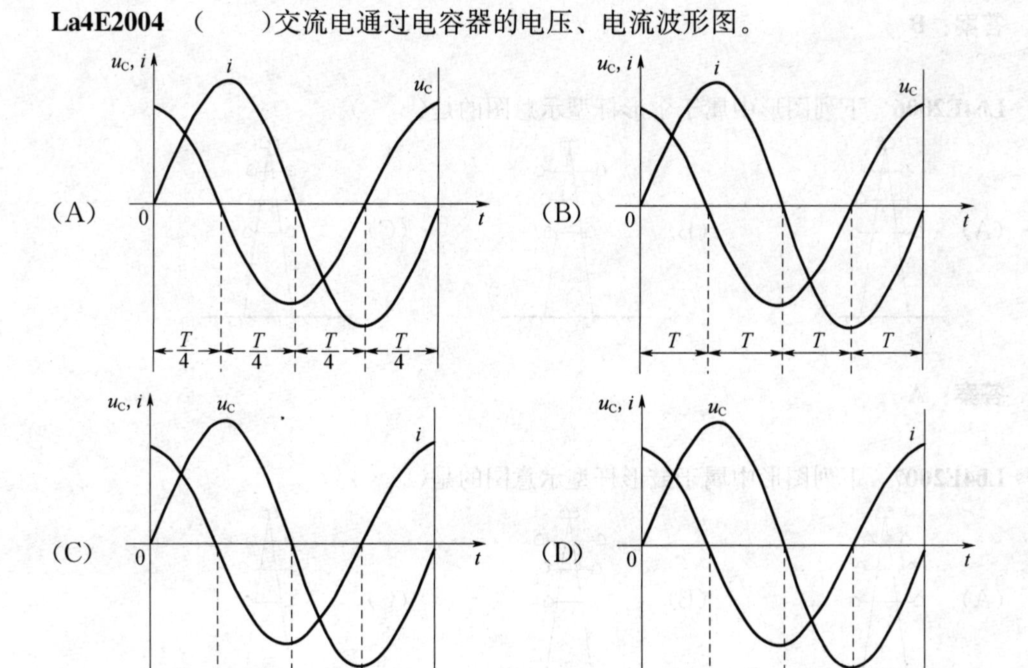

答案：**C**

La4E2005 如图所示的主、左两视图，俯视图正确的是(　　)。

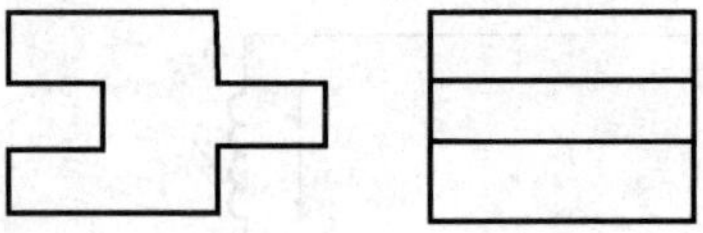

(A)　　　　(B)

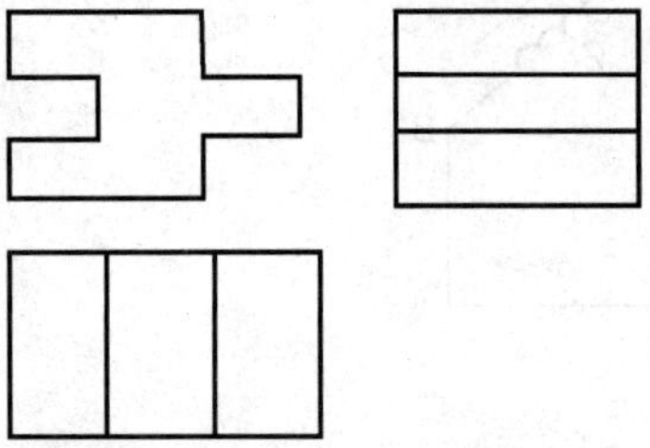

(a)　　　　(b)

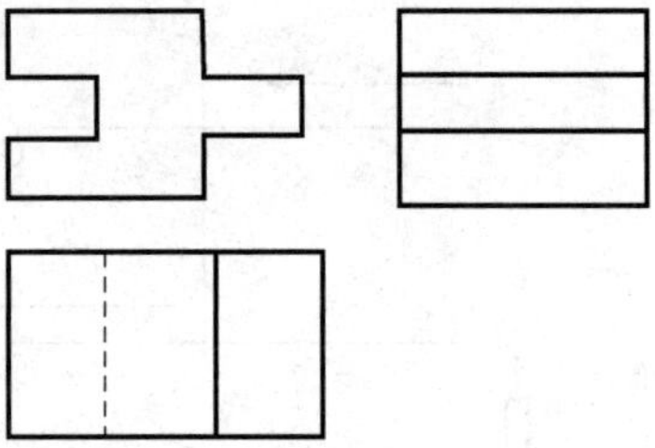

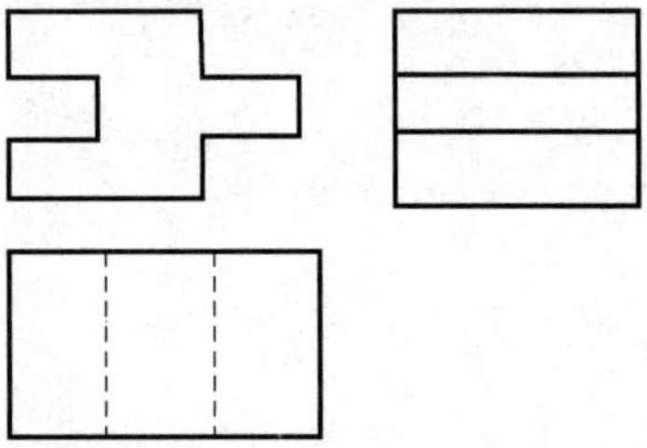

(C)　　　　(D)

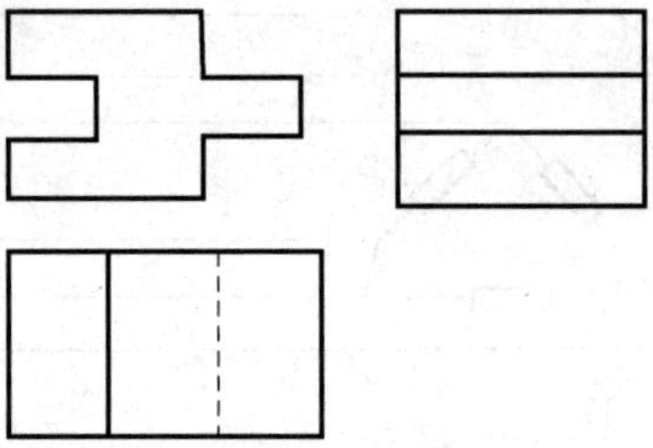

(c)　　　　(d)

答案：B

Lb4E2006 下列图形中属于伞形杆型示意图的是(　　)。

(A)　　(B) 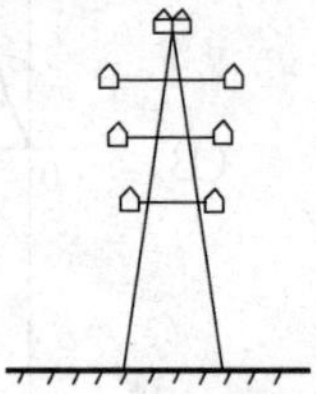　　(C)

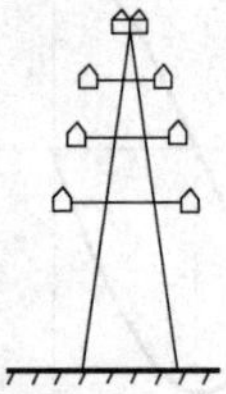

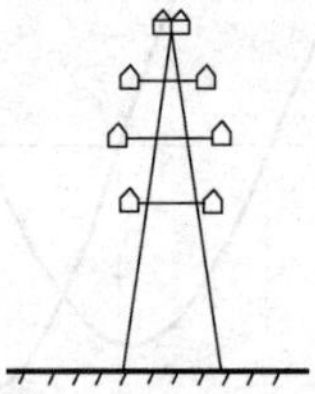

答案：A

Lb4E2007 下列图形中属于鼓形杆型示意图的是(　　)。

(A)　　(B) 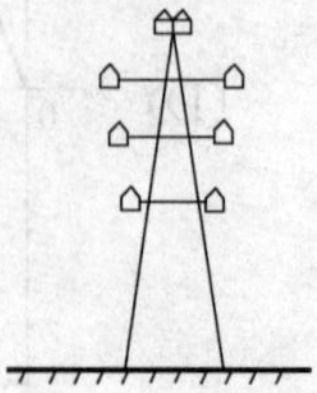　　(C)

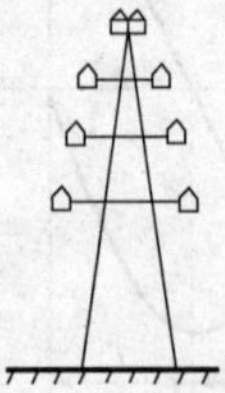

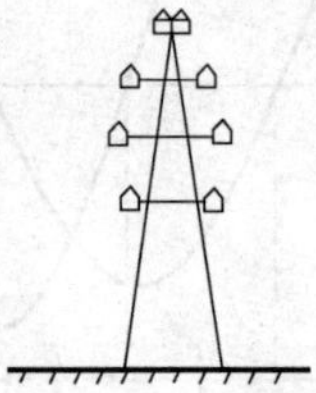

答案：C

Lb4E2008 下列图形中属于倒伞形杆型示意图的是(　　)。

(A) 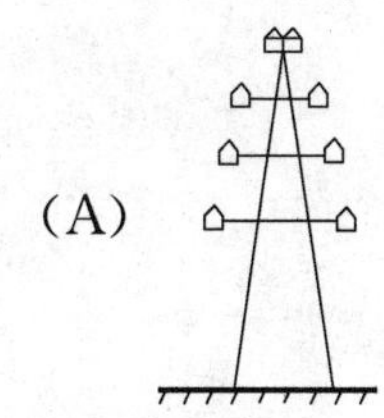

(B) 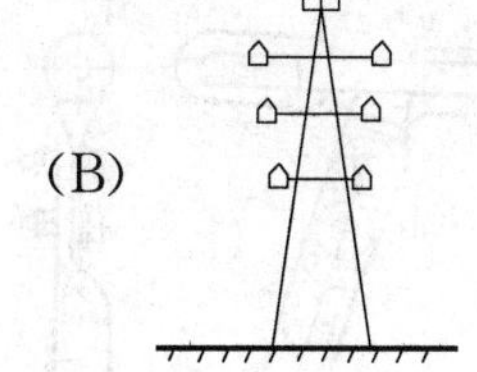

(C) 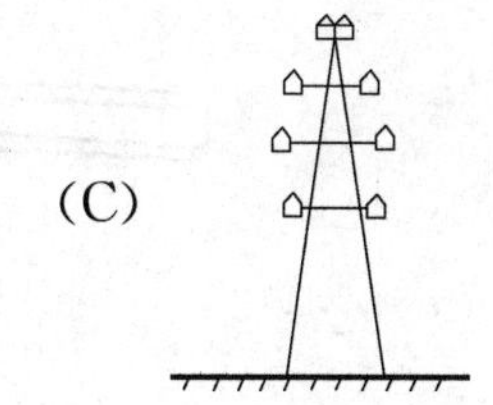

答案：B

Lb4E2009 右图中的器具是(　　)。

(A) 尺垫

(B) 塔尺

(C) 水准尺

(D) 棱镜

答案：D

Lb4E2010 下面表示牵引绳从定滑轮引出（1-1）滑轮组的是(　　)。

(A) 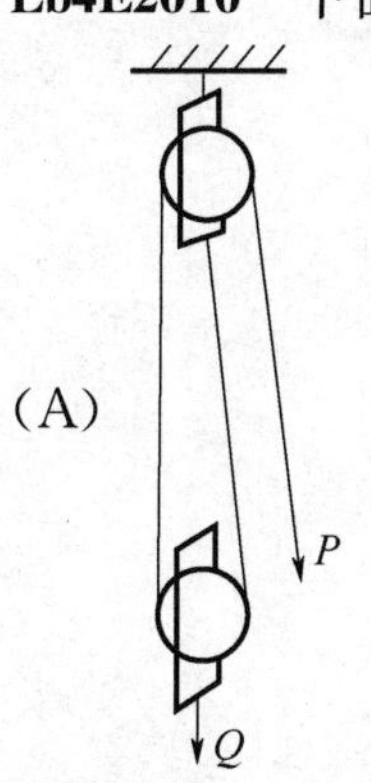

(B) 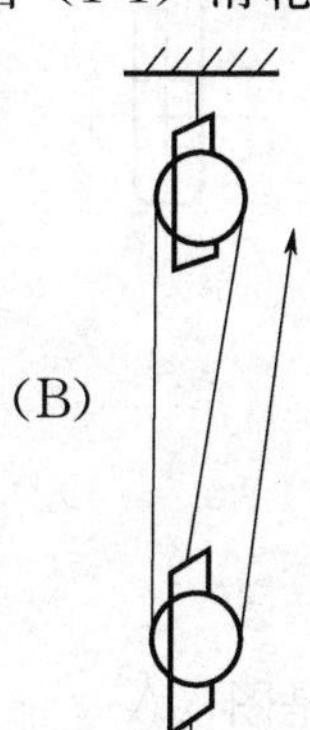

答案：A

Lb4E2011 下面表示牵引绳从动滑轮引出（1-1）滑轮组的是(　　)。

(A) 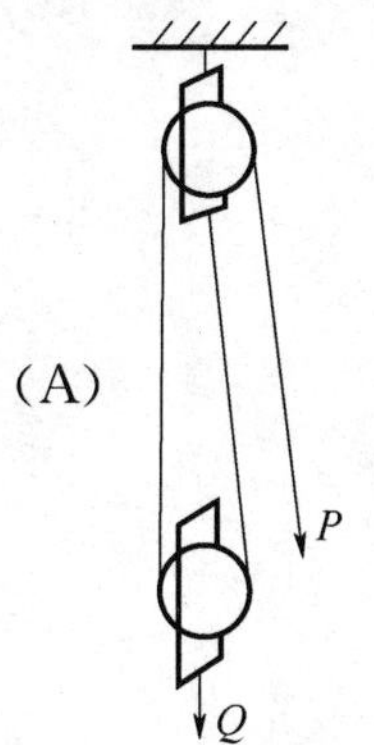

(B) 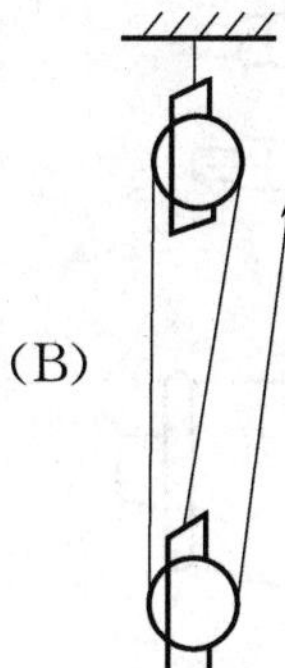

答案：B

Lb4E2012　图中所示的金具。其名称是（　　）。

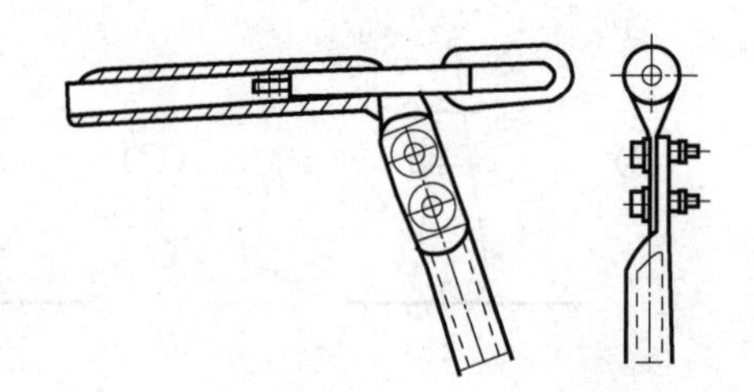

（A）压缩型耐张线夹　　（B）螺栓型耐张线夹

（C）楔形线夹　　（D）UT 型线夹

答案：A

Lb4E2013　图中的金具是（　　）。

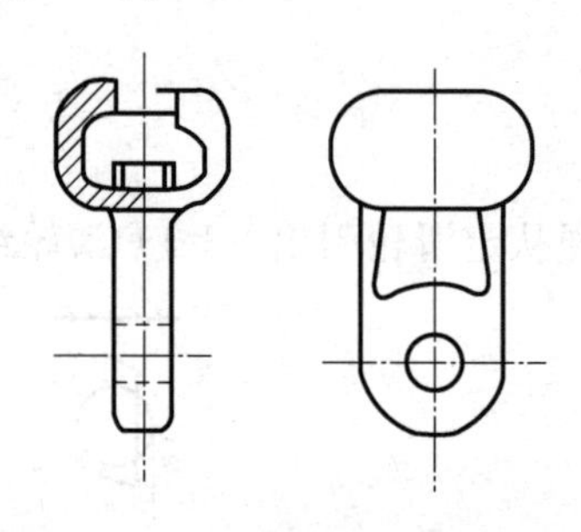

（A）球头挂环　　（B）碗头挂板

（C）直角挂板　　（D）U 形挂环

答案：B

Lb4E2014　做拉线的金具是图（A）～（D）中的（　　）。

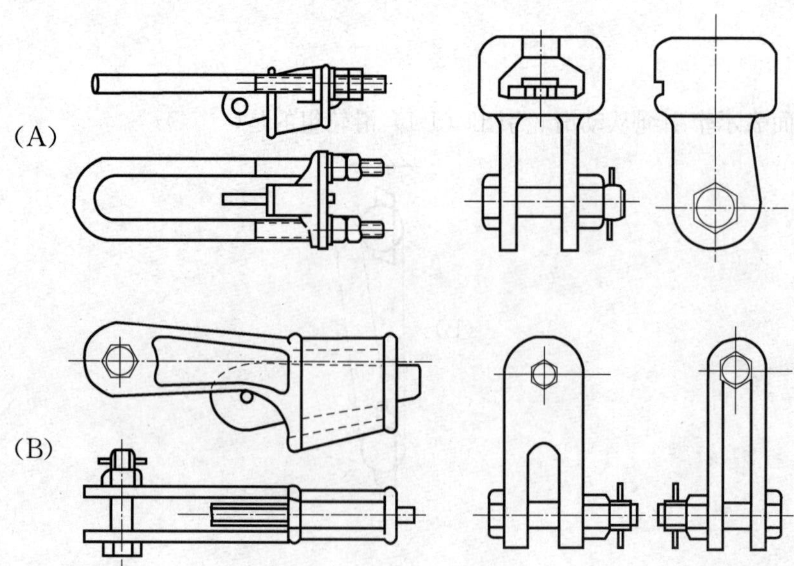

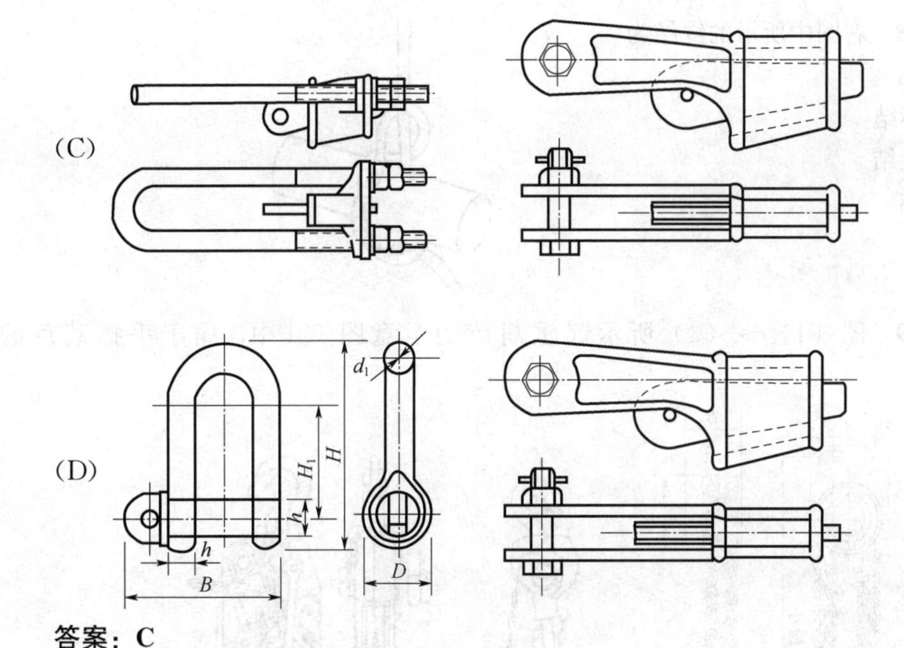

答案：C

Lb4E2015　右图中所示绳结，其正确的名称及用途是（　　）。

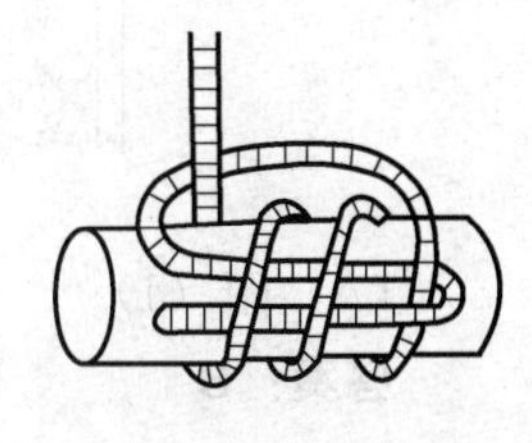

（A）为十字结，用于绳端打结
（B）为水手结，用于较重的荷重
（C）为终端搭回结，用于较重的荷重
（D）为牛鼻结用于钢丝绳扣，系自紧式，容易解开

答案：C

Lb4E2016　右图中所示绳结，其正确的名称及用途是（　　）。
（A）为水手结，钢丝绳端或麻绳端结一绳套时采用；不能自紧，容易解开
（B）为终端搭回结，用于较重的荷重
（C）为双套结用于终端结扣
（D）为牛鼻结用于钢丝绳扣，系自紧式

答案：A

Lb4E2017　右图中所示绳结，其正确的名称及用途是（　　）。

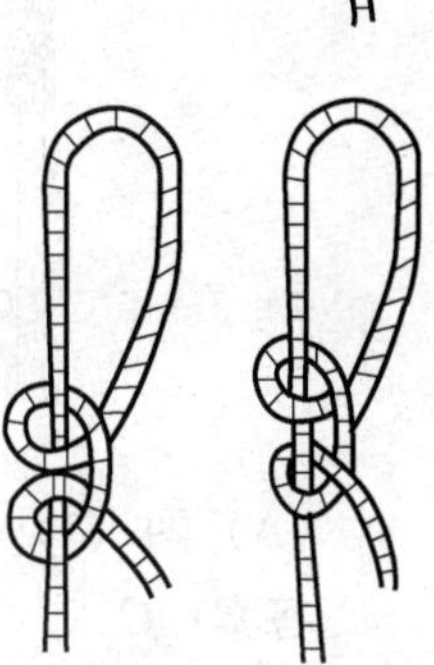

（A）图为双结，用于轻的荷载，系自紧式，容易解开，且结法简单
（B）图为木匠结，用于较小的荷重，容易解开
（C）图为“8”字结，用于麻绳提升小荷重时
（D）图为双环绞缠结，用于麻绳垂直提升重量轻而体长的物体

答案：A

Lb4E2018　右图中所示的绳结为(　　)。

(A) 节结

(B) 绳环结

(C) 木工结

(D) 活结

答案：C

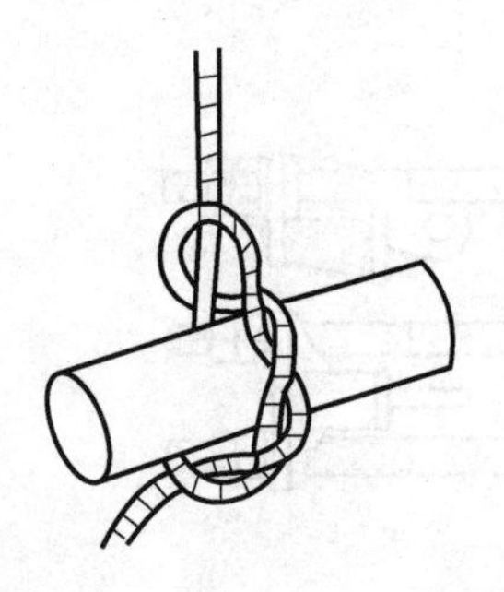

Lb4E3019　图（1）～（3）所示起重葫芦的示意图。其中，属于手摇葫芦的是(　　)。

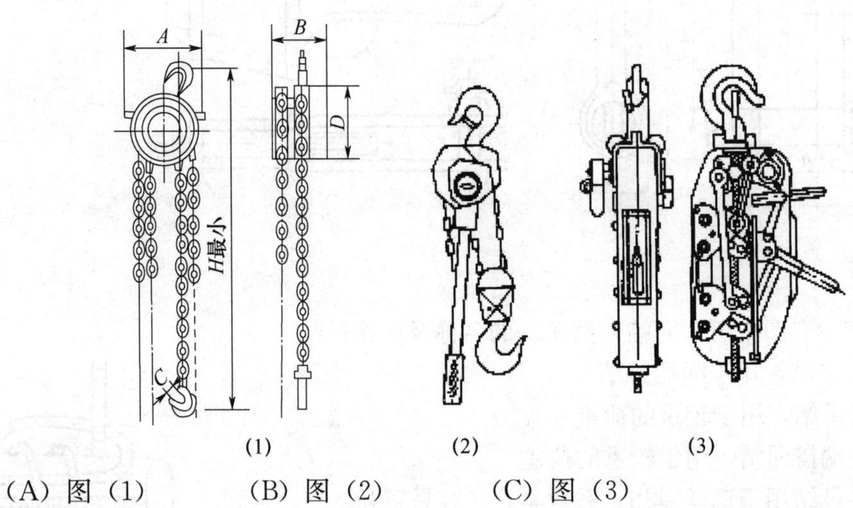

(A) 图（1）　　(B) 图（2）　　(C) 图（3）

答案：B

Lb4E3020　图（1）～（3）所示起重葫芦的示意图。其中，属于手板葫芦的是(　　)。

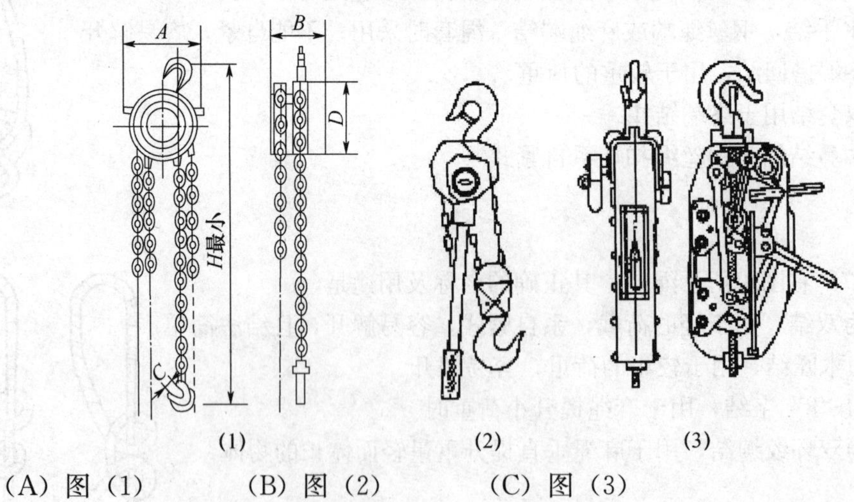

(A) 图（1）　　(B) 图（2）　　(C) 图（3）

答案：C

Lb4E3021 图（1）～（3）所示起重葫芦的示意图。其中，属于手拉葫芦的是(　　)。

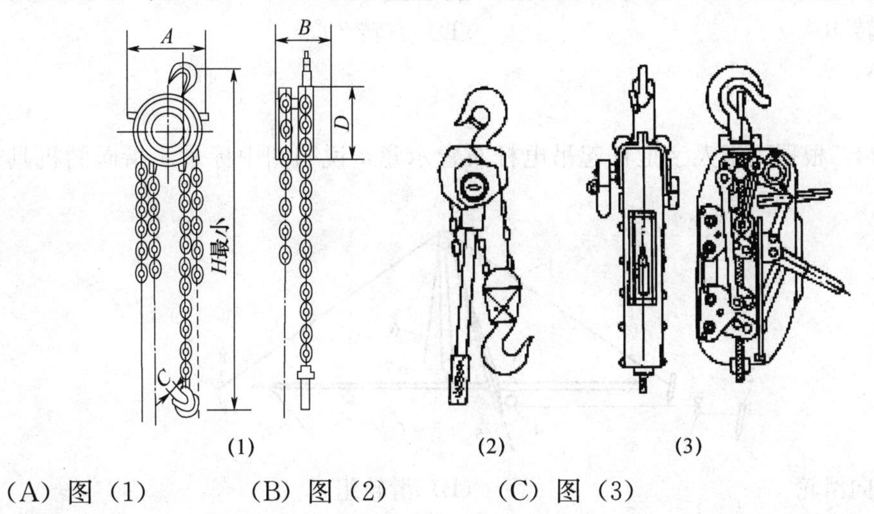

(1)　　(2)　　(3)

(A) 图（1）　　(B) 图（2）　　(C) 图（3）

答案：A

Lb4E3022 指出图中标号 11 的为(　　)。

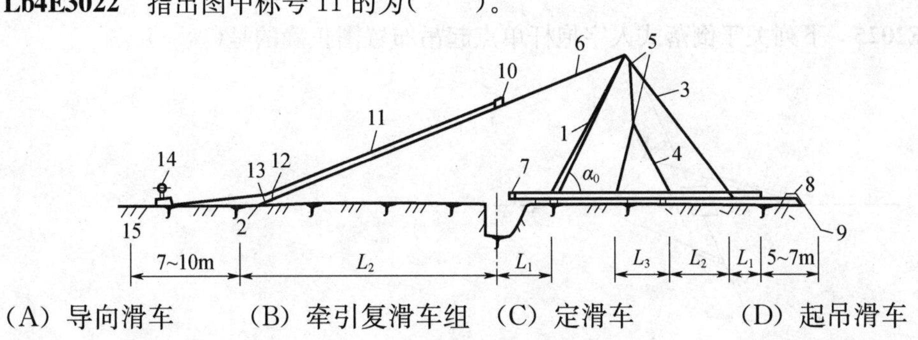

(A) 导向滑车　　(B) 牵引复滑车组　(C) 定滑车　　(D) 起吊滑车

答案：B

Je4E2023 图示转角杆塔的转角为(　　)。

（A）左转 40°　　　　　　　　　　（B）左转 70°

（C）右转 40°　　　　　　　　　　（D）右转 70°

答案：A

Je4E4024　根据固定人字抱杆起吊电杆布置示意，说明图中标号 4 指向的机具名称是(　　)。

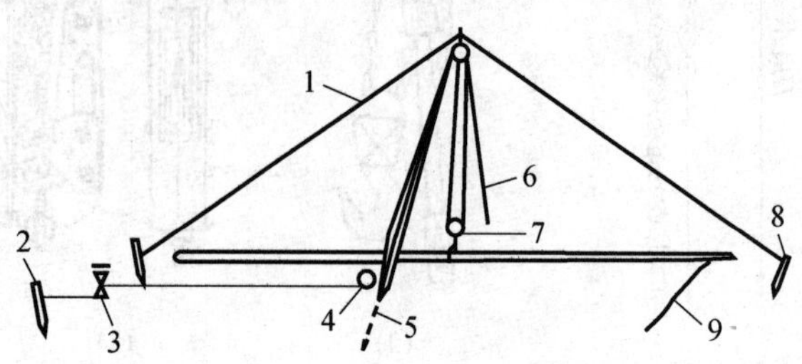

（A）导向滑轮　　　　　　　　　　（B）滑轮组

（C）临时拉线桩　　　　　　　　　（D）临时拉线

答案：A

Je4E2025　下列关于倒落式人字抱杆单点起吊布置图正确的是(　　)。

（A）

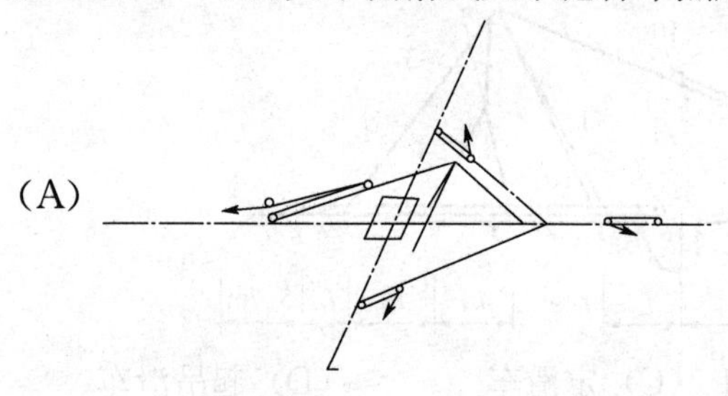

（B）

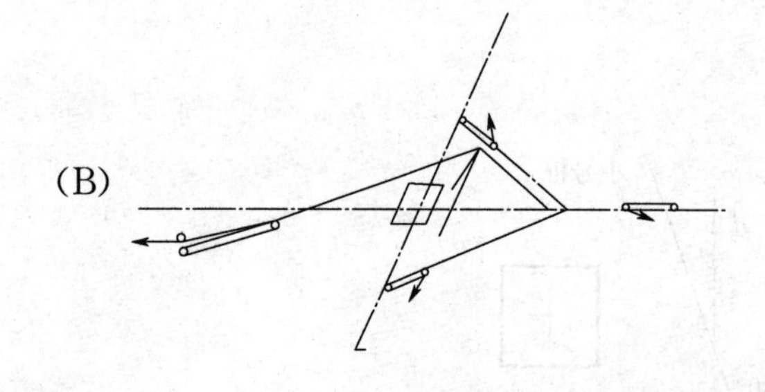

（C）

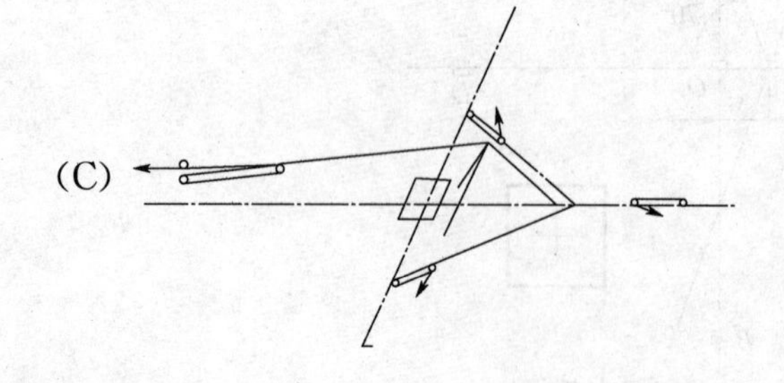

(D)

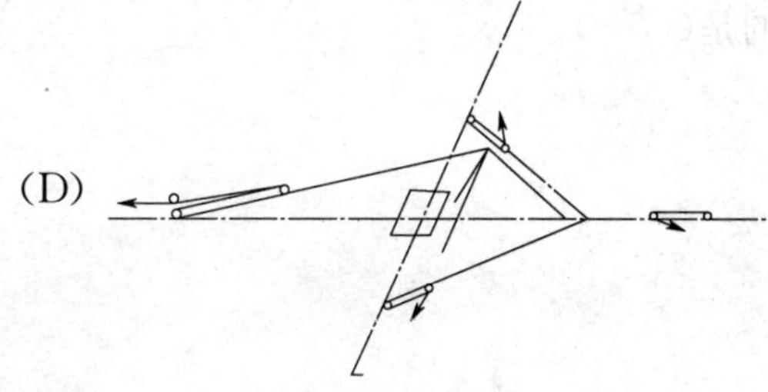

答案：A

Je4E2026 下列关于倒落式人字抱杆立杆布置图正确的是(　　)。

(A)

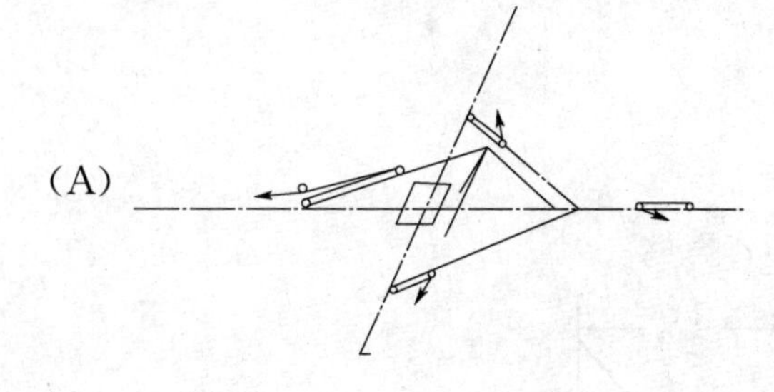

(B)

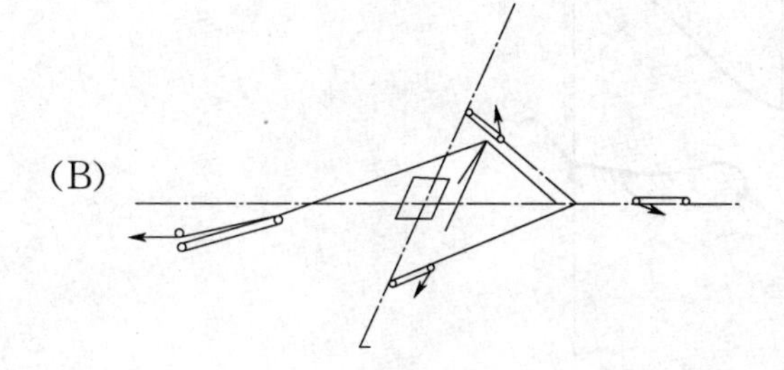

(C)

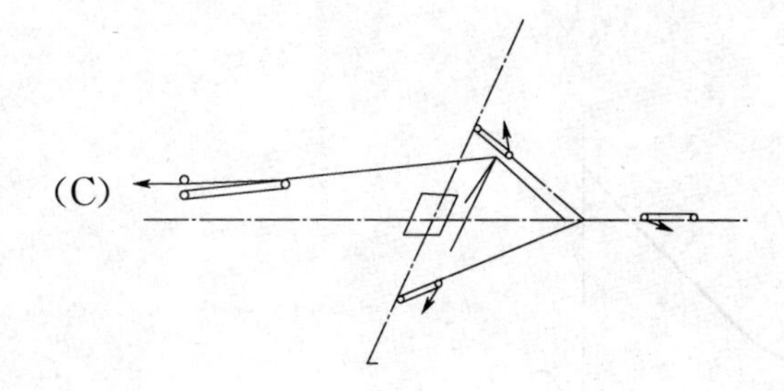

(D)

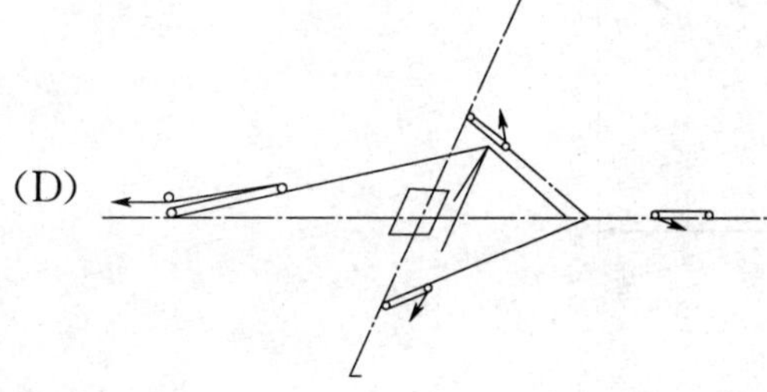

答案：D

Je4E2027 关于拉线盘，下面画法正确的是(　　)。

(A)

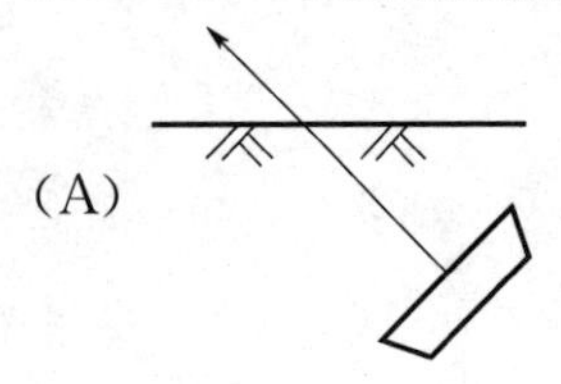

(B)

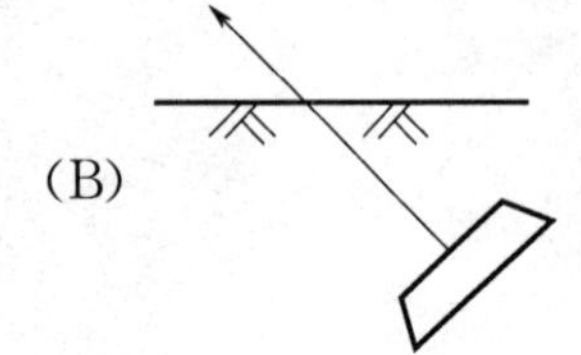

答案：A

Je4E3028 下面图形表示水平档距的是(　　)。

(A)

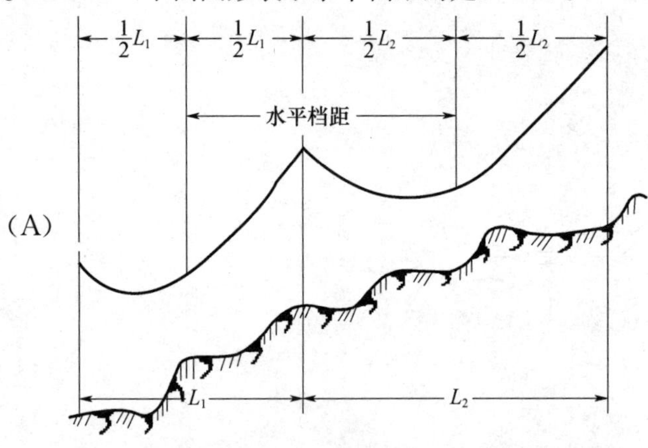

(B)

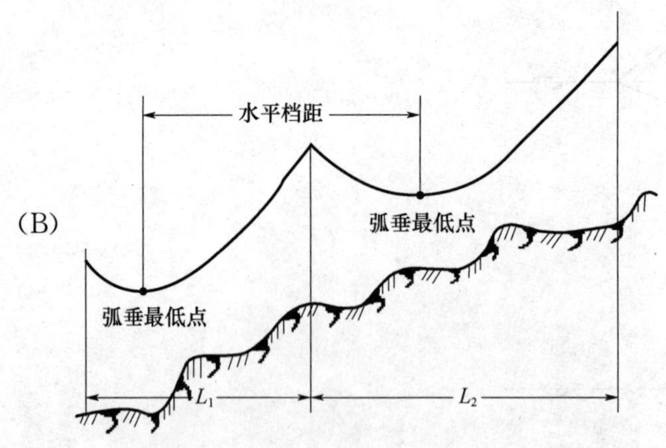

答案：A

Je4E3029 下面图形表示垂直档距的是(　　)。

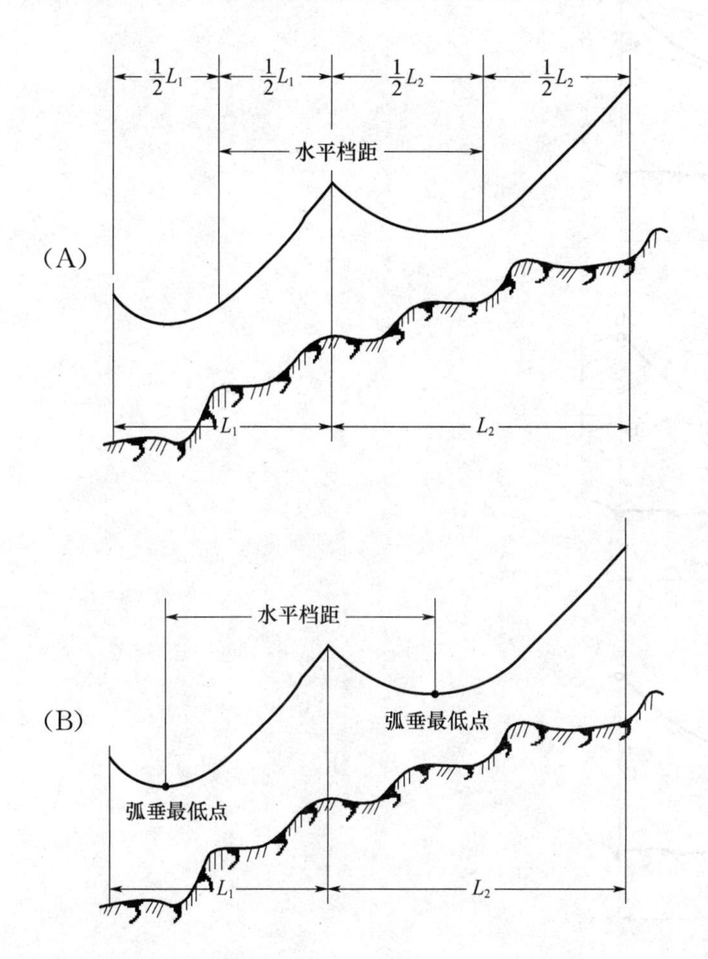

答案：B

Je4E3030 如图（1）～图（4）所示用等方法进行观测弧垂，温度变化时一侧调整弧垂的示意图，其中正确的是(　　)。

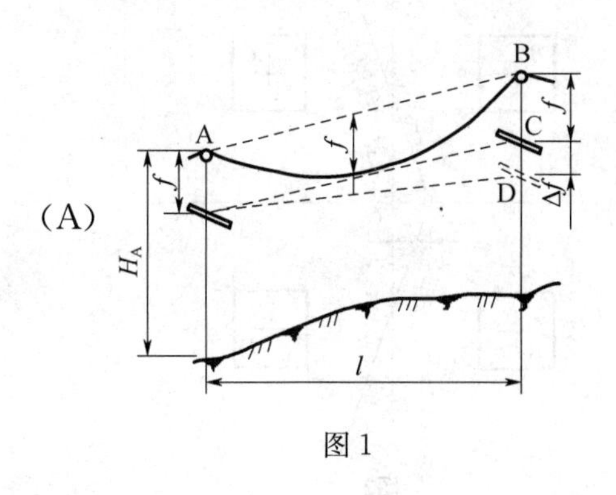

图 1

(B)

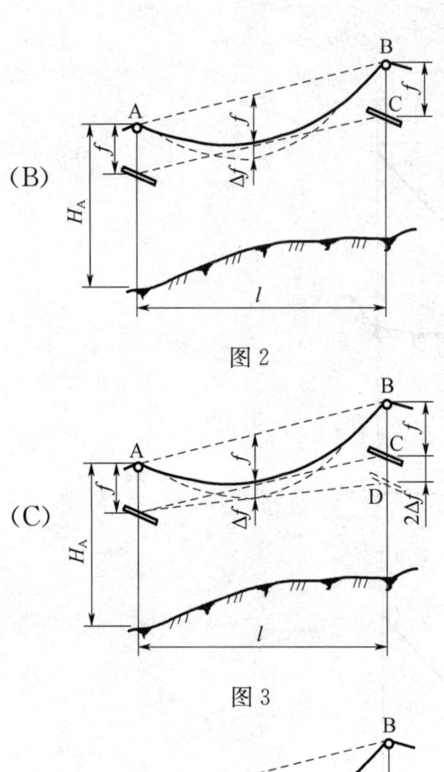

图 2

图 3

(D)

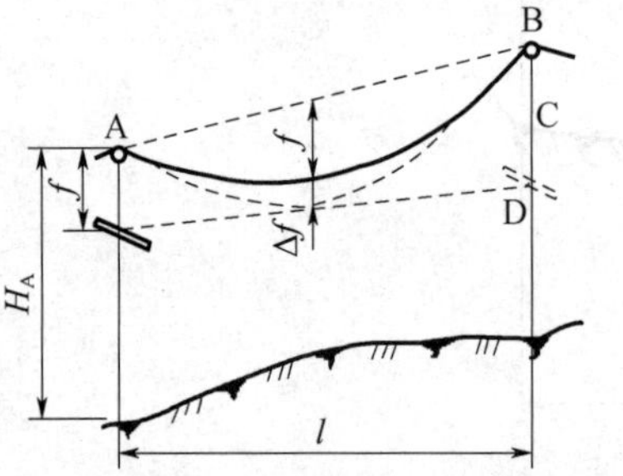

图 4

答案：C

Je4E4031 如图所示，转角杆塔塔腿编号正确的是(　　)。

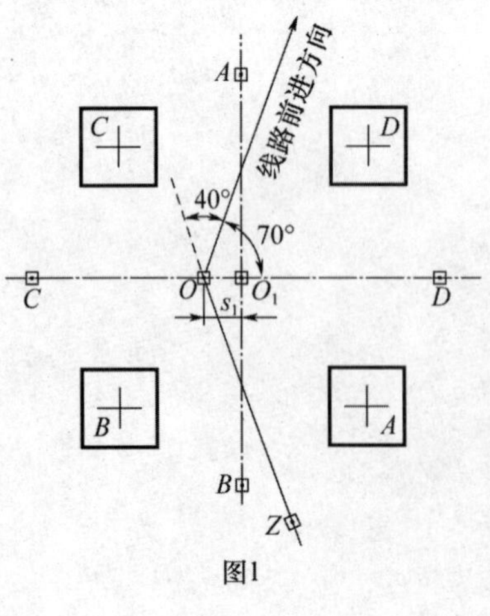

图1

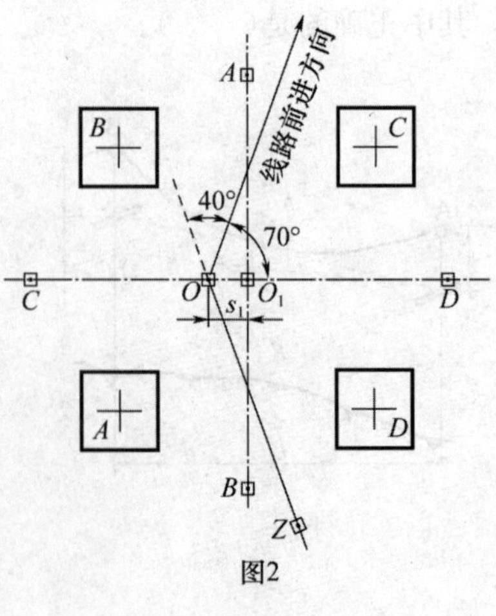

图2

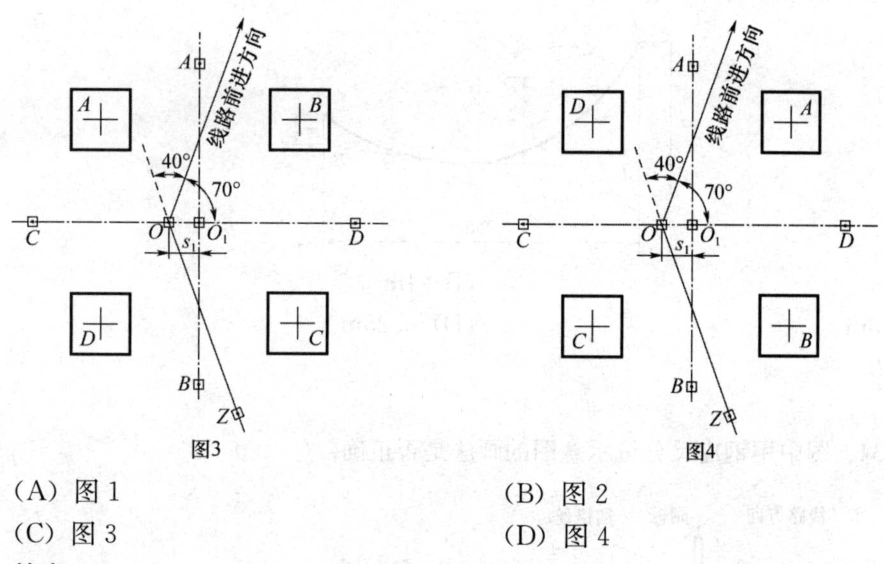

（A）图 1　　（B）图 2

（C）图 3　　（D）图 4

答案：B

Je4E4032　如图所示，关于转角杆塔定位图的画法是否正确。（　　）

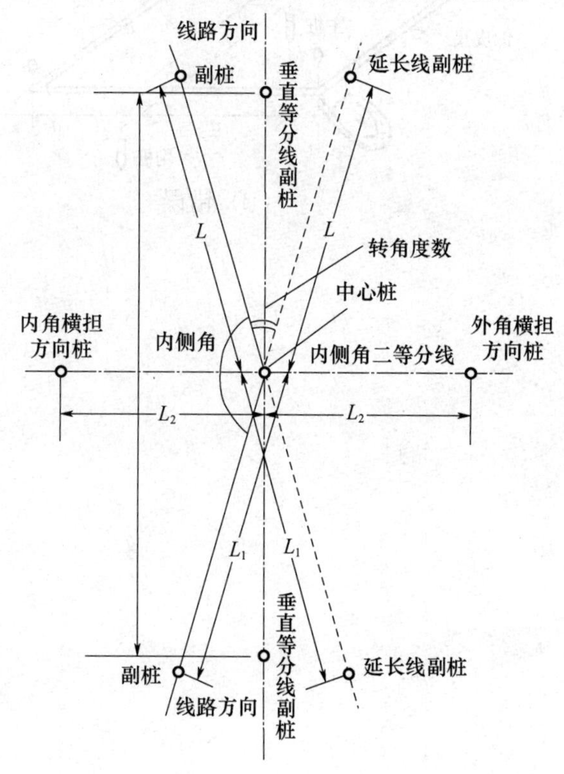

（A）正确　　（B）错误

答案：A

Je4E4033 图中导线的弧垂 f 为（　　）。

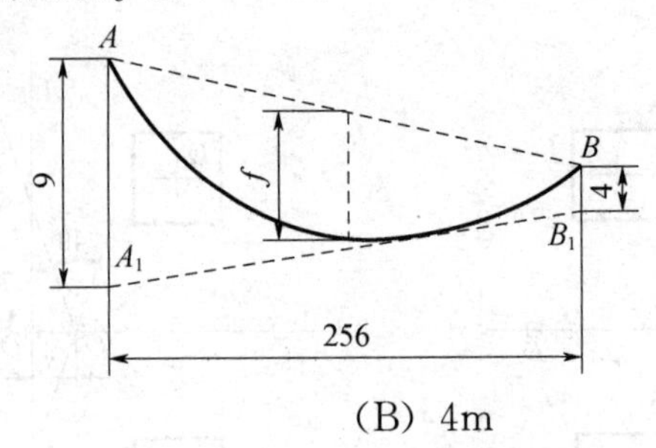

（A）9m　　（B）4m

（C）6.5m　　（D）6.25m

答案：D

Je4E4034 图中用钢皮尺分坑示意图的画法是否正确。（　　）

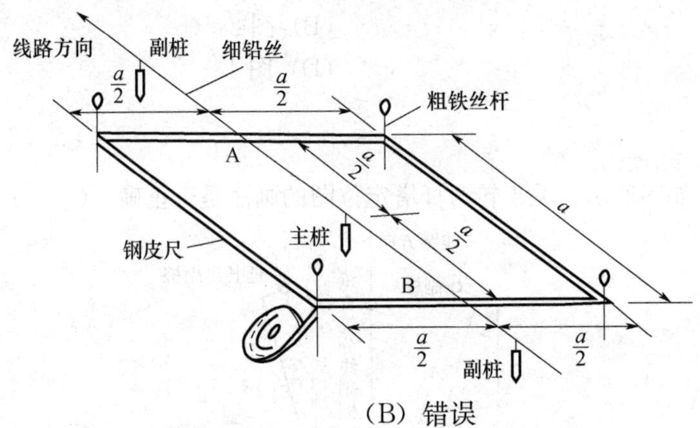

（A）正确　　（B）错误

答案：A

2 技能操作

2.1 技能操作大纲

送电线路工（中级工）技能鉴定技能操作考核大纲

等级	考核方式	能力种类	能力项	考核项目	考核主要内容
中级工	技能操作	基本技能	01. 安全工器具的使用及维护	01. 登杆技能的操作	熟练使用脚扣，掌握登杆技巧及相关安全注意事项
			02. 工程图纸的识读与审核	01. 架空输电线路金具识别	掌握金具的名称型号，了解输电线路各种金具的用途
		专业技能	01. 导地线检修	01. 35kV 挂设接地线的操作	掌握登杆方法与注意事项；掌握验电器的使用方法；掌握接地线的装拆方法
				02. 组装一套110kV 输电线路双联瓷绝缘子耐张串（含耐张线夹）	掌握安装图的识读，了解输电线路元器件及安装方法和安装标准
			02. 杆塔检修	01. 110kV 架空线路铁塔塔材补装	掌握铁塔的结构；掌握角铁安装、螺栓安装方法与注意事项；掌握塔材的加工流程
				02. 110kV 架空线路防鸟刺安装	掌握登杆塔的技巧；掌握鸟刺的安装标准和工艺要求
			03. 拉线、叉梁和横担更换	01. 用 GJ-50 型钢绞线及 NX-1 型楔形线夹制作拉线上把的操作	掌握材料与工器具的选择方法；掌握钢绞线、线夹、舌块、扎线、二合抱箍等的连接方法
			04. 绝缘子、金具更换	01. 110kV 输电线路直线杆上安装导线防振锤的操作	掌握登杆方法与注意事项；掌握防振锤的安装方法和要求；铝包带的缠绕标准
			05. 输电线路巡视	01. 110（220）kV 架空输电线路例行登杆巡视	掌握攀登杆塔的方法和注意事项；掌握登杆巡视的主要内容
				02. 架空输电线路故障巡视	掌握输电线路故障巡视的流程和巡视的主要内容，分析故障原因
			06. 输电线路日常维护与检测	01. 220kV 架空线路带电检测零值绝缘子	掌握带电作业的基本要求；掌握绝缘工具的检测方法和标准；掌握绝缘子检测方法和要求
			07. 经纬仪测量	01. 光学经纬仪的对中、整平、对光、读数的操作	掌握光学（电子）经纬仪的基本使用方法；了解光学经纬仪的构造

2.2 技能操作试题

2.2.1 SX4JB0101 登杆技能的操作

一、作业

（一）工器具、材料、设备

（1）工器具：安全帽一顶、安全带、登杆工具一套。

（2）材料：无。

（3）设备：无。

（二）安全要求

（1）作业前核对登杆杆塔线路双重编号，防止误登。

（2）工作服、绝缘鞋、安全帽等穿戴正确无误。

（3）登杆前检查杆塔，检查登高工具，对脚扣和安全带进行冲击试验。杆上作业人员正确使用安全带和二道保护，防止人员高空坠落。

（三）操作步骤及工艺要求（含注意事项）

1. 准备工作

（1）着装规范。

（2）根据工作需要选择工器具。

2. 工作过程

（1）登杆前核对登杆杆塔双重编号，检查杆根。

（2）登杆工具冲击试验。

（3）登杆动作熟练。

3. 工作终结

（1）操作人员下杆。

（2）工作完毕后清理现场，交还工器具。

二、考核

（一）考核场地

场地可设在考核的专用带有拉线的牢固的杆塔地区。

（二）考核时间

考核时间为20min，在规定时间内完成。

（三）考核要点

（1）要求一人操作，一人监护。

（2）工器具选用满足工作需要，进行外观检查。

（3）登杆前检查工作全面到位。

（4）登杆动作规范、熟练。

三、评分标准

行业：电力工程　　　　　　　　工种：送电线路工　　　　　　　　等级：四

编号	SX4JB0101	行为领域	d	鉴定范围		送电	
考核时限	20min	题型	A	满分	100分	得分	
试题名称	登杆技能的操作						
考核要点及其要求	（1）要求一人操作，一人监护。 （2）工器具选用满足工作需要，进行外观检查。 （3）登杆前检查工作全面到位。 （4）登杆动作规范、熟练						
现场设备、工器具、材料	（1）工器具：安全帽一顶、安全带、登杆工具一套。 （2）材料：无。 （3）设备：无						
备注	无						

评分标准

序号	考核项目名称	质量要求	分值	扣分标准	扣分原因	得分
1	着装	正确佩戴安全帽，穿工作服，穿绝缘鞋，戴手套	5	（1）未正确佩戴安全帽，扣1分； （2）未穿工作服，扣1分； （3）未穿绝缘鞋，扣1分； （4）未戴手套进行操作，扣1分； （5）工作服领口、袖口扣子未系好，扣1分		
2	工具选用	工器具选用满足施工需要，工器具做外观检查	5	（1）选用不当，扣3分； （2）工器具未做外观检查，扣2分		
3	登杆前检查	登杆前检查杆根和拉线	10	未检查一项，扣5分		
4	登杆工具检查	对登杆工具进行冲击试验	10	不做冲击试验，扣10分		
5	登杆	动作规范，脚扣接触砼杆紧密，脚扣不打滑，不磕绊，不脱落	25	脚扣磕绊一次，扣1分；打滑一次，扣2分；脱落一次，扣5分；扣完为止		
6	工作位置确定	站位合适，正确使用安全带	10	站位过高，过矮均扣5分		
7	下杆	动作规范，脚扣接触混凝土杆紧密，脚扣不打滑，不磕绊、不脱落	25	脚扣磕绊一次，扣1分；打滑一次，扣2分；脱落一次，扣5分，扣完为止		
8	安全文明生产	操作过程中无落物，工作完毕后清理现场，交还工器具	10	（1）未在规定时间完成，每超时1min扣2分，扣完为止； （2）未清理考场，扣5分； （3）高空落物一次，扣5分		

2.2.2 SX4JB0201 架空输电线路金具识别

一、作业

（一）工器具、材料、设备

（1）工器具：纸和笔。

（2）材料：各种悬垂线夹、耐张线夹、接续金具、连接金具、拉线金具、保护金具。

（3）设备：无。

（二）安全要求

选取材料时防止脱手砸伤。

（三）操作步骤及工艺要求（含注意事项）

1. 准备工作

着装规范。

2. 工作过程

（1）由考评员随机抽取10种线路金具给考生进行识别。

（2）根据金具编号，填写下表。

表 金具的编号及名称

编号	金具名称	规格或型号	用途
1			
2			
3			
4			
5			
6			
7			

3. 工作终结

工作完毕后清理现场，交还工器具。

二、考核

（一）考核场地

场地可以设在考核场地的材料仓库，放置20种以上的线路金具并编号场地，每个工位由考评员随机抽取线路金具，考生进行识别时相互间无影响。

（二）考核时间

考核时间为20min，在规定时间内完成。

（三）考核要点

（1）考评员宣布开始记录考核开始时间。

（2）现场清理完毕后，提交记录表，记录考核结束时间。

（3）仔细识别线路工具。

（4）正确填写各种金具的型号及用途。

三、评分标准

行业：电力工程　　　　　　工种：送电线路工　　　　　　等级：四

编号	SX4JB0201	行为领域	e	鉴定范围		送电	
考核时间	20min	题型	A	满分	100	得分	
试题名称	架空输电线路金具识别						
考核要点及其要求	(1) 在考核场地实施考试。 (2) 现场提供 20 种以上各种型号线路金具，要求选手正确识别 10 种金具，写出名称、用途。 (3) 本项目为单人操作						
现场设备、工器具、材料	(1) 工器具：纸和笔。 (2) 材料：各种悬垂线夹、耐张线夹、接续金具、连接金具、拉线金具、保护金具。 (3) 设备：无						
备注	无						

评分标准

序号	作业名称	质量要求	分值	扣分标准	扣分原因	得分
1	线路金具一	(1) 识别金具名称正确； (2) 识别金具型号正确； (3) 金具用途回答正确	10	(1) 每种金具名称不正确，扣 4 分； (2) 每种金具型号不正确，扣 3 分； (3) 每种金具用途不正确，扣 3 分		
2	线路金具二	(1) 识别金具名称正确 ； (2) 识别金具型号正确； (3) 金具用途回答正确	10	(1) 每种金具名称不正确，扣 4 分； (2) 每种金具型号不正确，扣 3 分； (3) 每种金具用途不正确，扣 3 分		
3	线路金具三	(1) 识别金具名称正确； (2) 识别金具型号正确； (3) 金具用途回答正确	10	(1) 每种金具名称不正确，扣 4 分； (2) 每种金具型号不正确，扣 3 分； (3) 每种金具用途不正确，扣 3 分		
4	线路金具四	(1) 识别金具名称正确； (2) 识别金具型号正确； (3) 金具用途回答正确	10	(1) 每种金具名称不正确，扣 4 分； (2) 每种金具型号不正确，扣 3 分； (3) 每种金具用途不正确，扣 3 分		
5	线路金具五	(1) 识别金具名称正确； (2) 识别金具型号正确； (3) 金具用途回答正确	10	(1) 每种金具名称不正确，扣 4 分； (2) 每种金具型号不正确，扣 3 分； (3) 每种金具用途不正确，扣 3 分		

续表

序号	作业名称	质量要求	分值	扣分标准	扣分原因	得分
6	线路金具六	(1) 识别金具名称正确； (2) 识别金具型号正确； (3) 金具用途回答正确	10	(1) 每种金具名称不正确，扣4分； (2) 每种金具型号不正确，扣3分； (3) 每种金具用途不正确，扣3分		
7	线路金具七	(1) 识别金具名称正确； (2) 识别金具型号正确； (3) 金具用途回答正确	10	(1) 每种金具名称不正确，扣4分； (2) 每种金具型号不正确，扣3分； (3) 每种金具用途不正确，扣3分		
8	线路金具八	(1) 识别金具名称正确； (2) 识别金具型号正确； (3) 金具用途回答正确	10	(1) 每种金具名称不正确，扣4分； (2) 每种金具型号不正确，扣3分； (3) 每种金具用途不正确，扣3分		
9	线路金具九	(1) 识别金具名称正确； (2) 识别金具型号正确； (3) 金具用途回答正确	10	(1) 每种金具名称不正确，扣4分； (2) 每种金具型号不正确，扣3分； (3) 每种金具用途不正确，扣3分		
10	线路金具十	(1) 识别金具名称正确； (2) 识别金具型号正确； (3) 金具用途回答正确	10	(1) 每种金具名称不正确，扣4分； (2) 每种金具型号不正确，扣3分； (3) 每种金具用途不正确，扣3分		

2.2.3 SX4ZY0101 35kV 挂设接地线的操作

一、作业

（一）工器具、材料、设备

（1）工器具：常用电工个人工具一套，登杆工具、安全用具、传递绳。

（2）材料：无。

（3）设备：35kV 接地线一套、接地桩、35kV 接触式验电器、绝缘手套。

（二）安全要求

（1）防触电伤人。

（2）防高空坠落。

（3）防坠物伤人。

（4）对接地线、验电器、绝缘手套按照规定进行检查。

（三）操作步骤及工艺要求（含注意事项）

1. 准备工作

（1）着装规范。

（2）根据工作需要选择工器具。

（3）选择符合标准的接地线、接地棒、验电器、绝缘手套。

2. 工作过程

（1）登杆前检查。

（2）登杆工具冲击试验。

（3）登杆、工作位置确定。

（4）验电、挂接地线。

3. 工作终结

（1）拆除接地线。

（2）操作人员下杆。

（3）清理现场，退场。

4. 注意事项

（1）应使用相应电压等级、合格的接触式验电器、绝缘手套和三相短路接地线，接地线的截面面积不得小于 $25mm^2$。

（2）验电前，站位手持验电器握环，验电距离导线保持 0.7m 的安全距离，验电时先验下层、后验上层，先验近侧、后验远侧。

（3）验电、装（拆）接地线应使用绝缘棒和绝缘手套。

（4）装设接地线时，应先接接地端，接地桩埋设地下不小于 0.6m，后接导线端，先挂下层、后挂上层，先挂近侧、后挂远侧，接地线应接触良好、连接应可靠。拆接地线的顺序与此相反。

二、考核

（一）考核场地

（1）考场可以设在考核专用 35kV 线路上进行。

（2）配有一定区域的安全围栏，工作票、许可手续已办理。

（二）考核时间

考核时间为20min，在规定时间内完成。

（三）考核要点

（1）工器具选用正确齐全。

（2）登杆前检查。

（3）对安全工具进行冲击试验。

（4）登杆动作规范、熟练。

（5）正确使用验电器，拆挂接地线的顺序正确。

三、评分标准

行业：电力工程　　　　工种：送电线路工　　　　等级：四

编号	SX4ZY0101	行为领域	d	鉴定范围		送电	
考核时限	20min	题型	A	满分	100分	得分	
试题名称	35kV挂设接地线的操作						
考核要点及其要求	（1）在考核专用35kV线路杆上进行，杆上无障碍，设有防坠落措施。 （2）现场操作场地及设备已完备。 （3）线路上其他安全措施已完成，围栏已装设，工作票、许可手续已办理						
现场设备、工器具、材料	（1）工器具：常用电工个人工具一套，登杆工具、安全用具、传递绳。 （2）材料：35kV接地线一套、接地桩、绝缘手套、35kV接触式验电器。 （3）设备：无						
备注	上述栏目未尽事宜						

评分标准

序号	作业名称	质量要求	分值	扣分标准	扣分原因	得分
1	着装	正确佩戴安全帽，穿工作服，穿绝缘鞋，戴手套	5	（1）未正确佩戴安全帽，扣1分； （2）未着工作服，扣1分； （3）未穿绝缘鞋，扣1分； （4）未戴手套进行操作，扣1分； （5）工作服领口、袖口扣子未系好，扣1分		
2	选用工具	根据工作需要选择工器具及安全用具，做外观检查	5	（1）漏选、错选，扣3分； （2）未进行外观检查，扣2分		
3	选择设备	应使用相应电压等级、合格的接地线、绝缘手套和接触式验电器，并检查标签是否在试验期内	10	（1）漏选、错选，扣5分； （2）未检查，扣5分		
4	登杆前检查	登杆前明确线路杆位编号、检查杆根、杆身及埋深检查，核对地线编号与杆号是否对应	5	（1）未检查，扣3分； （2）未核对，扣2分		

续表

序号	作业名称	质量要求	分值	扣分标准	扣分原因	得分
5	登杆工具冲击试验	对脚扣（踩板）进行冲击试验，对安全带、后背绳进行试拉	10	（1）未作冲击试验，扣5分； （2）未进行试拉试验，扣5分		
6	登杆、工作位置确定	登杆动作规范、熟练，保持与线路的安全距离，站位合适，安全带系绑正确	10	（1）登杆不熟练，扣3分； （2）站位不合适，扣3分； （3）安全带系绑错误，扣4分		
7	验电	在验电前启动验电器证明其完好，验电方法及顺序正确	10	（1）验电器未做检查，扣5分； （2）未戴绝缘手套，扣2分； （3）验电顺序错误，扣3分		
8	接地线装设	验明线路确无电压后，用传递绳上提接地线，并挂在合适的位置。先接接地端，接地棒深度不小于0.6m，后接导线端，逐相挂设，挂接顺序正确，接地线与导线连接可靠，操作中人身不碰触接地线，接地线无缠绕现象，操作熟练	15	（1）接地棒接地不合格，扣3分； （2）未戴绝缘手套，扣5分； （3）挂接地线顺序错误，扣3分； （4）挂接不可靠，扣3分； （5）地线缠绕，扣1分； （6）碰触一次，扣1分，扣完为止		
9	拆除接地线	拆地线与挂接地线操作顺序相反，并用传递绳传递至地面，操作规范熟练	10	（1）拆除接地线顺序错误，扣5分； （2）操作不规范，扣5分		
10	下杆	清查杆上遗留物，操作人员下杆	10	（1）下杆过程不规范，扣5分； （2）杆塔上有遗留物，扣5分		
11	安全文明生产	操作过程中无落物，工作完毕后清理现场，交还工器具	10	（1）未在规定时间完成，每超时1min扣2分，扣完为止； （2）未清理考场，扣5分； （3）高空落物一次，扣5分		

2.2.4 SX4ZY0102 组装一套110kV输电线路双联瓷绝缘子耐张串（含耐张线夹）

一、作业

（一）工器具、材料、设备

（1）工器具：个人常用电工工具，安全帽一顶。

（2）材料：U形挂环3个、延长环1个、双联挂板2块、直角挂板2块、球头挂环2个、16片悬式瓷绝缘子，双联碗头挂板2只耐张线夹1只（螺栓式、压接式、液压式均可要求与导线配合）。

（3）设备：无。

（二）安全要求

操作过程中确保人身与设备安全。

（三）操作步骤及工艺要求（含注意事项）

1. 工作前准备

（1）着装规范。

（2）选择材料，并做外观检查。

2. 工作过程

（1）列出材料计划表。

（2）选取材料。

（3）根据施工图组装耐张绝缘子串。

3. 工作终结

工作完毕后清理现场，交还工器具。

4. 工艺要求

（1）组装时从横担部分开始向线夹方向组装依次完成。

（2）螺钉、穿钉、弹簧销子穿入方向，一律由上向下穿，特殊情况由内向外、由左向右穿（面向受电侧）。

二、考核

（一）考核场地

考场可设在培训中心的材料库房或平坦的空地。

（二）考核时间

考核时间为30min，在规定时间内完成。

（三）考核要点

（1）工器具、材料选用满足工作需要，进行外观检查。

（2）组装耐张绝缘子串要满足工艺要求。

（3）按规定时间完成，要求操作过程熟练连贯，施工有序，工具、材料存放整齐，现场清理干净。

三、评分标准

行业：电力工程　　　　　　　　　　工种：送电线路工　　　　　　　　　　等级：四

编号	SX4ZY0102	行为领域	d	鉴定范围		送电	
考核时限	30min	题型	A	满分	100分	得分	
试题名称	组装一套110kV输电线路双联瓷绝缘子耐张串（含耐张线夹）						
考核要点及其要求	（1）要求一人作业，一人监护。 （2）工器具、材料选用满足工作需要，进行外观检查。 （3）组装耐张绝缘子串要满足工艺要求						
现场设备、工器具、材料	（1）工器具：个人常用电工工具，安全帽一顶。 （2）材料：U形挂环3个、延长环1个、双联挂板2块、直角挂板2块、球头挂环2个、16片悬式瓷绝缘子，双联碗头挂板2只耐张线夹1只（螺栓式、压接式、液压式均可要求与导线配合）。 （3）设备：无						
备注	无						

评分标准

序号	考核项目名称	质量要求	分值	扣分标准	扣分原因	得分
1	着装	正确佩戴安全帽，穿工作服，穿绝缘鞋，戴手套	5	（1）未正确佩戴安全帽，扣1分； （2）未穿工作服，扣1分； （3）未穿绝缘鞋，扣1分； （4）未戴手套进行操作，扣1分； （5）工作服领口、袖口扣子未系好，扣1分		
2	选择工器具	选择工器具满足工作需要，工器具做外观检查	5	（1）选用不当，扣3分； （2）工器具未做外观检查，扣2分		
3	列出材料计划表	规格符合工作需要无遗漏	10	不符合规格或者遗漏一种，扣1分		
4	选择材料	选择材料准确齐全，检查材料是否损坏及镀锌层剥落	30	错误或缺失一项，扣2分		
5	组装绝缘子串	（1）组装时从横担部分开始向线夹方向组装依次完成； （2）螺钉、穿钉、弹簧销子穿入方向，一律由上向下穿，特殊情况由内向外、由左向右穿	40	（1）组装不熟练，螺钉及穿钉方向错误一个，扣0.2分； （2）组装错误，扣20分； （3）未完成工作，扣10～20分		
6	安全文明生产	工作完毕后清理现场，交还工器具	10	（1）未在规定时间完成，每超时1min扣2分； （2）未清理现场或交还工器具，扣5分		

2.2.5 SX4ZY0201 110kV 架空线路铁塔塔材补装

一、作业

（一）工器具、材料、设备

（1）工器具：个人常用电工工具、传递绳、安全帽一顶、安全带、卷尺、千斤扳手、钢锯、圆锉。

（2）材料：各种规格镀锌角钢若干、ϕ16 螺栓、防锈漆等。

（3）设备：打孔器一台。

（二）安全要求

（1）作业前核对作业杆塔线路双重编号，防止误登。

（2）作业现场人员必须戴好安全帽，工作服、绝缘鞋、安全帽等穿戴正确无误。

（3）登杆前检查杆塔、登高工具，对脚扣和安全带进行冲击试验。杆上作业人员正确使用安全带和二道保护，防止人员高空坠落。

（4）严禁在作业点正下方逗留。杆上作业要用传递绳索传递工具材料，严禁抛掷。

（三）操作步骤及工艺要求（含注意事项）

1. 工作前准备

（1）着装。

（2）选择材料、工器具，并做外观检查。

（3）登塔前安全带、后备保护绳做外观检查和冲击试验。

2. 工作过程

（1）核对线路双重编号无误后，作业人员携带传递绳登塔到工作位置。

（2）作业人员在杆塔站好位置后，使用传递绳将工具袋（卷尺、记录本）传到塔上。

（3）作业人员对现场丢失的塔材、螺栓数量、规格尺寸进行统计、测量，并记录准确。

（4）作业人员下塔至地面，根据记录的数据和铁塔安装图纸选择角钢的规格尺寸，利用钢锯、打孔器对角钢进行加工，然后进行补装。

（5）加工好的塔材边角应用防锈漆涂刷。

3. 工作终结

（1）质量验收，确认杆塔上无遗留物后下塔。

（2）工作完毕后清理现场，交还工器具。

4. 工艺要求

（1）作业人员采用螺栓连接构件时，螺栓应与构件垂直，螺栓头平面与构件间不应有空隙；螺母拧紧后，螺杆露出螺母的长度应满足规程要求（对单螺母不应小于两个螺距，对于双螺母可与螺母持平）；必须加垫片，每端不宜超过两片。

（2）螺栓的穿入方向应符合下列要求：

① 立体结构。水平方向者由内向外；垂直方向者由下向上。

② 平面结构。顺线路方向者由送电侧向受电侧或按统一方向；横线路方向者由内向外，中间有左向右（面向受电侧或按统一方向）；垂直方向者由下向上。

二、考核

（一）考核场地

（1）考场可设在考核场地 110kV 直线塔上进行，塔上没有障碍，铁塔有防坠装置。

（2）作业地点适合于铁塔导线线夹以下铁塔塔身位置。

（二）考核时间

考核时间为 30min。在规定时间内完成，时间到终止作业。

（三）考核要点

（1）工器具选用满足工作需要，进行外观检查。

（2）登杆前检查工作全面到位。

（3）严格按施工作业指导书要求进行现场操作。

（4）作业动作规范、熟练。

（5）按规定时间完成，要求操作过程熟练连贯，施工有序，工具、材料存放整齐，现场清理干净。

三、评分标准

行业：电力工程　　　　工种：送电线路工　　　　等级：四

编号	SX4ZY0201	行为领域	d	鉴定范围		送电	
考核时限	30min	题型	A	满分	100 分	得分	
试题名称	110kV 架空线路铁塔塔材补装						
考核要点及其要求	（1）要求一人作业，一人监护，一名地面配合人员。 （2）工器具选用满足工作需要，进行外观检查。 （3）登杆前检查工作全面到位。 （4）严格按施工作业指导书要求进行现场操作。 （5）作业动作规范、熟练。 （6）作业地点适合于铁塔导线线夹以下铁塔塔身位置						
现场设备、工器具、材料	（1）工器具：个人常用电工工具、传递绳、安全帽一顶、安全带、卷尺、千斤扳手、钢锯、圆锉。 （2）材料：各种规格镀锌角钢若干、ϕ16 螺栓若干、防锈漆等。 （3）设备：打孔器一台						
备注	无						

评分标准

序号	考核项目名称	质量要求	分值	扣分标准	扣分原因	得分
1	着装	正确佩戴安全帽，穿工作服，穿绝缘鞋，戴手套	5	（1）未正确佩戴安全帽，扣1分； （2）未穿工作服，扣1分； （3）未穿绝缘鞋，扣1分； （4）未戴手套进行操作，扣1分； （5）工作服领口、袖口扣子未系好，扣1分		

续表

序号	考核项目名称	质量要求	分值	扣分标准	扣分原因	得分
2	选择工器具，材料	选择工器具及材料满足工作需要，工器具做外观检查和冲击试验	10	（1）选用不当，扣5分； （2）工器具未做外观检查、冲击试验，各扣5分		
3	履行开工手续	宣读工作票，进行危险点确认，核对线路双重名称	10	（1）没有履行开工手续，扣5分； （2）没有核对线路双重名称，扣5分		
4	登塔	登杆前检查铁塔基础牢固，核对线路名称无误后作业人员携带传递绳登塔	5	未检查塔基础，扣5分		
5	补装塔材、螺栓	（1）作业人员对现场丢失的塔材、螺栓的数量和规格尺寸进行统计、测量，检查缺少塔材处塔身的角钢是否变形，若变形应进行修复，并向变形相反的方向留出预偏； （2）作业人员下塔至地面，根据记录的数据和铁塔安装图纸选择角钢的规格尺寸，利用钢锯、打孔器对角钢进行加工； （3）加工好的塔材边角应用防锈漆涂刷； （4）塔材加工好后，作业人员登塔到位，在地面人员的配合下将塔材，按照安装图纸要求进行安装，安装符合工艺要求	50	（1）在塔上移位时失去安全保护，每次扣5分； （2）未检查塔材变形，扣5分； （3）没有按照尺寸加工塔材，扣5分； （4）选用的角铁规格型号与图纸不符，扣5分； （5）使用工具掉落，每掉一次扣5分； （6）加工好的塔材没有涂刷防锈漆，扣5分； （7）安装螺栓时穿向与要求相反一处，扣1分，扣完为止		
6	返回地面	安装结束，整理工具材料，确认塔身上没有遗留物后，携带传递绳回到地面	10	遗留工具材料一件，扣2分，扣完为止		
7	安全文明生产	操作过程中无落物，工作完毕后清理现场，交还工器具	10	（1）未在规定时间完成，每超时1min扣2分，扣完为止； （2）未清理考场，扣5分； （3）高空落物一次，扣5分		

2.2.6 SX4ZY0202 110kV 架空线路防鸟刺安装

一、作业

（一）工器具、材料、设备

（1）工器具：个人保安线、ϕ12 传递绳一套、扳手（300mm）、个人工具、防护用具、防坠装置。

（2）材料：防鸟刺（弹簧型防鸟刺 WMC-Y/B 型）。

（3）设备：无。

（二）安全要求

（1）作业前核对作业杆塔线路双重编号，防止误登杆塔。

（2）作业现场人员必须戴好安全帽，工作服、绝缘鞋、安全帽等穿戴正确无误。

（3）登杆前检查杆塔、登高工具，对脚扣、安全带进行冲击试验。杆上作业人员正确使用安全带和二道保护，高空移位作业时不得失去安全保护，防止人员高空坠落。

（4）严禁在作业点正下方逗留。杆上作业要用传递绳索传递工具材料，严禁抛掷。

（三）操作步骤及工艺要求（含注意事项）

1. 工作前准备

（1）着装要求。

（2）选择材料、工器具，并做外观检查。

（3）登塔前安全带、后备保护绳做外观检查和冲击试验。

2. 工作过程

（1）核对线路双重编号无误后，作业人员携带传递绳登塔到横担位置。

（2）地面辅助人员将防鸟刺传递至塔上电工。

（3）安装防鸟刺。

（4）安装好后松开防鸟刺股上的铁箍。

3. 工作终结

（1）质量验收，确认杆塔上无遗留物后下塔。

（2）工作完毕后清理现场，交还工器具。

4. 工艺要求

（1）防鸟刺应统一安装在导线悬垂串正上方，V 形串应安装在导线正上方，耐张塔安装在跳线串正上方和挂点处横担上。

（2）水平排列的杆塔三相绝缘子串上方均需安装防鸟刺，特别是水平排列的中相和上字形排列的及 V 形串上（中）相应作为安装重点部位，保护范围不小于导线挂点正上方直径 2m 的区域，安装防鸟刺数量最少不小于 6 只。

（3）防鸟刺安装好后应垂直向上，锥形横担应安装在下平面角钢上；矩形横担应安装在上平面角钢上；三角形截面横担应使用专用防鸟刺，安装在上边主材上。横担截面结构高度大于防鸟刺高度时上、下层面均应安装防鸟刺。

（4）防鸟刺刺针钢丝应在各方向均匀打开，外侧钢丝对中心铅垂线夹角应在 40°～50°之间，达到最佳保护效果。

（5）防鸟刺与塔型的安装标准。

① 上字形直线杆。左边相和中相绝缘子上方横担处安装1只普通防鸟刺；右边相考虑与中相导线的安全距离，横担处可安装2只短式防鸟刺。

② 上字形直线塔。左边相和中相绝缘子上方横担处安装2只普通防鸟刺；右边相考虑与中相导线的安全距离，横担处可安装4只短式防鸟刺。

③ 直线门型杆。每项绝缘子上方横担处安装2只普通防鸟刺。

④ 耐张门型杆。每项引流线上方横担处安装2～3只普通防鸟刺。

⑤ 猫头塔。边相导线横担安装每处安装2只普通防鸟刺，中相在地线横担处安装4只普通防鸟刺。

⑥ 耐张塔。每项引流线上方横担处安装2～3只普通防鸟刺，中相跳线横担处安装2只普通防鸟刺。

⑦ 双回路直线塔（耐张塔）中、下相参照上字形直线塔中相安装规定，安装4只短式防鸟刺；上相参照边相安装规定，安装2只普通防鸟刺。

⑧ 其他特殊形式杆塔应根据现场情况确定安装数量。

二、考核

（一）考核场地

（1）考场可以设在考核专用杆塔上进行，杆塔上无障碍物，且不少于两个工位。

（2）给定线路检修时需办理工作票，线路上安全措施已完成，配有一定区域的安全围栏。

（二）考核时间

考核时间为30min，在规定时间内完成。

（三）考核要点

（1）工器具选用满足工作需要，选用材料的规格、型号、数量符合要求，进行外观检查。

（2）登杆前检查工作全面到位。

（3）在登杆塔的过程中，保证人身、防鸟刺及工器具对带电体的安全距离。登杆动作规范、熟练，在杆塔上作业转位时，不得失去安全保护。

（4）鸟刺安装要符合工艺要求。

（5）按规定时间完成，操作过程熟练连贯，施工有序，工具、材料存放整齐，现场清理干净。

三、评分标准

行业：电力工程　　　　**工种：送电线路工**　　　　**等级：四**

编号	SX4ZY0202	行业领域	e	鉴定范围		送电	
考核时间	30min	题型	A	满数	100	得分	
试题名称	110kV架空线路防鸟刺安装						
考核要点及其要求	（1）要求一人作业，一人监护，一人地面配合。 （2）工器具选用满足工作需要，选用材料的规格、型号、数量符合要求，进行外观检查。 （3）在登杆塔的过程中，保证人身、防鸟刺及工器具对带电体的安全距离。登杆动作规范、熟练，在杆塔上作业转位时，不得失去安全保护。 （4）鸟刺安装要符合工艺要求						

续表

考核时间	30min	题型	A	满分	100	得分	
试题名称	110kV架空线路防鸟刺安装						
现场设备工器具、材料	（1）工器具：个人保安线、$\phi12$传递绳一套、扳手（300mm）、个人工具、防护用具、防坠装置。 （2）材料：防鸟刺（弹簧型防鸟刺WMC-Y/B型）。 （3）设备：无						
备注	无						

评分标准

序号	作业名称	质量要求	分值	扣分标准	扣分原因	得分
1	着装	正确佩戴安全帽，穿工作服，穿绝缘鞋，戴手套	5	（1）未正确佩戴安全帽，扣1分； （2）未穿工作服，扣1分； （3）未穿绝缘鞋，扣1分； （4）未戴手套进行操作，扣1分； （5）工作服领口、袖口扣子未系好，扣1分		
2	工器具选用	工器具选用满足施工需要，做外观检查	5	（1）选用不当，扣3分； （2）工器具未做外观检查，扣2分		
3	材料选用	防鸟刺	10	漏选、错选，数量不够，扣10分		
4	登塔	工作人员携带工器具及防鸟刺，登上杆塔横担。在杆塔上作业转位时，不得失去安全保护	20	（1）后备保护使用不正确，扣5分； （2）作业过程中失去安全保护，扣10分； （3）登塔打滑，每次扣3分，扣完为止		
5	安装防鸟刺	（1）杆上作业人员先固定螺栓然后将防鸟刺打开，统一安装在导线悬垂串正上方，保护范围不小于导线挂点正上方直径2m的区域，每相不少于2个； （2）防鸟刺安装好后应垂直向上。锥形横担应安装在下平面角钢上，横担截面结构高度大于防鸟刺高度时上、下层面均应安装防鸟刺； （3）防鸟刺刺针钢丝应在各方向均匀打开，外侧钢丝对中心铅垂线夹角应在40°～50°之间，达到最佳保护效果	40	（1）后备保护使用不正确，扣5分； （2）作业过程中失去安全保护，扣10分； （3）防鸟刺安装位置不正确，扣10分； （4）安装方向及打开角度不正确，扣5分； （5）在杆塔上移位、操作过程中人身及工器具对带电体最小安全距离不满足要求，扣10分		

续表

序号	作业名称	质量要求	分值	扣分标准	扣分原因	得分
6	下塔	安装完毕后，检查杆上是否有遗留物，确无问题后，工作人员返回地面	10	(1) 未检查作业面遗留物，扣5分； (2) 下塔打滑，每次扣5分		
7	安全文明生产	操作过程中无落物，工作完毕后清理现场，交还工器具	10	(1) 未在规定时间完成，每超时1min扣2分，扣完为止； (2) 未清理考场，扣5分； (3) 高空落物一次，扣5分		

2.2.7 SX4ZY0301 用GJ-50型钢绞线及NX-1型楔形线夹制作拉线上把的操作

一、作业

（一）工器具、材料、设备

（1）工具：电工个人组合工具、断线钳、安全用具、木锤。

（2）材料：GJ-50钢绞线、NX-1楔形线夹、10～12号扎丝、二合抱箍、16号铁丝、连接环、螺栓、闭口销等。

（二）安全要求

（1）防止钢绞线反弹伤人。

（2）使用木锤时，要防止从手中脱落伤人。

（三）操作步骤及工艺要求（含注意事项）

1. 工作前准备

（1）着装。

（2）选择工具、材料，并做外观检查。

2. 工作过程

（1）剪断钢绞线、线夹套入。

（2）钢绞线上量出弯曲部位尺寸。

（3）弯曲钢绞线圆弧处理、楔子安装。

（4）用木锤敲冲线夹使钢绞线与舌块。

（5）绑扎尾线。

（6）扎丝首位处理、副线整合。

3. 工作终结

（1）防腐处理。

（2）质量验收，确认杆塔上无遗留物后下塔。

（3）工作完毕后清理现场，交还工器具。

4. 工艺要求

（1）钢绞线剪断处用16号铁丝绑扎20～30mm，绑扎牢固，钢绞线头无散股。

（2）尾线长度在400mm为宜。

（3）钢绞线短头出现方向应在凸肚处。

（4）钢绞线与舌块紧密，间隙小与2mm。

（5）选用10～12号扎丝，要求扎线绕向与钢绞线绞向一致，绑扎长度不小于100mm，绑扎紧密、均称，不伤线。

（6）收尾必须三个以上麻花辫，端部压进双股钢绞线并列处，副线与主线并列不出现扭转。

二、考核

（一）考核场地

（1）考生可以设在室内或室外，但需要有足够的面积，保证考生操作方便，互不影响。

（2）配有一定区域的安全围栏。

（3）按参加考核人员的数量配备钢绞线和拉线金具。

（二）考核时间

考核时间为30min，在规定时间内完成。

（三）考核要点

（1）选择材料、工器具正确。

（2）线夹套入钢绞线正确，符合操作要求。

（3）弯曲拉线动作正确，圆弧与楔子相吻合。

（4）钢绞线短头出线方向正确，钢绞线与舌块紧密。

（5）绑扎等工艺符合要求。

（6）按所完成的内容计分，要求操作过程熟练连贯，施工有序，工具、材料存放整齐，现场清理干净。

三、评分标准

行业：电力工程　　　　工种：送电线路工　　　　等级：四

编号	SX4ZY0301	行为领域	e	鉴定范围		送电
考核时限	30min	题型	A	满分	100分	得分
试题名称	用GJ-50型钢绞线及NX-1型楔形线夹制作拉线上把的操作					
考核要点及其要求	（1）考生可以设在室内或室外，但需要有足够的面积，保证考生操作方便，互不影响。 （2）现场操作场地及设备材料已完备。 （3）给定安全措施已完成，配有一定区域的安全围栏。 （4）检查制作工艺					
工具、材料、设备、场地	（1）工器具：工具包、扳手、木锤、虎口钳、尖嘴钳、起子、断线钳、尺、油漆刷等，安全用具。 （2）材料：GJ-50钢绞线、NX-1楔形线夹、10～12号扎丝、二合抱箍、连接环、螺栓、闭口销等，提供各种规格材料供考核人员选择。 （3）考生自备工作服、绝缘鞋，可以自带个人工具					
备注	上述栏目未尽事宜					

评分标准

序号	作业名称	质量要求	分值	扣分标准	扣分原因	得分
1	着装	正确佩戴安全帽，穿工作服，穿绝缘鞋，戴手套	5	（1）未正确佩戴安全帽，扣1分； （2）未穿工作服，扣1分； （3）未穿绝缘鞋，扣1分； （4）未戴手套进行操作，扣1分； （5）工作服领口、袖口扣子未系好，扣1分		
2	选用工具	工器具选用满足施工需要，工器具做外观检查	5	（1）选用不当，扣3分； （2）工器具未进行外观检查，扣2分		
3	选用材料	选择材料规格型号要与线路的电压等级及导线型号、杆型相匹配	10	漏选、错选，每项扣10分		

续表

序号	作业名称	质量要求	分值	扣分标准	扣分原因	得分
4	钢绞线上量出弯曲部位尺寸	线夹套入钢绞线，量出500mm+（60～80）mm尺寸符合操作要求	10	尺寸错误，扣10分		
5	弯曲钢绞线圆弧处理、楔子安装	圆弧与楔子相吻合；钢绞线短头出现方向应在凸肚处，放入舌块并拉紧	10	（1）圆弧处理不正确，扣5分； （2）凸肚方向朝反，扣5分		
6	敲冲牢固	用木锤敲冲、钢绞线与舌块紧密，间隙小于2mm	5	（1）损坏镀锌层，扣2分； （2）钢绞线与舌块间隙过大，扣3分		
7	尾线绑扎工艺	选用10～12号扎丝，要求扎线绕向与钢绞线绞向一致，绑扎两段，第一道扎线底端距线夹出口略大于楔子长度间隔开始绑扎长度不小于120mm，第二道距线头30～50mm开始绑扎，长度不小于80mm，绑扎紧密、均称，不伤线	20	（1）扎丝选错，扣4分； （2）绕向不一致，扣4分； （3）绑扎储存不标准，扣4分； （4）绑扎过松、不匀称，扣4分； （5）伤线严重，扣4分		
8	扎丝收尾处理、副线整合	收尾必须三个以上麻花辫，端部压进双股钢绞线并列处，副线与主线并列不出现扭转	10	（1）收尾不规范，扣5分； （2）整合不到位，扣5分		
9	线夹与抱箍组合	楔形线夹与二合抱箍通过连接环连接一起，楔形线夹凸面向上，螺栓穿向正确，附加平垫片拧上螺帽，插上闭口销	5	（1）楔形线夹与抱箍未组合，扣2分； （2）螺栓穿向错误，扣2分； （3）未加平垫片插销，扣1分		
10	防腐处理	在绑扎处和镀锌破裂处涂上丹红漆	5	未做防腐处理，扣5分		
11	剪断钢绞线	钢绞线剪断处用小铁丝绑扎30mm，绑扎牢固，一人扶线一人剪，钢绞线无散股	5	（1）断线处不做绑扎，扣3分； （2）线头散花松股，扣1分； （3）剪线不规范，扣1分		
12	安全文明生产	工作完毕后清理现场，交还工器具	10	（1）未在规定时间完成，每超时1min扣2分，扣完为止； （2）未清理现场或交还工器具，扣5分		

2.2.8 SX4ZY0401 110kV 输电线路直线杆上安装导线防振锤的操作

一、作业

（一）工器具、材料、设备

（1）工器具：电工工具、登杆工具等安全工器具、传递绳、钢卷尺。

（2）材料：铝包带、防振锤。

（3）设备：无。

（二）安全要求

（1）登杆前核对停电线路双重编号，防止误登杆塔。

（2）登杆前检查杆塔，检查登高工具，对脚扣和安全带进行冲击试验。杆上作业人员正确使用安全带和二道保护，人员转位时，手扶的构件应牢固，且不得失去安全保护，防止人员高空坠落。

（3）作业现场人员必须戴好安全帽，严禁在作业点下方逗留，杆上人员用绳索传递工具、材料，严禁抛扔。

（4）作业地点下面应做好围栏或装好其他保护装置，防止落物伤人。

（三）操作步骤及工艺要求（含注意事项）

1. 工作前准备

（1）着装规范。

（2）根据工作需要选择工具、材料，并做外观检查。

2. 工作过程

（1）作业人员在作业前核对线路双重编号，检查杆根及基础是否完好。

（2）按照要求在工作地段的两端导线上已经验明确无电压后装设好接地线。

（3）作业人员携带传递绳开始登塔。严禁携带器材登杆或在杆塔上移位。杆塔上有防坠装置的应使用防坠装置。

（4）作业人员在到达作业地点，将后备保护绳和安全带分别系在不同位置后，沿绝缘子下导线。

（5）到达作业地点后，把传递绳安装到导线上。

（6）以悬垂线夹中心为起点量取导线防振锤的安装位置，做好标记后缠绕铝包带，安装导线防振锤。

（7）检查导线防振锤的安装质量，无问题后携带传递绳沿绝缘子返回横担，检查导线及横担上没有遗留物后下塔至地面。

3. 工作终结

（1）质量验收，确认杆塔上无遗留物后下塔。

（2）工作完毕后清理现场，交还工器具。

4. 工艺要求

（1）导线防振锤型号与导线的型号相符，外观完好无损。

（2）导线防振锤安装好后，导线防振锤应与地面垂直，安装距离偏差不应大于±30mm，线夹螺栓两边线由内向外，中相由左向右穿入（面向受电侧）。

（3）铝包带应缠绕紧密，其缠绕方向应与外层铝股的绞制方向一致；所缠绕铝包带应露出防振锤线夹，但不应超过 10mm，其端头应回缠绕于线夹内压住。

（4）导线防振锤的线夹螺栓紧固力矩符合规定。

二、考核

（一）考核场地

考核专用线路直线杆，杆上无障碍。给定线路上安全措施已完成，配有一定区域安全围栏。

（二）考核时间

考核时间 50min，在规定时间内完成。

（三）考核要点

（1）工器具、材料选择正确，满足工作需要。

（2）登杆前要核对线路名称、杆号，检查安全工器具是否在试验期内，对安全带和防坠装置做冲击试验。高空作业中动作熟练，站位合理。安全带和后背保护绳系在不同的牢固构件上，杆塔上移位不失去安全保护。

（3）铝包带缠绕符合工艺规范。

（4）防振锤安装位置正确，螺栓穿向正确紧固。

（5）按规定时间完成，要求操作过程熟练连贯，施工有序，工具、材料存放整齐，现场清理干净。

三、评分标准

行业：电力工程　　　　工种：送电线路工　　　　等级：四

编号	SX4ZY0401	行为领域	e	鉴定范围		送电	
考核时限	50min	题型	B	满分	100 分	得分	
试题名称	110kV 输电线路直线杆上安装导线防振锤的操作						
考核要点及其要求	（1）工器具、材料选择正确，满足工作需要。 （2）登杆动作规范、熟练，站位合适。 （3）严格按照防振锤安装流程和工艺要求进行操作。 （4）本项目为单人操作，现场配辅助人员一名、工作负责人一名，辅助人员只协助考生完成塔上工具、材料的传递工作；工作负责人只监护工作安全						
现场设备、工器具、材料	（1）工器具：个人工具、登杆工具等安全工器具、传递绳、验电器、接地线、围栏。 （2）材料：导线防振锤 FD-4、铝包带若干。 （3）设备：无						
备注	上述栏目未尽事宜						

评分标准

序号	考核项目名称	质量要求	分值	扣分标准	扣分原因	得分
1	着装	正确佩戴安全帽，穿工作服，穿绝缘鞋，戴手套	5	（1）未正确佩戴安全帽，扣1分； （2）未穿工作服，扣1分； （3）未穿绝缘鞋，扣1分； （4）未戴手套进行操作，扣1分； （5）工作服领口、袖口扣子未系好，扣1分		

续表

序号	考核项目名称	质量要求	分值	扣分标准	扣分原因	得分
2	选择材料、工器具	工器具、材料选择正确，满足工作需要	10	（1）材料不匹配一项，扣5分； （2）未检查一项，扣5分		
3	登杆前检查	（1）登杆前核对线路双重编号，应先检查杆根部、基础和拉线是否牢固； （2）对安全带、登杆工具进行冲击试验	5	（1）未做检查一项，扣2分； （2）不做试验，扣3分		
4	测量安装距离	（1）作业人员携带传递绳登塔至横担处； （2）系好安全带、后备绳，沿绝缘子串进入工作地点挂好传递绳； （3）量出安装尺寸（从悬垂线夹中心测量）并画印	10	（1）未系好安全带，扣5分； （2）测量不正确，扣5分		
5	缠绕铝包带	缠绕铝包带，铝包带应缠绕紧密，其缠绕方向应与外层铝股的绞制方向一致；所缠绕铝包带应露出防振锤线夹，但不应超过10mm，其端头应回缠绕于线夹内压住	20	（1）缠绕不正确，扣5分； （2）缠绕铝包长度带大于或少于10mm，每10mm扣2分，扣完为止； （3）铝包带端头没有压住，扣5分		
6	安装防振锤	（1）传递材料安装导线防振锤，防振锤应与地面垂直，安装距离偏差不应大于±30mm，线夹螺栓两边线由内向外，中相由左向右穿入（面向受电侧）； （2）按规定拧紧螺栓，平垫圈和弹簧垫圈齐全，弹簧垫圈应压平	30	（1）安装不垂直地面，不平行导线，扣10分； （2）安装距离偏差大于或小于30mm，每10mm扣2分，扣完为止； （3）缺件、未压平，各扣5分		
7	下杆塔	（1）取下传递绳，沿绝缘子串上至横担； （2）使用登杆工具下杆至地面	10	在高空中移位失去安全保护，扣10分		
8	安全文明生产	操作过程中无落物，工作完毕后清理现场，交还工器具	10	（1）未在规定时间完成，每超时1min扣2分，扣完为止； （2）未清理考场，扣5分； （3）高空落物一次，扣5分		

2.2.9 SX4ZY0501 110（220）kV 架空输电线路例行登杆巡视

一、作业

（一）工器具、材料、设备

（1）工器具：巡检仪、望远镜、数码照相机、钢丝钳、扳手、手锯、放坠装置等。

（2）材料：螺栓、防盗帽、巡视记录本、电力设施保护告知书等。

（3）设备：无。

（二）安全要求

（1）登杆塔前必须仔细核对线路名称、杆号，确认无误后方可上杆塔。

（2）巡线时应沿线路外侧行走，大风时应沿上风侧行走，发现导线断落地面或悬吊空中，应设法防止行人靠近断线地点 8m 以内，以免跨步电压伤人，并迅速报告领导，等候处理。

（3）登杆塔作业人员应与带电体保持规定的安全距离。

（4）上杆塔作业前，应先检查安全带、脚钉、爬梯、放坠装置等是否完整牢靠，严禁利用绳索下滑。

（5）上横担进行工作前，应检查横担连接是否牢固及其腐蚀情况。在杆塔上作业时，应使用有后备绳或速差自锁器的双控背带式安全带，安全带和保护绳应分挂在杆塔不同部位的牢固构件上，应防止安全带从杆顶脱出或被锋利物损坏。人员在传位时，手扶的构件应牢固，且不得失去安全保护。

（6）杆塔上有人时，不准调整或拆除拉线。

（7）巡线时应穿绝缘鞋或绝缘靴，雨、雪天路滑应缓慢行走，过沟、崖和墙时防止摔伤，不走险路。防止动物伤害，做好安全措施；偏僻山区巡线由两人进行。暑天、大雪天等恶劣天气，必要时由两人进行。

（8）穿过公路、铁路时，要注意瞭望，遵守交通法规，以免发生交通意外事故。

（三）操作步骤及工艺要求（含注意事项）

1. 工作前准备

（1）着装规范。

（2）查阅图纸资料及线路缺陷情况，明确工作任务、范围，掌握线路有关参数、特点及接线方式，把握巡视重点。

（3）根据工作需要选择工器具。

2. 工作过程

（1）登杆前核对登杆杆塔双重编号，检查杆根。

（2）登杆工具冲击试验。

（3）开始登塔，禁止携带器材登杆或在杆塔上移位。

（4）严格按线路巡视检查记录表实行巡视、检查，并做好记录。

（5）发现设备异常并采取处理措施。

巡视人员在巡视过程中发现设备异常或威胁线路安全运行的情况，要认真分析研究并正确处理。如属缺陷，应按“缺陷管理办法”及时进行处理，填报缺陷记录。特别是发现紧急和重大缺陷时，要及时向上级领导汇报有关情况，以便采取相应措施进行处理。如属一般缺陷时，可以就地处理的必须做到现场处理。

如属隐患，应按安全隐患管理要求及时进行处理，填报隐患记录。特别是发现紧急和重大隐患时，要及时向上级领导汇报有关情况，以便采取相应措施进行处理。

认真填写巡视记录见下表，并如实汇报。

表　架空输电线路巡视检查记录表

序号	检查项目	检查情况				
		____塔	____塔	____塔	____塔	____塔
1	杆塔					
1.1	杆塔有无倾斜、横担歪扭及杆塔部件有无锈蚀变形、缺损					
1.2	铁塔部件固定螺栓有无松动、缺螺栓或螺帽，螺栓丝扣长度是否够长，铆焊处有无裂纹、开焊					
1.3	拉线及部件有无锈蚀、松弛、断股抽筋、张力分配不均，缺螺栓、螺帽等部件丢失和被破坏等现象					
1.4	铁塔是否有危及安全运行或人员安全的异物、蜂窝、鸟巢等					
2	绝缘子					
2.1	绝缘子是否脏污，瓷质有无裂纹、破碎，铁帽及钢脚是否锈蚀，钢脚是否弯曲，钢化玻璃绝缘子有无爆裂					
2.2	复合绝缘子伞群、护套材料有无脱胶、裂缝、滑移现象，棒芯端部有无锈蚀及连接滑移或缝隙					
2.3	绝缘子串偏斜是否超过规程要求					
2.4	绝缘子有无闪络痕迹和局部火花放电现象					
2.5	绝缘子槽口、钢脚、弹簧销有无不配合，锁紧销子有无退出等					
2.6	绝缘子上悬挂有无异物					
3	导线、地线（包括 OPGW）					
3.1	导线、地线有无腐蚀、断股、损伤或闪络烧伤					
3.2	导线、地线弧垂、相分裂导线间距有无变化					
3.3	导线、地线有无上扬、振动、舞动、脱冰跳跃，分裂导线有无鞭击、纽绞、粘连					
3.4	导线、地线连接金具有无过热、变色、变形、滑移					
3.5	导线在线夹中有无滑动，线夹船体部分有无自挂架中脱出					

续表

序号	检查项目	检查情况				
		___塔	___塔	___塔	___塔	___塔
3.6	跳线有无断股、歪扭变形、线间纽绞、舞动或摆动过大					
3.7	跳线与铁塔空气间隙有无变化					
3.8	导线静止状态或最大风偏后对地、对交叉跨越设施及对其他物体距离有无变化					
3.9	架空光缆接续盒及余揽架有无移位、变形、破损等异常情况					
3.10	导线线夹、间隔棒等有无异常声音或电晕情况					
3.11	导线、地线上是否悬挂异物					
4	金具有无锈蚀、变形、磨损、裂纹，开口销及弹簧销缺损脱出					
5	基础及基础防护					
5.1	基础有无变异，如有无裂纹、损坏、下沉或上拔，保护帽是否完好，周围土壤有无突起或沉陷；护基有无沉塌或被冲刷					
5.2	上、下边坡是否有塌方，防洪设施（如挡土墙、护坡、护面、排水沟）是否坍塌或损坏					
6	防雷设施及接地装置					
6.1	放电间隙有无变动、烧损					
6.2	绝缘避雷器间隙有无变化					
6.3	地线、接地引下线、接地装置的连接情况是否正常					
6.4	接地引下线有无被盗、断线、锈蚀情况，接地装置有无外露					
7	其他辅助设施					
7.1	预绞丝有无滑动、断股或烧伤					
7.2	防振锤有无移位、脱落、偏斜、破损					
7.3	阻尼线有无变形、烧伤，绑线松动					
7.4	相分裂导线的间隔棒有无松动、位移、折断、线夹脱落、连接处磨损和放电烧伤					
7.5	相位、警告、指示及防护等标志有无缺损					
7.6	线路名称、杆塔编号有无字迹不清或丢失					
7.7	均压环、屏蔽环锈蚀及螺栓有无松动、偏斜					
8	线路防护区					

续表

序号	检查项目	检查情况				
		___塔	___塔	___塔	___塔	___塔
8.1	有无在铁塔上架设其他设施或利用铁塔、拉线作其他用途					
8.2	有无进入或穿越保护区的超高机械，有无相线路设施射击、抛掷物件					
8.3	有无在铁塔或拉线基础10m（特殊15m）范围内取土、打桩、钻探、开挖等施工或倾倒酸碱盐及其他有害化学物品					
8.4	有无在线路保护区内兴建建筑物、烧窑、烧荒、堆放谷物、草料、垃圾、易燃物、易爆物及其他影响供电安全的物品					
8.5	有无在保护区内打桩、钻探、地下采掘等作业，或有无在线路附近（500m内）爆破、开山采石					
8.6	有无在铁塔内或拉线之间修建车道					
8.7	有无增加新的交叉跨越					
8.8	线路附近有无易被风吹起的锡箔纸、塑料薄膜或放风筝等					
8.9	巡视便道、车辆便道及桥梁等有无损坏					
8.10	有无可能引起放电的树木或其他设施					
8.11	保护区有无种植树木、竹子等高杆植物（如有，填写估计数量）					
8.12	树木、竹子等高杆植物与导线的最近距离是否符合要求					
8.13	有无树木、竹子或过高杂草需清理（如有填写数量）					
9	发现的问题具体说明或建议					

塔号	问题具体说明或建议	处理意见	缺陷项次

没有发现问题请打“√”，有请打“×”，并在“发现的问题具体说明或建议”栏内详细说明发现问题的信息及内容。

3. 工作终结

(1) 质量验收，确认杆塔上无遗留物后下塔。

(2) 工作完毕后清理现场，交还工器具。

4. 注意事项

(1) 确保所用安全工具、个人防护用品经检验并合格有效。

（2）巡视人员由有线路工作经验的人员担任，经考核合格后方能上岗，严格实行专制制，负责对每条线路实行定期巡视、检查和维护。

（3）杆塔有防坠装置的，应使用防坠装置；铁塔没有防坠装置的，应使用双钩防坠装置。

二、考核

（一）考核场地

在考核场地杆塔上实施考试，塔上预先设置几个隐患点；或在实际运行线路上考核。

（二）考核时间

考核时间为40min，在规定时间内完成。

（三）考核要点

（1）线路巡视前准备工作充分，明确登杆巡视工作重点。

（2）巡视作业流程，巡视到位，认真检查线路各部件运行情况，发现问题及时汇报。

（3）对登高工具的检测。

（4）杆塔上动作熟练，移位合理。

三、评分标准

行业：电力工程　　　　工种：送电线路工　　　　等级：四

编号	SX4ZY0501	行为领域	e	鉴定范围		送电	
考核时间	40min	题型	A	满分	100分	得分	
试题正文	110（220）kV架空输电线路例行登杆巡视						
考核要点及其要求	（1）在考核场地杆塔上实施考试，塔上预先设置几个隐患点。 （2）按地面巡视要求准备工器具及材料。 （3）根据作业指导书（卡）完成巡视工作，并填写巡视记录。 （4）操作时间为40min，时间到停止作业。 （5）本项目为单人操作，现场配辅助作业人员一名						
现场设备、工器具材料	（1）工器具：巡检仪、望远镜、数码照相机、钢丝钳、扳手、手锯等。 （2）材料：螺栓、防盗帽、巡视记录照本、电力设施保护告知书等。 （3）设备：无						
备注	无						

评分标准

序号	项目名称	质量要求	分值	扣分标准	扣分原因	得分
1	着装	正确佩戴安全帽，穿工作服，穿绝缘鞋，戴手套	5	（1）未正确佩戴安全帽，扣1分； （2）未穿工作服，扣1分； （3）未穿绝缘鞋，扣1分； （4）未戴手套进行操作，扣1分； （5）工作服领口、袖口扣子未系好，扣1分		

续表

序号	项目名称	质量要求	分值	扣分标准	扣分原因	得分
2	个人工具选用	望远镜、手锯、数码照相机、测高仪、钳子、扳手 300～350mm	5	（1）工具选择不正确每件，扣1分； （2）工具使用不正确，每次扣2分		
3	材料准备	螺栓、防盗帽等	5	错、漏一件，扣1分		
4	登杆	（1）登杆前准备工作： 检查杆塔及作业现场环境（包括导、地线、杆塔、基础、绝缘子、金具及周边环境等）； （2）绝缘手套、接地线、验电器的检查； （3）安全带、保护绳、防坠落装置的检查与冲击试验 （4）上下塔：登杆过程熟练，动作安全、无摇晃，规范使用防坠落装置	15	（1）未检查杆塔及作业现场环境（包括导线、地线、杆塔、基础、绝缘子、金具及周边环境等），扣1分； （2）绝缘手套、接地线、验电器未检查，扣1分； （3）安全带、保护绳、防坠落装置未检查与未做冲击试验扣3分； （4）动作不安全一次，扣5分；登杆过程打滑，扣2分；未规范使用防坠落装置，扣3分		
5	导线、地线（包括耦合地线、屏蔽线、OPGW通信光缆）巡查	（1）有无导线、地线锈蚀、断股、损伤或闪络烧伤； （2）有无导线、地线弧垂变化、相分裂导线间距变化； （3）有无导线，地线上扬，振动，舞动，脱水跳跃，相分裂导线鞭击，扭绞、粘连； （4）有无导线、地线接续金具过热、变色、变形、滑落、外观鼓包、裂纹、烧伤、出口处断股、歪曲度不符合规程要求等； （5）有无导线在线夹内滑动，释放线夹船体部分是否自挂架中脱出； （6）有无跳线断股、歪扭变形，跳线与杆塔空气间隙是否变化，跳线间有无扭绞，跳线舞动、摆动是否过大； （7）导线对地、交叉跨越设施及其他物体距离有无变化； （8）导线、地线上是否悬挂有异物	10	检查导线、地线缺陷，漏检一项，扣2分；未发现缺陷，扣10分		

续表

序号	项目名称	质量要求	分值	扣分标准	扣分原因	得分
6	杆塔、拉线和基础巡查	（1）杆塔倾斜，横担歪扭及杆塔部件锈蚀变形、缺损、被盗； （2）杆塔部件牢固螺栓松动，缺螺栓或螺帽，螺栓丝扣长度不够，铆焊处裂纹、开焊、绑线断裂或松动； （3）混凝土杆出线裂纹扩展、混凝土脱落、钢筋外露、脚钉缺损； （4）拉线及部件锈蚀、松弛、断股抽筋、张力分配不均，缺螺栓、螺帽等，部件丢失和被破坏等现象； （5）杆塔及拉线的基础变异，周围土壤突起或沉陷，基础裂纹，损坏、下沉或上拔，护基沉塌或被冲刷； （6）基础保护帽上部塔材被埋入土或废弃物堆中，塔材锈蚀； （7）防洪设施坍塌或损坏	10	检查导线、地线缺陷，漏检一项，扣2分；未发现缺陷，扣10分		
7	绝缘子、绝缘横担及金具巡查	（1）绝缘子、瓷横担脏污，瓷质裂纹、破碎，钢化玻璃绝缘子爆裂，绝缘子铁帽及钢脚锈蚀，钢脚弯曲； （2）合成绝缘子伞裙破裂、烧伤，金具、均压环变形、扭曲、锈蚀等异常情况； （3）绝缘子、绝缘横担有闪络痕迹和局部火花放电留下的痕迹； （4）绝缘子串、绝缘横担偏斜； （5）绝缘横担绑线松动、断股、烧伤； （6）金具锈蚀、变形、磨损、裂纹，开口销及弹簧销缺损或脱出，特别注意要检查金具经常活动、转动的部位和绝缘子串挂点的金具； （7）绝缘子槽口、钢脚、锁紧销子退出等	10	检查导绝缘子缺陷，漏检一项，扣2分；未发现缺陷，扣10分		

续表

序号	项目名称	质量要求	分值	扣分标准	扣分原因	得分
8	防雷设施和接地装置巡查	（1）放电间隙变动、烧损； （2）避雷器、避雷针等防雷装置和其他设备的连接、固定情况； （3）线路避雷器间隙变化情况； （4）地线、接地引下线、接地装置、连续接地线间的连接、固定以及锈蚀情况	10	检查导线、地线缺陷，漏检一项，扣2分；未发现缺陷，扣5分		
9	检查附件及其他设施巡查	（1）预绞丝滑动、断股或烧伤； （2）防振锤位移、脱落、偏斜、钢丝断股，阻尼线变形、烧伤，绑线松动； （3）相分裂导线的间隔棒松动，位移、折断、线夹脱落、连接处磨损和放电烧伤； （4）均压环、屏蔽环锈蚀及螺栓松动、偏斜； （5）防鸟设施损坏、变形或缺损； （6）附属通信设施破坏； （7）航空、航道警示灯工作情况； （8）各种检测装置缺损； （9）相位、警告、指示及防护等标志缺损、丢失，线路名称、杆塔编号字迹不清的； （10）防污监测点悬挂的检测绝缘子的缺损、丢失	10	检查导线、地线缺陷，漏检一项，扣2分；未发现缺陷，扣10分		
10	巡视记录	认真填写巡视记录	15	（1）巡视记录未填写，扣15分； （2）巡视记录不全，扣2分1项		
11	安全文明生产	工作完毕交还工器具，清理现场	5	（1）未做清理，扣2分； （2）未交还工器具，扣3分		

2.2.10 SX4JB0502 架空输电线路故障巡视

一、作业

（一）工器具、材料、设备

（1）工器具：望远镜、数码照相机、测高仪、照明工具、钢丝钳、300～350mm 扳手、手锯等。

（2）材料：螺栓、防盗帽、巡视记录本等。

（3）设备：无。

（二）安全要求

（1）巡线时应穿绝缘鞋或绝缘靴，雨、雪天路滑应慢慢行走，过沟、崖和墙时防止摔伤，不走险路。防止动物伤害，做好安全措施；偏僻山区巡线由两人进行。暑天、大雪天等恶劣天气，必须时由两人进行。

（2）巡线时应沿线路外侧行走，大风时应沿上风侧行走，发现导线断落地面或悬挂空中，应设法防止行人靠近断线地点 8m 以内，以免跨步电压伤人，并迅速报告领导，等候处理。事故巡线时，应始终认为线路带电。

（3）单人巡视时，禁止攀登树木和杆塔。

（4）穿过公路、铁路时，要注意瞭望，遵守交通法规以免发生交通意外事故。

（三）操作步骤及工艺要求（含注意事项）

1. 工作前准备

（1）查阅图纸资料及线路缺陷情况，明确工作任务及范围，掌握线路有关参数、特点及接线方式；根据保护动作和故障测距情况、气象条件，分析故障类型、故障相位，确定巡视范围、巡视重点。

（2）准备工器具及材料。所需工具准确齐全，对安全工具、个人防护用品进行检查，确保所用安全工具、个人防护用品经试验并合格有效。

2. 工作过程

（1）故障巡视应根据故障原因的初步分析结果采取不同的巡视方式。遇到雷击、污闪、鸟害、风偏等应进行登杆检查；外力破坏、冰害、自然灾害、树（竹）线放电，以及永久性障碍宜先进行地面巡视，对外力破坏障碍的查找应强调快速性，接到调度信息后应立即派出人员赶往现场，并重点对施工、建房等隐患点进行排查，防止肇事方毁灭现场痕迹。

（2）故障巡视人员必须认真负责，不能漏过任何一个可疑点，不能采取跳跃查线的方式，但可以重点对障碍相（极）进行检查，以提高故障巡视效率。

3. 巡视过程中资料收集

（1）雷击、污闪、冰闪等绝缘子闪络故障资料收集。

① 杆塔运行编号照片、地线及连接金具照片、故障相绝缘子串完整照片（能清楚地显示绝缘子串型、绝缘子片数等）、绝缘子串表面放电痕迹照片、导线的放电痕迹照片、线夹和均压环等金具放电痕迹照片、接地引下线放电痕迹照片、大号侧通道照片、小号侧通道照片、杆塔所处地形图照片、相邻杆塔的痕迹照片等。照片分辨率应大于 1024 像素×768像素，且对焦清晰。

② 障碍点坐标信息。

③ 障碍发生时的天气信息，必要时须提供气象部门证明。

④ 污闪障碍须收集附近污源信息、污秽物性质、现场污秽度检测结果。

⑤ 冰闪障碍须收集覆冰厚度、覆冰种类等信息。

⑥ 雷击障碍的接地电阻检测及接地网开挖检查结果、障碍点前后各 2 基塔（共 5 基塔）的断面图、雷电监测结果、杆塔单线图等。

⑦ 其他必要的补充信息，如访谈记录等。

(2) 外力破坏、山火、树（竹）线故障、交叉跨越故障、风偏、冰害等资料收集。

① 收集以下照片：导线的放电痕迹照片（地线的放电痕迹照片、塔身的放电痕迹片、接地引下线放电痕迹照片）、通道照片、地形图照片、施工现场照片等。

② 障碍点坐标信息。

③ 障碍发生时的天气信息，必要时须提供气象部门证明。

④ 其他必要的补充信息，包括访谈记录、附近环境，交跨、树木、建筑物和临时的障碍物、沿线的施工情况，杆塔下有无线头木棍、烧伤的鸟兽，以及损坏了的绝缘子等物，发现与障碍有关的物件和可疑物时，应收集起来并进行拍照，作为障碍分析的依据。

(3) 填写架空输电线路巡视检查记录表见下表。

表　架空输电线路巡视检查记录表

序号	线路名称	巡视区段	缺陷内容	缺陷等级	备注

二、考核

(一) 考核场地

在考核场地杆塔上实施考试，塔上预先设置几个隐患点；或在实际运行线路上考核。

(二) 考核时间

考核时间为 40min，在规定时间内完成。

(三) 考核要点

(1) 线路巡视前，要做好危险点分析与预控工作，做好相关资料分析整理工作，明确巡视工作的重点。

(2) 故障巡视应根据故障原因的初步分析结果采取不同的巡视方式。遇到雷击、污闪、鸟害、风偏等应进行登杆检查；外力破坏、冰害、自然灾害、树（竹）线放电，以及永久性障碍宜先进行地面巡视，对外力破坏障碍的查找应强调快速性，接到调度信息后应立即派出人员赶往现场，并重点对施工、建房等隐患点进行排查，防止肇事方毁灭现场痕迹。

(3) 故障巡视人员必须认真负责，不能漏过任何一个可疑点。

(4) 严格遵守现场巡视作业流程，巡视到位，认真检查线路各部件运行情况，发现可疑及时汇报。及时填写巡视记录及缺陷记录。发现重大、紧急缺陷时，立即上报有关人员。

（5）登杆巡视前要核对线路名称、杆号，检查登高工具是否在试验期限内，对安全带和防坠装置做冲击试验。转向移位穿越时，不得失去保护。

三、评分标准

行业：电力工程　　　　　　　　　　工种：送电线路工　　　　　　　　　　等级：四

编号	SX4JB0502	行为领域	e	鉴定范围		送电	
考核时间	40min	题型	A	满分	100	得分	
试题正文	架空输电线路故障巡视						
考核要点 及其要求	（1）在考核场地杆塔上实施考试，塔上预先设置几个隐患点。 （2）按地面巡视要求准备工器具及材料。 （3）根据作业指导书（卡）完成巡视工作，并填写巡视记录。 （4）考核时间为40min，时间到停止作业。 （5）本项目为单人操作，现场配辅助作业人员一名						
现场设备、 工具、材料	（1）工具：望远镜、数码照相机、测高仪、照明工具、钢丝钳、300～350mm扳手、手锯等。 （2）材料：螺栓、防盗帽、巡视记录本等						
备注	无						

评分标准

序号	项目名称	质量要求	分值	扣分标准	扣分原因	得分
1	着装	正确佩戴安全帽，穿工作服，穿绝缘鞋，戴手套	5	（1）未正确佩戴安全帽，扣1分； （2）未穿工作服，扣1分； （3）未穿绝缘鞋，扣1分； （4）未戴手套进行操作，扣1分； （5）工作服领口、袖口扣子未系好，扣1分		
2	个人工具选用	望远镜、手锯、数码照相机、测高仪、钳子、扳手300～350mm	5	（1）工具选择不准确每件，扣1分； （2）工具使用不准确，每次扣2分		
3	材料准备	螺栓、防盗帽等	5	错、漏一件，扣1分		
4	故障点定	（1）为了能快速地寻找故障地点，必须借助于线路保护的动作情况及保护故障测距所提供的数据。如果线路采用三段过电流保护，则当速断保护动作，故障多发生在线路的末端之前；若带时限保护动作，则故障多发生在本段线路末端和相邻线路的首端；若过电流保护动作，则故障多发生在下一段线路中； （2）巡线时，应该事先查明保护动作情况、故障测距数据，以确定重点巡视的范围	20	（1）结合线路事故跳闸后，继电保护及自动装置的动作情况、故障测距、线路基本情况；以及沿线气象条件等资料，综合分析判断故障性质、故障范围；故障性质判断不准确，扣10分； （2）故障范围判断不准确，扣10分		

续表

序号	项目名称	质量要求	分值	扣分标准	扣分原因	得分
5	故障巡视	(1) 故障巡线中尽管确定了巡视重点，还必须对全线进行巡视，不得中断遗漏； (2) 故障巡线中，巡视人员应对沿线群众进行调查，了解事故经过和现象； (3) 对发现可能造成故障的所有物件均应收集带回，并对故障情况做详细记录，供分析故障参考之用	40	(1) 根据故障点判断结果，对可能发生故障的杆塔进行巡视检查，找到故障点，故障巡视遗漏，每类扣5分； (2) 未发现故障点，扣20分； (3) 未收集故障资料，扣10分； (4) 收集不全，扣5分		
6	安全注意事项	(1) 巡视人员发现导线断落地面或悬吊空中，应设法防止行人靠近断线地点8m以内，以免跨步电压伤人，并迅速报告调度和上级等候处理； (2) 故障巡线应始终认为线路带电	10	违反巡视作业安全注意事项，扣10分		
7	巡视记录	认真填写巡视记录	10	巡视记录不全，扣10分		
8	安全文明生产	工作完毕交还工器具，清理现场	5	(1) 未做清理，扣2分； (2) 未交还工器具，扣3分		

2.2.11 SX4ZY0601 220kV 架空线路带电检测零值绝缘子

一、作业

（一）工器具、材料、设备

（1）工器具：0.5t 绝缘滑车、60m 无极绝缘绳、绝缘保护绳、220kV 绝缘操作杆、火花间隙、绝缘千金、2500V 及以上绝缘电阻表、防潮帆布、安全带、防坠装备一套。

（2）材料：无。

（3）设备：无。

（二）安全要求

（1）攀登杆塔作业前，应检查杆塔底部、基础和拉线是否牢固。

（2）攀登杆塔作业前，应先检查登高工具、设施，如安全带、脚钉、爬梯、防坠装置等是否完整、牢靠。上下杆塔必须使用防坠装置。

（3）在杆塔上作业时，应使用有后备绳或速差自锁器的双控背带式安全带，安全带和后备保护绳（速差自锁器）应分挂在杆塔不同部位的牢固构件上，应防止安全带从杆顶脱出或被锋利物损坏。人员在转位时，手扶的构件应牢固，且不得失去安全保护。

（4）220kV 线路杆塔上作业时，宜穿导电鞋，必要时需穿静电防护服。

（5）工器具运输过程中妥善保管、避免受潮；现场使用前应用 2500V 及以上的绝缘电阻表或绝缘检测仪进行分段检测（电极宽 2cm，机间宽 2cm），检查其绝缘电阻不小于 700MΩ。

（6）作业前，应确认空气间隙满足安全距离的要求；作业过程中，应注意保持绝缘操作杆的有效长度不小于 2.1m；专责监护人应时刻注意和提醒作业人员动作幅度不能过大，人身必须与导线保持 1.8m 以上距离；使用火花间隙检测时，当发现同一串的零值绝缘子片数达到 5 片时，应立即停止检测。

（7）带电作业应在良好的天气中进行，如遇雷、雨、雪、雾不得进行带电作业，风力大于五级时，一般不宜进行带电作业。

（8）在进行高空作业时，不准他人在工作地点的下面通行或逗留，工作地点下面应装设有围栏或其他保护装置，防止落物伤人。

表 220kV 架空线路带电检测零值绝缘子记录表

线路名称： 杆塔号： 记录人：

相别	绝缘子位置		1	2	3	4	5	6	7	8	9	10	11	12	13	14	15
A 相	大号侧串	内侧绝															
		外侧绝															
	小号侧串	内侧绝															
		外侧绝															
	吊瓶串	多号侧															
		少号侧															
B 相	大号侧串	内侧绝															
		外侧绝															

续表

相别	绝缘子位置		1	2	3	4	5	6	7	8	9	10	11	12	13	14	15
B相	小号侧串	内侧绝															
		外侧绝															
	吊瓶串	多号侧															
		少号侧															
C相	大号侧串	内侧绝															
		外侧绝															
	小号侧串	内侧绝															
		外侧绝															
	吊瓶串	多号侧															
		少号侧															

注：绝缘子编号以横担侧绝缘子为小号，导线侧绝缘子为大号。

（三）操作步骤及工艺要求（含注意事项）

1. 准备工作

（1）着装规范。

（2）根据工作需要选择工器具。

（3）对绝缘操作杆进行绝缘检测。

2. 工作过程

（1）得到工作负责人开工许可后，塔上电工核对线路名称、杆号，携带绝缘传递绳登塔至横担适当位置，系好安全带，将绝缘滑车及绝缘绳在作业横担适当位置安装好。

（2）地面电工用绝缘传递绳将绝缘操作杆传递给塔上电工。

（3）塔上电工持绝缘操作杆将检测器的两根探针同时接触每片绝缘子的钢帽和钢脚，细听间隙处有无放电声，无放电声的绝缘子即为劣化绝缘子。逐相由导线侧第一片绝缘子开始，按顺序逐片往横担侧进行检测。发现零值绝缘子时，重复测试2～3次，确认后向地面报告，由地面电工做好记录。

（4）检测时，要认真细听火花间隙的放电声，并根据需要再进一步校正火花间隙距离，使测量靠横担处的绝缘子时有轻微放电声为准。

（5）绝缘子检测完毕后，塔上电工和地面电工配合，将绝缘检测操作杆、绝缘子测试仪下传至地面。

3. 工作终结

（1）塔上电工检查确认塔上无遗留工具后，得到工作负责人同意后携带绝缘绳平稳下塔。

（2）整理记录资料，清理现场，向工作负责人报完工。

（3）清理现场，退场。

4. 注意事项

（1）在工作中使用的工器具、材料必须用绳索传递，不得抛扔，传递绳滑车挂钩与挂点连接应有防脱措施。

(2) 高空作业人员带传递绳移位时，地面人员应精力集中注意配合。

(3) 杆上工作时不得失去安全带保护，监护人应加强监护。

(4) 使用绝缘操作杆测量零值绝缘子时，作业人员应注意保持绝缘操作杆的有效长度不小于2.1m；专责监护人应时刻注意和提醒作业人员动作幅度不能过大，人身必须与导线保持1.8m以上距离。

(5) 检测过程中，应始终牢记每串绝缘子中不良绝缘子的片数：220kV线路不得超过5片，否则应立即停止检测。

(6) 测量顺序正确，从导线侧向横担侧，测量位置正确，火花间隙短路叉两端切实分别接触瓷群上下侧的铁件上。

二、考核

(一) 考核现场

(1) 在不带电的考核线路上模拟运行中线路操作。

(2) 给定线路检修时已办理工作票，线路上验电接地的安全措施已完成，配有一定区域的安全围栏。

(二) 考核时间

考核时间为60min，在规定时间内完成。

(三) 考核要点

(1) 工器具选用满足工作需要，并进行外观检查。

(2) 对绝缘工器具的检测。

(3) 高空作业中不失去安全保护，检测绝缘子动作熟练、准确。

(4) 上下杆动作平稳。

(5) 按规定时间完成，操作过程熟练连贯，施工有序，工器具、材料存放整齐，现场清理干净。

三、评分标准

行业：电力工程　　　　工种：送电线路工　　　　等级：四

编号	SX4ZY0601	行为领域	e	鉴定范围		送电	
考核时间	60min	题型	A	满分	100分	得分	
试题名称	220kV架空线路带电检测零值绝缘子						
考核要点及其要求	(1) 规范穿戴工作服、绝缘鞋、安全帽等。 (2) 工器具选用满足工作需要，进行外观检查。 (3) 登塔及下塔合理使用安全工器具，过程平稳有序。 (4) 测量过程正确规范，记录完整。 (5) 考核时间为60min，时间到终止作业						
现场工器具、材料	(1) 工器具：0.5t绝缘滑车、60m无极绝缘绳、绝缘保护绳、220kV绝缘操作杆、火花间隙、绝缘千金、2500V及以上绝缘电阻表、防潮帆布、安全带、防坠装备一套。 (2) 材料：无。 (3) 设备：无						
备注	给定线路检修时已办理工作票，设定考评员为工作负责人，考生作业前向考评员报开工，测量耐张杆塔绝缘子						

续表

评分标准						
序号	作业名称	质量要求	分值	扣分标准	扣分原因	得分
1	着装	正确佩戴安全帽，穿工作服，穿绝缘鞋，戴手套	5	（1）未正确佩戴安全帽，扣1分； （2）未穿工作服，扣1分； （3）未穿绝缘鞋，扣1分； （4）未戴手套进行操作，扣1分； （5）工作服领口、袖口扣子未系好，扣1分		
2	选用工器具	工器具选用满足施工需要，工器具做外观检查	5	（1）工器具选用不当，扣3分； （2）工器具未进行外观检查，扣2分		
2	绝缘工器具检查	绝缘操作杆外观检查：检查有无损坏、受潮、变形，并用干燥、干净的毛巾将绝缘操作杆擦拭干净	5	不正确，扣5分		
		检测绝缘操作杆绝缘：使用2500V及以上绝缘电阻表分段测试绝缘电阻（电极宽2cm，机间宽2cm），要求不低于700MΩ	5	未测试绝缘电阻，扣5分		
		检查传递绳：外观检查（要求是绝缘绳）	2	未检查，扣2分		
		检查放电间隙：认真检查放电间隙，调整放电间隙为0.7mm	3	未检查放电间隙，扣3分		
3	登杆	核对设备编号：登杆前要核对线路名称及杆号	5	未核对，扣5分		
		防坠装备使用：使用防坠装备（双钩）登塔，作业人员将其中一个挂钩挂在身体上方的塔材上，然后登塔，当该挂钩处于身体下方时，将另一个挂钩挂于身体上方的塔材上，并取下前一个挂钩，登杆平稳	5	（1）未使用防坠装备，扣5分； （2）使用不熟练，扣1分		
4	杆上准备	安全带的使用：安全带的挂钩或绳子应挂在结实牢固的构件上，并采用高挂低用的方式，作业过程中应随时检查安全带是否拴牢，在转移作业位置时不准失去安全带的保护	5	（1）安全带低挂高用，扣3分； （2）在转移作业位置时失去安全带保护，扣5分		

续表

序号	作业名称	质量要求	分值	扣分标准	扣分原因	得分
4	杆上准备	传递工器具：塔上作业人员应使用工具袋，上下传递物件应用绳索传递，严禁抛掷，作业人员应防止掉东西；传递绳必须与导线保持1.8m以上距离	5	（1）未使用工具袋，扣2分； （2）随意抛掷工器具，扣1分； （3）作业过程中掉东西，每掉一次扣2分		
5	绝缘子检测的安全要求及技术要求	（1）在检测过程中，人身与带电体必须保持1.8m以上安全距离； （2）绝缘操作杆有效绝缘长度必须大于2.1m； （3）测量顺序正确，从导线侧向横担侧； （4）测量位置正确，火花间隙短路叉两端切实分别接触瓷裙上下侧的铁件上： ①不漏测； ②火花间隙短路叉保持原位，报告记录后才可移开火花间隙短路叉； ③一串绝缘子串中零值绝缘子片数达到5片时，应立即停止检测	35	（1）不正确，扣30分（现场提问）； （2）测量顺序错误，扣5分； （3）每漏测一片，扣1分，扣完为止		
6	工器具传递至地面	将工器具通过传递绳传递至地面，吊绳绑扎正确，测量杆垂直上下，放下时测量杆不碰杆塔，测量杆接近地面要减速，让监护人员接住	5	（1）传递在空中缠绕，扣2分； （2）传递的工器具在空中脱落，扣3分/次		
7	人员下塔	清理杆上遗留物，得到工作负责人许可后携带传递绳平稳下塔，下杆过程平稳	5	（1）杆塔上有遗留物，扣3分； （2）下杆不平稳，扣2分		
8	填写测试记录	填写测试记录	5	（1）未填写测试记录，扣5分； （2）填写不正确，每处扣1分		
9	安全文明生产	工作过程中无遗留物，工作完毕交还工器具，清理现场	5	（1）未做清理，扣2分； （2）未交还工器具，扣3分		

2.2.12　SX4ZY0701　光学经纬仪的对中、整平、瞄准、读数的操作

一、作业

（一）工器具、材料、设备

（1）工器具：J2 光学经纬仪、丝制手套、榔头（2 磅）。

（2）材料：ϕ20 圆木桩、铁钉（25mm）或记号笔。

（3）设备：无。

（二）安全要求

在线下或杆塔下测量时作业人员必须戴好安全帽。

（三）操作步骤及工艺要求（含注意事项）

1. 工作前准备

（1）着装规范。

（2）选择工器具，并做外观检查。

2. 工作过程

（1）对中。

① 打开三脚架，调节脚架高度适中，目测三脚架头大致水平，且三脚架中心大致对准地面标志中心。

② 将仪器放在脚架上，并拧紧连接仪器和三脚架的中心连接螺旋，双手分别握住另两条架腿稍离地面前后左右摆动，眼睛看对中器的望远镜，直至分划圈中心对准地面标志中心为止，放下两架腿并踏紧。

③ 升落脚架腿使气泡基本居中，用脚螺旋精确整平。

④ 检查地面标志是否位于对中器分划圈中心，若不居中，可稍旋松连接螺旋，在架头上移动仪器，使其精确对中。

（2）整平。整平时，先转动照准部，使照准部水准管与任一对脚螺旋的连线平行，两手同时向内或向外转动这两个脚螺旋，使水准管气泡居中。将照准部旋转 90°，转动第三个脚螺旋，使水准管气泡居中，按以上步骤反复进行，直到照准部转至任意气泡皆居中为止。

（3）瞄准。

① 调节目镜调焦螺旋，使十字丝清晰。

② 松开望远镜制动螺旋和照准部制动螺旋，先利用望远镜上的准星瞄准目标，使在望远镜内能看到目标物象，然后旋紧上述两制动螺旋。

③ 转动物镜调焦使物象清晰，注意消除视差。

④ 旋转望远镜和照准部制动螺旋，使十字丝的纵丝精确地瞄准目标。

（4）读数。

① 照准目标后，先打开反光镜，并调整其位置，使读数窗内进光明亮均匀；然后进行读数显微镜调焦，使读数窗内分划清晰，并消除视差。

② 转动测微轮，使分划重合窗中上、下分化线重合，并在读数窗中读出度数。

③ 在凸出的小方框中读出整 10′数。

④ 在测微尺读数窗中读出分及秒数。

⑤ 将以上读数相加即为度盘度数。

3. 工作终结

（1）自查验收。

（2）清理现场、退场。

4. 工艺要求

（1）仪器架设高度合适，便于观察测量。

（2）气泡无偏移，对中清晰。

（3）对光后刻度盘清晰，便于读数。

二、考核

（一）考核场地

（1）场地要求。在考核场地选取一平坦地面，面积不小于 3m×3m 的场地。

（2）给定测量作业任务时须办理工作票，配有一定区域的安全围栏。

（二）考核时间

考核时间为 40min，在规定时间内完成。

（三）考核要点

（1）要求单独操作，配有工作负责人。

（2）工器具选用满足工作需要，进行外观检查。

（3）仪器架设。

① 仪器安装，高度便于操作。

② 光学对点器对中，对中标志清晰。

③ 调整圆水泡，圆水泡中的气泡居中。

④ 仪器调平，仪器旋转至任何位置，水准气泡最大偏离值都不超过 1/4 格值。

⑤ 瞄准，使分划板十字丝清晰明确对准目标物。

⑥ 读数，读数窗内近光明亮均匀，分划重合窗中上、下分画线重合。

三、评分标准

行业：电力工程　　　　工种：送电线路工　　　　等级：四

编号	SX4ZY0701	行为领域	e	鉴定范围		送电	
考核时限	40min	题型	A	满分	100 分	得分	
试题名称	光学经纬仪的对中、整平、瞄准、读数的操作						
考核要点 其要求	（1）考场可以设在考核专用场地进行，场地无障碍。 （2）在考核场地选取一平坦地面，面积不小于 3m×3m 的场地。 （3）选择工具，做外观检查						
现场设备、工器具、材料	（1）工具：J2 光学经纬仪、丝质手套、榔头（2 磅）。 （2）材料：20 圆木桩、铁钉（25mm）或记号笔。 （3）设备：无						
备注	上述栏目未尽事宜						

续表

评分标准						
序号	考核项目名称	质量要求	分值	扣分标准	扣分原因	得分
1	着装	正确佩戴安全帽，穿工作服，穿绝缘鞋，戴手套	5	(1) 未正确佩戴安全帽，扣1分； (2) 未穿工作服，扣1分； (3) 未穿绝缘鞋，扣1分； (4) 未戴手套进行操作，扣1分； (5) 工作服领口、袖口扣子未系好，扣1分		
2	工具选用	工器具选用满足作业需要，工器具做外观检查	5	(1) 选用不当，扣3分； (2) 工器具未做外观检查，扣2分		
3	仪器安装	将三脚架高度调节好后架于测站点上，仪器从箱中取出，将仪器放于三脚架上，转动中心固定螺旋	10	(1) 高度便于操作，不正确，扣5分； (2) 一手握扶照准部，一手握住三角机座，不正确，扣5分； (3) 将仪器固定于脚架上，不能拧太紧，留有余地，不正确，扣5分		
4	光学对点器对中	旋转对点器对中，拉伸对点器镜管，两手各持三脚架中两脚，另一角用右（左）手胳膊与右（左）腿配合好，将仪器平稳托离地，将分化板的小圆圈套住桩上小铁桩，仪器调平后再滑动仪器调整	15	(1) 操作不正确，扣5分； (2) 操作重复每超过2次，倒扣2分； (3) 气泡圈外，扣5分，不在中心视情况，扣5分		
5	调整圆水泡	将三脚架踩紧或调整各脚的高度，使圆水泡中的气泡居中	5	不正确，扣5分		
6	精确对中	将仪器照准部转动180°后再检查仪器对中情况，拧紧中心固定螺栓，仪器调平后还要再精细对中一次，使小铁钉准确处于分划板的小圆圈中心	5	不正确，扣5分		
7	仪器调平	转动仪器照准部，使长型水准器与任意两个脚螺旋的连接线平行，以相反方向等量转此两脚螺旋，使气泡正确居中，将仪器转动90°，旋转第三个脚螺旋，反复调整两次，仪器精确对中后还要再检查调平一次	15	(1) 使长型水准器与任意两个脚螺旋的连接线平行，不正确，扣5分； (2) 反复超过两次倒，扣5分； (3) 仪器旋转至任何位置，水准器泡最大偏离值都不超过1/4格值，每1/4格扣2分		

续表

序号	考核项目名称	质量要求	分值	扣分标准	扣分原因	得分
8	瞄准	十字丝的纵丝精确地瞄准目标	5	使分划板十字丝清晰明确，不正确扣5分		
9	读数	照准目标后，打开反光镜，并调整其位置，使读数窗内进光明亮均匀；然后进行读数显微镜调焦，使读数窗内分划清晰，并消除视差，再进行读数	20	(1) 对准目标不熟练，扣3分； (2) 使标杆的影像清晰，不正确，扣2分； (3) 使标杆在十字丝双丝正中，不正确，扣5分； (4) 如有视差，再进行调焦清除，仔细检查使标杆在十字丝双丝正中，不正确，扣5分； (5) 要求两次屈光度一致，不正确，扣2分； (6) 读数不正确，扣3分		
10	收仪器	松动所有制动手轮，松开仪器中心固定螺旋，双手将仪器轻轻拿下放进箱内，清除三脚架上的泥土	10	(1) 一手握住仪器，一手旋下固定螺旋，不正确，扣3分； (2) 要求位置正确，一次成功，每失误一次，扣3分； (3) 将三脚架收回，扣上皮带，不正确，扣3分； (4) 动作熟练流畅，不熟练，扣2分		
11	安全文明生产	工作完毕交还工器具，清理现场	5	(1) 未做清理，扣3分； (2) 未交还工器具，扣2分		

第三部分　高　级　工

1 理论试题

1.1 单选题

La3A1001 并联谐振又称为（ ）谐振。

（A）电阻 （B）电流 （C）电压 （D）电抗

答案：B

La3A1002 在R、L、C并联电路中，若以电压源供电，且令电压有效值固定不变，则在谐振频率附近总电流值将（ ）。

（A）比较小 （B）不变 （C）比较大 （D）不确定

答案：A

La3A1003 运动导体切割磁力线，产生最大电动势时，导体与磁力线间夹角应为（ ）。

（A）0° （B）30° （C）60° （D）90°

答案：D

La3A1004 载流导体周围的磁场方向与产生磁场的（ ）有关。

（A）磁场强度 （B）磁力线方向 （C）电流方向 （D）磁力线和电流方向

答案：C

La3A1005 有一通电线圈，当电流减少时，电流的方向与产生电动势的方向（ ）。

（A）相同 （B）相反 （C）无法判定 （D）先相同，后相反

答案：A

La3A1006 三个相同的电阻串联总电阻是并联时总电阻的（ ）。

（A）6倍 （B）9倍 （C）3倍 （D）1/9

答案：B

La3A1007 交流电路中，分别用P、Q、S表示有功功率、无功功率和视在功率，而功率因数则等于（ ）。

（A）P/S （B）Q/S （C）P/Q （D）Q/P

答案：A

La3A1008 欧姆定律是阐述在给定正方向下（　　）之间的关系。
（A）电流和电阻　（B）电压和电阻　（C）电压和电流　（D）电压、电流和电阻
答案：D

La3A1009 应用右手定则时，姆指所指的是(　　)。
（A）导线切割磁力线的运动方向　（B）磁力线切割导线的方向
（C）导线受力后的运动方向　（D）在导线中产生感应电动势的方向
答案：A

La3A2010 竖直角符号为正时，说明(　　)。
（A）方向线倾斜　（B）方向线水平
（C）方向线在水平线之上　（D）方向线在水平线之下
答案：C

La3A2011 并联电路的总电流为各支路电流(　　)。
（A）之和　（B）之积　（C）之商　（D）倒数和
答案：A

La3A2012 当频率低于谐振频率时，R、L、C 串联电路呈(　　)。
（A）感性　（B）阻性　（C）容性　（D）不定性
答案：C

La3A2013 在 R、L、C 串联电路上，发生谐振的条件是(　　)。
（A）$\omega=1/LC$　（B）$\omega^2LC=1$　（C）$\omega LC=1$　（D）$\omega=LC$
答案：B

La3A2014 两只额定电压相同的灯泡，串联在适当的电压上，则功率较大的灯泡(　　)。
（A）发热量大　（B）发热量小
（C）与功率较小的发热量相等　（D）与功率较小的发热量不等
答案：B

La3A2015 关于磁感应强度，下面说法中错误的是(　　)。
（A）磁感应强度 B 和磁场 H 有线性关系，H 定了，B 就定了
（B）磁感应强度 B 的大小与磁介质性质有关
（C）磁感应强度 B 还随磁场 H 的变化而变化
（D）磁感应强度 B 是表征磁场的强弱和方向的量
答案：A

La3A2016 磁力线、电流和作用力三者的方向是(　　)。

(A) 磁力线与电流平行与作用力垂直　(B) 三者相互垂直

(C) 三者互相平行　(D) 磁力线与电流垂直与作用力平行

答案：B

La3A2017 某单相用户功率为2.2kW，功率因数为0.9，则计算电流为(　　)。

(A) 10A　(B) 9A　(C) 11A　(D) 8A

答案：C

La3A2018 下列说法中，错误的说法是(　　)。

(A) 叠加法适于求节点少，支路多的电路

(B) 戴维南定理适于求复杂电路中某一支路的电流

(C) 支路电流法是计算电路的基础，但比较麻烦

(D) 网孔电流法是一种简便适用的方法，但仅适用于平面网络

答案：A

La3A2019 把一只电容和一个电阻串联在220V交流电源上，已知电阻上的压降是120V，所以电容器上的电压为(　　)。

(A) 100V　(B) 120V　(C) 184V　(D) 220V

答案：C

La3A2020 两个容抗均为5Ω的电容器串联，以下说法正确的是(　　)。

(A) 总容抗小于10Ω　(B) 总容抗等于10Ω

(C) 总容抗为5Ω　(D) 总容抗大于10Ω

答案：B

La3A2021 电容器电容量的大小与施加在电容器上的电压(　　)。

(A) 的平方成正比　(B) 的一次方成正比

(C) 无关　(D) 成反比

答案：C

La3A2022 如果负载电流超前电压90°，这个负载是(　　)。

(A) 电阻　(B) 电容　(C) 电感　(D) 电阻、电感串连

答案：B

La3A2023 基尔霍夫电压定律是指(　　)。

(A) 沿任一闭合回路各电动势之和大于各电阻压降之和

(B) 沿任一闭合回路各电动势之和小于各电阻压降之和

(C) 沿任一闭合回路各电动势之和等于各电阻压降之和
(D) 沿任一闭合回路各电阻压降之和为零
答案：C

La3A2024 无论三相负载是Y或△连接，也无论对称与否，总功率为：(　　)。
(A) $P=3UI\cos\phi$　　(B) $P=Pu+Pr+Pw$
(C) $P=3UI\sin\phi$　　(D) $P=UI\cos\phi$
答案：B

La3A2025 三相对称负载的功率 $P=\sqrt{3}UI\cos\varphi$，其中 φ 角是(　　)的相位角。
(A) 线电压与线电流之间　　(B) 相电压与对应相电流之间
(C) 线电压与相电流之间　　(D) 相电压与线电流之间
答案：B

La3A2026 有功日负荷曲线下面所包围的面积就是(　　)。
(A) 用户在一日内消耗的电能
(B) 用户在一日内负荷变化情况
(C) 用户在一日内有功负荷的变化规律
(D) 用户在一日内无功负荷的变化规律
答案：A

La3A2027 线圈中自感电动势的方向是(　　)。
(A) 与原电流方向相反　　(B) 与原电流方向相同
(C) 阻止原磁通的变化　　(D) 加强原磁通的变化
答案：C

La3A2028 用于确定载流导体在磁场中所受磁场力（电磁力）方向的法则是(　　)。
(A) 左手定则　(B) 右手定则　(C) 左手螺旋定则　(D) 右手螺旋定则
答案：A

La3A2029 所谓潮流分布，就是系统在某一运行方式下，电力网中(　　)。
(A) 损耗的分布情况　　(B) 功率方向的分布情况
(C) 功率大小的分布情况　　(D) 功率大小与方向的分布情况
答案：D

La3A2030 串联电路具有以下特点(　　)。
(A) 串联电路中各电阻两端电压相等
(B) 各电阻上消耗的功率之和等于电路所消耗的总功率
(C) 各电阻上分配的电压与各自电阻的阻值成正比

(D) 流过每一个电阻的电流不相等

答案：**B**

La3A2031 当距离保护的Ⅰ段动作时，说明故障点在(　　)。

(A) 本线路全长的85%范围以内　　(B) 线路全长范围内

(C) 本线路的相邻线路　　(D) 本线路全长的50%范围以内

答案：**A**

La3A2032 日负荷曲线除了表现负荷随时间变化外，同时也表示了(　　)。

(A) 用户在一日内消耗的电能

(B) 用户在一日内负荷变化情况

(C) 用户在一日内有功负荷的变化规律

(D) 用户在一日内无功负荷的变化规律

答案：**A**

La3A2033 电力线路无论是空载、负载还是故障时，线路断路器(　　)。

(A) 均应可靠动作　　(B) 空载时无要求

(C) 负载时无要求　　(D) 故障时不一定动作

答案：**A**

La3A2034 铜线比铝线的机械性能(　　)。

(A) 好　　(B) 差　　(C) 一样　　(D) 稍差

答案：**A**

La3A3035 将电动势为1.5V，内阻为0.2Ω的四个电池并联后，接入一阻值为1.45Ω的负载，此时负载电流为(　　)A。

(A) 2　　(B) 1　　(C) 0.5　　(D) 3

答案：**B**

La3A3036 两个并联在10V电路中的电容器是10μF，现在将电路中电压升高至20V，此时每个电容器的电容将(　　)。

(A) 增大　　(B) 减少　　(C) 不变　　(D) 先增大后减小

答案：**C**

La3A3037 在R、L、C串联的交流电路中，如果总电压相位落后于电流相位，则(　　)。

(A) $R=X_L=X_C$　　(B) $X_L=X_C \neq R$　　(C) $X_L>X_C$　　(D) $X_L<X_C$

答案：**D**

La3A3038 电路产生串联谐振的条件是(　　)。

(A) $X_L > X_C$　(B) $X_L < X_C$　(C) $X_L = X_C$　(D) $X_L + X_C = R$

答案：C

La3A3039 两根平行载流导体，在通过同方向电流时，两导体将(　　)。

(A) 互相吸引　(B) 相互排斥

(C) 没反应　(D) 有时吸引，有时排斥

答案：A

La3A3040 一只220V，60W的灯泡，把它改接到110V的电源上，消耗功率为(　　)W。

(A) 10　(B) 15　(C) 20　(D) 40

答案：B

La3A3041 正弦交流电的三要素(　　)。

(A) 电压、电动势、电能　(B) 最大值、角频率、初相角

(C) 最大值、有效值、瞬时值　(D) 有效值、周期、初始值

答案：B

La3A3042 当不接地系统的电力线路发生单相接地故障时，在接地点会(　　)。

(A) 产生一个高电压　(B) 通过很大的短路电流

(C) 通过正常负荷电流　(D) 通过电容电流

答案：D

La3A3043 电压互感器的二次回路(　　)。

(A) 根据容量大小确定是否接地　(B) 不一定全接地

(C) 根据现场确定是否接地　(D) 必须接地

答案：D

La3A3044 线路零序保护动作，故障形式为(　　)。

(A) 短路　(B) 接地　(C) 过负载　(D) 过电压

答案：B

La3A4045 力的可传性不适用于研究力对物体的(　　)效应。

(A) 刚体　(B) 平衡　(C) 运动　(D) 变形

答案：D

La3A5046 大小相等、方向相反、不共作用线的两个平行力构成(　　)。

(A) 作用力和反作用力　(B) 平衡力

（C）力偶　　　　　　　　　　　　　　　（D）约束与约束反力

答案：C

Lb3A1047　垂直接地体的间距不宜小于其长度的（　　）。

（A）1倍　　　　（B）2倍　　　　（C）3倍　　　　（D）4倍

答案：B

Lb3A2048　垂直档距值为负表示导线对杆塔有（　　）。

（A）上拔力　　　（B）下压力　　　（C）水平力　　　（D）垂直力

答案：A

Lb3A2049　垂直档距值为零表示导线对杆塔有（　　）。

（A）上拔力　　　（B）下压力　　　（C）水平力　　　（D）垂直力

答案：C

Lb3A2050　垂直档距值为正表示导线对杆塔有（　　）。

（A）上拔力　　　（B）下压力　　　（C）水平力　　　（D）垂直力

答案：B

Lb3A2051　对于不执行有关调度机构批准的检修计划的主管人员和直接责任人员，由其所在单位或上级机关给予（　　）处理。

（A）行政处分　　　　　　　　　　　（B）厂纪厂规处罚

（C）经济罚款　　　　　　　　　　　（D）法律制裁

答案：A

Lb3A2052　设备的（　　）是对设备进行全面的检查、维护、处理缺陷和改进等综合性工作。

（A）大修　　　（B）小修　　　（C）临时检修　　　（D）定期检查

答案：A

Lb3A2053　各级运检部门应利用公司线路山火监测预警系统实时监测线路周边的火点位置和范围，分析火险火情对线路可能产生的影响，发布线路山火预警信息。各线路运检单位应根据（　　）做好处置准备工作。

（A）经验　　　（B）预警信息　　　（C）监测情况　　　（D）线路电压等级

答案：B

Lb3A2054　一般可根据（　　），选择防振锤的型号。

（A）杆塔的高度　　　　　　　　　　（B）档距的大小

（C）线路的导线牌号　　　　　　　　（D）风速情况

答案：C

Lb3A2055 架空输电线路杆号、警告、防护、指示、相位等标识巡视检查内容有：(　　)、损坏、字迹或颜色不清、严重锈蚀等。

(A) 缺失　　(B) 断裂　　(C) 严重锈蚀　　(D) 老化

答案：A

Lb3A2056 架空输电线路防鸟装置巡视检查内容有：固定式：(　　)、变形、螺栓松脱；活动方式：动作失灵、腿色、破损；电子、光波、声响式；供电装置失效或功能失效、损坏等。

(A) 破损　　(B) 断裂　　(C) 锈蚀　　(D) 老化

答案：A

Lb3A2057 钢管杆的运行维护应加强对钢管杆的(　　)、锈蚀情况、螺栓紧固程度以及法兰连接情况等检查。

(A) 倾斜　　(B) 焊缝裂纹　　(C) 弯曲　　(D) 接地情况

答案：B

Lb3A2058 架空输电线路各种检测装置巡视检查内容有：(　　)、损坏、功能失效。

(A) 缺失　　(B) 断裂　　(C) 锈蚀　　(D) 老化

答案：A

Lb3A3059 处于重冰区的线路要进行覆冰观测，研究覆冰特点，制订反事故措施，特殊地区的设备要加装(　　)。

(A) 融冰装置　　(B) 监测装置　　(C) 视频装置　　(D) 防冻装置

答案：A

Lb3A3060 划分污级的盐密值应是以(　　)年的连续积污盐密为准。

(A) 1～2　　(B) 2～3　　(C) 1～3　　(D) 1～4

答案：C

Lb3A3061 所谓档距即指(　　)。

(A) 相邻两杆塔之间的距离　　(B) 相邻两杆塔之间的水平距离

(C) 相邻两杆塔中点之间的水平距离　　(D) 两杆塔中点之间的水平距离

答案：C

Lb3A3062 导线的耐振能力决定于(　　)的大小。

(A) 代表档距　　(B) 年平均运行应力

(C) 耐张段长度　　(D) 许用应力

答案：B

Lb3A3063 为避免电晕发生，规范要求110kV线路的导线截面面积最小是（ ）。

（A）$50mm^2$ （B）$70mm^2$ （C）$95mm^2$ （D）$120mm^2$

答案：A

Lb3A3064 高海拔地区的超高压线路的导线截面选择，（ ）则是主要的。

（A）电晕条件的要求 （B）线路电压损耗

（C）经济电流密度 （D）导线在运行中的温度不超过允许温度

答案：A

Lb3A3065 导线悬点应力总是（ ）最低点的应力。

（A）小于 （B）等于 （C）大于 （D）不能确定

答案：B

Lb3A3066 架空线路导线最大使用应力不可能出现的气象条件是（ ）。

（A）最高气温 （B）最大风速 （C）最大覆冰 （D）最低气温

答案：A

Lb3A3067 防污清扫工作应根据（ ）、积污度、气象变化规律等因素确定周期及时安排清扫，并保证清扫质量。

（A）盐密值 （B）爬电比距 （C）干弧距离 （D）绝缘子串长

答案：A

Lb3A3068 绝对高程是指地面点投影到大地水准面的铅垂距离，简称（ ）。

（A）高度 （B）垂距 （C）高程系 （D）高程

答案：D

Lb3A3069 各级运检部门应组织开展鸟害故障分析工作，掌握鸟类活动规律和鸟害故障特点，划分鸟害易发区域，制订（ ）。

（A）鸟害分布图 （B）巡视计划

（C）鸟害防范措施 （D）消除鸟害措施

答案：C

Lb3A3070 缺陷管理的目的之一是对缺陷进行全面分析总结变化规律，为（ ）提供依据。

（A）运行 （B）调度

（C）质量管理 （D）大修、更新改造设备

答案：D

Lb3A3071 现场浇筑混凝土在日平均温度低于5℃时，应(　　)。

(A) 及时浇水养护　(B) 在3h内进行浇水养护

(C) 不得浇水养护　(D) 随便

答案：C

Lb3A3072 两接地体间的平行接近距离一般不应小于(　　)m。

(A) 15　(B) 10　(C) 5　(D) 3

答案：D

Lb3A3073 LGJ-120～150型导线应选配的倒装式螺栓耐张线夹型号为(　　)。

(A) NLD-1　(B) NLD-2　(C) NLD-3　(D) NLD-4

答案：C

Lb3A3074 玻璃绝缘子片自爆导致的(　　)是玻璃绝缘子特有故障缺陷，将该缺陷统称为玻璃绝缘子的损伤，也是玻璃绝缘子最需要识别诊断的缺陷。

(A) 掉片损伤　(B) 裂纹损伤

(C) 绝缘损伤　(D) 爆裂损伤

答案：A

Lb3A3075 瓷绝缘子的泄漏距离系指钢帽和钢脚之间沿绝缘子瓷(　　)的最近距离。

(A) 内部　(B) 外部　(C) 表面　(D) 垂直

答案：C

Lb3A3076 绝缘子的泄漏距离是指铁帽和铁脚之间绝缘子(　　)的最近距离。

(A) 内部　(B) 外部　(C) 表面　(D) 垂直

答案：C

Lb3A3077 绝缘子的等值附盐密度，是衡量绝缘子(　　)污秽导电能力大小的一个重要参数。

(A) 钢帽表面　(B) 钢脚表面

(C) 表面　(D) 瓷件表面

答案：D

Lb3A3078 根据玻璃、瓷质和合成绝缘子的各自特性，其常见故障有(　　)、掉串、裂纹破损、闪络放电和异物等。

(A) 自爆　(B) 脏污　(C) 击穿　(D) 火花

答案：A

Lb3A3079 线路运行绝缘子发生闪络的原因是(　　)。

(A) 表面光滑　(B) 表面毛糙　(C) 表面潮湿　(D) 表面污湿

答案：D

Lb3A3080 较陡山坡线路区段采取(　　)方式，无人机应处于山坡、线路外侧。

(A) 单侧巡检　(B) 下方巡检　(C) 双侧巡检　(D) 上方巡检

答案：A

Lb3A3081 无人机飞行方向应与该档导地线方向(　　)。

(A) 垂直　(B) 平行　(C) 呈45°角　(D) 呈30°角

答案：B

Lb3A3082 无人机巡检起飞前，须向(　　)申请放飞许可。

(A) 民航局　(B) 中国空军　(C) 空管部门　(D) 航站楼

答案：C

Lb3A3083 架空输电线路导线、地线、引流线屏蔽线、OPGW巡视检查的内容有：散股、断股、损伤、(　　)、导线接头部位过热、悬挂漂浮物、呼垂过大或过小、严重损失、有电晕现象、导线缠绕、覆冰舞动、风偏过大、对交叉跨越物距离不够。

(A) 裂纹　(B) 严重污秽　(C) 放电烧伤　(D) 锈蚀

答案：C

Lb3A3084 架空输电线路防雷装置巡视检查内容有避雷器动作异常：计数器失效、破损、变形、(　　)；放电间隙变形、烧伤等。

(A) 严重锈蚀　(B) 断裂　(C) 引线松脱　(D) 老化

答案：C

Lb3A3085 架空输电线路航空警示器材巡视检查内容有：高塔警示灯、跨江线彩球缺失、(　　)、失灵。

(A) 损坏　(B) 严重污秽　(C) 严重锈蚀　(D) 老化

答案：A

Lb3A3086 架空输电线路金具巡视检查内容有：线夹断裂、裂纹、磨损、销钉脱落或严重锈蚀、均压环、屏蔽环烧伤、螺栓松动、防振锤跑位、脱落、严重锈蚀、阻尼线变形、(　　)；间隔棒脱落或变形、离位；各种连扳、连接环、调整板损伤。

(A) 松弛　(B) 过紧　(C) 烧伤　(D) 老化

答案：C

Lb3A3087 精细巡检主要对象为(　　)。

(A) 线路本体设备及附属设施　(B) 杆塔本体及绝缘子金具

(C) 线路本体设备及通道　(D) 线路通道

答案：A

Lb3A3088 架空输电线路通道内建（构）筑物巡视检查内容有：(　　)，建筑物等；树木（竹林）与导线安全距离不足等。

(A) 违章建筑　(B) 建筑物施工进度

(C) 建筑物施工起止日期　(D) 签安全承诺书

答案：A

Lb3A4089 绝缘材料的电气性能主要指(　　)。

(A) 绝缘电阻　(B) 介质损耗

(C) 绝缘电阻、介损、绝缘强度　(D) 泄漏电流

答案：C

Lb3A4090 污秽等级的划分，根据(　　)。

(A) 运行经验决定

(B) 污秽特征，运行经验，并结合盐密值三个因素综合考虑决定

(C) 盐密值的大小决定

(D) 大气情况决定

答案：B

Lb3A4091 导线的状态方程式是反映导线应力随(　　)变化的规律。

(A) 温度　(B) 风速　(C) 覆冰厚度　(D) 气象条件

答案：D

Lb3A4092 导线换位的目的是使线路(　　)。

(A) 电压平衡　(B) 阻抗平衡　(C) 电阻平衡　(D) 导线长度相等

答案：B

Lb3A4093 架空输电线路的导线截面，一般是按(　　)来选择的。

(A) 机械强度的要求

(B) 容许电压损耗的要求

(C) 经济电流密度

(D) 导线在运行中的温度不超过允许温度

答案：C

Lb3A4094 铝及钢芯铝绞线在事故情况下的最高温度不超过(　　)。

(A) 60℃　　(B) 65℃　　(C) 70℃　　(D) 90℃

答案：D

Lb3A4095 铝及钢芯铝绞线在正常情况下的最高温度不超过(　　)。

(A) 60℃　　(B) 65℃　　(C) 70℃　　(D) 90℃

答案：C

Lb3A4096 代表档距耐张段，(　　)可能是最大应力气象条件。

(A) 最高气温　　(B) 覆冰情况　　(C) 最大风速　　(D) 最低气温

答案：D

Lb3A4097 振动风速的下限为(　　)。

(A) 0.5m/s　　(B) 与导线的悬点高度有关

(C) 与档距大小有关　　(D) 与地形地物情况有关

答案：A

Lb3A4098 绝缘架空地线放电间隙的安装距离偏差不应大于(　　)。

(A) ±2mm　　(B) ±3mm　　(C) ±4mm　　(D) ±5mm

答案：A

Lb3A4099 如果输电线路发生永久性故障，无论继电保护或断路器是否失灵，未能重合，造成线路断电，这种事故考核的单位是(　　)。

(A) 继电保护或断路器（开关）管理单位

(B) 线路管理单位

(C) 运行管理单位

(D) 线路管理单位和继电保护及断路器管理单位

答案：B

Lb3A4100 直流高压送电和交流高压送电的线路走廊相比，(　　)。

(A) 直流走廊较窄　　(B) 交流走廊较窄

(C) 两种走廊同样　　(D) 直流走廊要求高

答案：A

Lb3A4101 为使高塔的耐雷水平不致低于普通杆塔，全高超过40m的杆塔，其高度每增加(　　)m应增加一片绝缘子。

(A) 10　　(B) 15　　(C) 20　　(D) 30

答案：A

Lb3A4102 无人机采取上方巡检方式时，巡检高度一般至少为线路地线上方(　　)。

(A) 80m　　(B) 90m　　(C) 100m　　(D) 120m

答案：C

Lb3A4103 无人机应以(　　)接近杆塔，必要时可在杆塔附近悬停，使传感器在稳定状态下采集数据，确保数据的有效性与完整性。

(A) 匀速　　(B) 低速　　(C) 缓慢　　(D) 快速。

答案：B

Lb3A4104 架空输电线路通道内(　　)巡视检查内容有出现裂缝、坍塌等情况。

(A) 微地形区　　(B) 不良地质区　　(C) 微气象区　　(D) 采动影响区

答案：D

Lb3A5105 在年平均气温时，导线应力不得大于年平均运行应力，主要是考虑(　　)要求。

(A) 强度　　(B) 导线防振　　(C) 弧垂　　(D) 垂直档距

答案：B

Lb3A5106 接续金具的电压降与同样长度导线的电压降的比值不大于(　　)。

(A) 1　　(B) 1.2　　(C) 1.5　　(D) 2

答案：B

Lb3A5107 悬点水平弧垂，如无特别指明，均系指(　　)。

(A) 导线至悬点连线间的垂直距离

(B) 导线最低点至悬点水平线间的垂直距离

(C) 导线至悬点连线间的铅锤距离

(D) 档距中点导线至悬点连线间的垂直距离

答案：B

Lb3A5108 线路运检单位应根据环境、设备特点和运行经验编制大跨越段现场运行规范，确定相应的(　　)。

(A) 周期巡视计划　　(B) 鸟害防范措施

(C) 维护检修周期　　(D) 消除鸟害措施

答案：C

Lc3A2109 扑灭室内火灾最关键的阶段是(　　)。

(A) 猛烈阶段　(B) 初起阶段　(C) 发展阶段　(D) 减弱阶段

答案：B

Lc3A2110 用于供人升降用的起重钢丝绳的安全系数为(　　)。

(A) 10　　(B) 14　　(C) 5～6　　(D) 8～9

答案：B

Lc3A3111 粗沙平均粒径不小于(　　)。

(A) 0.25mm　　(B) 0.35mm　　(C) 0.5mm　　(D) 0.75mm

答案：C

Lc3A3112 架空输电线路与甲类火灾危险性的生产厂房、甲类物品库房、易燃易爆材料堆场及可燃或易燃易爆液（气）体储罐的防火间距，不应小于杆塔高度的(　　)倍。

(A) 1.2　　(B) 1.3　　(C) 1.5　　(D) 2

答案：C

Lc3A3113 中小河流电缆线路保护区一般为两侧平行线内不小于(　　)m 的水域。

(A) 10　　(B) 30　　(C) 50　　(D) 100

答案：C

Lc3A3114 线路运检单位应建立吊车、水泥泵车等特种工程车辆车主、驾驶员及大型工程项目经理、施工员、安全员等相关人员数据库，开展电力安全知识培训，定期发送安全提醒短信，利用公益广告、媒体等方式开展(　　)。

(A) 防外力破坏宣传　　(B) 护电宣传

(C) 电力防护工作　　(D) 保障电力安全的宣传

答案：A

Lc3A3115 线路运检单位应主动服务，与线路保护区内的施工单位签订安全协议，必要时参加其组织的工程协调会，分析确定阶段施工中的高危作业，提前预警，指导其采取保证线路安全的防护措施。对每个可能危及线路安全运行的施工工序，应(　　)，重点危险区段应 24h 值守。

(A) 现场监护　　(B) 加派人手

(C) 通知电力部门　　(D) 做好安全措施

答案：A

Lc3A4116 在短时间内危及人生命安全的最小电流是(　　)mA。

(A) 30　　(B) 50　　(C) 70　　(D) 100

答案：B

Lc3A4117 线路运检单位发现可能危及线路安全的行为，应立即加以制止，并向当事人发送(　　)，限期整改。

(A) 安全隐患告知书　　(B) 安全承诺书

(C) 安全协议　　　　　　　　　　　　　　(D) 停工通知

答案：A

Lc3A5118　对触电伤员进行单人抢救，采用胸外按压和口对口人工呼吸同时进行，其节奏为(　　)。

(A) 每按压5次后吹气1次

(B) 每按压10次后吹气1次

(C) 每按压15次后吹气1次

(D) 每按压15次后吹气2次

答案：D

Lc3Aa119　破坏电力、煤气或者其他易燃易爆设备，危害公共安全，尚未造成严重后果的，应处以(　　)有期徒刑。

(A) 三年以上五年以下　　　　　　　　(B) 三年以下

(C) 五年以下　　　　　　　　　　　　(D) 三年以上十年以下

答案：D

Je3A2120　对中是把经纬仪水平度盘的中心安置在所测角的(　　)。

(A) 顶点上　　　　　　　　　　　　　(B) 顶点铅垂线上

(C) 顶点水平线上　　　　　　　　　　(D) 顶点延长线上

答案：B

Je3A2121　架空地线的保护效果，除了与可靠的接地有关，还与(　　)有关。

(A) 系统的接地方式　　　　　　　　　(B) 导线的材料

(C) 防雷保护角　　　　　　　　　　　(D) 防雷参数

答案：C

Je3A2122　杆塔承受的导线重量为(　　)。

(A) 杆塔相邻两档导线重量之和的一半

(B) 杆塔相邻两档距弧垂最低点之间导线重量之和

(C) 杆塔两侧相邻杆塔间的导线重量之和

(D) 杆塔两侧相邻杆塔间的大档距导线重量

答案：B

Je3A2123　混凝土搅拌时，砂子的用量允许偏差是(　　)。

(A) ±2%　　　　(B) ±3%　　　　(C) ±5%　　　　(D) ±7%

答案：B

Je3A2124 混凝土搅拌时，石子的用量允许偏差是(　　)。

(A) ±2%　　(B) ±3%　　(C) ±5%　　(D) ±7%

答案：B

Je3A2125 混凝土浇筑过程中，每班日或每个基础腿应检查(　　)次及以上坍落度。

(A) 一　　(B) 二　　(C) 三　　(D) 四

答案：B

Je3A2126 拉线盘安装位置应符合设计规定，沿拉线方向的左右偏差不应超过拉线盘中心至相对应电杆中心水平距离的(　　)。

(A) 1%　　(B) 3%　　(C) 5%　　(D) 10%

答案：A

Je3A3127 链条葫芦(　　)。

(A) 可以超负荷使用，但不得增人强拉

(B) 不得超负荷使用，不得增人强拉

(C) 不得超负荷使用，但可增人强拉

(D) 可超负荷使用，可增人强拉

答案：B

Je3A3128 经纬仪的十字丝玻璃片上的上、下短丝是测距离用的，称为(　　)。

(A) 视距丝　　(B) 上丝　　(C) 下丝　　(D) 视距

答案：A

Je3A3129 导、地线的机械特性曲线，系为不同气象条件下，导线应力与(　　)的关系曲线。

(A) 档距　　(B) 水平档距

(C) 垂直档距　　(D) 代表档距

答案：D

Je3A3130 张力放线时，为防止静电伤害，牵张设备和导线必须(　　)。

(A) 接地良好　　(B) 连接可靠　　(C) 绝缘　　(D) 固定

答案：A

Je3A3131 架线安装时，导线的安全系数不应小于(　　)。

(A) 3.0　　(B) 2.5　　(C) 2.0　　(D) 1.8

答案：C

Je3A3132 输电线路导线的设计安全系数不应(　　)。

(A) 大于2.5　(B) 等于2.5　(C) 小于2.5　(D) 小于2.0

答案：C

Je3A3133 工程上所说的弧垂，如无特别指明，均系指(　　)。

(A) 导线悬点连线至导线间的垂直距离

(B) 档距中点导线悬点连线至导线间的垂直距离

(C) 导线悬点连线至导线最低点间的铅锤距离

(D) 档距中点导线悬点连线至导线间的铅锤距离

答案：D

Je3A3134 输电线路基础地脚螺栓下端头加工成弯钩，作用是(　　)。

(A) 为了容易绑扎骨架及钢筋笼子

(B) 因为地脚螺栓太长，超过基础坑深

(C) 为了增加钢筋与混凝土的粘结力

(D) 为方便焊接

答案：C

Je3A3135 整体立杆过程中，当杆顶起立离地（　　）时，应对电杆进行一次冲击试验。

(A) 0.2m　(B) 0.8m　(C) 1.5m　(D) 2.0m

答案：B

Je3A3136 架线后，直线钢管电杆的倾斜不超过杆高的（　　），转角杆组立前宜向受力反侧预倾斜。

(A) 2‰　(B) 3‰　(C) 5‰　(D) 7‰

答案：C

Je3A3137 防振锤的安装距离，对一般轻型螺栓式或压接式耐张线夹时，是指(　　)。

(A) 自线夹中心起到防振锤夹板中心间的距离

(B) 自线夹连接螺栓孔中心算起

(C) 自线夹出口算起至防振锤夹板中心间的距离

(D) 都不对

答案：B

Je3A3138 复合光缆紧线完后，在滑车中的停留时间不宜超过(　　)。

(A) 48h　(B) 72h　(C) 96h　(D) 120h

答案：A

Je3A3139　220kV 线路双立柱杆塔横担在主柱连接处的高差允许偏差为(　　)。

(A) 1.5‰　　(B) 2.5‰　　(C) 3.5‰　　(D) 5‰

答案：C

Je3A3140　护线条、预绞丝的主要作用是加强导线在悬点的强度，提高(　　)。

(A) 抗拉性能　　(B) 抗振性能

(C) 保护线夹　　(D) 线夹握力

答案：B

Je3A3141　混凝土的初凝时间为(　　)。

(A) 30min　　(B) 45min　　(C) 60min　　(D) 75min

答案：B

Je3A3142　混凝土搅拌时，水的允许偏差是(　　)。

(A) ±2%　　(B) ±3%　　(C) ±4%　　(D) ±5%

答案：A

Je3A3143　混凝土搅拌时，水泥的允许偏差是(　　)。

(A) ±2%　　(B) ±3%　　(C) ±4%　　(D) ±5%

答案：A

Je3A3144　混凝土配合比材料用量每班日或每基基础应至少检查(　　)次。

(A) 一　　(B) 二　　(C) 三　　(D) 四

答案：B

Je3A3145　当连续 5 天，室外平均气温低于(　　)℃时，混凝土基础工程应采取冬期施工措施。

(A) −1　　(B) 0　　(C) 3　　(D) 5

答案：D

Je3A3146　对普通硅酸盐和矿渣硅酸盐水泥拌制的混凝土浇水养护，不得少于(　　)昼夜。

(A) 3　　(B) 5　　(C) 7　　(D) 9

答案：C

Je3A3147　混凝土终凝时间为(　　)。

(A) 5～20h　　(B) 20～40h　　(C) 40～60h　　(D) 60～80h

答案：A

Je3A3148 防污绝缘子之所以防污闪性能较好，主要是因为(　　)。

(A) 污秽物不易附着　　(B) 泄漏距离较大
(C) 憎水性能较好　　(D) 亲水性能较好

答案：B

Je3A3149 横线路临时拉线地锚位置应设置在杆塔起立位置的两侧，其距离应大于杆塔高度的(　　)倍。

(A) 0.8　　(B) 1　　(C) 1.1　　(D) 1.2

答案：D

Je3A3150 耐张线夹承受导地线的(　　)。

(A) 最大合力　　(B) 最大使用张力
(C) 最大使用应力　　(D) 最大握力

答案：B

Je3A3151 人字抱杆的根开即人字抱杆两脚分开的距离应根据对抱杆强度和有效高度的要求进行选取，一般情况下根据单根抱杆的全长 L 来选择，其取值范围为(　　)。

(A) (1/8～1/6) L　　(B) (1/6～1/5) L
(C) (1/4～1/3) L　　(D) (1/2～2/3) L

答案：C

Je3A3152 水平排列的三相输电线路，其相间几何均距为(　　)。

(A) 相间距离　　(B) 1.26 倍相间距离
(C) 1.414 倍相间距离　　(D) 1.732 倍相间距离

答案：B

Je3A3153 下列竖直角概念错误的是(　　)。

(A) －70°　　(B) ＋70°　　(C) ＋90°　　(D) ＋100°

答案：D

Je3A3154 张力放线区段长度不宜超过（　　）的线路长度。

(A) 20 个放线滑车　(B) 30 个放线滑车　(C) 8～12km　　(D) 13～15km

答案：A

Je3A3155 停电检修的线路如与另一回带电的 35kV 线路相交叉或接近，以致工作时，人员和工器具可能和另一回导线接触或接近至(　　)以内时，则另一回线路也应停电并予接地。

(A) 0.7m　　(B) 1.5m　　(C) 2.5m　　(D) 2.5m 以上

答案：C

Je3A3156 跨越不停电线路架线施工，在（ ）应停止工作。

（A）五级以上大风 （B）六级以上大风

（C）相应湿度大于90% （D）阴天

答案：A

Je3A4157 输电线路紧线施工前，利用安装曲线查取弧垂时，一般将紧线时的气温降低一定的温度，目的是（ ）。

（A）防止温度过高 （B）防止温度过低

（C）考虑初伸长影响 （D）消除初伸长

答案：C

Je3A4158 一个耐张段包含多个大小不等的档距。一般各档导线最低点的应力可以认为（ ）。

（A）大小不等的 （B）是相等的

（C）大档距的应力大 （D）大档距的应力小

答案：B

Je3A4159 用倒落式抱杆整立杆塔时，抱杆失效角指的是（ ）。

（A）抱杆脱帽时，抱杆与地面的夹角

（B）抱杆脱帽时，牵引绳与地面的夹角

（C）抱杆脱帽时，杆塔与地面的夹角

（D）抱杆脱帽时，杆塔与抱杆的夹角

答案：C

Je3A4160 倒落式人字抱杆整立电杆，杆根入槽应在（ ）。

（A）人字抱杆失效前 （B）人字抱杆失效时

（C）人字抱杆失效后 （D）电杆立至70°

答案：A

Je3A4161 抱杆座落点的位置，即抱杆脚落地点至整立杆塔支点的距离可根据抱杆的有效高度 h 选择，其取值范围为（ ）。

（A）$0.2\sim0.4h$ （B）$0.4\sim0.6h$ （C）$0.6\sim0.8h$ （D）$0.8\sim0.9h$

答案：A

Je3A4162 防振锤安装距离偏差不应大于（ ）。

（A）+30mm （B）－30mm （C）±30mm （D）±10mm

答案：C

Je3A4163 110kV线路双立柱杆塔横担在主柱连接处的高差允许偏差为(　　)。

(A) 1‰　　(B) 3‰　　(C) 5‰　　(D) 7‰

答案：C

Je3A4164 架空输电线路施工及验收规范规定，杆塔基础坑深的允许负误差是(　　)。

(A) －100mm　　(B) －70mm　　(C) －50mm　　(D) －30mm

答案：C

Je3A4165 耐张段内档距越小，过牵引应力(　　)。

(A) 增加越少　　(B) 增加越多　　(C) 不变　　(D) 减少越少

答案：B

Je3A4166 混凝土强度不低于(　　)时才能拆模。

(A) 1.2MPa　　(B) 2.5MPa　　(C) 4MPa　　(D) 5MPa

答案：B

Je3A4167 混凝土的强度等级是由(　　)划分的。

(A) 混凝土试块大小　　(B) 混凝土的配合比

(C) 混凝土的水灰比　　(D) 混凝土立方体抗压强度标准值

答案：D

Je3A4168 混凝土浇筑因故中断超过2h，原混凝土的抗压强度达到(　　)以上，才能继续浇筑。

(A) 1.2MPa　　(B) 2.5MPa　　(C) 4MPa　　(D) 5MPa

答案：A

Je3A4169 混凝土强度等级C30，表示该混凝土的立方抗压强度为(　　)。

(A) $30kg/m^2$　　(B) $30MN/m^2$　　(C) $30N/m^2$　　(D) $30N/cm^2$

答案：B

Je3A4170 灌注桩基础水下灌注的混凝土坍落度一般采用(　　)。

(A) 10～30mm　　(B) 30～50mm　　(C) 100～120mm　　(D) 180～220mm

答案：D

Je3A4171 现浇基础施工时，试块的制作数量，一般直线塔基础，每(　　)基取一组。

(A) 2　　(B) 3　　(C) 4　　(D) 5

答案：D

Je3A4172　分裂导线第一个间隔棒安装距离偏差不应大于(　　)。

(A) 30mm　(B) 次档距的±1.5%

(C) 端次档距的±3%　(D) 端次档距的±1.5%

答案：D

Je3A4173　跨越架的立柱埋深不得少于(　　)m。

(A) 0.3　(B) 0.4　(C) 0.5　(D) 0.6

答案：C

Je3A4174　跨越架的竖立柱间距以(　　)为宜，立柱埋深不应小于0.5m。

(A) 0.5～1.0m　(B) 1.5～2.0m　(C) 1.5～3.0m　(D) 2.5～3.0m

答案：B

Je3A4175　在液压施工前，必须用和施工中同型号的液压管，并以同样工艺制作试件做拉断力试验，其拉断力应不小于同型号线材设计使用拉断力的(　　)。

(A) 85%　(B) 90%　(C) 95%　(D) 100%

答案：C

Je3A4176　钢丝绳端部用绳卡连接时，绳卡压板应(　　)。

(A) 不在钢丝绳主要受力一边　(B) 在钢丝绳主要受力一边

(C) 无所谓哪一边　(D) 正反交叉设置

答案：B

Je3A4177　浇制铁塔基础的立柱倾斜误差应不超过(　　)。

(A) 4%　(B) 3%　(C) 2%　(D) 1%

答案：D

Je3A5178　输电线路采用的普通钢芯铝绞线（铝钢截面面积比为5.05～6.16）塑蠕伸长对弧垂的影响，一般用降温法补偿，降低的温度为(　　)。

(A) 10～15℃　(B) 15～20℃　(C) 20～25℃　(D) 25～30℃

答案：B

Je3A5179　带电水冲洗悬式绝缘子串、瓷横担、耐张绝缘子串时，应从（　　）依次冲洗。

(A) 横担侧向导线侧　(B) 导线侧向横担侧

(C) 中间向两侧　(D) 两侧向中间

答案：B

Je3A5180 防振锤的安装距离，对重型螺栓式耐张线夹亦可考虑(　　)。

(A) 自线夹中心起到防振锤夹板中心间的距离

(B) 自线夹连接螺栓孔中心算起

(C) 自线夹出口算起至防振锤夹板中心间的距离

(D) 都不对

答案：C

Je3A5181 全高超过 40m 有架空地线的杆塔，其高度增加与绝缘子增加的关系是(　　)。

(A) 每高 5m 加一片　　(B) 每高 10m 加一片

(C) 每高 15m 加一片　　(D) 每高 20m 加一片

答案：B

Je3A5182 钻孔灌注桩基础孔径允许偏差为(　　)。

(A) ＋100mm，－50mm　　(B) ±50mm

(C) ＋50mm　　(D) －50mm

答案：D

Je3A5183 接续管或修补管与悬垂线夹和间隔棒的距离分别不小于(　　)。

(A) 5m，2.5m　(B) 10m，2.5m　(C) 10m，0.5m　(D) 5m，0.5m

答案：D

Je3A5184 钳压连接导线只适用于中、小截面铝绞线、钢绞线和钢芯铝绞线。其适用的导线型号为(　　)。

(A) LJ-16～LJ-150　　(B) GJ-16～GJ-120

(C) LGJ-16～LGJ-185　　(D) LGJ-16～LGJ-240

答案：D

Je3A5185 等边三角形排列的三相输电线路，其相间几何均距为(　　)。

(A) 相间距离　　(B) 1.26 倍相间距离

(C) 1.414 倍相间距离　　(D) 1.732 倍相间距离

答案：A

Je3A5186 用倒落式抱杆立杆塔时，松制动绳较适宜的时刻是(　　)。

(A) 起吊暂停、检查、冲击试验后　　(B) 人字抱杆垂直地面

(C) 人字抱杆失效时　　(D) 人字抱杆失效后

答案：B

Je3A5187 在整体起立杆塔现场布置时，主牵引地锚、制动地锚、临时拉线地锚等均应布置在倒杆范围以外，主牵引地锚可稍偏远，使主牵引绳与地面夹角以不大于(　　)为宜。

(A) 30°　　(B) 45°
(C) 60°　　(D) 65°

答案：A

Je3A5188 线路与铁路、高速公路、一级公路交叉时，最大弧垂应按导线温度为＋(　　)℃计算。

(A) 40　　(B) 70
(C) 80　　(D) 90

答案：C

Jf3A3189 白棕绳每年一次以(　　)容许工作荷重进行10min的静力试验，不应有断裂和显著的局部延伸。

(A) 2倍　　(B) 3倍
(C) 4倍　　(D) 5倍

答案：A

Jf3A3190 220kV绝缘操作杆工频耐压试验电压是(　　)kV。

(A) 440　　(B) 430　　(C) 425　　(D) 435

答案：A

Jf3A5191 地锚坑在引出线露出地面的位置，其前面及两侧的(　　)m范围内不准有沟、洞、地下管道或地下电缆等。

(A) 1　　(B) 2　　(C) 3　　(D) 4

答案：B

Jf3A5192 拖拉机绞磨两轮胎应在同一水平面上，前后支架应受力平衡。绞磨卷筒应与牵引绳的最近转向点保持(　　)m以上的距离。

(A) 4　　(B) 5
(C) 6　　(D) 7

答案：B

Jf3A5193 整体弯曲超过杆长的(　　)的金属抱杆禁止使用。

(A) 1/600　　(B) 1/700　　(C) 1/800　　(D) 1/900

答案：A

Jf3A5194 缆风绳与220kV架空输电线的最小安全距离为(　　)m。

(A) 4.0　　(B) 5.0　　(C) 6.0　　(D) 7.0

答案：C

Jf3A5195 牵引绳应从卷筒下方卷入，排列整齐，并与卷筒垂直，在卷筒上不准少于(　　)圈。

(A) 3　　(B) 4　　(C) 5　　(D) 6

答案：C

1.2 判断题

La3B1001 感抗 X_L 的大小与电源的频率 f 有关。(√)

La3B1002 LC 并联电路中，当 $\omega L>1/\omega C$ 时，电路呈感性。(×)

La3B1003 R、L、C 串联电路，其复导纳表示公式：$z=R+j\ (\omega L-1/\omega C)$。(×)

La3B1004 LC 串联电路谐振时对外相当于短路（阻抗为零），LC 并联电路谐振时对外相当于开路（阻抗为无限大）。(√)

La3B1005 在纯电感单相交流电路中，电压超前电流 90°相位角；在纯电容单相交流电路中，电压滞后电流 90°相位角。(√)

La3B1006 在纯电感线路中，电流相位超前电压相位 90°。(×)

La3B1007 纯电感线圈对直流电来说，相当于短路。(√)

La3B1008 载流线圈内部磁场的方向可根据线圈的右手螺旋定则来确定。(√)

La3B1009 任何带电物体周围都存在着电场。(√)

La3B1010 电感和电容并联电路出现并联谐振时，并联电路的端电压与总电流同相位。(√)

La3B1011 电场力在单位时间里所做的功，称为电功率，其表达式是 $P=A/t$，它的基本单位是 W（瓦）。(√)

La3B1012 根据电功率 $P=U^2/R$ 可知，在串联电路中各电阻消耗的电功率与它的电阻成反比。(×)

La3B1013 电流方向相同的两根平行载流导体会互相排斥。(×)

La3B1014 有一个电路，所加电压为 U，当电路中串联接入电容后，若仍维持原电压不变，电流增加了，则原电路是感性的。(√)

La3B1015 在电容电路中，电流的大小与电容器两端的电压对时间的变化率成正比。用公式表示为 $i=\Delta U_c/\Delta t$。(√)

La3B1016 有两只电容器 A、B，A 的电容为 20μF、耐压为 450V；B 的电容为 60μF、耐压为 300V，现串联当作一只耐压 600V 的电容器使用。(√)

La3B1017 电容器 C_1 与 C_2 两端电压均相等，若 $C_1>C_2$，则 $Q_1>Q_2$。(√)

La3B1018 电容量不同的电容器并联时，各电容器中的电量相等。(×)

La3B1019 已知 a，b 两点之间的电位差 $U_{ab}=-16V$，若以点 a 为参考电位（零电位）时，则 b 点的电位是 16V。(√)

La3B1020 线路首端电压和末端电压的相量差，叫作电压损耗。(×)

La3B1021 几个电阻并联的总电阻值，一定小于其中任何一个电阻值。(√)

La3B1022 导体、半导体和绝缘体也可以通过电阻率的大小来划分。(√)

La3B1023 较复杂的电路称为网络，只有两个输出端的网络叫二端网络。含有电源的网络，叫含源网络。不含电源叫无源网络。(√)

La3B1024 负载是电路中消耗电能的元件。(√)

La3B1025 感应电流的磁场总是阻碍原磁场的变化。(√)

La3B2026 恒流源的电流不随负载而变，电流对时间的函数是固定的，而电压随与之连接的外电路不同而不同。(√)

La3B2027 若电流的大小和方向随时间变化，此电流称为交流电。(√)

La3B2028 交流电流在导体内趋于导线表面流动的现象叫集肤效应。(√)

La3B2029 以空气为介质的平板电容器，当以介质常数为 ε 的介质插入时，电容量将变大。(√)

La3B2030 在对称三相电路中，负载作星形连接时，线电压是相电压的 $\sqrt{3}$ 倍，线电压的相位超前相应的相电压 30°。(√)

La3B2031 在负载对称的三相电路中，无论是星形还是三角形连接，当线电压 U 和线电流 I 及功率因数已知时，电路的平均功率为 $P=\sqrt{3}UI\cos\phi$。(√)

La3B2032 阻值不随外加电压或流过的电流而改变的电阻叫线性电阻。(√)

La3B2033 有功功率大于零，说明电源从负载吸收能量。(×)

La3B2034 用支路电流法列方程时，所列方程的个数与支路数目相等。(√)

La3B2035 电气设备的评级，主要是根据运行和检修中发现缺陷，并结合预防性试验的结果来进行。(√)

La3B2036 电力网中某点的实际电压 U 与电力网额定电压 U_N 之差叫作电压偏移。(√)

La3B2037 因隔离开关无专门的灭弧装置，因此不能通过操作隔离开关来断开带负荷的线路。(√)

La3B2038 最大负荷利用小时 Tzd 的意义是：当电力网以最大负荷 Pzd 运行，在 Tzd 小时内所输送的电能，恰好等于全年按实际负荷曲线运行所输送的电能。(√)

Lb3B2039 保护接地和保护接零都是防止触电的基本措施。(√)

Lb3B2040 当地线保护角一定时，悬挂点越高，绕击率越大悬挂点越低，绕击率越小。(√)

Lb3B2041 输电线路绝缘子承受的大气过电压分为直击雷过电压和感应雷过电压。(√)

Lb3B2042 绝缘架空地线放电间隙的安装距离偏差，不应大于±2mm。(√)

Lb3B2043 500kV 线路绝缘子雷电过电压时最小空气间隙为 330cm。(√)

Lb3B2044 220kV 线路绝缘子雷电过电压时最小空气间隙为 195cm。(×)

Lb3B2045 110kV 线路绝缘子雷电过电压时最小空气间隙为 100cm。(√)

Lb3B2046 接地体水平敷设时，两接地体间的水平距离不应小于 5m。(√)

Lb3B2047 接地体水平敷设的平行距离不小于 5m，且敷设前应矫直。(√)

Lb3B2048 年平均雷暴日数 40 日的地区为少雷区，雷暴日数为 80 的地区为中雷区。(×)

Lb3B2049 钢筋混凝土杆的铁横担、地线支架、爬梯等铁附件与接地引下线应有可靠的电气连接。(√)

Lb3B2050 跨越通航河流的大跨越档弧垂允许偏差不应大于±1%，其正偏差不应超过 1m。(√)

Lb3B2051 在同一档内的各电压级线路，其架空线上只允许有一个接续管和三个补修管。(×)

Lb3B2052 实际观测证实：档距小于100m时，很少见到导地线振动。（√）

Lb3B2053 只要知道一种状态导线的应力即可利用状态方程式求出其他各种状态下导线的应力。（√）

Lb3B2054 选择导线截面一般要考虑5～10年电力系统的远景发展。（√）

Lb3B2055 导线之间保持一定的距离，是为了防止相间短路和导线间发生气体放电现象。（√）

Lb3B2056 导线悬点应力可比最低点的应力大10%。（×）

Lb3B2057 在导线应力随气象条件变化的过程中，其最大应力可大于最大使用应力。（×）

Lb3B2058 500kV导线与地面距离，在最大计算弧垂情况下与居民区最小距离为16m。（×）

Lb3B2059 架空线路导线与架空地线的换位可在同一换位杆上进行。（×）

Lb3B2060 风速越大，导线振动越厉害。（×）

Lb3B2061 紧线时，垂直排列的导线，一般按上中下顺序紧线。（√）

Lb3B2062 220kV导线与建筑物之间的最小水平距离在最大计算风偏情况下为5m。（√）

Lb3B2063 在年平均气温时导线应力不得大于最大使用应力。（×）

Lb3B2064 低频振动时，阻尼线消振效果较好。（×）

Lb3B2065 线路导线间的水平距离不仅与电压等级有关，还与档距大小有关。（√）

Lb3B2066 舞动很少发生，它主要发生在架空线覆冰且有大风的地区。（√）

Lb3B2067 放紧线时，应按导、地线的规格及每相导线的根数和荷重来选用放线滑车。（√）

Lb3B2068 4分裂导线采用阻尼间隔棒时，档距在700m及以下可不再采用其他防振措施。（×）

Lb3B2069 观测弧垂时的温度应实测架空线周围的空气温度。（×）

Lb3B2070 110kV架空线相间弧垂允许偏差为300mm。（×）

Lb3B2071 同一基础中使用不同的水泥是可以的。（×）

Lb3B2072 混凝土杆卡盘安装深度允许偏差不应超过－50mm。（×）

Lb3B2073 施工单位配制的混凝土强度就是设计要求的混凝土强度。（×）

Lb3B2074 现场浇筑的混凝土基础，其保护层厚度的允许偏差为±5mm。（×）

Lb3B2075 现浇混凝土基础时，试块应按设计配比要求的拌合混凝土取样制作。（×）

Lb3B2076 混凝土湿养与干养14天后的强度一致。（×）

Lb3B2077 现场浇筑混凝土，宜使用可饮用的水，当无饮用水时，可采用清洁的河溪水或海水。（×）

Lb3B2078 拌制混凝土时，用粗砂可少用水泥。（√）

Lb3B2079 拌制混凝土时，用细砂可少用水泥。（×）

Lb3B2080 接续金具温度高于导线温度10℃，跳线联板温度高于导线温度10℃时应进行处理。（√）

Lb3B2081 45°及以上转角塔外角侧跳线宜使用双串瓷绝缘子或玻璃绝缘子，以避免风偏放电。（√）

Lb3B2082 某220kV线路在大雾时常出现跳闸，事故发生平均气温为8℃，此类故障多为架空线与邻近的建筑物或树木水平距离不够引起。(×)

Lb3B2083 线路与二级弱电线路交叉时，交叉角不得小于30°。(√)

Lb3B2084 线路与一级弱电线路交叉时，交叉角不得小于30°。(×)

Lb3B2085 复合地线（OPGW）外层断股时的修补处理只可用预绞丝，不得使用修补管。(√)

Lb3B2086 为保证杆塔结构的牢固，杆塔上的螺栓越紧越好。(×)

Lb3B2087 杆塔整体起立必须始终使牵引系统、杆塔中心轴线、制动绳中心、抱杆中心、杆塔基础中心处于同一竖直平面内。(√)

Lb3B3088 线路绝缘污秽会降低绝缘子的绝缘性能，为防止污闪事故发生，线路防污工作必须在污闪事故季节来临前完成。(√)

Lb3B3089 为确保人身安全，在气候恶劣（如：台风、暴雨、复冰等）、河水泛滥、火灾和其他特殊情况下不应对线路进行巡视或检查。(×)

Lb3B3090 500kV相分裂导线弧垂允许偏差为+80mm、−50mm。(×)

Lb3B3091 悬垂线夹安装后，绝缘子串顺线路的偏斜角不得超过5°。(√)

Lb3B3092 110kV送电线路与高速公路之间的最小垂直距离在最高允许温度时应至少保持8m。(×)

Lb3B3093 500kV送电线路与高速公路之间的最小垂直距离在最高允许温度时应至少保持14m。(√)

Lc3B3094 未受潮的绝缘工具，其2cm长的绝缘电阻能保持在1000MΩ以上。(√)

Lc3B3095 抱杆作荷重试验时，加荷重为允许荷重的200%，持续10s，合格方可使用。(×)

Lc3B3096 在带电线路杆塔上的工作填用带电作业票。(×)

Lc3B3097 第二种工作票可以办理延期手续。(√)

Lc3B3098 填用电力线路第二种工作票时，同样需要履行工作许可手续。(×)

Lc3B3099 一张工作票中，工作票签发人和工作许可人不得兼任工作负责人。(√)

Lc3B3100 事故巡线在明知该线路已停电时，可将该线路视为不带电。(×)

Jd3B3101 土壤对基础侧壁的压力称为土的被动侧的压力。(√)

Jd3B3102 用皮尺、绳索、线尺等进行带电线路的垂直距离测量时，要做好防短路放电的工作。(×)

Jd3B3103 次档距振动是指相邻次导线之间的振动。(×)

Jd3B3104 不同金属，不同规格，不同绞制方向的导线或架空地线，严禁在一个工程中连接。(×)

Jd3B3105 导线高悬点应力可比最低点的应力大10%。(√)

Jd3B3106 导线机械特性曲线即为具体表示在各种不同温度下应力与档距、弧垂与档距之间的关系曲线。(×)

Jd3B3107 用等长法观测弧垂，当气温变化而引起弧垂变化时，可移动一侧的弧垂板调整。(√)

Jd3B3108 同杆塔地线的安全系数宜大于导线的安全系数。(√)

Jd3B3109 电力线路的电能损耗是单位时间内线路损耗的有功功率和无功功率的平均值。(×)

Jd3B3110 多个防振锤的安装距离，一般均按等距离安装。(√)

Jd3B3111 构件的刚度是指构件受力后抵抗破坏的能力。(×)

Jd3B3112 有了安装曲线，在施工紧线时，当已知观测档的档距时，即可由安装曲线查得观测档的弧垂。(×)

Jd3B3113 观测竖直角时，竖盘指标水准气泡必须居中。否则指标位置不正确，读数就有偏差。(√)

Jd3B3114 架空线的最大使用应力大小为架空线的破坏应力与安全系数之比。(√)

Jd3B3115 连接金具的强度，应按导线的荷重选择。(×)

Jd3B3116 设计气象条件的三要素是指：风速、湿度及覆冰厚度。(×)

Jd3B3117 导线上任意一点应力的水平分量恒等于最低点应力。(√)

Jd3B3118 地面上一点到两个目标点的方向线所形成的角称为水平角。(×)

Jd3B3119 水平距离指两点连线的投影长度。(×)

Jd3B3120 档距中导线的水平线间距离，按导线在档距中不同步摇摆应保持的接近距离的要求来确定的。(√)

Jd3B3121 山区组塔时，塔材应顺斜坡堆放。(×)

Jd3B3122 坍落度是评价混凝土强度的指标。(×)

Jd3B3123 土壤的许可耐压力是指单位面积土壤允许承受的压力。(√)

Jd3B3124 线路的初勘测量是根据地图初步选择的线路路径方案进行现场实地踏勘或局部测量。(√)

Jd3B3125 线路平断面图和杆塔明细表的主要内容为线路平断面图、线路杆塔明细表、交叉跨越分图。(√)

Jd3B3126 用异长法观测弧垂，当气温变化而引起弧垂变化时，可移动一侧的弧垂板调整。(√)

Jd3B3127 导线振动波的波节点处，导线对中心平衡位置的夹角称为振动角。(×)

Jd3B3128 架空线路的纵断面图反映沿线路中心线地形的起伏形状及被交叉跨越物的标高。(√)

Jd3B3129 导线安装曲线即为具体表示在各种不同气象条件下应力与档距、弧垂与档距之间的关系曲线。(×)

Je3B3130 在施工现场使用电焊机时，除应对电焊机进行检查外，还必须进行保护接地。(√)

Je3B3131 电晕现象就是当靠近导线表面的电场强度超过了空气的耐压强度时，靠近导线表面的空气层就会产生游离而放电。(√)

Je3B3132 动滑车是把滑车设置在吊运的构件上，与构件一起运动，它能改变力的大小和运动方向。(√)

Je3B3133 工作时不与带电体直接接触的安全用具都是辅助安全用具。(×)

Je3B3134 钢模板表面平整，光滑，所以不用脱模剂也能保证混凝土表面质量。(×)

Je3B3135 钢丝绳在使用时，当表面毛刺严重和有压扁变形情况时，应予报废。(√)

Je3B3136 有接头的钢丝绳能进绞磨卷筒。(×)

Je3B3137 紧线器各部件都用高强度钢制成。(×)

Je3B3138 绝缘子的合格试验项目有干闪、湿闪、耐压和耐温试验。(√)

Je3B3139 链条葫芦有较好的承载能力，无需采取任何措施，可带负荷停留较长时间或过夜。(×)

Je3B3140 在进行钳压或液压时，操作人员的面部应在压接机侧面并避开钢模。(√)

Je3B3141 十字丝上、下短丝在水准尺上截取的长度乘以 100 就是距离。(×)

Je3B3142 手拉葫芦只用于短距离内的起吊和移动重物。(√)

Je3B3143 旋转连接器严禁直接进入绞磨滚筒。(√)

Je3B3144 兆欧表在使用时，只要保证 120r/min，就能保证测量结果的准确性。(×)

Je3B3145 雷电时，严禁用兆欧表测量线路绝缘。(√)

Je3B3146 制动绳在制动器上一般缠绕 3～5 圈。(√)

Je3B3147 紧线后应及时安装附件，安装时间不应超过 7 天。(×)

Je3B3148 有了安装曲线，在施工紧线时，当已知观测档的档距和气温时，即可由安装曲线查得相应的弧垂。(×)

Je3B3149 在被跨越带电电力线路上方绑扎跨越架时，应用铁丝绑扎。(×)

Je3B3150 以抱箍连接的叉梁，其上端抱箍组装尺寸的允许偏差应为±50mm。(√)

Je3B3151 铝、铝合金单股损伤深度小于直径的 1/2 时，可用缠绕法处理。(×)

Je3B3152 送电线路跨越高速公路，一、二级公路时导、地线在跨越档内禁止接头。(√)

Je3B3153 进行大跨越档的放线前，必须进行现场勘查及施工设计。(√)

Je3B3154 带拉线转角杆起立后，永久拉线做好后才能拆除所有临时拉线。(×)

Je3B3155 导线接头试件不得少于 1 组。(×)

Je3B3156 紧线时，水平排列的导线，一般按左中右顺序紧线。(×)

Je3B3157 为保证导线连接良好，在 500kV 超高压线路中，导线连接均采用爆炸压接。(×)

Je3B3158 电杆组立后，装好永久拉线，所有临时拉线均能拆除。(×)

Je3B3159 防振锤安装距离从导线离开线夹活动点处算起。(√)

Je3B3160 放线施工时，放线滑车不能直接挂在合成绝缘子下端。(√)

Je3B3161 附件安装时，不能把合成绝缘子当上下导线的梯子。(√)

Je3B3162 复合绝缘子安装，可采用悬梯或直接上下。(×)

Je3B3163 相邻杆塔不得同时在同相位安装附件。(√)

Je3B3164 在线路直线段上的杆塔中心桩，在横线路方向的偏差不得大于 50mm。(√)

Je3B3165 组立 220kV 及以上杆塔时，不得使用木抱杆。(√)

Je3B3166 对特殊档耐张段长度在 300m 以内时，过牵引长度不宜超过 300mm。(×)

Je3B3167 在使用钢管杆时要尽量减少环形焊缝。(√)

Je3B3168 地脚螺栓式铁塔基础的根开及对角线尺寸施工允许偏差为±2%。(×)

Je3B3169 现浇基础施工时，试块应按标准条件养护。(×)

Je3B3170 架线施工时，降温法是对导线弹性伸长的补偿。(×)

Je3B3171 架线时，降温法是对导线“初伸长”的补偿。(√)

Je3B3172 X形拉线的交叉点空隙越小，说明拉线安装质量越标准。(×)

Je3B3173 接续管压接后，外形应平直、光洁、弯曲度不得超过5%。(×)

Je3B3174 紧线施工时，弧垂观测档的数量可以根据现场条件适当减少，但不得增加。(×)

Je3B4175 跨越不停电线路时，新建线路的导引绳通过跨越架时，应用白棕绳作引绳。(×)

Je3B4176 铝包带应缠绕紧密，其缠绕方向应与外层铝股的绞制方向一致。(√)

Je3B4177 当以缠绕对损伤导线进行补修处理时，缠绕应紧密，受损伤部分应大部分覆盖。(×)

Je3B4178 平衡挂线时，割线后的导线如不能当天挂线完毕，可在高处临锚过夜。(×)

Je3B4179 截面面积为240mm^{2}的钢芯铝绞线的连接应使用两个钳压管，管与管之间的距离不小于15mm。(√)

Je3B4180 挂线前，切割耐张串长度应按设计图尺寸。(×)

Je3B4181 用液压补修管修补导线时，断股处放在补修管开口侧。(×)

Je3B4182 用液压补修管修补导线时，液压顺序是由管的中心分别向两侧进行。(√)

Je3B4183 采用液压连接导线时，导线外层铝股洗擦后，先用钢丝刷清刷，后涂电力脂，然后连接。(×)

Je3B4184 采用液压连接导线时，导线外层铝股洗擦后，先涂电力脂，后用钢丝刷清刷，然后连接。(√)

Je3B4185 张力放线时，通信联系必须畅通，重要的交叉跨越、转角塔的塔位应设专人监护。(√)

Je3B4186 整立杆塔时，指挥人员应站在总牵引地锚受力的前方。(×)

Je3B4187 转角杆中心桩位移值的大小只受横担两侧挂线点间距离大小的影响。(×)

Je3B4188 转角塔基础，采取预偏措施时，基础的四个基础顶面应按预偏值抹成斜平面，并应共在一个整斜平面内或平行平面内。(√)

Je3B4189 500kV线路中的拉V直线塔常采用自由整体立塔。(√)

Je3B4190 杆塔材料严禁浮搁在杆塔上。(√)

Je3B4191 对110kV架空线路进行杆塔检修，为确保检修人员安全，不允许带电进行作业。(×)

Jf3B4192 工作票必须由有经验的工作负责人签发。(×)

Jf3B4193 跨越不停电电力线路时，施工人员可从跨越架上通过。(×)

Jf3B4194 跨越不停电电力线路施工过程中，只须施工单位设安全监护人。(×)

Jf3B4195 跨越不停电线路时，施工人员不得在跨越架内侧攀登。(√)

Jf3B4196 配合停电的线路可以只在工作地点附近装设一处接地线。(√)

Jf3B4197 线路检修的组织措施一般包括人员配备及制订安全措施。(×)

Jf3B4198 禁止工作人员穿越未经验电、接地的10kV及以下线路对上层线路进行验电。(√)

Jf3B4199 断路器(开关)应处于合闸位置，并取下跳闸回路熔断器，锁死跳闸机构后，方可短接。(√)

Jf3B4200 分流线应支撑好，以防摆动造成接地或短路。(√)

Jf3B4201 阻波器被短接前，严防等电位作业人员人体短接阻波器。(√)

Jf3B4202 短接开关设备或阻波器的分流线截面和两端线夹的载流容量，应满足最大负荷电流的要求。(√)

Jf3B4203 进行带电清扫工作时，绝缘操作杆的有效长度不准小于10m。(×)

Jf3B4204 带电清扫作业人员应站在下风侧位置作业，应戴口罩、护目镜。(×)

Jf3B4205 作业时，作业人的双手应始终握持绝缘杆保护环以下部位，并保持带电清扫有关绝缘部件的清洁和干燥。(√)

Jf3B4206 高架绝缘斗臂车应经检验合格。斗臂车操作人员应熟悉带电作业的有关规定，并经专门培训，考试合格、持证上岗。(√)

Jf3B4207 绝缘斗中的作业人员应正确使用安全带和绝缘工具。(√)

Jf3B4208 绝缘臂的有效绝缘长度应大于50m。且应在下端装设泄漏电流监视装置。(×)

Jf3B4209 绝缘臂下节的金属部分，在仰起回转过程中，对带电体的距离应按规定值增加0.5m。工作中车体应良好接地。(√)

Jf3B4210 保护间隙的接地线应用多股软铜线。其截面面积应满足接地短路容量的要求，但不准小于$16mm^2$。(×)

Jf3B4211 悬挂保护间隙前，应与调度联系停用重合闸或直流再启动保护。(√)

Jf3B4212 悬挂保护间隙应先将其与接地网可靠接地，再将保护间隙挂在导线上，并使其接触良好。拆除的程序与其相反。(√)

Jf3B4213 保护间隙应挂在相邻杆塔的导线上，悬挂后，应派专人看守，在有人、畜通过的地区，还应增设围栏。(√)

Jf3B4214 装、拆保护间隙的人员应穿全套屏蔽服。(√)

Jf3B4215 针式及少于4片的悬式绝缘子不准使用火花间隙检测器进行检测。(×)

Jf3B4216 直流线路不采用带电检测绝缘子的检测方法。(√)

Jf3B4217 绞磨应放置平稳，锚固应可靠，受力前方不准有人。锚固绳应有防滑动措施。在必要时宜搭设防护工作棚，操作位置应有良好的视野。(√)

Jf3B4218 拖拉机绞磨两轮胎应在同一水平面上，前后支架应受力平衡。绞磨卷筒应与牵引绳的最近转向点保持5m以上的距离。(√)

Jf3B4219 扒杆的基础应平整坚实、不积水。在土质疏松的地方，抱杆脚应用垫木垫劳。(√)

Jf3B4220 导线穿入联结网套应到位，网套夹持导线的长度不准少于导线直径的60倍。网套末端应以铁丝绑扎不少于20圈。(×)

Jf3B4221 规格、材质应与线材的规格、材质相匹配。卡线器有裂纹、弯曲、转轴不灵活或钳口斜纹磨平等缺陷时应予报废。(√)

Jf3B4222 支撑在坚实的地面上，松软地面应采取加固措施。放线轴与导线伸展方向应形成垂直角度。(√)

Jf3B4223 弯曲和变形严重的钢质锚禁止使用。(√)

Jf3B4224 木质锚桩应使用木质较硬的木料，有严重损伤、纵向裂纹和出现横向裂纹时禁止使用。(√)

Jf3B5225 使用前应检查吊钩、链条、转动装置及刹车装置是否良好，吊钩、链轮、倒卡有变形时及链条磨损达直径的50%者禁止使用。(×)

Jf3B5226 两台及两台以上链条葫芦起吊同一重物时，重物的重量应不大于每台链条葫芦的允许起重量。(√)

Jf3B5227 起重链不准打扭，亦不准拆成单股使用。(√)

Jf3B5228 吊起的重物如需在空中停留较长时间，应将手拉链拴在起重链上，并在重物上加设保险绳。(√)

Jf3B5229 在使用中如发生卡链情况，立刻进行检修。(×)

Jf3B5230 悬挂链条葫芦的架梁或建筑物，应经过计算，否则不准悬挂。禁止用链条葫芦长时间悬吊重物。(√)

Jf3B5231 钢丝绳应按出厂技术数据使用。无技术数据时，应进行单丝破断力试验。(√)

Jf3B5232 钢丝绳的钢丝磨损或腐蚀达到原来钢丝直径的80%及以上，或钢丝绳受过严重退火或局部电弧烧伤者，应予以报废。(×)

Jf3B5233 钢丝绳压扁变形及表面起毛刺严重者，应予以报废。(√)

Jf3B5234 合成纤维吊装带应按出厂数据使用，无数据时禁止使用。使用中，应避免与尖锐棱角接触，如无法避免应寻求必要的护套。(√)

Jf3B5235 吊装带用于不同承重方式时，应严格按照标签给予的定值使用。(√)

Jf3B5236 注意经常检查吊装带外部护套，如发现外部护套破损显露出内芯时，应立即停止使用。(√)

Jf3B5237 在带电设备区域内使用汽车吊、斗臂车时，车身应使用截面面积不小于25mm^2的软铜线可靠接地。在道路上施工应设围栏，并设置适当的警示标志。(×)

Jf3B5238 起重机停放或行驶时，其车轮、支腿或履带的前端或外侧与沟、坑边缘的距离不准小于沟、坑深度的1.2倍；否则应采取防倾、防坍塌措施。(√)

Jf3B5239 作业时，起重机臂架、吊具、辅具、钢丝绳及吊物等与架空输电线及其他带电体的最小安全距离不准小于30m，且应设专人监护。(×)

Jf3B5240 纤维绳在潮湿状态下的允许荷重应减少一半，涂沥青的纤维绳应降低20%使用。一般纤维绳禁止在机械驱动的情况下使用。(√)

Jf3B5241 切断绳索时，应先将预定切断的两边用软钢丝扎结，以免切断后绳索松散，断头应编结处理。(√)

Jf3B5242 卸扣应是锻造的。卸扣可以横向受力。(×)

Jf3B5243 卸扣的销子不准扣在活动性较大的索具内。(√)

Jf3B5244 不准使卸扣处于吊件的转角处。(√)

Jf3B5245 施工机具应有专用库房存放，库房要经常保持干燥、通风。(√)

Jf3B5246 施工机具不用进行检查、维护、保养。施工机具的转动和传动部分应保持其润滑。(×)

Jf3B5247 对不合格或应报废的机具应及时清理，不准与合格的混放。(√)

Jf3B5248 起重机具的检查、试验要求应满足附录N的规定。(√)

Jf3B5249 安全工器具宜存放在温度为－15～＋35℃、相对湿度为90％以下、干燥通风的安全工器具室内。(×)

1.3 多选题

La3c1001 零件图一般包括的内容为（ ）。

（A）一组视图 （B）完整的尺寸 （C）技术要求 （D）标题栏

答案：ABCD

La3c2002 装配图一般包括（ ）。

（A）一般图形 （B）必要的尺寸

（C）技术要求 （D）零件的序号、明细栏和标题栏

答案：ABCD

La3c2003 读装配图时需要概括了解（ ）。

（A）了解装配体的名称、用途、性能和规格

（B）了解部件组成

（C）分析视图

（D）了解画图作者

答案：ABC

La3c3004 下面（ ）是装配图的特殊表达方法。

（A）简化画法 （B）夸大画法

（C）假想画法 （D）单独画出某个零件的视图

答案：ABCD

La3c3005 电力网的损耗电量一般分为（ ）。

（A）短路损耗 （B）空载损耗 （C）可变损耗 （D）固定损耗

答案：CD

La3c3006 对图的电路图描述正确的是（ ）。

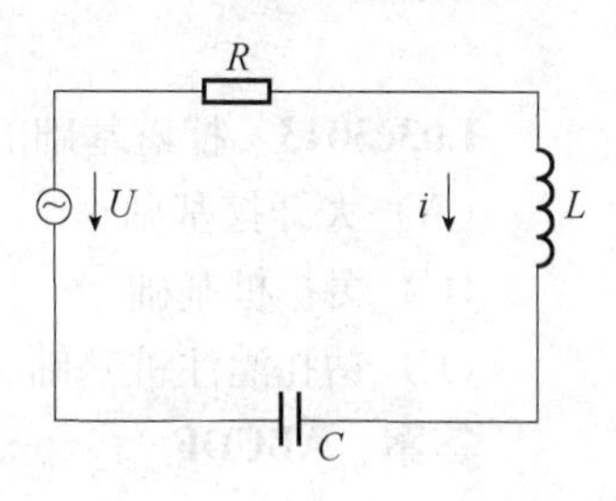

（A）图是 R、L、C 串联电路

（B）当 $X_L = X_C$ 时，电路呈电阻性

（C）当 $X_L = X_C$ 时，电路串联谐振

（D）当 $X_L = X_C$ 时，电路发生电流谐振

答案：ABC

La3c4007 装配图上一般需要标注出（ ）。

（A）规格（性能）尺寸 （B）装配尺寸

（C）安装尺寸 （D）外形尺寸

答案：ABCD

Lb3c2008 影响泄漏比距大小的因素有（　　）。

（A）地区污秽等级　　（B）系统中性点的接地方式

（C）绝缘子的类型　　（D）线路电压等级

答案：AB

Lb3c2009 为保证线路的安全运行，防污闪的措施有（　　）。

（A）确定线路的污秽区的污秽等级　　（B）定期清扫绝缘子

（C）更换不良和零值绝缘子　　（D）增加绝缘子串的单位泄漏比距

（E）采用憎水性涂料　　（F）定期检测零值绝缘子

答案：ABCDEF

Lb3c2010 线路复测工作内容应包括（　　）。

（A）校核交叉跨越位置　　（B）校核风偏影响点

（C）校核接地装置　　（D）校核基础保护范围

答案：ABD

Lb3c2011 线路隐蔽工程包括（　　）。

（A）现浇基础的钢筋规格、数量　　（B）灌注桩基础的成孔、清孔

（C）接续管的连接　　（D）导线补修处理

答案：ABCD

Lb3c2012 带电作业有下列情况（　　）之一者应停用重合闸，并不得强送电。

（A）中性点有效接地的系统中有可能引起单相接地的作业

（B）工作票签发人或工作负责人认为需要停用重合闸的作业

（C）中性点非有效接地的系统中有可能引起相间短路的作业

（D）工作票许可人认为需要停用重合闸的作业。

答案：ABC

Lb3c3013 杆塔基础的形式有（　　）。

（A）大开挖基础　　（B）掏挖扩底基础

（C）爆扩桩基础　　（D）岩石锚桩基础

（E）钻孔灌注桩基础

答案：ABCDE

Lb3c3014 对隐蔽工程项目在竣工验收中可采取（　　）方法核查其施工质量。

（A）现场打破检查施工质量

（B）登塔高空实际检测耐张压接管

（C）回弹仪、取芯检验混凝土基础的强度

（D）接地装置核查回填是否为泥土和埋深尺寸

答案：ABCD

Lb3c3015 DL/T 741《架空送电线路运行规程》（以下简称《规程》）是输电线路运行检修工作人员的工作准则，既是对线路运行状况评价的标准，又是(　　)的标准依据。

（A）检测　　（B）维护　　（C）基建

（D）检修　　（E）施工

答案：ABD

Lb3c3016 杆塔结构承受的可变荷载包括(　　)。

（A）固定设备重力荷载　　（B）风荷载

（C）冰荷载　　（D）导线张力

答案：BCD

Lb3c3017 影响输电线路耐雷水平的因素有(　　)。

（A）绝缘子串60%的冲击放电电压　　（B）耦合系数

（C）接地电阻大小　　（D）杆塔高度

（E）导线平均悬挂高度

答案：BCDE

Lb3c3018 线路放线后不能腾空过夜时，应采取下列(　　)等措施。

（A）挖沟埋入地面下　　（B）应将架空线沉入河底

（C）设置警示牌　　（D）配员值班

答案：AB

Lb3c3019 带电作业的要求有(　　)。

（A）必须使用合格的屏蔽服

（B）保证绝缘子串有足够数量的良好绝缘子

（C）保持足够的有效空气间隙和组合安全距离

（D）不得同时接触不同相别的两相

（E）必须停用自动重合闸装置。

答案：ABCDE

Lb3c4020 架空输电线路防雷措施有(　　)。

（A）装设避雷线及增大杆塔接地电阻　　（B）系统中性点直接接地

（C）增加耦合地线　　（D）加强绝缘

（E）装设线路自动重合闸装置。

答案：BCDE

Lb3c4021 输电线路电能损耗包括(　　)。

(A) 空载损耗　　(B) 基本损耗

(C) 附加损耗　　(D) 损耗校正值

答案：BCD

Lb3c4022 降低线路损耗的技术措施有(　　)等。

(A) 合理确定供电中心，提高线路电压等级

(B) 调整电网的运行方式

(C) 提高功率因数，减少线路中的无功功率

(D) 合理调整负荷，提高负荷率

(E) 合理增加线路负荷，提高导线的利用率。

答案：ABCD

Lc3c1023 停电作业接地的要求包括(　　)。

(A) 应在作业范围的两端挂接地线

(B) 接地线截面面积规格不小于 $25mm^2$，临时接地棒埋深不小于 0.6m，材料采用多股软铜线

(C) 先接接地端，后接导线端，接地线连接要可靠，不准缠绕，同时使三相短路

(D) 特殊情况下可使用铝导线等其他导线作接地线和短路线

答案：ABC

Lc3c1024 高处作业使用安全带时，应做到(　　)。

(A) 栓在牢固的构件上　　(B) 不得低挂高用

(C) 不得高挂低用　　(D) 检查安全带是否栓牢

答案：ABD

Lc3c1025 下列易发生中暑的情况有(　　)。

(A) 出汗很少　　(B) 长时间处于高温环境中工作

(C) 阳光直接照射头部引起头痛　　(D) 身体散热困难

答案：BCD

Lc3c1026 对同杆塔架设的多层电力线路进行验电时，应(　　)。

(A) 先验低压、后验高压　　(B) 先验近侧、后验远侧

(C) 先验下层、后验上层　　(D) 先验边相、后验中相

答案：ABC

Lc3c1027 验电器的正确使用(　　)。

(A) 验电应使用相应电压等级、合格的接触式验电器

(B) 验电前，应仔细进行外观检查

(C) 验电时，人体应与被验电设备保持规程规定的距离，并设专人监护

(D) 使用伸缩式验电器时，应保证绝缘的有效长度

答案：ACD

Lc3c1028 《电力设施保护条例》对架空电力线路保护区的规定(　　)。

(A) 1～10kV，5m　　(B) 35～110kV，10m

(C) 154～330kV，15m　　(D) 500kV，20m

答案：ABCD

Lc3c2029 携带式接地线的规定有(　　)。

(A) 接地线应用有透明护套的多股软铜线组成

(B) 接地线截面面积不得小于 $25mm^2$，同时应满足装设地点短路电流的要求

(C) 禁止使用其他导线作接地线或短路线

(D) 接地线应使用专用的线夹固定在导体上，严禁用缠绕的方法进行接地或短路

答案：ABCD

Lc3c2030 在低温下高处作业应注意(　　)。

(A) 在气温低于零下10℃时，不宜进行高处作业

(B) 确因工作需要进行作业时，作业人员应采取保暖措施

(C) 高处连续工作时间不宜超过 1h

(D) 在冰雪、霜冻、雨雾天气进行高处作业，应采取防滑措施

答案：ABCD

Lc3c2031 常见的危害电力设施建设的行为有(　　)。

(A) 涂改电力设施建设测量标桩

(B) 非法侵占电力设施建设依法征用的土地

(C) 封堵施工道路。

答案：ABC

Lc3c3032 停电检修对接地线的要求是(　　)。

(A) 接地线应有接地和短路构成的成套接地线

(B) 成套接地线必须使用多股软铜线编织而成，截面面积不得小于 $25mm^2$

(C) 接地线的接地端应使用金属棒做临时接地，金属棒的直径应不小于 190mm，金属棒在地下的深度应不小于 0.6m

(D) 利用铁塔接地时，允许每相个别接地，但铁塔与接地线连接部分应清除油漆，接触良好。

答案：ABCD

Lc3c3033 停电检修进行验电和挂接地线说法正确的是（ ）。

（A）验电必须使用相同电压等级并在试验周期内合格的专用验电器，验电前，必须把合格的验电器在相同电压等级的带电设备上进行试验，证实其确已完好

（B）验电时，须将验电笔的尖端渐渐地接近线路的带电部分，听其有无“吱吱”的放电声音，并注意指示器有无指示，如有亮光、声音等，即表示线路有电压

（C）经过验电证明线路上已无电压时，即可在工作地段的两端，使用具有足够截面的专用接地线将线路三相导线短路接地

（D）停电线路可以在不挂接地线的情况下进行线路的检修工作。

答案：ABC

Lc3c3034 电力生产中，一旦发生事故，事故调查组进行事故调查的程序包括（ ）等。

（A）寻找事故当事人　　（B）保护事故现场

（C）收集原始资料　　（D）调查事故情况

答案：BCD

Jd3c1035 铁塔构件编号程序是（ ）。

（A）先编主材，后编其他　　（B）由上往下

（C）由左到右　　（D）由正面到侧面

答案：ACD

Jd3c1036 装卸电缆盘时一般采用（ ）。

（A）铲车　　（B）叉车　　（C）吊车　　（D）卡车

答案：ABC

Jd3c1037 钢丝绳的安全系数的选取，应从（ ）方面考虑。

（A）管理　　（B）标准　　（C）安全　　（D）节约

答案：CD

Jd3c2038 防振锤的安装个数，一般根据（ ）来确定。

（A）杆塔高度　　（B）导线的型号（或直径）

（C）档距的长度　　（D）风速大小

答案：BC

Jd3c2039 杆塔头部尺寸包括（ ）。

（A）横担长度　　（B）防雷保护角

（C）上下层导线的间距　　（D）地线支架高度

答案：ACD

Jd3c2040 确定杆塔头部尺寸时，应满足(　　)。

(A) 导线对地的安全距离　(B) 杆塔头部各种空气间隙的要求

(C) 档距中各种线间距离的要求　(D) 带电作业时，安全距离的要求

答案：BCD

Jd3c2041 杆塔临时拉线的设置遵守的规定为(　　)。

(A) 绑扎工作应由技术人员担任

(B) 可以使用白棕绳

(C) 一根锚桩上的临时拉线不得超过2根

(D) 未绑扎固定前不得登高

答案：ACD

Jd3c2042 起重用电安全规定中规定：在潮湿环境中工作时的照明，可使用(　　)安全电压。

(A) 24V　(B) 36V　(C) 48V　(D) 72V

答案：AB

Jd3c2043 下面关于角钢抱杆叙述正确的是(　　)。

(A) 角钢抱杆截面多为三角形或方形　(B) 分段式结构，螺栓连接

(C) 强度较高，质量较重　(D) 在使用中易变形

答案：ABCD

Jd3c3044 为了使防振锤安装后能达到预期的效果，必须做到(　　)。

(A) 安装位置必须尽量靠近波幅点

(B) 对最高和最低振动频率的振动波都应有抑止作用

(C) 尽量靠近悬垂线夹

(D) 尽量远离悬垂线夹

答案：AB

Jd3c3045 灌注桩施工应遵守的规定为(　　)。

(A) 孔顶应埋敷护筒　(B) 不得超负荷进钻

(C) 应按规定排放泥浆　(D) 浇灌混凝土前抽空孔中水

答案：ABC

Jd3c3046 确定杆塔呼称高时，应满足规程规定的(　　)。

(A) 导线对地的安全距离　(B) 防雷保护角

(C) 导线对交叉跨越物的安全距离　(D) 带电作业时的安全距离

答案：AC

Jd3c3047 杆塔调整垂直后，拆除临时拉线的条件是(　　)。
(A) 铁塔的底脚螺栓已紧固　(B) 永久拉线已紧好
(C) 无拉线电杆已回填土夯实　(D) 安装完新架空线
(E) 基础混凝土强度达到设计值
答案：ABCD

Jd3c3048 建筑安装施工现场是一个(　　)的生产场所。
(A) 露天作业多　(B) 立体交叉作业多
(C) 作业面变化多　(D) 临时设施多
(E) 受气候环境影响大　(F) 人员流动性大。
答案：ABCDEF

Jd3c3049 抱杆的承载能力包括(　　)。
(A) 柔性　(B) 强度　(C) 刚度　(D) 稳定性
答案：BCD

Jd3c4050 地线挂点在杆塔头部相对位置的确定需满足(　　)。
(A) 地线对边导线防雷保护角的要求
(B) 地线对中相导线的保护要求
(C) 在雷电过电压条件下，档距中央导线与地线的接近距离的要求
(D) 档距中央地线与被跨越物之间安全距离的要求
答案：ABC

Jd3c4051 桩锚的计算主要包括(　　)。
(A) 桩锚的稳定性计算　(B) 桩锚土壤壁承压应力的计算
(C) 桩锚的强度验算　(D) 桩锚的允许力计算
答案：ABC

Jd3c5052 外拉线抱杆组塔时，抱杆布置应(　　)。
(A) 布置在主材处
(B) 抱杆根部固定在铁塔结点处
(C) 抱杆倾斜 10°～15°
(D) 抱杆头部应在顺、横线路方向吊件上方
答案：ABCD

Je3c1053 光缆盘运到现场后，应进行的检查验收为(　　)。
(A) 品种、型号、规格、长度　(B) 端头密封的防潮封口有无松脱现象
(C) 盘号　(D) 光缆衰减值（专业人员检测）
答案：ABCD

Je3c1054 紧线时，观测弧垂的方法有(　　)。

(A) 等长法　(B) 异长法　(C) 角度法　(D) 弧垂法

答案：ABC

Je3c1055 下列跨越档内导线和架空地线不得有中间接头的情况是(　　)。

(A) 高速公路　(B) 一级通航河流　(C) 特殊管道　(D) 三级通航河流

答案：ABC

Je3c1056 经纬仪可用来测量(　　)。

(A) 水平角度　(B) 竖直角度　(C) 距离　(D) 高程

答案：ABCD

Je3c1057 架空线路紧线完成后，应尽快进行附件安装主要包括(　　)。

(A) 直线塔附件安装　(B) 间隔棒安装

(C) 阻尼线安装　(C) 跳线安装

答案：ABCD

Je3c1058 放线时，放线架应有专人看管，其任务是(　　)。

(A) 指挥领线人员　(B) 随时调整走偏的线轴

(C) 控制放线速度　(D) 检查放出架空线质量

答案：BCD

Je3c2059 在卷扬机牵引电缆的过程中，一般应配置(　　)等辅助工具。

(A) 专用过牵引头　(B) 牵引钢丝网套　(C) 防捻器　(D) 张力器

答案：ABCD

Je3c2060 桩锚按倾斜入土中的方式不同，可分为(　　)。

(A) 固定桩锚　(B) 支撑桩锚　(C) 埋设桩锚　(D) 打桩桩锚

答案：CD

Je3c2061 影响钢丝绳强度的因素是(　　)。

(A) 钢丝绳弯曲　(B) 钢丝绳疲劳　(C) 钢丝绳磨损　(D) 滑轮槽型

答案：ABCD

Je3c2062 架空导线的防振可从以下几个方面着手(　　)。

(A) 全线架设地线　(B) 在导线上加装防振装置

(C) 提高导线最大使用张力　(D) 加强设备的耐振强度

答案：BD

Je3c2063 导线截面选择考虑的主要问题是(　　)等。

(A) 要保证导线有足够的机械强度

(B) 要使线路在正常气候条件下不产生电晕

(C) 要尽可能降低线路投资，选取经济的导线截面

(D) 要把线路电压损耗限制在允许范围内

(E) 导线在运行中的温度不超过允许温度

答案：ABCDE

Je3c2064 架空线连接前后应做(　　)检查。

(A) 被连接的架空线绞向是否一致　　(B) 连接后管口附近不得有明显松股现象

(C) 切割铝股时严禁伤及钢芯　　(D) 是否使用导电脂

答案：ABCD

Je3c2065 导线连接网套的使用应遵守的规定为(　　)。

(A) 导线穿入网套必须到位

(B) 网套夹持导线的长度不得少于导线直径的 30 倍

(C) 网套未端应用铁丝绑扎

(D) 绑扎不得少于 12 圈

答案：ABC

Je3c2066 线路较易引起舞动的原因是(　　)。

(A) 导线截面大（直径超过 40mm）　　(B) 分裂导线的根数较多

(C) 导线距地面较高　　(D) 电晕严重的线路

答案：ABCD

Je3c2067 运行线路中，某档导线的应力与下列因素有关(　　)。

(A) 悬点高差　　(B) 档距　　(C) 气温　　(D) 覆冰厚度

答案：CD

Je3c2068 导线应力计算时的控制条件一般有(　　)。

(A) 最大使用应力和最低气温　　(B) 最大使用应力和最大覆冰

(C) 年平均运行应力和年平均气温　　(D) 最大使用应力和最高气温

答案：ABC

Je3c2069 导线初伸长产生的原因有(　　)。

(A) 受张力作用　　(B) 塑性伸长

(C) 蠕变伸长　　(D) 罕见荷载作用

答案：BC

Je3c2070 风振动容易在下列地点发生(　　)。
(A) 导线张力大而对地距离较高的地方
(B) 平原开阔地带
(C) 经常遭受台风的地区
(D) 大跨越地段
答案：ABD

Je3c2071 用外拉线抱杆组立铁塔应遵守的规定为(　　)。
(A) 升抱杆必须有统一指挥　　(B) 抱杆垂直下方不得有人
(C) 抱杆不得倾斜　　(D) 吊件外侧应设控制绳
答案：ABD

Je3c2072 内拉线抱杆组塔时，上拉线的作用是(　　)。
(A) 固定抱杆　　(B) 控制抱杆露出塔身高度
(C) 承托抱杆　　(D) 帮助吊件就位
答案：AB

Je3c2073 整立杆塔时，要做到“四点一线”，如下表达正确的是(　　)。
(A) 总牵引地锚　(B) 制动系统中心　(C) 抱杆顶点　(D) 电杆根部
答案：ABC

Je3c2074 振捣混凝土的作用是(　　)。
(A) 增加混凝土密实性　　(B) 减少水灰比
(C) 提高混凝土强度　　(D) 使混凝土充分搅和
答案：ABC

Je3c2075 紧线施工应在(　　)后方可进行。
(A) 杆塔螺栓全部紧固　　(B) 杆塔已全部检查合格
(C) 基础混凝土浇灌 28 天　　(D) 基础混凝土强度达到设计值
答案：ABD

Je3c2076 测量三要素包括(　　)。
(A) 角度　(B) 距离　(C) 高差　(D) 高度
答案：ABC

Je3c2077 水准仪和经纬仪望远镜上的十字丝分划板上包括(　　)。
(A) 十字丝的竖丝　(B) 十字丝的横丝　(C) 上短线　(D) 下短线
答案：ABCD

Je3c2078 进行输电线路杆塔定位时，应根据设计部门提供的(　　)，核对现场导线桩，从始端杆桩位开始安置经纬仪，向前方逐基定位。

(A) 线路平面图　(B) 线路断面图　(C) 杆塔明细表　(D) 天气条件

答案：ABC

Je3c2079 基础的操平找正工作，按基础的不同型式一般分为(　　)等几种。

(A) 混凝土杆基础　(B) 灌注桩基础

(C) 铁塔地脚螺栓基础　(D) 插入式基础

答案：ACD

Je3c2080 经纬仪测量中，塔检查的主要项目有(　　)。

(A) 结构根开及对角线　(B) 结构倾斜

(C) 横担扭转　(D) 铁塔高度

答案：ABC

Je3c2081 导线弧垂观测的方法一般有(　　)。

(A) 异长法　(B) 等长法（平行四边形法）

(C) 角度法　(D) 平视法

答案：ABCD

Je3c2082 角度观测法有(　　)。

(A) 档端观测法　(B) 档内观测法

(C) 档外观测法　(D) 档末观测法

答案：ABC

Je3c2083 复合绝缘子安装注意事项包括(　　)。

(A) 轻拿轻放，不应投掷，并避免与尖硬物碰撞、摩擦

(B) 起吊时，绳结要打在金属附件上，禁止直接在伞套上绑扎，绳子触及伞套部分应用软布包裹保护

(C) 禁止踩踏绝缘子伞套

(D) 正确安装均压装置，注意安装到位，不得装反，并仔细调整环面与绝缘子轴线垂直

答案：ABCD

Je3c2084 杆塔及拉线中间验收检查项目包括(　　)。

(A) 结构倾斜

(B) 各部件规格及组装质量

(C) 螺栓紧固程度、穿入方向、打冲等

(D) NUT 线夹螺栓、花篮螺栓的可调范围

（E）拉线方位、安装质量及初应力情况

答案：ABCDE

Je3c2085　架空输电线路三相导线换位的原因有（　　）。

（A）架空线路三相导线在空间排列往往是不对称的，由此引起三相系统电流特性不对称

（B）架空线路三相导线在空间排列往往是不对称的，由此引起三相系统电磁特性不对称

（C）各相电抗不平衡，从而影响三相系统的对称运行

（D）为保证三相系统能始终保持对称运行，三相导线必须进行换位

答案：BCD

Je3c2086　对运行中的ADSS应注意光缆有无（　）等现象，各部螺栓有否松动，发现后应及时处理。

（A）积污　　　　（B）电蚀　　　　（C）老化　　　　（D）表面龟裂

答案：BCD

Je3c2087　采取降阻措施须经过技术经济比较，在土壤电阻率较高的地段，可采取的措施有（　　）。

（A）增加垂直接地体　　　　　　（B）加长接地带

（C）改变接地形式　　　　　　　（D）换土或采用新接地技术

答案：ABCD

Je3c2088　卸扣在使用时，应注意的事项有（　　）。

（A）U形环变形或销子螺纹损坏不得使用

（B）不得横向受力

（C）销子不得扣在能活动的索具内

（D）不得处于吊件的转角处

（E）应按标记规定的负荷使用

答案：ABCDE

Je3c3089　钢丝绳报废或截除的标准是（　　）。

（A）在一个节距内断丝根数超过有关规定

（B）钢丝绳有断股

（C）钢丝绳磨损或腐蚀深度达到原直径的40%以上

（D）钢绳松、散股

（E）断丝增加很快

答案：ABCE

Je3c3090 在起重作业中，起吊前，应认真检查(　　)。

(A) 吊件各捆绑点是否可靠　　(B) 重心是否找得准确

(C) 滑轮组的穿法是否符合要求　　(D) 进行试吊

答案：ABCD

Je3c3091 以下说法不正确的是(　　)。

(A) 白棕绳要存放在干燥通风良好的地方

(B) 白棕绳在使用中如发生扭转，可不做处理，继续使用

(C) 白棕绳用于起吊边沿锐利的构件时，可不做处理

(D) 白棕绳断丝或断股禁止使用

答案：BC

Je3c3092 下面关于桩锚正确的是(　　)。

(A) 桩锚不能超载使用

(B) 桩锚基坑回填时，要高出基坑四周 500mm 以上

(C) 桩锚附近不允许取土

(D) 桩锚不用试拉即可使用

答案：AC

Je3c3093 铝合金抱杆的特点有(　　)。

(A) 强度高　　(B) 易变形　　(C) 质量轻　　(D) 成本高

答案：ACD

Je3c3094 上、下层导线间或导线与地线间需有水平偏移，是防止(　　)。

(A) 导线在档距中不同步摇摆

(B) 导线在不均匀脱冰时，引起导线跳跃碰线造成事故

(C) 上层导线脱冰时的冰块对下层导线的冲击

(D) 大风时的风偏

答案：AC

Je3c3095 延长直线定线时，视线经常遇到障碍物，可用(　　)等方法越过障碍。

(A) 梯形　　(B) 等边三角形

(C) 矩形　　(D) 正方形

答案：BCD

Je3c3096 导线机械特性曲线即为具体表示在各种不同气象条件下(　　)之间的关系曲线。

(A) 应力与档距　　(B) 弧垂与档距

(C) 应力与温度　　(D) 应力与覆冰情况

答案：**AB**

Je3c3097　防止导线舞动一般可根据运行经验采取以下措施(　　)。

(A) 加大线间距离和导线、地线间的水平位移

(B) 加大金具绝缘子的机械安全系数

(C) 安装相间间隔棒

(D) 尽量取消子导线间隔棒

(E) 增加杆塔缩小档距

答案：**ABCDE**

Je3c3098　为了保证导线长期的安全可靠性，除需考虑其(　　)。

(A) 最高温度时不超过许用应力外

(B) 应力在任何气象条件下均不超过许用应力外

(C) 年平均气温时不超过许用应力外

(D) 具有足够的耐振能力

答案：**BD**

Je3c3099　线路防止振动的具体措施有(　　)。

(A) 安装防振锤和阻尼线　　(B) 安装护线条和防振线夹

(C) 安装相间间隔棒　　(D) 尽量取消子导线间隔棒

答案：**AB**

Je3c3100　架空线的振动形成的原因是(　　)。

(A) 架空线受到均匀的微风作用

(B) 架空线背后形成一个以一定频率变化的风力涡流

(C) 风力涡流对架空线冲击力的频率与架空线固有的自振频率相等或接近

(D) 架空线在竖直平面内因共振而引起振动加剧

答案：**ABCD**

Je3c3101　内拉线抱杆组塔时，腰滑车的作用是(　　)。

(A) 把牵引绳引向塔外　　(B) 减少抱杆轴向受力

(C) 避免牵引绳摩擦，碰撞　　(D) 使牵引绳在抱杆两侧保持平衡

答案：**BCD**

Je3c3102　铁塔组立时，铁塔基础应符合的规定是(　　)。

(A) 有铁塔基础施工技术文件

(B) 分解组立时混凝土强度应达到设计值 70%

（C）基础中间验收合格
（D）整体组立时混凝土强度应达到设计值 100%
答案：BCD

Je3c3103　坍落度大小是由（　　）决定的。
（A）混凝土的强度　　　　　　　　（B）混凝土的体积
（C）混凝土的结构　　　　　　　　（D）混凝土的振捣方式
答案：CD

Je3c3104　经纬仪是输电线路工程主要测量仪器之一，可用来测量（　　）。
（A）水平角度　　（B）竖直角度　　（C）距离　　（D）高程
答案：ABCD

Je3c3105　以下属于经纬仪的组成部分的是（　　）。
（A）轴座　　（B）水准尺　　（C）脚螺旋　　（D）连接板
答案：ABC

Je3c3106　卷扬机的使用应遵守的规定为（　　）。
（A）牵引绳在卷筒上圈数不得小于 3 圈
（B）卷扬机未完全停稳时不得换挡
（C）不得在转动的滚筒上调整牵引绳位置
（D）导向滑车应对正卷筒中心
答案：BCD

Je3c3107　人力放线应遵守的规定为（　　）。
（A）领线人应由技工担任
（B）通过河流时，可由领线人员带牵引绳游过去
（C）通过陡坡时，应防止滚石伤人
（D）通过竹林区，应防止竹尖扎脚
答案：ACD

Je3c3108　在悬垂线夹处加装护线条，可使（　　）。
（A）导线抗拉能力提高
（B）导线在线夹附近处的刚度加大
（C）抑制导线的振动弯曲
（D）减小导线的弯曲应力及挤压应力和磨损
答案：BCD

Je3c3109 张力架线优点有（　　）。
（A）避免导线与地面摩擦致伤，减轻运行中的电晕损失及对无线电系统的干扰
（B）施工作业高度机械化、速度快、工效高
（C）用于跨越公路、铁路、河网等复杂地形条件，更能取得良好的经济效益
（D）能减少青苗损失
答案：ABCD

Je3c3110 张力架线的基本特征是（　　）。
（A）导线在架线施工全过程中处于架空状态
（B）以耐张段为架线施工的单元工程，放线、紧线等作业在施工段内进行
（C）以耐张塔作施工段起止塔，在直线塔上直通放线
（D）在直线塔上紧线并做直线塔锚线，凡直通放线的耐张塔也直通紧线
（E）在直通紧线的耐张塔上做平衡挂线。
答案：ADE

Je3c3111 为了防止导线或架空地线因风振而受损伤，对附件安装的要求为（　　）。
（A）弧垂合格后应及时安装附件
（B）附件（包括间隔棒）安装时间不应超过5天
（C）大跨越永久性防振装置难于立即安装时，应会同设计单位采用临时防振措施
（D）应立即进行振动测量，掌握实际振动情况
答案：ABC

Je3c3112 各种类型的铝质绞线，在与金具的线夹夹紧时，除并沟线夹及使用预绞丝护线条外，安装时，应在铝股外缠绕铝包带，缠绕时应符合的规定（　　）。
（A）铝包带应缠绕紧密
（B）铝包带缠绕方向应与外层铝股的绞制方向一致
（C）所缠铝包带应露出线夹，但不超过10mm
（D）铝包带端头应回缠绕于线夹内压住
答案：ABCD

Je3c3113 降低杆塔接地电阻的方法有（　　）。
（A）外引接地　　（B）改良土壤　　（C）安装避雷器　　（D）用长效降阻剂
答案：ABD

Je3c3114 金属抱杆有下列情况之一严禁使用（　　）。
（A）整体弯曲超过杆长的1/600　　（B）表面局部生锈
（C）局部弯曲严重　　（D）裂纹或脱焊
答案：ACD

Je3c3115 麻绳、白棕绳在选用时的要求有(　　)。

(A) 棕绳(麻绳)作为辅助绳索使用,其允许拉力不得大于 $0.98kN/cm^2$

(B) 棕绳(麻绳)作为辅助绳索使用,其最大拉力不得大于其计算拉断力

(C) 用于捆绑或在潮湿状态下使用时应按允许拉力减半计算

(D) 霉烂、腐蚀、断股或损伤者不得使用

答案:ACD

Je3c4116 次档距振动(　　)。

(A) 使邻相导线互相鞭击　　(B) 使同相次导线互相鞭击

(C) 损伤导线和间隔棒　　(D) 甚至损坏金具而使导线落地

答案:BCD

Je3c4117 横断面测量是为了(　　),是否符合架空送电线路技术规范的要求。

(A) 考虑架空线的两边导线的安全对地距离

(B) 考虑架空线的中相导线的安全对地距离

(C) 杆塔基础的施工基面

(D) 考虑架空地线的安全对地距离。

答案:AC

Je3c4118 架空导线舞动的特性(　　)。

(A) 振动的频率较高(10~20Hz)　　(B) 频率很低(周期约为几秒一次)

(C) 振幅很大(可达几米)　　(D) 一次持续时间长(可达几小时)

答案:BCD

Je3c4119 架空导线风振动的特性(　　)。

(A) 振动的频率较高(10~20Hz)

(B) 一年中风振动的时间常达全年时间的30%~50%

(C) 振动幅度大

(D) 沿着导线呈为驻波分布

答案:ABD

Je3c4120 引起风振动的原因是当稳定微风吹过架空导线时,(　　)。

(A) 在导线的背风面产生上下交替变化的气流旋涡

(B) 使架空导线受到上下交变的脉冲力

(C) 当这个的脉冲力的频率与架空导线的固有自振频率相等或者接近时,导线就在垂直平面内产生风振动

(D) 同时产生舞动

答案:ABC

Je3c4121 风振动使导线在悬挂点处(　　)。

(A) 上下跳跃

(B) 反复被拗折

(C) 引起材料疲劳

(D) 导致断股、断线事故

答案：BCD

Je3c4122 用倒落式人字抱杆起立杆塔应遵守的规定为(　　)。

(A) 两根抱杆在同一平面上

(B) 抱杆应有防沉、防滑措施

(C) 抱杆脱帽绳应穿过脱帽环由专人控制

(D) 抱杆脱帽后应使杆根尽快入槽

答案：ABC

Je3c4123 倒落式人字抱杆整立电杆，吊点选择原则是(　　)。

(A) 宜多不宜少

(B) 杆身受到弯矩小于电杆抗弯强度

(C) 固定点距支点距离大于重心高度

(D) 宜靠近结点处

答案：BCD

Je3c4124 铝制引流连板及并沟线夹的连接面应平整、光洁，安装规定的要求为(　　)。

(A) 安装前应检查连接面是否平整，耐张线夹引流连板的光洁面必须与引流线夹连板的光洁面接触

(B) 应用汽油洗擦连接面及导线表面污垢，并应涂上一层电力复合脂。用细钢丝刷清除有电力复合脂的表面氧化膜

(C) 保留电力复合脂，并应逐个均匀地拧紧连接螺栓。螺栓的扭矩应符合该产品说明书的要求

(D) 应在缝隙处涂上电力复合脂

答案：ABC

Je3c4125 塔的自然接地电阻不大于(　　)，可利用铁塔和钢筋混凝土杆的自然接地(包括铁塔基础以及钢筋混凝土杆埋入地中的杆段和底盘、拉线盘等)，不必另设人工接地装置，但发电厂、变电站的进线段除外。

(A) 土壤电阻率 100Ω·m 及以下，工频接地电阻 10Ω

(B) 土壤电阻率 100～500Ω·m，工频接地电阻 15Ω

(C) 土壤电阻率 500～1000Ω·m，工频接地电阻 20Ω

(D) 土壤电阻率 2000Ω·m 以上，工频接地电阻 30Ω

答案：ABCD

Je3c4126 导线在同一处的损伤同时符合(　　)情况时可不作补修，只将损伤处棱角与毛刺用 0 号砂纸磨光。

(A) 铝、铝合金单股损伤深度小于股直径的 1/2

(B) 钢芯铝绞线及钢芯铝合金绞线损伤截面面积为导电部分截面面积的 5%及以下，且强度损失小于 4%

(C) 单金属绞线损伤截面面积为 4%及以下

(D) 单金属绞线损伤截面面积为 5%及以下

答案：ABC

Je3c4127 孤立档挂线时，过牵引长度宜为(　　)。

(A) 耐张段长度大于 200m 时，过牵引长度宜为 300mm

(B) 耐张段长度大于 300m 时，过牵引长度宜为 200mm

(C) 耐张段长度 200～300m 时，过牵引长度不宜超过耐张段长度的 0.5%

(D) 耐张段长度在 200m 以内时，过牵引长度按导线安全系数不小于 2 的规定控制

答案：BCD

Je3c5128 导线安装曲线即为具体表示在各种不同温度下(　　)之间的关系曲线。

(A) 应力与档距

(B) 弧垂与档距

(C) 应力与温度

(D) 应力与覆冰情况

答案：AB

Je3c5129 导线机械特性曲线的计算程序如下：(　　)。

(A) 导线控制应力计算

(B) 导线在各种气象条件时的比载计算

(C) 临界档距计算及有效临界档距的判别

(D) 利用状态方程式分别求出各有关气象条件下不同代表档距值时的应力和弧垂值

(E) 绘制各种气象条件时的应力、弧垂曲线

答案：ABCDE

Je3c5130 接地体采用搭接焊接时的要求为(　　)。

(A) 连接前应清除连接部位的氧化物

(B) 圆钢搭接长度应为其直径的 6 倍，并应双面施焊

(C) 扁钢搭接长度应为其宽度的 2 倍，并应四面施焊

(D) 焊接后应对焊缝进行打磨修平

答案：ABC

Je3c5131 挖掘机开挖时应遵守的规定为(　　)。

(A) 挖掘机临时锚定

(B) 严禁在伸臂及挖斗下面通过或逗留

(C) 严禁人员进入斗内，不得利用挖斗传递物件

(D) 暂停作业时，应将挖斗放到地面

答案：BCD

1.4　计算题

La3D1001　如图所示电路中，已知 $R=16k\Omega$，$C=X_1\mu F$，则输入电压的频率 $f=$________ Hz，才能使输出电压的相位刚好比输入电压超前 45°。

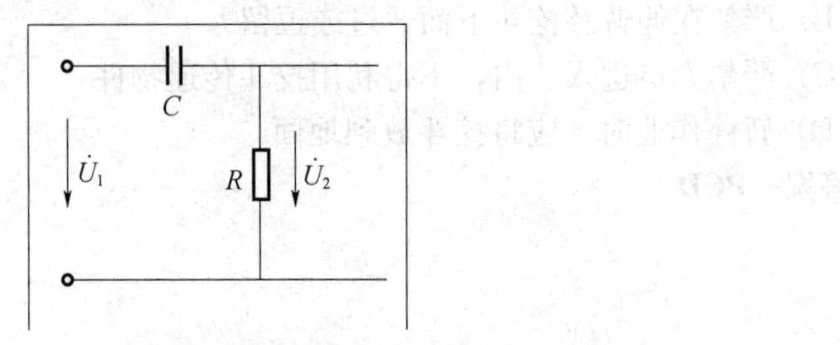

X_1取值范围：0.01～0.03 之间保留两位小数的数值

计算公式：$f=\dfrac{1}{2\pi RC\times10^{-6}}=\dfrac{9.9522}{X_1}$

La3D1002　已知 LGJ-185/30 型导线计算质量 $G=X_1$ kg/km，导线计算截面面积 $A=210.93\text{mm}^2$，导线在最大风速时的风压比载 $g_4=40.734\times10^{-3}$ N/（m・mm²），计算直径 $d=18.88$mm。在最大风速 v 为 30m/s 的气象条件下，导线的自重比载 $g_1=$________ N/（m・mm²），导线的综合比载 $g_6=$________ N/（m・mm²）。

X_1取值范围：730～740 之间保留一位小数的数值

计算公式：$g_1=\dfrac{9.8G}{A}=\dfrac{9.8\times X_1}{210.93}$

$$g_6=\sqrt{\left(\frac{9.8G}{A}\right)^2+g_4^2}=\sqrt{\left(\frac{9.8\times X_1}{210.93}\right)^2+40.732^2}$$

La3D2003　某 110kV 线路的电杆为普通钢筋混凝土杆，单位长度电感 L_0 为 0.84μH/m，冲击接地电阻为 $R_{ch}=X_1\Omega$，电杆全高 h 为 19.5m。现有一幅值 I 为 26kA、波前 τ 为 2.6μs（微秒）的雷电流直击杆顶后流经杆身，杆顶电位 $U_{td}=$________ kV。

X_1取值范围：5.0～10.0 之间的整数

计算公式：$U_{td}=IR_{ch}+\dfrac{L_0hI}{\tau}=26\times X_1+\dfrac{0.84\times19.5\times26}{2.6}$

La3D2004　有一只电动势为 $E=X_1$ V、内阻为 $R_0=0.1\Omega$ 的电池，给一个电阻 $R=4.9\Omega$ 的负载供电，则电池产生的功率 $P_1=$________ W，电池输出的功率 $P_2=$________ W，电池的效率 $\eta=$________%。

X_1取值范围：1.5～1.8 之间保留一位小数的数值

计算公式：$P_1=\dfrac{E^2}{R_0+R}=\dfrac{X_1^2}{5}$

$$P_2 = I^2 R = \left(\frac{E}{R_0 + R}\right)^2 R = \frac{4.9 \times X_1^2}{25}$$

$$\eta = \frac{P_2}{P_1} \times 100 = 98 = 98.0$$

La3D2005 在电容 $C=50\mu F$ 的电容器上加电压为 $U=X_1$ V、频率 $f=50$Hz 的交流电，则无功功率 $Q=$_______ kV·A。

X_1取值范围：180，200，220，240

计算公式：$Q = 2\pi fC \times 10^{-3} = \frac{X_1^2}{63.69} \times 10^{-3}$

La3D2006 某 10kV 线路输送的有功功率 $P=X_1$ MW，功率因数 $\cos\phi=0.7$，现把功率因数 $\cos\phi$ 提高到 0.9，则线路上需并联电容器的容量 $Q=$_______ M·A，线路可少送视在功率 $S=$_______ MV·A。（保留 2 位小数）

X_1取值范围：2，2.5，3，3.5

计算公式：$Q = \frac{P\sin\phi_1}{\cos\phi_1} - \frac{P\sin\phi_2}{\cos\phi_2} = 0.54 \times X_1$

$$S = \frac{P}{\cos\phi_1} - \frac{P}{\cos\phi_2} = 0.32 \times X_1$$

La3D2007 有两只额定电压均为 $U_0=220$V 的白炽灯泡，一只功率 $P_1=X_1$ W，另一只功率 $P_2=X_2$ W。当将两只灯泡串联在 $U=220$V 电压使用时，两只灯泡实际消耗的功率 $P_1=$_______ W，$P_2=$_______ W。

X_1取值范围：40，60，80，100

X_2取值范围：80，100，120，140

计算公式：$P_1 = \frac{P_1 P_2^2}{(P_1 + P_2)^2} = \frac{X_1 \times X_2^2}{(X_1 + X_2)^2}$

$$P_1 = \frac{P_2 P_1^2}{(P_1 + P_2)^2} = \frac{X_2 \times X_1^2}{(X_1 + X_2)^2}$$

La3D2008 已知一台变压器额定容量 $S_N=100$kV·A，空载损耗 $P_0=0.6$kW，短路损耗 $P_{kN}=2.4$kW，则满载并且功率因数为 $\cos\phi=X_1$时的效率 $\eta=$_______。

X_1取值范围：0.8～0.9 之间保留一位小数的数值

计算公式：$\eta = \frac{\beta S_N \cos\phi}{\beta S_N \cos\phi + P_0 + \beta^2 P_N} = \frac{1 \times 100 \times X_1}{1 \times 100 \times X_1 + 0.6 + 1 \times 2.4} \times 1.0$

La3D2009 某感性负载，在额定电压 $U=380$V，额定功率为 $P=X_1$ kW，额定功率因数 $\cos\phi=0.4$，额定频率 $f=50$Hz 时，则该感性负载的直流电阻 $R=$_______ Ω，电感 $L=$_______ mH。

X_1取值范围：10，12，15，20

计算公式：$R = \cos\phi \dfrac{U}{\dfrac{P \times 10^3}{U\cos\phi}} = \dfrac{23.104}{X_1}$

$$L = \frac{R\tan\phi}{2\pi f} \times 10^3 = \frac{R\dfrac{\sqrt{1-\cos^2\phi}}{\cos\phi}}{2\pi f} \times 10^3 = \frac{168.51}{X_1}$$

La3D2010 已知图中为 R、L、C 串联电路，其中 $R=X_1\Omega$，$L=540\text{mH}$，$C=20\mu\text{F}$，电路的阻抗 $Z=$________ Ω 和阻抗角 $\Psi=$________°。

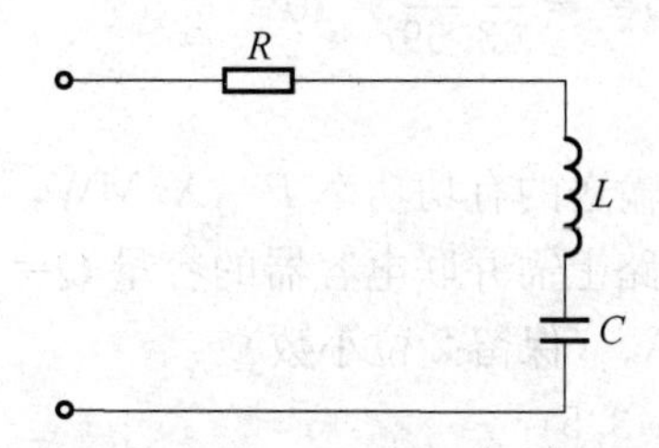

X_1 取值范围：2.0～5.0 之间的整数

计算公式：$Z = \sqrt{R^2 + \left(2\pi f L \times 10^{-3} - \dfrac{1}{2\pi f C \times 10^{-6}}\right)^2} = \sqrt{X_1^2 + 110.0623}$

$$\Psi = \frac{180}{\pi} \cdot \arccos\frac{R}{Z} = \frac{180}{3.141592653589793} \times \arccos\left(\frac{X_1 \times 1.0}{\sqrt{X_1}} + 110.0623\right)$$

La3D3011 一负载接到电压 $U=220\text{V}$ 单相交流电路中，电路中电流 $I=X_1\text{A}$，功率因数 $\cos\phi=0.8$，则该电路视在功率 $S=$________ V·A、有功功率 $P=$________ W、无功功率 $Q=$________ V·A。

X_1 取值范围：5，10，15，20

计算公式：$S = UI = 220 \times X_1$

$P = UI\cos\phi = 176 \times X_1$

$Q = UI\sin\phi = UI\sqrt{1-\cos^2\phi} = 132 \times X_1$

La3D3012 三个电阻 $R_1=X_1\Omega$，$R_2=2\Omega$，$R_3=3\Omega$。R_2 和 R_3 并联，然后与 R_1 串联，则总电阻 $R=$________ Ω。

X_1 取值范围：1，2，3

计算公式：$R = X_1 + \dfrac{R_2 \times R_3}{R_2 + R_3}$

La3D3013 有电阻和电感线圈串联接在正弦交流电路上，已知电阻 $R=X_1\Omega$，线圈的感抗 $X_L=40\Omega$，电阻的端电压 $U_R=60\text{V}$，则电路中的有功功率 $P=$________ W 和无功功率 $Q=$________ V·A。

X_1 取值范围：30，60，90，120

计算公式： $P=\frac{U_{\mathrm{R}}^{2}}{R}=\frac{3600.0}{X_{1}}$

$$Q=\left(\frac{U_{\mathrm{R}}}{R}\right)^{2}X_{\mathrm{L}}=\frac{144000}{X_{1}^{2}}$$

La3D3014 扳手旋紧螺母时，受力情况如图所示，已知 $L=130\mathrm{mm}$、$L_1=96\mathrm{mm}$、$b=5.2\mathrm{mm}$、$H=17\mathrm{mm}$，$P=X_1\mathrm{N}$。扳手离受力端为 L_1 处截面上最大弯曲应力 $Q_{\max}=$________ MPa。

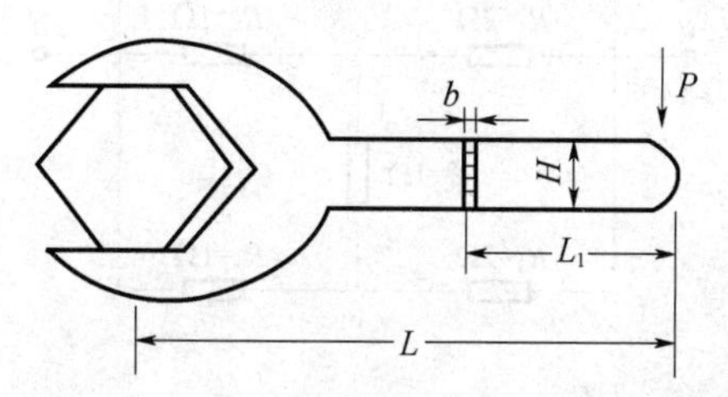

X_1取值范围：250，300，350，400

计算公式： $Q_{\max}=\frac{6PL_{1}}{bH^{2}}=\frac{6\times X_{1}\times 96}{5.2\times 17^{2}}$

La3D3015 电容器 $C_1=1\mu\mathrm{F}$、$C_2=2\mu\mathrm{F}$，相串联后接到 $U=X_1\mathrm{V}$ 电压上，则每个电容器上的电压依次是：$U_1=$________ V，$U_2=$________ V。

X_1取值范围：1200，1400，1800，2000

计算公式： $U_{1}=\frac{C_{2}}{C_{1}+C_{2}}U=\frac{2}{3}X_{1}$

$$U_{2}=\frac{C_{1}}{C_{1}+C_{2}}U=\frac{X_{1}}{3}$$

La3D3016 蓄电池组的电源电压 $E=6\mathrm{V}$，将 $R_1=2.9\Omega$ 电阻接在它两端，测出电流 $I=X_1\mathrm{A}$，则它的内阻 $R_{\mathrm{i}}=$________ Ω。

X_1取值范围：1.7，1.8，1.9，2

计算公式： $R_{i}=\frac{E}{I}-R_{1}=\frac{6}{X_{1}}-2.9$

La3D3017 某一线路施工，采用异长法观测弧垂，已知导线的弧垂 $f=X_1\mathrm{m}$，在 A 杆上绑弧垂板距悬挂点距离 $a=4\mathrm{m}$。在 B 杆上应挂弧垂板为 $b=$________ m。

X_1取值范围：5.76，6.25，6.76

计算公式： $b=(2\sqrt{f}-\sqrt{a})^{2}=(2\times\sqrt{X_{1}}-2)^{2}$

La3D3018 电容器 $C_1=2\mu\mathrm{F}$、$C_2=4\mu\mathrm{F}$，相串联后接到 $U=X_1\mathrm{V}$ 电压上，则 C_1电容器上的电压为 $U_1=$________ V。

X1 取值范围：900，1200，1500

计算公式：$U_1=\frac{X_1\times 2}{3}$

La3D3019 一个电路如图所示，$R_1=X_1\Omega$，$R_2=2\Omega$，$R_3=1\Omega$，$R_4=1\Omega$，$R_5=2\Omega$，$R_6=1\Omega$，则它的等值电阻 $R_{ab}=Y_1=$________ Ω。

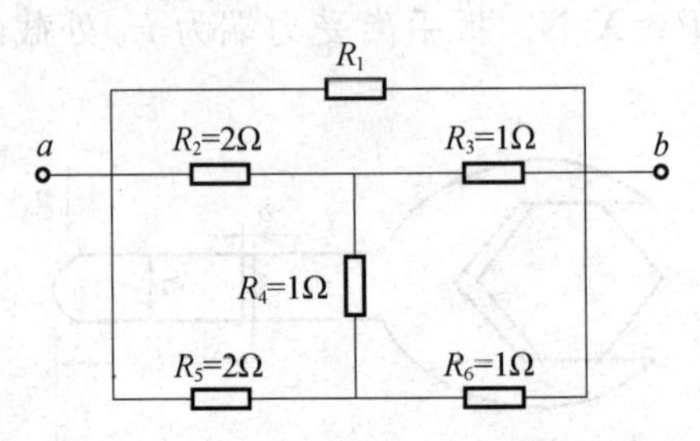

X_1取值范围：1.5，3，6，10

计算公式：$Y_1=\left[\left(R_2+\frac{R_3R_4}{R_3+R_4+R_6}\right)//\left(R_5+\frac{R_4R_6}{R_3+R_4+R_6}\right)+\frac{R_3R_6}{R_3+R_4+R_6}\right]//R_1$

$$=\frac{5X_1}{5+X_1}$$

La3D3020 如图所示，电路线圈与可调电容串联，$u_{(t)}=179\sin 314t$V，线圈的电阻 $R=10\Omega$，电感为 $L=X_1$ mH。调节 C 使电路达到谐振状态，则可调电容两端电压 $U_C=$________ V，线圈两端电压 $U_{RL}=$________ V。

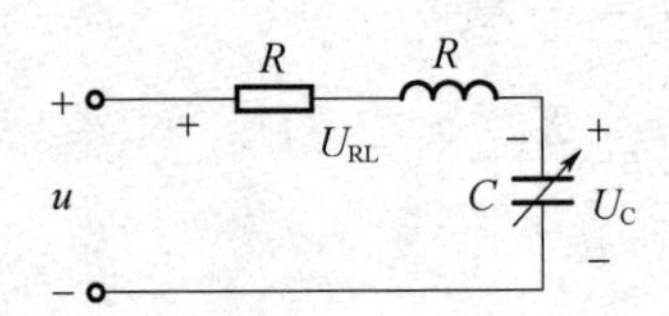

X_1取值范围：80，160，240，320

计算公式：$U_C=\frac{U}{\sqrt{2}R}\omega L\times 10^{-3}=3974.36\times X_1\times 10^{-3}$

$$U_{RL}=\frac{U}{\sqrt{2}R}\sqrt{R^2+(\omega L\times 10^{-3})^2}=12.6571\times\sqrt{100+98596\times X_1^2\times 10^{-6}}$$

La3D3021 有一电压 $U=200$V 的单相负载，其功率因数 $\cos\phi=0.8$，该负载消耗的有功功率为 $P=X_1$ kW，则该负载的无功功率 $Q=$________ kV · A、等效电阻 $R=$________ Ω 和等效电抗 $X=$________ Ω。

X_1取值范围：2，4，8，16

计算公式：$Q=P\cdot\tan\phi=0.75\times X_1$

$$R=\frac{P\times10^3}{\left(\frac{P\times10^3}{U\cos\phi}\right)^2}=\frac{25.6}{X_1}$$

$$X=\frac{Q\times10^3}{\left(\frac{P\times10^3}{U\cos\phi}\right)^2}=\frac{19.2}{X_1}$$

La3D4022 在电压U=220V、频率f=50Hz的交流电路中，接入电容量为$C=X_1\mu$F的电容器，则容抗X_L=________Ω，电流I=________A。

X_1取值范围：30.0～34.0之间的整数

计算公式：$X_L=\frac{1}{2\pi fC\times10^{-6}}=\frac{10^6\times1.0}{100\times3.141592653589793\times X_1}$

$$I=\frac{U}{X_L}=0.06912\times X_1$$

La3D4023 设某架空送电线路通过第Ⅱ典型气象区，导线为LGJ-95/20，其计算截面面积$A=X_1\text{mm}^2$，直径d=13.87mm，自重G=408.9kg/km，则在最低温度t=−10℃时的比载N=________$\times10^{-3}$N/（m·mm²）。

X_1取值范围：113.96

计算公式：$N=\frac{9.807G}{A}=\frac{9.807\times408.9}{X_1}$

La3D4024 设某架空送电线路导线为LGJ-95/20，已知自重比载$g_1=35.187\times10^{-3}$N/（m·mm²），风压比载$g_4=X_1\times10^{-3}$N/（m·mm²），则导线的综合比载G=________$\times10^{-3}$N/（m·mm²）。

X_1取值范围：20.141，47.556，60.424，76.761

计算公式：$G=\sqrt{g_1^2+g_4^2}\times10^3=\sqrt{35.187^2+X_1^2}$

La3D4025 某110kV线路所采用的XP-70型绝缘子悬垂串用$n=X_1$片，每片绝缘子的泄漏距离不小于290mm。其最大泄漏比距为S=________cm/kV。

X_1取值范围：7，8，9

计算公式：$S=\frac{29X_1}{1\times110}$

La3D4026 有一个直流电源，当与电阻$R_1=X_1\Omega$接通时，用电流表测得电路电流I_1=3A（电流表内阻为R_i=0.1Ω）；当外电路电阻R_2=4.2Ω时，电流表读数I_2=2.0A，则电源电动势E=________V和内阻r_0=________Ω。

X_1取值范围：2.4，2.5，2.6，2.7

计算公式：$E=I_2(R_i+R_2+r_0)=25.2-6\times X_1$

$$r_0=\frac{I_1(R_i+R_1)-I_2(R_i+R_2)}{I_2-I_1}=8.3-3\times X_1$$

La3D5027 如图所示，已知负载 $R=X_1\Omega$，开关 S 打开时，电源端电压 $U=1.6$V；开关 S 闭合后，电源端电压 $U_{ab}=1.50$V，则该电源的内阻 $r_0=$________ Ω。（保留 2 位小数）

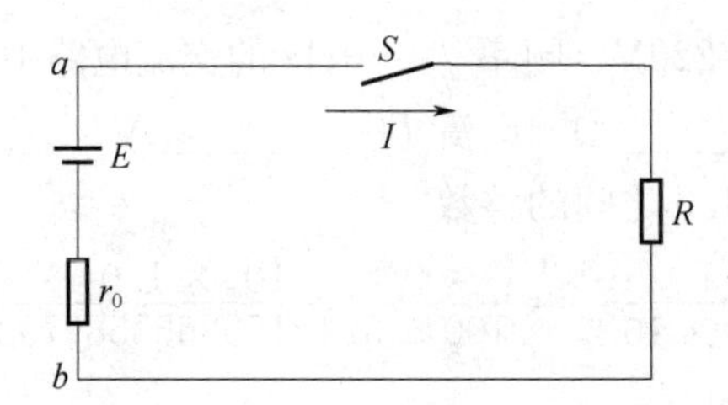

X_1 取值范围：3，5，6，9

计算公式：$r_0=\dfrac{U-U_{ab}}{\dfrac{U_{ab}}{R}}=\dfrac{X_1}{15.0}$

La3D5028 如图所示，已知 $l_1=297$m，$l_2=X_1$m，$\Delta h_1=12$m，$\Delta h_2=8.5$m，垂直比载 $g_1=25.074\times10^{-3}$N/（m·mm²），应力 $\sigma_0=48.714$MPa，则 2 号杆的垂直档距 $l_v=$ ________ m。

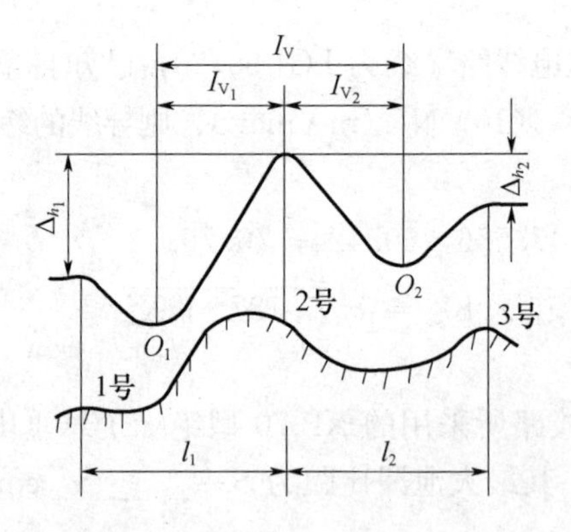

X_1 取值范围：238，260，290，320

计算公式：$l_v=\dfrac{l_1+l_2}{2}+\dfrac{\sigma_0}{g_1\times10^{-3}}\times\left(\dfrac{\Delta h_1}{l_1}+\dfrac{\Delta h_2}{l_2}\right)$

$$=\frac{297+X_1}{2}+\frac{48.714}{25.074\times10^{-3}}\times\left(\frac{12}{297}+\frac{8.5}{X_1}\right)$$

Lb3D2029 在施工现场，有单滑轮直径 $D=X_1$mm，因其铭牌已模糊不清楚，其允许使用荷重 $P=$________ kN。

X_1取值范围：140，150，160

计算公式：$P=\frac{nD^2}{1.6}=\frac{1\times X_1^2\times 10^{-3}}{1.6}$

Lb3D2030 在施工现场，有单滑轮直径 D 为 X_1mm，因其名牌已模糊不清楚，则其允许使用荷重 P=________N。

X_1取值范围：50，100，150

计算公式：$P=\frac{nD^2}{1.6}=\frac{1\times X_1^2}{1.6}$

Lb3D4031 某一线路施工，采用异长法观测弧垂，已知导线的弧垂 f=20.25m，在A杆上绑弧垂板距悬挂点距离 $a=X_1$m，则在B杆上应挂弧垂板 b=________m。

X_1 取值范围：16，25，36

计算公式：$b=(2\times\sqrt{f}-\sqrt{a})^2$

Lb3D4032 已知某架空线路的导线为LGJ-120/25型，导线的比载 $g=35.196\times10^{-3}$（N/m·mm²），导线的应力 σ_0=130.53MPa，则耐张段中一悬点高差 Δh=10m、档距 $l=X_1$m的导线的长度 L=________m。

X_1 取值范围：240，260，280，300

计算公式：$L=l+\frac{h^2}{2l}+\frac{g^2l^3}{24{\sigma_0}^2}=X_1+\frac{10^2}{2X_1}+\frac{(35.196\times10^{-3})^2{X_1}^3}{24\times(130.53)^2}$

Lb3D5033 某种导线的设计使用拉断力 $T_b=X_1$N，安全系数 k=2.5，请计算其最大使用张力为 T_m=________kN。（计算结果保留两位小数）

X_1 取值范围：94875，95230，96250

计算公式：$T_m=\frac{T_b}{k\times1000}$

Lb3D5034 一般钢筋混凝土电杆的密度 γ=2650kg/m³，则杆长为 $L=X_1$m，壁厚 t=50mm，梢径 d=190mm的拔梢杆的质量 G=________kg。

X_1取值范围：12，15，18

计算公式：$d=D-\lambda L=190-\frac{X_1^3}{75}$

$$V=\pi\left(\frac{D+d}{2}-t\right)tL$$

$$=3.141592653589793\times\left[\frac{0.19+0.19-\frac{X_1}{75.0}}{2}-0.05\right]\times0.05\times X_1$$

$$G=V_\gamma=\pi\left(\frac{D+d}{2}-t\right)tL\gamma$$

$$=3.141592653589793\times\left[\frac{0.19+0.19+\frac{X_1}{75.0}}{2.0}-0.05\right]\times0.05\times X_1\times2650$$

Lc3D4035 某一220kV线路，已知实测档距为 $l=X_1$m，耐张段的代表档距 $l_0=390$m，导线的线膨胀系数 $\alpha=19\times10^{-6}$/℃，实测弧垂 $f=7$m，测量时气温 $t=20$℃。当最高气温 $t_{max}=40$℃时的最大弧垂 $f_m=$________ m。

X_1取值范围：380，400，420

计算公式： $f_m=\sqrt{f^2+\dfrac{3l^4}{8\times l_0^2}(t_{max}-t)\alpha}=\sqrt{7^2+\dfrac{3\times X_1^4}{8\times390^2}\times(40-20)\times19\times10^{-6}}$

Lc3D5036 某110kV线路的电杆为普通钢筋混凝土杆，单位长度电感 $L_0=8.4\times10^{-1}$ μH/m，冲击接地电阻 R_{ch} 为7Ω，电杆全高 h 为 X_1m。现有一幅值 I 为26kA、波前时间为2.6μs（微秒）的雷电流直击杆顶后流经杆身，则杆顶电位 $U=$________。

X_1取值范围：15～20之间保留一位小数的数值

计算公式： $U=IR_{ch}+l_0h\dfrac{d_i}{d_t}=26\times7+0.84\times X_1\times\dfrac{26}{2.6}$

Jd3D1037 某2-2滑轮组起吊 X_1kg重物，牵引绳从动滑轮引出，人力绞磨牵引，则提升所需拉力 $P=$________ kN。（已知滑轮组综合效率 $\eta=90\%$，$n=4$，其他的系数忽略不计）

X_1 取值范围：1200，1300，1400，1500

计算公式： $P=\dfrac{X_1\times9.8}{\eta\times(n+1)\times1000}$

Je3D1038 已知某架空线路的导线为LGJ-120/25型（导线的计算截面面积 $A=146.73\text{mm}^2$，计算拉断力 $T_p=47880$N，计算质量 $G=526.6$kg/km），导线安全系数 $K=2.5$，最低温度时导线的应力为最大使用应力，则在该气象条件下耐张段中一悬点高差为10m、档距为 $l=X_1$m 的导线距某一杆塔100m处的弧垂 $F=$________ m。

X_1取值范围：200，250，300

计算公式： $F=\dfrac{\dfrac{gG}{A}}{\dfrac{2T_p}{KA}}\times100\times(l-100)=\dfrac{\left(\dfrac{9.807\times526.6\times10^{-3}}{146.73}\right)}{\left(\dfrac{2\times47880}{2.5\times146.73}\right)}\times100\times(X_1-100)$

Je3D2039 现有一电杆，拉线挂点距地面高度 $H=X_1$m，拉线盘埋深 $h=2.5$m，拉线与地面夹角呈 $\alpha=44°$，则拉线坑至杆中心距离 $L=$________ m。

X_1取值范围：10，11，12

计算公式： $L=\dfrac{H+h}{\tan\alpha}=\dfrac{X_1+2.5}{\tan44°}$

Je3D3040 如图所示，该线路转角为 X_1，已知横担宽 c 为0.8m，长横担侧 a 为3.1m，短横担侧 b 为1.7m；杆塔中心桩位移值 $S=$________ mm。

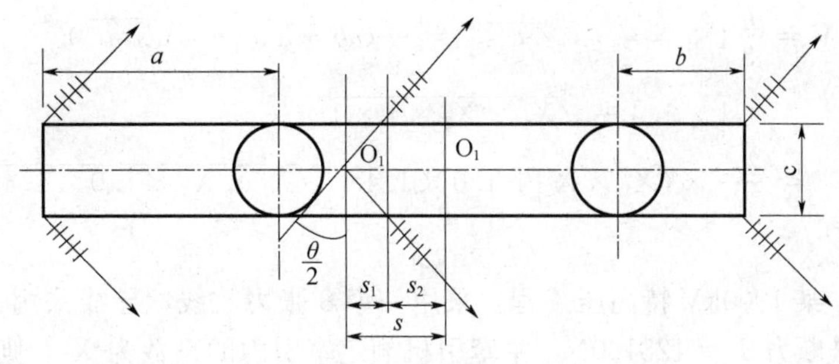

X_1取值范围：50°，60°，70°，80°

$$\text{计算公式}: S=\frac{\frac{c}{2}\tan\frac{\theta}{2}+(a-b)}{2}=\frac{\left(\frac{800}{2}\times\tan\frac{X_1}{2}\right)+(3100-1700)}{2}$$

Je3D3041 某输电线路，耐张段有3档，它们的档距分别 $L_1=X_1$m、$L_2=400$m、$L_3=420$m，则该耐张段代表档距 $L_D=$________ m

X_1 取值范围：350，370

$$\text{计算公式}: L_D=\sqrt{\frac{L_1^3+L_2^3+L_3^3}{L_1+L_2+L_3}}=\sqrt{\frac{X_1^3+400^3+420^3}{X_1+400+420}}$$

Je3D3042 有一条单回路110kV输电线路，水平排列，线间距离为 X_1m，则线路等效水平线间距 $D=$________ m。(计算结果保留两位小数)

X_1 取值范围：4.5，4.6，4.7，4.8

$$\text{计算公式}: D=\sqrt[3]{X_1\times X_1\times(X_1+X_1)}$$

Je3D3043 如图所示，已知高为15m的电杆的一杆坑目底宽 $a=X_1$m，底长 $b=X_2$m，坑口宽 $a'=1.0$m，坑口长 $b'=1.4$m，深 $h=2.5$m 的梯形坑；则杆坑体积为 $V=$________ m^3。

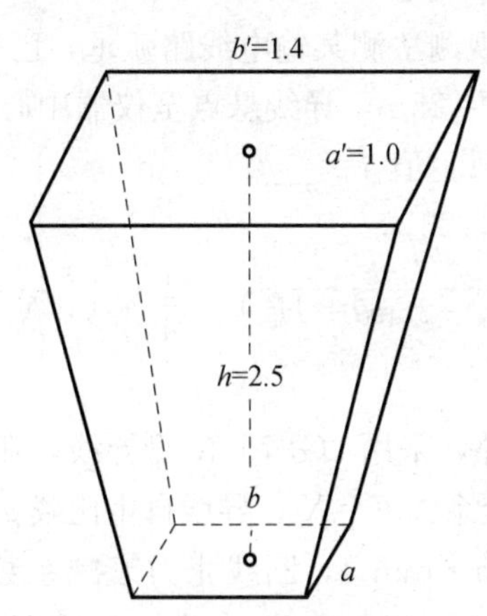

X_1取值范围：0.7，0.8，0.9

X_2取值范围：1.1，1.2，1.3

计算公式：$V=\frac{h}{3}(S_1+S_2+\sqrt{S_1S_2})=\frac{h}{3}(ab+a'b'+\sqrt{aba'b'})$

$+1\times1.4+\sqrt{X_1\times X_2\times1\times1.4})$

$=\frac{2.5}{3}\times(X_1\times X_2+1.0\times1.4+\sqrt{X_1\times X_2\times1.0\times1.4})$

Je3D4044 某1000kV特高压工程，采用一牵8张力放线，导线采用LJG-500/45型钢芯铝绞线，破断力T_p=128100N，主牵引机额定牵引力的系数为X_1，则该牵引机的最小额定牵引力P=________kN。

X_1取值范围：0.2，0.3

计算公式：$P=mK_PT_P/1000=\frac{8\times X_1\times128100}{1000}$

Jf3D1045 某110kV的架空输电线路导线型号为LGJ-150/20型，其截面面积A=164.5mm²，自重比载$g_1=35.752\times10^{-3}$N/(m·mm²)，在风速v=15m/s无冰时，导线的风压比载$g_4=16.770\times10^{-3}$N/（m·mm²），该线路中某直线杆塔的垂直档距$l_v=X_1$m，水平档距为l_h=300m，悬垂绝缘子串重G_j=520N，则直线杆塔悬垂绝缘子串的风偏摇摆角θ=________°（不计绝缘子串风压）。

X_1取值范围：200，250，300

计算公式：$\theta=\frac{\frac{180}{\pi}\arctan g_4Al_h}{\frac{G_j}{2}g_1Al_v}$

$=\frac{\frac{180}{3.141592653589793}\times\arctan(16.770\times10^{-3})\times164.5\times300}{\left(\frac{520}{2}+35.752\times10^{-3}\times164.5\times X_1\right)}$

Jf3D2046 已知采用档端观测法测某输电线路弧垂，已知观测角为$\theta=9°30'$，档距l=265m，导线两悬点之间高差H=25m，导线悬点至仪器中心的垂直距离$a=X_1$m，仪器位置近方低于远方，则该观测档弧垂值f=________m。

X_1取值范围：20，21，22，23

计算公式：$f=\frac{1}{4}(\sqrt{a}+\sqrt{a-l\tan\theta+H^2})=\frac{1}{4}\times(\sqrt{X_1}+\sqrt{X_1-265\tan9.5°+25^2})$

Jf3D2047 有一35kV线路，采用LGJ-70/10型导线，其截面面积A=79.39mm²，瞬时拉断力T_p=23390N，导线的安全系数$K=X_1$，导线自重比载$g_1=33.94\times10^{-3}$N/（m·mm²），风压比载$g_4=71.3\times10^{-3}$N/(m·mm²)，断线张力衰减系数η=0.3。该线路某直线杆的水平档距l_h=150m，垂直档距l_v=250m，该直线杆的垂直荷载G=________N，水平荷载P=________N，断线时的断线张力T_D=________N。

X_1取值范围：2.5～3.5 之间保留一位小数的数值

计算公式：垂直荷载 $G = g_1 A l_v = 33.94 \times 10^{-3} \times 79.39 \times 250 = 673.6(N)$

水平荷载 $P = g_4 A l_h = 71.3 \times 10^{-3} \times 79.39 \times 150 = 849.0(N)$

断线张力 $T_d = \frac{\eta T_p}{K} = \frac{0.3 \times 23390}{X_1}$

Jf3D3048 设某架空送电线路通过第Ⅱ典型气象区，导线为 LGJ-95/20 型，其计算截面 $A=X_1 mm^2$，直径 $d=13.87mm$，自重 $G=408.9kg/km$，则在最高温度 $t=40℃$时的比载 $G_1=$________$\times 10^{-3} N/(m \cdot mm^2)$。

X_1取值范围：110～120 之间保留两位小数的数值

计算公式：$G_1 = \frac{gG}{A} = \frac{9.807 \times 408.9}{X_1}$

Jf3D4049 设某架空送电线路导线为 LGJ-95/20 型，已知自重比载 $g_1=X_1 \times 10^{-3} N/(m \cdot mm^2)$，冰重比载 $g_2=22.956 \times 10^{-3} N/(m \cdot mm^2)$，风压比载 $g_5=15.406 \times 10^{-3} N/(m \cdot mm^2)$，则导线的综合比载 N=________$\times 10^{-3} N/(m \cdot mm^2)$。

X_1取值范围：35.187

计算公式：$N = \sqrt{(g_1 + g_2) + g_5^2} = \sqrt{(X_1 + 22.956) \times 10^{-3} + (15.406 \times 10^{-3})^2}$

1.5 识图题

La3E1001 通电导体在磁场中向下运动，电源的正、负极和磁铁的 N、S 极标注正确的是(　　)。

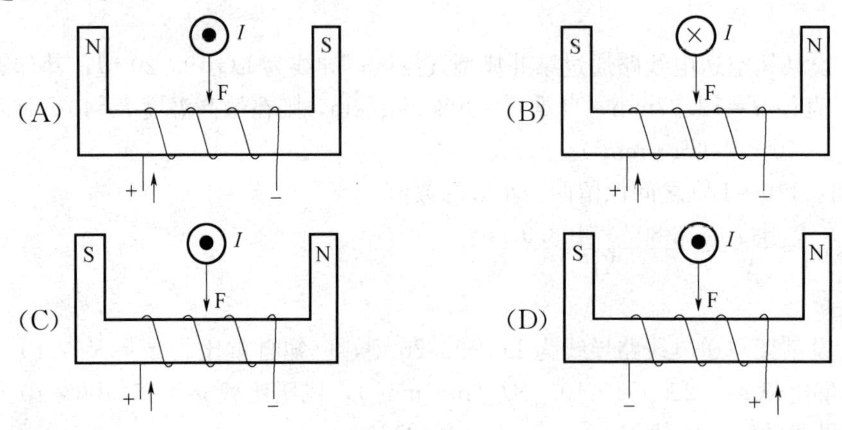

答案：C

La3E1002 图示三视图图 1、图 2、图 3 中有错误的是(　　)。

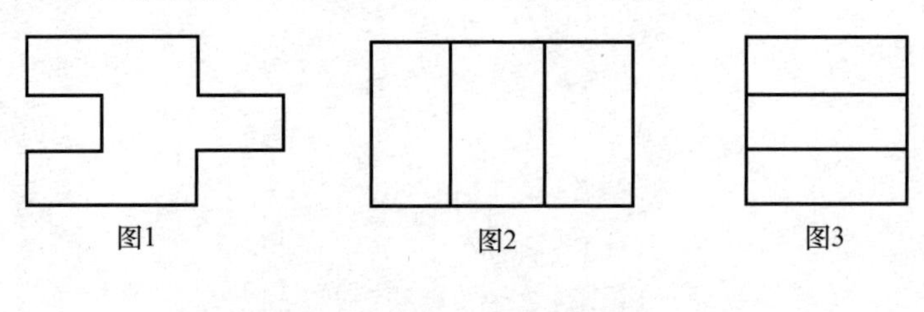

(A) 图 1　　(B) 图 2　　(C) 图 3

答案：B

La3E2003 图示输电线路等值电路为(　　)。

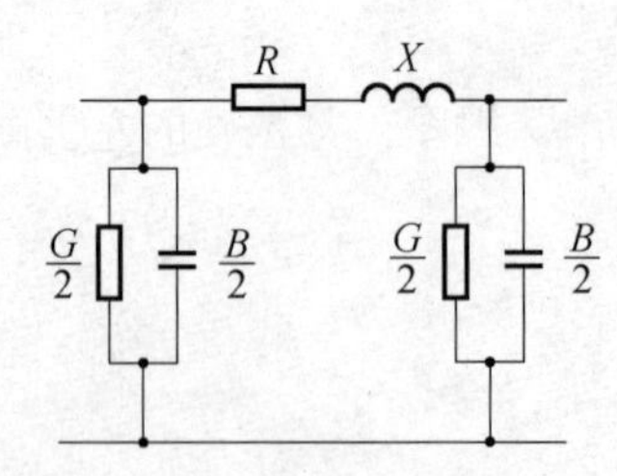

(A) I 形等值电路　　(B) T 形等值电路

(C) L 形等值电路　　(D) Ⅱ形等值电路

答案：D

La3E2004 左图为 LC 并联电路，相量图如右图所示。已知 $I_1=3A$，$I_2=4A$，总电流 I 与分支电路电流的关系是(　　)。

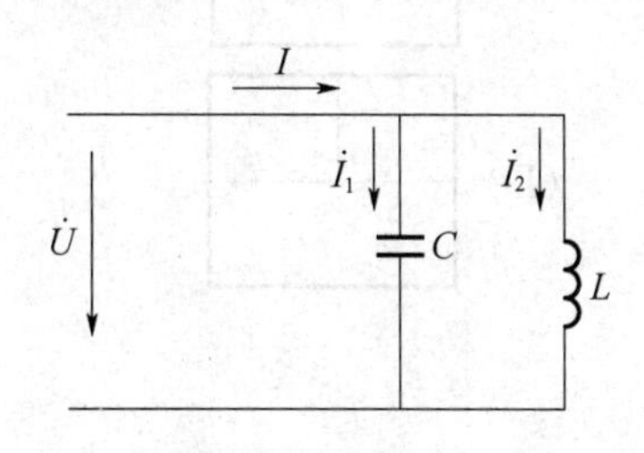

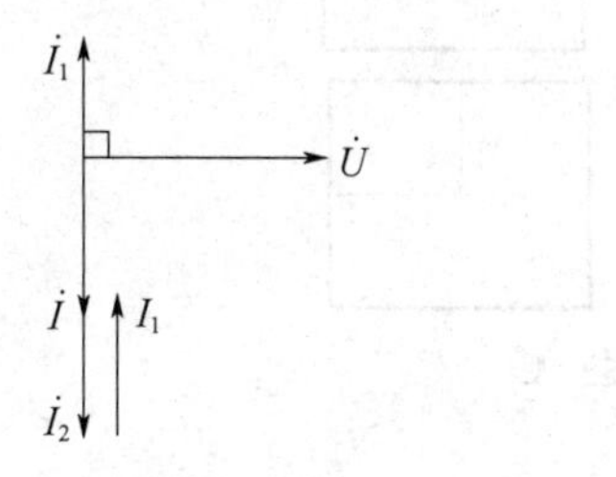

(A) 总电流 $I=I_1+I_2=3+(-4)=-1$ (A)

(B) 总电流一定大于分支电流

(C) 总电流是分支电流的相量和

(D) 总电流 $I=I_1+I_2=3+4=7$ (A)

答案：C

La3E2005 左图为 RC 并联电路图，电压电流相量图如右图所示，它们的相位关系描述错误的选项为(　　)。

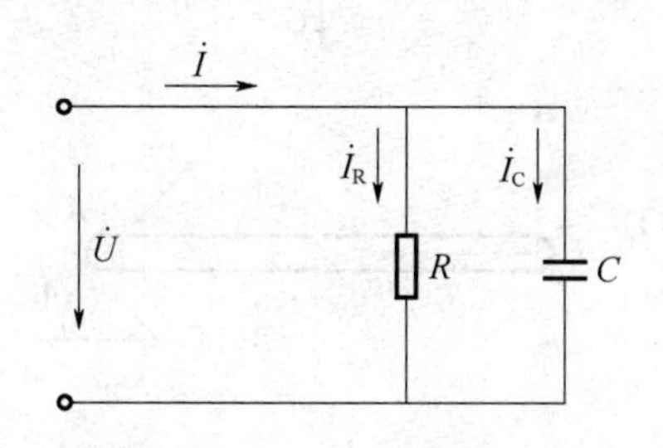

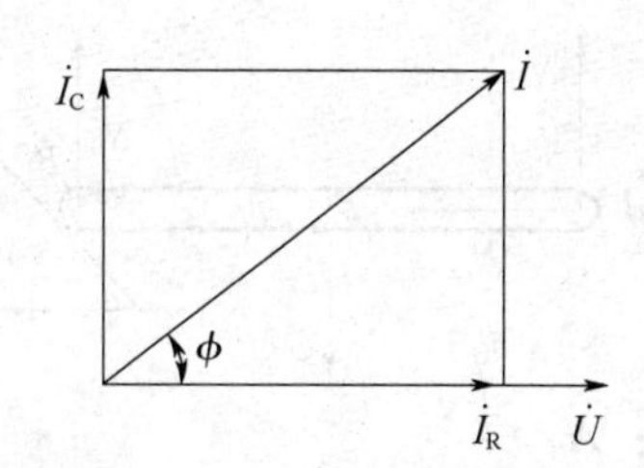

(A) 电阻电流与电压同相　　(B) 电容电流超前电压为 90°

(C) 总电流超前电压的角度为 ϕ　　(D) 总电压超前电流的角度为 ϕ

答案：D

La3E2006 如图所示，主、俯两视图，其正确的左视图是(　　)。

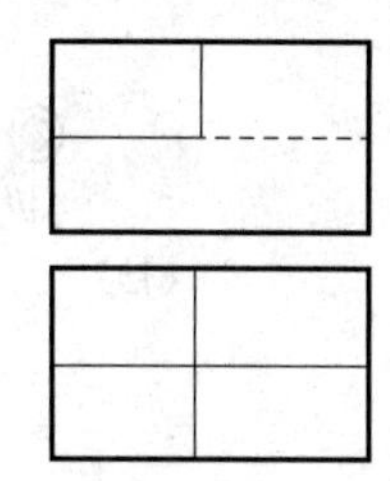

答案：C

La3E3007 图为一受力构件，图1～图4为构件的受力示意图，其中正确的是(　　)。

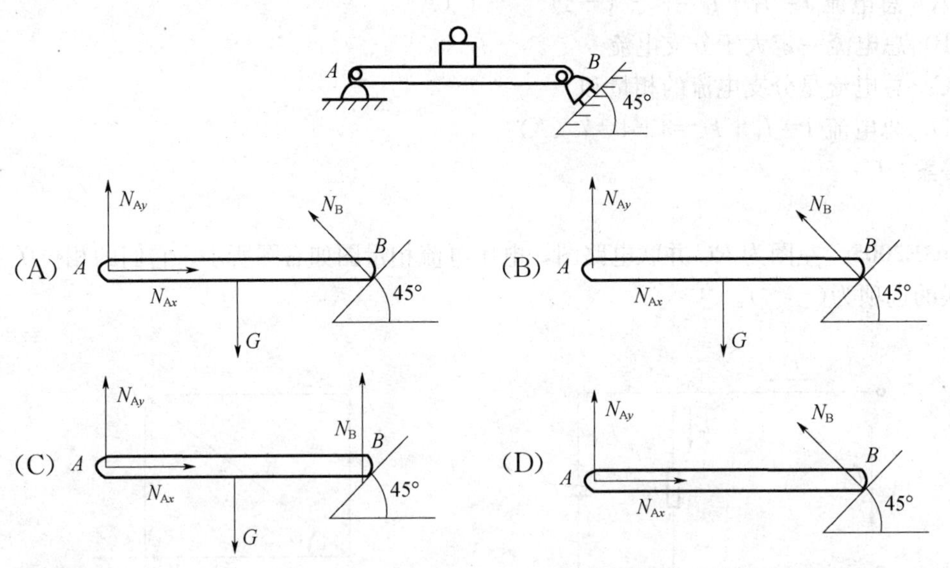

答案：A

Lb3E3008 下列图中，属于导线无风有冰时的荷载情况的是(　　)。

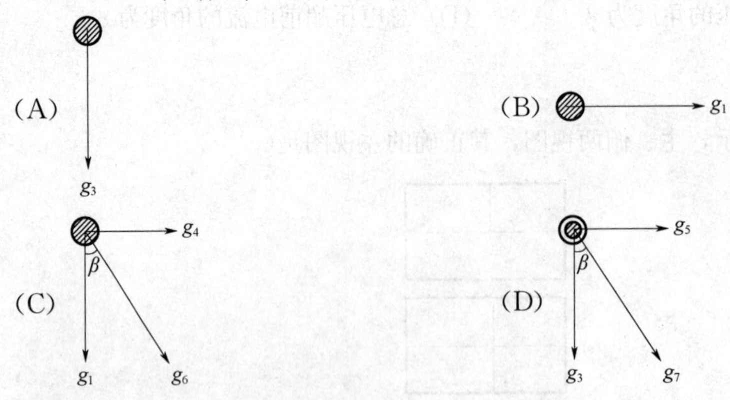

答案：A

Lb3E3009 下列图中，属于导线有风无冰时的荷载情况的是(　　)。

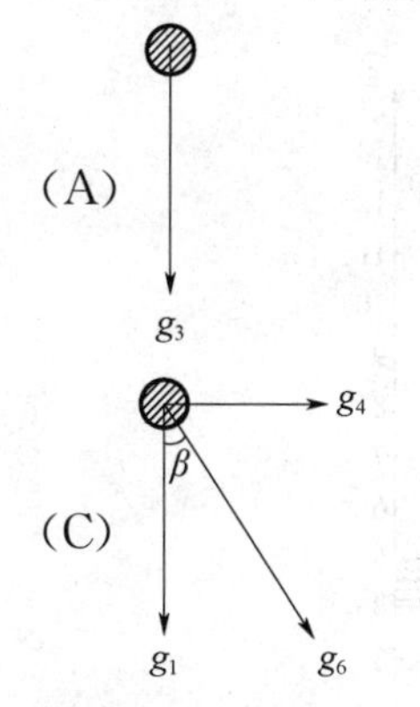

(B) g_1

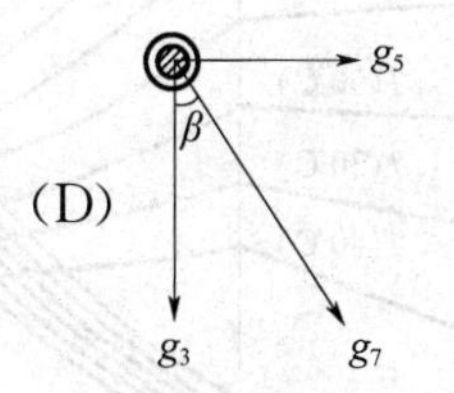

答案：C

Lb3E3010 下列图中，属于导线最低温度时的荷载情况的是(　　)。

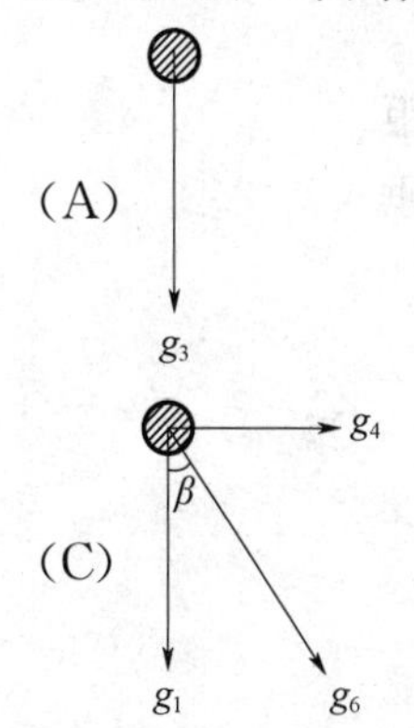

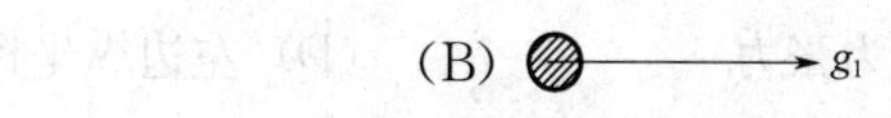

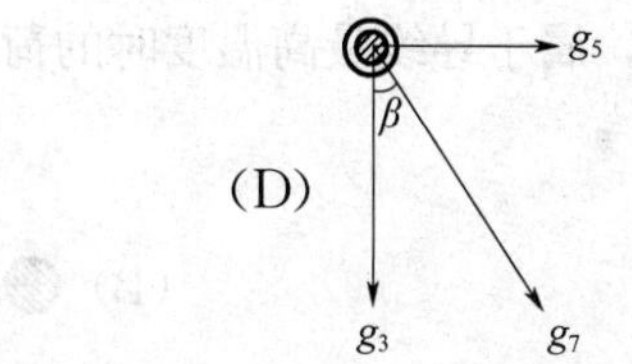

答案：A

Lb3E3011 下列图中，属于导线无风无冰时的荷载情况的是(　　)。

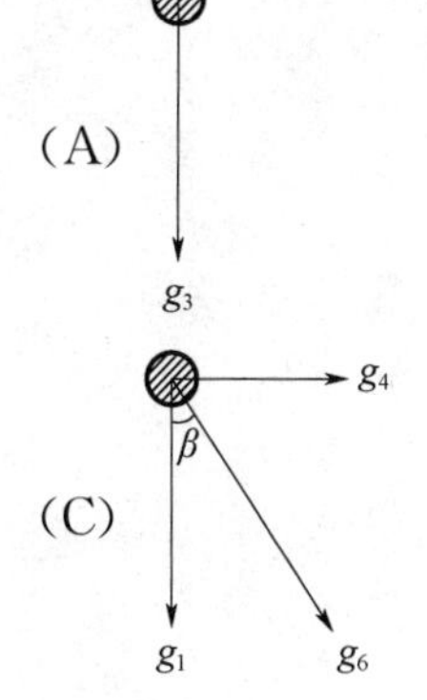

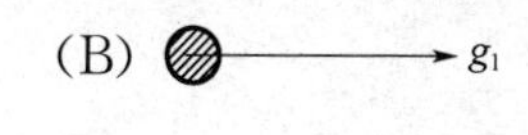

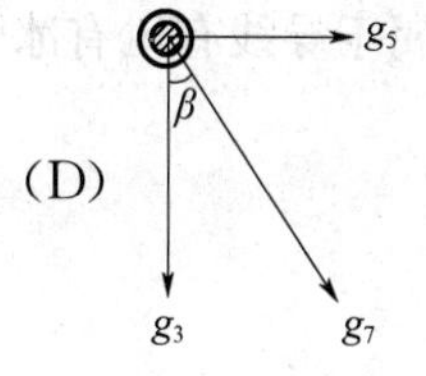

答案：A

Lb3E3012 图中下面说法正确的是（ ）。

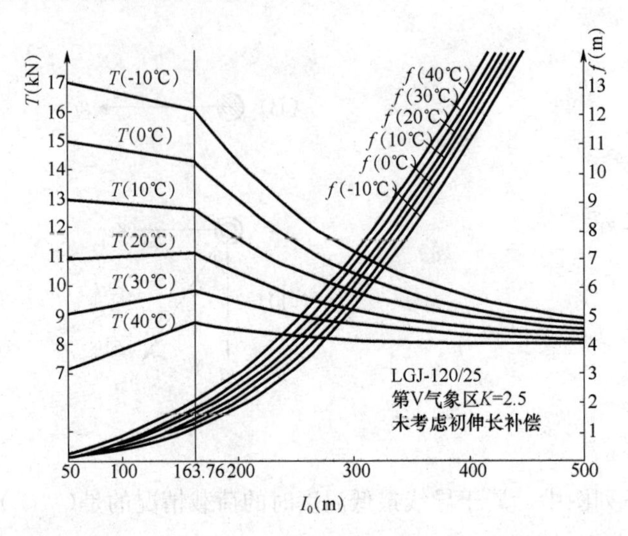

（A）横坐标为档距　　（B）横坐标为代表档距

（C）右边的纵坐标为张力　　（D）左边纵坐标为弧垂

答案：B

Lb3E3013 下列图中，属于导线最高温度时的荷载情况的是（ ）。

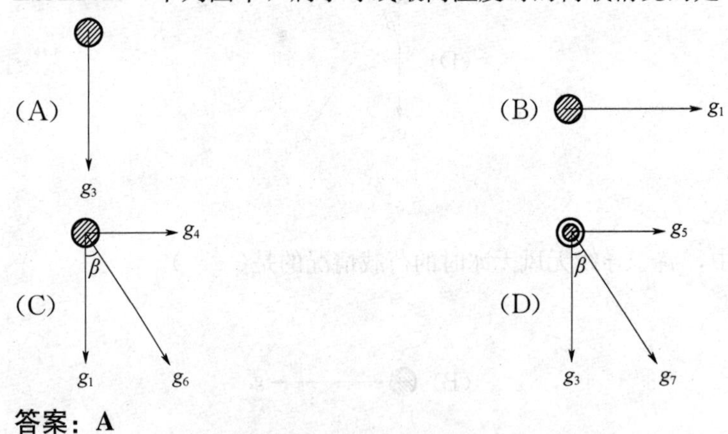

答案：A

Lb3E3014 下列图中属于导线有风有冰时的荷载情况的是（ ）。

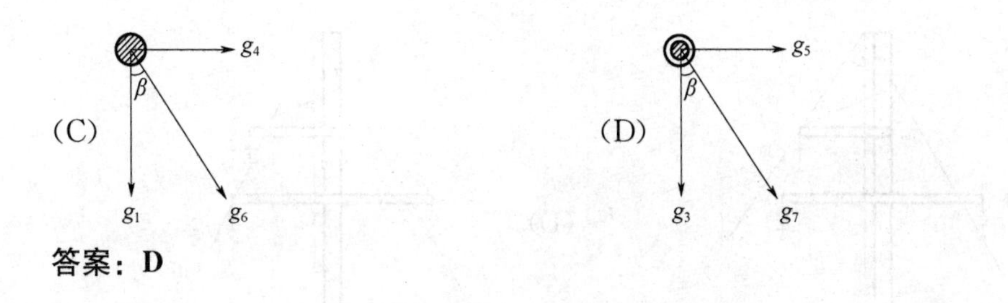

答案：D

Lb3E3015　用一只四接线柱的接地电阻摇表，测量杆塔的接地电阻，其接线简图正确的是(　　)。

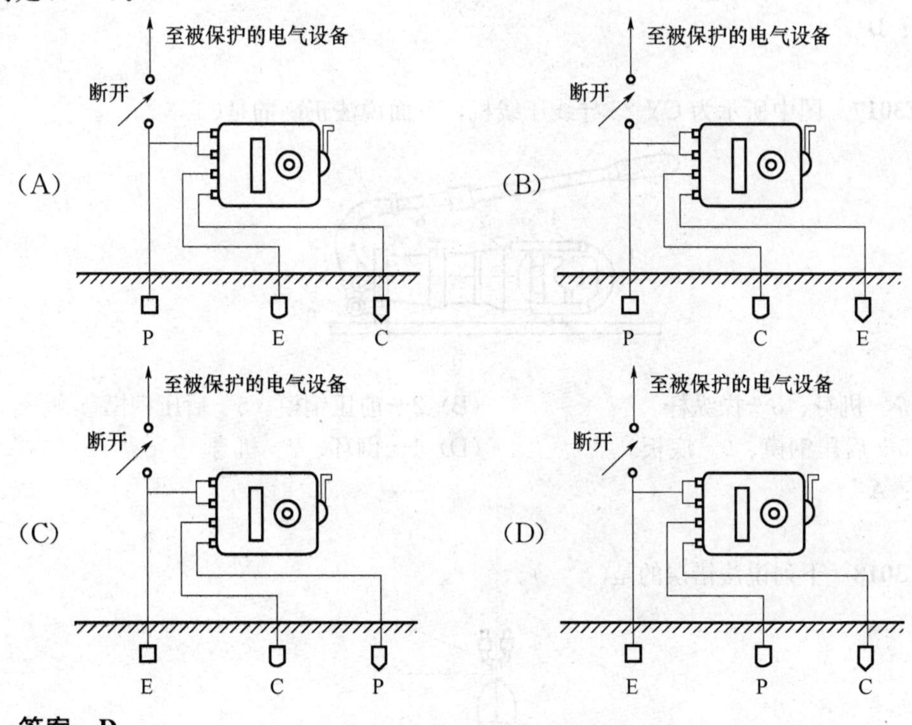

答案：D

Lb3E3016　下列关于单杆架空避雷线保护角示意图正确的是(　　)。

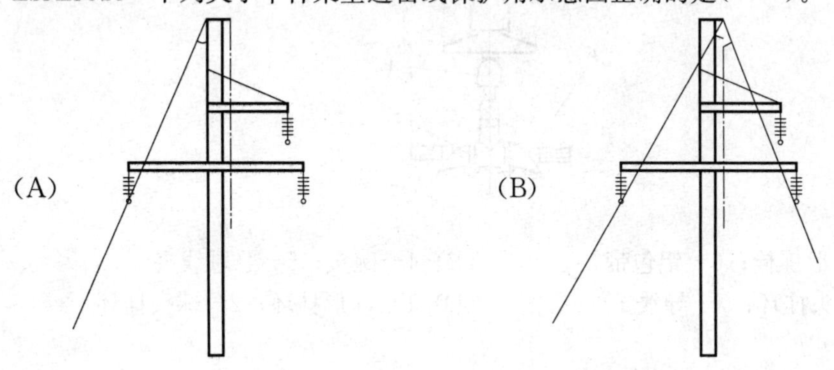

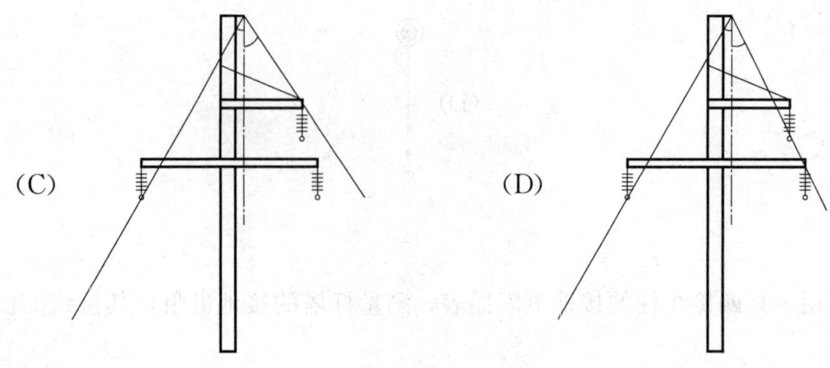

答案：D

Lb3E3017　图中所示为CY-25导线压线机，下面说法正确的是(　　)。

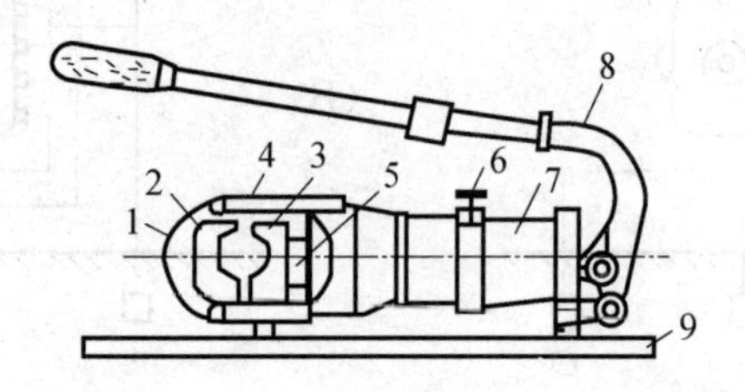

(A) 7—机身、8—操纵杆　　(B) 2—前压钢模、5—后压钢模
(C) 5—后压钢模、9—底板　　(D) 1—倒环、7—机身

答案：A

Lb3E3018　下列说法错误的是(　　)。

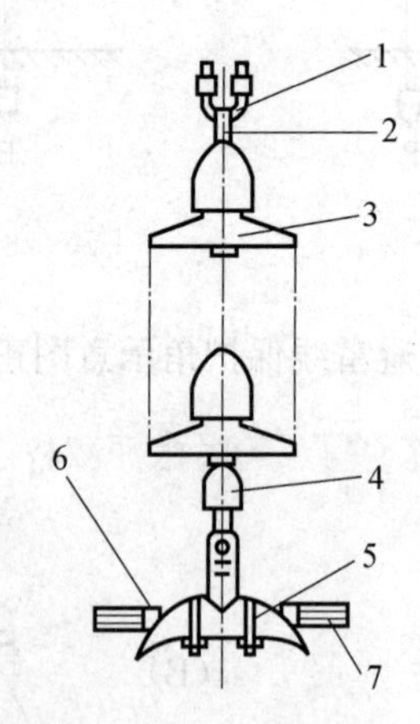

(A) 1—U形螺栓；6—铝包带　　(B) 4—碗头；5—悬垂线夹
(C) 2—球头挂环；7—导线　　(D) 1—U形挂环；2—球头挂环

答案：D

Je3E3019 如图所示，表示拉盘埋深的是(　　)。

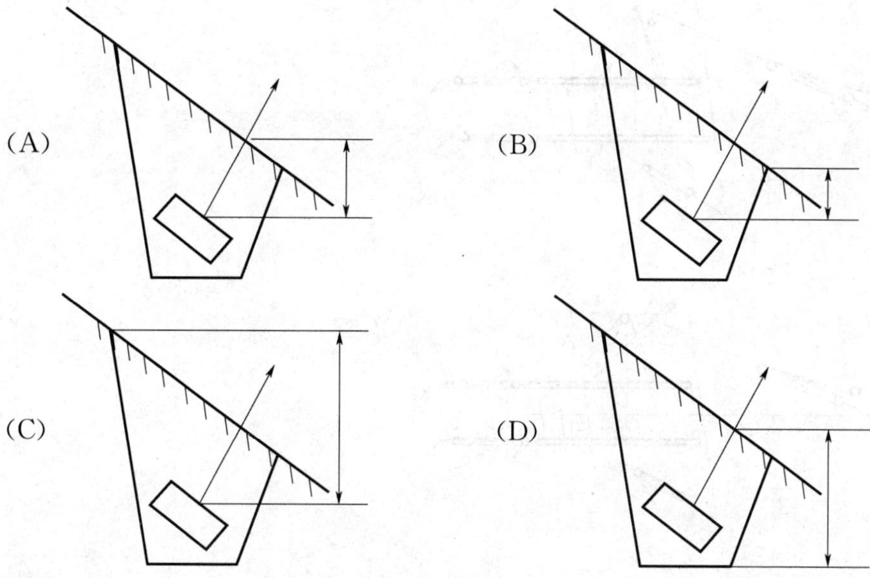

答案：A

Je3E3020 混凝土坍落度的示意图，其中 A_1、A_2、A_3、A_4 表示混凝土坍落度的是(　　)。

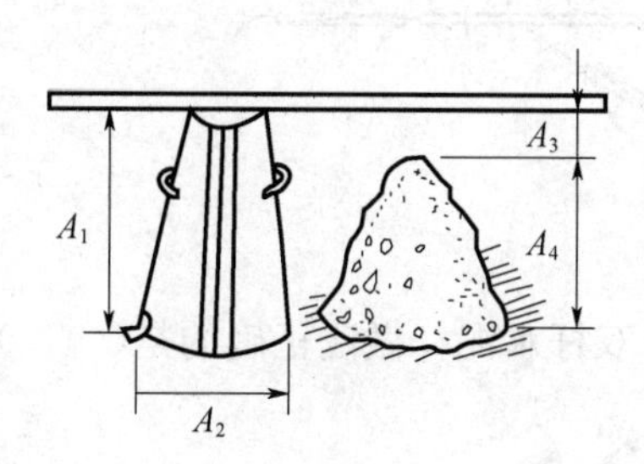

(A) A_1　　(B) A_2　　(C) A_3　　(D) A_4

答案：C

Je3E3021 图中（1）～（4）所示两点起吊水泥双杆示意图，正确的是(　　)。

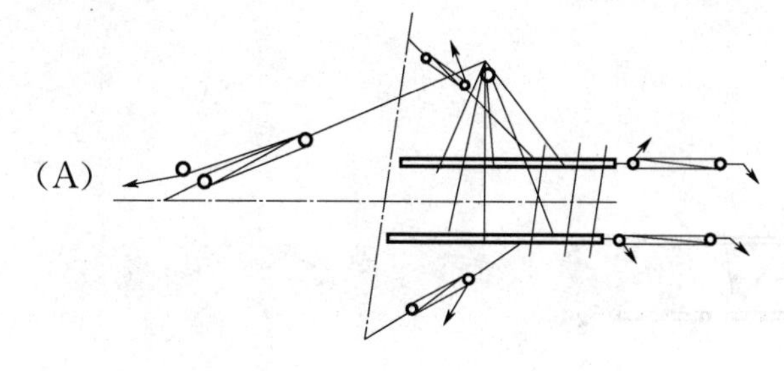

(B)

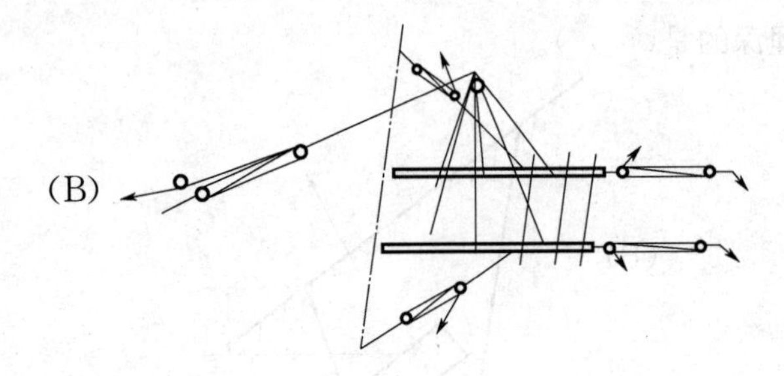

(C)

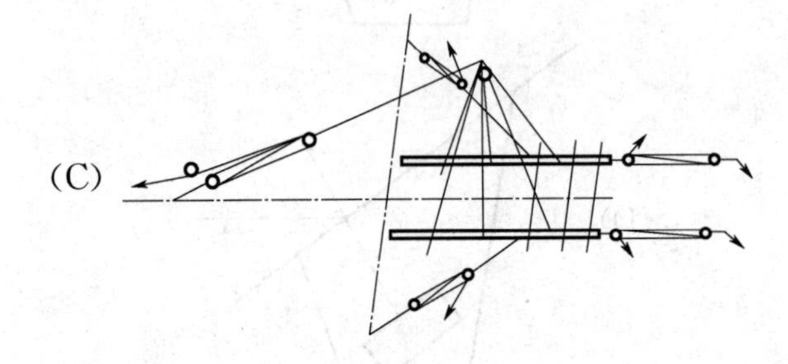

(D)

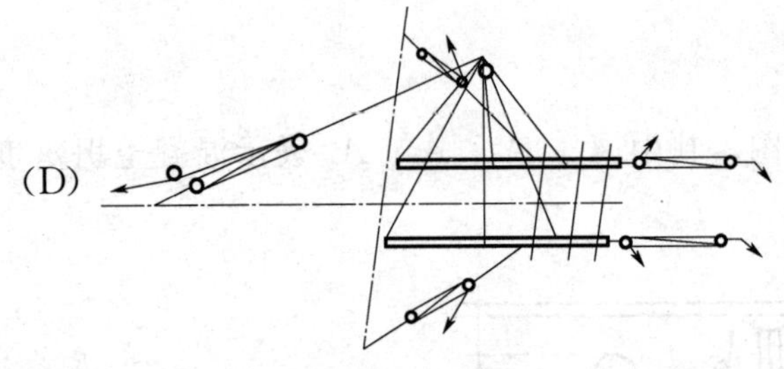

答案：B

Je3E3022 下列关于起吊双杆水泥杆做法正确的是（　　）。

(A)

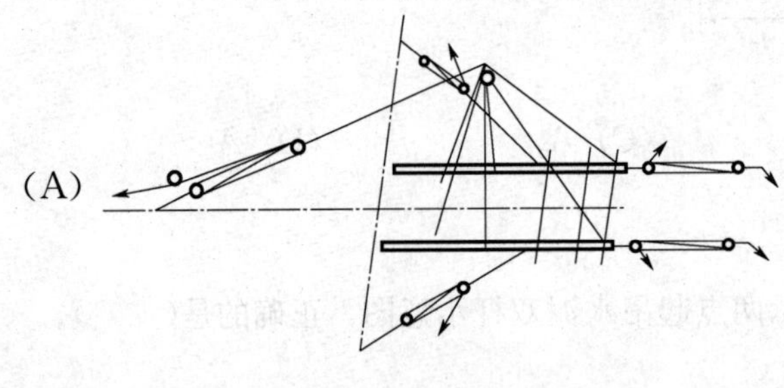

(B)

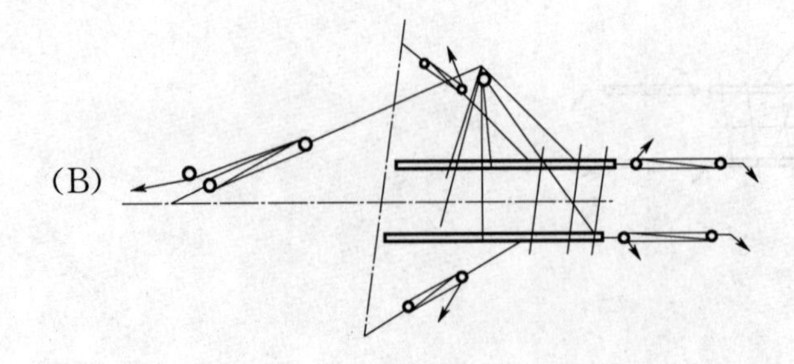

(C)

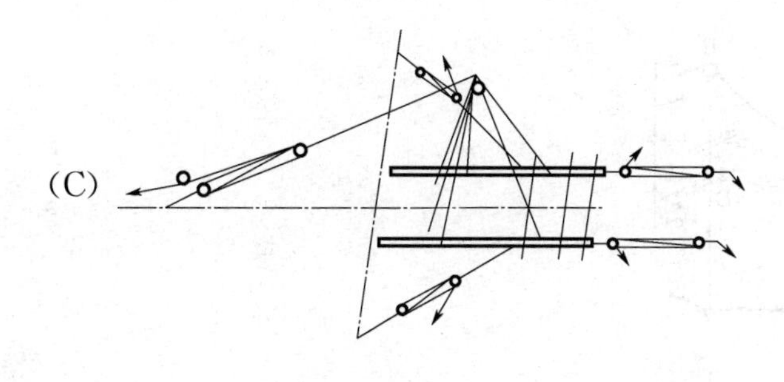

(D)

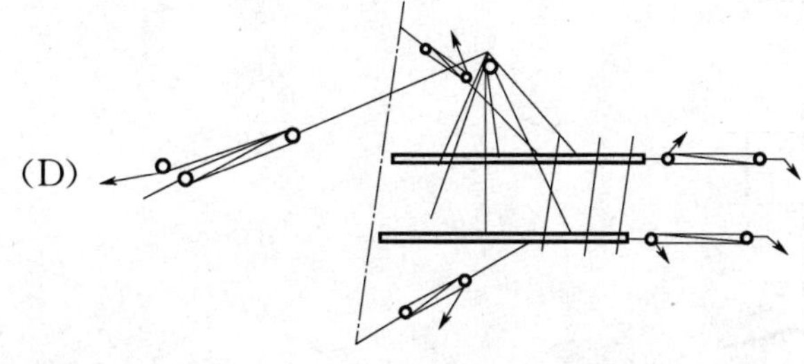

答案：A

Je3E4023 如图所示是直线正方形铁塔基础分坑图，根开 6.4m，坑口 2.0m，其画法是否正确。（ ）

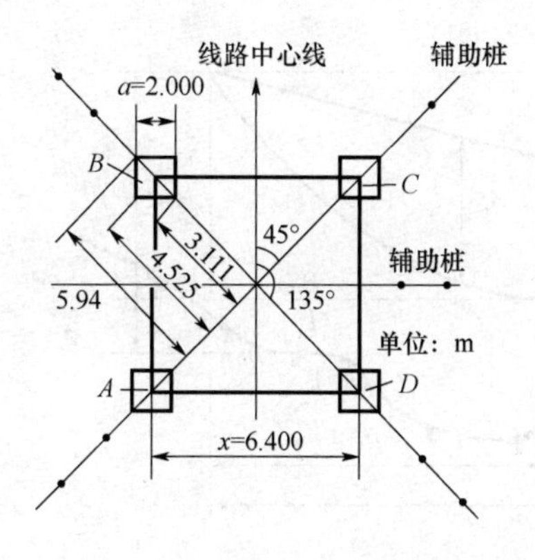

（A）正确 （B）错误

答案：A

Je3E4024 下列所示平视法观察弧垂示意图，正确的是（ ）。

(A)

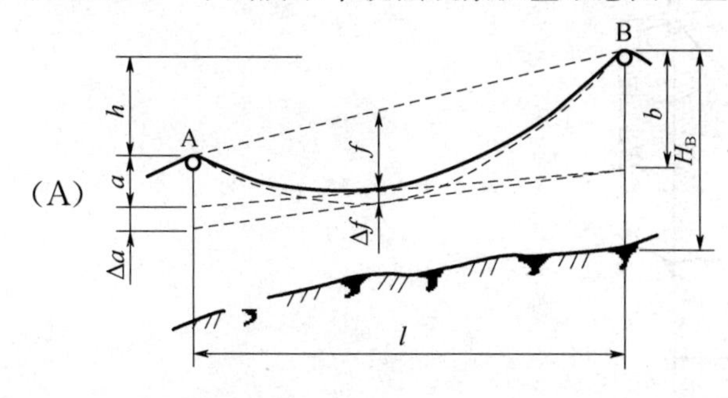

(B)

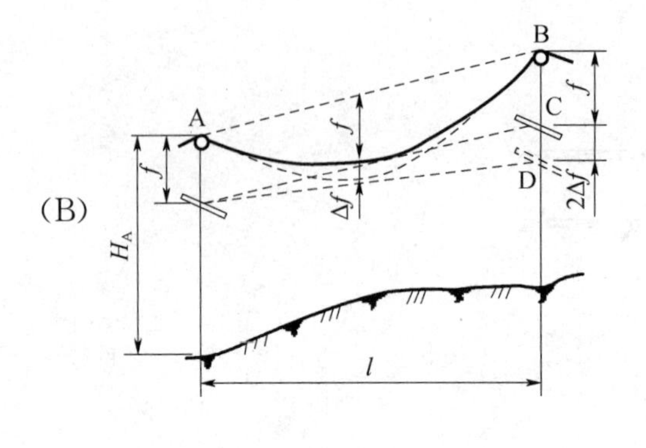

(C)

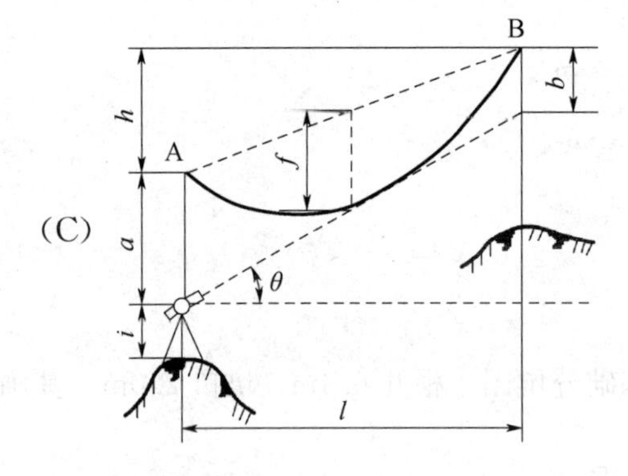

(D)

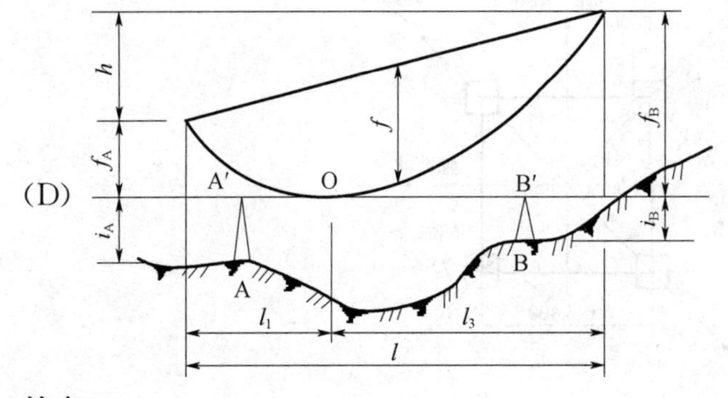

答案：D

Je3E4025 图（1）～图（4）所示档端角度法（仰角）观察弧垂示意图，其中正确的是(　　)。

(A)

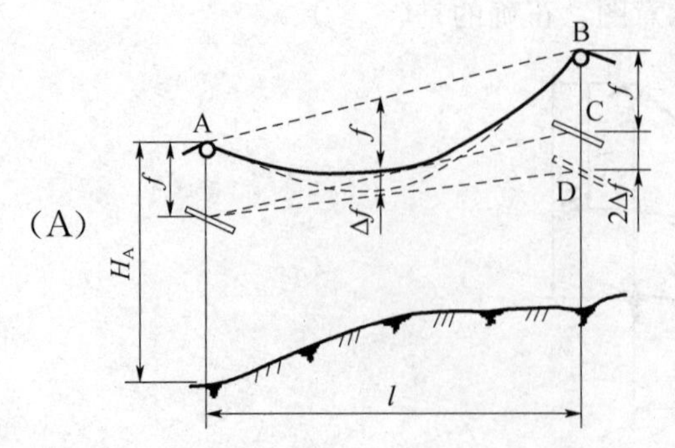

(B)

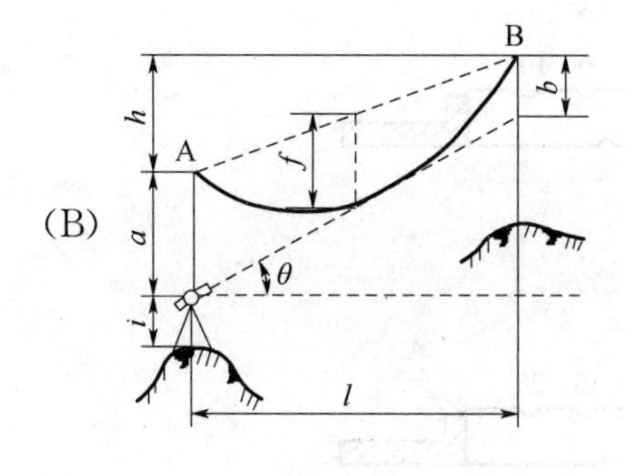

(C)

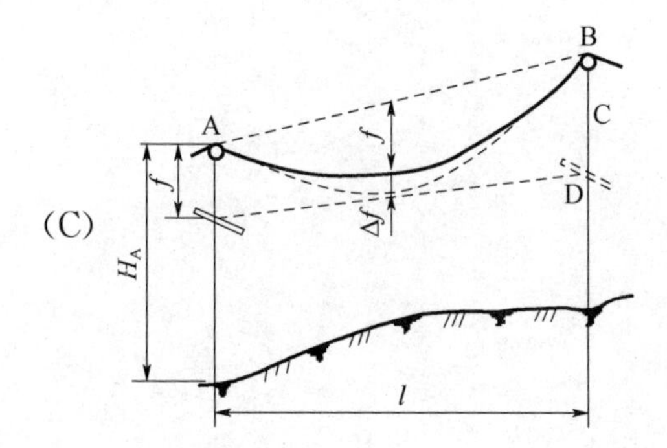

(D)

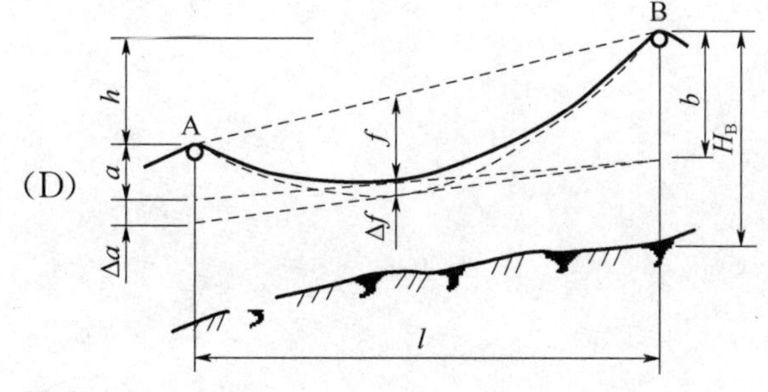

答案：C

Je3E4026 下列关于钳压法正确的是(　　)。

(A)

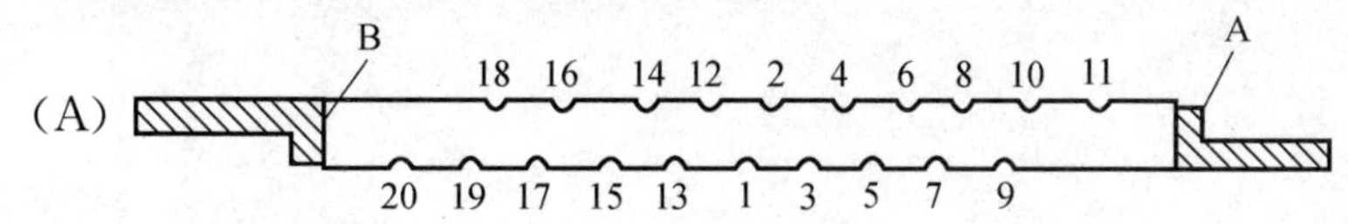

(B)

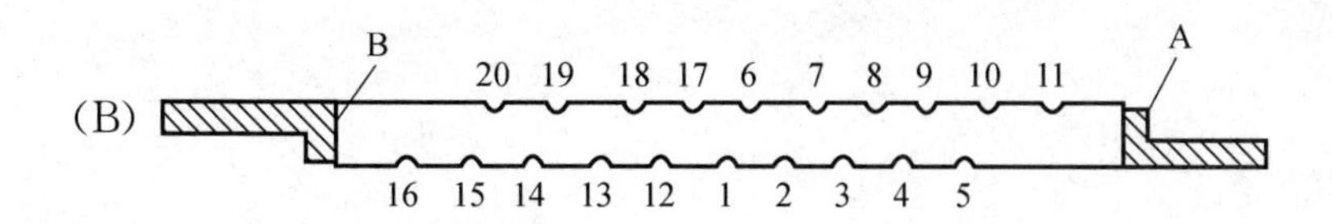

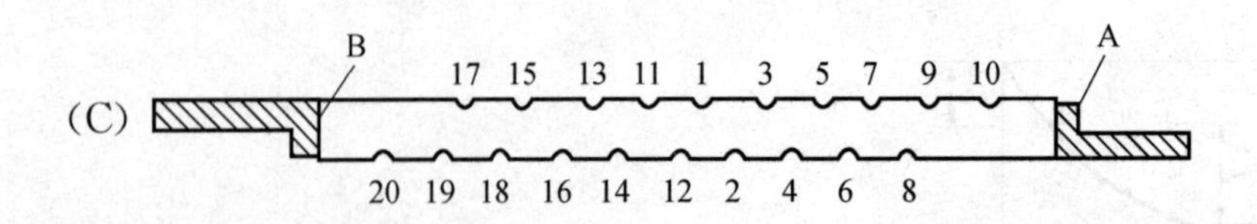
(C)
B
A
17 15 13 11 1 3 5 7 9 10
20 19 18 16 14 12 2 4 6 8

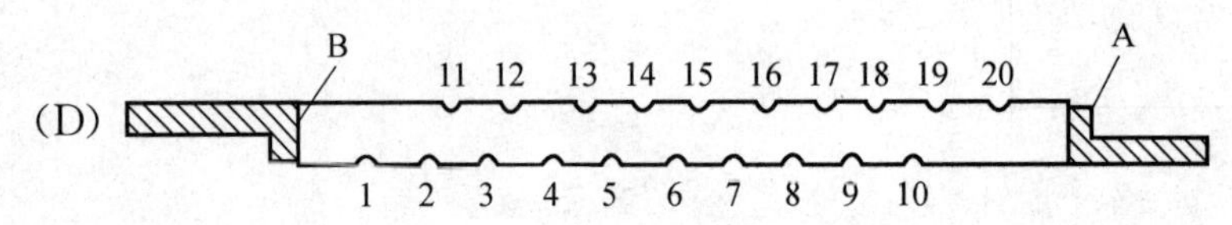
(D)
B
A
11 12 13 14 15 16 17 18 19 20
1 2 3 4 5 6 7 8 9 10

答案：B

2 技能操作

2.1 技能操作大纲

送电线路工（高级工）技能鉴定技能操作考核大纲

等级	考核方式	能力种类	能力项	考核项目	考核主要内容
高级工	技能操作	基本技能	01. 工作票的填写	01. 完成指定工作任务的第一种工作票填写	完成填写第一种工作票准备工作，能够正确、规范填写第一种工作票，掌握其他注意事项
		专业技能	01. 导地线检修	01. 110kV 输电线路直线杆上拆除悬式线夹、换上放线滑车的操作	熟练掌握起重工具操作方法和检查方法；掌握攀登等径混凝土杆作业方法和注意事项
				02. 更换损坏间隔棒的操作	掌握更换损坏间隔棒的工作流程和工艺要求；熟练掌握高空作业时安全用具的使用及注意事项
			02. 杆塔检修	01. 用绝缘操作杆清除 220kV 运行线路上异物	工器具选用满足工作需要，进行外观检查；掌握使用绝缘电阻表或绝缘监测仪分段测试绝缘电阻；熟练掌握绝缘工具的操作使用；掌握作业工程中，作业人员动作幅度不能过大，保持与带电体的安全距离
			03. 拉线、叉梁和横担更换	01. 制作安装整条拉线	掌握登杆技巧；熟悉拉线的制作及安装的方法和作业流程；掌握绑线的缠绕方法及工艺要求
			04. 绝缘子、金具更换	01. 用闭式卡具更换 220kV 输电线路耐张杆上双耐张串上单片瓷绝缘子	掌握更换耐张绝缘子的工作流程及注意事项；掌握对新绝缘子的检测及要求；掌握正确沿绝缘子串进出作业的动作
				02. 110kV 直线杆塔更换悬垂线夹	掌握登塔前准备工作及安全用具的试验；掌握悬垂线夹的安装过程及注意事项，掌握铝包带、悬垂线夹安装工艺及流程
				03. 110kV 直线杆塔更换复合绝缘子	掌握工器具、材料的选择和检查方法；掌握登塔前准备工作及安全用具的试验；掌握复合绝缘子的更换工艺要求及注意事项
			05. 输电线路日常维护与检测	01. 110kV 架空线路复合绝缘子憎水性测试	掌握登塔前的检查事项；掌握上下软梯的技巧；掌握复合绝缘子憎水性测试的工作流程和注意事项；测量过程正确规范，测量数据记录清晰完整
			06. 经纬仪测量	01. 档端角度法检查架空输电线路导线弧垂	熟练掌握经纬仪仪器架设，测量方法；掌握数据计算过程且正确无误；要求操作过程熟练连贯
		相关技能	01. 测试仪器的使用	01. 采用测高仪测量线路交叉跨越距离	熟练掌握测高仪的使用方法及注意事项，要求操作过程熟练连贯

2.2 技能操作试题

2.2.1 SX3JB0101 完成指定工作任务的第一种工作票填写

一、作业

（一）工器具、材料、设备

（1）工器具：无。

（2）材料：无。

（3）设备：无。

（二）安全要求

无。

（三）操作步骤及工艺要求（含注意事项）

（1）理解、掌握停电检修（施工）工作任务。

（2）现场勘察内容完整、准确。

（3）规范填写第一种工作票。

二、考核

（一）考核场地

教室类考场，考生自带蓝（黑）色圆珠笔或签字笔。

（二）考核时间

考核时间为30min。

（三）考核要点

（1）现场勘察。

（2）第一种工作票的填写。

（3）其他注意事项。

三、评分标准

行业：电力工程　　　　工种：送电线路工　　　　等级：三

编号	SX3JB0101	行为领域	d	鉴定范围		送电	
考核时限	30min	题型	A	满分	100分	得分	
试题名称	完成指定工作任务的第一种工作票填写						
考核要点及其要求	（1）教室类考场，考生自带笔，提供纸质空白第一种工作票（见附件）。 （2）给定考生停电检修（施工）工作任务、单位、人员、时间等。 （3）给定考生停电范围、保留的带电部位，给定现场勘察结果和设备接线图。 （4）根据工作任务和现场勘察结果，在规定时间内规范填写第一种工作票						
现场设备、工器具、材料	无						
备注	上述栏目未尽事宜						

评分标准

序号	考核项目名称	质量要求	分值	扣分标准	扣分原因	得分
1	现场勘察	现场勘察的内容准确、全面	5	勘察内容不完整、不准确，每项扣1分		
2	填写单位	规范填写单位、班组，使用全称	5	填写不规范，扣5分		

续表

序号	考核项目名称	质量要求	分值	扣分标准	扣分原因	得分
3	填写人员	规范填写工作负责人、工作班成员	5	(1) 小组负责人填写不规范，扣2分； (2) 超过10人时，填写错误，扣3分		
4	填写工作的线路或设备双重名称	(1) 填写电压等级、线路编号和名称； (2) 同杆架设停电线路填写双重称号	20	(1) 未填写电压等级，扣10分； (2) 未填写双重称号，扣10分		
5	填写工作任务	(1) 工作地点和地段，填写停电范围内的地段； (2) 工作内容，简要、明确地填写工作项目内容	10	(1) 未按规定填写线路名称、起止杆号，每处扣3分； (2) 工作内容填写不规范，扣5分		
6	填写计划工作时间	按照公历的年、月、日和24h制填写计划工作时间	5	时间填写不规范，每处扣1分		
7	填写安全措施	(1) 规范、完整地填写应改为检修状态的线路间隔名称和应拉开的断路器（开关）、隔离开关（刀闸）、熔断器（包括分支线、用户线路和配合停电线路）； (2) 规范、完整地填写保留或临近的带电线路、设备，包括平行、交叉跨越等线路和设备，此栏不能为空白，如没有带电线路和设备时填“无”； (3) 其他安全措施和注意事项如加装的遮围栏、警示牌等安全措施，如没有时填写“无”； (4) 完整、规范、明确地填写应挂的接地线的位置、接地线的编号	15	(1) 应拉开的设备填写不完整、不规范，每处扣3分； (2) 保留或邻近带电设备填写有遗漏或不规范，每处扣2分； (3) 其他安全措施填写有遗漏或不规范，每处扣2分； (4) 接地线位置填写不规范，扣2分；漏挂接地线位置遗漏、错误，每处扣3分；接地线编号填写不规范，每处扣3分		
8	许可开始工作命令	完整、规范地填写许可命令，许可方式应按规程填写：当面通知；电话下达；派人送达	3	许可方式填写不规范，扣3分		
9	工作班组人员签名	所有工作人员都应签字确认	3	少或多人员，扣3分		
10	工作负责人变动情况及作业人员变动清况	规范详细地填写变动人员情况，告知全体人员	3	人员变动没有时间日期，扣3分		
11	工作票延期	延长期的申请应该在工作检修时间内完成	3	时间不正确，扣3分		
12	工作票终结	(1) 工作接地线全部填写； (2) 规范、完整填写终结报告方式	3	终结报告方式填写不规范，扣3分		
13	填写备注栏	(1) 工作负责人、签发人对有触电危险、施工复杂容易发生事故的工作设专责监护人和监护地点、范围安全措施等填写在备注栏； (2) 工作间断、开工的注意事项填入备注栏	10	(1) 工作监护人，监护地点、范围、安全措施未填写或填写不规范，每处扣2分； (2) 工作间断、恢复工作填写不规范，扣5分		

续表

序号	考核项目名称	质量要求	分值	扣分标准	扣分原因	得分
14	填写的其他注意事项	（1）工作票填写的而设备术语必须与现场一致，填写要字迹工整不得任意涂改； （2）改动要求：计划工作时间不能涂改；设备名称、编号、接地线位置不能涂改；操作动词不能涂改；安全标识牌名称不能涂改；非关键词涂改不得超过 3 处（每处不超过 3 字），否则重新开票	10	（1）如有补充安全措施未填写或填写不规范，每处扣 2 分； （2）工作票中设备术语填写不规范，每处扣 2 分； （3）工作票中涂改不规范，每处扣 2 分		

附件：

电力线路第一种工作票

单位__________________________ 编号__________________

1. 工作负责人（监护人）_________ 班组__________________

2. 工作班人员（不包括工作负责人）

____共_____人

3. 工作的线路名称或设备双重名称（多回路应注明双重称号）

____

4. 工作任务：

工作地点或设备（注明分、支线路名称、线路的起止杆号）	工作内容

5. 计划工作时间

自_____年____月____日____时____分至_____年____月____日____时____分

6. 安全措施（必要时可附页绘图说明）

6.1 应改为检修状态的线路间隔名称和应拉开的断路器（开关）、隔离开关（刀闸）、熔断器（包括分支线、用户线路和配合停电线路）：____________________________

____

____

6.2 保留或邻近的带电线路、设备：____

____

____

____

6.3 其他安全措施和注意事项：____

____

____

6.4 应挂的接地线：

挂设位置（线路名称及杆号）	接地线编号	挂设时间	拆除时间

续表

挂设位置（线路名称及杆号）	接地线编号	挂设时间	拆除时间

工作票签发人签名________　　______年______月____日____时____分

工作负责人签名__________　　______年______月____日____时____分收到工作票

7. 确认工作票1～6项，许可工作开始

许可方式	许可人	工作负责人签名	许可工作的时间
			年　月　日　时　分
			年　月　日　时　分
			年　月　日　时　分
			年　月　日　时　分

8. 确认工作负责人布置的工作任务和安全措施

工作班组人员签名：

____

____

____

9. 工作负责人变动情况

原工作负责人__________离去，变更__________为工作负责人。

工作票签发人：__________　　______年____月____日____时____分

10. 作业人员变动情况（变动人员姓名、日期及时间）

____

____

____

____

工作负责人签名：__________

11. 工作票延期

有效期延长到________年______月____日____时____分

工作负责人签名：__________　　______年____月____日____时____分

工作许可人签名：__________　　______年____月____日____时____分

12. 工作票终结

12.1 现场所挂的接地线编号__________________　　共____组，已全部拆除、带回。

12.2 工作终结报告：

许可方式	许可人	工作负责人签名	许可工作的时间
			年 月 日 时 分
			年 月 日 时 分
			年 月 日 时 分
			年 月 日 时 分

13. 备注：

（1）指定专责监护人__________负责监护______________________________

____（人员、地点及具体工作）

（2）其他事项：____

2.2.2 SX3ZY0101 110kV 输电线路直线杆上拆除悬垂线夹、换上放线滑轮的操作

一、作业

（一）工器具、材料、设备

（1）工器具：个人工具、安全带、脚扣一副、工具袋一个、手扳葫芦、钢丝绳套、传递绳一条、放线滑轮一只、U 形环一个。

（2）材料：无。

（3）设备：直径 300mm 等径混凝土电杆一基。

（二）安全要求

（1）登杆前核对停电线路双重编号，防止误登杆塔。

（2）登杆前检查杆塔、登高工具，对脚扣和安全带进行冲击试验。杆上作业人员正确使用安全带和二道保护，人员转位时，手扶的构件应牢固，且不得失去安全保护，防止人员高空坠落。

（3）作业现场人员必须戴好安全帽，严禁在作业点下方逗留，杆上人员用绳索传递工具、材料，严禁抛扔。

（4）作业地点下面应做好围栏或装好其他保护装置，防止落物伤人。

（三）操作步骤及工艺要求（含注意事项）

1. 工作准备

（1）着装规范。

（2）选择工具、材料，并做外观检查。

2. 工作过程

（1）作业人员在作业前核对线路双重编号，检查杆根及基础是否完好。

（2）按照要求在工作地段的两端导线上已经验明确无电压后装设好接地线。

（3）作业人员携带传递绳开始登塔。

（4）作业人员在到达作业地点，将后备保护绳和安全带分别系在不同位置后，将传递绳选择好位置挂好。

（5）将手扳葫芦、钢丝绳套、后备保护绳、U 形环传递到杆上。

（6）在横担上挂好钢丝绳套及手扳葫芦。

（7）沿绝缘子下导线，坐在导线上，拆卸悬垂线夹固定螺钉，将绝缘子重量转移到手扳葫芦上，做冲击试验合格后，拆除悬垂线夹。

（8）装上放线滑车，导线放进滑轮。

（9）放松手扳葫芦，用传递绳传到地面。

3. 工作终结

（1）质量验收，杆塔上没有遗留物下塔。

（2）操作过程中无落物，工作完毕后清理现场，交还工器具。

二、考核

（一）考核场地

（1）考核专用线路直线杆，杆上无障碍。

（2）给定线路上安全措施已完成，配有一定区域安全围栏。

（二）考核时间

考核时间为50min，在规定时间内完成。

（三）考核要点

（1）工器具选用满足工作需要，进行外观检查。

（2）登杆前检查工作全面到位。

（3）登杆动作规范、熟练，安全用具使用正确，起重工具操作熟练。

（4）按规定时间完成，要求操作过程熟练连贯，施工有序，工具、材料存放整齐，现场清理干净。

三、评分标准

行业：电力工程　　　　工种：送电线路工　　　　等级：三

编号	SX3ZY0101	行为领域	e	鉴定范围		送电	
考核时限	50min	题型	A	满分	100分	得分	
试题名称	110kV输电线路直线杆上拆除悬垂线夹、换上放线滑轮的操作						
考核要点及其要求	（1）工器具选用满足工作需要，进行外观检查。 （2）登杆前检查工作全面、到位。 （3）登杆动作规范、熟练，安全用具使用正确，起重工具操作熟练。 （4）工具、材料存放整齐，现场清理干净						
现场设备、工器具、材料	（1）工器具：个人工具、安全带、脚扣一副、工具袋一个、手扳葫芦、钢丝绳套、传递绳一条、放线滑轮一只、U形环一个。 （2）材料：无。 （3）设备：直径300mm等径混凝土电杆一基						
备注	无						

评分标准

序号	考核项目名称	质量要求	分值	扣分标准	扣分原因	得分
1	着装	正确佩戴安全帽，穿工作服，穿绝缘鞋，戴手套	5	（1）未正确佩戴安全帽，扣1分； （2）未穿工作服，扣1分； （3）未穿绝缘鞋，扣1分； （4）未戴手套进行操作，扣1分； （5）工作服领口、袖口扣子未系好，扣1分		
2	工具选用	工器具选用满足施工需要，工器具做外观检查	5	（1）选用不当，扣3分； （2）工器具未做外观检查，扣2分		
3	登杆前检查	（1）登杆前检查杆根； （2）对登杆工具进行冲击试验	10	（1）未检查杆根，扣5分； （2）不做冲击试验，扣5分		
4	登塔	携带传递绳登杆	10	动作不规范，扣5分；不熟练，扣5分		

续表

序号	考核项目名称	质量要求	分值	扣分标准	扣分原因	得分
5	横担上的工作	(1) 作业人员在到达作业地点，将后备保护绳和安全带分别系在不同牢固构件上后，将传递绳选择好位置挂好； (2) 使用传递绳传递工具到杆塔，在横担上挂好钢丝绳套、手扳葫芦	10	(1) 安全带、保护绳使用不规范，扣5分； (2) 悬挂位置不适合，扣5分		
6	导线上的工作	(1) 沿绝缘子串下至导线上，坐在导线上，拆卸悬垂线夹固定螺钉； (2) 安装导线保护绳，将手扳葫芦下钩钩住导线，将绝缘子重量转移到手扳葫芦上； (3) 做冲击试验合格后，拆除悬垂线夹、铝包带	30	(1) 沿绝缘子串下至导线没有拴好安全带的围杆带，扣5分； (2) 没有保险绳的保护，扣5分； (3) 不使用导线保护绳，扣10分； (4) 不做冲击试验，扣10分		
7	装上滑轮	(1) 装上放线滑轮，导线放进滑轮； (2) 放松手扳葫芦，取下手扳葫芦及钢丝绳套，传递至地面	10	(1) 操作不正确，扣5分； (2) 操作不熟练，扣5分		
8	下塔	检查导线及横担无遗物携带传递绳下塔，动作规范，熟练	10	动作不规范，扣5分，不熟练，扣5分		
9	安全文明生产	操作过程中无落物，工作完毕后清理现场，交还工器具	10	(1) 未在规定时间完成，每超时1min扣2分，扣完为止； (2) 未清理考场，扣5分； (3) 高空落物一次，扣5分		

2.2.3 SX3ZY0102 更换损坏间隔棒的操作

一、作业

（一）工器具、材料、设备

（1）工器具：个人工具、防护用具、220kV 验电器、接地线、防坠装置、围栏、安全标示牌、滑车、传递绳一套、导线飞车、套筒扳手。

（2）材料：导线间隔棒一个、铝包带若干。

（3）设备：无。

（二）安全要求

（1）登杆塔前必须仔细核对线路名称、杆号，多回线路还应核对线路的识别标记，确认无误后方可登杆。

（2）攀登杆塔作业前，应检查杆塔根部、基础和拉线是否牢固。

（3）攀登杆塔作业前，应先检查登高工具、设施，如安全带、脚钉、爬梯、防坠装置等是否完整、牢靠。上下杆塔必须使用防坠装置。

（4）在杆塔上作业时，应使用有后备绳索或速差自锁器的双控背带式安全带，安全带和后备保护绳（速差自锁器）应分挂在杆塔不同部位的牢固构件上，应防止安全带从杆顶脱出或被锋利物损坏。人员在转位时，手扶的构件应牢固，且不得失去安全保护。

（5）高处作业应使用工具袋，较大的工器具应固定在牢固的构件上，不准随便乱放。上下传递物件应用绳索栓牢传递，严禁上下抛掷。

（6）在进行高空作业时，不准他人在工作地点的下面通行或逗留，工作地点下面应有围栏或装设其他保护装置，防止落物伤人。

（三）操作步骤及工艺要求（含注意事项）

1. 工作前准备

（1）着装规范。

（2）根据了解杆塔周围情况、地形、交叉跨越、导线间隔棒型号等。选择工具、材料并做外观检查。

2. 工作过程

（1）作业人员核对线路双重称号无误，并对安全防护用具冲击试验合格后，携带传递绳开始登塔。

（2）塔上作业人员登杆到达安装相绝缘子挂点处，把后备保护绳、安全带分别系到横担和绝缘子串后，沿绝缘子串到导线上，挂好传递绳。

（3）地面作业人员把导线飞车传递给塔上作业人员，塔上作业人员在防振锤外侧安装好导线飞车后，携带传递绳坐入导线飞车，关闭飞车保险并打好安全带和后备保护绳。

（4）塔上作业人员滑动导线飞车到达作业点后，把传递绳安装在导线上。

（5）塔上作业人员拆除旧导线间隔棒和铝包带，并用传递绳传递至地面。

（6）地面作业人员把铝包带和新导线间隔棒传递给塔上作业人员，塔上作业人员在原来位置缠绕铝包带和安装新导线间隔棒。

（7）塔上作业人员检查工作质量无误后，携带传递绳坐导线飞车滑至防振锤处，沿绝缘子串返回到横担上。

3. 工作终结

（1）塔上作业人员检查导线和横担上无任何遗留物后，携带传递绳下塔。

（2）操作过程中无落物，工作完毕后清理现场，交还工器具。

4. 工艺要求

（1）导线间隔棒型号和导线型号相配合，外观完好无损。

（2）导线间隔棒安装好后，安装距离偏差不应大于±30mm，间隔棒线夹螺栓由下向上穿入。

（3）铝包带应缠绕紧密，其缠绕方向应与外层铝股的绞制方向一致；所缠铝包带应露出防振间隔棒夹头，但不超过10mm，其端头应回缠绕于线夹内压住。

（4）导线间隔棒的线夹螺栓紧固力矩符合规定。

5. 注意事项

（1）地面辅助人员不得在高处作业点的正下方工作或逗留。

（2）作业所用工具安全、合格，并与作业工况相符合，导线飞车刹车、限位板（杆）齐全有效。

（3）采用单导线飞车，如两导线分裂距离过大时，有控制分裂措施。

二、考核

（一）考核场地

（1）考场可设在考核专用双分裂导线的直线杆塔上进行，杆塔上无障碍物。

（2）给定线路检修时，需办理的工作票，线路上安全措施已完成，配有一定区域的安全围栏。

（二）考核时间

考核时间为40min，在规定时间内完成。

（三）考核要点

（1）工器具及材料的选择的规格、型号和外观检查。

（2）登塔作业的熟练程度。

（3）更换损坏间隔棒的工作流程和工艺要求。

（4）高空作业时安全用具的使用及注意事项。

三、评分标准

行业：电力工程　　　　工种：送电线路工　　　　等级：三

<table>
<tr><td>编号</td><td>SX3ZY0102</td><td>行为领域</td><td>e</td><td colspan="2">鉴定范围</td><td colspan="2">送电</td></tr>
<tr><td>核时限</td><td>40min</td><td>题型</td><td>A</td><td>满分</td><td>100分</td><td>得分</td><td></td></tr>
<tr><td>试题名称</td><td colspan="7">更换损坏间隔棒的操作</td></tr>
<tr><td>考核要点
及其要求</td><td colspan="7">（1）按要求选择工具及材料。
（2）严格按照工作流程及工艺要求进行操作。
（3）操作时间为40min，时间到停止操作。
（4）本项目为单人操作，现场配辅助作业人员一名、工作负责人一名。辅助工作人员只协助考生完成塔上工具、材料的上吊和下卸工作；工作负责人只监护工作安全</td></tr>
</table>

续表

核时限	40min	题型	A	满分	100分	得分	
试题名称	更换损坏间隔棒的操作						
场设备、工器具、材料	(1) 工器具：个人工具、防护用具、220kV验电器、接地线、防坠装置、围栏、安全标示牌、滑车、传递绳一套、导线飞车、套筒扳手。 (2) 材料：导线间隔棒一个、铝包带若干。 (3) 设备：无						
备注	上述栏目未尽事宜						

评分标准

序号	考核项目名称	质量要求	分值	扣分标准	扣分原因	得分
1	着装	正确佩戴安全帽，穿工作服，穿绝缘鞋，戴手套	5	(1) 未正确佩戴安全帽，扣1分； (2) 未穿工作服，扣1分； (3) 未穿绝缘鞋，扣1分； (4) 未戴手套进行操作，扣1分； (5) 工作服领口、袖口扣子未系好，扣1分		
2	工具、材料的选用	工器具选用满足施工需要，工器具做外观检查，导线飞车滑轮转动灵活，刹车、安全装置齐全有效	5	(1) 选用不当，扣3分； (2) 工器具未做外观检查，扣2分		
3	登杆前检查	(1) 登杆前检查杆根，核对线路双重称号； (2) 对登杆工具进行冲击试验	10	(1) 未检查杆根，扣5分； (2) 未做冲击试验，扣5分		
4	登塔作业	携带传递绳登杆	10	(1) 未沿脚钉（爬梯）正确登塔，扣2分。 (2) 未正确使用防坠装置，扣3分		
5	下导线作业	沿绝缘子串下至导线，挂好传递绳	10	安全带、后备保护绳使用不正确，扣5分		
6	安装飞车	传递飞车至导线安装导线飞车，飞车挂好后检查刹车、安全装置	10	未做检查一项，扣2分		
7	进入工作点	飞车滑动过程中速度平稳，不撞击导线附件	10	不正确，扣10分		
8	拆装间隔棒	(1) 拆除旧间隔棒（使用单导线飞车，应有控制分裂措施）； (2) 缠绕铝包带；顺导线缠绕方向，所缠绕铝包带露出夹口小于或等于10mm；	20	(1) 没有控制措施，扣5分； (2) 铝包带缠绕大于夹扣10mm以上，扣5分； (3) 间隔棒安装超出规定，每项扣3分		

续表

序号	考核项目名称	质量要求	分值	扣分标准	扣分原因	得分
8	拆装间隔棒	（3）安装间隔棒： ①安装距离偏差在±30mm； ②线夹螺栓由下向上穿； ③按规定拧紧螺栓，平垫圈、弹簧垫圈齐全，弹垫应压平	20	（1）没有控制措施，扣5分； （2）铝包带缠绕大于夹扣10mm以上，扣5分； （3）间隔棒安装超出规定，扣3分/项		
9	下塔	（1）工作质量检查无误，坐飞车返回横担； （2）检查导线及横担上无遗留物，取下传递绳下塔	10	（1）未检查质量，扣2分； （2）有遗留物，扣3分/项		
10	安全文明生产	操作过程中无落物，工作完毕后清理现场，交还工器具	10	（1）未在规定时间完成，每超时1min扣2分，扣完为止； （2）未清理考场，扣5分； （3）高空落物一次，扣5分		

2.2.4 SX3ZY0201 用绝缘操作杆清除220kV运行线路上异物

一、作业

（一）工器具、材料、设备

（1）工器具：绝缘滑车、无极绝缘绳、绝缘保护绳、220kV绝缘操作杆，2500V及以上绝缘电阻表、防潮帆布、安全带。

（2）材料：无。

（3）设备：无。

（二）安全要求

（1）攀登杆塔作业前，应检查杆塔底部、基础和拉线是否牢固。

（2）攀登杆塔作业前，应先检查登高工具、设施，如安全带、脚钉、爬梯、防坠装置等是否完整、牢靠。上下杆塔必须使用防坠装置。

（3）在杆塔上作业时，应使用有后备绳或速差自锁器的双控背带式安全带，安全带和后备保护绳（速差自锁器）应分挂在杆塔不同部位的牢固构件上，应防止安全带从杆顶脱出或被锋利物损坏。人员在转位时，手扶的构件应牢固，且不得失去安全保护。

（4）在工作中使用的工器具、材料必须用绳索传递，不得抛扔，传递绳滑车挂钩与挂点连接应有防脱措施。

（5）绝缘工具在运输过程中，应装在专用工具袋、工具箱或专用工具车内，以防受潮或损伤。发现绝缘工具受潮或表面损伤、脏污时，应及时处理并经试验或检测合格后方可使用。

（6）绝缘工具使用前，仔细检查确认没有损伤、受潮、变形、失灵，否则禁止使用。

（7）高处作业应使用工具袋，较大的工器具应固定在牢固的构件上，不准随便乱放，上下传递在进行高空作业时，不准他人在工作地点的下面通行或逗留，工作地点下面应装设有围栏或其他保护装置，防止落物伤人。

（三）操作步骤及工艺要求（含注意事项）

1. 准备工作

（1）着装规范。

（2）根据工作需要选择工器具。

（3）对绝缘操作杆进行绝缘检测。

2. 工作过程

（1）得到工作负责人开工许可后，塔上电工核对线路名称、杆号，携带绝缘传递绳登塔至横担适当位置，系好安全带，将绝缘滑车及绝缘绳在作业横担适当位置安装好。

（2）地面电工用绝缘传递绳将绝缘操作杆传递给塔上电工。

（3）操作人员用操作杆清除线路上的异物。

（4）异物清除完毕后，操作人员和辅助人员配合，将绝缘检测操作杆下传至地面。

（5）操作人员检查确认塔上无遗留工具后，得到工作负责人同意后携带绝缘绳平稳下塔。

3. 工作终结

（1）向工作负责人报完工。

（2）操作过程中无落物，工作完毕后清理现场，交还工器具。

4. 注意事项

（1）带电作业应在良好的天气下进行，如遇雷、雨、雪、雾不得进行带电作业，风力大于五级时，一般不宜进行带电作业。

（2）220kV 线路杆塔上作业时宜穿导电鞋，必要时需穿静电防护服。

（3）杆上工作时，不得失去安全带保护，监护人应加强监护。

（4）绝缘工具的检测使用 2500V 及以上的绝缘电阻表或绝缘检测仪进行分段检测（电极宽 2cm，机间宽 2cm），检查其绝缘电阻不小于 700MΩ，操作绝缘工具时应戴清洁、干燥的手套。

（5）在作业过程中，操作人员动作幅度不能过大，应保持绝缘操作杆的有效长度不小于 2.1m；人身必须与带电体的安全距离保持 1.8m 以上。

二、考核

（一）考核现场

（1）在不带电的考核线路上模拟运行中线路操作。

（2）给定线路检修时已办理工作票，配有一定区域的安全围栏。

（二）考核时间

考核时间为 60min，在规定时间内完成。

（三）考核要点

（1）工器具选用满足工作需要，进行外观检查。

（2）使用绝缘电阻表或绝缘监测仪分段测试绝缘电阻。

（3）绝缘工具的操作使用。

（4）作业工程中，作业人员动作幅度不能过大，保持与带电体的安全距离。

三、评分标准

行业：电力工程　　　　　　　　工种：送电线路工　　　　　　　　等级：三

编号	SX3ZY0201	行为领域	e	鉴定范围		送电	
考核时间	60min	题型	A	满分	100 分	得分	
试题名称	用绝缘操作杆清除 220kV 运行线路上异物						
考核要点及其要求	（1）规范穿戴工作服、绝缘鞋、安全帽等。 （2）工器具选用满足工作需要，进行外观检查。 （3）登塔及下塔合理使用安全工器具，过程平稳有序。 （4）清除异物过程正确、规范						
现场工器具、材料	（1）工器具：绝缘滑车、无极绝缘绳、绝缘保护绳、220kV 绝缘操作杆，2500V 及以上绝缘电阻表、防潮帆布、安全带。 （2）材料：无。 （3）设备：无						
备注	给定线路检修时已办理工作票，设定考评员为工作负责人，考生作业前向考评员报开工						

续表

评分标准						
序号	作业名称	质量要求	分值	扣分标准	扣分原因	得分
1	着装	正确佩戴安全帽，穿工作服，穿绝缘鞋，戴手套	5	（1）未正确佩戴安全帽，扣1分； （2）未穿工作服，扣1分； （3）未穿绝缘鞋，扣1分； （4）未戴手套进行操作，扣1分； （5）工作服领口、袖口扣子未系好，扣1分		
2	选用工器具	工器具选用满足施工需要，工器具做外观检查	5	（1）工器具选用不当，扣3分； （2）工器具未进行外观检查，扣2分		
3	绝缘工器具检查	（1）绝缘操作杆外观检查：检查有无损坏、受潮、变形，并用干燥、干净的毛巾将绝缘操作杆擦拭干净； （2）检测绝缘操作杆绝缘：使用2500V及以上绝缘电阻表分段测试绝缘电阻（电极宽2cm，机间宽2cm），要求不低于700MΩ； （3）检查传递绳：外观检查	15	（1）未进行绝缘工具检查，扣5分； （2）未测试绝缘电阻，扣5分； （3）未检查传递绳，扣5分		
4	登杆	核对设备编号：登杆前要核对线路名称及杆号	5	未核对设备编号，扣5分		
5	传递工具	正确使用安全带，安全带的挂钩或绳子应挂在结实牢固的构件上，并采用高挂低用的方式，作业过程中应随时检查安全带是否拴牢，在转移作业位置时不准失去安全带的保护	5	（1）安全带低挂高用，扣2分； （2）在转移作业位置时失去安全带保护，扣3分		
		传递工器具：塔上作业人员应使用工具袋，上下传递物件应用绳索传递，严禁抛掷，作业人员应防止掉东西；传递绳必须与导线保持1.8m以上距离	5	（1）未使用工具袋，扣2分； （2）随意抛掷工器具，扣2分； （3）作业过程中掉东西，每掉一次扣1分		
6	清除异物	（1）在作业过程中，人身与带电体必须保持1.8m以上的安全距离； （2）绝缘操作杆有效绝缘长度必须大于2.1m； （3）动作熟练，不宜过大，满足安全距离； （4）清除的异物不得随意抛扔，应装进工具袋中传递至地面	40	（1）安全距离和有效绝缘长度不正确，扣20分（现场提问）； （2）异物随意抛掷，扣20分		

续表

序号	作业名称	质量要求	分值	扣分标准	扣分原因	得分
7	工器具传递至地面	将工器具通过传递绳传递至地面，吊绳绑扎正确，操作杆垂直上下，放下时操作杆不碰杆塔，操作杆接近地面要减速，让监护人员接住	5	（1）传递绳在空中缠绕，扣3分； （2）传递的工器具在空中脱落，每次扣2分		
8	人员下塔	得到工作负责人许可后携带传递绳平稳下塔，下杆过程平稳	5	（1）杆塔上有遗留物，扣3分； （2）下杆不平稳，扣2分		
9	安全文明生产	操作过程中无落物，工作完毕后清理现场，交还工器具	10	（1）未在规定时间完成，每超时1min扣2分，扣完为止； （2）未清理考场，扣5分； （3）高空落物一次，扣5分		

2.2.5 SX3ZY0301 制作安装整条拉线

一、作业

（一）工器具、材料、设备

（1）工器具：个人工具及安全用具、传递绳、卷尺、木槌、断线钳、紧线器、卡线器、U形环、钢丝绳套。

（2）材料：楔形线夹、UT型线夹、延长环、球头环、碗头挂板、钢绞线、拉线抱箍和螺栓、铁线、扎丝、防锈漆。

（3）设备：无。

（二）安全要求

（1）登杆前核对停电线路双重编号，防止误登杆塔。

（2）登杆前检查杆塔、登高工具，对脚扣和安全带进行冲击试验。杆上作业人员正确使用安全带和后备保护，防止人员高空坠落。

（3）作业现场人员必须戴好安全帽，严禁在作业点下方逗留，杆上人员用绳索传递工具、材料，严禁抛扔。

（4）弯曲钢绞线时，应抓牢，防止钢绞线反弹伤人。

（5）使用木槌时，要防止从手中脱落伤人。

（三）操作步骤及工艺要求（含注意事项）

1. 工作准备

（1）着装规范。

（2）选择工具、材料，并做外观检查。

2. 工作过程

（1）钢绞线长度计算，拉线上把制作。

（2）登杆前核对线路双重称号、检查杆根、杆身，对登杆工具进行冲击试验。

（3）作业人员携带传递绳开始登塔，登杆动作规范、熟练，站位合适，安全带系绑正确。

（4）将拉线抱箍连接延长环传递到杆上，并固定安装在合适位置，调整好拉线抱箍方向。

（5）传递拉线上把，楔形线夹与延长环穿入螺栓，插入销钉，螺栓穿向正确。

（6）检查无遗留物，携带传递绳下塔。

（7）根据杆塔的倾斜，紧线力度合适，制作拉线下把。

3. 工作终结

（1）质量验收，地面没有遗留物。

（2）操作过程中无落物，工作完毕后清理现场，交还工器具。

4. 工艺要求

（1）钢绞线剪断处用16号铁丝绑扎20～30mm，绑扎牢固，钢绞线头无散股。

（2）尾线与本线绑扎长度在400～500mm为宜，选用10～12号扎丝，要求扎线绕向与钢绞线绞向一致，绑扎长度不小于100mm，绑扎紧密、均称，不伤线。

（3）钢绞线短头出现方向应在凸肚处。

（4）钢绞线与舌块紧密，间隙小与2mm。

（5）双螺帽接触紧密，螺杆露出长度1/3左右，上下线夹凸肚方向一致。

(6) 钢绞线尾线必须三个以上麻花辫，端部压进双股钢绞线并列处，副线与主线并列不出现扭转。

二、考核

(一) 考核场地

(1) 考场可设在考核专用带有导线配电线路的转角或终端杆处，杆上无障碍，地面有预埋好的拉线棒。

(2) 给定线路上安全措施，施工时需办理工作票和许可手续已完成，配有一定区域的安全围栏。

(二) 考核时间

考核时间为30min，在规定时间内完成。

(三) 考核要点

(1) 工器具、材料选用满足工作需要，进行外观检查。

(2) 登杆过程熟练。

(3) 拉线的制作及安装的方法和作业流程。

(4) 绑线的缠绕方法及工艺要求。

三、评分标准

行业：电力工程　　　　工种：送电线路工　　　　等级：三

编号	SX3ZY0301	行为领域	e	鉴定范围		送电	
考核时限	30min	题型	A	满分	100分	得分	
试题名称	制作安装整条拉线						
考核要点及其要求	(1) 工器具选用满足工作需要，进行外观检查。 (2) 选用材料的规格、型号、数量符合要求，进行外观检查。 (3) 拉线的制作及安装的方法和作业流程。 (4) 绑线的缠绕方法及工艺要求						
现场设备、工器具、材料	(1) 工器具：个人工具及安全用具、传递绳、卷尺、木槌、断线钳、紧线器、卡线器、U形环、钢丝绳套。 (2) 材料：楔形线夹、UT型线夹、延长环、球头环、碗头挂板、钢绞线若干、拉线抱箍和螺栓、铁线、扎丝、防锈漆。 (3) 设备：无						
备注	上述栏目未尽事宜						

评分标准

序号	考核项目名称	质量要求	分值	扣分标准	扣分原因	得分
1	着装	正确佩戴安全帽，穿工作服，穿绝缘鞋，戴手套	5	(1) 未正确佩戴安全帽，扣1分； (2) 未穿工作服，扣1分； (3) 未穿绝缘鞋，扣1分； (4) 未戴手套进行操作，扣1分； (5) 工作服领口、袖口扣子未系好，扣1分		

续表

序号	考核项目名称	质量要求	分值	扣分标准	扣分原因	得分
2	工具及材料选择	工器具选用满足施工需要，工器具做外观检查	5	(1) 工器具未做外观检查，扣2分； (2) 漏选、错选，扣3分		
3	截取钢绞线	按给定尺寸量取长度，在钢绞线剪断处扎线绑扎30mm，绑扎牢固，一人扶线一人剪，钢绞线无散股	10	(1) 量取钢绞线长度误差超出±500mm，扣5分； (2) 断线处不做绑扎，扣5分		
4	上把制作	钢绞线上量出弯曲部位尺寸，钢绞线短头出线方向应在凸肚处，钢绞线与舌块紧密，间隙小于2mm，绑扎尺寸符合标准，紧密、匀称，不伤线，规范收尾	15	(1) 尾线长度错误，扣4分； (2) 尾线穿向错误，扣4分； (3) 钢绞线与舌块间隙过大，扣4分； (4) 绑扎尺寸不标准，扣3分		
5	登杆	登杆前明确线路杆位编号、检查杆根、杆身及检查，对登杆工具进行冲击试验，登杆动作规范、熟练，站位合适，安全带系绑正确	10	(1) 未检查，扣3分； (2) 未做冲击试验，扣2分； (3) 登杆不熟练、不规范，扣3分； (4) 安全带系绑错误，扣2分		
6	上把安装	将拉线抱箍连接延长环传递到杆上并固定安装在合适的位置，调整好拉线抱箍方向。吊起拉线上把。楔形线夹与延长环穿入螺栓，插入销钉，螺栓穿向正确	10	(1) 传递绳使用不规范，扣3分； (2) 拉线抱箍安装不合适，扣3分； (3) 螺栓、销钉穿向错误，扣4分		
7	下杆	清查杆上遗留物，人员规范下杆，下杆全程不得失去安全带保护，脚扣离地面500mm才能脱离脚扣着地	5	(1) 下杆过程不规范，扣3分； (2) 杆上有遗留物，每件扣2分		
8	下把制作与安装	紧线力度合适，制作安装过程熟练。副线从线夹凸肚侧穿出，舌板安装紧密，绑扎尺寸符合标准，紧密、匀称，不伤线，规范收尾。双螺帽接触紧密，螺杆露出长度1/3左右，上下线夹凸肚方向一致	15	(1) 紧线力度不合适，扣3分； (2) 副线穿向错误，扣3分； (3) 舌板安装间隙过大，扣2分； (4) 尾线绑扎不标准，扣2分； (5) 螺杆露出长度不准确，扣2分； (6) 上下凸肚方向不一致，扣3分		
9	自查验收	组织依据施工验收规范对施工工艺、质量进行自查验收	5	未验收，扣5分		
10	安全文明生产	操作过程中无落物，工作完毕后清理现场，交还工器具	20	(1) 未在规定时间完成，每超时1min扣2分，扣完为止； (2) 未清理考场，扣5分； (3) 高空落物一次，扣5分		

2.2.6 SX3ZY0401 用闭式卡具更换 220kV 输电线路耐张杆上双耐张串上单片瓷绝缘子

一、作业

（一）工器具、材料、设备

（1）工器具：个人工具、防护用具、220kV 验电器、接地线、围栏、安全标示牌、拔销器、5000V 绝缘电阻表、抹布、传递绳一套、闭式卡具一套、防坠装置。

（2）材料：绝缘子 XP-70（LXP-70）、弹簧销。

（3）设备：无。

（二）安全要求

（1）登杆塔前必须仔细核对线路名称、杆号，多回线路还应核对线路的识别标记，确认无误后方可登杆。

（2）攀登杆塔作业前，应检查杆塔根部、基础和拉线是否牢固。

（3）攀登杆塔作业前，应先检查登高工具、设施，如安全带、脚钉、爬梯、防坠装置等是否完整、牢靠。上下杆塔必须使用防坠装置。

（4）在杆塔上作业时，应使用有后备绳或速差自锁器的双控背带式安全带，安全带和后备保护绳（速差自锁器）应分挂在杆塔不同部位的牢固构件上，应防止安全带从杆顶脱出或被锋利物损坏，人员在转位时，手扶的构件应牢固，且不得失去安全保护。

（5）高处作业应使用工具袋，较大有工器具应固定在牢固的构件上，不准随便乱放，上下传递物件应用绳索拴牢传递，严禁上下抛掷。

（6）在进行高空作业时，工作地点下面应有围栏或装设其他保护装置，防止落物伤人。

（7）防止工器具失灵、导线脱落、绝缘子脱落等措施。

① 使用工具前应进行检查，严禁以小带大。

② 检查金具、绝缘子的连接情况。

③ 闭式卡具丝杠收紧前，检查工器具连接情况是否牢固、可靠。

（三）操作步骤及工艺要求（含注意事项）

1. 工作前准备

（1）相关资料。查阅图纸资料，明确塔型、呼称高、导线型号及绝缘子型号等，以确定使用的工器具、材料。

（2）着装规范。

（3）选择工具、材料并做外观检查，将新绝缘子表面及裙槽清擦干净，用 5000V 绝缘电阻表检测绝缘。

2. 工作过程

（1）登杆前核对线路双重称号、检查杆根、杆身，对登杆工具进行冲击试验。

（2）作业人员携带传递绳开始登塔至需更换绝缘子横担处，将后备保护绳系在横担主材位置。

（3）杆塔上作业人员携带传递绳沿绝缘子串移动到需更换绝缘子处，在适当位置挂好传递绳。

（4）地面作业人员将组装好的绝缘子卡具传递至杆塔上作业人员，杆塔上作业人员调整双头丝杆长度，安装好绝缘子卡具，收紧双头丝杆使之稍微受力。

(5) 杆塔上作业人员检查导线保护绳和绝缘子卡具的连接，并对绝缘子卡具进行冲击试验。无误后收紧双头丝杆，转移被更换绝缘子荷载。

(6) 杆塔上作业人员拔出被更换绝缘子两端的弹簧销，取出旧绝缘子；用传递绳系绳结捆绑旧绝缘子，并传递至地面。

(7) 地面作业人员将新绝缘子传递至杆塔上作业人员，杆塔上作业人员安装新绝缘子。

(8) 杆塔上作业人员检查新绝缘子连接无误后，稍微放松双头丝杆使新绝缘子受力，检查绝缘子串受力情况。

(9) 杆塔上作业人员确认绝缘子串受力正常后，继续松双头丝杆到能够拆除绝缘子卡具为止。

(10) 杆塔上作业人员检查绝缘子安装质量无问题后，拆除绝缘子卡具并传递至地面。

3. 工作终结

(1) 杆塔上作业人员检查绝缘子及横担上没有遗留物，携带传递绳下塔。

(2) 操作过程中无落物，工作完毕后清理现场，交还工器具。

4. 工艺要求

(1) 绝缘子安装时，应检查球头、碗头与弹簧销子之间的间隙。在安装好弹簧销子的情况下，球头不得自碗头中脱出。严禁线材（铁丝）代替弹簧销。

(2) 耐张串上的弹簧销子、螺栓及穿钉均由上向下穿；当使用W形弹簧销子时，绝缘子大口均应向上；当使用R形弹簧销子时，绝缘子大口均向下，特殊情况可由内向外，由左向右穿入。

5. 注意事项

(1) 沿耐张绝缘子串移动时，手扶一串、脚踩一串绝缘子或坐在绝缘子串上移动，并打好后备保护绳。

(2) 在取出旧绝缘子前，应仔细检查绝缘子卡具各部连接情况，确保安全无误后方可进行。

(3) 承力工器具严禁以小代大，并应在有效的检验期内。

(4) 对新绝缘子进行外观检查，将表面及裙槽清擦干净，并用5000V绝缘电阻表检测绝缘（在干燥情况下绝缘电阻不得小于500MΩ）。

二、考核

(一) 考核场地

(1) 考场可以设在考核专用220kV输电线路的耐张杆塔上进行，杆塔上无障碍物，杆塔有防坠装置。

(2) 给定线路检修时需办理的工作票，线路上安全措施已完成，配有一定区域的安全围栏。

(二) 考核时间

考核时间为60min，在规定时间内完成。

(三) 考核要点

(1) 工器具、材料选用满足工作需要，进行外观检查。

（2）登杆塔前要核对线路名称、杆号，检查安全用具并对登高用具进行冲击试验。

（3）作业人员更换耐张绝缘子的工作流程及注意事项。

（4）对新绝缘子的检测及要求。

（5）进出绝缘子串的动作正确。

（6）要求操作过程熟练连贯，施工有序，工具、材料存放整齐，现场清理干净。

三、评分标准

行业：电力工程　　　　　　　　工种：送电线路工　　　　　　　　等级：三

编号	SX3ZY0401	行业领域	e	鉴定范围		送电	
考核时间	60min	题型	B	满分	100分	得分	
试题名称	用闭式卡具更换220kV输电线路耐张杆上双耐张串上单片瓷绝缘子						
考核要点及其要求	（1）按要求选择工具及材料。 （2）严格按照工作流程及工艺要求进行操作。 （3）操作时间为60min，时间至停止操作。 （4）本项目为单人操作，现场配辅助作业人员一名、工作负责人一名。辅助工作人员只协助考生完成塔上工具、材料的上吊和下卸工作；工作负责人只监护工作安全						
现场工器具、材料	（1）工具：个人工具、防护用具、220kV验电器、接地线、围栏、安全标示牌、拔销器、5000V绝缘电阻表、抹布、传递绳一套、闭式卡具一套、防坠装置。 （2）材料：绝缘子XP-70（LXP-70）、弹簧销。 （3）设备：无						
备注	无						

评分标准

序号	作业名称	质量要求	分值	扣分标准	扣分原因	得分
1	着装	正确佩戴安全帽，穿工作服，穿绝缘鞋，戴手套	5	（1）未正确佩戴安全帽，扣1分； （2）未穿工作服，扣1分； （3）未穿绝缘鞋，扣1分； （4）未戴手套进行操作，扣1分； （5）工作服领口、袖口扣子未系好，扣1分		
2	工具及材料选择	工器具选用满足施工需要，工器具做外观检查	5	（1）工器具未做外观检查，扣2分； （2）漏选、错选，扣3分		
3	登杆前检查	登杆前核对线路双重称号、检查杆根、杆身，对登杆工具进行冲击试验	5	（1）登杆前未核对线路双重称号、未检查杆根，扣3分； （2）对登杆工具未进行冲击试验，扣2分		
4	登杆	杆塔上作业人员携带传递绳至作业横担，系好保护绳	10	后备保护使用不正确，扣10分		

续表

序号	作业名称	质量要求	分值	扣分标准	扣分原因	得分
5	进入作业位置	杆塔上作业人员携带传递绳沿绝缘子串移动到需更换绝缘子处，在适当位置挂好传递绳	20	（1）作业过程中失去安全带保护，扣10分； （2）上绝缘子串前未检查绝缘子、弹簧销子，扣10分		
6	安装闭式卡具	地面人员将组装好的闭式卡传递至杆塔上作业人员，安装闭式卡具	10	安装工具发生撞击一次，扣2分		
7	更换绝缘子	（1）收紧丝杆，将被绝缘子荷载转移到卡具上，检查冲击承力工具受力正常后，取下需更换的单片绝缘子，用传递绳传递上新绝缘子进行更换； （2）杆塔上作业人员将新装绝缘子放入闭式卡中，安装好绝缘子两端的弹簧销，检查W形销或R形销、绝缘子及金具连接良好后，放松丝杆至绝缘子呈受力状态；冲击检查合格后，放松丝杆	25	（1）拆装绝缘子时，发生撞击，扣10分； （2）未检查卡具连接就收放紧丝杆，扣10分； （3）更换绝缘子时，弹簧销穿入方向不正确，每次扣5分		
8	拆除卡具	杆塔上作业人员与地面人员配合将所有工器具及安全措施拆除传递至地面，检查杆塔无遗留物后携带传递绳依次下塔	10	（1）换上新绝缘子后未观察导线、检查绝缘子受力情况，扣5分； （2）未检查作业面遗留物，扣5分		
9	安全文明生产	操作过程中无落物，工作完毕后清理现场，交还工器具	10	（1）未在规定时间完成，每超时1min扣2分，扣完为止； （2）未清理考场，扣5分； （3）高空落物一次，扣5分		

2.2.7 SX3ZY0402 110kV 直线杆塔更换悬垂线夹

一、作业

（一）工器具、材料、设备

（1）工器具：个人工具、安全用具、110kV 验电器、接地线、围栏、安全标示牌、传递绳一套、手扳葫芦、导线保护绳、防坠装置。

（2）材料：悬垂线夹 XGU-4、铝包带。

（3）设备：无。

（二）安全要求

（1）登杆塔前必须仔细核对线路双重称号，确认无误后方可登杆。

（2）攀登杆塔作业前，应检查杆塔根部、基础和拉线是否牢固。

（3）攀登杆塔作业前，应先检查登高工具、设施，并做冲击试验。上下杆塔必须使用防坠装置。

（4）在杆塔上作业时，应使用有后备绳或速差自锁器的双控背带式安全带，安全带和后备保护绳（速差自锁器）应分挂在杆塔不同部位的牢固构件上，应防止安全带从杆顶脱出或被锋利物损坏，人员在转位时，手扶的构件应牢固，且不得失去安全保护。

（5）高处作业应使用工具袋，较大有工器具应固定在牢固的构件上，不准随便乱放，上下传递物件应用绳索拴牢传递，严禁上下抛掷。

（6）在进行高空作业时，工作地点下面应有围栏或装设其他保护装置，防止落物伤人。

（7）当采用单吊线装置时，应采取防止导线脱落的后备保护措施。

（三）操作步骤及工艺要求（含注意事项）

1. 工作准备

（1）着装规范。

（2）选择工具、材料，并做外观检查。

2. 工作过程

（1）作业人员在作业前核对线路双重编号，检查杆根及基础是否完好。

（2）按照要求在工作地段的两端导线上已经验明确无电压后装设好接地线。

（3）作业人员携带传递绳开始登塔。

（4）作业人员在到达作业地点，将后备保护绳和安全带分别系在不同位置后，将传递绳选择好位置挂好。

（5）辅助人员将手扳葫芦、钢丝绳套、导线保护绳、U 形环传递到杆上。

（6）在横担上挂好钢丝绳套及手扳葫芦、导线保护绳。

（7）沿绝缘子下导线，坐在导线上，拆卸悬垂线夹固定螺钉，收紧手扳葫芦，将绝缘子重量转移到手扳葫芦上，使绝缘子串松弛，做冲击试验合格后，拆除悬垂线夹、铝包带传递至地面。

（8）地面作业人员将新悬垂线夹和铝包带传递至杆塔上，作业人员在原地缠绕铝包带和安装新悬垂线夹。

（9）新悬垂线夹连接无误后，稍松手扳葫芦使绝缘子串受力，检查绝缘子串受力情况，确认绝缘子串受力正常，悬垂线夹连接可靠后，继续松手扳葫芦到能够拆除为止。

（10）工器具拆除。杆塔上作业人员检查悬垂线夹连接、U形螺栓紧固无问题后，拆除手扳葫芦和导线保护绳并分别传递至地面。

3. 工作终结

（1）检查导线及横担上没有遗留物携带传递绳下塔。

（2）操作过程中无落物，工作完毕后清理现场，交还工器具。

4. 工艺要求

（1）悬垂线夹型号与导线型号相配合，外观完好无损。

（2）铝包带缠绕紧密，其缠绕方向应与外层铝股的绞制方向一致；所缠铝包带应露出悬垂线夹，但不超过10mm，其端头应回缠绕于悬垂线夹内压住。

（3）悬垂线夹安装好后，绝缘子串应与地面垂直，个别情况下，顺线路方向的倾斜度不应大于7.5°，或偏移值不应大于300mm。连续上、下山坡处杆塔上的悬垂线夹的安装位置应符合设计规定。

（4）金具上所用的穿钉销的直径必须与孔径相配合，且弹力适度。穿钉开口销子必须开口60°～90°，销子开口后不得有折断、裂纹等现象，禁止用线材代替开口销子；穿钉呈水平方向时，开口销子的开口应向下。

（5）悬垂线夹的U形螺栓紧固力矩符合规定。

5. 注意事项

（1）上下绝缘子串时，手脚要稳，并打好后备保护绳。

（2）地面辅助人员不得在高处作业点的正下方工作或逗留。

（3）作业所用工具安全合格，并与作业现场相符合。

二、考核

（一）考核场地

（1）考场可以设在考核场地专用110kV输电线路的直线杆塔上进行，杆塔上无障碍物，杆塔有防坠装置。

（2）给定线路检修时需办理的工作票，线路上安全措施已完成，配有一定区域的安全围栏。

（二）考核时间

考核时间为40min，在规定时间内完成。

（三）考核要点

（1）根据要求选择的工器具、材料满足工作需要，并进行外观检查。

（2）登塔前准备工作及安全用具的试验。

（3）作业现场进行悬垂线夹的安装过程及注意事项。

（4）对铝包带、悬垂线夹安装工艺满足工艺要求。

（5）操作过程熟练连贯，施工有序，工具、材料存放整齐，现场清理干净。

三、评分标准

行业：电力工程　　　　　　　　工种：送电线路工　　　　　　　　等级：三

编号	SX3ZY0402	行业领域	e	鉴定范围		送电	
考核时间	40min	题型	B	满分	100分	得分	
试题名称	110kV直线杆塔更换悬垂线夹						
考核要点及其要求	(1) 按要求选择工具及材料。 (2) 严格按照工作流程及工艺要求进行操作。 (3) 操作时间为40min，时间到停止操作。 (4) 本项目为单人操作，现场配辅助作业人员一名、工作负责人一名。辅助工作人员只协助考生完成塔上工具、材料的上吊和下卸工作；工作负责人只监护工作安全						
现场工器具、材料	(1) 工器具：个人工具、安全用具、110kV验电器、接地线、围栏、安全标示牌、传递绳一套、手扳葫芦、导线保护绳、防坠装置。 (2) 材料：悬垂线夹XGU-4、铝包带。 (3) 设备：无						
备注	无						

评分标准

序号	作业名称	质量要求	分值	扣分标准	扣分原因	得分
1	着装	正确佩戴安全帽，穿工作服，穿绝缘鞋，戴手套	5	(1) 未正确佩戴安全帽，扣1分； (2) 未穿工作服，扣1分； (3) 未穿绝缘鞋，扣1分； (4) 未戴手套进行操作，扣1分； (5) 工作服领口、袖口扣子未系好，扣1分		
2	工具选用	工器具选用满足施工需要，工器具做外观检查	5	(1) 选用不当，扣3分； (2) 工器具未做外观检查，扣2分		
3	登杆前检查	(1) 登杆前检查杆根； (2) 对登杆工具进行冲击试验	10	(1) 未检查杆根，扣5分； (2) 不做冲击试验，扣5分		
4	登塔	携带传递绳登杆	10	动作不规范，扣5分；不熟练，扣5分		
5	横担上的工作	(1) 作业人员在到达作业地点，将后备保护绳和安全带分别系在不同牢固构件上后，将传递绳选择好位置挂好； (2) 使用传递绳传递工具到杆塔，在横担上挂好钢丝绳套、手扳葫芦	10	(1) 安全带、保护绳使用不规范，扣5分； (2) 悬挂位置不适合，扣5分		

续表

序号	作业名称	质量要求	分值	扣分标准	扣分原因	得分
6	导线上的工作	沿绝缘子串下至导线上，坐在导线上，拆卸悬垂线夹固定螺钉	5	（1）沿绝缘子串下至导线没有拴好安全带的围杆带，扣2分； （2）没有保险绳的保护，扣3分		
		安装导线保护绳，将手扳葫芦下钩钩住导线，将绝缘子重量转移到手扳葫芦上，做冲击试验合格，拆除悬垂线夹、铝包带并传递至地面	5	（1）未使用导线保护绳，扣3分； （2）未做冲击试验，扣2分		
7	缠绕新铝包带	缠绕铝包带，铝包带应缠绕紧密，其缠绕方向应与外层铝股的绞制方向一致；所缠绕铝包带应露出防振锤线夹，但不应超过10mm，其端头应回缠绕于线夹内压住	10	（1）缠绕不正确，扣5分； （2）缠绕铝包带大于或少于10mm，每10mm扣3分； （3）铝包带端头没有压住，扣2分		
8	更换悬垂线夹	安装新悬垂线夹，绝缘子串应与地面垂直，个别情况下，顺线路方向的倾斜度不应大于7.5°，或偏移值不应大于300mm。穿钉开口销子必须开口60°～90°，销子开口后不得有折断、裂纹等现象	10	（1）悬垂串不符合要求，扣6分； （2）开口销不符合要求，扣4分		
8	下传工具	放松手扳葫芦，取下手扳葫芦及钢丝绳套、导线保护绳，传递至地面	10	不熟练，扣10分		
9	下塔	检查导线及横担无遗物携带传递绳下塔，动作规范，熟练	10	动作不规范，扣5分；不熟练，扣5分		
10	安全文明生产	操作过程中无落物，工作完毕后清理现场，交还工器具	10	（1）未在规定时间完成，每超时1min扣2分，扣完为止； （2）未清理考场，扣5分； （3）高空落物一次，扣5分		

2.2.8 SX3ZY0403 110kV直线杆塔更换复合绝缘子

一、作业

（一）工器具、材料、设备

（1）工器具：个人工具、安全用具、110kV验电器、接地线、围栏、安全标示牌、传递绳一套、手扳葫芦、导线保护绳、防坠装置。

（2）材料：110kV复合绝缘子、均压环。

（3）设备：无。

（二）安全要求

（1）登杆塔前必须仔细核对线路双重称号，确认无误后方可登杆。

（2）攀登杆塔作业前，应检查杆塔根部、基础和拉线是否牢固。

（3）攀登杆塔作业前，应先检查登高工具、设施，并做冲击试验。上下杆塔必须使用防坠装置。

（4）在杆塔上作业时，应使用有后备绳或速差自锁器的双控背带式安全带，安全带和后备保护绳（速差自锁器）应分挂在杆塔不同部位的牢固构件上，应防止安全带从杆顶脱出或被锋利物损坏，人员在转位时，手扶的构件应牢固，且不得失去安全保护。

（5）高处作业应使用工具袋，较大有工器具应固定在牢固的构件上，不准随便乱放，上下传递物件应用绳索拴牢传递，严禁上下抛掷。

（6）在进行高空作业时，工作地点下面应有围栏或装设其他保护装置，防止落物伤人。

（7）当采用单吊线装置时，应采取防止导线脱落的后备保护措施。

（三）操作步骤及工艺要求（含注意事项）

1. 工作准备

（1）着装规范。

（2）选择工具、材料，并做外观检查。

（3）按照要求在工作地段的两端导线上已经验明确无电压后装设好接地线。

2. 工作过程

（1）作业人员在作业前核对线路双重编号，检查杆根及基础是否完好。

（2）对安全用具冲击试验合格后，作业人员携带传递绳开始登塔。

（3）杆塔上作业人员携带传递绳登塔至需更换复合绝缘子横担上方，将安全带、后备保护绳系在横担主材上，在横担的适当位置挂好传递绳。

（4）辅助人员将软梯、导线保护绳和手扳葫芦传递上杆塔。杆塔上作业人员在横担主材上打好软梯，对软梯进行冲击后下到导线上。

（5）杆塔上作业人员在横担上挂好钢丝绳套及手扳葫芦、导线保护绳。

（6）杆塔上作业人员检查导线保护绳和手扳葫芦的连接，并对手扳葫芦进行冲击试验，无误后收紧手扳葫芦，转移绝缘子荷载。

（7）杆塔上作业人员用传递绳捆绑绝缘子串，然后拔出绝缘子串两端的弹簧销，取出旧绝缘子串，并传递至地面。

（8）地面作业人员将组装好的复合绝缘子传递至杆塔上作业人员，杆塔上作业人员安装复合绝缘子。

(9) 杆塔上作业人员检查复合绝缘子连接无误后，稍松手扳葫芦使复合绝缘子受力，检查复合绝缘子受力情况。

(10) 杆塔上作业人员确认复合绝缘子受力正常后，继续松手扳葫芦到能够拆除为止。

(11) 杆塔上作业人员检查绝缘子安装质量无问题后，返回横担拆除手扳葫芦、导线保护绳和软梯并分别传递至地面。

3. 工作终结

(1) 检查导线及横担上没有遗留物携带传递绳下塔。

(2) 操作过程中无落物，工作完毕后清理现场，交还工器具。

4. 工艺要求

(1) 复合绝缘子的规格应符合设计要求，爬距应能满足该地区污秽等级要求，伞裙、护套不应出现破损或龟裂，端头密封不应开裂、老化。

(2) 均压环安装位置正确，开口方向符合说明书规定，不应出现松动、变形，不得反装。

(3) 复合绝缘子安装时，应检查球头、碗头与弹簧销子之间的间隙。在安装好弹簧销子的情况下球头不得自碗头中脱出。严禁线材（铁丝）代替弹簧销。

(4) 绝缘子串应与地面垂直，个别情况下，顺线路方向的倾斜度不应大于7.5°，或偏移值不应大于300mm。

(5) 复合绝缘子上的穿钉和弹簧销子的穿向一致，均按线路方向穿入。使用W形弹簧销子时，绝缘子大口均朝线路后方。使用R形弹簧销子时，大口均朝线路前方。螺栓及穿钉凡能顺线路方向穿入者均按线路方向穿入，特殊情况为两边线由内向外穿，中线由左向右穿入。

5. 注意事项

(1) 上下软梯时，手脚要稳，并打好后备保护绳，严禁攀爬复合绝缘子。

(2) 在脱离绝缘子串和导线连接前，应仔细检查承力工具各部连接，确保安全无误后方可进行。

(3) 承力工器具严禁以小代大，并应在有效的检验期内。

二、考核

(一) 考核场地

(1) 考场可以设在考核场地专用110kV输电线路的直线杆塔上进行，杆塔上无障碍物，杆塔有防坠装置。

(2) 给定线路检修时，需办理的工作票，线路上安全措施已完成，配有一定区域的安全围栏。

(二) 考核时间

考核时间为40min，在规定时间内完成。

(三) 考核要点

(1) 根据要求选择的工器具、材料满足工作需要，并进行外观检查。

(2) 登塔前准备工作及安全用具的试验。

(3) 复合绝缘子的更换工艺要求及注意事项。

（4）操作过程熟练连贯，施工有序，工具、材料存放整齐，现场清理干净。

三、评分标准

行业：电力工程　　　　工种：送电线路工　　　　等级：三

编号	SX3ZY0403	行业领域	e	鉴定范围		送电	
考核时间	40min	题型	A	满分	100分	得分	
试题名称	110kV直线杆塔更换复合绝缘子						
考核要点及其要求	（1）按要求选择工具及材料。 （2）严格按照工作流程及工艺要求进行操作。 （3）操作时间为40min，时间到停止操作。 （4）本项目为单人操作，现场配辅助作业人员一名、工作负责人一名。辅助工作人员只协助考生完成塔上工具、材料的上吊和下卸工作；工作负责人只监护工作安全						
现场工器具、材料	（1）工具：个人工具、安全用具、110kV验电器、接地线、围栏、安全标示牌、传递绳一套、手扳葫芦、导线保护绳、防坠装置。 （2）材料：110kV复合绝缘子、均压环。 （3）设备：无						
备注	无						

评分标准

序号	作业名称	质量要求	分值	扣分标准	扣分原因	得分
1	着装	正确佩戴安全帽，穿工作服，穿绝缘鞋，戴手套	5	（1）未正确佩戴安全帽，扣1分； （2）未穿工作服，扣1分； （3）未穿绝缘鞋，扣1分； （4）未戴手套进行操作，扣1分； （5）工作服领口、袖口扣子未系好，扣1分		
2	工具选用	工器具选用满足施工需要，工器具做外观检查	5	（1）选用不当，扣3分； （2）工器具未做外观检查，扣2分		
3	登杆前检查	（1）登杆前核对线路双重编号，应先检查杆根部、基础和拉线是否牢固； （2）对安全带、登杆工具进行冲击试验	5	（1）未做检查，每项扣2分； （2）未做试验，扣3分		
4	登杆	杆塔上作业人员携带传递绳登塔至作业点，将安全带、后备保护绳系在横担主材上，在横担的适当位置挂好传递绳	5	（1）后备保护使用不正确，扣2分； （2）作业过程中失去安全带保护，扣3分		
5	下导线	辅助人员将软梯、导线保护绳和手扳葫芦传递上杆塔。杆塔上作业人员在横担主材上打好软梯，对软梯进行冲击后下到导线上	10	（1）下到导线前未检查绝缘子、弹簧销子，扣5分； （2）未对软梯进行安装检查，扣5分		

续表

序号	作业名称	质量要求	分值	扣分标准	扣分原因	得分
6	更换合成绝缘子	(1) 安装导线保护绳及手扳葫芦提升导线； (2) 当手扳葫芦受力后，确认连接无误和受力良好后拔出碗头弹簧销脱开绝缘子； (3) 导线上作业人员在绝缘子串适当位置系好传递绳，与辅助人员配合退出旧绝缘子，同时提升新合成绝缘子，并进行安装，绝缘子均压环开口方向是否符合规定双均压环开口一致； (4) 检查绝缘子的受力情况无误，拆除手扳葫芦及导线保护绳	40	(1) 未使用导线保护绳，扣10分； (2) 手扳葫芦承力后不冲击，扣10分； (3) 系绳不牢固绝缘子脱落，扣10分； (4) 绝缘子均压环开口方向不正确，扣5分； (5) 未观察导线、检查绝缘子受力情况，扣5分		
7	拆除软梯	解除安全带沿软梯上到横担上，系好安全带后拆除软梯	10	爬软梯失去保护，扣10分		
8	下塔	检查导线及横担无遗物携带传递绳下塔，动作规范，熟练	10	动作不规范，扣5分；不熟练，扣5分		
9	安全文明生产	操作过程中无落物，工作完毕后清理现场，交还工器具	10	(1) 未在规定时间完成，每超时1min扣2分，扣完为止； (2) 未清理考场，扣5分 (3) 高空落物，每次扣5分		

2.2.9 SX3ZY0501 110kV架空线路复合绝缘子憎水性测试

一、作业

（一）工器具、材料、设备

（1）工器具：数码照相机、喷壶、软梯、安全帽、安全带、记号笔、HTC-1温湿表、传递绳一套、个人保安线、防坠装备。

（2）材料：无。

（3）设备：无。

（二）安全要求

（1）登杆塔前必须仔细核对线路双重称号，确认无误后方可登杆。

（2）攀登杆塔作业前，应检查杆塔根部、基础和拉线是否牢固。

（3）攀登杆塔作业前，应先检查登高工具、设施，并做冲击试验。上下杆塔使用防坠装置。

（4）在杆塔上作业时，应使用有后备绳或速差自锁器的双控背带式安全带，安全带和后备保护绳（速差自锁器）应分挂在杆塔不同部位的牢固构件上，应防止安全带从杆顶脱出或被锋利物损坏，人员在转位时，手扶的构件应牢固，且不得失去安全保护。

（5）高处作业应使用工具袋，较大有工器具应固定在牢固的构件上，不准随便乱放，上下传递物件应用绳索拴牢传递，严禁上下抛掷。

（6）在进行高空作业时，工作地点下面应有围栏或装设其他保护装置，防止落物伤人。

（7）作业人员进行复合绝缘子憎水性测试时，必须使用软梯，下软梯前安全带和后备绳双重保护应系牢靠，作业人员上下软梯时要注意防止踩空滑落。

（三）操作步骤及工艺要求（含注意事项）

1. 工作准备

（1）着装规范。

（2）选择工具、材料，并做外观检查。

（3）按照要求在工作地段的两端导线上已经验明确无电压后装设好接地线。

2. 工作过程

（1）作业人员在作业前核对线路双重称号，检查杆根及基础是否完好。

（2）对安全用具冲击试验合格后，作业人员携带传递绳开始登塔。

（3）杆塔上作业人员携带传递绳登塔至作业横担上方，将安全带、后备保护绳系在横担主材上，在横担的适当位置挂好传递绳。

（4）地面电工用传递绳将软梯、个人保安线等工器具传递给塔上电工。

（5）塔上电工挂设个人保安线，并在横担适当位置安装软梯。

（6）塔上电工下软梯开始绝缘子憎水性测试操作并记录拍照。

（7）绝缘子测试完毕后，塔上电工拆除软梯和个人保护线，并同地面电工配合，将软梯和个人保护线下传至地面。

3. 工作终结

（1）塔上电工检查导线及横担上没有遗留物携带传递绳下塔。

（2）操作过程中无落物，工作完毕后清理现场，交还工器具。

4. 注意事项

（1）复合绝缘子憎水性测试每年抽测一次，抽测数量一般为每条线路挂网运行复合绝缘子总数的10%。

（2）喷水装置的喷嘴应距绝缘子约25cm，每秒喷水1次，每次喷水量为0.7～1mL，共喷射25次，喷射角为50°～70°，喷射后表面应有水分流下，喷射方向尽量垂直于试品表面。

（3）绝缘子表面受潮情况应为6个憎水性等级（HC）中的一种，憎水性分级见下表，根据憎水性分级示意图和等级判断标准表进行憎水性等级判断，憎水性分级值（HC值）应在喷水结束后30s内完成。

表　复合绝缘子表面水滴状态及憎水性分级标准

等级	HC值	表面水滴状态描述
1	HCl	只有分离的水珠，水珠的后退角$\theta_r \geqslant 80°$，且水珠分布均匀
2	HC2	只有分离的水珠，水珠的后退角$50° < \theta_r < 80°$，水珠一般为圆的
3	HC3	只有分离的水珠，水珠的后退角$20° < \theta_r < 50°$，水珠一般不是圆的
4	HC4	同时存在分离的水珠与水带，完全湿润的水带面积小于$2cm^2$，总面积小于被测区域面积的90%
5	HC5	完全湿润总面积大于被测区域面积的90%，仍存在少量干燥区域
6	HC6	整个被测区域形成连续的水膜

（4）检测时试品与水平面呈20°～30°倾角，复合绝缘子表面测试面积应在50～100cm^2之间。

（5）检测作业需选择晴好的天气进行，若遇雨雾天气，应在雨雾停止四天后进行。

二、考核

（一）考核场地

（1）在考核场地线路上模拟运行中线路操作，设置2～3基直线杆塔，杆塔绝缘子为复合绝缘子。

（2）给定线路检修时已办理工作票，线路上验电接地的安全措施已完成，配有一定区域的安全围栏。

（二）考核时间

考核时间为45min，在规定时间内完成。

（三）考核要点

（1）正确选择工器具满足工作需要，并进行外观检查。

（2）登塔前的检查事项。

（3）作业过程中登塔上下软梯的熟练程度。

（4）掌握复合绝缘子憎水性测试的工作流程和注意事项。

（5）测量过程正确规范，测量数据记录清晰完整。

三、评分标准

行业：电力工程　　　　　　　　工种：送电线路工　　　　　　　　等级：三

编号	SX3ZY0501	行业领域	e	鉴定范围		送电	
考核时间	45min	题型	A	满分	100分	得分	
试题名称	110kV架空线路复合绝缘子憎水性测试						
考核要点及其要求	(1) 规范穿戴工作服、绝缘鞋、安全帽等。 (2) 工器具选用满足工作需要，进行外观检查。 (3) 登塔及下塔合理使用安全工器具，过程平稳有序。 (4) 测量过程正确、规范，测量数据记录清晰、完整						
现场工器具、材料	(1) 工器具：数码照相机、喷壶、软梯、安全帽、安全带、记号笔、HTC-1温湿表、传递绳一套、个人保安线、防坠装备。 (2) 材料：无。 (3) 设备：无						
备注	给定线路检修时已办理工作票，线路上验电接地的安全措施已完成，设定考评员为工作负责人，考生作业前向考评员报开工，考生仅需完成一相绝缘子串的测试						

评分标准

序号	作业名称	质量要求	分值	扣分标准	扣分原因	得分
1	着装	正确佩戴安全帽，穿工作服，穿绝缘鞋，戴手套	5	(1) 未正确佩戴安全帽，扣1分； (2) 未穿工作服，扣1分； (3) 未穿绝缘鞋，扣1分； (4) 未戴手套进行操作，扣1分； (5) 工作服领口、袖口扣子未系好，扣1分		
2	工具选用	工器具选用满足施工需要，工器具做外观检查	5	(1) 选用不当，扣3分； (2) 工器具未做外观检查，扣2分		
3	登杆前检查	(1) 登杆前核对线路双重编号，应先检查杆根部、基础和拉线是否牢固； (2) 对安全带、登杆工具进行冲击试验	5	(1) 未做检查，扣2分； (2) 不作试验，扣3分		
4	登杆	杆塔上作业人员携带传递绳登塔至作业点，将安全带、后备保护绳系在横担主材上，在横担的适当位置挂好传递绳	10	(1) 后备保护绳使用不正确，扣5分； (2) 作业过程中失去安全带保护，扣5分		
5	安装软梯	辅助人员将软梯、个人保安线传递上杆塔。杆塔上作业人员在横担主材上安装软梯，对软梯进行冲击试验	10	(1) 下到导线前未检查绝缘子、弹簧销子，扣5分； (2) 未对软梯进行安装检查，扣5分		

续表

序号	作业名称	质量要求	分值	扣分标准	扣分原因	得分
6	调整喷水装置	喷水装置调节出雾状水流并应满足：每次喷水量为0.7～1mL；喷射水流散开角度为50°～70°	10	操作不当，扣5～10分		
7	喷水测试	测试时，在喷水设备喷嘴距复合绝缘子伞裙表面25cm，每秒喷水1次，共25次，喷水后表面应有水分流下	10	操作不当，扣5～10分		
8	获取HC值	喷射方向应垂直于伞群表面，憎水性分级的HC值的读数应在喷水结束后30s以内完成，试品与水平面呈20°～30°倾角；复合绝缘子表面测试面积应在50～100cm² 之间	10	操作不当，扣5～10分		
9	记录保存数据	(1) 复合绝缘子串需对上中下三处测试位置进行喷洒水雾； (2) 在每个复合绝缘子喷洒处要标明塔号、相别和位置，用数码照相机拍摄喷洒处的憎水性情况	10	(1) 漏测，扣3分/处； (2) 未记录保存数据，扣3～5分		
10	拆除软梯	解除安全带沿软梯上到横担上，系好安全带后拆除软梯	10	爬软梯失去保护，每次扣5分		
11	下塔	检查导线及横担无遗物携带传递绳下塔，动作规范，熟练	5	动作不规范，扣3分；不熟练，扣2分		
12	安全文明生产	操作过程中无落物，工作完毕后清理现场，交还工器具	10	(1) 未在规定时间完成，每超时1min扣2分，扣完为止； (2) 未清理考场，扣5分； (3) 高空落物，每次扣5分		

表　复合绝缘子憎水性测试工作记录表

序号	线路名称	杆塔号	相位	憎水性等级判断	测量日期	测量人员签字

2.2.10 SX3ZY0601 档端角度法检查架空输电线路导线弧垂

一、作业

（一）工器具、材料、设备

（1）工器具：J2 或 J6 光学经纬仪、丝制手套、钢卷尺、函数计算器。

（2）材料：无。

（3）设备：无。

（二）安全要求

（1）在线下或杆塔下测量时，作业人员必须戴好安全帽。

（2）在测量带电线路导线对各类交叉跨越物的安全距离时，确保测量标尺与带电设备保持安全距离。

（三）施工步骤

1. 工作准备

（1）着装规范。

（2）选择工具，并做外观检查。

2. 工作过程

（1）选定仪器站点。

（2）仪器架设。打开三脚架，调节脚架高度适中，目估三脚架头大致水平，将仪器放在脚架上，并拧紧连接仪器和三脚架的中心连接螺旋，踏紧架腿；转动照准部，使照准部水准管与任一对脚螺旋的连线平行，两手同时向内或外转动这两个脚螺旋，使水准管气泡居中。将照准部旋转 90°，转动第三个脚螺旋，使水准管气泡居中，按以上步骤反复进行，直到照准部转至任意位置气泡皆居中为止。

（3）测垂直角。分别测出导线挂点处的垂直角口和弧垂点处的垂直角 α。档端角度法检查导线弧垂如图所示。

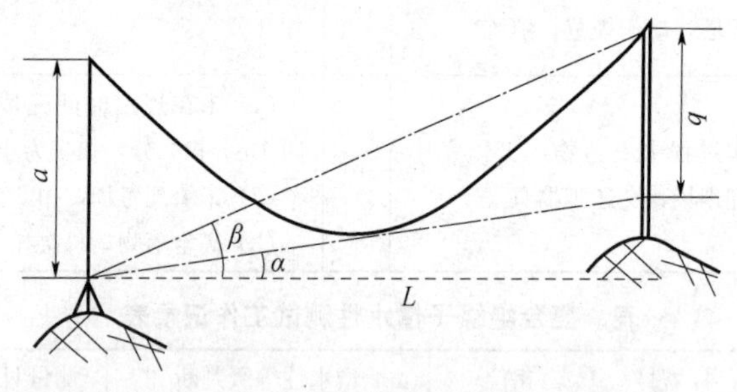

图 档端角度法检查导线弧垂示意图

（4）计算。b＝档距×（$\tan\beta-\tan\alpha$），再按异长法公式 $f=\frac{(\sqrt{a}+\sqrt{b})^2}{4}$ 计算弧垂。

3. 工作终结

（1）自查验收。

（2）工作完毕后清理现场，交还工器具。

4. 注意事项

（1）仪器架设点选取合适，便于观察测量。

（2）仪器架设气泡无偏移，物镜清晰。

（3）计算准确无误。

二、考核

（一）考核场地

在考核场地或现场选取档距较大，导线对地距离适中的一档架空线路。

（二）考核时间

考核时间为50min，在规定时间内完成。

（三）考核要点

（1）工器具选用满足工作需要，进行外观检查。

（2）仪器架设正确，读数、记录无误。

（3）数据计算过程清晰，且正确无误。

（4）要求操作过程熟练连贯，现场清理干净。

三、评分标准

行业：电力工程　　　　工种：送电线路工　　　　等级：三

编号	SX3ZY0601	行业领域	e	鉴定范围		送电	
考核时间	50min	题型	A	满分	100	得分	
试题名称	档端角度法检查架空输电线路导线弧垂						
考核要点及其要求	（1）在考核线路上测量或选用一处有交叉跨越的地方测量。 （2）选择工具，并做外观检查。 （3）仪器架设正确，读数、记录无误。 （4）操作过程清晰，且正确无误						
现场工器具、材料	（1）工器具：J2或J6光学经纬仪、丝制手套、钢卷尺、函数计算器。 （2）材料：无。 （3）设备：无						
备注	无						

评分标准

序号	作业名称	质量要求	分值	扣分标准	扣分原因	得分
1	着装	正确佩戴安全帽，穿工作服，穿绝缘鞋，戴手套	5	（1）未正确佩戴安全帽，扣1分； （2）未穿工作服，扣1分； （3）未穿绝缘鞋，扣1分； （4）未戴手套进行操作，扣1分； （5）工作服领口、袖口扣子未系好，扣1分		
2	工具选用	工器具选用满足施工需要，工器具做外观检查	5	（1）选用不当，扣3分； （2）工器具未做外观检查，扣2分		
3	选定仪器观测点	选择观测点合理	5	观测点未在该杆塔所测导线挂线点正投影至地面上的点上，扣5分		

续表

序号	作业名称	质量要求	分值	扣分标准	扣分原因	得分
4	仪器安装	将三脚架高度调节好后架于测量点处，仪器从箱中取出，将仪器放于三脚架上，转动中心固定螺栓，将三脚架踩紧或调整各脚的高度	10	（1）仪器高度不便于操作，扣2分； （2）一只手握扶照准部，另一只手握住三角机座，不正确，扣2分； （3）有危险动作，扣3分； （4）使圆水泡的气泡居中，不正确，扣3分		
5	仪器调平、对光、调焦	转动仪器照准部，以相反方向等量转动此两脚螺栓，将仪器转动90°，旋转第三脚螺栓，反复调整两次，将望远镜向着光亮均匀的背景，转动目镜，指挥在线路交叉点正下方竖塔尺，将镜筒瞄准塔尺、调焦	10	（1）根据气泡偏离情况扣1～5分；气泡每偏离1格，扣2分； （2）仪器反复调整超过两次，倒扣3分； （3）分划板十字丝不清晰明确，扣1分； （4）塔尺未竖直，扣1分； （5）使塔尺刻度不清晰，扣1～3分		
6	测量、采集数据资料	量出经纬仪高度，查出该档档距观测点处杆塔呼称高，观测点导线挂点至杆塔的基面高度减去仪器高等于A	15	（1）望远镜转轴中心红点至杆塔基面的高度测量不正确，扣5分； （2）档距、观测点、导线挂点高度不准确，扣5分； （3）要注意放仪器地面与杆塔基面一致并进行换算，A值不准确，扣5分		
7	测量垂直角	将经纬仪换向轮转至垂直角位置上，打开竖盘照明反光镜并调整，调整读数微镜目镜，旋转竖盘指标微动手轮，使得在观察棱镜内看到竖盘水泡精确符合，将望远镜瞄准导线方向，拧紧照准部及望远镜锁紧螺旋，利用照准部及望远镜微动手轮使十字丝中横丝与导线弧垂最低点相切，转动测微手轮使显微镜方格中上下格线精密对准，必要时调整竖盘水准器水泡，读出垂直角度α，利用照准部及望远镜微动手轮，使十字丝中横丝与该导线挂点相切	25	（1）换向轮标记白线为垂直，不正确，此项分全扣； （2）读数显微镜管内的竖盘角度不明亮，扣3分； （3）读数不清晰，扣3分； （4）仪器使用不正确，扣3分；望远镜瞄准导线方向有误，扣3分； （5）十字丝中横丝未与导线弧垂最低点相切，扣3分； （6）竖盘水准器水泡偏离，每偏离一格，扣3分；垂直角度读数有误，扣3分		
8	计算	按公式正确计算	5	计算不正确，扣5分		

续表

序号	作业名称	质量要求	分值	扣分标准	扣分原因	得分
9	收仪器	松动所有制动手轮，松开仪器中心固定螺旋，双手将仪器轻轻拿下放进箱内，清除三脚架上的泥土	5	(1) 一只手握住仪器，另一只手旋下固定螺旋，不正确，扣2分； (2) 要求位置正确，一次成功，每失误一次，扣1分； (3) 将三脚架收回，扣上皮带，不正确，扣1分； (4) 动作熟练流畅，不熟练，扣1分		
10	自查验收	组织依据施工验收规范对施工工艺、质量进行自查验收	5	未组织验收，扣5分		
11	安全文明生产	工作完毕后清理现场，交还工器具	10	(1) 未在规定时间完成，每超时1min扣2分，扣完为止； (2) 未清理现场或交还工器具，扣5分		

2.2.11 SX3XG0101 采用测高仪测量线路交叉跨越距离

一、作业

（一）工器具、材料、设备

（1）工器具：激光测高仪。

（2）材料：无。

（3）设备：无。

（二）安全要求

在线下或杆塔下测量时作业人员必须戴好安全帽。

（三）操作步骤及工艺要求（含注意事项）

1. 工作准备

（1）着装规范。

（2）选择工具，并做外观检查。

2. 工作过程

（1）选定测量点。

（2）安装电池。电池仓在仪器底部，图柏斯 200 型电池盖的打开方法是：用大拇指按住电池盖上方，往外方面扣，打开电池仓，将电池放入电池仓中，注意电池的正负极，切勿放反，否则会影响机器的使用寿命。

（3）按 Fire 键开机。

（4）测量。眼睛通过单筒目镜，将仪器进入 HT 测量模式，对准至目标进行测量，测量步骤为：第一步测水平距离；第二步测俯角（瞄准树底部）；第三步测仰角（瞄准树顶部），前面两步操作时，测量结果一闪而过，测完第三步时，仪器上定格显示的结果就是树高。测水平距离时瞄准 BC 轴线上任意一点都可以，不一定要平视。测俯仰角时，不一定要通视，只要瞄准端点位置即可。测量示意图如图所示。

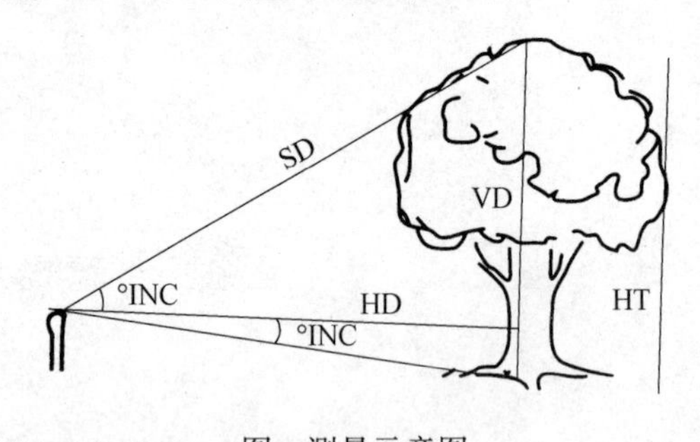

图　测量示意图

（5）对测量数据进行记录。

3. 工作终结

（1）自查验收。

（2）清理现场、退场。

4. 注意事项

（1）测量点选取合适，便于观察测量。

（2）测高仪物镜清晰，拿仪器要稳当。

（3）参数选择正确。

（4）读数准确无误。

二、考核

（一）考核场地

在考核线路上测量或选用一处有交叉跨越的地方进行测量。

（二）考核时间

考核时间为30min，在规定时间内完成。

（三）考核要点

（1）工器具选用满足工作需要，进行外观检查。

（2）测高仪使用正确，读数、记录无误。

（3）所测数据正确无误。

（4）要求操作过程熟练连贯，现场清理干净。

三、评分标准

行业：电力工程　　　　工种：送电线路工　　　　等级：三

编号	SX3XG0101	行业领域	f	鉴定范围		送电	
考核时间	30min	题型	A	满分	100	得分	
试题名称	采用测高仪测量线路交叉跨越距离						
考核要点及其要求	（1）在考核线路上测量或选用一处有交叉跨越的地方测量。 （2）选择工具，并做外观检查。 （3）仪器架设正确，读数、记录无误。 （4）操作过程清晰，且正确、无误						
现场工器具、材料	（1）工器具：测高仪。 （2）材料：无。 （3）设备：无						
备注	无						

评分标准

序号	作业名称	质量要求	分值	扣分标准	扣分原因	得分
1	着装	正确佩戴安全帽，穿工作服，穿绝缘鞋，戴手套	5	（1）未正确佩戴安全帽，扣1分； （2）未穿工作服，扣1分； （3）未穿绝缘鞋，扣1分； （4）未戴手套进行操作，扣1分； （5）工作服领口、袖口扣子未系好，扣1分		
2	工具选用	工器具选用满足施工需要，工器具做外观检查	5	（1）选用不当，扣3分； （2）工器具未做外观检查，扣2分		
3	选定仪器站点	选择测量点合理，选用测量点距离正确	10	测量点位置在线路交叉的正下方，不正确，扣10分		

续表

序号	作业名称	质量要求	分值	扣分标准	扣分原因	得分
4	选择测高仪测量方法	将测高仪开机后，调整到所需的测量参数项	10	所选测量参数不正确，扣10分		
5	测量线路高度	对准所要测量线路，调整目镜为垂直方向，调整目镜对焦，使所测线路清晰，按下按键，读取数据，多次测量测得高度X_1	30	(1) 所对准线路有误，扣10分； (2) 目镜中目标不清晰，扣5分； (3) 分划板十字丝不清晰明确，扣5分； (4) 读取数据有误，扣10分		
6	记录	通过多次测量，最后取其平均值，并记录到表中	10	(1) 记录不正确，扣7分； (2) 平均值计算有误，扣3分		
7	收仪器	关闭测高仪，并放于专用的袋中	10	(1) 未关闭仪器，扣5分； (2) 未放入专用袋中，扣5分		
8	自查验收	组织依据施工验收规范对施工工艺、质量进行自查验收	10	未组织验收，扣10分		
9	安全文明生产	工作完毕后清理现场，交还工器具	10	(1) 未在规定时间完成，每超时1min扣2分，扣完为止； (2) 未清理现场或交还工器具，扣5分		

第四部分　技　　师

1 理论试题

1.1 单选题

La2A2001 任何载流导体的周围都会产生磁场，其磁场强弱与(　　)。

(A) 通过导体的电流大小有关　　(B) 导体的粗细有关

(C) 导体的材料性质有关　　(D) 导体的空间位置有关

答案：A

La2A2002 电感在直流电路中相当于(　　)。

(A) 开路　　(B) 短路

(C) 断路　　(D) 不存在

答案：B

La2A2003 用一个恒定电动势 E 和一个内阻 R_0 串联组合来表示一个电源。用这种方式表示的电源称为(　　)。

(A) 电压源　　(B) 电流源

(C) 电阻源　　(D) 电位源

答案：A

La2A2004 交流正弦量的三要素为(　　)。

(A) 最大值、频率、初相角　　(B) 瞬时值、频率、初相角

(C) 最大值、频率、相位差　　(D) 有效值、频率、初相角

答案：A

La2A2005 所谓对称三相负载就是(　　)。

(A) 三个相电流有效值相等

(B) 三个相电压相等，相位角互差 120°

(C) 三相电流有效值相等，三个相的相电压相等且相位角互差 120°

(D) 三相负载阻抗相等，且阻抗角相等

答案：D

La2A2006 人所站立的地点与接地设备之间的电位差称为(　　)。

(A) 相对地电压　　(B) 跨步电压

（C）接触电压　　　　　　　　　　　　（D）没有电压

答案：C

La2A2007　中性点非直接接地系统发生单相接地时，接地相对地电压为（　　）。

（A）不变　　（B）降低　　（C）升高　　（D）零

答案：D

La2A2008　中性点非直接接地系统发生单相接地时，正常相对地电压为（　　）。

（A）不变　　（B）降低　　（C）升高　　（D）零

答案：C

La2A2009　110kV 及以上的系统，采用（　　）的运行方式。

（A）中性点不接地　　　　　　　　（B）中性点经电抗器接地

（C）中性点电容器接地　　　　　　（D）中性点直接接地

答案：D

La2A3010　输电线路的平断面图就是（　　）。

（A）将同一条线路的平面图和纵断面图以相同的横向比例尺画在同一张图纸上

（B）线路的施工平面图

（C）将同一条线路的平面图和纵断面图画在同一张图纸上

（D）表达线路的施工纵断面的图纸

答案：A

La2A3011　用直流电流对 0.1μF 的电容器充电，时间间隔 100μs 内相应的电压变化量为 10V，在此时间内平均充电电流为（　　）A。

（A）0.01　　（B）10　　（C）0.1　　（D）100

答案：A

La2A3012　在 *RLC* 串联电路中，减小电阻 *R*，将使（　　）。

（A）谐振频率降低　　　　　　　　（B）谐振频率升高

（C）谐振曲线变陡　　　　　　　　（D）谐振曲线变钝

答案：C

La2A3013　判断电流产生磁场的方向是用（　　）。

（A）左手定则　　　　　　　　　　（B）右手定则

（C）右手螺旋定则　　　　　　　　（D）安培定则

答案：C

La2A3014　下列描述电感线圈主要物理特性的各项中，(　　)项是错误的。

(A) 电感线圈能储存磁场能量

(B) 电感线圈能储存电场能量

(C) 电感线圈中的电流不能突变

(D) 电感在直流电路中相当于短路，在交流电路中，电感将产生自感电动势，阻碍电流的变化

答案：B

La2A3015　如果负载中电流滞后于电压 30°，这个负载是(　　)。

(A) 电容　　　　(B) 电阻

(C) 电感与电阻串连　　　　(D) 电感

答案：C

La2A3016　某工频正弦电流，当 $t=0$，$i(0)=5A$ 为最大值，则该电流解析式是(　　)。

(A) $i=5\sin(100\pi t-90^\circ)$　　　　(B) $i=5\sin(100\pi t+90^\circ)$

(C) $i=5\sin(100\pi t+90^\circ)$　　　　(D) $i=5\sin(100\pi t-90^\circ)$

答案：C

La2A3017　在 220V 的电源上并联接入 5 只灯泡，功率分别为：两只 40W，一只 15W，一只 25W，一只 100W，这 5 只灯泡从电源取出的总电流为(　　)A。

(A) 40　　(B) 1　　(C) 100　　(D) 5

答案：B

La2A3018　电容为 100μF 的电容器充电，电容器两端的电压从 0V 增加到 100V，电源供给电容器的电能为(　　)J。

(A) 100　　(B) 0　　(C) 0～100　　(D) 0.5

答案：D

La2A3019　电容器在充电过程中，充电电流逐渐减小，电容器二端的电压(　　)。

(A) 逐渐减小　　　　(B) 逐渐增大

(C) 不变　　　　(D) 不能确定

答案：B

La2A3020　下列描述电容器主要物理特性的各项中，(　　)是错误的。

(A) 电容器能储存磁场能量

(B) 电容器能储存电场能量

(C) 电容器两端电压不能突变

（D）电容在直流电路中相当于断路，但在交流电路中，则有交流容性电流通过

答案：A

La2A3021 将电阻、电感、电容并联到正弦交流电源上，改变电压频率时，发现电容器上的电流比改变频率前的电流增加了一倍，改变频率后，电阻上的电流将（　　）。

（A）增加　　（B）减少　　（C）不变　　（D）增减都可能

答案：C

La2A3022 叠加原理不适用于（　　）中的电压、电流计算。

（A）交流电路　　（B）直流电路

（C）线性电路　　（D）非线性电路

答案：D

La2A3023 对法拉第电磁感应定律的理解，正确的是（　　）。

（A）回路中的磁通变化量越大，感应电动势一定越高

（B）回路中包围的磁通量越大，感应电动势越高

（C）回路中的磁通量变化率越大，感应电动势越高

（D）当磁通量变化到零时，感应电动势必为零

答案：C

La2A3024 一个实际电源的电压，将随着负载电流的增大而（　　）。

（A）降低　　（B）升高　　（C）不变

答案：A

La2A3025 将以下4个标有相同电压但功率不同的灯泡，串连起来接在电路中，最亮的应该是（　　）。

（A）15W　　（B）60W　　（C）40W　　（D）25W

答案：A

La2A3026 涡流是一种（　　）现象。

（A）电流热效应　　（B）电流化学效应

（C）电磁感应　　（D）磁滞现象

答案：C

La2A3027 象限角角值的变化范围为（　　）。

（A）$0°\sim90°$　　（B）$0°\sim180°$　　（C）$0°\sim270°$　　（D）$0°\sim360°$

答案：A

La2A3028 人的两脚着地点之间的电位差称为(　　)。

(A) 相对地电压　　(B) 跨步电压

(C) 接触电压　　(D) 没有电压

答案：B

La2A3029 使固体介质表面的气体发生闪络时的电压称为(　　)。

(A) 闪络电压　　(B) 击穿电压

(C) 电晕放电电压　　(D) 短路电压

答案：A

La2A3030 中性点非直接接地系统发生单相接地时，接地点流过的电流为(　　)。

(A) 短路电流　　(B) 电容电流

(C) 负荷电流　　(D) 电感电流

答案：B

La2A3031 中性点直接接地的系统发生单相接地时，其他两完好相的对地电压为(　　)。

(A) 正常相电压　　(B) 小于相电压

(C) 线电压长度　　(D) 小于线电压

答案：A

La2A3032 直线的方位角角值的变化范围是(　　)。

(A) $0°\sim90°$　　(B) $0°\sim180°$

(C) $0°\sim270°$　　(D) $0°\sim360°$

答案：D

La2A4033 电阻、电感、电容并联电路中，当电路中的总电流滞后于电路两端电压的时候(　　)。

(A) $X=X_L-X_C>0$　　(B) $X=X_L-X_C<0$

(C) $X=X_L-X_C=0$　　(D) $X=X_L=X_C$

答案：A

La2A4034 两个线圈的电感分别为0.1H和0.2H，它们之间的互感是0.2H，当将两个线圈作正向串接时，总电感等于(　　)H。

(A) 0.7　　(B) 0.5

(C) 0.1　　(D) 0.8

答案：A

La2A4035 系统发生短路故障时，系统网络的总阻抗会(　　)。

(A) 突然增大　　(B) 缓慢增大

(C) 无明显变化　　(D) 突然减小

答案：**D**

La2A4036 在电源中性点直接接地的三相系统中，允许在发生单相接地故障时，接地点流过的电流为(　　)。

(A) 短路电流　　(B) 电容电流

(C) 负荷电流　　(D) 电感电流

答案：**A**

La2A4037 材料力学的任务就是对构件进行(　　)的分析和计算，在保证构件能正常、安全地工作的前提下最经济地使用材料。

(A) 强度、刚度和稳定度　　(B) 强度、刚度和组合变形

(C) 强度、塑性和稳定度　　(D) 剪切变形、刚度和稳定度

答案：**A**

Lb2A2038 架空输电线路是用绝缘子和杆塔将导线架设于地面上的(　　)电力线路。

(A) 35kV 及以上　　(B) 35kV

(C) 110kV 及以上　　(D) 110kV

答案：**A**

Lb2A2039 线路运检人员培训内容应结合培训对象的(　　)和岗位要求进行，主要内容包括基础理论知识、法律法规、技术标准、管理规范、故障分析处理及专业技能等。

(A) 业务能力　　(B) 工作经验

(C) 学习能力　　(D) 工作年限

答案：**A**

Lb2A2040 送电线路监理单位的验收属于(　　)。

(A) 三级自检　　(B) 预检

(C) 初检　　(D) 全面检查

答案：**C**

Lb2A3041 设计覆冰厚度为(　　)及以下地区为轻冰区。

(A) 5mm　　(B) 7mm　　(C) 10mm　　(D) 12mm

答案：**C**

Lb2A3042 与杆塔的经济呼称高相对应的档距，称为(　　)。

(A) 代表档距　(B) 水平档距　(C) 标准档距　(D) 垂直档距

答案：C

Lb2A3043 导线的电阻与导线温度的关系是(　　)。

(A) 温度升高，电阻增加　(B) 温度下降，电阻增加

(C) 温度变化电阻不受任何影响　(D) 温度升高，电阻减小

答案：A

Lb2A3044 特高压线路是交流(　　)kV、直流(　　)kV 及以上电压等级的输电线路。

(A) 1000、±500　(B) 1000、±800　(C) 750、±500　(D) 750、±500

答案：B

Lb2A3045 雷击线路时，线路绝缘不发生闪络的最大雷电流幅值称为(　　)。

(A) 耐雷水平　(B) 线路绝缘水平

(C) 雷击跳闸率　(D) 线路防雷性能

答案：A

Lb2A3046 雷电直接对输电线路或电气设备放电，引起强大的雷电流通过线路或设备导入大地，这就是(　　)。

(A) 感应雷过电压　(B) 直击雷过电压

(C) 操作过电压　(D) 内过电压

答案：B

Lb2A3047 杆塔的定位高度就是(　　)。

(A) 导线悬挂点下移对地安全距离后与杆塔施工基面间的高差值

(B) 导线悬挂点下移对地安全距离后与地面间的高差值

(C) 导线悬挂点与地面间的高差值

(D) 导线悬挂点与杆塔施工基面间的高差值

答案：A

Lb2A3048 设备缺陷指设备在运用中发生异常，虽能继续使用，但影响安全、经济运行。设备缺陷按其严重程度分为(　　)三类。

(A) 注意、异常、严重　(B) 正常、严重、危急

(C) 危急、严重、一般　(D) 危急、严重、注意

答案：C

Lb2A3049 （　　）是线路在运行中，因其两端分界点内线路发生故障引起开关由接通状态变为开断状态的动作（包括重合成功之前的开断动作）。

（A）故障跳闸　（B）跳闸　（C）线路跳闸　（D）开断动作

答案：C

Lb2A3050 按照标准化线路建设基本要求，新建线路应达到（　　）水平，省公司运检部结合实际逐年安排运输电线路标准化建设，制订标准化建设计划，组织建设工作，线路运检单位负责实施。

（A）达标线路　（B）金牌工程

（C）标准化线路　（D）验收合格

答案：C

Lb2A4051 设计覆冰厚度大于（　　）地区为中冰区；设计覆冰厚度为 20mm 及以上地区为重冰区。

（A）5mm 小于 15mm　（B）7mm 小于 20mm

（C）10mm 小于 20mm　（D）12mm 小于 25mm

答案：C

Lb2A4052 （　　）是指某一大区域内的局部地段。由于地形、位置、坡向及温度、湿度等出现特殊变化，造成局部区域形成有别于大区域的更为特殊且对线路运行产生严重影响的气象区域。

（A）微地形区　（B）不良地质区

（C）微气象区　（D）哑口型微地形

答案：C

Lb2A4053 导、地线的安装曲线，系为不同温度下，导线应力、弧垂与（　　）的关系曲线。

（A）档距　（B）水平档距

（C）垂直档距　（D）代表档距

答案：D

Lb2A4054 发生电晕的起始电压称为（　　）。

（A）电晕的开始电压　（B）电晕的放电电压

（C）短路放电电压　（D）电晕的临界电压

答案：D

Lb2A4055 雷云不直接击于输电线路导线上，而是向线路附近地面，或向避雷线上进行主放电时，在线路中感应产生的过电压，就是（　　）。

(A) 感应雷过电压　　　　　　　　　　(B) 直击雷过电压
(C) 操作过电压　　　　　　　　　　　(D) 内过电压

答案：A

Lb2A4056　各类杆塔运行情况的荷载系数为(　　)。

(A) 0.75　　(B) 0.9　　(C) 1.0　　(D) 1.1

答案：C

Lb2A4057　输电运维班应在设备投运前，依照施工图完成新投运线路设备台账基础信息的录入工作。投运当天及时修改线路状态，(　　)天内确保设备台账基础信息完善到位。

(A) 7　　(B) 5　　(C) 3　　(D) 1

答案：A

Lb2A4058　为进一步提高线路可靠性，提升线路管理水平，开展标准化线路建设工作，标准化线路应在状态评价为“(　　)”的基础上，达到线路运维的各项标准要求。

(A) 正常　　(B) 注意　　(C) 严重　　(D) 危急

答案：A

Lc2A3059　(　　)工作前要对工作班成员进行危险点告知、交待安全措施和技术措施，并确认每一个工作班成员都已知晓。

(A) 工作票签发人　　　　　　　　　(B) 工作负责人
(C) 工作许可人　　　　　　　　　　(D) 专责监护人

答案：B

Lc2A3060　在500kV带电线路附近工作，不论何种情况都要保证对500kV线路的安全距离为(　　)m，否则应按带电作业进行。

(A) 3　　(B) 4　　(C) 5　　(D) 6

答案：D

Lc2A3061　进行电力线路施工作业或(　　)认为有必要现场勘察的施工（检修）作业，施工、检修单位均应根据工作任务组织现场勘察。

(A) 工作许可人和工作负责人　　　　(B) 专责监护人
(C) 工作票签发人和工作负责人　　　(D) 调度

答案：C

Lc2A3062　线路运检作业人员应定期进行理论知识和技能培训，建立基本情况档案和培训考核记录。(　　)至少进行1次线路技术标准、管理规范（包括法规）考试，每人每月应至少完成1次技术问答。

（A）每年　（B）半年　（C）季　（D）月

答案：A

Lc2A3063　居民区以外地区，均属非居民区。虽然时常有人、有车辆或农业机械到达，但未遇房屋或房屋稀少的地区，亦属（　　）。

（A）工业区　（B）公众环境　（C）居民区　（D）非居民区

答案：D

Lc2A3064　工业企业地区、港口、码头、火车站、城镇、村庄等人口密集区，属于（　　）。

（A）工业区　（B）污染区　（C）公众环境　（D）居民区

答案：C

Lc2A4065　带电作业所使用的工具要尽量减轻重量，安全可靠、轻巧灵活，所以要求制作工具的材料（　　）。

（A）相对密度小　（B）相对密度大

（C）尺寸小　（D）尺寸大

答案：A

Je2A2066　测量仪器使用前必须进行检查。线路工程要求经纬仪最小角度读数不应大于（　　）。

（A）1″　（B）30″　（C）1′　（D）1′30″

答案：C

Je2A2067　接续管压接后应用游标卡尺测量，游标卡尺的精度不低于（　　）。

（A）0.1mm　（B）0.2mm　（C）0.01mm　（D）0.02mm

答案：A

Je2A2068　地线的计算与导线的计算不同点，就在于（　　）。

（A）年平均运行应力的选择　（B）最大使用应力的选择

（C）弧垂计算　（D）应力计算

答案：B

Je2A2069　转角杆塔结构中心与线路中心桩在（　　）的偏移称为位移。

（A）顺线路方向　（B）导线方向　（C）横线路方向　（D）横担垂直方向

答案：C

Je2A2070 当受压区分布角系数 $\alpha \leqslant 0.5$ 时，称为(　　)。

(A) 小偏心受压构件　　(B) 大偏心受压构件

(C) 受压构件　　(D) 受弯构件

答案：B

Je2A2071 当受压区分布角系数 $\alpha > 0.5$ 时，称为(　　)。

(A) 小偏心受压构件　　(B) 大偏心受压构件

(C) 受压构件　　(D) 受弯构件

答案：A

Je2A2072 各类压接管与耐张线夹之间的距离不应小于(　　)m。

(A) 10　　(B) 15　　(C) 20　　(D) 25

答案：B

Je2A2073 混凝土抗压强度的数值即为(　　)。

(A) 混凝土的强度等级　　(B) 混凝土的强度极限

(C) 混凝土的抗剪强度　　(D) 混凝土的极限强度

答案：A

Je2A3074 110kV 线路上等电位作业人员在绝缘梯上作业或者沿绝缘梯进入强电场时，其与接地体和带电体两部分间隙所组成的组合间隙不得小于(　　)m。

(A) 1　　(B) 1.2　　(C) 1.3　　(D) 1.5

答案：B

Je2A3075 当断线档紧靠耐张杆塔时，则地线(　　)。

(A) 承受最大支持力　　(B) 承受最小支持力

(C) 张力最小　　(D) 张力最大

答案：B

Je2A3076 当镀锌钢绞线 19 股断(　　)股时，需要切断重接处理。

(A) 2　　(B) 3　　(C) 4　　(D) 5

答案：B

Je2A3077 四分裂导线采用阻尼间隔棒时，档距在(　　)m 及以下可不再采用其他防振措施。

(A) 300　　(B) 400　　(C) 500　　(D) 600

答案：C

Je2A3078 导线与地线在档距中央的接近距离应满足(　　)。

(A) 外过电压保护要求　　(B) 内过电压保护要求

(C) 最高运行电压　　(D) 正常工作电压

答案：A

Je2A3079 导线经液压连接后的握着强度不得小于原导线(　　)的95%。

(A) 总拉断力　　(B) 计算拉断力

(C) 保证计算拉断力　　(D) 额定抗拉力

答案：C

Je2A3080 在耐张段中的大档距内悬挂软梯作业时，导线应力比在小档距内悬挂软梯作业时导线应力(　　)。

(A) 增加很多　　(B) 略微增加

(C) 略微减小　　(D) 减少很多

答案：A

Je2A3081 光缆紧线时，必须使用(　　)。

(A) 地线卡线器　　(B) 导线卡线器

(C) 专用夹具　　(D) 钢丝绳

答案：C

Je2A3082 张力架线时，施工段的理想长度为包含(　　)个放线滑车的线路长度。

(A) 5　　(B) 10　　(C) 15　　(D) 20

答案：C

Je2A3083 验收220kV线路时，同相子导线间允许弧垂偏差（有间隔棒）为(　　)。

(A) 30mm　　(B) 50mm　　(C) 80mm　　(D) 100mm

答案：C

Je2A3084 用人字倒落式抱杆起立杆塔，杆塔起立约(　　)时应停止牵引，利用临时拉线将杆塔调正、调直。

(A) 60°　　(B) 70°　　(C) 80°　　(D) 90°

答案：B

Je2A3085 拉线电杆，拉线点以下的主杆属于(　　)。

(A) 纯弯构件　　(B) 压弯构件　　(C) 纯拉构件　　(D) 压压构件

答案：D

Je2A3086　在计算安装情况及断线情况荷载时，还应考虑(　　)。

(A) 起重作用荷载　(B) 工作人员登杆作业时的附加荷载

(C) 断线张力　(D) 最大风荷载

答案：B

Je2A3087　我们引入(　　)来表征各种情况的荷载对杆塔安全可靠性的要求。

(A) 安全系数　(B) 可靠系数

(C) 裕度　(D) 荷载系数

答案：D

Je2A3088　无拉线直线单杆的主杆一般按(　　)计算。

(A) 纯弯构件　(B) 压弯构件

(C) 纯拉构件　(D) 压压构件

答案：A

Je2A3089　无拉线直线单杆的主杆抗弯强度一般由(　　)控制。

(A) 正常大风　(B) 正常覆冰

(C) 断导线情况　(D) 安装情况

答案：A

Je2A3090　在地线横担和主杆的连接点至导线横担和主杆连接点间装设斜拉杆的作用是(　　)。

(A) 将地线的水平力传递给导线拉线　(B) 保证杆塔的稳定性

(C) 用来承受断线张力　(D) 保证杆塔的牢固性

答案：A

Je2A3091　内拉线抱杆组塔时，腰环的作用是(　　)。

(A) 稳定抱杆　(B) 提升抱杆

(C) 帮助吊件就位　(D) 控制抱杆位置

答案：B

Je2A3092　转角杆塔桩复测，是复查(　　)是否与原设计相符合。

(A) 代表档距　(B) 水平档距

(C) 转角的角度值　(D) 档距

答案：C

Je2A3093　附件安装应在(　　)后方可进行。

(A) 杆塔全部校正、弧垂复测合格　(B) 杆塔全部校正

(C) 弧垂复测合格　　　　　　　　　　(D) 施工验收

答案：A

Je2A3094　受扭构件的最大剪应力发生在环形截面构件的(　　)。

(A) 外表面　　　　　　　　　　(B) 内表面

(C) 主平面　　　　　　　　　　(D) 中性层

答案：A

Je2A3095　在结构稳定理论中，对同时承受横向荷载和轴向压力的构件，通称为(　　)。

(A) 压弯构件　　　　　　　　　　(B) 轴向压力构件

(C) 轴向受弯构件　　　　　　　　(D) 弯扭受力构件

答案：A

Je2A3096　C20级混凝土，其(　　)为20MPa。

(A) 抗拉强度　　　　　　　　　　(B) 抗剪强度

(C) 弯曲抗压强度　　　　　　　　(D) 抗压强度

答案：D

Je2A3097　混凝土搅拌时，外加剂的允许偏差是(　　)。

(A) ±1%　　(B) ±2%　　(C) ±3%　　(D) ±4%

答案：B

Je2A3098　施工基面高程允许偏差为(　　)。

(A) +100mm，-50mm　　　　　　(B) ±100mm

(C) ±200mm　　　　　　　　　　(D) +200mm，-100mm

答案：D

Je2A3099　铁塔根开与基础根开的关系是(　　)。

(A) 铁塔根开大于基础根开　　　　(B) 铁塔根开小于基础根开

(C) 铁塔根开等于基础根开　　　　(D) 不一定

答案：B

Je2A3100　水平接地体的地表面以下开挖深度及接地槽宽度一般分别以(　　)为宜。

(A) 1.0～1.5m，0.5～0.8m　　　　(B) 0.8～1.2m，0.5～0.8m

(C) 0.6～1.0m，0.3～0.4m　　　　(D) 0.6～1.0m，0.5～0.6m

答案：C

Je2A3101　当线路转角很小时（5°～20°），还需设置(　　)。
(A) 地线反向分角拉线　　(B) 导线反向分角拉线
(C) 导线分角拉线　　(D) 地线分角拉线
答案：B

Je2A3102　转角杆塔导线拉线成八字形布置，朝(　　)。
(A) 顺线路方向打　　(B) 线路转角的内侧方向打
(C) 线路转角的外侧方向打　　(D) 导线拉力反方向打
答案：C

Je2A3103　沿线路中线的垂直方向测量各点地形变化形状的测量，称为(　　)。
(A) 平面测量　　(B) 横断面测量
(C) 纵断面测量　　(D) 交叉跨越测量
答案：B

Je2A3104　转角杆塔的位移方向是由线路中心桩向(　　)偏移。
(A) 外侧　　(B) 内侧　　(C) 前进侧　　(D) 顺线方向
答案：B

Je2A3105　送电线路转角杆塔的角度，若在前一直线延长线左面，则叫作(　　)。
(A) 仰角　　(B) 俯角　　(C) 左转角　　(D) 右转角
答案：C

Je2A4106　接地电阻测量仪对探测针的要求是：一般电流探测针及电位探测针本身的接地电阻分别不应大于(　　)。
(A) 1000W，250W　　(B) 500W，1000W
(C) 250W，1000W　　(D) 1000W，500W
答案：C

Je2A4107　220kV 线路上等电位作业人员在绝缘梯上作业或者沿绝缘梯进入强电场时，其与接地体和带电体两部分间隙所组成的组合间隙不得小于(　　)m。
(A) 2.1　　(B) 1.8　　(C) 2.5　　(D) 3
答案：A

Je2A4108　500kV 线路上等电位作业人员在绝缘梯上作业或者沿绝缘梯进入强电场时，其与接地体和带电体两部分间隙所组成的组合间隙不得小于(　　)m。
(A) 3.2　　(B) 4　　(C) 5　　(D) 6
答案：B

Je2A4109 耐张杆塔上导线的断线张力可按(　　)计算。

(A) 导线最大使用张力　　(B) 0.7倍导线最大使用张力

(C) 0.8倍导线最大使用张力　　(D) 0.9倍导线最大使用张力

答案：B

Je2A4110 导线断股、损伤进行缠绕处理时，缠绕长度以超过断股或损伤点以外各(　　)为宜。

(A) 5～10mm　(B) 10～15mm　(C) 15～20mm　(D) 20～30mm

答案：D

Je2A4111 耐张杆塔上地线的断线张力可按(　　)计算。

(A) 地线最大使用张力　　(B) 0.7倍地线最大使用张力

(C) 0.8倍地线最大使用张力　　(D) 0.9倍地线最大使用张力

答案：C

Je2A4112 断线张力的大小与(　　)有关。

(A) 断线档档距大小　　(B) 断线后剩余的档数

(C) 采用的杆塔高度　　(D) 水平档距大小

答案：B

Je2A4113 复合光缆放线滑车，在放线过程中，其包络角不得大于(　　)。

(A) 30°　(B) 40°　(C) 50°　(D) 60°

答案：D

Je2A4114 复合光缆放线时，牵引绳与光缆的连接宜采用(　　)。

(A) U形环　　(B) 旋转连接器

(C) 抗弯连接器　　(D) 铁丝

答案：B

Je2A4115 光缆放线滑轮轮槽底直径不应小于光缆直径的(　　)倍。

(A) 15　(B) 20　(C) 30　(D) 40

答案：D

Je2A4116 验收220kV线路时，弧垂应不超过设计弧垂的(　　)。

(A) ±2.5%　　(B) +2.5%，−2.5%

(C) +2.5%，−3%　　(D) +5%，−2.5%

答案：A

Je2A4117 验收 330～500kV 线路时，同相子导线间允许弧垂偏差（有间隔棒）为(　　)。

(A) 30mm　　(B) 50mm　　(C) 80mm　　(D) 100mm

答案：B

Je2A4118 验收输电线路时，不安装间隔棒的同相子导线间允许弧垂偏差为(　　)。

(A) ＋100mm　　(B) ＋150mm　　(C) ＋200mm　　(D) ＋300mm

答案：A

Je2A4119 无拉线直线单杆其最大弯距点在(　　)。

(A) 杆顶　　(B) 上横担处

(C) 地面处　　(D) 地面下嵌固定处

答案：D

Je2A4120 转角杆塔桩复测，测得的角度值与原设计的角度值之差不大于(　　)，则认为合格。

(A) $1'30''$　　(B) $1'$

(C) $30''$　　(D) $2'$

答案：A

Je2A4121 当构件受到横向力作用时，在构件的横截面上除了引起弯距外，还有(　　)。

(A) 压力　　(B) 剪力

(C) 拉力　　(D) 轴向力

答案：B

Je2A4122 当环形截面偏心受压构件的计算长度与外径的比大于 8 时，必须考虑(　　)的影响。

(A) 构件的压力　　(B) 构件的弯距

(C) 构件的长细比　　(D) 构件的长度

答案：C

Je2A4123 当轴向力 N 不作用在中心轴上，而是作用在距中心轴为的地方，则构件称为(　　)。

(A) 轴心受压构件　　(B) 轴心受拉构件

(C) 偏心受弯构件　　(D) 偏心受压构件

答案：D

Je2A4124 C30 级混凝土，其抗压强度为(　　)N/cm^2。

(A) 30　　(B) 3000　　(C) 300000　　(D) 30000000

答案：B

Je2A4125 整体式铁塔基础和宽身铁塔的联合基础属于(　　)。

(A) 上拔类　　(B) 下压类　　(C) 上拔、下压类　　(D) 倾覆类

答案：D

Je2A4126 重力式基础上拔力由(　　)来平衡。

(A) 基础自重　　(B) 基础底板上的土重

(C) 基础自重和基础底板上的土重　　(D) 拉线的上拔力

答案：C

Je2A4127 预应力电杆的架空地线接地引下线必须专设，引下线应选用截面面积不小于(　　)的钢绞线。

(A) 25mm^2　　(B) 35mm^2　　(C) 50mm^2　　(D) 70mm^2

答案：A

Je2A4128 螺栓式耐张线夹的握着强度不得小于导线(　　)的 90%。

(A) 总拉断力　　(B) 计算拉断力

(C) 保证计算拉断力　　(D) 额定抗拉力

答案：C

Je2A4129 悬垂线夹安装后，绝缘子串应垂直地平面，个别情况其顺线路方向与垂直位置的偏移角不应超过(　　)，且最大偏移值不应超过(　　)。

(A) 5°，100mm　　(B) 10°，100mm　　(C) 5°，200mm　　(D) 10°，200mm

答案：C

Je2A4130 已知一施工线路两边线的距离 $D=10$m，与被跨线路的交叉角 $\theta=30°$。跨越架的搭设宽度为(　　)m。

(A) 13　　(B) 30　　(C) 26　　(D) 28

答案：C

Je2A4131 沿线路中线方向测量出各点地形变化形状的测量，称为(　　)。

(A) 平面测量　　(B) 横断面测量

(C) 纵断面测量　　(D) 交叉跨越测量

答案：C

Je2A5132 混凝土的配合比，一般以水∶水泥∶砂∶石子（重量比）来表示，而以(　　)为基数1。

(A) 水泥　(B) 砂　(C) 石子　(D) 水

答案：A

Jf2A2134 在气温低于零下(　　)时，不宜进行高处作业。

(A) 10℃　(B) 15℃　(C) 20℃　(D) 25℃

答案：A

Jf2A4135 在带电设备区域内使用汽车吊、斗臂车时，车身应使用截面面积不小于(　　)mm^2 的软铜线可靠接地。

(A) 14　(B) 16　(C) 18　(D) 20

答案：B

Jf2A4136 链条葫芦的吊钩、链轮、倒卡等有变形时，以及链条直径磨损量达(　　)时，禁止使用。

(A) 8%　(B) 10%　(C) 12%　(D) 15%

答案：B

Jf2A4137 钢丝绳端部用绳卡固定连接时，绳卡间距不应小于钢丝绳直径的(　　)倍。

(A) 3　(B) 4　(C) 5　(D) 6

答案：D

Jf2A4138 双钩紧线器受力后应至少保留(　　)有效丝杆长度。

(A) 1/5　(B) 1/6　(C) 1/7　(D) 1/8

答案：A

1.2 判断题

La2B1001 冲击电流下的电阻称为工频接地电阻。(×)

La2B1002 当频率变化使R、L、C串联电路发生谐振时，电流I、电压U_L、U_C均达最大值。(×)

La2B1003 串联电路中各电阻消耗的功率与电阻值成正比。(√)

La2B1004 在L、C串联电路中，若$X_L>X_C$，则电路呈容性；若$X_L<X_C$，则电路呈感性；若$X_L=X_C$，则电路呈线性。(×)

La2B1005 如果将两只电容器在电路中串联起来使用，总电容量会增大。(×)

La2B1006 在电路中，纯电阻负载的功率因数为$\cos\phi=0$，纯电感和纯电容的功率因数为1。(×)

La2B1007 电场中某点电场强度的方向就是正电荷在该点所受的电场力的方向。(√)

La2B1008 对于电路中的任一节点来说，流进节点的所有电流之和必须大于流出节点的所有电流之和。(×)

La2B1009 将220V、60W的灯泡接到电压为220V、功率为125W的电源上，灯泡一定会烧毁。(×)

La2B1010 A灯额定值为220V、60W，B灯额定值为110V、40W，串接后接到220V电源上，B灯比A灯消耗的电能更多。(×)

La2B1011 在电路中，任意两点间电位差的大小与参考点的选择无关。(√)

La2B1012 电阻R_1和R_2并联，已知$R_1>R_2$，并联后的等值电阻近似等于R_1，即$R\approx R_1$。(×)

La2B1013 消耗在电阻上的功率$P=UI$，电压增加一倍，功率增加三倍。(×)

La2B1014 在电路的任何一个闭合回路里，回路中各电动势的代数和小于各电阻上电压降的代数和。(×)

La2B2015 当线圈的电感值一定时，所加电压的频率越高，感抗越大。(√)

La2B2016 交流电路的电压最大值和电流最大值的乘积为视在功率。(×)

La2B2017 直流耐压为220V的交直流通用电容器也可以接到交流220V的电源上使用。(×)

La2B2018 焦耳-楞次定律的内容是电流通过导体所产生的热量(Q)与电流强度(I)的平方、导体的电阻(R)和通电时间(t)成正比，其表达式为$Q=I^2Rt$。(√)

La2B2019 在一个电路中，选择不同的参考点，则两点间的电压也不同。(×)

La2B2020 当电源电压和负载有功功率一定时，功率因数越高，电源提供的电流越小，线路的电压降就越小。(√)

La2B2021 右手定则用来确定在磁场中运动的导体产生的感应电动势的方向。(√)

La2B2022 在一多种元件组成的正弦交流电路中，电阻元件上的电压与电流同相，说明总电路电压与电流的相位也同相。(×)

La2B2023 在正弦交流电路中，电阻元件上的电压与电流同相，说明总电路电压和电

流的初相一定为零。(×)

La2B2024 自感电流永远和外电流的方向相反。(×)

La2B2025 判断载流导体周围磁场的方向用左手定则。(×)

La2B2026 在电源和负载都是星形连接的系统中，中性线的作用是消除由于三相负载不对称而引起的中性点位移。(√)

La2B2027 当电源中性点不接地的电力系统中发生单相接地时，三相用电设备的正常工作并未受到影响。(√)

La2B2028 在电源中性点经消弧线圈接地的三相系统中，允许在发生单相接地故障时短时继续运行。(√)

La2B2029 在电源中性点直接接地的三相系统中，允许在发生单相接地故障时短时继续运行。(×)

La2B2030 断路器是重要的开关设备，它能断开负荷电流和故障电流，在系统中起控制和保护作用。(√)

La2B2031 单相电弧接地引起过电压只发生在中性点不接地的系统中。(√)

La2B2032 中性点非直接接地系统发生单相接地时，系统仍能正常运行，不需做任何处理。(×)

La2B2033 中性点直接接地的220kV系统，重合闸动作后重合不成功，此类故障一定是线路发生了永久性接地。(×)

La2B2034 在中性点直接接地的电网中，长度超过100km的线路均应换位，换位循环不宜大于200km。(√)

Lb2B2035 地面落雷密度是指每一雷暴日每平方千米地面遭受雷击的次数。(√)

Lb2B2036 避雷器的作用是限制过电压以保护电气设备。(√)

Lb2B2037 避雷针或避雷线的作用是吸引雷电击于自身，并将雷电流迅速泄入大地，从而使避雷针（线）附近的物体得到保护。(√)

Lb2B2038 线路耐雷水平是指雷击于线路时，不致于引起线路绝缘闪路的最大雷电流幅值。(√)

Lb2B2039 雷暴小时是一年中有雷电的小时数。(√)

Lb2B2040 接地就是指将地面上的金属物体或电气回路中的某一节点通过导体与大地相连，使该物体或节点与大地保持等电位。(√)

Lb2B2041 接地体应尽可能埋设在土壤电阻率较低的土层内。(√)

Lb2B2042 高压输电线路在每一杆塔下一般都设有接地体，并通过引线与避雷线相连，其目的是使击中避雷线的雷电流通过较低的接地电阻而进入大地。(√)

Lb2B2043 接地体是接地体和接地线的总称。(×)

Lb2B2044 接地装置是指埋入地中并直接与土壤接触的金属导体。(×)

Lb2B2045 外过电压侵入架空线路后，通过架空地线的接地线向地中泄导。(×)

Lb2B2046 混凝土出现裂缝之前，构件所具有的刚度称为第一阶段刚度。(√)

Lb2B2047 钢筋直接浇制在混凝土中，形成联合工作的整体称为整体混凝土构件。(×)

Lb2B2048 基础混凝土中严禁掺入氯盐。(√)

Lb2B2049 混凝土具有良好的抗压强度，但其抗拉强度却很低，其可拉性比可压性小8～20倍。(√)

Lb2B3050 混凝土可称为人工石，是因为其强度很高。(×)

Lb2B3051 预应力钢筋混凝土在使用前，其混凝土就受压，钢筋就受拉。(√)

Lb2B3052 混凝土出现裂缝之前，构件所具有的刚度称为第二阶段刚度。(×)

Lb2B3053 工程竣工后，以额定电压对线路冲击合闸三次是为了测定线路绝缘电阻。(×)

Lb2B3054 为了防止导线混线短路故障的发生，在冬季应把线路导线弧垂情况作为巡视重点。(×)

Lb2B3055 导线接续管在线路运行中是个薄弱部位，状态检测用红外线测温仪重点检测导线接续管的运行温度是否超过正常运行温度。(×)

Lb2B3056 高压输电线路导线截面一般按经济电流密度方法选择，同时必须满足电晕条件要求。(√)

Lb2B3057 耐张杆的四根导线拉线在导线横担处安装，组成X形交叉布置。(√)

Lb2B3058 导线拉线只承受导线的顺线张力。(×)

Lb2B3059 地线拉线只承受地线的顺线张力。(√)

Lb2B3060 校验跨越档的限距时，断线档的选择以断线后交叉跨越档所在一侧剩余档数少为原则。(√)

Lb2B3061 NY-300Q型表示液压型3000mm² 轻型导线用的耐张线夹。(×)

Lb2B3062 LGJJ表示轻型钢芯铝绞线。(×)

Lb2B3063 耐张杆的四根地线拉线在正常情况下，不考虑地线拉线受力。(√)

Lb2B3064 导线连接后，连接管两端附近的导线不得有鼓包，如鼓包不大于原直径的30%，可用圆木棍将鼓包部分依次滚平；如超过30%，必须切断重接。(×)

Lb2B3065 耐张杆塔的导线拉线在正常情况下，承担全部水平荷载和顺线路方向导线的不平衡张力。(√)

Lb2B3066 承受反复荷载基础，需进行上拔和下压两种状态的稳定校验。(√)

Lb2B3067 无拉线单杆，基础倾覆力矩为全部水平外力对地面的力矩之和。(√)

Lb2B3068 500kV线路金具与220kV线路金具大部分结构与名称、受力都是相同的。(×)

Lb2B3069 线路污闪事故大多发生在大雾、毛毛雨等潮湿天气。(√)

Lb2B3070 重力式基础要求基础自重不小于对基础的上拔力。(√)

Lb2B3071 拉线电杆主杆抗弯强度一般受正常最大风情况控制。(√)

Lb2B3072 转角杆一般用深埋式基础。(×)

Lc2B3073 对触电者进行抢救采用胸外按压要匀速，以每分钟按压70次为宜。(×)

Lc2B3074 当发现有人触电时，救护人员必须分秒必争，及时通知医务人员到现场救治。(×)

Lc2B3075 对开放性骨折损伤者，急救时应边固定边止血。(×)

Lc2B3076 短时间内危及人生命安全的最小电流为50mA。(√)

Jd2B3077 杆件在外力偶矩作用下只发生扭转变形称为纯扭转。(√)

Jd2B3078 所谓杆塔的定位就是在输电线路平断面图上，结合现场实际地形，用定位模板确定杆塔的位置并选定杆塔的型式。(√)

Jd2B3079 杆塔定位是把杆塔的位置测设到已经选好的线路中线上，并钉立杆塔桩作为标志。(√)

Jd2B3080 各类杆塔的安装工况，应按无风、无冰、相应气温条件计算。(×)

Jd2B3081 沿纵轴各横截面几何尺寸均相同的构件，称为均截面构件。(×)

Jd2B3082 均压屏蔽服所用材料的穿透率越小，对作业人员的屏蔽效果越好。(√)

Jd2B3083 平面测量主要是沿线路中心线测量各断面点的高程和平距并绘制成线路纵断面图。(×)

Jd2B3084 气体在电压作用下发生电流流通的现象称为气体放电。(√)

Jd2B3085 上拔、下压类基础主要承受的荷载为上拔力或下压力及倾覆力。(×)

Jd2B3086 受弯构件的剪应力，促使混凝土沿横截面和纵截面发生相对滑移而使构件破坏。(√)

Jd2B3087 同一条线路不管档距大小，线间距离总是一样。(×)

Jd2B3088 象限角是从标准方向的北端或南端开始，依顺时针或逆时针方向量至直线的锐角，并注出象限名称，称为象限角。(√)

Jd2B3089 单位面积土允许承受的压力，称为许可耐压力。(√)

Jd2B3090 对于受弯构件或长细比较大的压弯构件，计算时宜采用第一阶段刚度。(×)

Jd2B3091 张力场面积一般不小于35m×25m。(×)

Jd2B3092 张力放线滑车应采用滚动轴承滑轮，使用前应进行检查并确保转动灵活。(×)

Jd2B3093 由标准方向北端起，顺时针方向量测到某直线的水平角，称为此直线的方位角。(√)

Jd2B3094 重力式基础的计算原则是土壤计算上拔角为零。(√)

Jd2B3095 送电线路所说的转角杆塔桩的角度，是指转角桩的前一直线和后一直线(线路进行方向)的延长线的夹角。(×)

Jd2B3096 纵断面测量是测量沿线路中心线左右各20～50m的带状区域的地物地貌并绘制成线路平面图。(×)

Je2B3097 机动绞磨是以内燃机为动力，通过变速箱将动力传送到磨芯进行牵引的机械。(√)

Je2B3098 钢丝绳套在制作时，其插接长度应不小于钢丝绳直径的15倍，且不得小于300mm。(√)

Je2B4099 紧线时，紧线滑车要紧靠挂线点。(√)

Je2B4100 内拉线抱杆组塔时，腰环的作用是稳定抱杆。(×)

Je2B4101 缠绕铝包带应露出线夹，但不超过10mm，其端部应回缠绕于线夹内压住。(√)

Je2B4102 拉线盘的抗拔能力仅与拉线盘的埋深有关。(×)

Je2B4103 底盘是中心受压构件，其底面上土的抗力是不均匀分布的。(×)

Je2B4104 角桩地锚打入地下深度为角桩长度的 2/3 左右，角桩与地面夹角为 60°左右。(×)

Je2B4105 拉线基础坑坑深不允许有正偏差。(×)

Je2B4106 定位模板必须是最大弧垂时的模板。(√)

Je2B4107 多分裂导线作地面临时锚固时，应用锚线架。(√)

Je2B4108 导线架设前需打一条反向内分角临时拉线，待架线工作结束后拆除。(√)

Je2B4109 工程验收检查应按隐蔽工程验收检查、中间验收检查、竣工验收检查三个程序进行。(√)

Je2B4110 把相应的荷载组合，考虑荷载系数后标在杆头图上，即为杆塔设计荷载图。(√)

Je2B4111 向静止的基础侧壁填土，土对基础侧壁的压力称为土的被动侧压力。(×)

Je2B4112 线路施工测量使用的经纬仪，其最小读数应不小于 1″。(×)

Je2B4113 正常应力架设的导线，其悬点应力最大不得超过破坏应力的 44%。(√)

Je2B4114 110kV 线路某一跨越档，其档距 $l=350$m，代表档距 $l_0=340$m，被跨越通信线路跨越点距跨越档杆塔的水平距离 $X=100$m。在气温 20℃时测得上导线弧垂 $f=5$m，导线对被跨越线路的交叉距离为 6m，导线热膨胀系数 $\alpha=19\times10^{-6}$/℃。经计算当温度为 40℃时，交叉距离可以满足要求。(√)

Je2B4115 线路工程施工中规定，耐张杆塔应在架线后浇筑保护帽。(√)

Je2B4116 用链条葫芦起吊重物时，如已吊起的重物需在中途停留较长时间，将手拉链拴在起重链即可。(×)

Je2B4117 对于两端绞接的压弯构件，一般校验跨度中央截面的抗弯强度。(√)

Je2B4118 牵引场面积一般不小于 60m×25m。(×)

Je2B4119 某输配电线路通过的地区一年中有 100 个雷暴小时，故称该地区为强雷区。(×)

Je2B4120 在起重中，受力构件产生的变形可能存在拉伸压缩、剪切、弯曲、扭转中的部分变形。(√)

Je2B4121 一根部嵌固的拔梢单杆直线杆。当受边导线断线张力 T 作用时，主杆就是一个受弯距作用的构件。(×)

Je2B4122 当校验跨越档的限距时，断线档应选在被校验跨越档的相邻档，因该档断线时跨越档的弧垂较大。(√)

Je2B4123 施工段的一端布置张力机，称为张力场。(√)

Je2B4124 张力架线施工时，紧线段内紧线后，每基杆塔，不论是直线还是耐张，转角均应划印。(√)

Je2B4125 转角杆允许转角范围一般为 5°～90°。(×)

Jf2B4126 电焊就属于辉光放电。(×)

Jf2B5127 安全带必须拴在牢固的构件上，并不得低挂高用。(√)

Jf2B5128 沟槽开挖深度达到1.5m及以上时，应采取措施防止土层塌方。(√)

Jf2B5129 挖到电缆保护板后，应由有经验的人员在场指导，方可继续进行，以免误伤电缆。(√)

Jf2B5130 电缆耐压试验前，应先对设备部分放电。(×)

Jf2B5131 电缆试验结束，应对被试电缆进行充分放电，并在被试电缆上加装临时接地线，待电缆尾线接通后才可拆除。(√)

Jf2B5132 电缆故障声测定点时，禁止直接用手触摸电缆外皮或冒烟小洞，以免触电。(√)

Jf2B5133 禁止在油漆未干的结构或其他物体上进行焊接。(√)

Jf2B5134 电焊机的外壳必须可靠接地，接地电阻不准大于10Ω。(×)

Jf2B5135 在风力超过六级及下雨雪时，不可露天进行焊接或切割工作。如必须进行时，应采取防风、防雨雪的措施。(×)

Jf2B5136 禁止把氧气瓶及乙炔瓶放在一起运送，也不准与易燃物品或装有可燃气体的容器一起运送。(√)

Jf2B5137 使用中的氧气瓶和乙炔气瓶应垂直放置并固定起来，氧气瓶和乙炔气瓶的距离不准小于5m，气瓶的放置地点，不准靠近热源，距明火30m以外。(×)

Jf2B5138 动火工作票经批准后由工作负责人送交运行许可人。(√)

Jf2B5139 动火工作票签发人不准兼任该项工作的工作负责人，动火工作票由动火工作负责人填写。(√)

Jf2B5140 一级动火工作票应提前办理，一级动火工作票的有效期为48h，二级动火工作票的有效期为120h。(×)

1.3 多选题

Lb2c1001 自立塔质量检查的重要项目有（ ）。

（A）直线塔结构倾斜 （B）螺栓防松

（C）螺栓防盗 （D）螺栓紧固

答案：ABC

Lb2c1002 混凝土杆质量检查的重要项目有（ ）。

（A）混凝土杆横向裂纹 （B）结构倾斜

（C）横担高差 （D）螺栓紧固

答案：ABC

Lb2c2003 自立塔质量检查的关键项目有（ ）。

（A）部件规格数量 （B）节点间主材弯曲

（C）转角、终端塔向受力反方向倾斜 （D）螺栓紧固

答案：ABC

Lb2c2004 线路检查项目按性质可分为（ ）。

（A）关键项目 （B）重要项目

（C）普通项目 （D）一般项目

答案：ABD

Lb2c2005 接地装置质量检查的关键项目是（ ）。

（A）接地体埋深 （B）接地体规格数量

（C）接地电阻值 （D）接地体连接

答案：BCD

Lb2c2006 线路工程竣工验收除应确认工程施工质量外，还应包括（ ）。

（A）线路走廊障碍物的处理情况 （B）杆塔固定标志

（C）临时接地线的拆除 （D）遗留问题的处理情况

答案：ABCD

Lb2c2007 送电线路启动带电必须具备的条件是（ ）。

（A）线路的各种标志皆已检查验收合格 （B）线路上的临时接地线已全部拆除

（C）已确认线路上无人登杆作业 （D）线路带电期间的巡视人员已上岗

答案：ABCD

Lb2c2008 采用带电作业的优点有(　　)。

(A) 发现线路设备的缺陷可及时处理，能保证不间断供电

(B) 发现线路设备的缺陷时，采用带电作业可以及时地安排检修计划，而不致影响供电的可靠性，保证了检修的质量，充分发挥了检修的力量

(C) 带电作业具有高度组织性的半机械化作业，在每次检修中均可迅速完成任务，节省检修的时间

(D) 采用带电作业可简化设备，从而避免为检修而定设双回路线路

答案：ABCD

Lb2c3009 接地可分为(　　)。

(A) 工作接地　　(B) 设备外壳接地

(C) 保护接地　　(D) 防雷接地

答案：ACD

Lb2c3010 接地装置质量检查的重要项目是(　　)。

(A) 接地体防腐　　(B) 接地体敷设

(C) 回填土　　(D) 接地引下线安装

答案：ABC

Lb2c3011 敷设水平接地体宜满足下列规定(　　)。

(A) 遇倾斜地形宜沿等高线敷设　　(B) 两接地体间的平行距离不应小于 5m

(C) 接地体敷设应平直　　(D) 垂直接地体应垂直打入，并防止晃动

答案：ABC

Lb2c3012 自立塔质量检查的一般项目有(　　)。

(A) 脚钉　　(B) 螺栓紧固

(C) 螺栓方向　　(D) 保护帽

答案：BC

Lb2c3013 在间接带电作业时，人身与带电体间的最小安全距离说法正确的是(　　)。

(A) 110kV 为 0.80m　　(B) 220kV 为 1.80m

(C) 330kV 为 2.60m　　(D) 500kV 为 3.60m

答案：BCD

Lb2c4014 线路检查交叉跨越时，着重注意(　　)。

(A) 在检查交叉跨越距离是否合格时，各应分别以导线结冰或导线最高允许温度来验算

（B）检查时，应记录当时的气温，并换算到最高气温，以计算最小的交叉距离
（C）在检查时，一定要注意交叉点与杆塔的距离
（D）在检查时，一定要注意导线与跨越物之间的交叉角，以计算最小的交叉距离
答案：ABC

Lb2c5015 线路终勘测量的主要依据（　　）。
（A）杆塔定位的主要依据
（B）日后施工、运行工作中的重要技术资料
（C）线路施工图纸绘制的主要依据
答案：BC

Lc2c1016 工作班成员的安全责任是（　　）。
（A）熟悉工作内容、工作流程，掌握安全措施、明确工作中的危险点，并在工作票上履行交底签名确认手续
（B）正确安全地组织工作
（C）严格遵守安全规章制度、技术规程和劳动纪律，正确使用安全工器具和劳动防护用品
（D）在确定的作业范围内工作，对自己在工作中的行为负责，相互关心工作安全
答案：ACD

Lc2c1017 在地下电缆保护区内不得从事（　　）行为。
（A）兴建建筑物　　（B）种植树木
（C）堆放垃圾
答案：ABC

Lc2c2018 工作许可人的安全责任是（　　）。
（A）审查工作必要性
（B）保证由其负责的停、送电和许可工作的命令正确
（C）确认由其负责的安全措施正确实施
（D）所派工作负责人和工作班人员是否适当和充足
答案：BC

Lc2c2019 工作负责人的安全责任包括（　　）等。
（A）正确地组织工作
（B）工作必要性和安全性
（C）检查工作票所列安全措施是否正确完备，是否符合现场实际条件，必要时予以补充
（D）工作前，对工作班成员进行工作任务、安全措施、技术措施交底和危险点告知，并确认每个工作班成员都已签名
（E）监督工作班成员遵守本规程、正确使用劳动防护用品和安全工器具以及执行现场

安全措施

（F）工作班成员精神状态是否良好

答案：ACDE

Lc2c2020 工作票签发人的安全责任是（ ）。

（A）正确安全地组织工作

（B）确认工作必要性和安全性

（C）确认工作票上所填安全措施是否正确完备

（D）确认所派工作负责人和工作班人员是否适当和充足

答案：BCD

Lc2c3021 事故处理的主要任务是（ ）。

（A）尽快查出事故地点和原因，消除事故根源，防止扩大事故

（B）迅速组织抢修

（C）采取措施防止行人接近故障导线和设备，避免发生人身事故

（D）尽量缩小事故停电范围和减少事故损失

（E）对已停电的用户尽快恢复供电

答案：ACDE

Lc2c3022 对违反《电力设施保护条例》的，电力管理部门实施行政处罚的方法有（ ）。

（A）责令改正 （B）恢复原状

（C）赔偿损失 （D）罚款

答案：ABCD

Jd2c1023 按基础受力情况的不同，杆塔基础可分（ ）。

（A）上拔类 （B）下压类

（C）上拔、下压类 （D）倾覆类

答案：ABCD

Jd2c1024 灌注桩式基础有（ ）类型。

（A）等径灌注桩 （B）扩底短桩

（C）锥形灌注桩 （D）灌注群桩

答案：AB

Jd2c1025 输电线路的杆塔及拉线的基础，应使杆塔在各种受力情况下不发生（ ）。

（A）变形 （B）倾覆

（C）下陷　　（D）上拔

答案：BCD

Jd2c1026　混凝土杆质量检查的一般项目有（　　）。

（A）拉线安装检查　　（B）根开

（C）迈步　　（D）横线路方向位移

答案：BCD

Jd2c1027　拉线单柱直线杆的特点（　　）。

（A）经济指标低　　（B）抗扭性能好

（C）节省材料　　（D）基础浅埋

答案：ACD

Jd2c2028　杆塔定位的主要要求是使导线上任意一点在任何正常运行情况下都保证有足够的对（　　）的安全距离。

（A）架空地线　　（B）上下层导线

（C）地　　（D）各种被跨越物

答案：CD

Jd2c2029　送电线路中属于上拔、下压类基础的有（　　）。

（A）拉线基础　　（B）带拉线的电杆基础

（C）分开式铁塔基础　　（D）无拉线的电杆基础

答案：ABC

Jd2c2030　基础上拔稳定计算，土重法适用于回填抗拔土体。回填抗拔土体的基础有（　　）等。

（A）装配式　　（B）浇制式　　（C）拉线盘　　（D）掏挖型

答案：ABC

Jd2c2031　现浇混凝土铁塔基础的关键项目有（　　）。

（A）地脚螺栓、钢筋规格数量　　（B）混凝土强度

（C）基础根开　　（D）底板断面尺寸

答案：ABD

Jd2c2032　灌注桩基础的一般项目有（　　）。

（A）整基基础扭转　　（B）桩顶清淤

（C）基础顶面高差　　（D）基础根开

答案：BCD

Jd2c2033 输电线路工程设计中，岩石按风化程度划分分为(　　)。

(A) 微风化　　(B) 中等风化
(C) 轻度风化　　(D) 强风化

答案：**ABD**

Jd2c2034 无拉线直线单杆一般用(　　)。

(A) 等径双杆　　(B) 拔梢电杆
(C) 深埋式基础　　(D) 等径电杆

答案：**BC**

Jd2c2035 无拉线拔梢单杆具有(　　)特点。

(A) 结构简单　　(B) 运行维护简便
(C) 占地面积少　　(D) 抗扭性能好

答案：**ABC**

Jd2c3036 附件安装时质量检查的关键项目有(　　)。

(A) 跳线及带电导体对杆塔电气间隙　　(B) 跳线连接板及并沟线夹连接
(C) 跳线制作　　(D) 绝缘子的规格数量

答案：**ABD**

Jd2c3037 附件安装时质量检查的一般项目有(　　)。

(A) 绝缘避雷线放电间隙　　(B) 间隔棒安装位置
(C) 屏蔽环、均压环绝缘间隙　　(D) 开口销、弹簧销穿入方向

答案：**BC**

Jd2c3038 在钢筋混凝土构件的设计中，(　　)。

(A) 总是用混凝土来承受压力　　(B) 总是用混凝土承受拉力
(C) 用钢筋承受压力　　(D) 用钢筋承受拉力

答案：**AD**

Jd2c3039 各类杆塔一般均应计算线路(　　)的荷载。

(A) 最大风速　　(B) 正常运行
(C) 断线　　(D) 安装及特殊情况

答案：**BCD**

Jd2c3040 各类杆塔的运行工况，应计算下列工况的荷载(　　)。

(A) 最大风速、无冰、未断线
(B) 覆冰、相应风速、未断线

（C）最低气温、无风、无冰、未断线
（D）无风、无冰、导线未断线、任意一根地线有不平衡张力
答案：ABC

Jd2c3041　灌注桩基础关键项目有（　　）。
（A）地脚螺栓、钢筋规格数量　　（B）混凝土强度
（C）桩深　　（D）桩径
答案：ABC

Jd2c3042　土重法计算上拔稳定时，则基础的计算极限上拔力为（　　）之和。
（A）混凝土基础自重　　（B）上拔基础底板上所切的倒截土锥体重力
（C）上拔基础底板上的土体重力　　（D）基础侧壁的土抗力
答案：ABC

Jd2c3043　配制混凝土的原材料包括（　　）和外加剂等。
（A）水泥　　（B）沙
（C）石　　（D）水
（E）钢筋
答案：ABCDE

Jd2c3044　灌注桩成孔方法包括（　　）。
（A）旋转钻机钻孔灌注桩　　（B）掏挖桩
（C）冲击振动钻孔灌注桩　　（D）爆扩桩
答案：ACD

Jd2c3045　当电杆的基础受到外力矩 M 作用时，电杆倾覆，从而引起（　　），共同形成对基础的抵抗倾覆力矩。
（A）基础底部土的正压力　　（B）侧面土对基础侧壁的被动压力
（C）基础侧面土主动侧压力　　（D）底部土对基础底的摩阻力
答案：BD

Jd2c3046　基础承压时，底面处的压应力同时要满足（　　）。
（A）作用于基础底面处的平均压应力不小于地基土的许可耐压力
（B）作用于基础底面处的平均压应力不大于地基土的许可耐压力
（C）作用于基础底面处的最大压应力不小于地基土的许可耐压力的1.2倍
（D）作用于基础底面处的最大压应力不大于地基土的许可耐压力的1.2倍
答案：BD

Jd2c3047 摇臂抱杆组塔的特点是(　　)。

(A) 适用于各种复杂地形　　(B) 适用各种塔型

(C) 安装方便灵活　　(D) 工器具轻便灵活

答案：ABC

Jd2c3048 拉线角度 α，可按(　　)相等的原则确定。

(A) 大风时横向强度和断线时顺线路方向的强度

(B) 大风时拉线最大受力和断线时拉线最大受力

(C) 最大使用拉力和断线张力

(D) α 和 β

答案：AB

Jd2c3049 混凝土杆质量检查的关键项目有(　　)。

(A) 部件规格数量　　(B) 焊接质量

(C) 混凝土杆纵向裂纹　　(D) 结构倾斜

答案：ABC

Jd2c4050 环形截面普通钢筋混凝土构件，当沿纵轴各横截面上的(　　)均相同时，称为均截面构件。

(A) 配筋　　(B) 截面几何尺寸

(C) 混凝土强度等级　　(D) 受力情况

答案：ABC

Jd2c4051 用钢圈连接的水泥杆，在焊接时应遵守的规定有(　　)。

(A) 钢圈焊口上的油脂、铁锈、泥垢等污物应清除干净

(B) 钢圈应对齐，中间留有 2～5mm 的焊口缝隙

(C) 焊口合乎要求后，先点焊 3～4 处，点焊长度一般不大于为 10mm，然后再行施焊，点焊所用焊条应与正式焊接用的焊条相同

(D) 电杆焊接必须由持有合格证的焊工操作

答案：ABD

Jd2c4052 作用在杆塔上的荷载按其性质分类可分为(　　)。

(A) 横向荷载　　(B) 永久荷载

(C) 可变荷载　　(D) 特殊荷载

答案：BCD

Jd2c4053 按荷载作用在杆塔上的方向可分为(　　)。

(A) 横向荷载　　(B) 纵向荷载

（C）垂直荷载　　（D）特殊荷载

答案：ABC

Jd2c4054　灌注桩基础重要项目有（　　）。

（A）清孔　　（B）桩钢筋保护层厚度

（C）整基基础中心位移　　（D）基础根开

答案：BC

Jd2c4055　确定杆塔外形尺寸的基本要求有（　　）。

（A）杆塔高度的确定应满足导线对地或对被交叉跨越物之间的安全距离要求

（B）架空线之间的水平和垂直距离应满足档距中央接近距离的要求

（C）导线与杆塔的空气间隙应满足内过电压、外过电压和运行电压情况下电气绝缘的要求

（D）导线与杆塔的空气间隙应满足带电作业安全距离的要求

（E）架空地线对导线的保护角应满足防雷保护的要求

答案：ABCDE

Jd2c4056　用悬浮内拉线抱杆组塔应遵守的规定为（　　）。

（A）提升抱杆应设置两道腰环　　（B）抱杆拉线应靠近塔身节点

（C）起吊过程中，腰环应受力　　（D）双面吊装时，两侧荷重应基本一致

答案：ABD

Jd2c5057　受弯构件横截面上剪应力的分布是不均匀的，（　　）。

（A）中性轴处最大　　（B）中性轴处最小

（C）远离中性轴而逐渐增加　　（D）远离中性轴而逐渐减小

（E）边缘处剪应力最大　　（F）边缘处剪应力为零

答案：ADF

Jd2c5058　桩基础工程验收，应移交的资料包括（　　）。

（A）工程地质勘测报告（地质竣工图）　　（B）桩位测量放线图（施工测量记录）

（C）设置变更通知单　　（D）桩基结构竣工图

（E）事故处理及遗留缺陷记录　　（F）检查及评级记录

答案：ABCDEF

Je2c1059　导线的初伸长常用的处理方法有（　　）。

（A）预拉法　　（B）恒定升温法

（C）减弧垂法　　（D）恒定降温法

答案：ACD

Je2c1060 导线的初伸长对线路的影响有（ ）。

（A）应力增大　　（B）应力减小

（C）弧垂增大　　（D）弧垂减小

答案：BC

Je2c1061 线路纵断面的测量，是沿线路中心线测量地形起伏变化点的（ ），并据此绘制线路纵断面图。

（A）高差　　（B）高程　　（C）平距　　（D）垂距

答案：BC

Je2c1062 普通钢筋混凝土受弯构件裂缝发展的阶段一般分为（ ）。

（A）发现阶段　　（B）裂缝起始阶段

（C）裂缝可见阶段　　（D）裂缝开展阶段

答案：BCD

Je2c1063 线路巡视按目的不同大致可分为（ ）等几种。

（A）定期巡视　　（B）故障巡视　　（C）特殊巡视　　（D）直升机巡视

答案：ABCD

Je2c1064 雷雨、大风天气或事故巡线，巡视人员应（ ）。

（A）穿绝缘服　　（B）穿绝缘鞋

（C）戴绝缘手套　　（D）穿绝缘靴

答案：BD

Je2c1065 特殊巡视主要有（ ）几类。

（A）特殊季节　　（B）特殊区域

（C）特殊运行方式　　（D）特殊人员

答案：ABC

Je2c1066 输电线路大跨越段宜设专门维护班组。在洪汛、（ ）和雷电活动频繁的季节，宜设专人监视，做好记录，有条件的可装自动检测设备。

（A）干旱　　（B）覆冰　　（C）大风　　（D）冬季

答案：BC

Je2c2067 导地线连接时质量检查关键项目有（ ）。

（A）压接后的弯曲　　（B）压接管的规格型号

（C）压接管的试验强度　　（D）压接后的尺寸

答案：BCD

Je2c2068　产生导线的初伸长的原因有(　　)。

(A) 塑性伸长　　(B) 导线发热

(C) 气温升高　　(D) 蠕变伸长

答案：AD

Je2c2069　导线及避雷线的连接部分不得有(　　)等缺陷。

(A) 线股绞制不良　　(B) 断股

(C) 缺股　　(D) 轻微磨损

答案：ABC

Je2c2070　地线最大使用应力选择的原则是(　　)。

(A) 地线强度安全系数宜大于同杆塔导线的强度安全系数

(B) 有足够的对地安全距离

(C) 弧垂满足要求

(D) 当15℃无风时，在档距中央导线与地线间的距离 $s \geqslant 0.012l+1$ (m)

答案：AD

Je2c2071　导地线展放质量检查的关键项目有(　　)。

(A) 导地线规格　　(B) 因施工损伤补修处理

(C) 同一档内接续管数量　　(D) 各压接管与线夹间隔棒距离

答案：ABC

Je2c2072　现浇混凝土铁塔基础重要项目有(　　)。

(A) 水泥　　(B) 基础埋深

(C) 钢筋保护层厚度　　(D) 基础顶面高差

答案：BC

Je2c2073　在计划编制过程中，应结合线路实际运行状况，并充分考虑(　　)等情况制订详细的巡视计划。

(A) 线路的周边地质地貌　　(B) 巡视人员的总体技能

(C) 技术水平　　(D) 交通条件

答案：ABCD

Je2c2074　线路巡视检查方法有多种，一般是通过(　　)对输电线路设备进行巡查，以便及时发现设备缺陷和危及线路安全的因素，并尽快予以消除，预防事故的发生。

(A) 巡视人员双眼　　(B) 望远镜

(C) 检测仪器　　(D) 仪表

答案：ABCD

Je2c2075 输电线路的巡视一般采用由远及近的巡视方法，即从巡视出发位置开始，一直到杆塔下全方位、全过程对(　　)等进行检查。

(A) 线路环境　　(B) 杆塔

(C) 拉线周围状况　　(D) 通道异常

(E) 设备缺陷

答案：ABCDE

Je2c2076 输电线路的常见故障一般为(　　)、覆冰、倒塔、断线等。

(A) 雷击　　(B) 异物

(C) 风偏　　(D) 鸟害

(E) 污闪

答案：ACDE

Je2c2077 防鸟措施种类较多，主要有(　　)、声光惊鸟装置、超声波防鸟装置等。

(A) 防鸟刺　　(B) 防鸟风车

(C) 天敌仿真模型　　(D) 悬挂红布条

答案：ABC

Je2c2078 状态检修是企业以(　　)为基础，通过设备状态评价、风险评估、检修决策等手段开展的设备检修工作，达到设备运行安全可靠、检修成本合理的一种检修策略。

(A) 安全　　(B) 环境

(C) 成本　　(D) 质量

答案：ABC

Je2c2079 根据设备状态量的评价和对安全运行影响的大小，将设备状态分成(　　)几种状态。

(A) 正常状态　　(B) 注意状态　　(C) 异常状态　　(D) 严重状态

答案：ABCD

Je2c2080 当遇有障碍物时，则用(　　)间接定出直线方向。

(A) 等高法　　(B) 矩形法

(C) 三角形法　　(D) 平行四边形法

答案：BCD

Je2c2081 附件安装时质量检查重要项目有(　　)。

(A) 开口销及弹簧销　　(B) 悬垂绝缘子串倾斜

(C) 防振锤安装距离　　(D) 铝包带缠绕

答案：BCD

Je2c3082 地线最大支持力用于计算电杆(　　)。
(A) 头部的受弯(导线横担处弯矩)　(B) 受扭
(C) 基础倾覆　(D) 根部的受弯(嵌固点处弯矩最大)
答案：AB

Je2c3083 导线出现最大弧垂的气象条件可能是(　　)。
(A) 在最大风速时　(B) 在最高气温时
(C) 在覆冰有风时　(D) 在覆冰无风时
答案：BD

Je2c3084 用补修管补修导线时应注意(　　)。
(A) 将损伤处的线股先恢复原绞制状态　(B) 补修管的中心应位于损伤最严重处
(C) 需补修的范围应位于管内各 20mm　(D) 需先对损伤部位的导线进行打磨处理
答案：ABC

Je2c3085 架空线的应力过大或过小对架空线路的影响有(　　)。
(A) 线应力过小，易发生断线事故　(B) 线应力过大，易发生断线事故
(C) 应力过小，会使架空线弧垂过大　(D) 应力过小，会使架空线弧垂过小
答案：BC

Je2c3086 混凝土抗压强度是指按规定的方法搅拌而成的标准立方试块，(　　)，以标准试验方法得到的抗压极限强度。
(A) 在室温 15～20℃　(B) 空气相对湿度 90%以上
(C) 养护 28d 后　(D) 养护 7d 后
答案：ABC

Je2c3087 现浇混凝土铁塔基础一般项目有(　　)。
(A) 混凝土表面质量　(B) 回填土
(C) 基础根开　(D) 同组地脚螺栓中心对立柱中心位移
答案：CD

Je2c3088 钢筋和混凝土能够结合成整体联合工作的原因有(　　)。
(A) 混凝土和钢筋都有很高的抗压强度
(B) 混凝土凝结时，能在钢筋表面产生很大的黏着力
(C) 钢筋和混凝土几乎有相等的温度热膨胀系数
(D) 混凝土和钢筋都有很高的抗拉强度
答案：BC

Je2c3089 各类绝缘子出现下述（　　）情况时，应进行处理。
（A）瓷质绝缘子伞裙损、瓷质有裂纹，瓷釉烧坏
（B）玻璃绝缘子自爆或表面裂纹
（C）绝缘横担有严重结垢、裂纹，瓷釉烧坏、瓷质损坏、伞裙破损
（D）绝缘子偏斜角
答案：ABCD

Je2c3090 污秽等级划分为（　　）五个污秽等级，污秽等级应根据典型环境和合适的污秽评估方法、运行经验并结合其表面的现场污秽度（SPS）三个因素综合考虑划分，当三者不一致时，应依据运行经验确定。
（A）a　　（B）b
（C）c　　（D）d
（E）e　　（F）f
答案：ABCDE

Je2c3091 定期巡视线路本体时，对地基与基面应检查有无（　　）。
（A）回填土下沉或缺土　　（B）水淹
（C）冻胀　　（D）堆积杂物等
答案：ABCD

Je2c3092 输电线路（　　）决定了故障查找方法的不尽相同。
（A）故障多种多样　　（B）事故的突发性
（C）不确定性　　（D）严重性
答案：ABC

Je2c3093 依据《电网设备状态信息收集工作标准》，设备运行信息包括（　　）。
（A）缺陷记录　　（B）监理报告
（C）在线监测信息　　（D）带电检测数据
（E）带电检测数据
答案：ACDE

Je2c3094 复合绝缘子劣化是指复合绝缘子硅橡胶伞套出现（　　）、树枝状通道、蚀损、穿孔、密封性能下降、局部发热、憎水性能下降及机械强度明显下降的现象。
（A）变硬（脆）　　（B）粉化
（C）裂纹　　（D）破裂
（E）起痕
答案：ABCDE

Je2c3095 张力放线时，在导线轮进口处附近导线发生松股，严重时出现“赶灯笼”现象，其原因包括(　　)。

(A) 导线制造质量差，节距不正确，回捻较松

(B) 导线在张力轮上缠绕时，缠绕方向与外层铝股捻向相反

(C) 尾部张力过小，导线在张力轮上打滑

(D) 导线盘位置不当

答案：ABC

Je2c3096 当张力放线时，一个档距内每根导线或避雷线上不应超过两个补修管，并应满足下列规定(　　)。

(A) 各类管与耐张线夹间的距离不应小于 15m

(B) 接续管或补修管与悬垂线夹的距离不应小于 5m

(C) 接续管或补修管与间隔棒的距离不宜小于 0.5m

(D) 宜减少因损伤而增加的接续管

答案：ABCD

Je2c3097 张力架线技术是(　　)工作相配合的连续流水作业。

(A) 放线　　(B) 紧线

(C) 平衡挂线　　(D) 附件安装

答案：ABCD

Je2c3098 紧线施工时质量检查关键项目有(　　)。

(A) 导地线弧垂

(B) 相位排列

(C) 对交叉跨越的距离

(D) 耐张连接金具、绝缘子规格数量

答案：BCD

Je2c3099 新建线路进行跨越施工时，特殊跨越是指(　　)。

(A) 被跨运行电力线架空地线高度大于 30m

(B) 被跨越电力线路电压等级为 220kV 及以上

(C) 跨越交叉点下有河流、水塘或其他复杂地形

(D) 线路交叉角小于 30°或跨越宽度大于 70m

答案：ACD

Je2c4100 工程所称断线张力即为断线后(　　)。

(A) 剩余各档导线的残余张力

(B) 断线档邻档导线的残余张力

（C）离断线档最近的杆塔所受的不平衡张力

（D）断线档导线的张力

答案：BC

Je2c4101 引起断线的主要原因有（　　）。

（A）机械损伤　　（B）外力破坏

（C）雷击　　（D）严重覆冰或大风

（E）最低温度

答案：ABCD

Je2c4102 确定某连续档耐张段观测档弧垂大小的方法为（　　）。

（A）根据耐张段各档档距，由计算代表档距

（B）从线路平断面图中查出紧线耐张段的代表档距

（C）根据紧线耐张段代表档距大小，从安装曲线查出紧线环境温度对应的弧垂 f_0（若新架线路应考虑导线初伸长补偿）

（D）根据观测档档距 l_g、l_0 和 f_0，计算出观测档弧垂

答案：BCD

Je2c4103 压接直线管时，若导线的外层线股松散，应进行的处理为（　　）。

（A）在距线头 15～20m 处向线头方向将外层线股赶紧，并分段将导线绑扎紧固，待压接完成后 将绑扎线去掉

（B）如导线外层线股松散严重时，可将松散部分剪掉后再行压接

（C）压接时，要选用压接管内孔径较大者

（D）不对外侧线股松散情况进行处理，直接选用压接管内孔径较大者套进行压接

答案：ABC

Je2c4104 导线损伤在（　　）情况下可进行修光处理。

（A）铝、铝合金单股损伤深度小于直径的 1/2

（B）钢芯铝绞线及钢芯铝合金绞线损伤面积为导电部分截面面积的 5%及以下，且强度损失小于 4%

（C）钢芯铝绞线及钢芯铝合金绞线损伤面积为导电部分截面面积的 7%及以下

（D）单金属绞线损伤截面面积为 4%及以下

答案：ABD

Je2c4105 导线在同一处损伤同时符合（　　）情况可不做补修，只将损伤处棱角与毛刺用砂纸磨光。

（A）导线在同一截面处，损伤面积为导电部分截面面积的 5%及以下，且强度损失小于 4%

（B）导线在同一截面处，单股损伤深度小于直径的3/5

（C）导线在同一截面处，单股损伤深度小于直径的1/2

（D）导线在同一截面处，损伤面积为导电部分截面面积的5%及以下，且强度损失小于5%

答案：AC

Je2c4106 混凝土和钢筋之间存在的黏着力的产生主要有（　）方面的原因。

（A）混凝土抗压强度很高

（B）混凝土收缩将钢筋紧紧握固而产生的摩擦力

（C）混凝土颗粒的化学作用而产生的混凝土与钢筋之间的胶合力

（D）钢筋表面凹凸不平与混凝土之间产生的机械咬合力

答案：BCD

Je2c4107 特殊巡视一般在（　）和其他特殊情况条件下，及时组织安排巡视。

（A）气候剧烈变化　　（B）自然灾害

（C）外力影响　　（D）特殊运行方式

答案：ABCD

Je2c4108 线路走廊保护区巡视项目包括（　）。

（A）建筑物、构筑物　　（B）各类施工作业

（C）可能直接威胁线路安全的情况　　（D）树（竹）木、蔓藤类植物附生等

（E）各类线路、高架管道、索道

答案：ABCDE

Je2c4109 输电线路全面实行按设备状态进行检修，（　）被称为输电线路设备开展状态检修的四大基础技术。

（A）绝缘子盐密（灰密）测试

（B）导线跳线连接金具扭矩值检测（辅助红外测温）

（C）复合绝缘子憎水性检测及芯棒脆断检查试验（瓷绝缘子劣化检测）

（D）输电线路危险点实时监控

答案：ABCD

Je2c4110 下列关于扁钢、圆管、槽钢、薄板、深缝的锯割方法，叙述正确的有（　）。

（A）从扁钢较窄的面下锯，这样可使锯缝的深度较浅而整齐，锯条不致卡住

（B）直径较大的圆管，不可一次从上到下锯断，应在管壁被锯透时，将圆管向推锯方向转动，边锯边转，直至锯断

（C）锯割3mm以下的薄板时，薄板两侧应用木板夹住锯割，以防卡住锯齿，损坏锯条

(D) 从槽钢较宽的面下锯，这样可使锯缝的深度较浅而整齐，锯条不致卡住

(E) 锯割深缝时，应将锯条在锯弓上转动 45°，操作时使锯弓放平，平握锯柄，进行推锯

答案：BCD

Je2c4111 张力放线过程中应遵守的安全要求为( )。

(A) 邻近或跨越带电线路采取张力放线时，牵引机、张力机本体、牵引绳、导地线滑车、被跨越电力线路两侧的放线滑车必须接地

(B) 邻近 750kV 及以上电压等级线路放线时，操作人员应站在特制的金属网上，金属网必须接地

(C) 雷雨天不得进行放线作业

(D) 在张力放线的全过程中，人员不得在牵引绳、导引绳、导线下方通过或逗留

(E) 放线作业前检查导线与牵引绳连接应可靠牢固

答案：ABCDE

Je2c4112 非张力放线跨越架搭设要求有( )。

(A) 根据被跨越物的种类，选择所搭跨越架的结构形式，其宽度应大于施工线路杆塔横担的宽度，跨越架的两端应搭设“羊角”，以防所放架空线滑落到跨越架之外

(B) 在搭设跨越铁路、公路、高压电力线路的跨越架时，应先与有关部门联系，请被跨越物的产权单位在搭架、施工及拆架时，派人员监督检查

(C) 跨越架的搭设，应由下而上进行搭设，并有专人负责传递木杠或竹杆等材料拆除时，应由上而下的进行，不得抛掷，更不得将架子一次推倒

(D) 对搭设好的跨越架，应进行强度检查，确认牢固后方可进行放线工作，对比较重要的跨越架，应派专人监护看守，一方面提醒来往行人和车辆注意，另一方面监视导线、避雷线的通过情况

答案：ABCD

Je2c4113 跨越架的搭设方法及要求有( )。

(A) 跨越架主柱间距离一般为 3m 左右

(B) 横杆上下距离一般为 1.0m 左右

(C) 主柱支撑杆应埋入土内不少于 0.5m

(D) 跨越架搭设的宽度应比施工线路的两边线各宽出 0.5m

(E) 带电跨越还需要增加封顶杆

答案：BCE

Je2c5114 导线机械物理特性各量对导线运行时的影响有( )。

(A) 弹性系数越大的导线在相同受力时其相对弹性伸长量越小

（B）导线的质量影响导线的应力及弧垂
（C）瞬时破坏应力小的导线适用在大跨越、重冰区的架空线路
（D）导线的温度膨胀系数影响导线的运行应力及弧垂
答案：ABD

Je2c5115 导线切割及连接应符合的规定包括（　　）。
（A）切割导线铝股时严禁伤及钢芯
（B）切口应整齐
（C）导线及架空地线的连接部分不得有线股绞制不良、断股、缺股等缺陷
（D）连接后管口附近不得有明显的松股现象
答案：ABCD

Je2c5116 基础上拔稳定计算，应根据抗拔土体的状态，分别采用（　　）和（　　）。
（A）扭矩法　　（B）剪切法
（C）土重法　　（D）综合法
答案：BC

1.4 计算题

La2D1001 某地区中性点非直接接地 35kV 线路，长 $L=X_1$km，其中有架空地线的线路长为 10km。如果等电位作业时将一相接地，流过人体的电容电流 $I=$________ A。(设人体电阻 $R_1=1500\Omega$，屏蔽服电阻 $R_2=10\Omega$；35kV 单相电容电流，无地线为 0.1A/km，有地线为 0.13A/km)

X_1取值范围：15.0～20.0 之间的整数

计算公式： $I=\dfrac{R_2}{R_1}I_C=\dfrac{10.0}{1500}\times[(X_1-10)\times0.1+10\times0.13]$

La2D2002 当两盏额定电压 $U_n=220$V、额定功率 $P_n=40$W 的电灯，按图接到电压 $U=X_1$V 的电源上，线路电阻 $R_0=2\Omega$。求电灯的电压 $U_1=$________ V、电流 $I_1=$________ A 和功率 $P_1=$________ W。

X_1取值范围：180，200，220，240

计算公式： $U_1=\dfrac{\dfrac{1}{2}\times\dfrac{U_n^2}{P_n}}{R_0+\dfrac{1}{2}\times\dfrac{U_n^2}{P_n}}\times U=\dfrac{605}{607}\times X_1$

$$I_1=\frac{U_1}{\dfrac{U_n^2}{P_n}}=\frac{X_1}{1214}$$

$$P_1=U_1\times I_1=\frac{605\times X_1^2}{736898}$$

La2D2003 图为某架空线路用的环形截面普通钢筋混凝土锥形电杆。电杆全高为 10m，若线路的导线牌号为 LGJ-95/20，计算截面面积 $A=113.96\text{mm}^2$，水平档距 $l_h=X_1$m，正常运行最大风速时导线风压比载 $g_4=60.424\times10^{-3}\text{N/(m}\cdot\text{mm}^2)$，则正常运行大风情况电杆危险截面的剪力 $Q=$________ N（忽略杆身风压）。

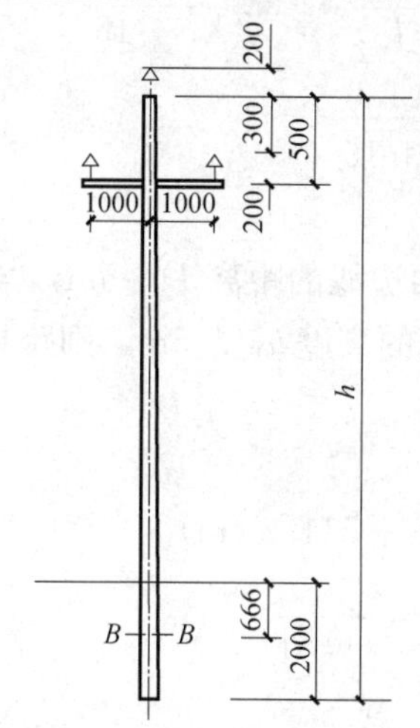

X_1取值范围：120，150，180，230

计算公式：$Q=3g_4AL_h=3\times 60.424\times 10^{-3}\times 113.96\times X_1$

La2D2004 如图所示的耐张段中，导线为 LGJ-95/20 型，在 4 号与 5 号杆塔之间跨越铁路，要求导线至铁轨顶垂直距离 $d\geqslant 7.5$m，且已知邻档断线时交叉跨越处导线的弧垂 $f=8.62$m，图中 $l=X_1$m，悬垂串长度为 0.71m，则邻档断线交叉跨越距离 $d=$ ________ m。

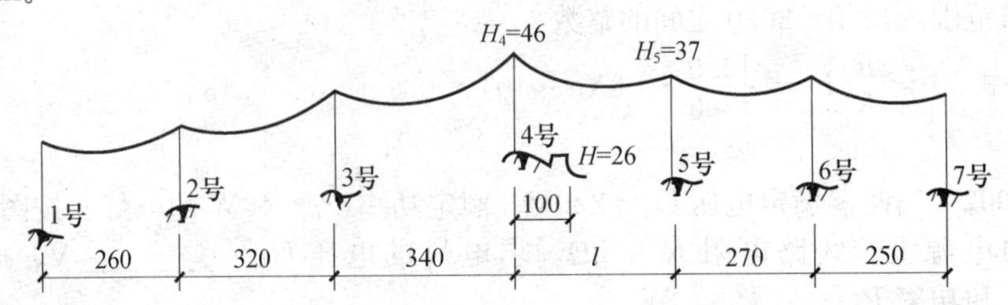

X_1取值范围：250，300，350

计算公式：$d=H_4-\dfrac{(H_4-H_5)\times 100}{l}-f-H=46-\dfrac{(46-37)\times 100.0}{X_1}-8.62-26$

La2D2005 如图所示的电路，一电阻 R 和一电容 C、电感 L 并联，现已知电阻支路的电流 $I_R=X_1$A，电感支路的电流 $I_L=10$A，电容支路的电流 $I_C=14$A。试用相量图求出总电流 $I_\Sigma=$ ________ A，功率因数 $\cos\psi=$ ________。

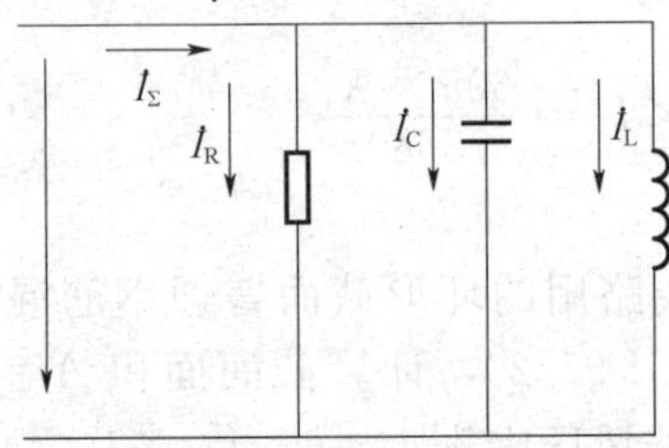

X_1取值范围：3，5，10，12

计算公式：$I_\Sigma=\sqrt{I_R^2+(I_L-I_C)^2}=\sqrt{X_1^2+16}$

$$\cos\psi=\frac{I_L}{I_\Sigma}=\frac{10\times 1.0}{\sqrt{X_1^2+16}}$$

La2D2006 已知一施工线路两边线的距离 $D=5$m，与被跨铁路的交叉角 $\theta=X_1^\circ$，电力机车轨顶距搭设跨越架施工基面的高度 h_1 为 5m，则跨越架的高度 $H=$ ________ m 和搭设宽度 $L=$ ________ m。

X_1取值范围：30，45，60

计算公式：$H=h+h_1=6.5+511.5\,(\mathrm{m})$

$$L=\frac{D+2\times 1.5}{\sin\theta}=\frac{8}{\sin X_1}$$

La2D2007 一简易起重如图所示，横担长 $L_{AB}=6$m，其重 $G=2000$N。A 端用铰链固定，B 端用钢绳拉住，若吊车连同重物共重 $P=X_1$N，在图示位置 A 处 $l_1=2$m 时，则钢绳的拉力 $T=$________ N，支座 A 的反力 $N_a=$________ N。

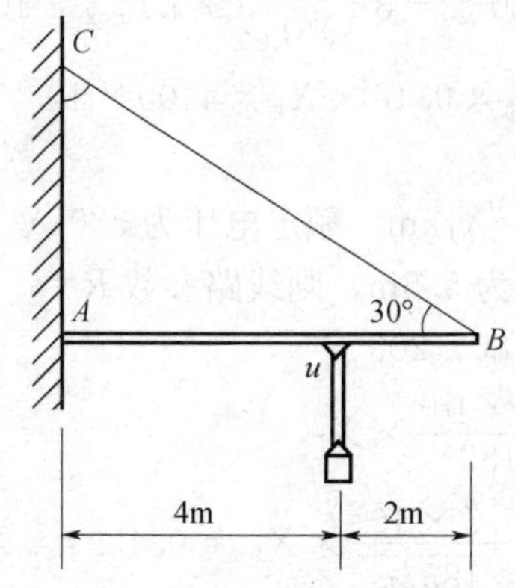

X_1取值范围：10000，12000，15000，18000

计算公式：$T=\dfrac{G\dfrac{L_{AB}}{2}+P(L_{AB}-l_1)}{\sin 30°L_{AB}}=\dfrac{6000+4\times X_1}{3.0}$

$$N_a=\sqrt{N_{ax}^2+N_{ay}^2}=\sqrt{(T\cos 30°)^2+(G+P-T\sin 30°)^2}$$
$$=\sqrt{\left(\frac{6000+4\times X_1}{3}\times\cos30°\right)^2+\left[2000+X_1-\frac{(6000+4\times X_1)}{3}\times\sin30°\right]^2}$$

La2D3008 某变电站至 10kV 开关站采用 LGJ-240/30 型架空线路输送电能，架空线长度 $L=X_1$km，单位长度电阻 $r_0=0.15\Omega$/km，单位长度电抗 $x_0=0.34\Omega$/km，变电站母线电压为 10.5kV，要求开关站母线电压不低于 10kV。当 $\cos\varphi=0.95$ 时，该开关站最大能送出 $S=$________ MV·A 容量的负荷。(保留两位小数)

X_1取值范围：3，5，10

计算公式：$S=\dfrac{\Delta U}{\dfrac{\cos\varphi r_0L+\sin\varphi x_0L}{U}}=\dfrac{10.5-10}{X_1\times\dfrac{0.95\times0.15+0.31\times0.34}{10}}$

$$=\frac{0.5}{0.02479\times X_1}=\frac{1}{0.04958\times X_1}$$

La2D3009 已知某电容器的电容 $C=X_1\mu$F，接在电源电压 $U=110$V 的交流电路中，则在 $f=1000$Hz 时的电流 $I=$________ A，无功功率 $Q=$________ V·A。

X_1取值范围：0.156，0.159，0.162，0.164

计算公式：$I=2\pi fCU=0.6908\times X_1$

$Q=2\pi fCU^2=75.988\times X_1$

La2D3010 某 10kV 专线线路长为 $L=X_1$km，最大负荷为 3000kV·A，最大负荷利用小时数 $T_{max}=4400$，导线单位长度的电阻 $r_0=0.16\Omega$/km。每年消耗在导线上的电能

$W=$________ kW·h。

X_1取值范围：5.0～10.0之间的整数

计算公式： $W=3I^2RT\times10^{-3}=3\left(\frac{S}{\sqrt{3}U}\right)^2r_0LT_{\max}\times10^{-3}$

$=3\times17.32^2\times0.16\times X_1\times4400\times10^{-3}$

La2D3011 有一条长度$L=X_1$km、额定电压为220kV的架空输电线路，导线型号为LGJ-185，水平排列，线间距离为5.5m，则线路参数$R=$________Ω，$X=$________Ω。

X_1取值范围：120，150，180，200

计算公式： $R=\frac{\rho}{s}L=\frac{32\times10^3}{185}\times X_1$

$X=0.1445\lg\frac{5.5\times10^3}{\sqrt{185/\pi}}\times X_1=0.4294\times X_1$

La2D3012 有一条为10kV线路，导线型号选用钢芯铝绞线，线间几何平均距离为1m，容许电压损耗为$\Delta U\%=X_1$，全线采用同一截面导线。线路各段长度（km）、负荷（kW）及功率因数如图所示。线路的容许电压损耗$\Delta U=$________V，电阻允许的电压损耗$\Delta U_r=$________V。［假设线路平均电抗$x_0=0.38$ Ω/km，导线材料导电系数$\gamma=$ 32m/Ω（m·m²）］。

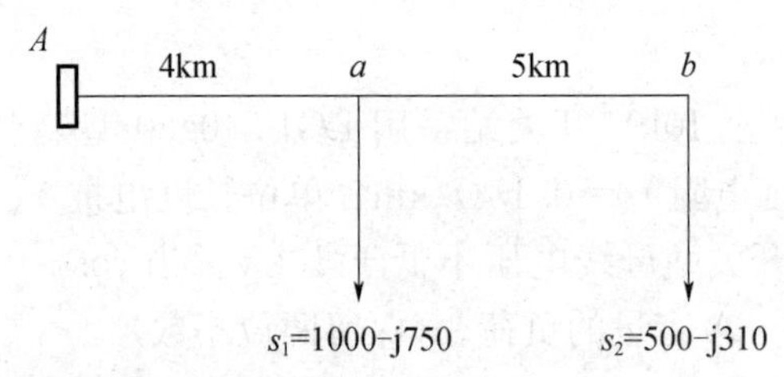

X_1取值范围：5.0～10.0之间的整数

计算公式： $\Delta U=\Delta U\%\times U_N=X_1\times0.01\times10000$

$S_{Aa}=S_1+S_2=1500-j1060$

$\Delta U_r=\Delta U-\Delta U_x=\Delta U-x_0\frac{\Sigma Ql}{U_N}$

$=\Delta U-x_0\frac{4Q_{Aa}+5Q_2}{U_N}=X_1\times0.01\times10000-220$

La2D3013 "上"字型无拉线单柱直线杆转动横担的起动力定为X_1kN，横担长度$l=2.5$m，则导线断线横担转动时电杆的剪力$Q=$________kN和扭距$M_N=$________kN·m。

X_1取值范围：2.3，2.45，2.6

计算公式： $Q=X_1$

$M_N=X_1l=X_1\times2.5$

La2D3014 电感 $L=X_1$mH 的线圈，接入到频率 $f=50$Hz 和电压 $U=220$V 的交流电路上，则电路中的电流 $I=$_______ A 和无功功率 $Q=$_______ kV·A。

X_1取值范围：10，20，30，40

计算公式： $I=\dfrac{U}{2\pi fL}=\dfrac{701}{X_1}$

$$Q=UI=\frac{154}{X_1}$$

La2D3015 有一个 R、L、C 串联电路，电阻 $R=X_1\Omega$，电容 $C=6.37\mu$F；电感 $L=3.18$H，当将它们作为负载接到电压 $U=100$V、频率 $f=50$Hz 的交流电源时，则负载功率因数 $\cos\varphi=$_______，负载消耗的有功功率 $P=$_______ W 和无功功率 $Q=$_______ V·A。

X_1取值范围：280，290，300

计算公式：

$$\cos\varphi=\frac{X_1}{\sqrt{X_1^2+\left(2f\pi L-\dfrac{1}{2f\pi C\times10^{-6}}\right)^2}}$$

$$=\frac{X_1}{\sqrt{X_1^2+\left(100\times3.141592653589793\times3.18-\dfrac{10^6}{100\times3.141592653589793\times6.37}\right)^2}}$$

$$\mathrm{P}=\frac{(U\cos)^2}{R}$$

$$=\frac{10000\times X_1}{X_1^2+\left(100\times3.141592653589793\times3.18-\dfrac{10^6}{100\times3.141592653589793\times6.37}\right)^2}$$

$$Q=\frac{P\sin}{\cos}=P\,\frac{2f\pi L-\dfrac{1}{2f\pi C\times10^{-6}}}{X_1}$$

$$=\frac{\left(100\times3.141592653589793\times3.18-\dfrac{10^6}{100\times3.141592653589793\times6.37}\right)\times100^2}{X_1^2+\left(100\times3.141592653589793\times3.18-\dfrac{10^6}{100\times3.141592653589793\times6.37}\right)^2}$$

La2D3016 一个容量 $C=X_1\mu$F 的电容器，接入频率 $f=50$Hz、电压 $U=220$V 的交流电源上，电压瞬时表达式 $u=220\sqrt{2}\sin$（314t＋30°）V，则在 $t=0.02$s 时，该电路的电流瞬时值 $i=$_______ A。

X_1取值范围：100，200，300，400，500

计算公式： $i=2\pi fcu\sqrt{2}\sin(314t+30^\circ+90^\circ)$

$$=100\times3.141592653589793\times10^{-6}\times220\times\sqrt{2}\times X_1\times\sin120^\circ$$

La2D4017 某线路导线，其瞬时拉断力 T 为 23390N，安全系数 $K=X_1$，截面面积 A 为 79 mm^2，则导线的最大使用应力 $\sigma=$_______ MPa。

X_1取值范围：2，2.5，3

计算公式：$\sigma=\dfrac{T}{A/K}=\dfrac{23390}{79/X_1}$

La2D4018 如图所示，已知 $I_1=X_1$mA，$I_3=16$mA，$I_4=12$mA，则 $I_2=$________mA，$I_5=$________mA。

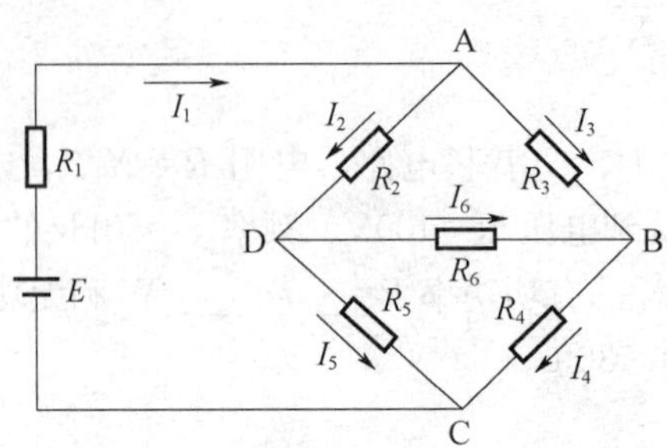

X_1取值范围：18，20，22，25

计算公式：$I_2=I_1-I_3=X_1-16$

$I_5=I_1-I_4=X_1-12$

La2D4019 已知某悬挂点等高耐张段的导线型号为 LGJ-185/30，代表档距 l_0 为 50m，计算弧垂 f_0 为 0.8m，采用减少弧垂法减少 12%补偿导线的初伸长。现在档距$l=X_1$m 的观测档内进行弧垂观测，则弧垂 $f=$________m 时，应停止紧线。

X_1取值范围：55，65，70

计算公式：$f=f_0\times\left(\dfrac{l}{l_0}\right)^2\times(1-0.12)=0.8\times\left(\dfrac{X_1}{50.0}\right)^2\times(1-0.12)$

La2D4020 将一根导线放在均匀磁场中，导线与磁力线方向垂直，已知导线长度 $L=10$m，通过的电流 $I=X_1$A，磁通密度为 $B=0.5$T，则该导线所受的电场力 $F=$________N。

X_1取值范围：50，100，150，200

计算公式：$F=IBL=5\times X_1$

La2D5021 如图所示的直流电路中，$E_1=10$V，$E_2=8$V，$R_1=5\Omega$，$R_2=4\Omega$，$R=X_1\Omega$，则流经电阻 R 的电流 $I=$________A。

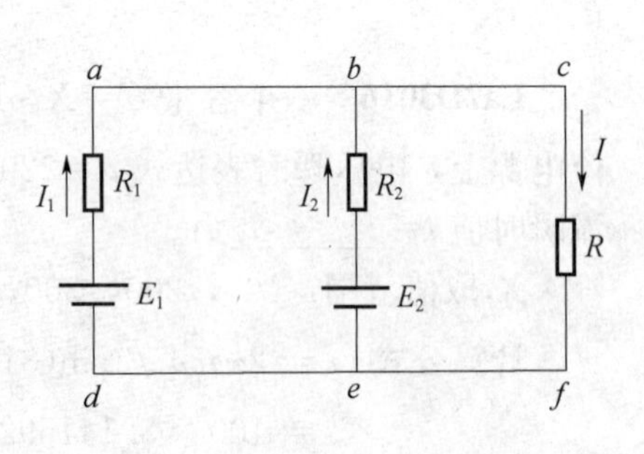

X_1取值范围：5，10，15，20，30

计算公式：由 $E_1-I_1R_1=E_2-I_2R_2=IR$

$I=I_1+I_2$

得

$$I=\frac{80.0}{20+9\times X_1}$$

La2D5022 某10kV专线线路长 X_1km，最大负荷为3000kV·A，最大负荷利用小时数 T_{max}=4400，导线单位长度的电阻为 r_0=0.16W/km，则每年消耗在导线上的电能 ΔW=________ kW·h

X_1取值范围：5.0～10.0之间的整数

计算公式：$\Delta W = 3I^2RT \times 10^{-3} = 3\left(\frac{S}{\sqrt{3}U}\right)^2 RT_{max} \times 10^{-3}$

$$= 3 \times \left(\frac{3000}{\sqrt{3} \times 10}\right)^2 \times X_1 \times 0.16 \times 4400 \times 10^{-3}$$

Lb2D2023 如图所示的耐张段中，导线为LGJ-95/20型，在4号与5号杆塔之间跨越铁路，且已知校验气象条件（15℃无风）时导线应力 σ_0=81.67MPa，g_1=35.187×10^{-3}N/(m·mm²)，图中 l=X_1m，假设已查得衰减系数 α=0.5，则邻档断线时交叉跨越处导线的弧垂 f=________ m。

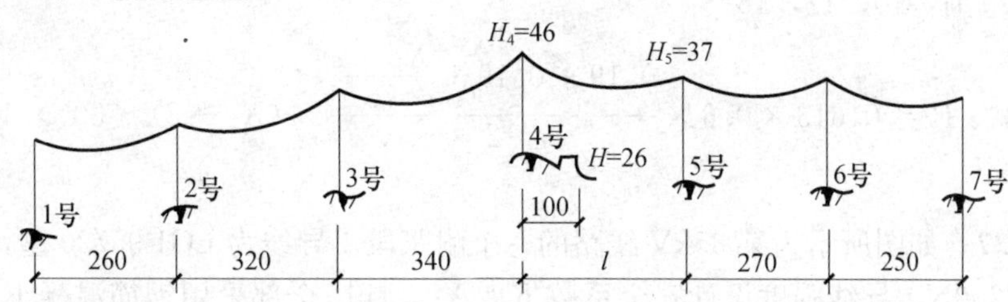

X_1取值范围：250，300，350

计算公式：$f = \frac{g_1}{2\sigma_0 \alpha} l_a l_b = \frac{35.187 \times 10^{-3}}{2 \times 81.67 \times 0.5} \times 100 \times (X_1 - 100)$

Lb2D3024 某220kV输电线路在丘陵地带有一悬点不等高档，已知该档档距 l=X_1m，悬点高差 Δh=36m，最高气温时，导线应力 σ_0=80MPa，比载 g_1=36.51×10^{-3}N/（m·mm²），则此时该档导线的线长 L=________ m。

X_1取值范围：400，430，460

计算公式：$L = l + \frac{{g_1}^2 l^3}{24\sigma_0^2} + \frac{\Delta h^2}{2l} = X_1 + \frac{0.03651^2 \times X_1^3}{80^2 \times 24} + \frac{36^2}{2 \times X_1}$

Lc2D2025 某110kV线路所采用的XP-70型绝缘子悬垂串用 n=X_1片，每片绝缘子的泄漏距离不小于295mm。其最大泄漏比距 S=________ cm/kV。

X_1取值范围：7，8，9

计算公式：$S = \frac{n\lambda}{U_N} = \frac{X_1 \times 29.5}{1.15 \times 110}$

Lc2D2026 图为某架空线路用的环形截面普通钢筋混凝土锥形电杆。电杆梢径 D_0=190mm，全高 h=X_1m，则风速 v=30m/s时，电杆杆身所受风压 P=________ kN。

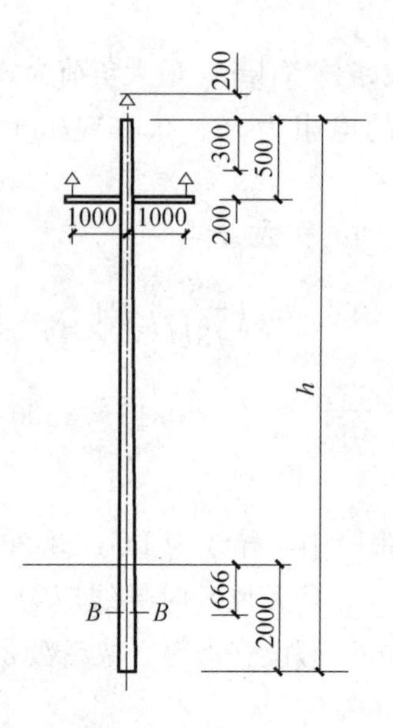

X_1取值范围：10，12，15

计算公式：$P=0.613\times0.6\times\dfrac{0.19+0.19+\dfrac{X_1-2}{75}}{2}\times(X_1-2)\times30^2\times10^{-3}$

Lc2D3027 如图所示为某35kV线路的一个耐张段。导线为LGJ-95/20型，其计算拉断力$T_p=37200$N，导线强度设计安全系数$K=X_1$，杆塔全部采用钢筋混凝土水泥电杆，则该耐张段直线杆的导线断线张力$T_1=$________N，耐张杆的导线断线张力$T_2=$________N。

X_1取值范围：2.5～3.0之间保留一位小数的数值

计算公式：$T_1=\dfrac{0.3\times T_p}{K}=\dfrac{0.3\times37200}{X_1}$

$$T_2=\dfrac{0.7\times T_p}{K}=\dfrac{0.7\times37200}{X_1}$$

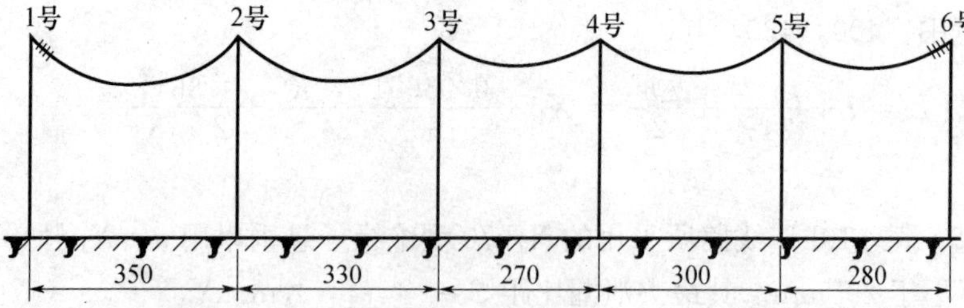

Lc2D3028 采用盐密仪测试XP-70型绝缘子盐密，用来清洗绝缘子表面的蒸馏水$V=X_1\text{cm}^3$。清洗前，测出20℃时蒸馏水的含盐浓度为0.000723g/100mL；清洗后，测出20℃时污秽液中含盐浓度为0.0136g/100mL。已知绝缘子表面积$S=645\text{cm}^2$，则绝缘子表面盐密值$d=$________mg/cm²。

X_1取值范围：130.0～150.0之间的整数

计算公式：$d=\frac{10V(D_2-D_1)}{S}=10\times\frac{(0.0136-0.000723)\times X_1}{645.0}$

Lc2D4029 平原地区某220kV线路直线塔如图所示，避雷线和导线的弧垂为7m和12m，线路经过地区的雷暴日数为40个 $h=X_1$m，则该输电线路的落雷次数 $N=$________[次/(100千米·年)]。

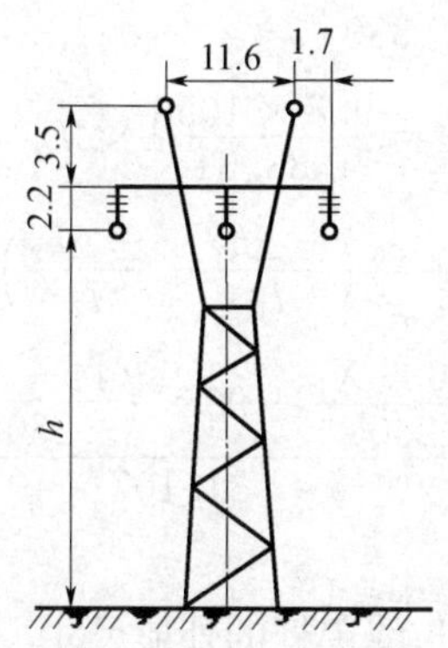

X_1取值范围：20.3，22，23.8，25.5

计算公式：$N=0.28\times\left[(11.6+2\times1.7)+4\times\left(X_1+2.2+3.5-\frac{2}{3.0}\right)\times7\right]$

Jd2D5030 某耐张段总长 $L=X_1$m，代表档距 l_0 为258m，检查某档档距 l_g 为250m，实测弧垂 f_1 为5.84m，依照当时气温的设计弧垂值 f_2 为3.98m。该耐张段的线长调整量 $L=$________m。

X_1取值范围：5000，5200，5500，5800

计算公式：$L=\frac{8l_0^2L}{3l_g^4}(f_1^2-f_2^2)$

$$=8\times258\times258\times(5.84\times5.84-3.98\times3.98)\times\frac{X_1}{3\times250^4}$$

Je2D1031 某环截面普通钢筋混凝土电杆，外径 $D=40$cm，内径 $d=30$cm，计算长度 $l_0=8$m，当受到初偏心距为 $e_0=0.85$m、偏心距增大系数 $m=X_1$、轴向偏心压力 $N=82.66$kN作用时，则电杆力矩 $M=$________kN·m。

X_1取值范围：1.056～1.150之间保留三位小数的数值

计算公式：$M=Ne_0m=82.66\times0.85\times X_1$

Je2D1032 图为某220kV输电线路中的一个耐张段，图中 $l=X_1$m，导线型号为LGJ-300/25，计算质量 G_0 为1058kg/km，计算截面面积 A 为333.31mm²，计算直径 $d=23.76$mm，则导线的自重比载 $g_1=$________$\times10^{-3}$ N/（m·mm²）。该耐张段中3号直线杆塔在更换悬垂线夹作业时，不考虑作业人员及工具附件重，提线工具所承受的荷载 $G=$________N。（作业时无风、无冰，导线水平应力为90MPa）（保留两位小数）

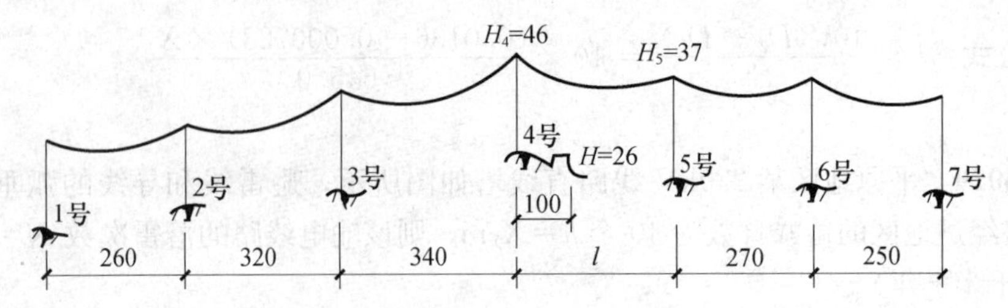

X_1取值范围：280，300，320，350

计算公式：$g_1=\dfrac{9.8G_0}{A}\times10^{-3}=\dfrac{9.8\times1058}{333.31}\times10^{-3}=31.107$

$$G=9.8G_0\times10^{-3}\times\left[\frac{l_1+l_2}{2}+\frac{\sigma_0}{g_1}\left(\frac{\pm\Delta h_1}{l_1}+\frac{\pm\Delta h_2}{l_2}\right)\right]$$

$$=9.8\times1058\times10^{-3}\times\left[\frac{\dfrac{230+X_1}{2.0}+90\times\left(\dfrac{44-30}{230}+\dfrac{44-22}{X_1}\right)}{31.107\times10^{-3}}\right]$$

Je2D2033 如图所示的线路某拉线单杆的外形尺寸，拉线对地面夹角β=45°，与横担方向夹角α=45°，避雷线高度为$h_1=X_1$m，正常运行最大风时的荷载如图所示（图中荷载单位：N）。试按正常最大风条件计算拉线点剪力Q=________N和弯距M=________N·m（忽略杆身风压）。

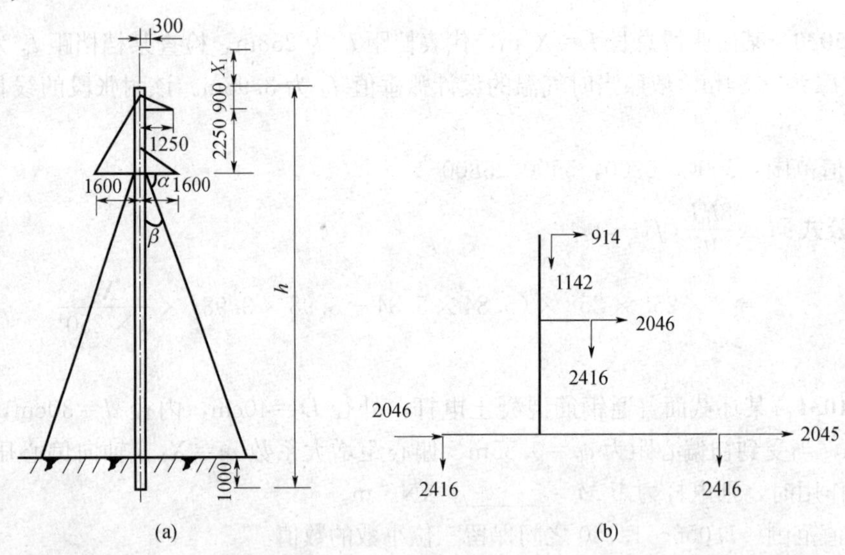

(a) (b)

X_1取值范围：1200，1300，1400

计算公式：$Q=914+2046\times3$

$$M=914\times(2.25+0.9+X_1)+2046\times2.25+(1142\times0.3+2416\times1.25)$$

Je2D1034 有一个星形接线的三相负载，每相的电阻$R=X_1\Omega$，电抗$X=8\Omega$，电源相电压U=220V，则每相的电流I=________A。

X_1取值范围：2，4，6

计算公式：$I=\dfrac{U}{\sqrt{R^2+X^2}}=\dfrac{220}{\sqrt{X_1^2+8^2}}$

Je2D1035 某一线路施工，采用异长法观察弧垂，已知导线的弧垂 f 为 X_1m，在 A 杆上绑弧垂板距悬挂点距离 $a=4$m，则在 B 杆上应挂弧垂板距悬挂点 $b=$________ m。

X_1取值范围：5，5.5，6

计算公式：$b=(2\sqrt{f}-\sqrt{a})^2=(2\sqrt{X_1}-\sqrt{4})^2$

Je2D4036 如图所示，一门型电杆，杆高 18m，架空地线横担重 2000N，导线横担重 5600N，叉梁重 1000 牛顿/根，电杆每米杆重 $Q=X_1$，则电杆重心高度 $H_0=$________ m。

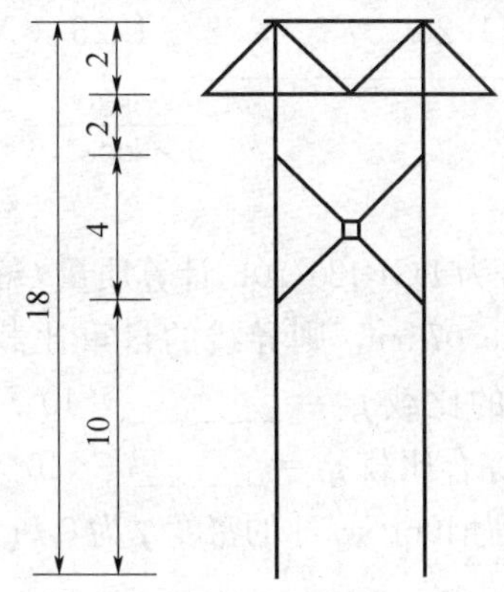

X_1取值范围：1000，1150，1300

计算公式：

$$H_0=\frac{\sum M}{\sum g_0}=\frac{1000\times 18+2800\times 16+1000\times 14+1000\times 10+(X_1\times 18)\times 9}{1000+2800+1000\times 2+X_1\times 18}$$

$$=\frac{86800+X_1\times 162}{5800+X_1\times 18}$$

Je2D5037 如图所示，采用人字抱杆起吊电杆，取动荷系数 $K_1=1.2$，1-1 滑轮组的质量为 $0.05Q_0$，滑轮组的效率 $\eta=0.9$，电杆质量 $Q_0=X_1$kg。每根抱杆的轴向受力 $N_1=$________ N。（抱杆的均衡系数取 K_2 取 1.2）

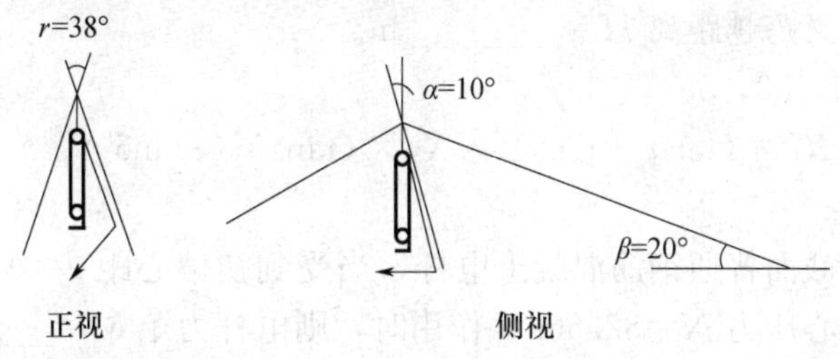

X_1取值范围：1500，2000，2500

计算公式：（1）定滑轮受力分析

$$Q=K_1(Q_0+0.05Q_0)\times g=1.2\times 1.05\times X_1\times 9.8$$

$$S = \frac{Q}{n\eta} = \frac{1.26 \times X_1 \times 9.8}{2 \times 0.9}$$

$$F_1 = Q + S$$

（2）定滑轮受力分析

人字抱杆交叉处受力分析

$$T\cos\beta = N\sin\alpha$$

$$T\sin\beta + F_1 = N\cos\alpha$$

$$N = \frac{F_1\cos\beta}{\cos(\alpha+\beta)}$$

（3）两抱杆受力分析

$$N_1 = \frac{K_2 N}{2\cos\frac{\gamma}{2}} = \frac{1.2 \times (1.26 \times X_1 \times 9.8 + 1.26 \times X_1 \times \frac{9.8}{2 \times 0.9}) \times \cos 20^\circ}{\frac{\cos 30^\circ}{2 \times \cos 19^\circ}}$$

Jf2D1038 某线路导线型号为LGJ-120/20，计算质量G_0为466.8kg/km，计算截面面积A=134.49mm²，计算直径d=15.07mm，则导线的自重比载g_1=________×10⁻³N/(m·mm²)，导线在覆冰条件下的冰的比载g_2=________×10⁻³N/(m·mm²)，风压比载g_5=________×10⁻³N/(m·mm²)，综合比载g_7=________×10⁻³N/(m·mm²)。（覆冰条件为：覆冰厚度$b=X_1$mm，相应风速v为10m/s，冰的密度γ为0.9g/cm³，α=1.0，C=1.2）

X_1取值范围：5，10，15

计算公式：$g_1 = \frac{9.8G}{A} \times 10^{-3} = \frac{9.8 \times 466.8}{134.49} \times 10^{-3} = 34.015 \times 10^{-3}[\mathrm{N/(m \cdot mm^2)}]$

$$g_2 = \frac{9.8\pi\gamma b(d+b)}{A} \times 10^{-3} = \frac{9.8\pi \times 0.9 \times X_1 \times (15.07 + X_1)}{134.49} \times 10^{-3}$$

$$g_5 = \alpha k(d+2b)\frac{9.8v^2}{16s} \times 10^{-3} = 1.0 \times 1.2 \times (15.07 + 2 \times X_1) \times \frac{9.8 \times 10^2}{16 \times 134.49} \times 10^{-3}$$

$$g_7 = \sqrt{(g_1+g_2)^2 + g_5}$$

Jf2D3039 用经纬仪测量线路导线与被跨越的通信线间的距离，仪器至线路交叉点的水平距离L为X_1m，观测线路交叉处导线时的仰角a为15°，观测线路交叉处通信线的仰角b是5°，则线路交叉跨越距离H=________m。

X_1取值范围：50，52，55

计算公式：$H = X_1 \times (\tan a - \tan b) = X_1 \times (\tan 15^\circ - \tan 5^\circ)$

Jf2D4040 某环截面普通钢筋混凝土电杆，当受到初偏心距$e=X_1$m、偏心距增大系数m=1.13，轴向偏心压力N=82.66kN作用时，则电杆力矩M=________kN·m。

X_1取值范围：0.85，0.86，0.87

计算公式：$M = N \times X_1 \times m = 82.66 \times X_1 \times 1.13$

1.5 识图题

Lb2E2001 下图中的带电作业方式中地电位作业的是( )。

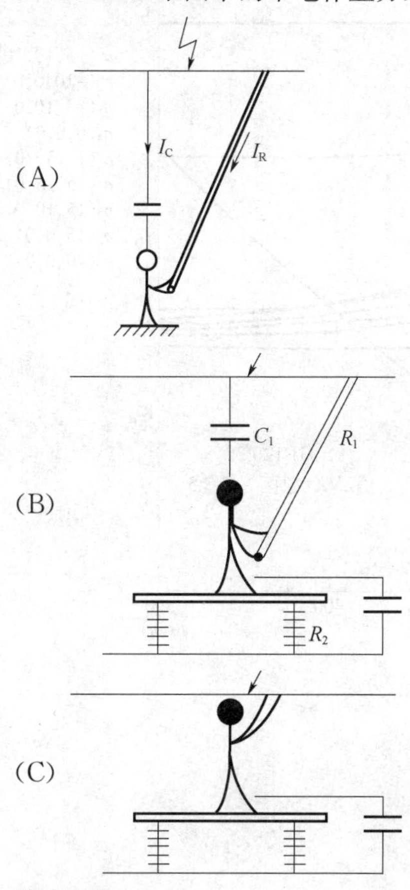

答案：**A**

Lb2E2002 图示杆塔基础属于( )。

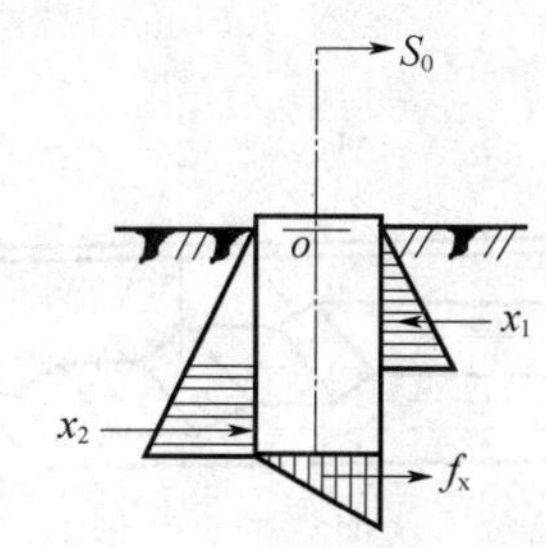

(A) 窄基塔基础　　(B) 分开式铁塔基础

(C) 拉线电杆基础　　(D) 无拉线电杆基础

答案：**A**

Lb2E3003 如图中导线最大使用应力时的气象条件是(　　)。

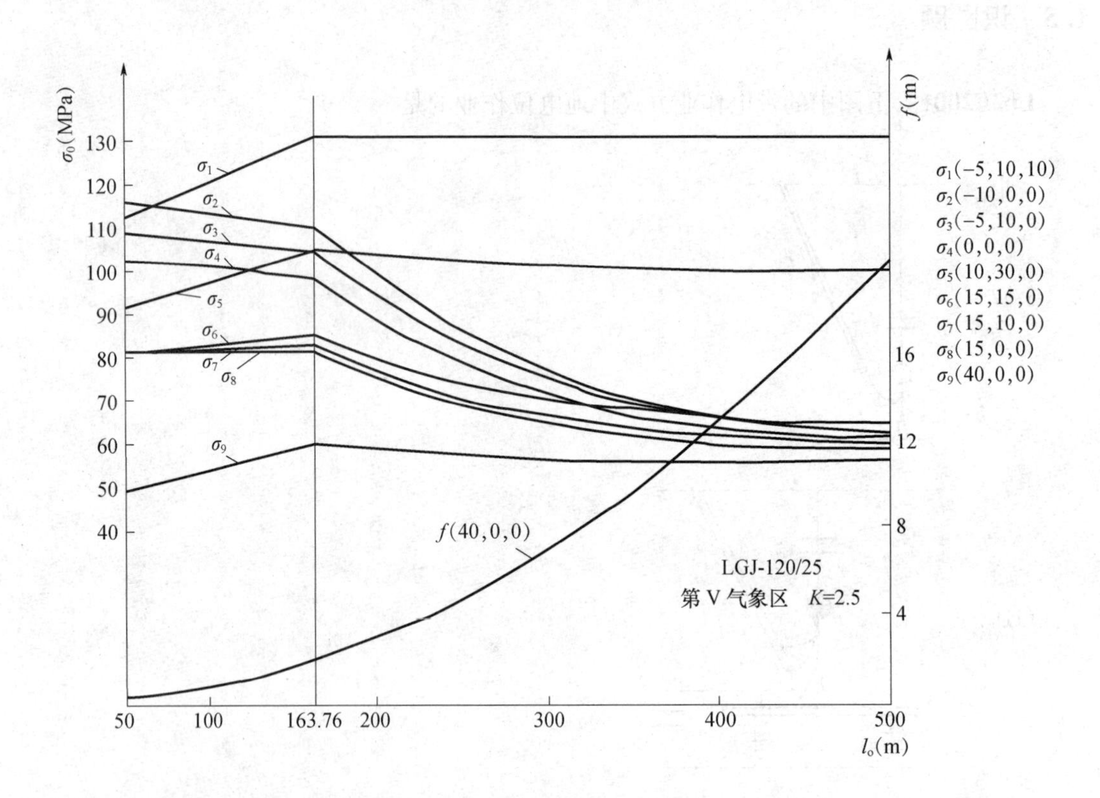

(A) 温度−5℃；风速 10m/s；覆冰厚度 10mm

(B) 温度−10℃；风速 10m/s；覆冰厚度 0mm

(C) 温度 10℃；风速 30m/s；覆冰厚度 0mm

(D) 温度−10℃；风速 0m/s；覆冰厚度 0mm

答案：A

Lb2E3004 图1至图3所示混凝土冬期施工的施工方案示意图。其中表示斜面分层的是(　　)。

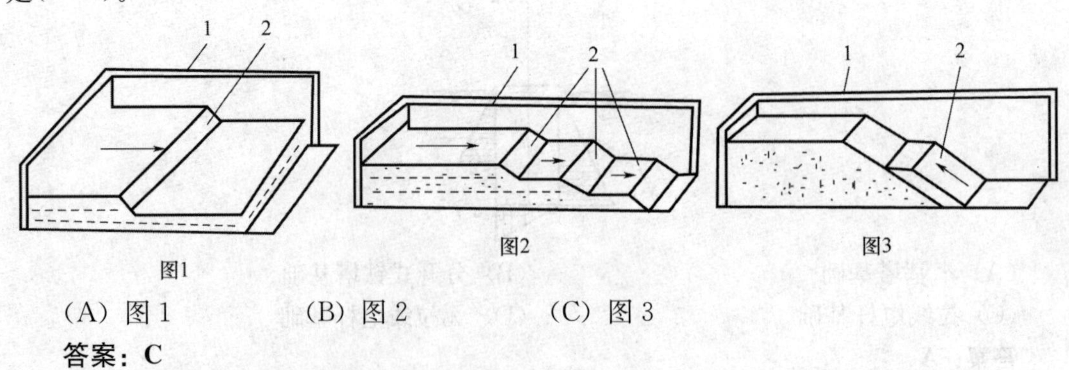

图1　　图2　　图3

(A) 图1　　(B) 图2　　(C) 图3

答案：C

Lb2E4005 图示测量中，D 的计算为(   )。

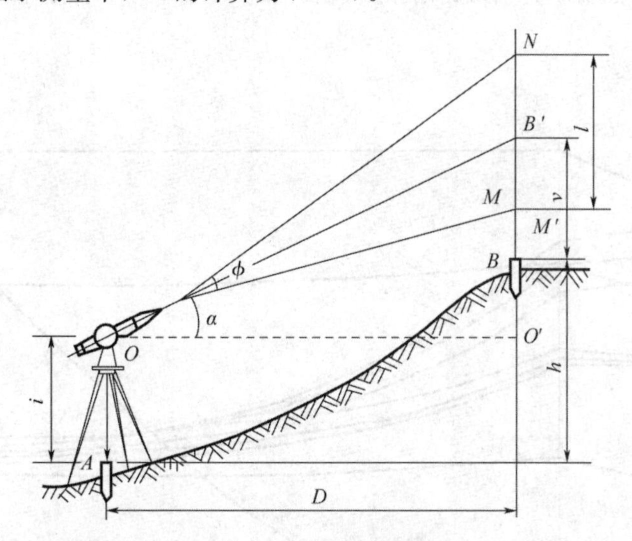

(A) $D=100(N-M)$

(B) $D=100(N-M)\cos\alpha$

(C) $D=100(N-M)\cos\alpha+\nu$

(D) $D=100(N-M)\cos^2\alpha$

答案：D

Lb2E4006 图示测量中，若图中 D 为已知，A、B 之间的高差 h 为(   )。

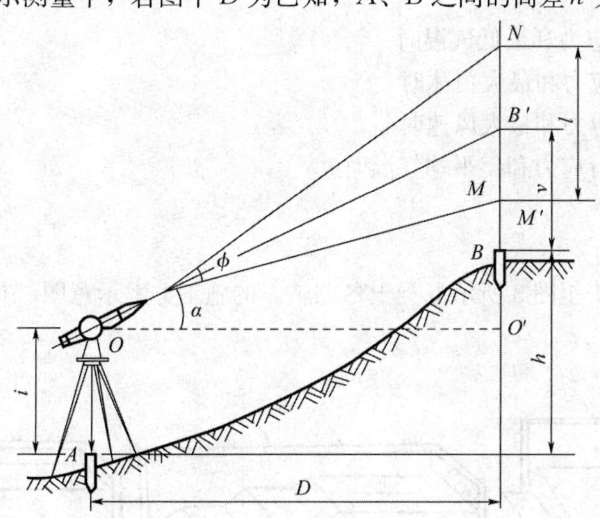

(A) $h=D\tan\alpha$

(B) $h=D\tan\alpha+i$

(C) $h=D\tan\alpha+i-\nu$

(D) $h=D\tan\alpha+i-\nu+l$

答案：C

Lb2E4007 如图所示，当线路耐张段代表档距 300m 时，控制条件是(   )。

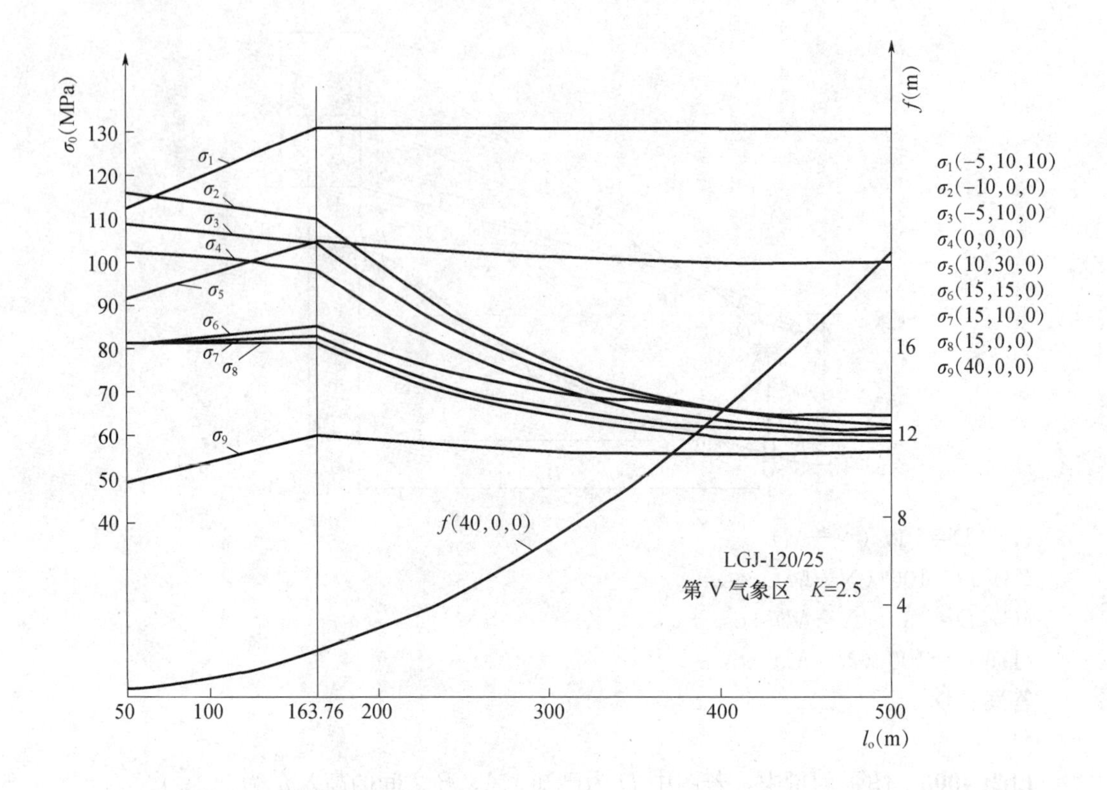

(A) 最大使用应力和最低气温时

(B) 最大使用应力和最大覆冰时

(C) 最大使用应力和最大风速时

(D) 年平均运行应力和年平均气温时

答案：A

Lb2E4008 图 1 至图 3 所示混凝土冬期施工的施工方案示意图。其中表示全面分层的是(   )。

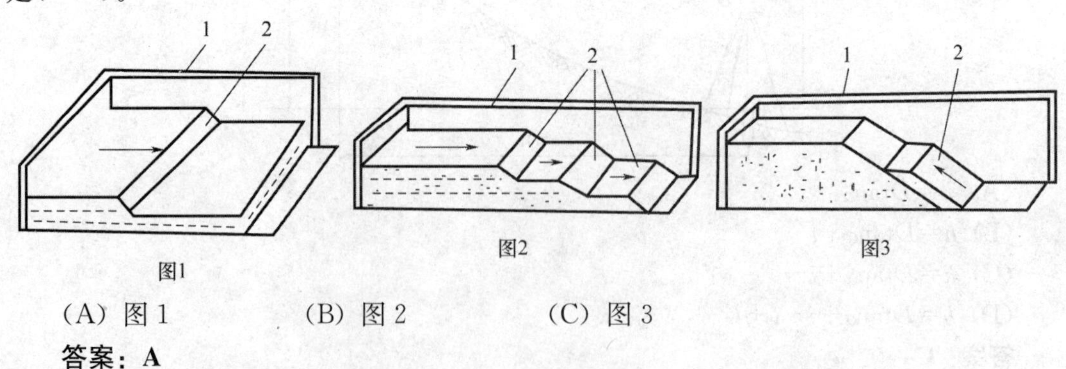

(A) 图 1　　　　(B) 图 2　　　　(C) 图 3

答案：A

Lb2E4009 图示转角杆塔的转角度数为(　　)。

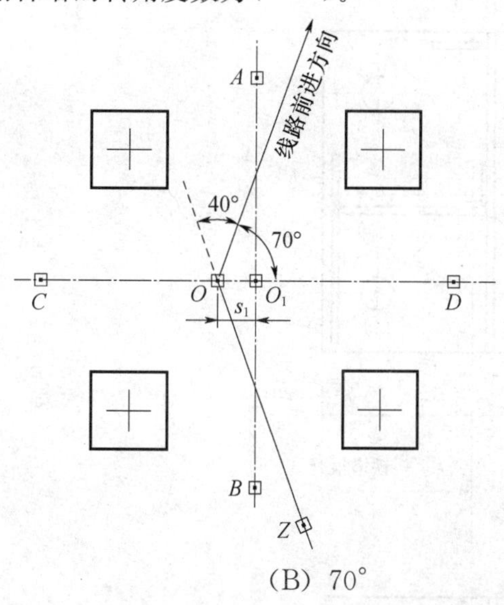

(A) 40°　　　　(B) 70°

(C) 110°　　　　(D) 140°

答案：A

Lb2E4010 图1至图3所示大体积混凝土施工的方案。其中表示分段分层的是(　　)。

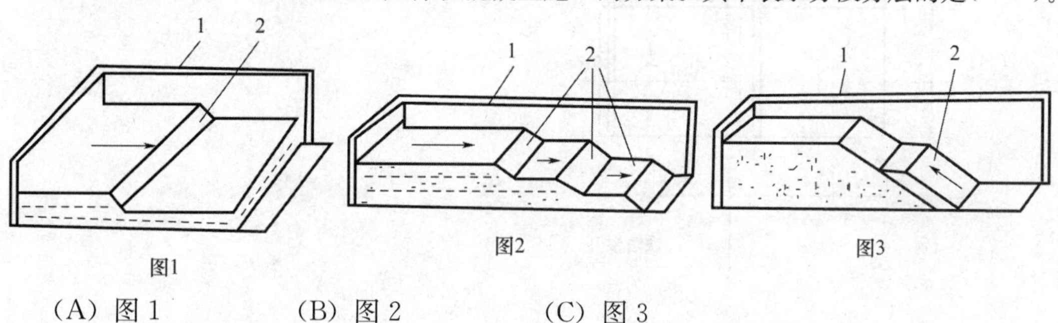

图1　图2　图3

(A) 图1　　(B) 图2　　(C) 图3

答案：B

Lb2E4011 图示杆塔基础属于(　　)。

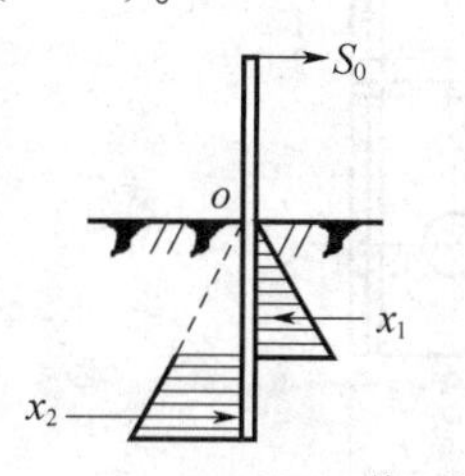

(A) 窄基塔基础　　　　(B) 分开式铁塔基础

(C) 拉线电杆基础　　　　(D) 无拉线电杆基础

答案：D

Lb2E4012 下列表示铁塔根开的是(　　)。

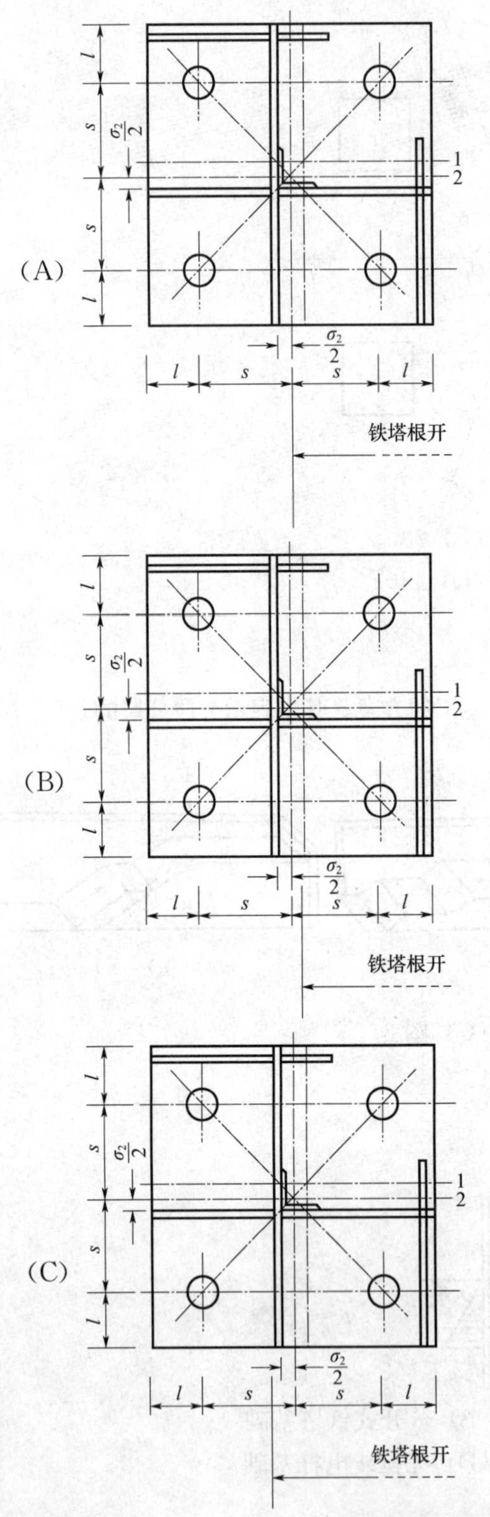

答案：B

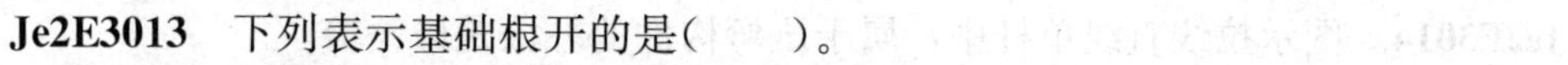

Je2E3013 下列表示基础根开的是（ ）。

（A）

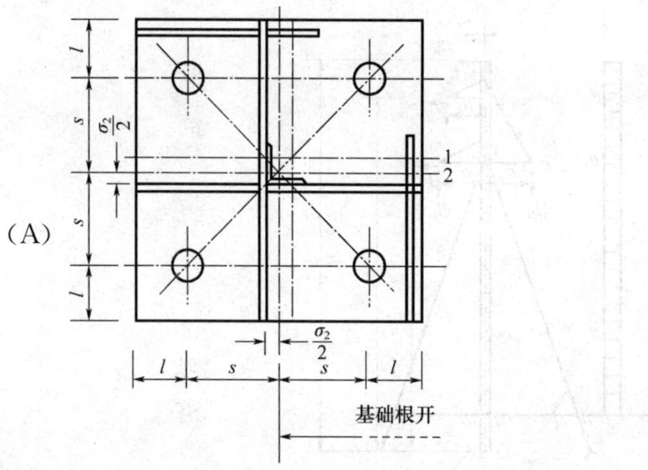

（B）

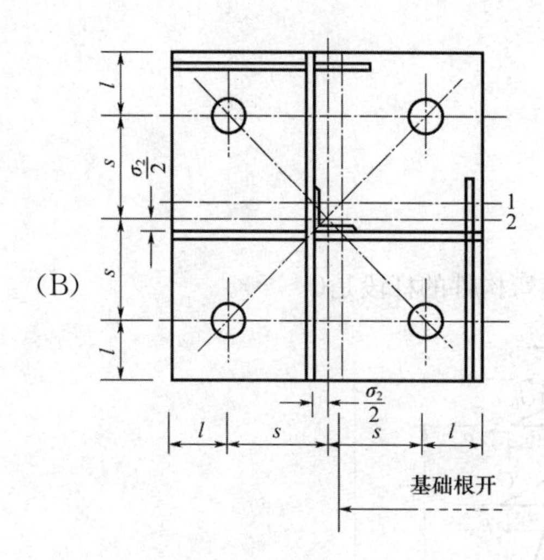

（C）

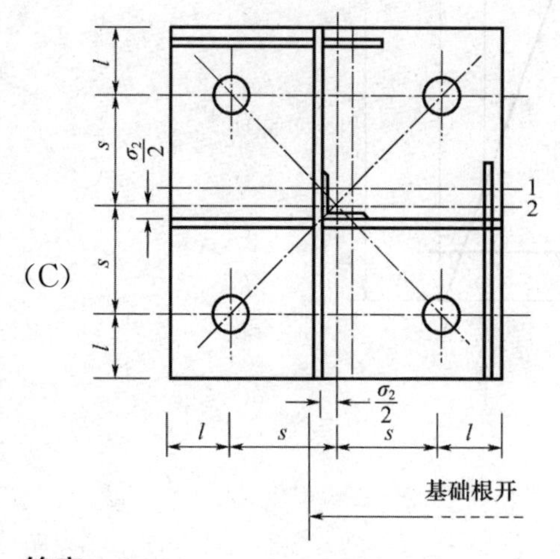

答案：A

Je2E3014　图示拉线直线单杆中，属于压弯构件的杆段是(　　)。

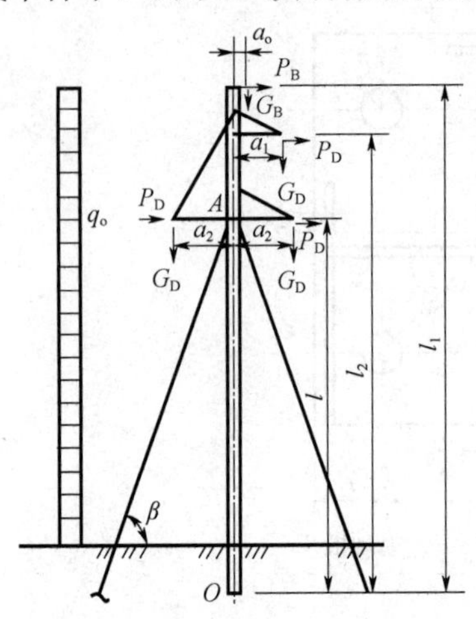

(A) 整根电杆

(B) 拉线点以上杆段

(C) 拉线点以下杆段

(D) 地面以下杆段

答案：C

Je2E3015　图示拉线直线单杆中，属于纯弯构件的杆段是(　　)。

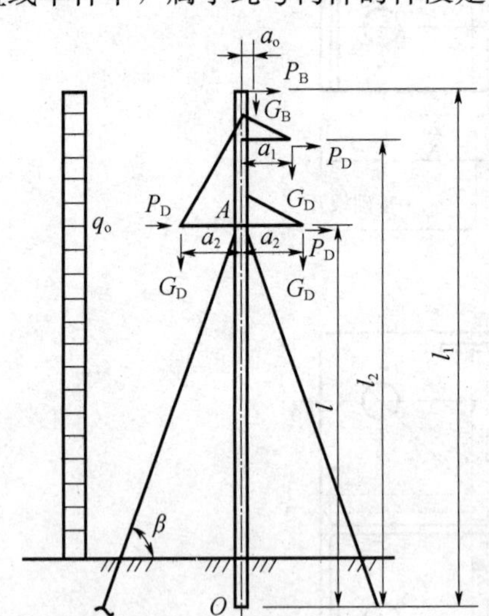

(A) 整根电杆

(B) 拉线点以上杆段

(C) 拉线点以下杆段

(D) 地面以下杆段

答案：B

Je2E3016 图示拉线直线单杆中，抗剪抗扭危险截面在(　　)。

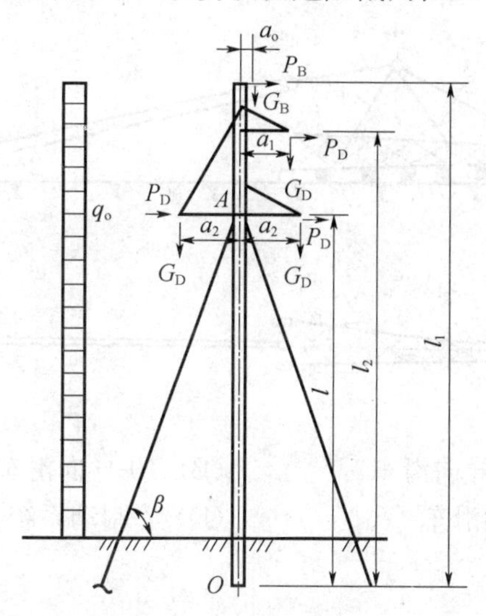

(A) 上横担处

(B) 下横担处

(C) 拉线点以下杆段跨度中央

(D) 地面以下嵌固点处

答案：B

Je2E4017 图示拉线直线单杆中，抗弯危险截面在(　　)。

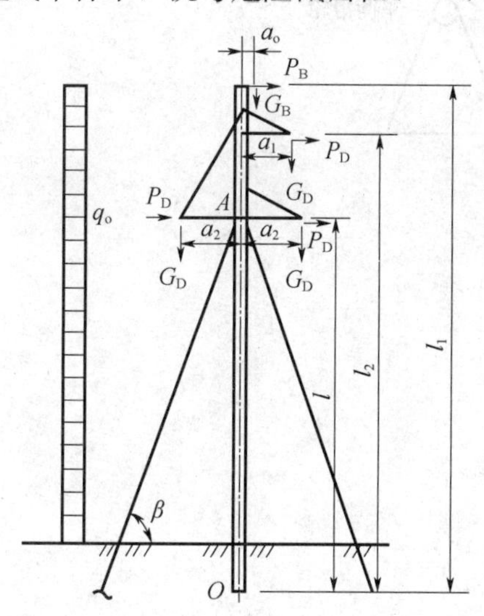

(A) 上横担处

(B) 下横担处

(C) 拉线点以下杆段跨度中央

(D) 地面以下嵌固点处

答案：C

Je2E4018 图为铁塔整立的现场布置图，图中标号所指的内容正确的是(　　)。

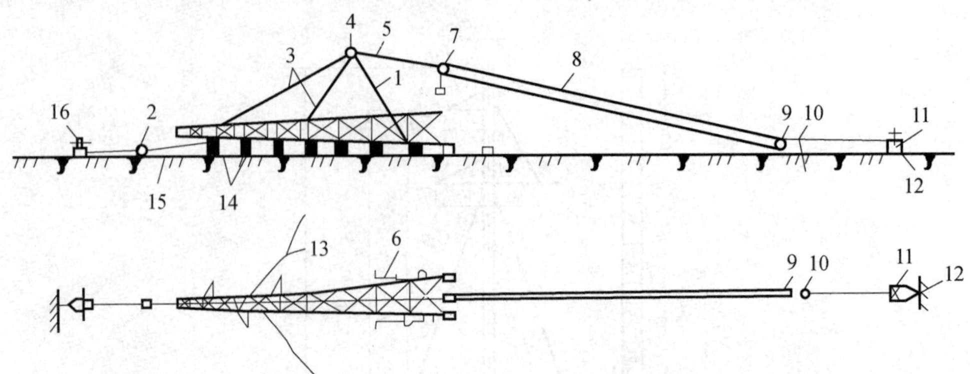

(A) 5-总牵引绳、10-导向滑车

(B) 10-导向滑车、8-定滑车

(C) 5-总牵引绳、9-动滑车

(D) 7-制动系统、6-动力系统

答案：A

Je2E4019 以下三张图所示两点起吊电杆吊绳平衡滑轮安装示意图，其中正确的是(　　)。

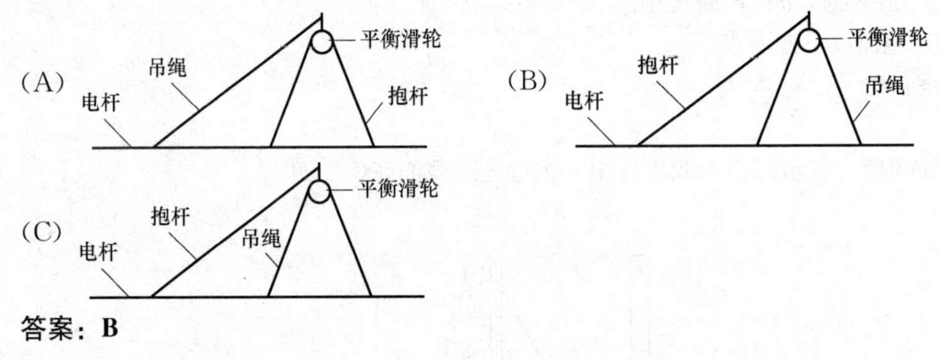

答案：B

2 技能操作

2.1 技能操作大纲

送电线路工（技师）技能鉴定技能操作考核大纲

等级	考核方式	能力种类	能力项	考核项目	考核主要内容
技师	技能操作	基本技能	01. 起重搬运作业及起重工具	01. 机动绞磨的使用操作	熟练掌握机动绞磨的使用方法及注意事项
		专业技能	01. 导地线检修	01. 压接引流线（耐张跳线、弓子线）并安装的操作	熟练掌握引流线压接步骤、方法、工艺要求和注意事项及引流线（耐张跳线、弓子线）的安装操作，要求操作过程熟练正确
				02. 钢芯铝绞线直线管液压连接的操作	熟练掌握钢芯铝绞线直线管液压连接操作及工艺要求，要求操作过程熟练正确
				03. 绑扎及预绞丝缠绕补修损伤导线	熟练掌握单丝及预绞丝缠绕补修损伤导线操作及工艺要求，要求操作过程熟练正确
			02. 绝缘子、金具更换	01. 110kV（220）kV架空线路预绞丝悬垂线夹安装	熟练掌握预绞丝悬垂线夹安装操作及工艺要求，要求操作过程熟练正确
				02. 500kV架空线路四分裂导线间隔棒更换	熟练掌握500kV架空线路四分裂导线间隔棒更换操作及工艺要求，要求操作熟练正确
				03. 220kV直线杆塔更换单串复合绝缘子	熟练掌握220kV直线杆塔更换单串复合绝缘子使用的工器具、材料、操作过程及复合绝缘子、均压环等安装的工艺要求
			03. 输电线路日常维护与检测	01. 使用红外热像仪对设备进行红外测温	熟练使用红外热像仪，掌握测温缺陷的判断，要求仪器使用熟练，测温缺陷判断正确
			04. 输电线路应急处理	01. 110kV及以上架空输电线路故障巡视与事故分析	熟练掌握110kV及以上架空输电线路故障巡视与事故分析过程及过程中的资料收集，要求正确填写架空输电线路巡视检查记录表及填写事故分析报告
			05. 经纬仪测量	01. 正方形铁塔基础施工分坑测量操作	熟练使用光学经纬仪对正方形铁塔基础施工分坑测量，要求仪器使用熟练正确，分坑准确
				02. 直线塔结构倾斜检查的操作	熟练使用光学经纬仪进行直线塔结构倾斜检查，要求仪器使用熟练正确，计算准确，测量准确

2.2 技能操作试题

2.2.1 SX2JB0101 机动绞磨的使用操作

一、作业

（一）工器具、材料、设备

（1）工器具：机动绞磨、桩锚或地锚、牵引绳、转向滑车等。

（2）材料：重物。

（3）设备：无。

（二）安全要求

（1）操作时严禁不戴手套。

（2）防止落物伤人。

（三）操作步骤及工艺要求（含注意事项）

1. 工作准备

（1）着装规范。

（2）根据考试内容选择工具、材料，并做外观检查。

2. 工作过程

（1）检查绞磨。

（2）准备牵引。

（3）牵引。

3. 工作终结

工作完毕后清理现场，交还工器具。

4. 注意事项

（1）受力绳从绞磨芯下方进入，顺时针缠绕不少于5圈。

（2）尾绳人员不应少于2人，应站在锚桩后面，不准在绳圈内。

（3）绞磨操作人员手不能离开离合器操纵杆，及时减慢牵引速度或及时停止牵引。

（4）绞磨卷筒应与牵引绳的最近转向点保持5m以上的距离。

二、考核

（一）考核场地

考场可设在培训基地室外地势较平坦，能看见指挥信号和起吊过程。

（二）考核时间

考核时间为30min，在规定时间内完成。

（三）考核要点

（1）绞磨放置，检查绞磨和锚桩。

（2）后钢丝绳与锚桩连接。

（3）调试绞磨。

（4）牵引。

（5）工作完毕后清理现场，交还工器具。

三、评分标准

行业：电力工程　　　　　　　　工种：送电线路工　　　　　　　　等级：二

编号	SX2JB0101	行为领域	e	鉴定范围		送电	
考核时限	30min	题型	C	满分	100分	得分	
试题名称	机动绞磨的使用操作						
考核要点及其要求	(1) 绞磨放置，检查绞磨和锚桩。 (2) 后钢丝绳与锚桩连接。 (3) 调试绞磨。 (4) 牵引。 (5) 工作完毕后清理现场，交还工器具。 (6) 离合器分合切实到位。 (7) 熟悉指挥信号，反应迅速						
现场设备、工器具、材料	(1) 工器具：机动绞磨、桩锚或地锚、牵引绳等。 (2) 材料：重物。 (3) 设备：无						
备注	上述栏目未尽事宜						

评分标准

序号	考核项目名称	质量要求	分值	扣分标准	扣分原因	得分
1	着装	正确佩戴安全帽，穿工作服，穿绝缘鞋，戴手套	5	(1) 未正确佩戴安全帽，扣1分； (2) 未穿工作服，扣1分； (3) 未穿绝缘鞋，扣1分； (4) 未戴手套进行操作，扣1分； (5) 工作服领口、袖口扣子未系好，扣1分		
2	工器具、材料准备	工器具、材料选用准确、齐全，工器具做外观检查	5	工器具、材料缺一项扣1分，未做外观检查，扣1分，扣完为止		
3	检查绞磨	(1) 绞磨放置平稳； (2) 机油油面合格，汽油够用，齿轮箱油面合格； (3) 必须有可靠的地锚或桩锚	10	(1) 不平稳，扣3分； (2) 一项不检查扣2分，扣完为止； (3) 不正确，扣5分		
4	准备牵引	(1) 后钢丝绳与锚桩连接好； (2) 打开油管开关，按下加油按钮； (3) 变速箱挂空挡，离合器处于离位； (4) 调速杆放在中偏低的位置上，视汽油机温度适当关上阻风门； (5) 拉动启动绳，使汽油机起动预热，打开阻风门	30	(1) 后钢丝绳与锚桩未连接好，扣6分； (2) 打开油管开关，按下加油按钮，操作不正确，扣6分； (3) 变速箱挂空挡，离合器处于离位，操作不正确，扣6分； (4) 调速杆放在中偏低的位置上，视汽油机温度适当关上阻风门，操作不正确，扣6分； (5) 拉动启动绳，使汽油机起动预热，打开阻风门，操作不正确，扣6分		

续表

序号	考核项目名称	质量要求	分值	扣分标准	扣分原因	得分
5	牵引	(1) 松开挡板，将牵引钢丝绳缠上绞磨芯； (2) 尾绳人员拉紧尾绳； (3) 装上挡板并切实固定； (4) 将绞磨芯拔至自由转动位置收紧尾绳； (5) 将绞磨芯拔至牵引位置； (6) 挂上高速挡，平稳合上离合器； (7) 牵引工作中尾绳应及时收紧； (8) 必要时停止牵引，移动绞磨； (9) 根据工作情况配合挡位，调速器（油门大小）进行牵引工作	40	(1) 松开挡板，将牵引钢丝绳缠上绞磨芯，操作不正确，扣3分； (2) 尾绳人员拉紧尾绳，未拉紧尾绳，扣5分； (3) 装上挡板并切实固定，未固定，扣5分； (4) 将绞磨芯拔至自由转动位置收紧尾绳，未收紧，扣5分； (5) 将绞磨芯拔至牵引位置，操作不正确，扣5分； (6) 挂上高速挡，平稳合上离合器，操作不正确，扣5分； (7) 牵引工作中尾绳应及时收紧，未及时收紧，扣5分； (8) 必要时停止牵引，移动绞磨，操作不正确，扣5分； (9) 根据工作情况配合档位，调速器（油门大小）进行牵引工作，操作不正确，扣5分		
6	安全文明生产	(1) 操作过程熟练； (2) 工器具、材料存放整齐，现场清理干净	10	(1) 操作不熟练，扣5分； (2) 工具材料乱放，扣3分； (3) 现场未清理干净，扣2分		

2.2.2 SX2ZY0101 压接引流线（耐张跳线、弓子线）并安装的操作

一、作业

（一）工器具、材料、设备

（1）工器具：吊绳及个人工具、油盘、汽油、画线笔等，细钢丝刷、导电胶、卷尺、液压机、断线钳等。

（2）材料：无。

（3）设备：无。

（二）安全要求

（1）现场设置遮栏、标示牌。

（2）全程使用劳动防护用品。

（3）操作过程中，机械应严格按操作要求操作。

（4）攀登杆塔作业前，应先检查登高工具、设施，是否完整、牢靠。

（5）在杆塔上作业时，应使用有后备保护绳或速差自锁器的双控背带式安全带，安全带和后备保护绳（速差自锁器）应分挂在杆塔不同部位的牢固构件上，应防止安全带从杆顶脱出或被锋利物损坏。人员在转位时，手扶的构件应牢固，且不得失去安全保护。

（6）在工作中使用的工器具、材料必须用绳索传递，不得抛扔，传递绳滑车挂钩与挂点连接应有防脱措施。

（三）操作步骤及工艺要求（含注意事项）

1. 工作准备

（1）着装规范。

（2）根据考试内容选择工具，并做外观检查。

2. 工作过程

（1）剪取钢芯铝绞线。

（2）画记号并穿入导线。

（3）引流板方向检查。

（4）由管底向管口连续施压。

（5）检查压后尺寸并回答提问（判定合格的标准）。

（6）修掉飞边毛刺。

（7）安装引流线。

3. 工作终结

工作完毕后清理现场，交还工器具。

4. 工艺要求

（1）剪取钢芯铝绞线，长度准确。

（2）去除引流线氧化膜。

（3）导电胶涂抹均匀。

（4）注意导线自然弧度方向。

二、考核

（一）考核场地

考场可设在培训基地室外不带电的培训线路上。

（二）考核时间

考核时间为40min，在规定时间内完成。

（三）考核要点

（1）剪取钢芯铝绞线。

（2）引流板的方向。

（3）施压顺序。

（4）游标卡尺的使用。

（5）工器具的使用。

（6）引流线的安装。

三、评分标准

行业：电力工程　　　　工种：送电线路工　　　　等级：二

编号	SX2ZY0101	行为领域	e	鉴定范围		送电	
考核时限	40min	题型	C	满分	100分	得分	
试题名称	压接引流线（耐张跳线、弓子线）并安装的操作						
考核要点及其要求	（1）剪取钢芯铝绞线。 （2）引流板方向。 （3）施压顺序。 （4）游标卡尺的使用。 （5）工器具的使用。 （6）引流线的安装						
现场设备、工器具、材料	吊绳及个人工具、油盘、汽油、画线笔等，细钢丝刷、导电胶、卷尺、液压机、断线钳等						
备注	上述栏目未尽事宜						

评分标准

序号	考核项目名称	质量要求	分值	扣分标准	扣分原因	得分
1	着装	正确佩戴安全帽，穿工作服，穿绝缘鞋，戴手套	5	（1）未正确佩戴安全帽，扣1分； （2）未穿工作服，扣1分； （3）未穿绝缘鞋，扣1分； （4）未戴手套进行操作，扣1分； （5）工作服领口、袖口扣子未系好，扣1分		
2	工器具准备	工器具、材料选用准确、齐全，工器具做外观检查	5	工器具、材料缺一项扣1分；未做外观检查，扣1分，扣完为止		
3	剪取钢芯铝绞线	长度准确	5	每误差2cm扣1分，扣完为止		
4	画记号并穿入导线	注意导线自然弧度的方向	5	不正确，扣2分，扣完为止		
5	引流板方向检查	平面与自然弧度一致（一人拿起一端引流板，让引流线离地进行检查）	15	不正确，扣3分，扣完为止		

续表

序号	考核项目名称	质量要求	分值	扣分标准	扣分原因	得分
6	由管底向管口连续施压	正确使用液压机，按压接规程压接引流板	20	不正确，扣5分，扣完为止		
7	检查压后尺寸并回答提问（判定合格的标准）	正确使用游标卡尺，判定正确	5	不正确，扣2分，扣完为止		
8	修掉飞边毛刺	正确使用锉刀	5	不正确，扣2分，扣完为止		
9	安装引流线	操作正确	25	操作不正确，扣25分		
10	安全文明生产	（1）操作过程熟练； （2）工器具、材料存放整齐，现场清理干净	10	（1）操作不熟练，扣5分； （2）工具材料乱放，扣3分； （3）现场未清理干净，扣2分		

2.2.3 SX2ZY0102 钢芯铝绞线直线管液压连接

一、作业

（一）工器具、材料、设备

（1）工器具：安全帽、60t 以上液压机及钢模、液压管（压膜）、断线钳、黑胶布、卷尺、直板尺、游标卡尺、油盆、锉刀、专用毛刷、棉纱、手套、帆布、导线割刀、钢丝刷。

（2）材料：LGJ-185/30 型导线 10m、NY-185/30 型直线压接管、导电脂、汽油。

（3）设备：无。

（二）安全要求

（1）现场设置遮拦、标示牌。

（2）全程使用劳动防护用品。

（3）操作过程中，机械应严格按操作要求操作。

（4）确保操作过程中的人身安全。

（三）操作步骤及工艺要求（含注意事项）

1. 工作前准备

（1）着装规范。

（2）根据考试内容选择工具，并做外观检查。

2. 工作过程

（1）清洗。

① 对使用的接续管应用汽油清洗管内壁的油垢，并清除影响穿管的锌疤与焊渣，一般现洗现用，若要提前清洗，则清洗后应将管口两端临时封堵，并用塑料袋封装。

② 清洗后，接续管应分类存放。

③ 钢芯铝绞线清洗的长度，另一端应不短于半管长度的 1.5 倍。

④ 在铝管压接部位均匀涂上一层导电脂，将外层铝股覆盖住，用钢丝刷沿钢芯铝绞线绞制方向对已涂电力脂部分进行擦刷，将液压后能与铝管接触的铝股表面全部刷到。

（2）割线及穿管。

① 剥铝股。

② 套铝管。

③ 穿钢管。

④ 穿铝管。

（3）涂电力复合脂及清除铝股氧化膜。

（4）液压操作。

① 把钢锚放到液压机中，压缩钢锚。

② 从指示压缩开始的红色警戒标志开始。当压缩的时候，应该被确定一模重叠前的压缩部分。重叠长度至少为 5mm。

③ 用游标卡尺压紧钢锚，检查被压缩的钢锚尺寸，检查合格后喷涂富锌漆防锈。

④ 涂导电脂，穿铝管。

⑤ 把铝质线夹放到千斤顶中。标出箭头记号，指示压缩开始点。当压缩的时候，应该被确定一模重叠前的压缩部分，重叠长度至少为 5mm。

⑥ 用锉刀磨去压缩后的铝质线夹的飞边，用卡尺压紧线夹，检查被压缩的铝质线夹尺寸并记录。

3. 工作终结

清理现场，工具材料还库。

4. 工艺要求

（1）所使用的待压管件应用精度为 0.02mm 的游标卡尺测量受压部分的内外直径。外观检查应符合有关规定。用钢卷尺测量各部长度，其尺寸、公差应符合国家标准要求。

（2）钢芯铝绞线清洗的长度，另一端应不短于半管长度的 1.5 倍。

（3）液压的导线端部在割线前应先将线调直，并应有防止松散的扎线，切割时切口应与轴线垂直。

（4）切割导线铝股时，严禁伤及钢芯。导线的连接部分不得有线股绞制不良、断股、缺股等缺陷。连接后管口附近不得有明显的松股现象。

（5）液压后管子不应有肉眼即可看出的扭曲及弯曲现象，压接后弯曲度不超过 2%。有弯曲时应校直，校直后不应有裂缝。压后如有裂缝，应断开重压。

二、考核

（一）考核场地

考场可设在培训基地室内或室外。

（二）考核时间

考核时间为 40min，在规定时间内完成。

（三）考核要点

（1）正确使用游标卡尺。

（2）工器具、材料选用满足工作需要，并做外观检查。

（3）液压机的出力必须达到 200t 以上，且液压机的动力源应与液压机要求相匹配。

（4）各种液压钢模必须与所用钢管、铝管外径相匹配。

三、评分标准

行业：电力工程　　　　工种：送电线路工　　　　等级：二

编号	SX2ZY0102	行为领域	e	鉴定范围		送电	
考核时限	40min	题型	B	满分	100 分	得分	
试题名称	钢芯铝绞线直线管液压连接						
考核要点及其要求	（1）着装规范。 （2）工器具、材料选用满足工作需要，并做外观检查。 （3）液压机的出力必须达到 200t 以上，且液压机的动力源应与液压机要求相匹配。 （4）各种液压钢模必须与所用钢管、铝管外径相匹配。 （5）正确使用游标卡尺。 （6）现场安全文明生产						
现场设备、工器具、材料	（1）工器具：安全帽、60t 以上液压机及钢模、液压管（压膜）、断线钳、黑胶布、卷尺、直板尺、游标卡尺、油盆、锉刀、专用毛刷、棉纱、手套、帆布、导线割刀、钢丝刷。 （2）材料：LGJ-185/30 型导线 10m、NY-185/30 型直线压接管、导电脂、汽油						
备注	上述栏目未尽事宜						

续表

评分标准						
序号	考核项目名称	质量要求	分值	扣分标准	扣分原因	得分
1	着装	正确佩戴安全帽，穿工作服，穿绝缘鞋，戴手套	5	（1）未正确佩戴安全帽，扣1分； （2）未穿工作服，扣1分； （3）未穿绝缘鞋，扣1分； （4）未戴手套进行操作，扣1分； （5）工作服领口、袖口扣子未系好，扣1分		
2	工器具准备	工器具、材料选用准确、齐全，工器具做外观检查	5	工器具、材料缺一项扣1分，未做外观检查，扣1分，扣完为止		
3	钢芯铝绞线直线管液压连接	（1）割线及穿管。 ① 自端头量长度画印记N，用钢锯在N点处切断外层及中层铝股； ② 对铝股锯断根部不平整处，用扁锉修平，切断铝股过程中需将钢芯扎牢； ③ 将钢芯调直并保持绞制状态，从钢管两端穿入，穿入时顺绞线绞制方向旋转推入，直至两端头相抵，两端钢芯预留长度相等为止； ④ 钢管压好后，找出压后中心，自中心向两端各量半铝管长度，画印记A，将铝管顺铝线绞制方向向另一侧推入，至两管口与印记A重合为止； ⑤ 用接续管补修导、地线前，其覆盖部分的导、地线表面应用干净棉纱将泥土脏物擦干净； ⑥ 管长两记号内的导线表面涂导电脂，先将导电脂薄薄地均匀涂上一层，将外层铝股覆盖住，再用钢丝刷沿钢芯铝绞线轴线方向进行擦刷	20	（1）没有按要求画印记，扣1分； （2）铝股锯断根部不平整，扣1分； （3）两端钢芯预留长度不相等，扣1分； （4）没有涂电力脂及清除导线铝股氧化膜，扣5分； （5）没有进行铁丝绑扎，扣2分； （6）没有使用棉纱将导、地线上的泥土脏物擦干净，扣4分； （7）没有对使用的接续管用汽油清洗管内壁，扣6分		

续表

序号	考核项目名称	质量要求	分值	扣分标准	扣分原因	得分
3	钢芯铝绞线直线管液压连接	(2) 液压操作： ① 对钢模应进行严格检查，如发现有变形现象，应停止或修复后使用； ② 液压时所使用的钢模应与被压管相配套，凡上模与下模有固定方向时，则钢模上应有明显标记，不得错放，液压机的缸体应垂直地平面，并放置平稳； ③ 被压管放入下钢模时位置应正确； ④ 施压时，压接管相邻两模间至少叠模压接长度的1/3	25	(1) 没有对钢模应进行检查，扣5分； (2) 液压机操作不当，扣5分； (3) 液压时所使用的钢模应与被压管不配套，扣5分； (4) 被压管放入下钢模时位置不正确，扣5分； (5) 压接时，压接管相邻两模间叠模压接长度不合规定，扣5分		
		(3) 操作顺序： ① 钢芯铝绞线接续钢管液压顺序，第一模压模中心与钢管中心重合，向一端连续施压，半边压好后同样操作压另一半； ② 钢管，第一模压后依次分别向管口端部施压，一侧压至管口后再压另一侧； ③ 铝管、钢管压好后，要检查钢管压后尺寸，按钢管压后长度和铝管压前长度定位铝管压区	15	(1) 未按压接顺序压接，扣3分； (2) 钢管压接顺序错误，扣3分； (3) 铝管压接前没有按钢管压后长度和铝管压前长度定位铝管压区，扣3分； (4) 套好铝管后，没有检查铝管两端管口是否与印记重合，扣3分； (5) 中心每偏差1mm扣1分，扣完为止		
		(4) 质量标准： ① 导线的受压部分应平整完好，不存在必须处理的缺陷； ② 液压后管子不应有肉眼即可看出的扭曲及弯曲现象，压接后弯曲度不超过2%，有弯曲时应校直，校直后不应有裂缝； ③ 切割导线铝股时严禁伤及钢芯； ④ 从第二模开始，相邻两模至少应重叠5mm	15	(1) 导线的受压部分不平整，扣3分； (2) 液压后管子有肉眼即可看出的扭曲及弯曲现象，扣4分； (3) 切割导线铝股时伤及钢芯，扣4分； (4) 邻两模没有重叠，扣4分		
4	外观检查	压接处平整，无毛刺，有钢印	5	(1) 压接不平整、有毛刺，扣2分； (2) 无钢印，扣3分		
5	安全文明生产	操作过程熟练，工具、材料存放整齐，现场清理干净	10	(1) 操作不熟练，扣5分； (2) 工具材料乱放，扣3分； (3) 现场未清理干净，扣2分		

2.2.4 SX2ZY0103 绑扎及预绞丝缠绕补修损伤导线

一、作业

（一）工器具、材料、设备

（1）工器具：钢卷尺、记号笔、钢丝钳、棉纱、纱布、个人工具、防护用具（安全帽、安全带、速差保护器、飞车）等。

（2）材料：配套的预绞丝及配套铝单丝、汽油。

（3）设备：无。

（二）安全要求

（1）登杆前核对停电线路双重编号，防止误登杆塔。

（2）登杆前检查杆塔、登高工具，对脚扣和安全带进行冲击试验。杆上作业人员正确使用安全带和二道保护，人员转位时，手扶的构件应牢固，且不得失去安全保护，防止人员高空坠落。

（3）作业现场人员必须戴好安全帽，严禁在作业点下方逗留，杆上人员用绳索传递工具、材料，严禁抛扔。

（4）作业地点下面应做好围栏或装好其他保护装置，防止落物伤人。

（三）操作步骤及工艺要求（含注意事项）

1. 工作准备

（1）着装规范。

（2）选择工器具、材料，并做外观检查。

2. 工作过程

（1）用单根铝线绑扎、修补损伤的导线。

（2）补修预绞丝处理。

3. 工作终结

工作完毕后清理现场，交还工器具。

4. 工艺要求

（1）用单根铝线绑扎、修补损伤的导线。

① 导地线缠绕材料应选与导线同金属的单股线为缠绕材料，其直径不应小于 2mm。

② 金属单丝缠绕紧密，单丝头不得外露，缠绕层应全部覆盖损伤部位。

③ 缠绕中心位于损伤最严重处，两端应超出 30mm，缠绕长度最短不得小于 100mm。

④ 缠绕位置应将损伤部分全部覆盖。

（2）补修预绞丝处理，导线经修补后，应达到以下要求：

① 电气性能。应满足被补修的原型号导线通流容量的要求，即导线补修处的温升不大于正常部位的温升。

② 机械性能。导线经补修后，其破断拉力不应小于原型号导线计算拉断力的 95%；地线经补修后，其破断拉力不应小于原型号地线计算拉断力的 92%。

二、考核

（一）考核场地

考场可设在培训基地室内或室外。

（二）考核时间

考核时间为50min，在规定时间内完成。

（三）考核要点

（1）用单丝铝线绑扎修补损伤导线的熟练度及工艺要求。

（2）用补修预绞丝处理损伤导线的熟练度及工艺要求。

（3）导线修补后应达到的要求。

（4）着装规范。

（5）现场安全文明生产。

三、评分标准

行业：电力工程　　　　　　　　　工种：送电线路工　　　　　　　　　等级：二

编号	SX2ZY0103	行为领域	e	鉴定范围		送电	
考核时限	50min	题型	A	满分	100分	得分	
试题名称	绑扎及预绞丝缠绕补修损伤导线						
考核要点及其要求	（1）用单丝铝线绑扎修补损伤导线的熟练度及工艺要求。 （2）用补修预绞丝处理损伤导线的熟练度及工艺要求。 （3）导线修补后应达到的要求。 （4）着装规范。 （5）现场安全文明生产						
现场设备、工器具、材料	（1）工器具：钢卷尺、记号笔、钢丝钳、棉纱、纱布、个人工具、防护用具（安全帽、安全带、速差保护器、飞车）等。 （2）材料：配套的预绞丝及配套铝单丝、汽油						
备注	上述栏目未尽事宜						

评分标准

序号	考核项目名称	质量要求	分值	扣分标准	扣分原因	得分
1	着装	正确佩戴安全帽，穿工作服，穿绝缘鞋，戴手套	5	（1）未正确佩戴安全帽，扣1分； （2）未穿工作服，扣1分； （3）未穿绝缘鞋，扣1分； （4）未戴手套进行操作，扣1分； （5）工作服领口、袖口扣子未系好，扣1分		
2	工器具、材料准备	工器具、材料选用准确、齐全，并做外观检查	5	工器具、材料缺一项扣1分；未做外观检查，扣1分，扣完为止		

续表

序号	考核项目名称	质量要求	分值	扣分标准	扣分原因	得分
3	单根铝线绑扎损伤导线	（1）乘坐飞车动作熟练； （2）选择缠绕补修点正确； （3）准备材料，缠绕材料应为铝单丝； （4）铝单丝绕成直径约15cm的线圈，不能扭转单丝，不能保持平滑弧度； （5）顺导线方向平压一段单丝，位置正确； （6）缠绕时压紧，每圈都应压紧； （7）缠绕方向与外层铝股绞制方向一致； （8）铝单丝线圈位置外侧方向应靠紧导线； （9）线头外理应与压单丝头绞紧； （10）绞紧的线头位置压平紧靠导线	30	（1）动作不熟练，扣5分； （2）选择缠绕补修点不正确，扣5分； （3）材料选择不正确，扣3分； （4）未绕成线圈，扣3分； （5）位置不正确，扣3分； （6）一圈未压紧，扣1分； （7）缠绕方向不正确，扣5分； （8）没有靠紧导线，扣3分； （9）没有绞紧，扣2分		
4	补修预绞丝处理	（1）选择预绞丝正确； （2）清洗预绞丝干净并干燥； （3）损伤导线处理平整； （4）判断导线损伤最严重处正确； （5）用钢卷尺量预绞丝长度正确； （6）定预绞丝在导线上的位置正确； （7）用记号笔在导线上画出预绞丝端头位置正确； （8）将预绞丝一根一根安装上，安装流畅； （9）用钢丝钳轻敲预绞丝头部，不能擦伤导线及损伤预绞丝	35	（1）没有选择，扣3分； （2）没有清洗，扣3分； （3）处理不平整，扣2分； （4）判断错误，扣5分； （5）没有测量，扣5分； （6）位置确实不正中，扣2分； （7）画出的记号不在正中位置，扣3分； （8）安装操作不流畅，扣5分； （9）擦伤导线及损伤预绞丝，每次扣2分，扣完为止		
5	质量工艺	质量符合规定，外表工艺美观	10	（1）质量不合格，扣5分； （2）外表不美观，扣5分		
6	操作熟练	熟练流畅	5	动作不熟练，扣5分		
7	安全文明生产	操作过程熟练，工具、材料存放整齐，现场清理干净	10	（1）操作不熟练，扣5分； （2）工具材料乱放，扣3分； （3）现场未清理干净，扣2分		

2.2.5 SX2ZY0201 110（220）kV 架空线路预绞丝悬垂线夹安装

一、作业

（一）工器具、材料、设备

（1）工器具：个人保安线、传递绳及滑车、安全用具等。

（2）材料：预绞丝悬垂线夹（ADSS 悬垂线夹）。

（3）设备：无。

（二）安全要求

（1）登杆前核对停电线路双重编号，防止误登杆塔。

（2）登杆前检查杆塔、登高工具，对脚扣和安全带进行冲击试验。杆上作业人员正确使用安全带和二道保护，人员转位时，手扶的构件应牢固，且不得失去安全保护，防止人员高空坠落。

（3）作业现场人员必须戴好安全帽，严禁在作业点下方逗留，杆上人员用绳索传递工具、材料，严禁抛扔。

（4）作业地点下面应做好围栏或装好其他保护装置，防止落物伤人。

（5）防止工器具失灵、导线脱落、绝缘子脱落，当采用单吊线装置时，应采取防止导线脱落的后备保护措施。

（三）操作步骤及工艺要求（含注意事项）

1. 工作前准备

（1）着装规范。

（2）选择工器具、材料，并做外观检查。

2. 工作过程

（1）登塔。

（2）挂个人保安线。

（3）安装预绞丝悬垂线夹。

（4）拆除个人保安线。

（5）下塔。

3. 工作终结

（1）自查验收。

（2）清理现场、退场。

4. 工艺要求

（1）预绞丝悬垂线夹，应统一安装在挂点的正下方。

（2）单悬垂线夹适用线路的转角不得超过 25°，使用双悬垂线夹的线路转角为 25°～60°。

（3）预绞丝的中点与绝缘子串正下方和悬垂线夹中心点重合。

（4）预绞丝缠绕方向顺导线方向正确且缠绕紧密。

（5）不能任意改变其组件的安装数量和长度。

（6）外层预绞丝无法重复利用。

二、考核

（一）考核场地

考场可设在培训专用杆塔上，杆塔上无障碍物。

（二）考核时间

考核时间为40min，在规定时间内完成。

（三）考核要点

（1）工器具、材料满足工作需要，并做外观检查。

（2）安装预绞丝悬垂线夹动作熟练、正确。

（3）现场安全文明生产。

三、评分标准

行业：电力工程　　　　工种：送电线路工　　　　等级：二

编号	SX2ZY0201	行为领域	e	鉴定范围		送电	
考核时限	40min	题型	A	满分	100分	得分	
试题名称	110（220）kV架空线路预绞丝悬垂线夹安装						
考核要点及其要求	（1）着装规范。 （2）工器具、材料满足工作需要，并做外观检查。 （3）安装预绞丝悬垂线夹动作熟练正确。 （4）现场安全文明生产						
现场设备、工器具、材料	（1）工器具：个人保安线、传递绳及滑车、安全用具等。 （2）材料：预绞丝悬垂线夹（ADSS悬垂线夹）						
备注	上述栏目未尽事宜						

评分标准

序号	考核项目名称	质量要求	分值	扣分标准	扣分原因	得分
1	着装	正确佩戴安全帽，穿工作服，穿绝缘鞋，戴手套	5	（1）未正确佩戴安全帽，扣1分； （2）未穿工作服，扣1分； （3）未穿绝缘鞋，扣1分； （4）未戴手套进行操作，扣1分； （5）工作服领口、袖口扣子未系好，扣1分		
2	工器具、材料准备	工器具、材料选用准确、齐全，并做外观检查	5	工器具、材料缺一项扣1分，未做外观检查，扣1分，扣完为止		
3	登塔	工作人员携带个人工器具登上杆塔横担。在杆塔上作业转位时，不得失去安全保护	5	（1）后备保护使用不正确，扣2分； （2）作业过程中失去安全带保护，扣2分； （3）登塔不熟练，扣1分		

续表

序号	考核项目名称	质量要求	分值	扣分标准	扣分原因	得分
4	安装预绞丝悬垂线夹	地面人员将预绞丝悬垂线夹通过绳索传递至塔上作业人员，将预绞丝悬垂线夹中心放于挂点处的正下方，将预绞丝悬垂线夹顺导线方向平压一段后，与外层铝股绞制方向一致，缠绕时压紧，每圈紧密均匀分布，并将预绞丝悬垂线夹两头的预绞丝处理平整	60	（1）传递过程中预绞丝悬垂线夹与塔身发生碰撞，每次扣5分，扣完为止； （2）预绞丝悬垂线夹的中心未在挂点处的正下方，扣5分； （3）预绞丝悬垂线夹缠绕方向错误，扣20分； （4）预绞丝悬垂线夹安装后缠绕不紧密，扣5分； （5）预绞丝悬垂线夹两端预绞丝头未进行处理，扣5分； （6）缠绕过程中预绞丝发生变形、损伤，扣20分		
5	下塔	安装完成后，检查杆塔上是否有遗留物，确认无问题后，工作人员返回地面	5	（1）未检查作业面遗留物，扣3分； （2）下塔不熟练，扣2分		
6	自查验收	组织依据施工验收规范对施工工艺、质量进行自查验收	10	未组织验收，扣10分		
7	安全文明生产	操作过程熟练，工具、材料存放整齐，现场清理干净	10	（1）操作不熟练，扣5分； （2）工具材料乱放，扣3分； （3）现场未清理干净，扣2分		

2.2.6 SX2ZY0202 500kV架空线路四分裂导线间隔棒更换

一、作业

（一）工器具、材料、设备

（1）工器具：个人工具、防护用具、500kV验电器、接地线、防坠装置、围栏、安全标示牌、滑车、传递绳1条、导线飞车、套筒扳手。

（2）材料：导线间隔棒JT 4-45400。

（3）设备：无。

（二）安全要求

（1）登杆塔前要核对线路名称、杆号，检查登高工具是否在试验期限内，对安全带和防坠装置做冲击试验。

（2）安全带应系在牢固的构件上，并系好后备绳，确保双重保护。转向移位穿越时，不得失去安全保护作业，不得失去监护。

（3）防止落物伤人高空作业中动作熟练，站位合理。

（三）操作步骤及工艺要求（含注意事项）

1. 工作前准备

（1）着装规范。

（2）选择工具及外观检查。选择工具、防护用具及辅助器具，并检查工器具外观完好无损，具有合格证并在有效试验周期内。选择材料并做外观检查。导线间隔棒外观完好无损，不缺件。

2. 工作过程

（1）登塔作业。

（2）更换导线间隔棒。

（3）下塔作业。塔上作业人员检查导线、绝缘子串和横担上无任何遗留物后，解开安全带、后备保护绳，携带传递绳下塔。

3. 工作终结

（1）自查验收。

（2）清理现场、退场。

4. 工艺要求

（1）导线间隔棒型号与导线型号相配合，外观完好无损。

（2）导线间隔棒安装好后，安装距离偏差不应大于±30mm，间隔棒线夹螺栓由下向上穿入。

（3）导线间隔棒的线夹螺栓紧固力矩符合规定。

二、考核

（一）考核场地

考场可设在培训专用杆塔上。

（二）考核时间

考核时间为60min，在规定时间内完成。

（三）考核要点

（1）工器具、材料选用满足工作需要，进行外观检查。

（2）间隔棒的安装质量符合工艺要求。

（3）杆塔上作业熟练，没有遗留物。

（4）要求操作过程熟练连贯，施工有序，工具、材料存放整齐，现场清理干净。

（5）发生安全事故本项考核不及格。

三、评分标准

行业：电力工程　　　　工种：送电线路工　　　　等级：二

编号	SX2ZY0202	行为领域	e	鉴定范围		送电	
考核时限	60min	题型	A	满分	100分	得分	
试题名称	500kV架空线路四分裂导线间隔棒更换						
考核要点及其要求	（1）着装规范。 （2）工器具、材料选用满足工作需要，进行外观检查。 （3）间隔棒的安装质量符合工艺要求。 （4）杆塔上作业熟练，没有遗留物。 （5）要求操作过程熟练连贯，施工有序，工具、材料存放整齐，现场清理干净。 （6）发生安全事故本项考核不及格						
现场设备、工器具、材料	（1）工器具：个人工具、防护用具、500kV验电器、接地线、防坠装置、围栏、安全标示牌、滑车及传递绳1条、导线飞车、套筒扳手。 （2）材料：导线间隔棒JT 4-45400						
备注	上述栏目未尽事宜						

评分标准

序号	考核项目名称	质量要求	分值	扣分标准	扣分原因	得分
1	着装	正确佩戴安全帽，穿工作服，穿绝缘鞋，戴手套	5	（1）未正确佩戴安全帽，扣1分； （2）未穿工作服，扣1分； （3）未穿绝缘鞋，扣1分； （4）未戴手套进行操作，扣1分； （5）工作服领口、袖口扣子未系好，扣1分		
2	工器具、材料准备	工器具、材料选用准确、齐全，并做外观检查	5	工器具、材料缺一项，扣1分；未做外观检查，扣1分，扣完为止		
3	登塔	（1）登塔：必须沿脚钉（爬梯）正确登塔，使用防坠装置； （2）沿绝缘子串下至导线：安全带、后备保护绳使用正确，爬绝缘子串时不失； （3）挂无极绳：拴好安全带；无极绳挂在适当位置处	5	（1）未沿脚钉（爬梯）登塔，扣1分；未正确使用防坠装置，扣1分； （2）不正确，扣1分； （3）未拴好安全带，扣1分；无极绳悬挂位置不正确，扣1分		

续表

序号	考核项目名称	质量要求	分值	扣分标准	扣分原因	得分
4	更换间隔棒	（1）使用安全带： ① 分裂导线上正确使用双保险安全带； ② 符合《国家电网公司电力工作安全规程》（以下简称《安规》）要求； （2）进入工作点：飞车滑动过程中速度平稳，不撞击导线附件； （3）拆除旧间隔棒： ① 使用单导线飞车，应有控制分裂距离措施； ② 绳结使用正确，传递绳不缠绕； （4）传递材料： ① 传递材料正确； ② 传递过程中不得出现缠绕、死结、撞击； （5）缠绕铝包带：顺导线绕制方向，所缠绕铝包带露出夹口小于或等于10mm； （6）安装间隔棒： ① 安装距离偏差在±30mm； ② 线夹螺栓由下向上穿； ③ 按规定拧紧螺栓，平垫圈、弹簧垫圈齐全，弹垫应压平	50	（1）未正确使用双保险安全带，扣15分； （2）进入工作点撞击导线附件，每次扣5分，扣完为止； （3）每一项不正确扣5分，扣完为止； （4）每一项不正确，扣5分，扣完为止； （5）不正确，扣10分； （6）每一项不正确，扣5分，扣完为止		
5	下塔	（1）上横担：沿绝缘子串上至横担；不得失去保险绳的保护； （2）取下传递绳： ① 取下传递绳并下塔； ② 无危险动作	10	（1）失去保护，扣5分； （2）每一项不正确，扣5分，扣完为止		
6	其他要求	塔上操作：不得有高空坠物，不得有不安全现象，吊绳使用正确，不得有缠绕死结	15	有高空坠物扣10分；吊绳使用不正确，扣5分		
7	安全文明生产	操作过程熟练，工具、材料存放整齐，现场清理干净	10	（1）操作不熟练，扣5分； （2）工具材料乱放，扣3分； （3）现场未清理干净，扣2分		

2.2.7 SX2ZY0203 220kV 直线杆塔更换单串复合绝缘子

一、作业

（一）工器具、材料、设备

（1）工器具：个人工具、防护用具、220kV 验电器、接地线、围栏、安全标识牌、拔销器、3m 软梯、抹布、滑车、传递绳、手扳葫芦、双分裂导线提线器、导线保护绳、防坠装置、钢丝绳套。

（2）材料：220kV 复合绝缘子、均压环。

（3）设备：无。

（二）安全要求

（1）登杆塔前必须仔细核对线路双重称号，无误后方可攀登。

（2）攀登杆塔作业前，应检查杆塔根部、基础和拉线是否牢固，登高工具、设施是否完整、牢靠。

（3）在杆塔上作业时，应使用有后备绳索或速差自锁器的双控背带式安全带，安全带和后备保护绳（速差自锁器）应分挂在杆塔不同部位的牢固构件上，应防止安全带从杆顶脱出或被锋利物损坏。人员在转位时，手扶的构件应牢固，且不得失去安全保护。

（4）高处作业应使用工具袋，较大的工器具应固定在牢固的构件上，不准随便乱放。上下传递物件应用绳索栓牢传递，严禁上下抛掷。工作地点下面应有围栏或装设其他保护装置，防止落物伤人。

（5）防止工器具失灵、导线脱落、绝缘子脱落，当采用单吊线装置时，应采取防止导线脱落的后备保护措施。

（三）操作步骤及工艺要求（含注意事项）

1. 工作准备

（1）着装规范。

（2）选择工具、材料，并做外观检查。

（3）按照要求在工作地段的两端导线上已经验明确无电压后装设好接地线。

2. 工作过程

（1）作业人员在作业前核对线路双重编号，检查杆根及基础是否完好。

（2）对安全用具冲击试验合格后，作业人员携带传递绳开始登塔。

（3）杆塔上作业人员携带传递绳登塔至需更换复合绝缘子横担上方，将安全带、后备保护绳系在横担主材上，在横担的适当位置挂好传递绳。

（4）辅助人员将软梯、导线保护绳和手扳葫芦传递上杆塔。杆塔上作业人员在横担主材上打好软梯，对软梯进行冲击后下到导线上。

（5）杆塔上作业人员在横担上挂好钢丝绳套及手扳葫芦、导线保护绳、软梯。

（6）杆塔上作业人员检查导线保护绳和手扳葫芦的连接，并对手扳葫芦进行冲击试验，无误后收紧手扳葫芦，转移绝缘子荷载。

（7）杆塔上作业人员用传递绳捆绑绝缘子串，然后拔出绝缘子串两端的弹簧销，取出旧绝缘子串，并传递至地面。

（8）地面作业人员将组装好的复合绝缘子传递至杆塔上作业人员，杆塔上作业人员安装复合绝缘子。

(9) 杆塔上作业人员检查复合绝缘子连接无误后，稍松手扳葫芦使复合绝缘子受力，检查复合绝缘子受力情况。

(10) 杆塔上作业人员确认复合绝缘子受力正常后，继续松手扳葫芦到能够拆除为止。

(11) 杆塔上作业人员检查绝缘子安装质量无问题后，返回横担拆除手扳葫芦、导线保护绳和软梯并分别传递至地面。

3. 工作终结

(1) 检查导线及横担上没有遗留物，携带传递绳下塔。

(2) 操作过程中无落物，工作完毕后清理现场，交还工器具。

4. 工艺要求

(1) 复合绝缘子的规格应符合设计要求，爬距应能满足该地区污秽等级要求，伞裙、护套不应出现破损或龟裂，端头密封不应开裂、老化。

(2) 均压环安装不正确，开口方向符合说明书规定，不应出现松动、变形，不得装反。

(3) 复合绝缘子安装时，应检查球头、碗头与弹簧销子之间的间隙。在安装好弹簧销子的情况下球头不得自碗头中脱出，严禁线材（铁丝）代替弹簧销。

(4) 绝缘子串应与地面垂直，个别情况下，顺线路方向的倾斜度不应大于7.5°，或偏移值不应大于300mm。连续上、下山坡处，杆塔上的悬垂线夹的安装位置应符合设计规定。

(5) 复合绝缘子上的穿钉和弹簧销子的穿向一致，均按线路方向穿入。使用W形弹簧销子时，绝缘子大口均朝线路后方；使用R形弹簧销子时，大口均朝线路前方。螺栓及穿钉凡能顺线路方向穿入者均按线路方向穿入，特殊情况为两边线由内向外穿，中线由左向右穿入。

(6) 金具上所用的穿钉销的直径必须与孔径相配合，且弹力适度。穿钉开口销子开口必须为60°～90°，销子开口后不得有折断、裂纹等现象，禁止用线材代替开口销子；穿钉呈水平方向时，开口销子的开口应向下。

5. 注意事项

(1) 上下软梯时，手脚要稳，并打好后备保护绳，严禁攀爬复合绝缘子。

(2) 在脱离复合绝缘子和导线连接前，应仔细检查承力工具各部连接，确保安全无误后方可进行。

(3) 承力工器具严禁以小代大，并应在有效的检验期内。

二、考核

(一) 考核场地

考场设在两基培训专用220kV合成绝缘子直线杆塔上进行。

(二) 考核时间

考核时间为60min，在规定时间内完成。

(三) 考核要点

(1) 根据要求选择的工器具、材料满足工作需要，并进行外观检查。

(2) 登塔前准备工作及安全用具的试验。

（3）复合绝缘子的更换工艺要求及注意事项。

（4）操作过程熟练连贯，施工有序，工具、材料存放整齐，现场清理干净。

三、评分标准

行业：电力工程　　　　　　　　　　工种：送电线路工　　　　　　　　　　等级：二

编号	SX2ZY0203	行为领域	e	鉴定范围		送电	
考核时限	60min	题型	B	满分	100分	得分	
试题名称	220kV直线杆塔更换单串复合绝缘子						
考核要点及其要求	（1）着装规范。 （2）选择工器具、材料符合工作需要，并做外观检查。 （3）登塔。 （4）更换复合绝缘子。 （5）自查验收。 （6）安全文明生产。 （7）发生安全事故，本项考核不及格						
现场设备、工器具、材料	（1）工器具：个人工具、防护用具、220kV验电器、接地线、围栏、安全标示牌、拔销器、3m软梯、抹布、滑车、传递绳、手扳葫芦、双分裂导线提线器、导线保护绳、防坠装置、钢丝绳套。 （2）材料：220kV复合绝缘子、均压环						
备注	上述栏目未尽事宜						

评分标准

序号	考核项目名称	质量要求	分值	扣分标准	扣分原因	得分
1	着装	正确佩戴安全帽，穿工作服，穿绝缘鞋，戴手套	5	（1）未正确佩戴安全帽，扣1分； （2）未穿工作服，扣1分； （3）未穿绝缘鞋，扣1分； （4）未戴手套进行操作，扣1分； （5）工作服领口、袖口扣子未系好，扣1分		
2	工器具、材料准备	工器具、材料选用准确、齐全，并做外观检查	5	工器具、材料缺一项扣1分，未做外观检查，扣1分，扣完为止		
3	登塔	（1）登塔：上塔作业人员，带上滑车及传递绳。攀登杆塔，在杆塔上记号安全带及保护绳，将滑车挂好； （2）提升工具：地面人员通过传递绳提升工器具，如葫芦、千斤顶、卸扣、导线保护绳、软梯等； （3）挂牢软梯：将软梯在横担头侧面钩挂和绑扎牢靠； （4）进入作业位置：沿软梯进入作业位置； （5）安装导线保护绳；安装好导线保护绳	30	（1）后备保护使用不正确，扣1分；作业过程中失去安全带保护，扣2分；下到导线前未检查绝缘子、弹簧销子，扣2分； （2）发生撞击，每次扣5分； （3）未对软梯进行安装检查，扣2分； （4）软梯不做冲击试验，扣3分；爬软梯失去保护，每次扣5分； （5）未使用导线保护绳，扣8分；导线保护绳使用不正确，扣2分		

续表

序号	考核项目名称	质量要求	分值	扣分标准	扣分原因	得分
4	更换复合绝缘子	(1) 提升导线，使导线侧吊钩距线夹中心位置不超过400mm； (2) 拔出弹簧销，更换复合绝缘子，安装弹簧销，拆除后备保护，拆除软梯	40	(1) 提线工具使用不熟练，扣10分； (2) 提线工具承力后不冲击，扣5分；换上新绝缘子后未观察导线、检查绝缘子受力情况，扣20分；弹簧销穿入方向不正确，扣5分		
5	自查验收	(1) 检查弹簧销是否到位； (2) 检查绝缘子安装是否到位； (3) 检查均压环及其他部件	10	(1) 未检查弹簧销，扣5分； (2) 未检查绝缘子安装情况，扣2分； (3) 未检查均压环及其他部件，扣3分		
6	安全文明生产	操作过程熟练，工具、材料存放整齐，现场清理干净	10	(1) 操作不熟练，扣5分； (2) 工具材料乱放，扣3分； (3) 现场未清理干净，扣2分		

2.2.8 SX2ZY0301 使用红外热像仪对设备进行红外测温

一、作业

（一）工器具、材料、设备

（1）工器具：TP-8 型红外热像仪一台，HTC-1 温湿度仪一台，风速仪一台，遮阳伞（晴天需携带）。

（2）材料：无。

（3）设备：无。

（二）安全要求

（1）应避免将仪器镜头直接对准强烈辐射源（如太阳或夜间的照明灯光），强烈阳光下应使用遮阳伞，以免造成仪器不能正常工作。

（2）雷雨、冰雹、浓雾、大雪、大风、湿度大于 85%等情况下不得红外测温。

（三）操作步骤及工艺要求（含注意事项）

1. 工作前准备

（1）着装规范。

（2）选择工器具、材料符合工作需要，并做外观检查。

2. 工作过程

（1）核对线路名称及杆号。

（2）安装并调整仪器。

① 选择测试导线及连接器的位置。

② 找好测量最佳位置，取出测试仪器。

③ 针对不同的检测对象，选择不同的环境温度参照体。

④ 正确选择被测物体的发射率。

⑤ 正确输入大气温度、相对湿度、测量距离等补偿参数，并选择适当的测温范围。

（3）进行测温。

① 先用红外热像仪或红外热电视对所有应测部位进行全面扫描，找出热态异常部位，然后对异常部位和重点监测设备进行准确测温。

② 测量设备发热点、正常相的对应点及环境温度参照体的温度值时，应使用同一仪器相继测量。

③ 作同类比较时，要注意保持仪器与各对应测点的距离一致、方位一致。

④ 从不同方位进行检测，求出最热点的温度值。

⑤ 记录异常设备的实际负荷电流和发热相、正常相及环境温度参照体的温度值。

3. 工作终结

测温缺陷的判断如下：

（1）计算相对温差。两个对应测点之间的温差与其中较热点的温升之比的百分数。用来采集环境温度的物体叫环境参照体。它可能不具有当时的真实环境温度，但它具有与被测物相似的物理属性，并与被测物处在相似的环境之中。

（2）采用相对温差判别法，依照“电流致热设备缺陷诊断判据”，判断输电导线连接器是否存在发热缺陷以及缺陷的性质。输电线路接点（并沟线夹、跳线引流版、T 形线夹和设备线夹）发热温度大于130℃或相对温差不小于95%时为危急缺陷。

4. 注意事项

（1）野外道路差、夜间能见度差或照明设备等原因容易造成测量人员摔伤和仪器损坏，要求检测天气良好，风速小于0.5m/s，夜间无足够照明设备不得工作。

（2）测温仪器操作方法不当，造成仪器不能正常工作及损伤，应避免仪器镜头直接对准强烈辐射源（如太阳或夜间照明灯光），以免造成仪器不能正常工作及损伤，强烈阳光应使用遮阳伞，雷雨、冰雹、浓雾、大雪、大风、湿度大于85%等情况下不得红外测温。

二、考核

（一）考核场地

考场可以设在某运行线路的杆塔下。

（二）考核时间

考核时间为40min，在规定时间内完成。

（三）考核要点

（1）正确选择测试仪器。

（2）正确安装与调整仪器。

（3）正确测试导线连接管、线夹和正常导线的温度。

（4）正确判断缺陷性质。

三、评分标准

行业：电力工程　　　　工种：送电线路工　　　　等级：二

编号	SX2ZY0301	行为领域	e	鉴定范围		送电
考核时限	40min	题型	A	满分	100分	得分
试题名称	使用红外热像仪对设备进行红外测温					
考核要点及其要求	（1）正确选择测试仪器。 （2）正确安装与调整仪器。 （3）正确测试导线连接管、线夹和正常导线的温度。 （4）正确判断缺陷性质					
现场设备、工器具、材料	工器具：TP-8型红外热像仪一台，HTC-1温湿度仪一台，风速仪一台，遮阳伞（晴天需携带）					
备注	上述栏目未尽事宜					

评分标准

序号	考核项目名称	质量要求	分值	扣分标准	扣分原因	得分
1	着装	正确佩戴安全帽，穿工作服，穿绝缘鞋，戴手套	5	（1）未正确佩戴安全帽，扣1分； （2）未穿工作服，扣1分； （3）未穿绝缘鞋，扣1分； （4）未戴手套进行操作，扣1分； （5）工作服领口、袖口扣子未系好，扣1分		

续表

序号	考核项目名称	质量要求	分值	扣分标准	扣分原因	得分
2	工器具、材料准备	工器具、材料选用准确、齐全，并做外观检查	5	工器具、材料缺一项，扣1分；未做外观检查，扣1分，扣完为止		
3	环境参数	（1）测量环境温度； （2）测量空气湿度； （3）测量风速； （4）环境温度参照体	5	未选择或选择错误，扣5分		
4	调整仪器	输入参数： （1）正确选择被测物体的发射率； （2）正确输入大气温度、相对湿度、测量距离等补偿参数，并选择适当的测温范围	10	（1）被测物体的发射率选择不正确，扣5分； （2）输入参数不全面，扣5分		
5	测量	（1）检测时应逐相进行，当检测发现引流板或其他类接点发热异常时，应变换位置和角度进行复测； （2）记录测量数据，测量数据包括每一相的导线温度、接点温度、环境参照体温度； （3）逐相储存红外线测温图像	30	（1）操作不正确，扣10分； （2）测量数据记录不准确，扣10分； （3）未储存红外线测温图像或储存不全，扣10分		
6	计算	计算相对温差	15	（1）未计算相对温差，扣10分； （2）计算不准确，扣5分		
7	判别	采用相对温差判别法，依照“电流致热设备缺陷诊断判据”，判断输电导线连接器是否存在发热缺陷以及缺陷的性质。输电线路接点（并沟线夹、跳线引流板、T形线夹和设备线夹）发热温度大于90℃或相对温差不小于80%时为严重缺陷；输电线路接点发热温度大于130℃或相对温差不小于95%时为危急缺陷	20	未正确判断缺陷性质，扣20分		
8	清理现场	测量完毕后，将测量仪器装箱归位	10	测量仪器未装箱归位，扣10分		

2.2.9 SX2ZY0401 110kV及以上架空输电线路故障巡视与事故分析

一、作业

（一）工器具、材料、设备

（1）工器具：望远镜、数码照相机、测高仪、照明工具、钢丝钳、扳手、手锯等。

（2）材料：螺栓、防盗帽、巡视记录本等。

（3）设备：无。

（二）安全要求

（1）巡线时，应穿绝缘鞋或绝缘靴，雨、雪天路滑应慢慢行走，过沟、崖和墙时，防止摔伤，不走险路。防止动物伤害，做好安全措施；偏僻山区巡线由两人进行。暑天、大雪天等恶劣天气，必须由两人进行巡线。

（2）巡线时，应沿线路外侧行走，大风时应沿上风侧行走，发现导线断落地面或悬挂空中，应设法防止行人靠近断线地点8m以内，以免跨步电压伤人，并迅速报告领导，等候处理。事故巡线时，应始终认为线路带电。

（3）单人巡视时，禁止攀登树木和杆塔。

（4）穿过公路、铁路时，要注意瞭望，遵守交通法规，以免发生交通意外事故。

（三）操作步骤及工艺要求（含注意事项）

1．工作前准备

（1）着装规范。

（2）选择工器具、材料符合工作需要，并做外观检查。

2．工作过程

（1）巡视人员由有线路工作经验的人员担任，经考核合格后方能上岗，严格实行专责制，负责对每条线路实行定期巡视、检查和维护。

（2）故障巡视应根据故障原因的初步分析结果采取不同巡视方式。遇到雷击、污闪、鸟害、风偏等应进行登杆检查；外力破坏、冰害、自然灾害、树（竹）线放电，以及永久性障碍宜先进行地面巡视，对外力破坏障碍的查找应强调快速性，接到调度信息后应立即派出人员赶往现场，并重点对施工、建房等隐患点进行排查，防止肇事方毁灭现场痕迹。

故障巡视人员必须认真负责，不能漏过任何一个可疑点，不能采取跳跃查线的方式，但可以重点对故障相（极）进行检查，以提高故障巡视效率。

（3）巡视过程中资料收集。

① 雷击、污闪、冰害等绝缘子闪络故障资料收集。

② 外力破坏、山火、树（竹）线故障、交叉跨越故障、风偏、冰害等资料收集。

③ 填写架空输电线路巡视检查记录表。

④ 填写事故分析报告。事故分析报告应包含线路事故情况介绍、故障巡视过程、事故线路及杆塔相关参数信息、事故现场情况描述（现场收集的资料）、事故分析、暴露问题及整改措施。

3. 工作终结

（1）自查验收。

（2）清理现场、退场。

4. 注意事项

（1）巡视时，应穿绝缘鞋或绝缘靴，雨、雪天路滑，慢慢行走，过沟、涯和墙时防止摔伤，不走险路。防止动物伤害，做好安全措施；偏僻山区巡线由两人进行。暑天、大雪天等恶劣天气，必要时由两人进行巡线。

（2）巡线时应沿险路外侧行走，大风时应沿上风侧行走，发现导线段落地面或悬吊空中，应设法防止行人靠近断线地点 8m 以内，以免跨步电压伤人，并迅速报告领导，等候处理。事故巡线时，应始终认为线路带电。

（3）单人巡视时，禁止攀登树木和杆塔。

（4）穿过公路、铁路时，要注意瞭望，遵守交通法规、以免发生交通意外事故。

二、考核

（一）考核场地

考场可以设在培训基地杆塔上实施考试，塔上预先设置几个隐患点；或在实际运行线路上考核。

（二）考核时间

考核时间为 60min，在规定时间内完成。

（三）考核要点

（1）线路巡视前，首先要做好危险点分析与预控工作，确保巡视人员人身安全；其次要做好相关资料分析整理工作，明确巡视工作的重点。

（2）故障巡视应根据故障原因的初步分析结果采取不同巡视方式。遇到雷击、污闪、鸟害、风偏等应进行登杆检查；外力破坏、冰害、自然灾害、树（竹）线放电，以及永久性障碍宜先进行地面巡视，对外力破坏障碍的查找应强调快速性，接到调度信息后应立即派出人员赶往现场，并重点对施工、建房等隐患点进行排查，防止肇事方毁灭现场痕迹。

（3）故障巡视人员必须认真负责，不能漏过任何一个可疑点，不能采取跳跃查线的方式，但可以重点对障碍相（极）进行检查，以提高故障巡视效率。

（4）严格遵守现场巡视作业流程，巡视到位，认真检查线路各部件运行情况，发现问题及时汇报。及时填写巡视记录集缺陷记录。发现重大、紧急缺陷时立即上报有关人员。

（5）登杆巡视前要核对线路名称、杆号，检查登高工具是否在试验期内，对安全带和防坠装置做冲击试验。高空作业中动作熟练，站位合理。安全带应系在牢固的构件上，并系好后备保护绳，确保双重保护。转向移位穿越时不得失去保护。

（6）杆塔上巡视完成后，清理杆上遗留物，得到工作负责人许可后方可下杆。

三、评分标准

行业：电力工程　　　　　　　　　　工种：送电线路工　　　　　　　　　　等级：二

编号	SX2ZY0401	行为领域	e	鉴定范围		送电	
考核时限	60min	题型	A	满分	100分	得分	
试题名称	110kV及以上架空输电线路故障巡视与事故分析						
考核要点及其要求	（1）线路巡视前，首先要做好危险点分析与预控工作，确保巡视人员人身安全；其次要做好相关资料分析整理工作，明确巡视工作的重点。 （2）故障巡视应根据故障原因的初步分析结果采取不同巡视方式。遇到雷击、污闪、鸟害、风偏等应进行登杆检查；外力破坏、冰害、自然灾害、树（竹）线放电，以及永久性障碍宜先进行地面巡视，对外力破坏障碍的查找应强调快速性，接到调度信息后应立即派出人员赶往现场，并重点对施工、建房等隐患点进行排查，防止肇事方毁灭现场痕迹。 （3）故障巡视人员必须认真负责，不能漏过任何一个可疑点，不能采取跳跃查线的方式，但可以重点对障碍相（极）进行检查，以提高故障巡视效率。 （4）严格遵守现场巡视作业流程，巡视到位，认真检查线路各部件运行情况，发现问题及时汇报。及时填写巡视记录集缺陷记录。发现重大、紧急缺陷时立即上报有关人员。 （5）登杆巡视前要核对线路名称、杆号，检查登高工具是否在试验期内，对安全带和防坠装置做冲击试验。高空作业中动作熟练，站位合理。安全带应系在牢固的构件上，并系好后备保护绳，确保双重保护。转向移位穿越时不得失去保护。作业时不得失去监护。 （6）杆塔上巡视完成后，清理杆上遗留物，得到工作负责人许可后方可下杆						
现场设备、工器具、材料	工器具：望远镜、数码照相机、测高仪、照明工具、钢丝钳、扳手、手锯等						
备注	上述栏目未尽事宜						

评分标准

序号	考核项目名称	质量要求	分值	扣分标准	扣分原因	得分
1	着装	正确佩戴安全帽，穿工作服，穿绝缘鞋，戴手套	5	（1）未正确佩戴安全帽，扣1分； （2）未穿工作服，扣1分； （3）未穿绝缘鞋，扣1分； （4）未戴手套进行操作，扣1分； （5）工作服领口、袖口扣子未系好，扣1分		
2	工器具、材料准备	工器具、材料选用准确、齐全，并做外观检查	5	工器具、材料缺一项，扣1分；未做外观检查，扣1分，扣完为止		

续表

序号	考核项目名称	质量要求	分值	扣分标准	扣分原因	得分
3	故障点判定	（1）为了快速地寻找故障地点，必须借助于线路保护的动作情况及保护故障测距所提供的数据。如果线路采用三段过流保护，则当速断保护动作，故障多发生在线路的末端之前；若带时限保护动作，则故障多发生在本段线路末端和相邻线路的首端；若过电流保护动作，则故障多发生在下一段线路中； （2）巡线时，应该事先查明保护动作情况，故障测距数据，以确定重点巡视的范围	20	（1）结合线路事故跳闸后，继电保护及自动装置的动作情况、故障测距、线路基本情况及沿线气象条件等资料，综合分析判断故障性质、故障范围。故障性质判断不准确，扣10分； （2）故障范围判断不准确，扣10分		
4	故障巡视	（1）故障巡线中尽管确定了巡视重点，还必须对全线进行巡视，不得中断遗漏； （2）故障巡线中，巡视人员应对沿线群众调查了解事故经过和现象； （3）对发现可能造成故障的所有物件均收集带回，并对故障情况做详细记录，供分析故障参考之用	25	（1）根据故障点判断结果，对可能发生故障的杆塔进行巡视检查，找到故障点，故障巡视遗漏，每类扣5分； （2）未发现故障点，扣10分； （3）未收集故障资料，扣5分； （4）收集不全，扣5分		
5	安全注意事项	（1）巡视人员发现导线断落地面或悬吊空中，应设法防止行人靠近断线地点8m以内，并迅速报告调度和上级等候处理； （2）故障巡线应始终认为线路带电	5	违反巡视作业安全注意事项，扣5分		
6	巡视记录	认真填写巡视记录	5	巡视记录不全，扣5分		
7	事故分析报告	事故分析报告应包含线路事故情况介绍、故障巡视过程、事故线路及杆塔相关参数信息、事故现场情况描述（现场收集的资料）、事故分析、暴露问题及整改措施	25	（1）事故分析报告内容不全，扣10分； （2）事故分析报告内容描述不准确，扣15分		
8	安全文明生产	工器具在操作中归位；工器具及材料不应乱扔乱放	10	（1）操作中工器具不归位，扣5分； （2）工具材料乱放，扣5分		

2.2.10　SX2ZY0501　正方形铁塔基础施工分坑测量操作

一、作业

（一）工器具、材料、设备

（1）工器具：J2 光学经纬仪、丝制手套、榔头（2 磅）、标杆、皮卷尺（30m）。

（2）材料：$\phi 20$ 圆木桩、铁钉（1 寸）、记号笔。

（3）设备：无。

（二）安全要求

（1）防止坠物伤人。

（2）在线下或杆塔下测量时，作业人员必须戴好安全帽。

（三）操作步骤及工艺要求（含注意事项）

1. 工作前准备

（1）着装规范。

（2）选择工器具、材料符合工作需要，并做外观检查。

2. 工作过程

（1）检查中心桩。

（2）经纬仪的架设。

（3）分坑作业。

3. 工作终结

（1）自查验收。

（2）清理现场、退场。

4. 注意事项

（1）仪器出箱时，应用手托轴座或度盘，不可单手提望远镜。

（2）仪器架设高度适合，便于观察测量。

（3）气泡无偏移，对中清晰。

（4）对光后刻度盘清晰，便于读数。

二、考核

（一）考核场地

考场可以设在培训基地选取一平坦地面。

（二）考核时间

考核时间为 60min，在规定时间内完成。

（三）考核要点

（1）着装规范。

（2）工器具选择满足工作需要，并进行外观检查。

（3）仪器架设。

（4）基础分坑。

（5）画平面图。

三、评分标准

行业：电力工程 **工种：送电线路工** **等级：二**

编号	SX2ZY0501	行为领域	e	鉴定范围		送电	
考核时限	60min	题型	C	满分	100分	得分	
试题名称	正方形铁塔基础施工分坑测量操作						
考核要点及其要求	(1) 着装规范。 (2) 工器具选择满足工作需要，并进行外观检查。 (3) 仪器架设。 (4) 基础分坑。 (5) 画平面图						
现场设备、工器具、材料	(1) 工器具：J2光学经纬仪、丝制手套、榔头（2磅）、标杆、皮卷尺（30m）。 (2) 材料：ϕ20圆木桩、铁钉（1寸）、记号笔						
备注	上述栏目未尽事宜						

评分标准

序号	考核项目名称	质量要求	分值	扣分标准	扣分原因	得分
1	着装	正确佩戴安全帽，穿工作服，穿绝缘鞋，戴手套	5	(1) 未正确佩戴安全帽，扣1分； (2) 未穿工作服，扣1分； (3) 未穿绝缘鞋，扣1分； (4) 未戴手套进行操作，扣1分； (5) 工作服领口、袖口扣子未系好，扣1分		
2	工器具、材料准备	工器具、材料选用准确、齐全，并做外观检查	5	工器具、材料缺一项，扣1分；未做外观检查，扣1分，扣完为止		
3	仪器架设	检查中心桩，将经纬仪放于铁塔中心桩上，将标杆插于线路方向桩上	5	(1) 对中、调平、对光不正确，扣2分； (2) 前方、后方均要测，检查中心桩是否正确，不正确，扣3分		
4	钉顺线路和横线路方向的辅助桩	将望远镜瞄准标杆，调焦，瞄准前后方向桩，仪器控制方向，在视线较好处，钉下顺线路方向的辅助桩 N；转动水平度盘手轮，将镜筒旋转90°，钉下横线路方向的辅助桩 M	10	(1) 用十字丝双丝段精密夹住标杆，不正确，扣5分； (2) 钉出的顺线路和横线路方向的辅助桩 N 和 M 不正确，扣5分		

续表

序号	考核项目名称	质量要求	分值	扣分标准	扣分原因	得分
5	测量出塔脚的中心桩和开挖面辅助桩	将经纬仪对准顺线路方向 OP 后，以中心线路方向 OP 向右转动 45°，在此方向上用皮卷尺量出距中心桩 O 点 S 远处的 C 点，即为 C 塔腿中心，同时找出距中心桩 O 点 $\frac{\sqrt{2}}{2}$（$S-a$）远处的 E 点和距中心桩 O 点 $\frac{\sqrt{2}}{2}$（$S+a$）远处的 F 点；将皮尺的零刻度出处放于 E 点，$2a$ 处放于 F 点，铁钉放于皮尺的 a 处，把皮尺的两端拉直后钉子所在处即为 G 点，反方向可得出 H 点。打倒镜后，同理得出 A 塔腿的位置。同样在 OP 方向上左转动 45°后，可分别得出 B 塔腿的位置和 D 塔腿的位置	40	（1）经纬仪在顺线路方向的角度应调整为一个号计算的整数角度（或直接记住原先读数），不正确，扣 7 分； （2）计算数据 S 不正确，扣 7 分； （3）目镜读数不清晰，扣 7 分； （4）中心柱不在目镜的十字丝上，扣 7 分； （5）中心柱的位置不准确，扣 7 分； （6）基坑开挖面的辅助桩位置不准确，扣 5 分		
6	画开挖面	（1）取 a 线长的细铁丝，将两端分别置于 E、F 两点，拉紧的中点即得 G 点、翻转至反方向即得 H 点； （2）沿 $EFGH$，在地面上画线，即得第一只基坑开挖面； （3）用同样的方法使用铁丝连接，得出其他三个基坑的开挖面	10	（1）方法选用不合理，扣 2 分； （2）基坑开挖面的数据不准确，扣 5 分； （3）画出的开挖面不规整，扣 3 分		
7	绘图	算出在分坑过程中所用的计算公式及数据，并在纸上按比例绘制平面分坑图	10	（1）纸面不清洁、干净，扣 2 分； （2）计算公式不正确，扣 5 分； （3）绘制的平面图不工整、不规范，扣 3 分		
8	自查验收	组织依据施工验收规范对施工工艺、质量进行自查验收	5	（1）未组织验收，扣 2 分； （2）分坑尺寸不正确，超过标准值的 2%，扣 3 分		
9	安全文明生产	工器具在操作中归位；工器具及材料不应乱扔乱放	10	（1）操作中工器具不归位，扣 5 分； （2）工具材料乱放，每次扣 5 分		

2.2.11 SX2ZY0502 直线塔结构倾斜检查的操作

一、作业

（一）工器具、材料、设备

（1）工器具：J2 光学经纬仪、丝制手套、钢卷尺、函数计算器。

（2）材料：记号笔。

（3）设备：无。

（二）安全要求

（1）防止摔坏仪器。

（2）防止坠物伤人，在线下或杆塔下测量时，作业人员必须戴好安全帽。

（三）操作步骤及工艺要求（含注意事项）

1. 工作前准备

（1）着装规范。

（2）选择工器具、材料符合工作需要，并做外观检查。

2. 工作过程

（1）选定仪器站点。经纬仪支于线路中心方向距塔高 2 倍以上的地方，选点应合理，不影响后期操作。

（2）正面倾斜值检查。

① 将经纬仪支于线路中心方向距塔高 2 倍以上的地方。

② 经纬仪架设。打开三脚架，调节脚架高度适中，目测三脚架头大致水平，将仪器放在脚架上，并拧紧连接仪器和三脚架的中心连接螺旋，踏紧架腿；转动照准部，使照准部水准管与任一对脚螺旋的连线平行，两手同时向内或外转动这两个脚螺旋，使水准管气泡居中。将照准部旋转 90°，转动第三个脚螺旋，使水准管气泡居中，按以上步骤反复进行，直到照准部转至任意位置气泡皆居中为止。

③ 调平后固定水平度盘，垂直方向对准视点 1 的 O 点，找出水平铁 Z 中心点 A，从视点 1 的 O 点垂直向下至水平铁 Z，如与 A 点重合即此面无倾斜，如不重合即得 A_l 点，用钢卷尺测量得出 AA_1 的距离，即为视点 1 正面倾斜值 x_1。用相同方法测得视点 2 后侧横向倾斜值 x_2。

（3）侧面倾斜值检查。侧面倾斜值检查方法同上，得视点 1 侧面倾斜值 y_1 和视点 2 侧面倾斜值 y_2。

（4）计算铁塔倾斜率。

① 正面倾斜值：$x=\dfrac{x_1+x_2}{2}$。

② 侧面倾斜值：$y=\dfrac{y_1+y_2}{2}$。

③ 计算铁塔倾斜值：$z=\sqrt{x^2+y^2}$。

④ 计算铁塔倾斜率：$\eta=\dfrac{z}{H}\times 100\%$，$H$ 为塔高。

3. 工作终结

（1）自查验收。

（2）清理现场、退场。

4. 注意事项

（1）仪器架设点选取合适，便于观察测量。

（2）每基铁塔正、侧面经纬仪观测点必须打上控制桩，以保证能在同一位置观测铁塔结构倾斜。

（3）仪器架设气泡无偏移，物镜清晰。

（4）对光后，刻度盘清晰，便于读数。

（5）计算准确无误。

（6）铁塔倾斜率对架线前检查，直线杆塔其值不超过3%。

二、考核

（一）考核场地

考场可以设在培训线路上，选取一座直线铁塔测量。

（二）考核时间

考核时间为60min，在规定时间内完成。

（三）考核要点

（1）着装规范。

（2）工器具、材料选用满足工作需要，并进行外观检查。

（3）仪器架设正确，读数、记录无误。

（4）数据计算过程清晰，且正确无误。

三、评分标准

行业：电力工程　　　　工种：送电线路工　　　　等级：二

编号	SX2ZY0502	行为领域	e	鉴定范围		送电	
考核时限	60min	题型	A	满分	100分	得分	
试题名称	直线塔结构倾斜检查的操作						
考核要点及其要求	（1）着装规范。 （2）工器具、材料选用满足工作需要，并进行外观检查。 （3）仪器架设正确，读数、记录无误。 （4）数据计算过程清晰，且正确无误						
现场设备、工器具、材料	（1）工器具：J2光学经纬仪、丝制手套、钢卷尺、函数计算器。 （2）材料：记号笔						
备注	上述栏目未尽事宜						

评分标准

序号	考核项目名称	质量要求	分值	扣分标准	扣分原因	得分
1	着装	正确佩戴安全帽，穿工作服，穿绝缘鞋，戴手套	5	（1）未正确佩戴安全帽，扣1分； （2）未穿工作服，扣1分； （3）未穿绝缘鞋，扣1分； （4）未戴手套进行操作，扣1分； （5）工作服领口、袖口扣子未系好，扣1分		

续表

序号	考核项目名称	质量要求	分值	扣分标准	扣分原因	得分
2	工器具、材料准备	工器具、材料选用准确、齐全，并做外观检查	5	工器具、材料缺一项扣1分；未做外观检查，扣1分，扣完为止		
3	选定仪器观测点	选择观测点合理	5	(1) 观测点未在顺线路方向中心线上，扣3分； (2) 观测距离未在距塔离2倍左右位置的，扣2分		
4	仪器安装	将三脚架高度调节好后架于测量点处，仪器从箱中取出，将仪器放于三脚架上，转动中心固定螺栓，将三脚架踩紧或调整各脚的高度	5	(1) 仪器高度不便于操作，扣2分； (2) 一手握扶照准部，一手握住三角机座，不正确，扣1分； (3) 有危险动作，扣2分		
5	仪器调平、对光、调焦	转动仪器照准部，以相反方向等量转动此两脚螺栓，将仪器转动90°，旋转第三脚螺栓，反复调整两次至仪器水平，转动目镜对准需要测量的杆塔，目标清晰	10	(1) 气泡每偏离2格，扣2分； (2) 仪器反复调整超过两次，倒扣3分； (3) 分划板十字丝不清晰明确，扣5分		
6	测量横向倾斜值	首先将望远镜中丝瞄准横担中点，然后俯视杆塔根部，用钢卷尺量取中丝与横向根开中点间的距离即为横向倾斜值 x_1；用同样方法测后侧横向倾斜值 x_2；计算横向倾斜值。(注意 x_1、x_2 方向，同侧相减，异侧相加)，$x=(x_1+x_2)/2$	10	(1) 测量位置不正确，扣2分； (2) 测量方法不正确，扣3分； (3) 计算方法有误，扣5分		
7	测量顺向倾斜值	仪器站点选择在杆塔横担方向上，且距离为塔高2倍左右，架设仪器并调平、对光，调焦，将望远镜中丝瞄准横担中点，然后俯视杆塔根部，用钢卷尺量取中丝与顺向根开中点间的距离即为顺向倾斜值 y_1，用同样方法测右侧顺向倾斜值 y_2，计算顺向倾斜值（注意 y_1、y_2 方向，同侧相减，异侧相加)，$y=(y_1+y_2)/2$	30	(1) 观测点未在顺线路方向中心线上，扣5分； (2) 观测距离未在距塔高2倍左右位置的，扣5分； (3) 气泡每偏离1格，扣2分； (4) 仪器反复调整超过两次，倒扣3分； (5) 测量位置、方法不正确，扣5分； (6) 计算方法有误，扣10分		
8	计算	计算杆塔倾斜值 z，计算杆塔倾斜率 $y=\frac{z}{H}\times100\%$，H 为塔高	10	计算不正确，扣10分		

续表

序号	考核项目名称	质量要求	分值	扣分标准	扣分原因	得分
9	收仪器	松动所有制动手轮，松开仪器中心固定螺旋，双手将仪器轻轻拿下放进箱内，清除三脚架上的泥土	5	(1) 一手握住仪器，一手旋下固定螺旋，不正确，扣2分； (2) 要求位置正确，一次成功，每失误一次，扣1分； (3) 将三脚架收回，扣上皮带，不正确，扣1分； (4) 动作不熟练流畅，扣1分		
10	自查验收	组织依据施工验收规范对施工工艺、质量进行自查验收	5	未组织验收，扣5分		
11	安全文明生产	工器具在操作中归位；工器具及材料不应乱扔乱放	10	(1) 操作中工器具不归位，扣5分； (2) 工具材料乱放，每次扣5分		

第五部分　高级技师

1 理论试题

1.1 单选题

La1A2001 有4个容量为10μF、耐压为10V的电容器，为提高耐压，应采取(　　)接方法。

(A) 串　　(B) 两两并起来再串

(C) 并　　(D) 两两串起来再并

答案：A

La1A2002 电容器充电后，移去直流电源，把电流表接到电容器两端，则指针(　　)。

(A) 会偏转　　(B) 不会偏转

(C) 来回摆动　　(D) 停止不动

答案：A

La1A2003 用楞次定律可判断感应电动势的(　　)。

(A) 方向　　(B) 大小

(C) 不能判断　　(D) 大小和方向

答案：D

La1A3004 在R、L、C串联正弦交流电路中，当外加交流电源的频率为f时发生谐振，当外加交流电源的频率为$2f$时，电路的性质为(　　)。

(A) 电阻性电路　　(B) 电感性电路

(C) 电容性电路　　(D) 纯容性电路

答案：B

La1A3005 有一30μF电容器，加在两端的电压为500V，则该电容器极板上储存的电荷量为(　　)C。

(A) 3　　(B) 0.015　　(C) 5　　(D) 15

答案：B

La1A3006 已知$u=10\angle 30°$，电压相量表示的正弦量为(　　)。

(A) $u=10\sin(\omega t-30)$　　(B) $u=\times 10\sin(\omega t+30)$

(C) $u=10\sin(\omega t+30)$　　　　(D) $u=\times\sin\omega t$

答案：B

La1A3007　把接地点处的电位 U_m 与接地电流 I 的比值定义为(　　)。

(A) 工频接地电阻　　　　(B) 冲击接地电阻

(C) 雷电接地电阻　　　　(D) 接地电阻

答案：D

La1A3008　电源为三角形连接的供电方式为三相三线制，在三相电动势对称的情况下，三相电动势相量之和等于(　　)。

(A) E　　(B) 0　　(C) 2E　　(D) 3E

答案：B

La1A4009　在 R、C 串联电路中，R 上的电压为 4V，C 上的电压为 3V，R、C 串联电路端电压及功率因数分别为(　　)。

(A) 7V，0.43　　　　(B) 5V，0.6

(C) 7V，0.57　　　　(D) 5V，0.8

答案：D

La1A4010　中性点经消弧线圈接地的电力系统，在单相接地时，其他两相对地电压为(　　)。

(A) 正常相电压　　　　(B) 小于相电压

(C) 线电压长度　　　　(D) 小于线电压

答案：C

La1A5011　只要保持力偶矩的大小和力偶的(　　)不变，力偶的位置可在其作用面内任意移动或转动，都不影响该力偶对刚体的效应。

(A) 力的大小　　　　(B) 转向

(C) 力臂的长短　　　　(D) 作用点

答案：B

Lb1A2012　2500V 的绝缘电阻表使用在额定电压为(　　)。

(A) 500V 及以上的电气设备上　　　　(B) 1000V 及以上的电气设备上

(C) 2000V 及以上的电气设备上　　　　(D) 10000V 及以上的电气设备上

答案：B

Lb1A3013　根据现场污秽（包括盐密和灰密）的严重程度，污区从非常轻到非常重共分(　　)级。

(A) 4　　(B) 5　　(C) 6　　(D) 7

答案：B

Lb1A3014　导线对地距离，除考虑绝缘强度外，还应考虑(　　)影响来确定安全距离。

(A) 集夫效应　　(B) 最小放电距离

(C) 电磁感应　　(D) 静电感应

答案：D

Lb1A3015　大跨越段线路可设专门维护班组管理。在洪汛、覆冰、大风和雷电活动频繁的季节，宜(　　)，做好记录，有条件的可安装自动监测设备。

(A) 设专人监视　　(B) 进行特殊巡视

(C) 缩短巡视周期　　(D) 加强维护

答案：A

Lb1A4016　设计覆冰厚度为(　　)及以上地区为重冰区。

(A) 10mm　　(B) 12mm　　(C) 15mm　　(D) 20mm

答案：D

Lb1A4017　架空扩径导线的主要运行特点是(　　)。

(A) 传输功率大　　(B) 电晕临界电压高

(C) 压降小　　(D) 感受风压小

答案：B

Lb1A4018　电力线路适当加强导线绝缘或减少地线的接地电阻，目的是(　　)。

(A) 减小雷电流　　(B) 避免反击闪络

(C) 减少接地电流　　(D) 避免内过电压

答案：B

Lb1A4019　接地装置的冲击接地电阻值大于工频接地电阻值，这种现象简称为(　　)。

(A) 电感影响　　(B) 电阻影响　　(C) 过电压影响　　(D) 雷电压影响

答案：A

Lb1A4020　直流高压输电线路和交流高压输电线路的能量损耗相比，(　　)。

(A) 无法确定　　(B) 交流损耗小

(C) 两种损耗一样　　(D) 直流损耗小

答案：D

Lb1A4021 输电运维班应在施工单位移交竣工资料后，(　　)天内完成设备变更(异动)的台账基础信息维护。

(A) 7　　(B) 5　　(C) 3　　(D) 1

答案：A

Lb1A5022 输电线路杆塔的垂直档距(　　)。

(A) 决定杆塔承受的水平荷载　　(B) 决定杆塔承受的风压荷载

(C) 决定杆塔承受的垂直荷载　　(D) 决定杆塔承受的水平荷载和风压荷载

答案：C

Lb1A5023 对于各种类型的钢芯铝绞线，在正常情况下，其最高工作温度为(　　)。

(A) 40℃　　(B) 65℃　　(C) 70℃　　(D) 90℃

答案：C

Lb1A5024 闪络电压要比同一间隙没有固体介质的空气击穿电压(　　)。

(A) 相同　　(B) 高得多　　(C) 低得多　　(D) 不确定

答案：C

Lb1A5025 沿面放电就是(　　)的放电现象。

(A) 沿液体介质表面　　(B) 沿固体介质表面

(C) 沿导体表面　　(D) 沿介质表面

答案：B

Lc1A2026 安全性评价工作应实行闭环动态管理，企业应结合安全生产实际和安全性评价内容，以(　　)年为一周期，按照"评价、分析、评估、整改"的过程循环推进。

(A) 1　　(B) 2～3　　(C) 3～5　　(D) 5～10

答案：B

Je1A1027 15～30m 高度可能坠落范围半径是(　　)。

(A) 3m　　(B) 4m

(C) 5m　　(D) 6m

答案：C

Je1A2028 同一耐张段、同一气象条件下各档导线的水平张力(　　)。

(A) 悬挂点最大　　(B) 弧垂点最大

(C) 高悬挂点最大　　(D) 一样大

答案：D

Je1A3029 用同一红外检测仪器相继测得的被测物表面温度和环境温度之差叫(　　)。

(A) 温升　　(B) 温差　　(C) 相对温差　　(D) 绝对温差

答案：A

Je1A3030 架空地线对导线的保护角变小时，防雷保护的效果(　　)。

(A) 变好　　(B) 变差

(C) 无任何明显变化　　(D) 根据地形确定

答案：A

Je1A4031 LGJ-400/50 型导线与其相配合的架空地线的规格为(　　)。

(A) GJ-25 型　　(B) GJ-35 型　　(C) GJ-50 型　　(D) GJ-70 型

答案：C

Je1A4032 接地体之间的连接，圆钢应为双面焊接，焊接长度应为其直径的 6 倍，扁钢的焊接长度不得小于接地体宽度的(　　)倍以上，并应四面焊接。

(A) 6　　(B) 4　　(C) 5　　(D) 2

答案：D

Je1A4033 导线直径在 12～22mm，档距在 350～700m 范围内，一般情况下安装防振锤个数为(　　)个。

(A) 1　　(B) 2　　(C) 3　　(D) 4

答案：B

Je1A4034 线路绝缘子上刷硅油或防尘剂是为了(　　)。

(A) 增加强度　　(B) 延长使用寿命

(C) 防止绝缘子闪络　　(D) 防止绝缘子破裂

答案：C

Je1A4035 地锚的抗拔力是指地锚受外力垂直向上的分力作用时，抵抗(　　)滑动的能力。

(A) 向左　　(B) 向右　　(C) 向上　　(D) 向下

答案：C

Je1A5036 各种液压管压后呈正六边形，其对边距 S 的允许最大值为(　　)。

(A) $0.8\times0.993D+0.2$　　(B) $0.8\times0.993D+0.1$

(C) $0.866\times0.993D+0.2$　　(D) $0.866\times0.993D$

答案：C

Je1A5037　导地线悬挂点的设计安全系数不应小于(　　)。

(A) 2.0　　(B) 2.25　　(C) 2.5　　(D) 3.0

答案：B

Je1A5038　Ⅰ类设备中500kV导线弧垂误差必须在+2.5%～-2.5%范围之内，三相导线不平衡度不超过(　　)。

(A) 80mm　　(B) 200mm　　(C) 250mm　　(D) 300mm

答案：D

Je1A5039　500kV线路，其一串绝缘子有28片，在测试零值时发现同一串绝缘子有(　　)片零值，要立即停止测量。

(A) 4　　(B) 5　　(C) 6　　(D) 7

答案：C

Je1A5040　终勘工作应在初勘工作完成、(　　)定性后进行。

(A) 施工图设计　　(B) 设计

(C) 初步设计　　(D) 室内选线

答案：C

Jf1A3041　作业时，起重机臂架、吊具、辅具、钢丝绳及吊物等与220kV架空输电线及其他带电体的最小安全距离不准小于(　　)m，且应设专人监护。

(A) 5　　(B) 6　　(C) 7　　(D) 8

答案：B

Jf1A3042　安全帽经高温、低温、浸水、紫外线照射预处理后做冲击测试，传递到头模上的力不超过(　　)，帽壳不得有碎片脱落。

(A) 2900N　　(B) 3900N

(C) 4900N　　(D) 5900N

答案：C

Jf1A4043　在220kV及以上线路进行带电作业的安全距离主要取决于(　　)。

(A) 直击雷过电压　　(B) 内过电压

(C) 感应雷过电压　　(D) 运行电压

答案：B

1.2 判断题

La1B1001 把电容器串联起来，电路两端的电压等于各电容器两端的电压之和。(√)

La1B1002 R、L、C 串联电路，当电源的频率由低升高，$\omega<\omega_0$ 时（ω_0 为谐振频率），电路呈容性；当 $\omega=\omega_0$ 时，电路呈纯电阻性；当 $\omega>\omega_0$ 时，电路呈感性。(√)

La1B1003 线圈中只要有电流流过就会产生自感电动势。(×)

La1B1004 根据戴维南定理，将任何一个有源二端网络等效为电压源时，等效电路的电动势是有源二端网络的开路电压，其内阻是将所有电动势短路，所有电流源断路（保留其电源内阻）后所有无源二端网络的等效电阻。(√)

La1B1005 14kV 的交流电，则消耗的功率也为 4W。(×)

La1B1006 R、L、C 串联电路的谐振条件是 $\omega L=1/\omega C$。(√)

La1B2007 有额定值分别为 220V、100W 和 100V、60W 的白炽灯各一盏，并联后接到 48V 电源上，则 60W 的灯泡亮些。(√)

La1B2008 电源电动势的实际方向是由低电位指向高电位。(√)

La1B2009 电容器具有隔断直流电、导通交流电的性能。(√)

La1B2010 R、L、C 串联电路中，当感抗 X_L 等于容抗 X_C 时，电路中电流、电压的关系为 $I=U/R$；在相位上电流与电压的关系为同相；当电阻电压 U 与外加电压 U 同相时，这种现象为谐振。(√)

La1B2011 110kV 及以上的高压、超高压系统的电源中性点采取直接接地的运行方式，其经济指标是主要的。(√)

La1B2012 中性点经消弧线圈接地的电力系统，在发生单相接地时，可能使线路发生电压谐振现象。(√)

La1B2013 三相四线制低压动力用电，相线与零线上分别安装熔断器对电气设备进行保护，接零效果好。(×)

La1B2014 防雷接地的目的是减小雷电流通过接地装置时的地电位升高。(√)

La1B2015 在中性点直接接地的电网中，长度超过 100km 的线路均应换位，换位循环不宜大于 200km。(√)

La1B2016 某线路无时限电流速断保护动作，则线路故障一定出现在本级线路上，一般不会延伸到下一级线路。(√)

La1B2017 电源电压一定的同一负载，按星形连接与按三角形连接所获取的功率是一样的。(×)

Lb1B2018 雷击跳闸率指的是每年实际发生的雷击跳闸次数被该单位实际拥有的线路（百公里）数除，然后归算到 40 雷暴日所得到的数值。(√)

Lb1B2019 雷击导线的概率随保护角的减小而增加。(×)

Lb1B2020 主放电时，雷电通道是个充满离子的导体，像导体一样对电流波呈一定的阻抗，称为波阻抗。(√)

Lb1B3021 接地装置各接地体的连接可以用螺栓连接也可焊接。(×)

Lb1B3022 输电线路雷击后，如果雷电流超过线路的耐雷水平，均会引起跳闸。（×）

Lb1B3023 当雷击有避雷线线路杆塔顶部时，雷电流大部分经过被击杆塔入地，小部分电流则经过避雷线由相邻杆塔入地。（√）

Lb1B3024 导线产生电晕现象，不增加线路的电能损耗。（×）

Lb1B3025 架空线路耐雷水平取决于杆高、接地电阻及架空地线保护角的大小。（×）

Lb1B3026 雷电流在波前部分上升速度 di/dt 为雷电流陡度。（√）

Lb1B3027 高压输电线路因事故跳闸会引起系统频率及电压出现波动。（√）

Lb1B3028 小电流接地系统发生单相故障时，保护装置动作断路器跳闸。（×）

Lb1B3029 架空线弧垂的最低点不是一个固定点。（√）

Lb1B3030 在雷雨大风天气，线路发生永久性故障，可能是断线或倒杆之类的故障。（√）

Lb1B3031 某杆塔的水平档距与垂直档距相等时，垂直档距大小不随气象条件的变化而改变。（√）

Lb1B3032 耐张段代表档距很大，则该耐张段导线最大使用应力出现在最大比载气象条件下。（√）

Lb1B3033 在严寒季节对线路特巡，重点巡查覆冰对线路引起的危害，包括架空线弧垂、杆塔的垂直荷载过大引起变形等现象。（×）

Lb1B3034 事故跳闸是指只要开关动作，无论重合成功与否，均视为跳闸。（√）

Lc1B3035 对危险性、复杂性和困难程度较大的作业项目，应进行现场勘察。（√）

Lc1B3036 事故应急抢修可不用工作票，但应使用事故应急抢修单。（√）

Jd1B3037 耐张绝缘子串比悬垂绝缘子串易劣化，是由绝缘子质量问题引起的。（×）

Jd1B3038 线路的状态检测一般包括线路绝缘子的等值附盐密度、线路绝缘子的泄漏电流及线路金具的运行温度三项状态检测。（×）

Jd1B3039 红外测温被检测电气设备应为已投运设备，可以带电或不带电。（×）

Jd1B3040 实际上，大地如果有电流流过，就不再保持等电位。（√）

Jd1B4041 接地沟的回填宜选取未掺有石块及其他的泥土并应夯实，回填后应筑有防沉层，工程移交时，回填土不得低于地面 100～300mm。（×）

Jd1B4042 对大跨越档架空线在最高气温气象条件下，必须按导线温度为 70℃对交叉跨越点的距离进行校验。（√）

Je1B4043 接地装置各接地体的连接采用焊接时，应搭接的长度：圆钢为直径的 6 倍，并双面焊牢；扁钢为带宽的 2 倍，并四面焊牢。（√）

Je1B4044 500kV 相分裂导线，同相子导线间弧垂允许偏差为 100mm。（×）

Je1B4045 螺栓式耐张线夹握着强度不得小于导、地线额定抗拉力的 50%。（√）

Je1B4046 张力放线用的牵引钢绳是由 16 股钢丝相互穿编而成，断面近似圆形。（×）

Je1B4047 张力放线时，导线损伤后其强度损失超过计算拉力的 10%定为严重损伤。（×）

Je1B4048 地脚螺栓式铁塔基础的根开及对角线尺寸施工允许偏差±2‰。(√)

Je1B4049 为防止导线因振动而受损，通常在线夹处或导线固定处加上一段同样规格的导线作辅线，可减轻固定点附近导线在振动时受到的弯曲应力。(√)

Je1B4050 紧线时，转角杆必须打内角临时拉线，以防紧线时杆塔向外角侧倾斜或倒塌。(√)

Je1B4051 计算杆塔的垂直荷载取计算气象条件下的导线综合比载。(×)

Je1B5052 用同一检测仪器相继测得的不同被测物或同一被测物不同部位之间的温度差叫温差。(√)

Je1B5053 当引下线直接从架空地线引下时，引下线应绕紧杆身，以防晃动。(×)

Je1B5054 架空线的比载大小与设计气象条件的三要素都有关。(×)

Je1B5055 红外检测应在日出之前、日落之后或阴天进行。(√)

Je1B5056 红外诊断提出的缺陷应纳入设备缺陷管理制度的范围。(√)

Je1B5057 因焊口不正造成整根电杆的弯曲度超过其对应长度的 2‰应割断重焊。(√)

1.3 多选题

Lb1c1001 输电线路防雷性能的优劣主要由(   )来衡量。

(A) 耐雷水平　　(B) 雷击跳闸率
(C) 供电可靠率　　(D) 雷击跳闸次数

答案：ABCD

Lb1c1002 鸟类活动造成的线路故障有(   )。

(A) 鸟类在横担上做窝，当这些鸟类嘴里叼着树枝、柴草、铁丝等杂物在线路上空往返飞行，当树枝等杂物落到导线间或搭在导线与横担之间，就会造成接地或短路事故

(B) 体型较大的鸟在线间飞行或鸟类打架也会造成短路事故

(C) 杆塔上的鸟巢与导线间的距离过近，在阴雨天气或因其他原因，便会引起线路接地事故

(D) 在大风暴雨的天气里，鸟巢被风吹散触及导线，因而造成跳闸停电事故

答案：ABCD

Lb1c1003 对电力线路的基本要求有(   )。

(A) 保证线路架设的质量，加强运行维护，提高对用户供电的可靠性

(B) 要求电力线路的供电电压在允许的波动范围内，以便向用户提供质量合格的电压

(C) 在送电过程中，要降低电压、减少线路损耗、提高送电效率、降低送电成本

(D) 架空线路由于长期置于露天下运行，线路的各元件除受正常的电气负荷和机械荷载作用外，还受到风、雨、冰、雪、大气污染、雷电活动等各种自然和人为条件的影响，要求线路各元件应有足够的机械和电气强度

答案：ABD

Lb1c2004 绝缘发生闪络的原因为(   )。

(A) 系统内部的过电压

(B) 雷击有避雷线线路的杆塔顶部或避雷线

(C) 雷电绕过避雷线直击于导线

(D) 系统外部过电压

答案：BC

Lb1c2005 杆塔工程中，规定螺栓方向的目的是(   )。

(A) 杆塔结构受力要求　　(B) 为紧固螺栓提供方便，便于拧紧
(C) 为质量检查提供方便　　(D) 达到统一、整齐美观的目的

答案：BCD

Lb1c2006 螺栓和销钉安装时，穿入方向规定正确的是(　　)。

(A) 顺线路方向，双面结构由内向外，单面结构由送电侧穿入或按统一方向穿入

(B) 横线路方向，两侧由内向外，中间由左向右（面向受电侧）或按统一方向

(C) 垂直方向由上向下

(D) 分裂导线上的穿钉、螺栓，一律由线束外侧向内穿

答案：ABD

Lb1c2007 螺栓和销钉安装时，下列关于穿入方向说法正确的是(　　)。

(A) 悬垂串上的弹簧销子一律向受电侧穿入螺栓及穿钉，凡能顺线路方向穿入者，一律宜向受电侧穿入特殊情况，两边线由内向外，中线由左向右穿入

(B) 耐张串上的弹簧销子、螺栓及穿钉一律由下向上穿，特殊情况由内向外、由左向右

(C) 分裂导线上的穿钉、螺栓，一律由线束外侧向内穿

(D) 当穿入方向与当地运行单位要求不一致时，可按当地运行单位的要求，但应在开工前明确规定

答案：ACD

Lb1c2008 在电力工程上常采用(　　)来提高线路的耐雷水平。

(A) 减小接地电阻　　(B) 提高耦合系数

(C) 增加绝缘子片数　　(D) 增大线间距离

答案：AB

Lb1c2009 进行线路换位的措施是(　　)。

(A) 可在每条线路上进行循环换位，即让每一相导线在线路的总长中所处位置的距离相等

(B) 可采用变换各回路相序排列的方法进行换位

(C) 可以在导线上直接换位

(D) 可以利用跳线，在杆塔上直接换位

答案：ABCD

Lb1c2010 线路工程竣工验收合格后，应进行(　　)试验。

(A) 测定线路绝缘电阻　　(B) 测定线路电压

(C) 测定线路电流　　(D) 核对线路相位

答案：AD

Lb1c2011 巡线检查交叉跨越时，需要着重注意的情况有(　　)。

(A) 应考虑最大风速情况进行验算

(B) 应记录当时的气温并换算到最高气温

（C）要注意交叉点与杆塔的距离
（D）应考虑导线最高允许温度来验算
答案：BCD

Lb1c2012 线路的绝缘配合就是根据（ ）的要求，决定线路绝缘子串中绝缘子的个数和正确选择导线对杆塔的空气间隙。
（A）大气过电压 （B）额定工作电压
（C）最高运行电压 （D）内过电压
答案：AD

Lb1c3013 产生零值绝缘子的原因有（ ）。
（A）制造质量不良
（B）运输安装不当
（C）气象条件变化
（D）空气中水分和污秽气体的作用
（E）年久老化
答案：ABCDE

Lb1c3014 防止鸟害的措施有（ ）。
（A）增加巡线次数，随时拆除鸟巢
（B）在杆塔上部挂镜子或玻璃片
（C）在杆塔上挂带有颜色或能发声响的物品
（D）在鸟类集中处可以用猎枪捕杀鸟类
答案：ABC

Lb1c3015 减小接地电阻或改进接地装置的结构形状可以（ ）。
（A）流过更大的雷电流 （B）减小雷电流
（C）减小接触电压 （D）减小跨步电压
答案：CD

Lb1c3016 在等电位作业过程中出现麻电现象的原因是（ ）。
（A）屏蔽服各部连接不好，最常见的是手套与屏蔽衣间连接不好，以致电位转移时，电流通过手腕而造成麻电
（B）作业人员的头部未屏蔽，当面部、颈部在电位转移过程中不慎先行接触带电体时，接触瞬间的暂态电流对人体产生电击
（C）屏蔽服使用时间久，局部金属丝折断而形成尖端，电阻增大或屏蔽性能变差，造成人体局部电位差或电场不均匀而使人产生不舒服的感觉
（D）屏蔽服内穿有衬衣、衬裤，而袜子、手套又均有内衬垫，人体与屏蔽服之间便被

一层薄薄的绝缘物所隔开，这样人体与屏蔽服之间就存在电位差，当人的外露部分如颈部接触屏蔽服衣领时，便会出现麻刺感

答案：ABCD

Lb1c3017 关于等电位作业转移电位的方法的说法正确的是（ ）。

（A）等电位作业是在人员绝缘良好和屏蔽完整的情况下进行的

（B）在未进入电场之前，人体是没有电位的，与大地是绝缘的，并保持一个良好的安全距离

（C）当人体与带电体间隙很小时，不存在一个电容

（D）人在电场中就有了一定的电位，与带电体有一个电位差，这个电位差击穿间隙，使人体与带电体连通带电，这时有一个很大的充电暂态电流通过人体，当电压很高时，用身体某部分去接触带电体是不安全的，因此在转移电位时，必须用等电位线进行，以确保安全

答案：ABD

Lb1c4018 切空载线路过电压按最大值逐增过程叙述正确的有（ ）。

（A）空载线路，容抗大于感抗，电容电流近似超前电压 90°，在电流第一次过零时，断路器断口电弧暂时熄灭，线路各相电压达到幅值＋Uph（相电压）并维持在幅值处

（B）随着系统侧电压变化，断路器断口电压逐渐回升，当升至 2Uph 时，断路器断口因绝缘未恢复将引起电弧重燃，相当于合空载线路一次，此时线路上电压的初始值为＋Uph，稳态值为－Uph，过电压等于 2 倍稳态值减初始值，即为－3Uph

（C）当系统电压达到－Uph 幅值处，断路器断口电弧电流第二次过零，电弧熄灭，此时线路各相相电压达到－3Uph 并维持该过电压

（D）随着系统侧电压继续变化，断路器断口电压升为 4Uph，断口电弧重燃，相当于合空载线路，此时过电压达到＋5Uph

答案：ABCD

Lb1c4019 接地体的冲击系数与（ ）等因素有关。

（A）接地体的几何尺寸　（B）雷电流的幅值

（C）雷电流的波形　（D）土壤电阻率

答案：ABCD

Lb1c5020 带电作业时，要向调度申请退出线路重合闸装置的原因是（ ）。

（A）减小内过电压出现的概率，作业中遇到系统故障，断路器跳闸后不再重合，减少了过电压的机会

（B）带电作业时发生事故，退出重合闸装置，可以保证事故不再扩大，保护作业人员免遭第二次电压的伤害

（C）退出重合闸装置，可以避免因过电压而引起对地放电的严重后果

(D) 退出重合闸装置，避免电流对人体的伤害

答案：ABC

Lc1c1021 电力生产作业现场的基本条件是( )。

(A) 作业现场的生产条件和安全设施等应符合有关标准、规范的要求，工作人员的劳动防护用品应合格、齐备

(B) 经常有人工作的场所及施工车辆上宜配备急救箱，存放急救用品，并应指定专人经常检查、补充或更换

(C) 现场使用的安全工器具应合格并符合有关要求

(D) 各类作业人员应被告知其作业现场和工作岗位存在的危险因素、防范措施及事故紧急处理措施

答案：ABCD

Lc1c1022 根据现场勘察结果，对危险性、复杂性和困难程度较大的作业项目，应编制( )，经本单位批准后执行。

(A) 组织措施　　(B) 安全措施

(C) 技术措施　　(D) 管理措施

答案：ABC

Lc1c2023 安全工器具使用前的外观检查应包括( )。

(A) 绝缘部分有无裂纹、老化、绝缘层脱落、严重伤痕

(B) 固定联结部分有无松动、锈蚀、断裂等现象

(C) 进行冲击试验

(D) 对其绝缘部分的外观有疑问时，应进行绝缘试验合格后方可使用

答案：ABD

Je1c1024 正常运行时，引起线路耐张段中直线杆承受不平衡张力的原因主要有( )。

(A) 耐张段中各档距长度相差悬殊，当气象条件变化后，引起各档张力不等

(B) 耐张段中各档不均匀覆冰或不同时脱冰时，引起各档张力不等

(C) 线路检修时，先松下某悬点导线或后挂上某悬点导线将引起相邻各档张力不等

(D) 耐张段中在某档飞车作业，绝缘梯作业等悬挂集中荷载时引起不平衡张力

(E) 山区连续倾斜档的张力不等

答案：ABCDE

Je1c2025 对导、地线压接有关规程、规范的主要规定有( )。

(A) 无论采用哪种压接方式，压接后的架空线接头，其机械强度不得低于相应架空线的设计使用拉断力的95%，压接后其压接管的电阻值不应大于等长导线的电阻压，接管

的温升不得大于导线本体的温升

（B）在一个档距内，每根架空线上最多只允许有一个接续管和三个修补管，各类压接管与耐张线夹之间的距离不应小于15m，接续管或修补管与悬垂线夹的距离不应小于5m，与间隔棒之间的距离不宜小于0.5m

（C）高速公路，一、二级公路上方的线档都不允许有连接管

（D）不同金属、不同规格、不同绞制方向的架空线，严禁在一个耐张段内连接

（E）压接后的管子外面不应留有飞边毛刺，以减少电晕损耗，接续管两端出口处，应涂漆防锈

答案：ABDE

Je1c2026 采用楔形线夹连接好的拉线应符合的规定有（ ）。

（A）线夹的舌板与拉线紧密接触，受力后不应滑动

（B）线夹的凸肚应在主线侧，安装时不应使线股损伤

（C）拉线弯曲部分不应有明显的松股，其断头应用镀锌铁丝扎牢，线夹尾线宜露出长度为300～500mm，尾线回头后与本线应采取有效方法扎牢或压牢

（D）同组拉线使用两个线夹时，其线夹尾端的方向应统一

答案：ACD

Je1c2027 线路大修及改进工程包括的主要内容为（ ）。

（A）根据防汛、反污染等反事故措施的要求调整线路的路径

（B）更换或补强线路杆塔及其部件

（C）更换或补修导线、避雷线并调整弧垂

（D）为保证线路对树木的安全距离，定期修剪树木

答案：ABC

Je1c2028 架线后对全部拉线进行检查和调整，应符合的规定是（ ）。

（A）拉线与拉线棒应呈一直线

（B）X形拉线的交叉处应留有足够的空隙，避免相互磨碰

（C）拉线的对地夹角允许偏差应为1°，个别特殊杆塔拉线需超出1°时应符合设计规定

（D）NUT型线夹带螺母后及花篮螺栓的螺杆必须露出螺纹，并应留有不小于1/2螺杆的螺纹长度，以供运行时调整，在NUT型线夹的螺母上应装设防盗罩，并应将双螺母拧紧，花篮螺栓应封固

答案：ABCD

Je1c2029 孤立档在施工中的缺点有（ ）。

（A）安装时，要根据杆塔能承受的强度进行过牵引

（B）安装时，要根据构架能承受的强度进行过牵引

（C）施工安装难度大

(D) 施工安装难度小

答案：ABC

Je1c2030 孤立档在运行中的优点有(　　)。

(A) 导线两端悬点不能移动，只可使用在较小档距的情况下

(B) 可以隔离本档以外的断线事故

(C) 杆塔微小的挠度，可使导线、架空地线大大松弛

(D) 杆塔很少被破坏

答案：BCD

Je1c2031 全倒装组塔法是利用专门的倒装架作提升支承，它较适用于(　　)等较轻型的铁塔。

(A) 拉线塔　　(B) 窄基塔

(C) 宽基自立式铁塔　　(D) 较高的跨越塔

答案：AB

Je1c2032 直升机吊装铁塔分为(　　)等三个阶段。

(A) 起吊　　(B) 运输

(C) 就位组装　　(D) 起飞

答案：ABC

Je1c3033 红外测温对检测环境的要求有(　　)。

(A) 检测目标及环境的温度不宜低于5℃

(B) 空气湿度不宜大于85%，不应在有雷、雨、雾、雪及风速超过0.5m/s的环境下进行检测

(C) 室外检测应在日出之前、日落之后或阴天进行

(D) 室内检测宜闭灯进行，被测物应避免灯光直射

答案：ABCD

Je1c3034 观察导线、避雷线弧垂的要求有(　　)。

(A) 计算导线、避雷线弧垂或根据弧垂曲线查取弧垂时，不考虑“初伸长”的影响

(B) 计算或查取弧垂值时，应考虑施工现场的实际温度，当实测气温和计算或查对弧垂f值所给定的气温相差在±2.5℃以内时，其观测弧垂可不调整，如超过此范围，则应予调整

(C) 观测弧垂时，应顺着阳光且宜从低处向高处观察，并尽可能选择前方背景较清晰的观察位置，当架空线基本达到要求弧垂时，应通知停止牵引，待架空线的摇晃基本稳定后再进行观察

(D) 多档紧线，在弧垂观察时，应先观察距操作（紧线）场地较近的观察档，使之满

足要求，然后再观察、调整较远处观测档弧度

答案：ABC

Je1c3035 高压输电线路的导线进行换位的原因为( )。

(A) 在高压输电线路上，当三相导线的排列不对称时，各相导线的电抗就不相等

(B) 即使三相导线中通过对称负荷，各相中的电压降也不相同

(C) 由于三相导线不对称，相间电容和各相对地电容也不相等

(D) 在中性点直接地的电力网中，当线路总长度超过 50km 时，均应进行换位，以平衡不对称电流

答案：ABC

Je1c3036 线路正常运行时，直线杆承受荷载的类型有( )。

(A) 横向荷载 (B) 水平荷载

(C) 垂直荷载 (D) 纵向荷载

答案：BC

Je1c3037 线路正常运行时，耐张杆承受荷载的类型有( )。

(A) 横向荷载 (B) 水平荷载

(C) 垂直荷载 (D) 纵向荷载

答案：BCD

Je1c3038 不同类型的杆塔基础的适用条件分别为( )。

(A) 现场浇制的混凝土和钢筋混凝土基础：适用在施工季节砂石和劳动力条件较好的情况下

(B) 预制钢筋混凝土基础：适合于缺少砂石、水源的塔位或者需要在冬期施工而不宜在现场浇制基础时，采用预制钢筋混凝土基础的单件重量要适应于至塔位的运输条件，因此预制基础的部件大小和组合方式有所不同

(C) 金属基础：适合于高山地区交通运输条件极为困难的塔位

(D) 灌注桩式基础：可分为等径灌注桩和扩底短桩两种。当塔位处于河滩时，考虑到河床冲刷及防止漂浮物对铁塔的影响，常采用等径灌注桩深埋基础，扩底短桩基础最适用于黏性土或其他坚实土壤的塔位

答案：ABCD

Je1c3039 在倒落式人字抱杆整体立塔施工中，对抱杆的技术要求是( )。

(A) 抱杆结构形式及截面：倒落式人字抱杆采用钢结构，一般选用正方形截面，中间大两端小，呈对称布置的四棱锥形角钢格构式为便于搬运，抱杆采用分段形式，各段之间用螺钉或内法兰连接，每段质量不宜超过 200kg，长度以 4～5m 为宜，为便于组合，也可设少量的 2m 或 1.5m 段，抱杆截面面积不宜超过 600mm²，一般选用 400mm² 或

$500mm^2$ 为宜

(B) 抱杆高度：抱杆的组合高度宜控制为铁塔重心高度的 0.8～1.1 倍范围内

(C) 抱杆根开：一般选择抱杆根开为抱杆长度的 1/3～1/2

(D) 抱杆的初始倾角：抱杆的初始倾角最好为 0°

答案：AB

Je1c3040 张力放线时，(　　)应接地。

(A) 牵引机、张力机　　(B) 导线轴架车

(C) 牵引绳和导线　　(D) 被跨电力线路两侧放线滑车

答案：ACD

Je1c3041 应采用张力放线的工程是(　　)。

(A) 500kV 送电线路工程　　(B) 220kV 送电线路工程

(C) 良导体架空地线　　(D) 复合光缆架空地线

答案：ABCD

Je1c3042 张力放线时，导线损伤定为严重损伤的是(　　)。

(A) 强度损失超过保证计算拉断力的 5%

(B) 截面面积损伤超过导电部分截面面积的 12.5%

(C) 损伤的范围超过一个补修管允许补修的范围

(D) 钢芯有断股

答案：BCD

Je1c3043 由于迪尼玛 (Dyneema) 绳具有(　　)特性，很快就被应用到了输电线路带电跨越或轻型直升机施放导引绳的大跨越施工中，并显示了无比的优越性。

(A) 抗拉强度高　　(B) 自重比载小

(C) 弹性变形小　　(D) 绝缘性能好

答案：ABCD

Je1c3044 直升机分解吊装的关键是就位对接，施工方法有(　　)。

(A) 导轨自动就位法　　(B) 垂直就位法

(C) 有导轨半自动就位法　　(D) 塔上人工就位法

答案：ACD

Je1c4045 施工图各分卷、册的主要内容有(　　)。

(A) 施工图总说明书及附图：其主要内容有线路设计依据、设计范围及建设期限、路径说明方案、工程技术特性、经济指标、线路主要材料和设备汇总表、附图

(B) 线路平断面图和杆塔明细表：其主要内容有线路平段面图、线路杆塔明细表、交

叉跨越分图，铁塔组装图

（C）机电施工安装图及说明：其主要内容有架空线型号和机械物理特性、导线相位图、绝缘子和金具组合、架空线防震措施、防雷保护及绝缘配合、接地装置施工

（D）杆塔施工图：其主要内容有混凝土电杆制造图、混凝土电杆安装图、铁塔安装图

（E）材料汇总表：其主要内容有施工线路所用的材料名称、规格、型号、数量及加工材料的有关要求

答案：ABCE

Je1c4046 对张力放线的要求有（ ）。

（A）张力放线的顺序一般均先放两边相，后放中间相

（B）牵引机、张力机必须按使用说明和操作规范进行操作，操作人员应经过专业培训并取得合格证后，方能操作

（C）牵引导线时，应先开牵引机，待牵引机打开刹车发动后，方可开张力机进行牵引，停止牵引时，其操作程序则相反

（D）放线段跨越或平行接近带电电力线路时，牵引场和张力场两端的牵引绳以及导线上均应挂接地滑车，并进行良好的接地

答案：BD

Je1c4047 新型复合材料合成芯导线充分发挥了有机复合材料的特点，与目前各种架空导线相比，具有（ ）的特点。

（A）质量大　　（B）强度高

（C）热稳定性好　　（D）驰度低

（E）载流量大　　（F）耐腐蚀

答案：BCDEF

Je1c5048 导线机械特性曲线的计算绘制步骤有（ ）。

（A）根据导线型号查出机械物理特性参数，确定最大使用应力，结合防振要求确定年平均运行应力

（B）根据导线型号及线路所在气象区，查出所需比载及各气象条件的设计气象条件三要素

（C）计算临界档距并进行有效临界档距的判定

（D）根据有效临界档距，利用状态方程式分别计算各气象条件在不同代表档距时的应力和部分气象条件的弧垂

（E）根据计算结果，逐一描点绘制每种气象条件的应力随代表档距变化的曲线和部分气象条件的弧垂曲线

答案：ABCDE

Jf1c3049 使高压触电者脱离电源的方法有（ ）。

（A）迅速将触电者拉离电源

(B) 立即通知有关供电单位或用户停电

(C) 戴上绝缘手套，穿上绝缘靴，用相应电压等级的绝缘工具按顺序拉开电源开关或熔断器

(D) 抛掷裸金属线使线路短路接地，迫使保护装置动作，断开电源

答案：BCD

Jf1c4050 对 1121 灭火器的灭火原理、特点及适用火灾情况描述正确的选项有(　　)。

(A) 化学名称是二氟二氯一溴甲烷　　(B) 1121 灭火器是一种液化气体灭火剂

(C) 灭火后不留痕迹、不污染灭火对象　　(D) 无腐蚀作用、毒性低

(E) 可用于扑灭油类、易燃液体、气体、大型电力变压器及电子设备的火灾

答案：BCDE

Jf1c4051 全站仪按其结构分为(　　)。

(A) 整体型　　(B) 组合型

(C) 组装型　　(D) 分散型

答案：AB

Jf1c4052 全球卫星定位系统中地面监控部分主要由分布在全球的 9 个地面站组成，其中包括(　　)。

(A) 用户设备部分　　(B) 卫星观测站

(C) 主控站　　(D) 信息注入站

答案：BCD

1.4 计算题

La1D2001 有一个星形接线的三相负载，每相的电阻为R=8Ω，电抗X_L=8Ω，电源相电压U_{ph}=X_1V，则每相的电流I=________A，负载阻抗角φ=________。

X_1取值范围：220，230，240

计算公式： $I=\dfrac{U_{ph}}{\sqrt{R^2+X_L^2}}=\dfrac{X_1}{\sqrt{64+64}}$

$$\varphi=\frac{180}{\pi}\arctan\left(\frac{X_L}{R}\right)=\frac{180}{3.141592653589793}\times\arctan(\frac{8.0}{8})$$

La1D3002 有一个交流电路，供电电压U=X_1V，频率f=50Hz，负载由电阻R和电感L串联而成，已知R=30Ω，L=128mH，则负载电流I=________A，电阻上的压降U_R=________V，电感上的压降U_L=________V。

X_1取值范围：50，100，200，300

计算公式： $I=\dfrac{U}{\sqrt{R^2+(2\pi fL\times10^{-3})^2}}=\dfrac{X_1}{50.17}$

$$U_R=IR=0.598\times X_1$$

$$U_L=I2\pi fL\times10^{-3}=0.8015\times X_1$$

La1D3003 某变电所负载P=X_1MW，cosφ=0.85，T=5500h，由50km外的发电厂以110kV的双回路供电，线间几何均距为5m，如图所示。线路需输送的电流I_{max}=________A，按经济电流密度选择钢芯铝绞线的截面面积A=________mm²。（提示：经济电流密度J=0.9A/mm²）

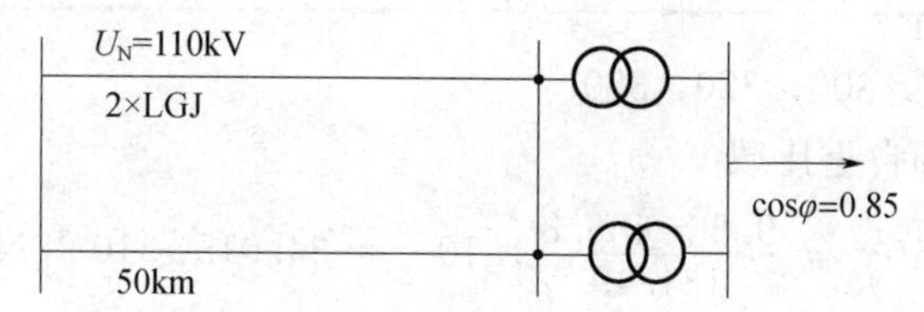

X_1取值范围：25，30，35，40

计算公式： $I_{max}=\dfrac{P\times10^6}{\sqrt{3}U\times10^3\times\cos\phi}=X_1\times\dfrac{10^3}{\sqrt{3}\times110\times0.85}$

$$A=\frac{I_{max}}{2J}=X_1\times\frac{10^3}{\sqrt{3}\times110\times0.85\times1.8}$$

La1D3004 如图所示，$R_1=R_2=10\Omega$，$R_3=X_1\Omega$，$R_4=R_5=20\Omega$，$E_1=30$V，$E_2=10$V，$E_3=80$V，则流过R_3上的电流I_{R_3}=________A。

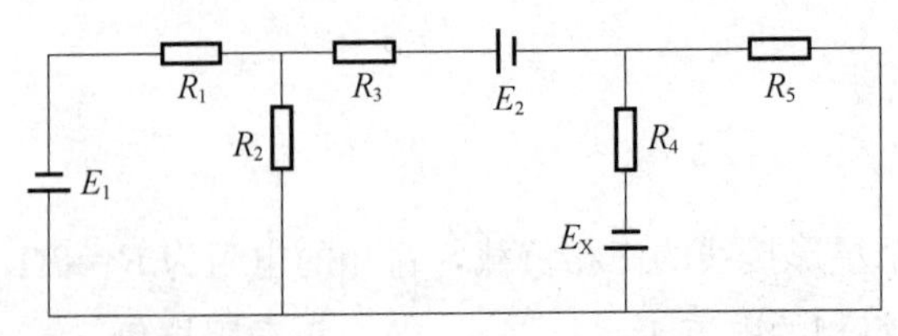

X_1取值范围：10，20，30，40

计算公式：$I_{R_3} = \dfrac{-\dfrac{E_1}{R_1+R_2}\cdot R_1+\dfrac{E_3}{R_4+R_5}\cdot R_4-E_2}{\left(\dfrac{R_1R_2}{R_1+R_2}+\dfrac{R_4R_5}{R_4+R_5}\right)+R_3}$

$$= \frac{-\dfrac{30}{10+10}\times 10+\dfrac{80}{20+20}\times 20-10}{\left(\dfrac{10\times 10}{10+10}+\dfrac{20\times 20}{20+20}\right)+X_1}$$

La1D3005 如图所示为某 110kV 输电线路中的一个耐张段，图中 $l=X_1$m，导线型号为 LGJ-120/20，计算质量 G_0 为 466.8kg/km，计算截面面积 A 为 134.49mm²，计算直径 d=15.07mm，覆冰条件下导线应力为 110MPa。在覆冰条件下（覆冰厚度 b=5mm，相应风速 v 为 10m/s，冰的密度 γ 为 0.9g/cm³，α=1.0，k=1.2），3 号直线杆塔的的水平荷载 P=________N，垂直荷载 G=________N。（计算一相导线）。

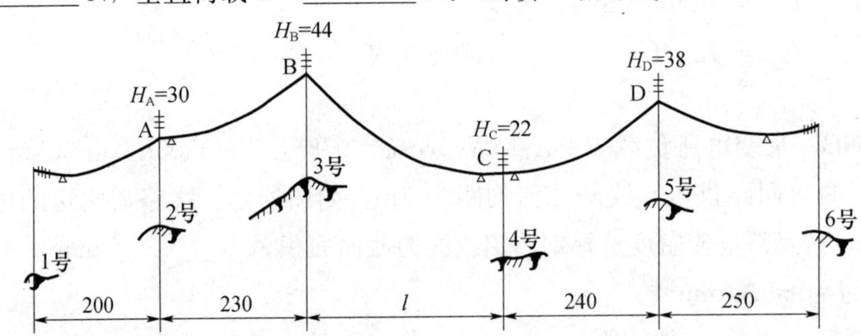

X_1取值范围：280，300，320，350

计算公式：导线的自重比载

$$g_1 = \frac{9.8G_0}{A}\times 10^{-3} = \frac{9.8\times 466.8}{134.49}\times 10^{-3} = 34.015\times 10^{-3}[\text{N/(m}\cdot\text{mm}^2)]$$

冰的比载

$$g_2 = \frac{9.8\pi\gamma b(d+b)}{A}\times 10^{-3} = \frac{9.8\pi\times 0.9\times 5\times(15.07+5)}{134.49}\times 10^{-3}$$

$$= 20.675\times 10^{-3}[\text{N/(m}\cdot\text{mm}^2)]$$

风压比载

$$g_5 = \alpha k(d+2b)\frac{9.8v^2}{16A}\times 10^{-3} = 1.0\times 1.2\times(15.07+2\times 5)\times\frac{9.8\times 10^2}{16\times 134.49}\times 10^{-3}$$

$$= 13.701\times 10^{-3}[\text{N/(m}\cdot\text{mm}^2)]$$

3 号杆塔的水平档距

$$l_h = \frac{l_1 + l_2}{2} = \frac{230 + X_1}{2}$$

3 号杆塔的垂直档距

$$l_v = \frac{l_1 + l_2}{2} + \frac{\sigma_0}{g}\left(\frac{\pm \Delta h_1}{l_1} + \frac{\pm \Delta h_2}{l_2}\right)$$

$$= \frac{230 + X_1}{2} + \frac{110}{(34.015 + 20.675) \times 10^{-3}} \times \left(\frac{44 - 30}{230} + \frac{44 - 22}{X_1}\right)$$

3 号杆塔的水平荷载

$$P = g_5 A l_{\mathrm{h}} = 13.701 \times 10^{-3} \times 134.49 \times \frac{230 + X_1}{2}$$

3 号杆塔的垂直荷载

$$G = (g_1 + g_2) A l_{\mathrm{v}} = 54.69 \times 10^{-3} \times 134.49 \times \left[\frac{230 + X_1}{2} + \left(\frac{14}{230} + \frac{22}{X_1}\right) \times 2011.34\right]$$

La1D4006 如图所示，某 110kV 输电线路中直线杆拉线单杆，地线的垂直荷载为 1142N，水平荷载为 914N；导线的垂直荷载为 2146N，水平荷载为 1954N。拉线采用 GJ-35 型镀锌钢绞线，其破断拉力 T_{p}=45.472kN，拉线对横担水平投影夹角 $\alpha = X_1$，拉线对地夹角 β=60°，则拉线安全系数 K=________。

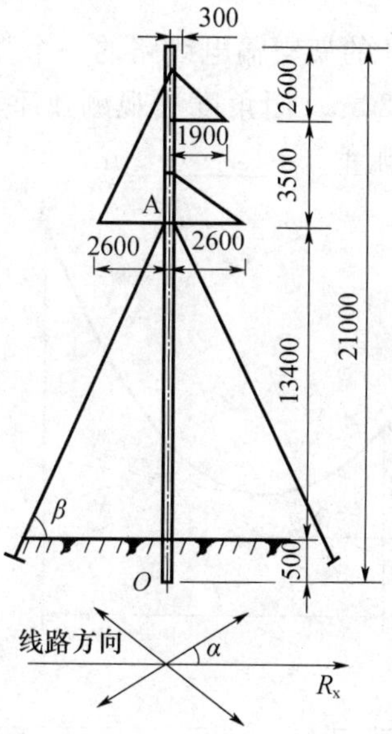

单位：mm

300
2600
1900
3500
A
2600
2600
21000
13400
β
500
O
线路方向
α
R_x

X_1取值范围：30°，40°，50°

计算公式： $\sum M = 1.142 \times 0.3 + 0.914 \times 21 + 2.146 \times 1.9 + 1.954 \times (21 - 2.6) + 2 \times 1.954 \times (13.4 + 1.5) = 117.797$

$$R_{\mathrm{x}} = \frac{\sum M}{l} = \frac{117.97}{13.4 + 1.5} = 7.906$$

$$T = \frac{R_{\mathrm{x}}}{2\cos X_1 \cos\beta}$$

$$K=\frac{T_p}{T}=\frac{45.472}{\frac{7.906}{2\cos X_1\cos 60^\circ}}$$

La1D4007 如图所示，支架的横杆CB上作用有力偶矩 $T_1=X_1$kN·m，$T=T_2=0.5$kN·m 的两个力偶，已知 $C_B=0.8$ m，则横杆所受反力 $F=$________ kN。

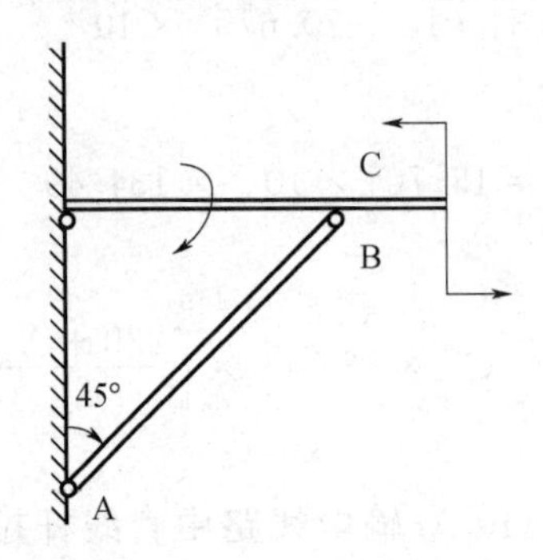

X_1取值范围：0.2～0.4之间保留一位小数的数值

计算公式： $F=\frac{T_1-T_2}{\sin 45^\circ}=\frac{X_1-0.5}{\sin 45^\circ}$

La1D5008 如图所示为某220kV的架空输电线路的一个弧垂观测档，其观测档档距 $l=X_1$m，仪器置于距A端杆塔 $l_1=20$m。用角度法观测弧垂，测得图中数据如下：$\alpha=45^\circ$，$\beta=15^\circ$，$\theta=10^\circ$，则该档导线的弧垂 $f=$________ m。

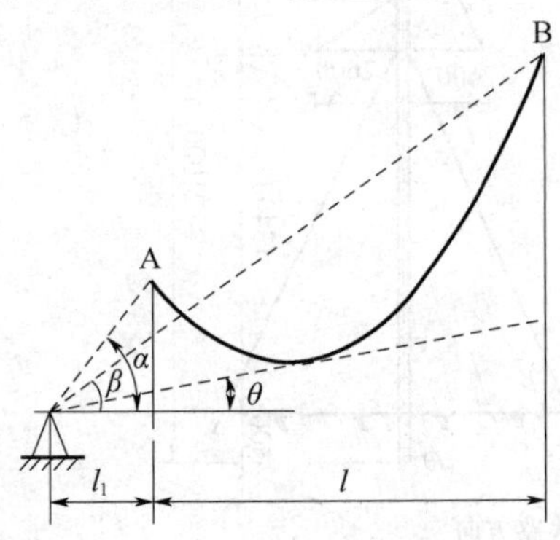

X_1取值范围：250，300，350

计算公式： $f=\frac{1}{4}\times[\sqrt{l_1\tan\alpha-l_1\tan\theta}+\sqrt{(\tan\beta-\tan\theta)\times(l_1-l)}]^2$

$$=\frac{1}{4}\times[\sqrt{20\times\tan 45^\circ-20\times\tan 10^\circ}+\sqrt{(\tan 15^\circ-\tan 10^\circ)\times(20+X_1)}]^2$$

Lb1D1009 已知某110kV线路有一耐张段，其各直线档档距分别为：$l_1=260$m，$l_2=310$m，$l_3=X_1$m，$l_4=280$m。在最高气温时比载为 36.51×10^{-3}N/(m·mm^2)，由耐张段代表档距查得最高气温时的弧垂 $f_0=5.22$m。耐张段的代表档距 $l_0=$________ m，在

最高气温条件下，l_3 档的中点弧垂 $f_3=$________m。

X_1取值范围：320，330，340

计算公式：$l_0=\sqrt{\dfrac{l_1^2+l_2^3+X_1^3+l_4^3}{l_1+l_2+X_1+l_4}}=\sqrt{\dfrac{260^2+310^3+X_1^3+280^3}{260+310+X_1+280}}$

$$f_3=f_0\left(\frac{l_3}{l_0}\right)^2=f_0\times\left(\frac{X_1}{\sqrt{\dfrac{l_1^2+l_2^3+X_1^3+l_4^3}{l_1+l_2+X_1+l_4}}}\right)^2$$

$$=5.22\times\left(\frac{X_1}{\sqrt{\dfrac{260^2+310^3+X_1^3+280^3}{260+310+X_1+280}}}\right)^2$$

Lb1D2010 已知某架空线路的档距 $l=312$m，悬点高差 $\Delta h=X_1$m，已知在某气象条件下测得导线的弧垂 $f=10$m，试确定距某杆塔 $x=50$m 处的弧垂 $f_1=$________m。

X_1取值范围：6，8，10

计算公式：$f_1=4\times X_1\times\left(\dfrac{x}{l}-\dfrac{x^2}{l^2}\right)$

Lb1D2011 已知某 110kV 线路有一耐张段，其各直线档档距分别为：$l_1=260$m，$l_2=310$m，$l_3=X_1$m，$l_4=280$m，$l_5=300$m，耐张段总长 $Y_1=$________m，耐张段的代表档距 $l_0=$________m，现在 l_3 档测得一根导线的弧垂 f_{c0}为 6.2m，不符合设计 $f_c=5.5$m 的要求，导线需调整的长度为 $L=$________m。（不计悬点高差）

X_1取值范围：320，330，340

计算公式：$Y_1=l_1+l_2+l_3+l_4+l_5=1150+X_1$

$$l_0=\sqrt{\frac{\sum l_i^3}{\sum l_i}}=\sqrt{\frac{l_1^3+l_2^3+l_3^3+l_4^3+l_5^3}{l_1+l_2+l_3+l_4+l_5}}=\sqrt{\frac{260^3+310^3+X_1^3+280^3+300^3}{260+310+X_1+280+300}}$$

$$L=\frac{8l_0^2}{3l_c^4}(f_{c0}^2-f_c^2)Y_1=\frac{8\times\left(\sqrt{\dfrac{l_1^3+l_2^3+l_3^3+l_4^3+l_5^3}{l_1+l_2+l_3+l_4+l_5}}\right)^2}{3\times X_1^4}$$
$$\times(f_{c0}^2-f_c)\times(l_1+l_2+l_4+l_5+X_1)$$

Lb1D2012 安装螺栓型耐张线夹时，导线型号为 LGJ-185/25，金具与导线接触长度 $L_1=X_1$mm，采用 1×10mm 铝包带，要求铝包带的两端露出线夹 10mm，铝包带两头回缠长度 $c=110$mm，已知 LGJ-185/25 型导线直径为 18.9mm，则铝包缠绕导线的总长度$L_1=$________mm，所需铝包带长度 $L_2=$________mm。

X_1取值范围：240，250，260

计算公式：$L_1=X_1+2c+2e=X_1+2\times110+2\times10$

$$L_2=\frac{\pi\times(d+b)\times L_1}{a}=\frac{3.14\times(18.9+1)\times(X_1+2\times110+2\times10)}{10}$$

Lb1D3013 已知某架空线路的档距 l=312m，悬点高差 Δh=10m，已知在施工紧线气象条件导线的弧垂 $f=X_1$m，用平视法进行弧垂观测，试确定两端弧垂板的距离 A=______m 和 B=______m。

X_1取值范围：6，8，10

计算公式：$A = X_1 \times \left(1+\frac{\Delta h}{4 \times X_1}\right)^2$

$$B = X_1 \times \left(1-\frac{\Delta h}{4 \times X_1}\right)^2$$

Lb1D4014 某 110kV 架空线路，通过Ⅵ级气象区，导线型号为 LGJ-150/25，档距为 300m，悬挂点高度 h 为 12m，导线计算直径 d 为 17.1mm，导线自重比载 g_1 为 34.047×10^{-3}N/(m・mm^2)，最低气温时的最大应力 σ_{max} 为 113.68MPa，最高气温时的最小应力 σ_{min} 为 49.27MPa，风速下限值 V_{min}=0.5/s，风速上限值 $V_{max}=X_1$m/s，则防振锤安装距离 L=______m。

X_1取值范围：4.13，4.5，5.0，5.5

计算公式：最小半波长

$$\frac{\lambda_{min}}{2} = \frac{d}{400 \times V_{max}}\sqrt{\frac{9.81\sigma_{min}}{g_1}} = \frac{17.1}{400 \times X_1}\sqrt{\frac{9.81 \times 49.27}{34.047 \times 10^{-3}}}$$

最大半波长

$$\frac{\lambda_{max}}{2} = \frac{d}{400 \times V_{min}}\sqrt{\frac{9.81\sigma_{max}}{g_1}} = \frac{17.1}{400 \times 0.5}\sqrt{\frac{9.81 \times 113.68}{34.047 \times 10^{-3}}} = 15.474(\text{m})$$

防振锤安装距离为

$$L = \frac{\frac{\lambda_{min}}{2} \times \frac{\lambda_{max}}{2}}{\frac{\lambda_{min}}{2} + \frac{\lambda_{max}}{2}} = \left(\frac{17.0}{400 \times X_1}\right) \times 119.148 \times \frac{15.474}{\left(\frac{17.0}{400 \times X_1}\right) \times 119.148 + 15.474}$$

Lc1D2015 钢芯铝绞线为 JL/G1A-630/45，导线参数如下：导线计算质量 G_0 = 2079.2kg/km，截面面积 A=674mm^2，直径 d=33.8mm；冰厚 $b=X_1$mm，按雨淞冰取表观密度；风速 v=5m/s，风速不均匀系数 a_F=1.0，体型系数 C=1.1，风向和导线垂直，则该导线的覆冰综合总比载 g_7=______N/（m・mm^2）。（重力加速度 g=9.8m/s^2）

X_1取值范围：5，6，7

计算公式：自重比载

$$g_1 = \frac{9.8 \times G_0}{A} \times 10^{-3} = \frac{9.8 \times 2079.2}{674} \times 10^{-3}$$

冰重比载

$$g_2 = \frac{9.8 \times 0.9\pi X_1(X_1+d)}{A} \times 10^{-3} = \frac{9.8 \times 0.9 \times 3.14 \times X_1(X_1+33.8)}{674} \times 10^{-3}$$

垂直总比载 $g_3 = g_1 + g_2$

覆冰风压比载

$$g_5=\frac{9.8\times\alpha_F C(2b+d)v^2}{16A}\times10^{-3}=\frac{9.8\times1.0\times1.1\times(2X_1+33.8)\times5^2}{16\times674}\times10^{-3}$$

覆冰综合总比载

$$g_7=\sqrt{g_3^2+g_5^2}=\sqrt{(g_1+g_2)^2+g_5^2}$$

Lc1D3016 钢螺栓长 $l=1600$mm，拧紧时产生了 $\Delta l=X_1$mm 的伸长，已知钢的弹性模量 $E_g=200\times10^3$MPa，则螺栓内的应力 $\sigma=$______ MPa。

X_1取值范围：1.1，1.2，1.3

计算公式： $\sigma=E_g\times\frac{X_1}{l}$

Lc1D4017 送电线路基础施工中，有一正方形基础，已知基础底尺寸 $D=3.5$m，坑深 $H=X_1$m，基础与坑底边的距离 $e=0.3$m，边坡 $f=0.3$m，坑口 $a=$______ m和坑底 $b=$______ m。

X_1取值范围：3，3.5，4

计算公式： $b=D+2\times e=3.5+2\times0.3$

$a=D+2\times e+2\times f\times H=3.5+2\times0.3+2\times0.3\times X_1$

Lc1D5018 送电线路架设完成后，技术员去测量导线与被跨越的 10kV 电力线间的距离。仪器高度为 1.5m 仪器至线路交叉点的水平距离为 X_1m，观测线路交叉处导线时的仰角为 16°15′，观测线路交叉处 10kV 电力线最高点的仰角是 6°30′，则线路交叉跨越距离 $H=$______ m

X_1取值范围：50，60，70

计算公式： $H=X_1\times(\tan16°15'-\tan6°30')$

Je1D1019 某导线的外径为 X_1mm，张力机张力轮轮径最小应力 $\phi=$______ mm。

X_1取值范围：47.35，47.85

计算公式： $\phi=40X_1-100$

Je1D3020 某直流特高压工程，采用 4×“一牵 2”张力架线施工，导线为 JL1/G3A-1250，导线计算拉断力为 X_1kN，同时前方子导线为 $m=2$ 根，主牵引机额定牵引力系数取值为 $K_P=0.3$，则主牵引机的额定牵引力最小值 $P=$______ kN。

X_1取值范围：294.0～313.0 之间的整数

计算公式： $P=mK_pX_1=2\times0.3\times X_1$

Jf1D2021 某 220kV 输电线路中有一悬点不等高档，档距为 X_1m，高悬点 A 与低悬点 B 铅垂高差 $\Delta h=12$m，导线在最大应力气象条件下比载 $g=89.21\times10^{-3}$N/(m·mm²)，最低点应力 $\sigma_0=132$MPa，则在最大应力气象条件下 A 悬点弧垂 $f_A=$______ m，B 悬点弧垂

f_B=________ m；A 悬点应力 σ_A=________ MPa，B 悬点应力 σ_B=________ MPa。

X_1取值范围：390，400，410，420

计算公式：

导线最低点偏移档距中央位置的水平距离为

$$m=\frac{\sigma_0\Delta h}{gl}=\frac{132\times 12}{89.21\times 10^{-3}\times X_1}$$

高、低悬点对应等效档距分别为

$$l_A=l+2=X_1+2$$
$$l_B=l-2=X_1-2$$

高、低悬点的悬点弧垂分别为

$$f_A=\frac{gl_A^2}{8\sigma_0}=0.08921\times\frac{\left(\frac{X_1+35511.7}{X_1}\right)^2}{8\times 132}$$

$$f_B=\frac{gl_B^2}{8\sigma_0}=0.08921\times\frac{\left(\frac{X_1-35511.7}{X_1}\right)^2}{8\times 132}$$

在最大应力气象条件下高、低悬点应力分别为

$$\sigma_A=\sigma_0+gf_A=132+0.08921^2\times\frac{\left(\frac{X_1+35511.7}{X_1}\right)^2}{8\times 132}$$

$$\sigma_B=\sigma_0+gf_B=132+0.08921^2\times\frac{\left(\frac{X_1-35511.7}{X_1}\right)^2}{8\times 132}$$

Jf1D3022 如图所示为起吊水泥电杆情况，水泥杆重 $G=X_1$N。为防止水泥电杆沿地面滑动，在水泥杆的 A 点系一制动绳。当水泥电杆起吊至 $\alpha=30°$、$\beta=60°$位置时，则起吊钢绳所受的拉力 T_2=________ N，制动绳所受的拉力 T_1=________ N。

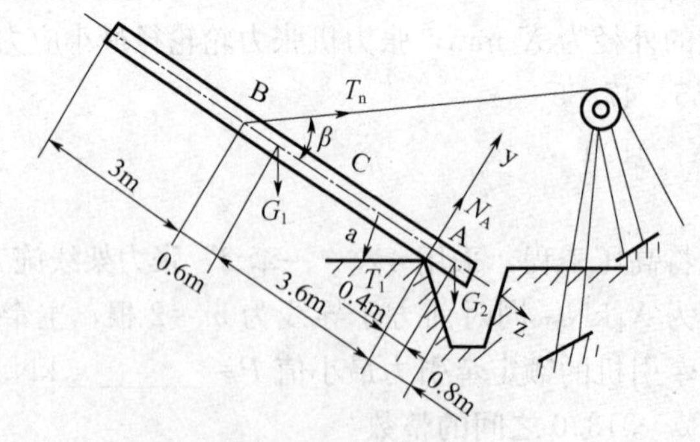

X_1取值范围：6000，8000，10000

计算公式：

$$G_1=\frac{X_1}{8}\times 7.2$$

$$G_2=\frac{X_1}{8}\times 0.8$$

$$T_2 = \frac{3.6G_1\cos\alpha - 0.4G_2\cos\alpha}{4.2\sin\beta} = \frac{3.6 \times \frac{X_1}{8} \times 7.2 \times \cos30^\circ - 0.4 \times \frac{X_1}{8} \times 0.8 \times \cos30^\circ}{4.2 \times \sin60^\circ}$$

$$T_1 = \frac{T_2\cos\beta + G\sin\alpha}{\cos\alpha}$$

$$= \frac{\frac{3.6 \times \frac{X_1}{8} \times 7.2 \times \cos30^\circ - 0.4 \times \frac{X_1}{8} \times 0.8 \times \cos30^\circ}{4.2 \times \sin60^\circ} \times \cos60^\circ + X_1\sin30^\circ}{\cos30^\circ}$$

1.5 识图题

La1E3001 导线中的电流 I 和 M 平面上画出的磁场方向正确的是(　　)。

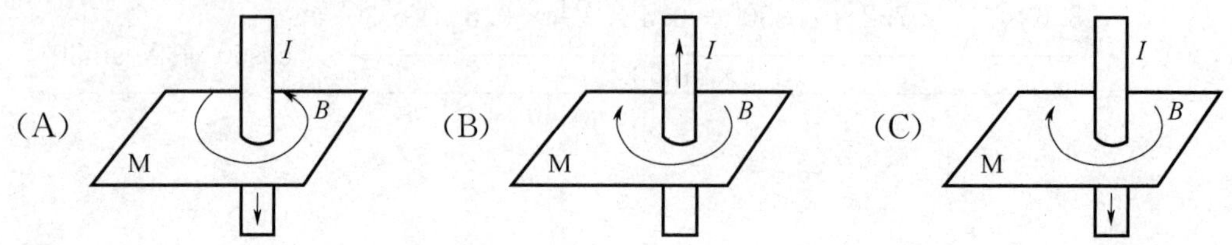

答案：C

La1E3002 已知电压 $u=100\sin(\omega t+30°)$ V 和电流 $i=30\sin(\omega t-60°)$ A，它们的波形图如下，则它们的相位差为(　　)。

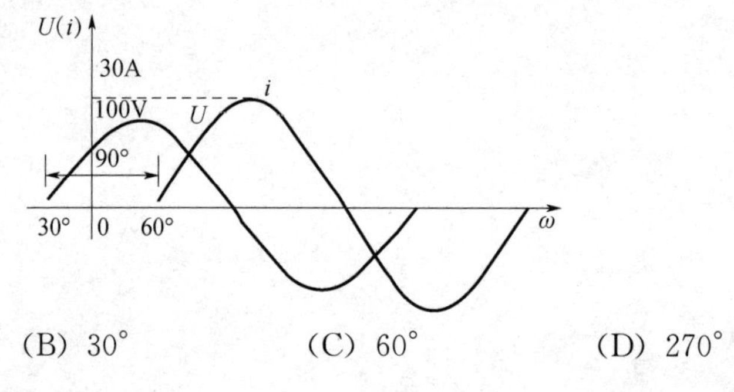

(A) 90°　　(B) 30°　　(C) 60°　　(D) 270°

答案：A

Je1E5003 图示高低腿铁塔基础分坑图，下列表达正确的是(　　)。

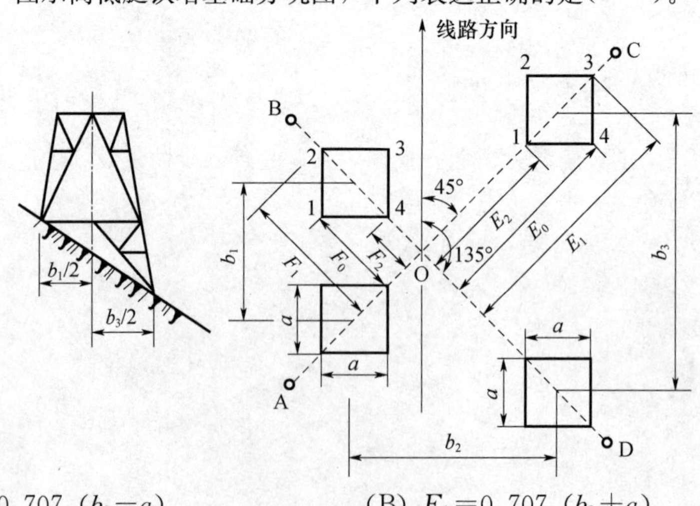

(A) $E_1=0.707(b_2-a)$　　(B) $E_1=0.707(b_2+a)$

(C) $E_1=0.707(b_3-a)$　　(D) $E_1=0.707(b_3+a)$

答案：D

1.6 论述题

La1F2001 继电保护的基本任务是什么?

答: 继电保护装置的基本任务如下:

(1) 保护电力系统中的电气设备(如发电机、变压器、输电线路等);当运行中的设备发生故障或不正常工作情况时,继电保护装置应使断路器跳闸并发出信号。

(2) 当被保护的电气设备发生故障时,它能自动地、迅速地、有选择地借助断路器将故障设备从电力系统中切除,以保证系统无故障部分迅速恢复正常运行,并使故障设备免于继续遭受破坏。

(3) 对于某些故障,如小接地电流系统的单相接地故障,因它不会直接破坏电力系统的正常运行,继电保护发信号而不立即去跳闸。

(4) 当某电气设备出现不正常工作状态时,如过负荷、过热等现象继电保护装置可根据要求发出信号,并通知运行人员及时处理。

La1F4002 对杆塔巡视检查的主要内容有哪些?

答: 巡视检查的主要内容如下:

(1) 检查杆塔有无倾斜,横担有无外歪扭。杆塔倾斜度不能超过:电杆 15/1000,铁塔 50m 及以上 5/1000,50m 以下 10/1000,横担斜度均为 1/100。

(2) 检查杆塔部件有无丢失、锈蚀或变形,部件固定是否牢固,螺栓或螺帽有无丢失或松动;螺栓丝扣是否外露,焊接处有无裂纹、开焊等。

(3) 检查电杆有无裂纹,旧有的裂纹有无变化,混凝土有无脱落,钢筋有无外露,脚钉有无丢失;普通钢筋混凝土杆不能有纵向裂纹、横向裂纹,缝隙宽度不超过 0.2mm,预应力钢筋混凝土杆不能有裂纹。

(4) 检查杆塔周围土壤有无突起、裂缝或沉陷。杆塔基础有无裂纹、损坏、下沉或上拔,护基有无沉陷或被雨水冲刷。

(5) 检查横担上有无威胁安全的鸟窝等。

(6) 检查杆塔防洪设施有无坍塌、损坏,杆塔是否缺少防洪设施。

(7) 检查塔材有无丢失,主材有无超规定弯曲。

(8) 杆塔周围是否有取土,拉线盘有无外露。

La1F4003 什么是中性点位移现象?中性线的作用是什么?

答: 三相电路中,在电源电压对称的情况下,如果三相负载对称,根据基尔霍夫定律,不管有无中性线,中性点的电压都等于零;如果三相负载不对称,而且没有中性线或者中性线阻抗较大,则负载中性点就会出现电压,即电源中性点和负载中性点之间的电压不再为零,我们把这种现象叫中性点位移。

在电源和负载都是星形连接的系统中,中性线的作用是为了消除由于三相负载不对称而引起的中性点位移。

La1F4004 对电力线路有哪些基本要求？

答：对电力线路的基本要求有以下几条：

（1）保证线路架设的质量，加强运行维护，提高对用户供电的可靠性。

（2）要求电力线路的供电电压在允许的波动范围内，以便向用户提供质量合格的电压。

（3）在送电过程中，要减少线路损耗，提高送电效率，降低送电成本。

（4）架空线路由于长期置于露天下运行，线路的各元件除受正常的电气负荷和机械荷载作用外，还受到风、雨、冰、雪、大气污染、雷电活动等各种自然和人为条件的影响，要求线路各元件应有足够的机械和电气强度。

Lb1F2005 采用楔形线夹连接好的拉线应符合哪些规定？架线后对全部拉线进行检查和调整，应符合哪些规定？

答：采用楔形线夹连接的拉线，安装时应符合下列规定。

（1）线夹的舌板与拉线紧密接触，受力后不应滑动。线夹的凸肚应在尾线侧，安装时不应使线股损伤。

（2）拉线弯曲部分不应有明显的松股，其断头应用镀锌铁丝扎牢，线夹尾线宜露出300～500mm，尾线回头后与本线应采取有效方法扎牢或压牢。

（3）同组拉线使用两个线夹时，其线夹尾端的方向应统一。

架线后应对全部拉线进行检查和调整，并应符合下列规定。

（1）拉线与拉线棒应呈一直线。

（2）X形拉线的交叉处应留有足够的空隙，避免相互磨碰。

（3）拉线的对地夹角允许偏差应为1°，个别特殊杆塔拉线需超出1°时应符合设计规定。

（4）NUT型线夹带螺母后及花篮螺栓的螺杆必须露出螺纹，并应留有不小于1/2螺杆的螺纹长度，以供运行时调整。在NUT型线夹的螺母上应装设防盗罩，并应将双螺母拧紧，花篮螺栓应封固。

（5）组合拉线的各根拉线受力应一致。

Lb1F3006 为什么35kV线路一般不采用全线装设架空地线？

答：对于35kV线路，大多为中性点不接地或中性点经消弧线圈接地，虽然也有单相对地闪络，但由于消弧线圈和自动重合闸的使用，单相落雷接地故障将被消弧线圈所消除，雷击后造成的闪络能自行恢复绝缘性能，不致引起频繁的跳闸。

对于35kV的铁塔或钢筋混凝土杆线路，加装架空地线意义不大，但却仍然需要逐塔接地。因为这时若一相因雷击闪络接地后，它实际上就起到了架空地线的作用，在一定程度上可以防止其他两相的进一步闪络，而系统中的消弧线圈又能有效地排除单相接地故障。故35kV线路即使不采用全线装设架空地线，由于建弧率小，单位遮断次数还是较低的，防雷效果还是较满意的。

为了减少投资，一般对35kV线路只在变电站进线的1～2km装设架空地线，以防止直击雷，限制进入到变电站的雷电流幅值和降低侵入波陡度。

Lb1F3007 不同类型的杆塔基础各适用于什么条件？

答：杆塔基础根据杆塔类型、地形、地质及施工条件的不同，一般采用以下几种类型：

(1) 现场浇制的混凝土和钢筋混凝土基础：适用在施工季节砂石和劳动力条件较好的情况下。

(2) 预制钢筋混凝土基础：适合于缺少砂石、水源的塔位或者需要在冬期施工而不宜在现场浇制基础时采用。预制钢筋混凝土基础的单件重量要适应于运输条件，因此预制基础的部件大小和组合方式有所不同。

(3) 金属基础：适合于高山地区交通运输条件极为困难的塔位。

(4) 灌注桩式基础：可分为等径灌注桩和扩底短桩两种。当塔位处于河滩时，考虑到河床冲刷及防止漂浮物对铁塔的影响，常采用等径灌注桩深埋基础。扩底短桩基础最适用于黏性土或其他坚实土壤的塔位。

Lb1F4008 停电检修怎样进行验电和挂接地线？其对接地线有何要求？

答：验电必须使用相同电压等级并在试验周期内合格的专用验电器。验电前，必须把合格的验电器在相同电压等级的带电设备上进行试验，证实其确已完好。验电时须将验电笔的尖端渐渐地接近线路的带电部分，听其有无“吱吱”的放电声音，并注意指示器有无指示，如有亮光、声音等，即表示线路有电压。经过验电证明线路上已无电压时，即可在工作地段的两端，使用具有足够截面的专用接地线将线路三相导线短路接地。若工作地段有分支线，则应将有可能来电的分支线也进行接地。若有感应电压反映在停电线路上时，则应加挂接地线，以确保检修人员的安全。挂好接地线后，才可进行线路的检修工作。

对接地线的要求：

(1) 接地线应有接地和短路构成的成套接地线，成套接地线必须使用多股软铜线编织而成，截面面积不得小于 $25mm^2$。

(2) 接地线的接地端应使用金属棒做临时接地，金属棒的截面面积应不小于 $190mm^2$ (如 $\phi16$ 圆钢)，金属棒在地下的深度应不小于 0.6m。如利用铁塔接地时，允许每相个别接地，但铁塔与接地线连接部分应清除油漆，接触良好。

Lb1F4009 《电力建设安全工作规程》对分解组立杆时固定杆塔的临时拉线应满足哪些要求？

答：固定杆塔的临时拉线应满足下列要求。

(1) 应使用钢丝绳，不得使用白棕绳。

(2) 在未全部固定好之前，严禁登高作业。

(3) 绑扎工作必须由技工担任。

(4) 现场布置：单杠、V 形铁塔或有交叉梁的双杆不得少于四根，无叉梁的双杆不得少于六根。

(5) 组立杆塔的临时拉线不得过夜，如需过夜，应采取安全措施。

(6) 固定的同一个临时地锚上的拉线最多不超过两根。

（7）拆除工作，必须待永久拉线全部装好、叉梁装齐或无拉线杆塔的基础埋好，并经施工负责人同意后方可进行。

Lb1F4010 鸟类活动会造成哪些线路故障？如何防止鸟害？

答：鸟类活动会给电力架空线路造成的故障情况如下：鸟类在横担上做窝。当这些鸟类嘴里叨着树枝、柴草、铁丝等杂物在线路上空往返飞行，树枝等杂物落到导线间或搭在导线与横担之间时，就会造成接地或短路事故。体形较大的鸟在线间飞行或鸟类打架也会造成短路事故。杆塔上的鸟巢与导线间的距离过近，在阴雨天气或其他原因，便会引起线路接地事故；在大风暴雨的天气里，鸟巢被风吹散触及导线，因而造成跳闸停电事故。

防止鸟害的办法：

（1）增加巡线次数，随时拆除鸟巢。

（2）安装惊鸟装置，使鸟类不敢接近架空线路。

常用的具体方法有：

① 安装防鸟刺。

② 安装防鸟针板。

③ 安装防鸟大伞盘。

④ 安装声光惊鸟装置。

⑤ 安装天敌仿真模型。

⑥ 安装防鸟风车或翻板。

Lb1F4011 高压或超高压输电线路的导线为什么要进行换位？线路换位的要求是什么？关于换位有哪些规定？

答：导线换位的原因：导线的各种排列方式（包括等边三角形），均不能保证三相导线的线间距离或导线对地距离相等，因此，三相导线的电感、电容及三相阻抗均不相等，这会造成三相电流的不平衡，这种不平衡对发电机、电动机和电力系统的运行以及对输电线路附近的弱电线路均会带来一系列的不良影响。为了避免这些影响，各相导线应在空间轮流地改换位置，以平衡三相阻抗。

换位的要求：经过完全换位的线路，其各相在空间每一位置的各段长度之和相等。进行一次完全换位的线路称为完成了一个换位循环。

有关换位的规定：在中性点直接接地的电力网中，长度超过100km的线路，均应换位。换位循环长度不宜大于200km；如一个变电站某级电压的每回出线虽小于100km，但其总长度超过200km，可采用变换各回线路的相序排列或换位，以平衡不对称电流；中性点非直接接地的电力网，为降低中性点长期运行中的电位，可用换位或变换线路相序排列的方法来平衡不对称电容电流；为使三相导线对地的感应电压降至最小，绝缘地线也要进行换位。二地线的换位点和导线的换位点错开，两线在空间每一位置的总长度应相等。

Lb1F4012 螺栓和销钉安装时穿入方向应如何掌握？

答：螺栓的穿入方向应符合下列规定：

（1）对立体结构：① 水平方向由内向外；② 垂直方向由下向上；③ 斜向者宜由斜下向斜上，不便时应在同一斜面内取统一方向。

（2）对平面结构：① 顺线路方向由送电侧穿入或按统一方向穿入；② 横线路方向两侧由内向外，中间由左向右（面向受电侧）或按统一方向；③ 垂直方向由下向上；④ 斜向者宜由斜下向斜上，不便时应在同一斜面内取统一方向。

绝缘子串、导线及架空地线上的各种金具上的螺栓、穿钉及弹簧销子，除有固定的穿向外，其余穿向应统一，并应符合下列规定：

（1）悬垂串上的弹簧销子均按线路方向穿入。使用W形弹簧销子时，绝缘子大口均朝线路后方；使用R形弹簧销子时，大口均朝线路前方。螺栓及穿钉凡能顺线路方向穿入者均按线路方向穿入，特殊情况两边线由内向外，中线由左向右穿入。

（2）耐张串上的弹簧销子、螺栓及穿钉均由上向下穿；当使用W形弹簧销子时，绝缘子大口均应向上；当使用R形弹簧销子时，绝缘子大口均向下，特殊情况可由内向外、由左向右穿入。

（3）分裂导线上的穿钉、螺栓均由线束外侧向内穿。

（4）当穿入方向与当地运行单位要求不一致时，可按当地运行单位的要求，但应在开工前明确规定。

Lb1F5013 冲击接地电阻与工频作用下的电阻有什么不同？降低冲击接地电阻值常采用哪些措施？为什么要尽可能地降低接地电阻的数值？

答：（1）冲击接地电阻是指接地装置在冲击电流作用下的电阻值。由于冲击电流幅值高、陡度大，与工频电流作用下的阻抗值有所不同。

（2）由于雷电流的幅值很高，接地体附近出现很大的电流密度和很高的电场强度，使接地体附近土壤的局部地段发生火花放电，相当于接地体的尺寸加大、界面放宽，因而使电阻值下降。

（3）对于伸长形的接地体，因为它有一定的电感，而雷电流的陡度很大，相当于波前部分的等效频率很高，所以有较大的感抗，即电阻值上升。

（4）降低冲击接地电阻值常采用下列措施：采用多射线形、环形环网接地装置；采用换土壤或化学改良土壤的办法。

（5）因为接地电阻值越小，雷击放电时引起的过电压越小，防雷效果就越好。

Lb1F5014 线路大修及改进工程包括哪些主要内容？

答：线路大修及改进工程主要包括以下几项内容：

（1）据防汛、反污染等反事故措施的要求调整线路的路径。

（2）更换或补强线路杆塔及其部件。

（3）换或补修导线、架空地线并调整弧垂。

（4）换绝缘子或为加强线路绝缘水平而增装绝缘子。

(5) 更换接地装置。

(6) 塔基础加固。

(7) 更换或增装防振装置。

(8) 铁塔金属部件的防锈刷漆。

(9) 处理不合理的交叉跨越。

Lb1F5015 施工图各分卷、册的主要内容有哪些?

答: 施工图各分卷、册的主要内容如下:

(1) 施工图总说明书及附图:主要内容有线路设计依据、设计范围及建设期限、路径说明方案、工程技术特性、经济指标、线路主要材料和设备汇总表以及附图等。

(2) 线路平断面图和杆塔明细表:主要内容有线路平段面图、线路杆塔明细表和交叉跨越分图。

(3) 机电施工安装图及说明:主要内容有架空线型号和机械物理特性、导线相位图、绝缘子和金具组合、架空线防振措施、防雷保护及绝缘配合、接地装置施工等。

(4) 杆塔施工图:主要内容有混凝土电杆制造图、混凝土电杆安装图和铁塔组装图。

(5) 基础施工图:主要内容有混凝土电杆基础和铁塔基础施工图。

(6) 通信保护计算:主要内容有对本线路平行或交叉的通信线、信号线的保护措施及安装图。

(7) 材料汇总表:主要内容有施工线路所用的材料名称、规格、型号、数量及加工材料的有关要求。

(8) 预算书:主要内容有线路工程概况、工程投资和预算指标、编制依据和取费标准及预算的编制范围。

Lc1F3016 中性点不接地的电力系统中发生单相完全接地时,三相的电压发生什么变化?什么是因雷电造成的线路反击?

答: 在中性点不接地系统中,当发生一相完全接地时,故障相对地电压为零,非故障相对地电压较正常运行时升高倍成为线电压,而三相相间电压保持不变。接地电流为正常运行时一相对地电容电流的 3 倍。如果发生的故障是不完全接地,则故障相对地电压大于零小于相电压;非故障相对地电压大于相电压,而小于线电压。

当雷电落于架空地线之后,雷电流要经过接地体流入大地,由于雷电流数值很大,形成的电压降也很高,所以有可能使线路绝缘被击穿,这个过程就是雷电造成的线路反击。

Lc1F4017 采用带电作业有哪些优点?在间接带电作业时,人身与带电体间的安全距离是多少?

答: 带电作业的优点如下:

(1) 发现线路设备的缺陷可及时处理,能保证不间断供电。

(2) 发现线路设备的缺陷时,采用带电作业可以及时地安排检修计划,而不致影响供电的可靠性,保证了检修的质量,充分发挥了检修的力量。

（3）带电作业具有高度组织性的半机械化作业，在每次检修中均可迅速完成任务，节省检修的时间。

（4）采用带电作业可简化设备，从而避免为检修而定设双回路线路。

在间接带电作业时，人身与带电体间的最小安全距离：10kV为0.40m；35kV为0.60m；110kV为1.00m；154kV为1.40m；220kV为1.80m；330kV为2.60m；500kV为3.6m。

Lc1F4018 在等电位作业过程中出现麻电现象的原因是什么？

答：造成麻电现象主要有以下几种原因：

（1）屏蔽服各部连接不好。最常见是手套与屏蔽衣间连接不好，以致电位转移时，电流通过手腕而造成麻电。

（2）作业人员的头部未屏蔽。当面部、颈部在电位转移过程中不慎先行接触带电体时，接触瞬间的暂态电流对人体产生电击。

（3）屏蔽服使用日久，局部金属丝折断而形成尖端，电阻增大或屏蔽性能变差，造成人体局部电位差或电场不均匀而使人产生不舒服感觉。

（4）屏蔽服内穿有衬衣、衬裤，而袜子、手套又均有内衬垫，人体与屏蔽服之间便被一层薄薄的绝缘物所隔开，这样人体与屏蔽服之间就存在电位差，当人的外露部分（如颈部）接触屏蔽服衣领时，便会出现麻刺感。

（5）等电位作业人员上下传递金属物体时，也存在一个电位转移问题，特别是金属物的体积较大或长度较长时，其暂态电流将较大。如果作业人员所穿的屏蔽服的连接不良或金属丝断裂，在接触或脱离物体瞬间有可能产生麻电现象。

Jd1F3019 对拉线巡视检查的主要内容有哪些？

答：对拉线巡视检查的主要内容如下：

（1）检查各方拉线及其部件（如线夹、拉线棒、拉线抱箍及联结金具等）有无锈蚀，螺栓是否紧固，螺栓、螺母有无丢失，防盗螺母是否齐全。

（2）检查拉线有无折断、松弛、断股、抽筋及张力分配不均等现象。

（3）拉线尾部是否紧固，绑线有无松动或损伤，钢线卡子有无丢失，螺栓是否拧紧。

（4）检查NUT型线夹螺母位置是否适中或花篮螺栓的封线是否完好。

（5）拉线基础周围土壤是否突起或沉陷，拉线基础有无裂纹、有无上拔或下沉、有无取土。

（6）拉线棒焊缝有无裂纹或脱焊。

（7）拉线与线夹舌板接触是否紧密，有无滑动现象。

（8）拉线及拉线棒有无被车辆碰撞的危险。

Jd1F4020 架空电力线路在高峰负荷季节应注意哪些事项？

答：架空电力线路在高峰负荷季节，因导线通过的负荷电流大，致使温度升高，弧垂增大。实践证明，当导线负荷电流接近其长期允许电流值时，导线温度可达70℃左右。当导线过载时，弧垂增加率与电流增长率几乎成线性关系。由于弧垂的增大，减小了导线对地和对其他交叉跨越设施的距离，直接影响线路安全运行。为此，在高峰负荷季节，一定要注意以下几个问题：

（1）电力线路不要过负荷运行。

（2）测定导线对地及对其他交叉跨越设施的距离，并换算到导线最高运行温度，核实距离是否符合要求，不合格者应及时处理。

（3）检查测量导线连接点电阻，不合格者及时采取措施。压接式跳线线夹联板接触面一定要光滑平整。安装时，先用0号砂纸清除氧化膜；再用抹布将残砂擦净，涂上一层中性凡士林薄膜，然后紧好联板。并沟线夹的接触面是线和面的接触，电阻大，且易受腐蚀（因裸露于大气中），不宜用于污秽区及大负荷线路。

Jd1F4021 什么叫启动验收？启动验收的主要任务有哪些？

答：启动验收是指线路投产送电前所进行的验收。在启动验收中主要检查竣工验收检查的项目是否齐全，验收检查中提出的问题是否妥善处理以及生产准备情况。

35～110kV线路工程，由启动验收委员会主持验收检查。启动委员会由建设、运行、施工、调试、设计和调度等单位的有关人员组成。

验收的主要任务是：

（1）按照设计图纸、文件及施工及验收规程的要求，对整个工程进行面的检查验收，不遗漏任何一个部件。对验收中发现的问题，应作好记录，并提出处理意见。

（2）整理设计施工图纸，做到图纸齐全。

（3）整理和审查施工记录，试验记录，与有关单位签订的交叉跨越协议书及设计变更通知，做到资料齐全。

（4）检查生产准备工作完成情况。

Jd1F4022 导线在压接前的净化处理有何要求？液压连接导、地线需注意哪些要求？

答：导线在压接前净化处理的要求：压接前必须将导线连接部分的表面、连接管内壁以及穿管时连接管可能接触到的导线表面用汽油清洗干净，清洗后应薄薄地涂上一层导电脂，并用细钢丝刷清刷表面氧化膜，应保留导电脂进行连接。

液压连接导、地线需注意的要求：

（1）在切割前应用细铁丝将切割点两边绑扎紧固，防止切割后发生导、地线松股现象；切割导、地线时应与轴线垂直，穿管时应按导、地线扭绞方向穿入。

（2）切割铝股不得伤及钢芯。

（3）导线划印后应立即复查一次，并做出标记。

（4）液压钢模，上模与下模有固定方向时不得放错，液压机的缸体应垂直地面，放置平稳，操作人员不得处于液压机顶盖上方。

（5）液压时，操作人员应扶好导、地线，与接续管保持水平并与液压机轴心相一致，以免接续管弯曲。

（6）必须使每模都达到规定的压力，不能以合模为标准，相邻两模之间至少应重叠5mm。

(7) 压完第一模之后，应立即检查边距尺寸，符合标准后再继续施压。

(8) 钢模要随时检查，发现变形时应停止使用。

(9) 液压机应装有压力表和顶盖，否则不准使用。

(10) 管子压完后应锉掉飞边，并用细砂纸将锉过的地方磨光，以免发生电晕放电现象。

(11) 钢管施压后，凡锌皮脱落等应涂以富锌漆。

(12) 工作油液应清洁，不得含有砂、泥等脏物，工作前要充满液压油。

Je1F3023 什么叫作线路缺陷？怎样划分缺陷类别？怎样做好缺陷管理工作？

答：(1) 运行中的线路部件，凡不符合有关技术标准规定者，都叫作线路缺陷。

(2) 线路缺陷按其严重程度，可分为一般缺陷、重大缺陷和紧急缺陷三类。

(3) 线路缺陷管理，是修好线路的重要环节。及时发现和消除是提高线路健康水平、保证线路安全运行的关键。线路缺陷主要由四个方面发现，即巡线人员发现、检修人员发现、测试中发现和其他人员发现。当发现重大、紧急缺陷时，应及时向领导汇报，领导应亲临现场采取相应措施，防止事故发生。所有缺陷经审查核实后都应计入缺陷记录簿。根据缺陷类别，分别列入年、季、月度检修计划或大修，更改工程中予以消除。

Je1F3024 利用人字抱杆起吊杆塔，抱杆坐落位置及初始角的大小对起吊工作有何影响？

答：利用人字抱杆起吊杆塔时，若抱杆坐落过前，初始角过大，在起吊过程中，易造成拖杆脱帽过早，增大主牵引绳的牵力，并且起吊过程中稳定性差。抱杆坐落过后，初始角小，起吊过程中易造成抱杆脱帽晚。这种情况初始时主牵引力和抱杆受垂直下的压力都会增大，特别是在抱杆强度不足的情况下，会造成抱杆变形破坏，对起吊工作是不利的。所以，在施工中抱杆的初始角和坐落位置一定要按施工设计进行。

Je1F3025 为什么整体起立钢筋混凝土双杆时，在刚离开地面后，要停止牵引，进行检查？检查时应检查哪些项目？

答：线路杆塔具有高、大、重的特点，钢筋混凝土电杆的整体起吊是线路施工中的一项复杂的起重工作，由于钢筋混凝土电杆自重较重，又是长细杆件，所以在起吊过程中，既要考虑各种起吊工器具的受力强度及其变化，又要考虑被起吊的电杆在起吊过程中的受力情况，防止杆身受力不均而造成弯曲度超过允许值后产生裂纹。为保证安全起立，电杆在刚离开地面后要停止牵引，进行检查。检查项目如下：

(1) 当电杆起吊离开地面约0.5～1m时，应停止起吊，检查各部分受力情况及做振动试验。检查各部分受力情况是否正常，各绳扣是否牢固可靠；各锚桩是否走动，锚坑表面土有否松动现象；主杆是否正常，有无弯曲裂纹，是否偏斜，抱杆两侧受力是否均匀，抱杆脚有无滑动及下沉。然后上人做振动试验。

(2) 在起吊过程中，要随时注意杆身的受力及抱杆受力的情况，要注意杆梢有无偏摆，有偏斜时要用侧面拉线及时调整。在起吊过程中，要控制牵引绳中心线、制动绳中心线、抱杆顶点和电杆中心线始终在同一垂直平面上。

Je1F3026 悬臂抱杆分解组塔的技术原则是什么？

答：其技术原则如下：

（1）在组塔过程中：主抱杆应是正直状态，为保持平衡而发生的顶部偏移不宜大于200mm。

（2）单片吊装时：待吊侧悬臂，提升铁塔吊件，其他三侧呈水平状，并将其提升滑车的吊钩通过钢丝绳锚固在塔脚上，以起平衡稳定的作用；随着起吊侧悬臂受力逐渐加大，须同步调整平衡臂的平衡力；当起吊臂逐渐上仰时，要同步调小平衡力，以保持抱杆正直；当上仰角度大，为防止抱杆向平衡侧倾斜，可使主抱杆稍向起吊侧倾斜。

（3）双片吊装时：两片重量相等，提升速度应相同，两臂上仰角度和速度以及就位情况均应尽量一致，以保主抱杆正直。

（4）采用落地抱杆时：应随着铁塔的加高，用倒装提升法从下端加高。这种抱杆由于细长比大，应沿轴每隔一定距离设一个腰环，当作抱杆的中间支承，提高它的稳定性。

（5）采用悬浮抱杆时：应视具体情况，对下拉线的固定处予以补强。防止因下拉线指向抱杆的水平力过大，引起铁塔变形。

（6）悬臂的抗扭性较弱，待吊塔片应尽量放在悬臂中心线上。塔片就位时，应尽量用提升滑车和摇臂滑车调整吊件位置，少用或慎用大绳，以防主抱杆承受过大扭矩。

（7）牵引机的控制地锚应距中心1.2倍塔高以上。

Je1F4027 张力架线的基本特征有哪些？其有何优点？

答：张力架线的基本特征如下：

（1）导线在架线施工全过程中处于架空状态。

（2）以施工段为架线施工的单元工程，放线、紧线等作业在施工段内进行。

（3）施工段不受设计耐张段的限制，可以用直线塔作施工段起止塔，在耐张塔上直通放线。

（4）在直线塔上紧线并做直线塔锚线，凡直通放线的耐张塔也直通紧线。

（5）在直通紧线的耐张塔上做平衡挂线。

（6）同相子导线要求同时展放、同时收紧。

张力架线的优点有：

（1）避免导线与地面摩擦致伤，减轻运行中的电晕损失及对无线电系统的干扰。

（2）施工作业高度机械化、速度快、工效高。

（3）用于跨越公路、铁路、河网等复杂地形条件，更能取得良好的经济效益。

（4）能减少青苗损失。

Je1F4028 为什么对输电线路交叉处应加强防雷保护？其措施如何？

答：输电线路交叉处空气间隙的闪络，可能导致相互交叉的线路同时跳闸。如果是不同电压等级的线路交叉处发生闪络，将给较低电压闪络的电气设备带来严重的危害。如线路对通信线路发生闪络，其危害性就更大，甚至可能造成人身伤亡等严重事故。因此，对输电线路的交叉部分应加强防雷保护，以免事故扩大到整个系统，其措施如下：

(1) 交叉距离 S，即两交叉线路的导线之间距或上方导线对下方的架空地线的间距：

10kV 以下线路与同级或较低电压线路、通信线交叉时，$S \geqslant 2m$；

110kV 线路与同级或较低线路、通信线交叉时，$S \geqslant 3m$；

220kV 线路与同级或较低线路、通信线交叉时，$S \geqslant 4m$；

500kV 线路与同级或较低线路、通信线交叉时，$S \geqslant 6m$。

(2) 交叉档的两端杆塔的保护。交叉档两端的绝缘不应低于其相邻杆塔的绝缘。铁塔、电杆不论有无架空地线，均应可靠接地。无架空地线的 3～60kV 木杆，应装设管形避雷器或保护间隙。高压线路与低压线路或通信线交叉时，低压线路或通信线交叉档两端木杆上应装设保护间隙。

Je1F4029 在倒落式人字抱杆整体立塔施工中对抱杆的技术要求是什么？

答：对抱杆的技术要求如下：

(1) 抱杆结构形式及截面：倒落式人字抱杆采用钢结构，一般选用正方形截面，中间大两端小，呈对称布置的四棱锥形角钢格构式。为便于搬运，抱杆采用分段形式，各段之间用螺钉或内法兰连接。每段质量不宜超过 200kg，长度以 4～5m 为宜，为便于组合，也可设少量的 2m 或 1.5m 段。抱杆截面面积不宜超过 $600mm^2$，一般选用 $400mm^2$ 或 $500mm^2$ 为宜。

(2) 抱杆高度：抱杆有效高度增大，起吊设备受力减小，但抱杆及钢丝绳变得笨重；抱杆有效高度降低，设备受力增大而需要加大规格。鉴于这些情况，抱杆的组合高度宜控制为铁塔重心高度的 0.8～1.1 倍。

(3) 抱杆根开：抱杆根开大小要合适。过大，则增大轴向压力，且降低了抱杆的有效高度，要增加抱杆的有效高度，又得增加抱杆重量；过小，则整体稳定性差，不利于施工安全。一般选择抱杆根开，以控制两根抱杆夹角在 25°～30°为宜。

(4) 抱杆座落位置：抱杆坐落位置应考虑施工方便及安全。对于塔身根开较大的刚性塔，抱杆不宜骑跨在塔身上，否则在抱杆脱落前容易被塔身卡住，影响安全，所以一般来说，抱杆宜坐落在中心桩与塔脚板之间离开塔脚板内边缘 2～3m 的位置。对于拉 V 塔、拉猫塔及内拉线门形塔，抱杆宜坐落在塔脚板与制动地锚之间离开塔脚板 0.2～0.3 倍抱杆高度的地面处，拉 V 塔及拉猫塔抱杆跨在塔身上，内拉线门形塔抱杆放在两立柱之间。

(5) 抱杆的初始倾角：抱杆的初始倾角增大，抱杆及牵引钢丝绳受力减小，而起吊钢丝绳受力增大；反之，起吊钢丝绳受力虽减小，但抱杆及牵引钢丝绳受力增大。另外，抱杆的初始倾角太大则抱杆脱落过早，太小则脱落过迟，均对起吊工作不利。抱杆的初始倾角一般以 60°～70°为宜。

Je1F4030 对张力放线操作的要求有哪些？

答：对张力放线操作的要求如下：

(1) 张力放线的顺序一般是先放中间相，后放两边相。

（2）牵引机、张力机必须按使用说明和操作规范进行操作，操作人员应经过专业培训并取得合格证后，方能操作。

（3）牵引导线时，应先开张力机，待张力机打开刹车发动后，方可开牵引机进行牵引。停止牵引时，其操作程序则相反。当接到停机信号时，牵引机必须停止牵引，以便查明原因。张力机需在牵引机停机后方可停机。

（4）牵引导线时，应先慢速牵引，然后逐渐加速，以防牵引绳波动过大。如因故停工时，应先将导线锚固好后，方可放松牵引张力。

（5）放线段跨越或平行接近带电电力线路时，牵引场和张力场两端的牵引绳以及导线上均应挂接地滑车，并进行良好的接地。

Je1F4031 对导、地线压接有关规程、规范的主要规定有哪些？

答：对导、地线压接的有关规程、规范的规定有：

（1）导线或架空地线，必须使用合格的电力金具配套接续管及耐张线夹进行连接。连接后的握着强度，应在架线施工前进行试件试验。试件不得少于3组（允许接续管与耐张线夹合为一组试件）。其试验握着强度对液压及爆压都不得小于导线或架空地线设计使用拉断力的95%。对小截面导线采用螺栓式耐张线夹及钳压管连接时，其试件应分别制作。螺栓式耐张线夹的握着强度不得小于导线设计使用拉断力的90%。钳压管直线连接的握着强度不得小于导线设计使用拉断力的95%。架空地线的连接强度与地线相对应。压接后其压接管的电阻值不应大于等长导线的电阻。压接管的温升不得大于导线本体的温升。

（2）在一个档距内，每根导线或架空地线上最多只允许有一个接续管和三个修补管，当采用张力放线时，不应超过两个补修管。各类管与耐张线夹出口间的距离不应小于15m，接续管或修补管与悬垂线夹中心的距离不应小于5m，接续管或修补管与间隔棒中心的距离不宜小于0.5m。

（3）接续管压接后，外形应平直、光洁，弯曲度不得超过2%。如弯曲度超过标准，允许用木锤进行校直，校直后的接续管严禁有裂纹或明显的锤印。

（4）不同金属、不同规格、不同绞制方向的导线或架空地线，严禁在一个耐张段内连接。

（5）压接后的管子外面，不应留有飞边毛刺，以减少电晕损耗。接续管两端出口处，应涂漆防锈。

（6）在进行钳压或液压时，操作人员的面部应在压接机侧面并避开钢模，防止钢模压碎时其碎片飞出伤人。

（7）爆压连接使用电雷管时，应由两人同时进行，持电源人员应跟随操作人员在一起。待做好一切爆压准备时，两人同时撤离现场，全部到达安全地段后，再用电源起爆。

（8）对于架空线损伤或断股处理，应按有关规定进行，严禁凑合使用。

Je1F5032 用钢圈连接的钢筋混凝土杆，在焊接时应遵守哪些规定？

答：用钢圈焊连接的钢筋混凝土杆，在焊接时应遵守下列规定：

（1）钢圈焊口上的油脂、铁锈、泥垢等污物应清除干净。

(2) 钢圈应对齐，中间留有 2～5mm 的焊口缝隙。

(3) 焊口合乎要求后，先点焊 3～4 处，点焊长度为 20～50mm，然后再行施焊；点焊所用焊条应与正式焊接用的焊条相同。

(4) 电杆焊接必须由持有合格证的焊工操作。

(5) 雨、雪、大风中只有采取妥善防护措施后方可施焊，当气温低于－20℃时，焊接应采取预热措施（预热温度为 100～120℃），焊后应使温度缓慢地下降。

(6) 焊接后的焊缝应符合规定，当钢圈厚度为 6mm 以上时应采用 V 形坡口多层焊接，焊缝中要严禁堵塞焊条或其他金属，且不得有严重的气孔及咬边等缺陷。

(7) 焊接的钢筋混凝土杆，其弯曲度不得超过杆长的 2‰，如弯曲超过此规定，必须割断调直后重新焊接。

(8) 接头焊好后，应根据天气情况加盖，以免接头未冷却时突然受雨淋而变形。

(9) 钢圈焊接后将焊渣及氧化层除净，并在整个钢圈外露部分进行防腐处理。

施焊完成并检查后，应在上部钢圈处打上焊工代号的钢印。

Je1F5033 非张力放线跨越架搭设有哪些要求？

答：跨越架搭设有以下要求：

(1) 根据被跨越物的种类，选择所搭跨越架的结构形式，其宽度应大于施工线路杆塔横担的宽度，跨越架的两端应搭设“羊角”，以防所放架空线滑落到跨越架之外。

(2) 如跨越架搭设的较为高大，应由技术部门验算后提出搭设方案，必要时可请专业架子工进行搭设。在搭设过程中应设专人监护。

(3) 在搭设跨越铁路、公路、高压电力线路的跨越架时，应先与有关部门联系，请被跨越物的产权单位在搭架、施工及拆架时，派人员监督检查。

(4) 跨越架的搭设，应由下而上进行搭设，并有专人负责传递木杠或竹杆等材料。拆除时，应由上而下地进行，不得抛掷，更不得将架子一次推倒。

(5) 对搭设好的跨越架，应进行强度检查，确认牢固后方可进行放线工作。对比较重要的跨越架，应派专人监护看守，一方面提醒来往行人和车辆注意，另一方面监视导线、架空地线的通过情况。

(6) 跨越架的长度，可按下式计算：

$$L=(D+2S)/\sin\theta$$

式中 L——跨越架应搭设长度（m）；

D——施工线路两边线间距离（m）；

θ——施工线路与被跨越物的交角。

Je1F5034 观察导线、架空地线弧垂的要求有哪些？

答：观察导线、架空地线的要求如下：

(1) 计算导线、架空地线弧垂或根据弧垂曲线查取弧垂时，应考虑“初伸长”的影响。

(2) 计算或查取弧垂值时，应考虑施工现场的实际温度，当实测气温和计算或查对弧

垂 f 值所给定的气温相差在±2.5℃以内时，其观测弧垂可不调整，如超过此范围，则应予以调整。

(3) 观测弧垂时，应顺着阳光且宜从低处向高处观察，并尽可能选择前方背景较清晰的观察位置。当架空线基本达到要求弧垂时，应通知停止牵引，待架空线的摇晃基本稳定后再进行观察。

(4) 多档紧线时，由于放线滑车的摩擦阻力，往往是前面弧垂已满足要求而后侧还未达到。因此，在弧垂观察时，应先观察距操作（紧线）场地较远的观察档，使之满足要求，然后再观察、调整近处观测档弧度。

(5) 当多档紧线，几个弧垂观测档的弧垂不能都达到各自要求值时，如弧垂相差不大，对两个观测档的按较远的观测档达到要求为准；三个观察档的则以中间一个观测档达到要求为准。如弧垂相差较大，应查找原因后加以处理。

(6) 观测弧垂应在白天进行，如遇大风、雾、雪等天气影响弧垂观测时，应暂停观测。

(7) 对复导线的弧垂观察，应采用仪器进行，以免因眼看弧垂的误差较大，造成复导线两线距离不匀。

Jf1F3035 怎样降低接地电阻值？

答：降低接地电阻值的方法如下：

(1) 尽可能利用杆塔基础、底盘、卡盘、拉线盘等自然接地体。当接地电阻值不能满足设计要求时，再增加人工接地体。人工接地体应尽量利用杆塔基础，以减少土方量、降低造价，还可以深埋，避免地表干湿变化的影响。

(2) 接地体尽可能埋在土壤电阻率较低的土壤中。若杆塔处土壤电阻率很高，而附近又有土壤电阻率较低的土层，可用接地带引到土壤电阻率较低处再做集中接地，但接地带长度不宜超过 60m。

(3) 置换土壤。将接地沟由原有电阻率高的土壤，换成电阻率较低的土壤。

(4) 接地体周围填充长效降阻剂。

Jf1F4036 玻璃绝缘子具有哪些特点？

答：玻璃绝缘子具有以下特点：

(1) 机械强度高，比瓷绝缘子的机械强度高 1～2 倍。

(2) 性能稳定，不易老化，电气性能高于瓷绝缘子。

(3) 生产工序少，生产周期短，便于机械化、自动化生产，生产效率高。

(4) 由于玻璃绝缘子的透明性，在进行外部检查时很容易发现细小的裂缝及各种内部缺陷或损伤。

(5) 绝缘子的玻璃本体如有各种缺陷，玻璃本体会自动破碎，称为“自破”。绝缘子自破后，铁帽残锤仍然保持一定的机械强度悬挂在线路上，线路仍然可以继续运行。当巡线人员巡视线路时，很容易发现自破绝缘子，并及时更换新的绝缘子。由于玻璃绝缘子具有这种“自破”的特点，所以在线路运行过程中，不必对绝缘子进行预防性试验，从而给运行带来很大方便。

(6) 玻璃绝缘子的重量轻。

由于制造工艺等原因，玻璃绝缘子的“自破”率较高，这是玻璃绝缘子的致命缺点。

Jf1F4037 如何根据继电保护和自动装置的动作特点来粗略判断故障性质及故障地段？

答： 一般情况下，如线路跳闸后自动重合闸成功，说明是瞬时性故障，如鸟害、雷击、大风等；如自动重合闸重合复跳，说明是永久性故障，如倒杆断线、浑线等。若是电流速断动作跳闸，故障点一般在线路的前端；如过流动作跳闸，故障点一般在线路的后段；若是电流速断和过流同时动作跳闸，故障点一般在线路段中段；若是距离保护动作跳闸，说明是相间短路故障。一段保护动作，故障点一般在本线路全长的80%～85%；二段动作，故障点可能在本线路或下一段线路。若是零序保护动作，说明线路有单相接地故障。零序一段动作，故障点一般在线路前端；零序二段动作，故障点一般在线路后段。

在中性点不直接接地的电网中，当绝缘监视装置发生接地信号时，说明该线路有单相接地故障。如电厂、变电站内装有故障录波器，可通过故障录波器图看出故障类型及算出故障点的大致范围。

Jf1F4038 简述等电位作业是如何转移电位的。为什么带电作业时要向调度申请退出线路重合闸装置？

答： 等电位作业，是在人员绝缘良好和屏蔽完整的情况下进行的。在未进入电场之前，人体是没有电位的，与大地是绝缘的，并保持一个良好的安全距离。当人体与带电体有一个很小的间隙时，存在一个电容，人在电场中就有了一定的电位，与带电体有一个电位差。这个电位差击穿间隙，使人体与带电体联通带电，这时有一个很大的充电暂态电流通过人体，当电压很高时，用身体某部分去接触带电体是不安全的，因此在转移电位时，必须用等电位线进行，以确保安全。重合闸是继电保护的一种，它是防止系统故障点扩大、消除瞬时故障、减少事故停电的一种后备措施。

退出重合闸装置的目的有以下几个方面：

(1) 减小内过电压出现的概率。作业中遇到系统故障，断路器跳闸后不再重合，减少了过电压的机会。

(2) 带电作业时发生事故，退出重合闸装置，可以保证事故不再扩大，保护作业人员免遭第二次电压的伤害。

(3) 退出重合闸装置，可以避免因过电压而引起对地放电的严重后果。

Jf1F5039 什么叫竣工验收检查？其项目有哪些？线路投产送电前应具备哪些条件？

答： 竣工验收检查是指全部线路或其中一段线路所有工程项目全部结束后所进行的验收检查。在进行竣工验收检查时，要检查在中间验收检查时所查出的问题是否完全处理；线路附近的障碍物是否清除；各项记录是否齐全、正确；线路有无遗留未完的项目。

线路投产送电前，启动验收委员会应审查和批准启动试运方案，听取工作汇报，检查线路及通信设施是否符合安全启动试运的要求，同时还应具备下列条件：① 线路巡线人员已配齐；② 线路已有杆号，相位等标志；③ 线路上的临时接地及障碍物均已全部拆除；④ 线路上已无人登杆作业，在安全距离内的一切作业均已停止，并对线路进行了一次巡视检查；⑤ 按设计规定线路的继电保护和自动装置均已调试合格。

Jf1f5040 当线路着雷时，什么情况下会引起线路跳闸？为什么架空地线对杆塔有分流的保护作用？

答：当线路着雷时，雷电流超过线路的耐雷水平时，虽然会引起线路绝缘发生一相冲击闪络，使雷电流沿闪络通道入地，但由于冲击闪络的时间极短，并不一定会引起开关跳闸。只要在雷电消失后，闪络点不随之建立工频电弧，仍可照常供电。但是，雷电闪络后，若沿雷电通道建起工频电弧，则会有工频短路电流流过，形成工频接地短路故障，将会造成线路开关跳闸。

雷电现象很复杂，但从分析问题的角度，可简化地看作一个电流行波沿空中通道注入雷击点，在击中此点后分别向架空地线和杆塔传播。对于一般的杆塔，其电感为 L_{gt}，塔脚冲击接地电阻为 R_{ch}，设架空地线电杆的分布参数为 LB，这样可得雷击杆塔的等值电路图。显然，杆塔的电流 i_{gt} 应小于总的雷电流 i_L。如把杆塔电流与雷电流之比叫作分流系数 β，则 β 与架空地线的根数及线路的电压等级都有关。架空地线的根数越多，分流作用越强，分流系数 β 越小，杆塔电流 i_{gt} 也就越小。因此架空地线对杆塔有分流的保护作用。

2 技能操作

2.1 技能操作大纲

送电线路工（高级技师）技能鉴定技能操作考核大纲

等级	考核方式	能力种类	能力项	考核项目	考核主要内容
高级技师	技能操作	专业技能	01. 导地线检修	01. 损伤导线更换处理	熟练掌握更换导线的工作流程；掌握临时锚固的安装；熟悉液压导线工艺要求及注意事项
				02. 指挥更换110kV线路孤立档导线	熟悉导线的更换工作流程；能根据现场按照要求指挥安装临时拉线；能指挥液压导线的操作
			02. 绝缘子、金具更换	01. 500kV直线串更换单片（玻璃）绝缘子	掌握更换500kV直线绝缘子单片的工作流程及注意事项；掌握对新绝缘子的检测及要求；掌握正确使用卡具及注意事项
				02. 500kV直线杆塔更换单串复合绝缘子	熟练掌握500kV直线杆塔更换单串复合绝缘子使用的工器具、材料、操作过程及复合绝缘子、均压环等安装的工艺要求
			03. 输电线路日常维护与检测	01. 架空输电线路绝缘子盐密灰密测量	熟练掌握绝缘子盐密灰密测量的方法和计算；掌握取绝缘子的方法和注意事项
			04. 经纬仪测量	01. 矩形铁塔基础施工分坑测量	熟练使用光学经纬仪对矩形铁塔基础施工分坑测量，要求仪器使用熟练正确，分坑准确
				02. 带位移转角铁塔基础分坑测量	熟练掌握使用光学经纬仪对带位移转角铁塔基础分坑测量的操作，要求仪器使用熟练正确，计算过程正确，分坑准确
			05. 输电线路事故预防	01. 110kV及以上架空线路安全事故案例分析	掌握事故等级的定性；根据事故制定防范措施；依据事故特性进行责任的划分

续表

等级	考核方式	能力种类	能力项	考核项目	考核主要内容
高级技师	技能操作	专业技能	05. 输电线路事故预防	02. 220kV线路直线杆倒杆致两相导线严重损伤事故的处理	能根据事故情况快速确定抢修方案、制定安全措施；能指挥整体组立电杆；能讲解杆塔组立、导线更换的工艺要求及注意事项
			06. 杆塔组立	01. 指挥用两根单抱杆整体立15m呼称高铁塔	掌握倒落式抱杆整体组立铁塔施工流程；人员分工正确，统一指挥信号；合理选用工器具，做好各部位的受力分析
			07. 架线施工	01. 组织指挥导线、架空地线架设	掌握导线、架空地线架设的施工流程及工艺要求；人员分工明确、选用的工具材料合理

2.2　技能操作试题

2.2.1　SX1ZY0101　损伤导线更换处理

一、作业

（一）工器具、材料、设备

（1）工器具：LGJ-150 型导线卡线器 4 副、3t 手扳葫芦 2 套、ϕ17.5 钢丝绳套 3 只、断线钳 1 把、7tU 型环 4 只、地锚 2 个。

（2）材料：LGJ-150/25 型导线 70m，JY-150/25 型液压接续管 2 套，电力复合脂、钢丝刷、导线专用割刀、油盘、200mm 游标卡尺、汽油等。

（3）设备：60t 以上液压机一台（含配套钢模）。

（二）安全要求

（1）认真检查所使用的工器具是否符合规定规格、型号。

（2）严格按液压机操作说明书执行。

（3）工器具选配不得以大代小。

（三）操作步骤及工艺要求（含注意事项）

1. 工作前准备

（1）着装规范。

（2）选择工器具，并做外观检查。

2. 施工要求

（1）档距中导线损伤严重，需要更换导线 LGJ-150 型约 70m。

（2）一人操作，两人配合。

（3）作业前对前后两端旧导线进行临时锚线。

（4）采用液压连接。

3. 工作过程

（1）检查所有紧线工具、导线连接金具、液压接续管，确保其规格正确，外观无明显缺陷。

（2）液压接续管清洗。

（3）定出导线压接管位置。

（4）旧导线临锚设置，新导线在施工现场展开。

（5）新旧导线一端（A 端）压接。

（6）新、旧导线画印。

（7）新、旧导线一端（B 端）压接。

（8）恢复导线，拆除临锚装置。

4. 工作终结

工作完毕后清理现场，交还工器具。

5. 工艺要求

（1）接续管与悬垂线夹距离大于 5m，与耐张线夹距离大于 15m。

（2）一档内不许有两个接续管。

二、考核

（一）考核场地

（1）在不带电的培训线路上模拟操作，地形平坦。

（2）受损导线已放至地面。

（二）考核时间

考核时间为60min，在规定时间内完成。

（三）考核要点

（1）档距中导线损伤严重，需更换导线LGJ-150/25型约70m。

（2）作业前对前后两端旧导线进行临时锚线。

（3）采用液压连接操作。

（4）现场安全文明生产。

（5）操作结束后清理现场。

三、评分标准

行业：电力工程　　　　工种：送电线路工　　　　等级：一

编号	SX1ZY0101	行为领域	e	鉴定范围		送电	
考核时间	60min	题型	A	满分	100分	得分	
试题名称	损伤导线更换处理						
考核要点及其要求	（1）档距中导线损伤严重，需更换导线LGJ-150/25型约70m。 （2）作业前对前后两端旧导线进行临时锚线。 （3）采用液压连接操作。 （4）现场安全文明生产。 （5）操作结束后清理现场						
现场工器具、材料	（1）工器具：LGJ-150型导线卡线器4副、3t手扳葫芦2套、ϕ17.5钢丝绳套3只、断线钳1把、7tU型环4只、地锚2个。 （2）材料：LGJ-150/25型导线70m，JY-150/25型液压接续管2套，电力复合脂、钢丝刷、导线专用割刀、油盘、200mm游标卡尺、汽油等。 （3）设备：60t以上液压机一台（含配套钢模）						
备注	给定线路检修时已办理工作票，设定考评员为工作负责人						

评分标准

序号	作业名称	质量要求	分值	扣分标准	扣分原因	得分
1	着装	正确佩戴安全帽，穿工作服，穿绝缘鞋，戴手套	5	（1）未正确佩戴安全帽，扣1分； （2）未穿工作服，扣1分； （3）未穿绝缘鞋，扣1分； （4）未戴手套进行操作，扣1分； （5）工作服领口、袖口扣子未系好，扣1分		

续表

序号	作业名称	质量要求	分值	扣分标准	扣分原因	得分
2	选用工器具	(1) 检查所有紧线工具（规格正确，外观无缺陷），检查认真，合格适用； (2) 检查所有金具（规格正确，外观无缺陷），检查认真，合格适用； (3) 检查液压接续管（清洗干净并干燥，规格正确），检查认真，合格适用	6	(1) 每项不检查扣2分； (2) 检查不全，每次扣1分		
3	定出导线压接管位置（考问）	(1) 离悬垂线夹距离大于5m，离耐张线夹距离大于15m； (2) 一档内不许有两个接续管； (3) 受损导线要求全部换下	13	(1) 离悬垂线夹距离不合格，扣2分，离耐张线夹距离不合格，扣3分； (2) 一档内有两个及以上接续管，扣4分； (3) 受损导线未完全更换，扣4分		
4	临锚设置、导线展开	(1) 设置临时锚线，操作方法正确； (2) 将导线抬至两压接管之间的位置，操作方法正确； (3) 由中间向两边滚动导线圈，将导线展开，操作方法正确； (4) 尽力靠近需要更换的导线，但不能压住旧导线，操作方法正确	12	操作不正确，每项扣3分		
5	新导线一端压接（A端）	(1) 将两只卡线器与U形环连在一起； (2) 将一只卡线器卡过导线损伤部位，留有未损伤导线作为压接用； (3) 清洗液压接续管，并绑扎好导线的端部； (4) 将铝管穿过新导线，并绑扎好新、旧导线端头，操作正确； (5) 清理、切割新、旧铝导线，将钢芯相对搭接穿入钢管； (6) 第一模压在钢管中心，然后依次分别向管口端部施压，一侧压至管口后再压另一侧，操作正确； (7) 钢管压好后，要检查钢管压后尺寸，按钢管压后长度和铝管压前长度定位铝管非压区标记。套好铝管后，再检查铝管两端管口是否与印记A重合，第一模压在一侧施压印迹点，然后向管端施压，压至管口再压另一侧，操作正确； (8) 压完后进行质量检查，用游标卡尺认真检查两端及中间正面、侧面的压接尺寸，质量合格、外观美观符合规定要求	24	操作不正确或液压顺序不正确，每项扣3分		

续表

序号	作业名称	质量要求	分值	扣分标准	扣分原因	得分
6	新、旧导线画印	将新、旧导线抬起，用液压接续管贴紧卡线器，并在新、旧导线上比齐画印，再在印外20～25mm外剪断新旧导线，操作正确、位置正确	10	(1) 操作不正确，扣5分； (2) 位置不正确，扣5分		
7	新、旧导线另一端(*B*)端压接	(1) 拉紧新导线，将手扳葫芦另一端挂上卡在旧导线卡线器上，使旧导线上的拉力慢慢转移到新导线上来； (2) 按照A端清洗、切割导线、压接导线流程进行正确操作	10	操作不正确，每项扣5分		
8	拆除临锚装置	(1) B端液压管压好后，松开手扳葫芦，取下卡线器，操作正确； (2) 恢复导线，撤除两端的临时锚线，操作正确	10	操作不正确，每项扣5分		
9	安全文明生产	工作完毕后清理现场，交还工器具	10	(1) 未在规定时间内完成，每超时1min，扣2分； (2) 未清理现场或交还工器具，扣5分		

2.2.2 SX1ZY0102 指挥更换110kV线路孤立档导线

一、作业

（一）工器具、材料、设备

（1）工器具：放线盘一只、110kV验电笔一支、接地线两付、绝缘手套一副、临时拉线用钢丝绳2根、紧线器1～2套（做临时拉线用）、大锤1～2把、紧线器一个。牵引钢丝绳一根、机动绞磨一台、角铁桩4根、断线钳1～2把、滑轮20～30kN两只、滑轮10kN一只、钢丝绳套3～4只。

（2）材料：钢芯铝绞线够用，绝缘子16片或110kV合成绝缘子2只、直角挂板2只、球头挂环2只、碗头挂板2只、螺栓式耐张线夹2只、防振锤2只、铝包带若干、并沟线夹6只。

（3）设备：无。

（二）安全要求

（1）认真检查所使用的工器具是否符合规定的规格、型号。

（2）严格按安全工作规程执行。

（3）工器具选配不得以大代小。

（三）操作步骤及工艺要求（含注意事项）

1. 工作前准备

（1）着装规范。

（2）选择工器具，并做外观检查。

2. 施工要求

（1）操作时，只更换一相导线（只准备更换一相导线的材料）。

（2）引流线（跳线、弓子线）并沟线夹连接。

（3）耐张绝缘子为单串。

3. 工作过程

（1）工作准备。

（2）办理停电手续。

（3）人员分工。

（4）宣讲安全措施。

（5）指挥现场布置及操作。

（6）展放新导线。

（7）撤线。

（8）安装新导线。

（9）其他要求。

二、考核

（一）考核场地

在不带电的培训线路上模拟操作，地形平坦。

（二）考核时间

考核时间为60min，在规定时间内完成。

（三）考核要点

（1）工作步骤清楚。

（2）符合规程技术规范要求。

（3）工器具及材料选用合理。

（4）工艺合理。

（5）安全措施完备。

（6）现场安全文明生产。

三、评分标准

行业：电力工程　　　　工种：送电线路工　　　　等级：一

编号	SX1ZY0102	行为领域	e	鉴定范围		送电	
考核时间	60min	题型	B	满分	100分	得分	
试题名称	指挥更换110kV线路孤立档导线						
考核要点及其要求	（1）工作步骤清楚。 （2）符合规程技术规范要求。 （3）工器具及材料选用合理。 （4）工艺合理。 （5）安全措施完备。 （6）现场安全文明生产						
现场工器具、材料	（1）工器具：放线盘一只、110kV验电笔一支、接地线两付、绝缘手套一副、临时拉线用钢丝绳2根、紧线器1～2套（做临时拉线用）、大锤1～2把、紧线器一个，、牵引钢丝绳一根、机动绞磨一台、角铁桩4根、断线钳1～2把、滑轮20～30kN两只、滑轮10kN一只、钢丝绳套3～4只。 （2）材料：钢芯铝绞线够用，绝缘子16片或110kV合成绝缘子2只、直角挂板2只、球头挂环2只、碗头挂板2只、螺栓式耐张线夹2只、防振锤2只、铝包带若干、并沟线夹6只						
备注	无						

评分标准

序号	作业名称	质量要求	分值	扣分标准	扣分原因	得分
1	着装	正确佩戴安全帽，穿工作服，穿绝缘鞋，戴手套	5	（1）未正确佩戴安全帽，扣1分； （2）未穿工作服，扣1分； （3）未穿绝缘鞋，扣1分； （4）未戴手套进行操作，扣1分； （5）工作服领口、袖口扣子未系好，扣1分		

续表

序号	作业名称	质量要求	分值	扣分标准	扣分原因	得分
2	工作准备	(1) 检查工器具规格型号、质量、数量及是否符合安全要求。工器具包括：放线盘一只、110kV验电笔一支、接地线两付、绝缘手套一副、临时拉线用钢丝绳2根、紧线器1～2套（做临时拉线用）、大锤1～2把、紧线钳（鬼爪夹线器）一把、牵引钢丝绳一根、机动绞磨一台、角铁桩4根、断线钳1～2把、滑轮20～30kN两只、滑轮10kN一只、钢丝绳套3～4只。指定专人检查并亲自抽查； (2) 检查材料规格型号、质量、数量及是否符合要求。材料包括：钢芯铝绞线够用，绝缘子16片或110kV合成绝缘子2只、直角挂板2只、球头挂环2只、碗头挂板2只、螺栓式耐张线夹2只、防振锤2只、铝包带若干、并沟线夹6只，指定专人检查并亲自抽查	10	(1) 工器具每缺一样扣1分，每漏检一样扣0.5分，最多扣5分； (2) 材料每缺一样扣1分，每漏检一样扣0.5分，最多扣5分		
3	办理停电手续，领取工作票	办理停电手续正确	2	不正确，扣2分		
4	人员分工	(1) 安全员（副指挥）1人； (2) 杆上人员：1号杆1～2人，2号杆2人； (3) 杆下人员：1号杆3人（含作业组负责人1人），2号杆3人（含作业组负责人1人）（指定做临时拉线人员）； (4) 操作绞磨人员：2人（指定机手及拉尾绳人）； (5) 放线盘管理人员：2人（指定一人负责）； (6) 拖线人员：足够（指定一人负责）	6	每缺一项扣1分		

续表

序号	作业名称	质量要求	分值	扣分标准	扣分原因	得分
5	宣讲安全措施（要求结合实际）	(1) 切实做好验电、挂接地线工作，指定专人操作并指定专人监护； (2) 所使用的起重用具必须严格检查，严禁超载使用，指定专人操作； (3) 松线前，要认真检查杆根及拉线，必要时调整或更换拉线，指定专人负责； (4) 只有安装好可靠的临时拉线后方可松线，指定专人负责； (5) 工作中要统一指挥，保持通信良好，现场检查通信设备； (6) 杆上工作人员要使用合格的安全带，现场人员应戴好安全帽，指定安全员检查； (7) 牵引绳在绞磨芯上缠绕不少于5圈，指定专人负责； (8) 任何人不得跨越受力钢丝绳或停留在受力钢丝绳内侧，相互提醒； (9) 受力时要认真检查受力装备； (10) 安全措施应根据具体情况增加，安全员、工作人员发言	20	每错、漏一项扣2分		
6	指挥现场布置及操作	(1) 1号杆挂线，2号杆放紧线； (2) 放线盘放至2号杆杆根附近； (3) 绞磨放至2号杆适当位置松、紧线； (4) 绞磨及绞磨导向滑轮固定于专用锚桩上	8	每错、漏一项扣2分		
7	展放新导线	(1) 指挥展放新导线。展放导线时三根线要切实分开，不得相互压住，并尽量在两挂线点间的直线上； (2) 检查电杆及拉线，必要时调整或更换拉线	4	每错、漏一项扣2分		

续表

序号	作业名称	质量要求	分值	扣分标准	扣分原因	得分
8	撤线	(1) 验电、挂接地线； (2) 在两耐张杆横担上安装临时拉线，指挥正确，切实拉紧，方向正确，方向为靠换新线一侧； (3) 临时拉线上端应在两杆横担头部，用8字形结锁紧，并不得妨碍松紧线工作； (4) 指挥杆上人员拆开引流线（跳线、弓子线）； (5) 松、紧线用滑车和用钢丝绳套固定于横担挂线点附近，并不得妨碍松紧线工作； (6) 牵引钢丝绳及紧线钳吊上杆塔并安装好； (7) 将紧线钳卡在线夹与防振锤之间，绝缘子串和牵引钢丝绳绑扎在一起，绑扎不少于两点； (8) 指挥绞磨收紧牵引钢丝绳，使绝缘子串不再受拉力； (9) 拆下绝缘子串，指挥绞磨放下旧导线； (10) 拆下1号杆的绝缘子串，放下旧导线（放下的旧导线要及时回收，以免妨碍新线紧线）	20	每一项不正确，扣2分		
9	安装新导线	(1) 1号杆挂上新导线和新绝缘子串； (2) 紧新线并观测弧垂，画印； (3) 将新导线和新绝缘子串挂上2号杆挂点； (4) 搭接引流线（跳线、弓子线）； (5) 拆除临时拉线； (6) 检查施工现场，拆除接地线，清理现场，仔细检查确无问题，撤离工作现场	12	每一项不正确，扣2分		
10	其他要求	(1) 指挥：指挥熟悉、果断、正确； (2) 处理问题：处理问题快捷、正确； (3) 工作终结恢复送电：以清晰、准确、规定语言，报告工作终结，恢复送电； (4) 考核时间：按时完成	13	(1) 质量要求的(1)～(3)步每一项不正确，扣4分； (2) 未在规定时间完成，每超时2min倒扣1分		

2.2.3 SX1ZY0201 500kV直线串更换单片（玻璃）绝缘子

一、作业

（一）工器具、材料、设备

（1）工器具：个人工具、个人安全工器具、500kV验电器、接地线、围栏、安全标示牌、拔销器、5000V绝缘电阻表、抹布、1t滑车、ϕ12传递绳60m、XP-160（LXP-160）绝缘子卡具、3t双头丝杆、导线保护绳、防坠装置。

（2）材料：XP-160（LXP-160）绝缘子、弹簧销。

（3）设备：无。

（二）安全要求

（1）攀登杆塔作业前必须仔细核对线路名称、杆号，多回线路还应核对线路的识别标记，确认无误后方可登杆。

（2）攀登杆塔作业前，应检查杆塔底部、基础和拉线是否牢固。

（3）攀登杆塔作业前，应先检查登高工具、设施，如安全带、脚钉、爬梯等是否完整、牢靠。

（4）在杆塔上作业时，应使用有后备绳或速差自锁器的双控背带式安全带，安全带和后备保护绳（速差自锁器）应分挂在杆塔不同部位的牢固构件上，应防止安全带从杆顶脱出或被锋利物损坏。人员在转位时，手扶的构件应牢固，且不得失去安全保护。

（5）高处作业应使用工具袋，较大的工器具应固定在牢固的构件上，不准随便乱放。上下传递物件应用绳索栓牢传递，严禁上下抛扔。

（6）在进行高处作业时，不准他人在工作地点下面通行或逗留，工作地点下面应有围栏或装设保护装置。

（三）操作步骤及工艺要求（含注意事项）

1. 工作前准备

（1）着装规范。

（2）现场勘察。

（3）查阅图纸资料，以确定使用的工器具、材料。

（4）选择工器具，并做外观检查。

（5）选择材料，并做外观检查。

2. 工作过程

（1）登杆前核对线路双重编号，检查杆塔、基础和拉线是否牢固。

（2）地面作业人员在适当的位置将传递绳理顺确保无缠绕，对新绝缘子进行外观检查、清洗、用5000V绝缘电阻表进行绝缘检测。

（3）登塔前要检查登高工具及安全防护用具并确保良好，对登杆塔工具、安全防护用具和后备保护绳（防坠装置）做冲击试验。

（4）登杆塔，安装作业工器具。

（5）更换绝缘子。

（6）工器具拆除。

3. 工作终结

工作完毕后清理现场，交还工器具。

4. 工艺要求：

（1）绝缘子安装时，应检查球头、碗头与弹簧销子之间的间隙。在安装好弹簧销子的情况下，球头不得自碗头脱出。严禁用线材或铁丝代替弹簧销。

（2）绝缘子串上的穿钉和弹簧销子的穿向满足施工工艺要求。

（3）金具上所用的穿钉销的直径必须与孔径相配合，且弹力适度。穿钉开口销子开口必须为60°～90°，穿钉呈水平方向时，开口销子的开口应向下。

5. 注意事项

（1）沿绝缘子串移动时，手脚要稳，并打好速差自锁器。

（2）玻璃绝缘子的操作应戴防护眼镜，防止自爆伤到眼镜。

（3）在取出旧绝缘子前，应仔细检查绝缘子卡具各部连接情况，确保安全无误后方可进行。

（4）承力工器具严禁以小代大，并应在有效的检验期内。

（5）当采用单吊线装置时，应采取防止导线脱落的后备保护措施。

二、考核

（一）考核场地

（1）考核场地可以设在两基培训专用500kV瓷（玻璃）绝缘子串的直线杆塔上进行，杆塔上无障碍，杆塔有防坠装置。

（2）给定线路检修时已办理工作票，线路上验电接地的安全措施已完成，配有一定区域的安全围栏。

（二）考核时间

（1）考核时间为40min，在规定时间内完成。

（2）现场清理完毕后，汇报工作结束，记录考核结束时间。

（三）考核要点

（1）要求一人操作，一人配合，并配有工作监护人。

（2）工器具选用满足工作需要，进行外观检查。

（3）登杆前检查工作全面到位。

（4）杆塔上作业完成，清理杆上遗留物，得到工作负责人许可后方可下杆。

（5）绝缘子的更换符合工艺要求。

（6）自查验收。清理现场施工作业结束后，工作负责人依据施工验收规范对施工工艺、质量进行自查验收，按要求清理施工现场，整理工具、材料，办理工作终结手续。

（7）安全文明生产，按规定时间完成，按所完成的内容记分，要求操作过程熟练、连贯，施工有序，工具、材料存放整齐，现场清理干净。

（8）发生安全事故，本项考核为0分。

三、评分标准

行业：电力工程　　　　　　　　　　　　　工种：送电线路工　　　　　　　　　　　　等级：一

编号	SX1ZY0201	行为领域	e	鉴定范围		送电	
考核时间	40min	题型	A	满分	100分	得分	
试题名称	500kV直线串更换单片（玻璃）绝缘子						
考核要点及其要求	（1）要求一人操作，一人配合，并配有工作监护人。 （2）工器具选用满足工作需要，进行外观检查。 （3）登杆前检查工作全面到位。 （4）杆塔上作业完成，清理杆上遗留物，得到工作负责人许可后方可下杆。 （5）绝缘子的更换符合工艺要求。 （6）自查验收。清理现场施工作业结束后，工作负责人依据施工验收规范对施工工艺、质量进行自查验收，按要求清理施工现场，整理工具、材料，办理工作终结手续。 （7）安全文明生产，按规定时间完成，按所完成的内容记分，要求操作过程熟练连贯，施工有序，工具、材料存放整齐，现场清理干净。 （8）发生安全事故，本项考核为0分						
现场工器具、材料	（1）工器具：个人工具、个人安全工器具、500kV验电器、接地线、围栏、安全标识牌、拔销器、5000V绝缘电阻表、抹布、1t滑车、ϕ12传递绳60m、XP-160（LXP-160）绝缘子卡具、3t双头丝杆、导线保护绳、防坠装置。 （2）材料：XP-160（LXP-160）绝缘子、弹簧销。 （3）设备：无						
备注	给定线路检修时已办理工作票，设定考评员为工作负责人。						

评分标准

序号	作业名称	质量要求	分值	扣分标准	扣分原因	得分
1	着装	正确佩戴安全帽，穿工作服，穿绝缘鞋，戴手套	5	（1）未正确佩戴安全帽，扣1分； （2）未穿工作服，扣1分； （3）未穿绝缘鞋，扣1分； （4）未戴手套进行操作，扣1分； （5）工作服领口、袖口扣子未系好，扣1分		
2	选用工器具、材料	（1）工器具选用满足施工需要，工器具做外观检查； （2）个人工具包括常用电工工器具一套； （3）专用工具包括：闭式卡1套，丝杆2套（3t）1根、滑车1个（1.5t）、传递绳1个、拔销钳1把； （4）材料包括绝缘子、弹簧销	10	（1）工器具选用不当，扣5分（操作开始后再次拿工具，每件扣1分）； （2）工器具未进行外观检查，扣3分； （3）材料未检查、检测，扣1分，未清扫绝缘子，扣1分		

续表

序号	作业名称	质量要求	分值	扣分标准	扣分原因	得分
3	登杆	（1）登杆塔前检查杆塔基础牢固，核对线路名称及杆号无误后作业人员登杆塔； （2）杆塔上作业人员携带拔销器、速差保护器、滑车、传递绳至作业横担，系好安全带、速差自锁器，在作业横担合适位置挂好传递绳	10	（1）未核对线路名称及杆塔号，扣2分； （2）登杆塔工具携带不全，每少一样扣1分，最多扣3分； （3）速差自锁器使用不正确，扣2分，作业过程中失去安全保护，扣5分		
4	传递工具	（1）地面人员将导线保护绳传递至作业横担； （2）杆塔上作业人员安装好导线保护绳； （3）杆塔上作业人员携带拔销器，系好安全带和速差自锁器后沿绝缘子串至需更换绝缘子处； （4）地面人员将组装好的丝杆、闭式卡传递至杆塔上作业人员	10	（1）上绝缘子串前未检查绝缘子、弹簧销子，扣2分； （2）传递工具发生撞击每次扣2分，最多扣4分； （3）传递工具每少一样扣2分，最多扣4分		
5	组装闭式卡	杆塔上作业人员将闭式卡安装好	10	（1）安装工具发生撞击一次扣2分，最多扣4分； （2）卡具丝杆长度调整不合适，扣2分； （3）瓷绝缘子安装卡具前不复测阻值，扣4分		
6	拆除旧绝缘子	杆塔上作业人员收紧丝杆、将绝缘子荷载转移到卡具上，检查冲击承力工具受力正常后，取下需要更换的单片绝缘子，并用绳子拴牢	10	（1）闭式卡使用不熟练，扣2分； （2）两边丝杆受力不平衡，扣2分； （3）装拆绝缘子时发生撞击，扣2分； （4）未检查卡具连接就收紧丝杆，扣2分； （5）绝缘子绑扎不牢固，扣2分		
7	吊新绝缘子	（1）地面人员控制传递绳并牢靠系在新装绝缘子上； （2）地面电工控制传递绳放下旧绝缘子，同时起吊新绝缘子	10	（1）绳结使用不正确，扣4分； （2）放下旧绝缘子及起吊新绝缘子发生撞击每次扣2分，最多扣4分； （3）起吊不稳，扣2分		

续表

序号	作业名称	质量要求	分值	扣分标准	扣分原因	得分
8	安装新绝缘子	（1）杆塔上作业人员将新装绝缘子放入闭式卡具中； （2）安装好绝缘子两端的弹簧销，检查连接良好后，放松丝杆至绝缘子呈受力状态； （3）杆塔上作业人员冲击检查新更换绝缘子合格后，放松丝杆	15	（1）新装绝缘子放入闭式卡具中磕碰，扣3分； （2）新装绝缘子放入闭式卡具中不合格，扣3分； （3）更换绝缘子时，弹簧销传入方向不正确，每次扣3分； （4）放松丝杆至绝缘子呈受力状态前未检查绝缘子的连接就松丝杆，扣3分； （5）杆塔上作业人员未冲击检查新更换绝缘子合格就放松丝杆，扣3分		
9	拆除塔上工器具	（1）杆塔上作业人员与地面配合将所有工器具及安全措施拆除传递至地面； （2）检查杆塔无遗留物后携带传递绳依次下塔	10	（1）工器具及安全措施拆除不彻底，每件扣2分，最多扣6分； （2）未检查作业面遗留物，扣2分； （3）传递绳缠绕，扣2分		
10	安全文明生产	（1）将工器具整理打包，并检查工作场地无遗留物，工作完毕交还工器具，清理现场； （2）动作熟练、规范	10	（1）现场不做清理，扣3分； （2）不交还工器具，扣2分； （3）动作不熟练，扣1～5分		
11	否决项	（1）工作过程中出现危险，本项考核为0分； （2）工作中塔上掉材料，每次扣5分				

2.2.4 SX1ZY0202 500kV 直线杆塔更换单串复合绝缘子

一、作业

（一）工器具、材料、设备

（1）工器具：个人工具、个人安全工器具、500kV 验电器、接地线、围栏、安全标示牌、拔销器、5m 软梯、抹布、滑车及传递绳一根、5t 手扳葫芦、四分裂提线器、5t 吊带 3m、导线保护绳、防坠装置。

（2）材料：500kV 复合绝缘子、均压环。

（3）设备：500kV 直线杆塔。

（二）安全要求

（1）攀登杆塔作业前必须仔细核对线路名称、杆号，多回线路还应核对线路的识别标记，确认无误后方可登杆。

（2）攀登杆塔作业前，应检查杆塔底部、基础和拉线是否牢固。

（3）攀登杆塔作业前，应先检查登高工具、设施，如安全带、脚钉、爬梯等是否完整、牢靠。

（4）在杆塔上作业时，应使用有后备绳或速差自锁器的双控背带式安全带，安全带和后备保护绳（速差自锁器）应分挂在杆塔不同部位的牢固构件上，应防止安全带从杆顶脱出或被锋利物损坏。人员在转位时，手扶的构件应牢固，且不得失去安全保护。

（5）高处作业应使用工具袋，较大的工器具应固定在牢固的构件上，不准随便乱放。上下传递物件应用绳索栓牢传递，严禁上下抛扔。

（6）在进行高处作业时，不准他人在工作地点下面通行或逗留，工作地点下面应有围栏或装设保护装置。

（三）操作步骤及工艺要求（含注意事项）

1. 工作前准备

（1）着装规范。

（2）现场勘察。

（3）查阅图纸资料，以确定使用的工器具、材料。

（4）选择工器具，并做外观检查。

（5）选择材料，并做外观检查。

2. 工作过程

（1）登杆前核对线路双重编号，检查杆塔、基础和拉线是否牢固。

（2）地面作业人员在适当的位置将传递绳理顺确保无缠绕，对复合绝缘子和均压环进行外观检查。

（3）登塔前要检查登高工具及安全防护用具并确保良好，对登杆塔工具、安全防护用具和后备保护绳（防坠装置）做冲击试验。

（4）登杆塔，安装作业工器具。

（5）更换复合绝缘子。

（6）工器具拆除。

3. 工作终结

工作完毕后清理现场，交还工器具。

4. 工艺要求

（1）复合绝缘子的规格应符合设计要求，爬距应满足该地区污秽等级要求，伞裙、护套不应出现破损或龟裂，端头密封不应开裂、老化。

（2）均压环安装位置正确，开口方向符合说明书规定，不应出现松动、变形，不得反装。

（3）复合绝缘子安装时应检查球头、碗头与弹簧销子之间的间隙。在安装好弹簧销子的情况下球头不得自碗头中脱出。严禁用线材或铁丝代替弹簧销。

（4）绝缘子串应与地面垂直，个别情况下，顺线路方向的倾斜度不应大于7.5°，或偏移值不应大于300mm。

（5）复合绝缘子串上的穿钉和弹簧销子的穿向应一致，均按线路方向穿入。使用W形弹簧销子时，绝缘子大口均朝线路后方；使用R形弹簧销时，绝缘子大口均朝线路前方。螺栓及穿钉凡能顺线路顺线路方向穿入，特殊情况为两边线由内向外穿，中线由左向右穿入。

（6）金具上所用的穿钉销的直径必须与孔径相配合，且弹力适度。穿钉开口销子开口必须为60°～90°；穿钉呈水平方向时，开口销子的开口应向下。

5. 注意事项

（1）上下软梯时，手脚要稳，并打好速差自锁器，严禁攀爬绝缘子。

（2）作业区域设置安全围栏，悬挂安全标示牌。

（3）在脱离复合绝缘子和导线连接前，应仔细检查承力工具各部位连接，确保安全无误后方可进行。

（4）承力工器具严禁以小代大，并应在有效的检验期内。

（5）当采用单吊线装置时，应采取防止导线脱落的后备保护措施。

二、考核

（一）考核场地

（1）考核场地可以设在两基培训专用500kV合成绝缘子串的直线杆塔上进行，杆塔上无障碍，杆塔有防坠装置。

（2）给定线路检修时已办理工作票，线路上验电接地的安全措施已完成，配有一定区域的安全围栏。

（3）设置两套评判桌椅和计时秒表、计算器。

（二）考核时间

（1）考核时间为40min，在规定时间内完成。

（2）现场清理完毕后，汇报工作结束，记录考核结束时间。

（三）考核要点

（1）工器具及材料选用满足工作需要，进行外观检查。

（2）登杆前检查工作全面到位。

（3）作业人员的攀登杆塔熟练程度及注意事项。

（4）绝缘子的更换符合工艺要求。

（5）操作过程熟练连贯，施工有序，工具、材料存放整齐，现场清理干净。

（6）发生安全事故本项考核为0分。

三、评分标准

行业：电力工程　　　　工种：送电线路工　　　　等级：一

编号	SX1ZY0202	行为领域	e	鉴定范围		送电
考核时间	40min	题型	B	满分	100分	得分
试题名称	500kV直线杆塔更换单串复合绝缘子					
考核要点及其要求	（1）要求一人操作，四人配合，一名工作负责人。 （2）工器具及材料选用满足工作需要，进行外观检查。 （3）登杆前检查工作全面到位。 （4）杆塔上作业完成，清理杆上遗留物，得到工作负责人许可后方可下杆。 （5）绝缘子的更换符合工艺要求。 （6）自查验收。清理现场施工作业结束后，工作负责人依据施工验收规范对施工工艺、质量进行自查验收，按要求清理施工现场，整理工具、材料，办理工作终结手续。 （7）安全文明生产，按规定时间完成，按所完成的内容记分，要求操作过程熟练连贯，施工有序，工具、材料存放整齐，现场清理干净。 （8）发生安全事故本项考核为0分					
现场工器具、材料	（1）工器具：个人工具、个人安全工器具、500kV验电器、接地线、围栏、安全标示牌、拔销器、软梯、抹布、滑车及传递绳一根、5t手扳葫芦、四分裂提线器、5t吊带3m、导线保护绳、防坠装置、弹簧销钳子一把。 （2）材料：500kV复合绝缘子、均压环					
备注	给定线路检修时已办理工作票，设定考评员为工作负责人					

评分标准

序号	作业名称	质量要求	分值	扣分标准	扣分原因	得分
1	着装	正确佩戴安全帽，穿工作服，穿绝缘鞋，戴手套	5	（1）未正确佩戴安全帽，扣1分； （2）未穿工作服，扣1分； （3）未穿绝缘鞋，扣1分； （4）未戴手套进行操作，扣1分； （5）工作服领口、袖口扣子未系好，扣1分		
2	选用工器具、材料	（1）专用工器具选用满足施工需要，工器具做外观检查； （2）专用工具包括：3t手扳葫芦、四分裂提线器、吊带、软梯、导线保护绳、速差保护器、$\phi12$传递绳1根、弹簧销钳子一把； （3）个人工具包括常用电工工器具一套； （4）材料准备包括复合绝缘子（包括弹簧销）、均压环	10	（1）工器具选用不当，扣5分（操作开始后再次拿工具，每件扣1分）； （2）工器具漏检一件，扣1分，最多扣3分； （3）复合绝缘子未检查，扣1分；均压环未检查，扣1分		

续表

序号	作业名称	质量要求	分值	扣分标准	扣分原因	得分
3	登杆	（1）登杆塔前检查杆塔基础牢固，核对线路名称及杆号无误后作业人员登杆塔； （2）杆塔上作业人员携带拔销器、速差保护器、滑车、传递绳至作业横担，系好安全带、速差自锁器，在作业横担合适位置挂好传递绳	10	（1）未核对线路名称及杆塔号，扣2分； （2）登杆塔工具携带不全，每少一样扣1分，最多扣3分； （3）速差自锁器使用不正确，扣2分，作业过程中失去安全保护，扣5分		
4	传递工具	（1）地面人员将导线保护绳传递至作业横担； （2）杆塔上作业人员安装好导线保护绳； （3）杆塔上作业人员携带拔销器，系好安全带和速差自锁器后沿绝缘子串至需更换绝缘子处； （4）地面人员通过传递绳提升工器具如手扳葫芦、卸扣、导线保护绳、软梯等至杆塔上作业人员	10	（1）传递工具发生撞击每次扣2分，最多扣4分； （2）上绝缘子串前未检查绝缘子、弹簧销子，扣2分； （3）传递工具每少一样扣2分，最多扣4分		
5	挂牢软梯	将软梯在横担头侧面钩挂和绑扎牢靠	5	（1）未对软梯进行安装检查，扣2分； （2）绑扎不牢靠，扣3分		
6	进入作业位置	沿软梯进入作业位置	5	（1）上软梯前不做冲击试验，扣2分； （2）爬软梯失去安全保护，扣3分		
7	安装导线保护绳	安装好导线保护绳	5	未使用导线保护绳，扣3分；导线保护绳使用不正确，扣2分		
8	提升导线	（1）将提线工具两端吊钩挂好提升导线； （2）导线侧吊钩距线夹中心位置不超过500mm	5	（1）提线工具使用不熟练，扣3分； （2）导线侧吊钩距线夹中心超过500mm，扣2分		

续表

序号	作业名称	质量要求	分值	扣分标准	扣分原因	得分
9	拔出弹簧销	(1) 当提线工具受力后应暂停，确认连接无误和受力良好； (2) 拔出导线侧绝缘子与碗头连接的弹簧销； (3) 继续提升导线至绝缘子不受力并脱开； (4) 另一名作业人员在横担侧横担上作业人员在复合绝缘子的适当位置系好传递绳； (5) 拔出横担侧的弹簧销	8	(1) 未检查提线工具的连接，扣2分； (2) 提线工具承力后不冲击，扣2分； (3) 提升导线高度不合适，扣2分； (4) 绳结使用不正确，扣2分		
10	更换复合绝缘子	(1) 与杆下作业人员配合退出旧绝缘子； (2) 同时提升新复合绝缘子	4	吊起、放下绝缘子过程中发生滑动、撞击，每次扣2分，最多扣4分		
11	安装好弹簧销	(1) 作业人员安装好横担侧和导线侧合成绝缘子； (2) 安装好弹簧销	3	(1) 弹簧销安装方向不正确，扣1分； (2) 安装好横担侧和导线侧合成绝缘子后不检查，扣2分		
12	拆除后备保护和软梯	(1) 松葫芦直至复合绝缘子受力； (2) 拆除提线工具； (3) 拆除导线后备保护绳； (4) 沿软梯上到横担，系好安全带； (5) 拆除软梯	10	(1) 换上新绝缘子后未观察导线及绝缘子受力情况，扣2分； (2) (2) ～ (5) 项每项不合格，扣2分； (3) 爬软梯失去保护，每次加扣5分		
13	拆除塔上工器具	(1) 杆塔上作业人员与地面配合，将所有工器具及安全措施拆除传递至地面； (2) 检查杆塔无遗留物后携带传递绳依次下塔	10	(1) 工器具及安全措施拆除不彻底，每件扣2分，最多扣6分； (2) 未检查作业面遗留物，扣2分； (3) 传递绳缠绕，扣2分		
14	安全文明生产	(1) 将工器具整理打包，并检查工作场地无遗留物，工作完毕交还工器具，清理现场； (2) 动作熟练、规范	10	(1) 现场不做清理，扣3分； (2) 不交还工器具，扣2分； (3) 动作不熟练，扣1～5分		
15	否决项	工作过程中出现重大安全事故的考核为0分				

2.2.5 SX1ZY0301 架空输电线路绝缘子盐密灰密测量

一、作业

（一）工器具、材料、设备

（1）工器具：DDS-11A数字化电导仪1台、220g/0.001g天平1台、烘箱1个、毛巾1条、托盘1个、500mL量杯1个、500mL量筒1个、泡沫塑料块3个、毛刷1把、水银温度计1支、100mL注射器1支、漏斗1个。

（2）材料：医用清洁手套一双、滤纸若干、蒸馏水若干。

（3）设备：无。

（二）安全要求

（1）防止玻璃器皿破裂后割伤手。

（2）使用玻璃器皿轻拿轻放。

（三）操作步骤及工艺要求（含注意事项）

1. 操作步骤

（1）测量人员将手洗净。

（2）将测量用的仪表、设备用蒸馏水清洗干净。

（3）用湿润的毛巾将绝缘子的金属、水泥浇铸部位擦拭干净。

（4）仪器自检，使用专用蒸馏水检查电导仪的准确性，量取定量的测量用蒸馏水待用。

（5）按规范要求清洗绝缘子，将清洗液静置待用。

（6）使用水银温度计测量清洗液温度并记录测量数据。

（7）使用电导仪测量污液的电导率并记录测量数据。

（8）取出一张滤纸称重并记录数据。

（9）使用漏斗将溶解饱和的污水用过滤纸过滤，再将过滤纸和残渣一起用烘箱干燥后称重，记录重量。

（10）测量数据计算

① 计算等值附盐密。将温度为t（℃）时的污秽绝缘子清洗液电导率换算至温度为20℃的电导率。换算公式为

$$\sigma_{20}=K_t\sigma_t$$

式中 σ_t——温度为t（℃）时的电导率，μS/cm；

σ_{20}——温度为20℃时的电导率，μS/cm；

K_t——温度换算系数，数值见表SX1ZY0301-1。

表SX1ZY0301-1 污秽绝缘子清洗液电导率温度换算系数表

污秽绝缘子清洗液温度（t）（℃）	温度换算系数（K_t）	污秽绝缘子清洗液温度（t）（℃）	温度换算系数（K_t）
1	1.6551	16	1.0997
2	1.6046	17	1.0732
3	1.5596	18	1.0477

续表

污秽绝缘子清洗液温度（t）（℃）	温度换算系数（K_t）	污秽绝缘子清洗液温度（t）（℃）	温度换算系数（K_t）
4	1.5158	19	1.0233
5	1.4734	20	1.0000
6	1.4323	21	0.9776
7	1.3926	22	0.9559
8	1.3544	23	0.9350
9	1.3174	24	0.9149
10	1.2817	25	0.8954
11	1.2487	26	0.8768
12	1.2167	27	0.8588
13	1.1859	28	0.8416
14	1.1561	29	0.8252
15	1.1274	30	0.8095

② 20℃的电导率换算成盐量浓度。根据20℃时的电导率σ_{20}，通过查表得出盐量浓度S_a（见表SX1ZY0301-2），单位为mg/mL。

表SX1ZY0301-2　污秽绝缘子清洗液20℃时电导率与盐量浓度的关系

盐量浓度 S_a（mg/mL）	20℃时溶液电导率 σ_{20}（μS/cm）	盐量浓度 S_a（mg/mL）	20℃时溶液电导率 σ_{20}（μS/cm）
2240	202 600	1.5	2601
160	167 300	1.0	1754
112	130 100	0.90	1584
80	100 800	0.80	1413
56	75 630	0.70	1241
40	55 940	0.60	1068
28	40 970	0.50	895
20	29 860	0.40	721
14	21 690	0.30	545
10	15 910	0.20	368
7.0	11 520	0.10	188
5.0	8327	0.08	151
3.5	6000	0.06	114
2.5	4340	0.05	96
2.0	3439	0.04	77

③ 按式中计算得出等值盐密。公式为

$$S_{DD}=S_aV/A$$

式中　S_{DD}——等值附盐密，mg/cm^2；

　　S_a——盐密浓度，mg/mL；

　　V——溶液体积，mL；

　　A——清洗表面的面积，cm^2。

绝缘子的表面积可以通过绝缘子生产厂家提供的技术资料中查得。

④ 灰密的计算。公式为

$$NSDD=1000\times(W_f-W_i)/A$$

式中　NSDD——非溶性沉积物密度，mg/cm^2；

　　W_f——在干燥条件下含污秽过滤纸的质量，g；

　　W_i——在干燥条件下过滤纸自身的质量，g；

　　A——清洗表面的面积，cm^2。

2. 工艺要求

（1）测量附盐密度绝缘子时，按规定选上端第二片、中间一片、下端第二片共计3片；分别测量计算，混合后再测量计算一次。

（2）为保证测量结果的准确、可靠，在拆取绝缘子及运输、测量过程中，对拆取后的绝缘子，要装入专门的盒内运输和保管，尽量保持瓷件表面污秽的完整性。

（3）清洗绝缘子的污液注意不要散失，用刷子在盛污液的容器中搅拌，使污物充分溶解，以提高测量的准确性。

（4）附盐密值测量的清洗范围。除钢脚及不易清扫的最里面一圈瓷裙以外的全部瓷表面。

（5）清洗绝缘子用的托盘、量杯、量筒、毛刷等用前必须充分清洁，以避免引起测量误差。

（6）测量用的电极要一用一清洗。

（7）在拆取绝缘子及测量等过程中操作人员需要戴手套，应尽量不抓、拿、沾污绝缘子，以减少污秽损失。

（8）将所得的污液按普通悬式绝缘子方法测出污液电导率。洗下的污液应全部搜集在干净容器内，毛刷或其他清洗工具仍浸在污液内，以免清洗工具带走部分污液。将污液充分搅拌，待污液充分溶解后，用电导仪对污液进行测量，并同时测量污液的温度。

（9）清洗一片普通悬式型绝缘子，需用300mL蒸馏水、先量取40～60mL蒸馏水将试品应清洗部位浸润，再借助毛刷等物刷洗，洗除钢帽、钢脚及浇注水泥面以外全部瓷表面的污秽，再用剩余的蒸馏水分若干次将表面刷洗干净（以瓷表面能形成较大面积的水膜为宜）。

（10）对于其他型式的绝缘子，一般根据其清洗的瓷面积与普通型绝缘子面积之比确定所需蒸馏水量。

二、考核

（一）考核场地

考核场地可以设在室内进行，室内应配置电源，每个工位面积不小于2m×3m，不少于两个工位。

（二）考核时间

考核时间为40min，在规定时间内完成。

（三）考核要点

（1）正确选择、检查和使用工具。

（2）选用材料的规格、型号、数量符合要求，进行外观检查。

（3）正确掌握电导率的使用。

（4）正确掌握等值附盐密度的测量步骤及计算方法。

（5）正确掌握灰密的测量步骤及方法。

三、评分标准

行业：电力工程　　　　工种：送电线路工　　　　等级：一

编号	SX1ZY0301	行为领域	e	鉴定范围		送电	
考核时间	40min	题型	A	满分	100分	得分	
试题名称	架空输电线路绝缘子盐密灰密测量						
考核要点及其要求	（1）正确选择、检查和使用工具。 （2）选用材料的规格、型号、数量符合要求，进行外观检查。 （3）正确掌握电导率的使用。 （4）正确掌握等值附盐密度的测量步骤及计算方法。 （5）正确掌握灰密的测量步骤及方法						
现场工器具、材料	（1）工器具：DDS-11A数字化电导仪1台、220g/0.001g天平1台、烘箱1个、毛巾1条、托盘1个、500mL量杯1个、500mL量筒1个、泡沫塑料块3个、毛刷1把、水银温度计1支、100mL注射器1支、漏斗1个。 （2）材料：医用清洁手套一双、滤纸若干、蒸馏水若干。 （3）设备：无						
备注	完成悬式盘型绝缘子的测量						

评分标准

序号	作业名称	质量要求	分值	扣分标准	扣分原因	得分
1	着装	正确佩戴安全帽，穿工作服，穿绝缘鞋，戴手套	5	（1）未正确佩戴安全帽，扣1分； （2）未穿工作服，扣1分； （3）未穿绝缘鞋，扣1分； （4）未戴手套进行操作，扣1分； （5）工作服领口、袖口扣子未系好，扣1分		
2	选用工器具、材料	（1）工器具选择：数字化电导仪1台、天平1台、烘箱1个、毛巾1条、托盘1个、量杯1个、500mL量筒1个、泡沫塑料块3个、毛刷1把、水银温度计1支、100mL注射器1支、漏斗1个； （2）材料：医用清洁手套一双、滤纸若干、蒸馏水若干	10	工具、材料选错一项，扣1分，漏一项扣1分		

续表

序号	作业名称	质量要求	分值	扣分标准	扣分原因	得分
3	仪器检查	(1) 打开电导仪机箱，插入探头，按ON/OFF键，让仪器自检； (2) 使用专用蒸馏水检查电导仪的准确性	3	(1) 电导仪未自检，扣1分； (2) 未使用专用蒸馏水检查电导仪的准确性，扣2分		
4	清洗测量器皿及仪器	将测量用的托盘、量杯、量筒、泡沫塑料块、毛刷、水银温度计、注射器、漏斗，以及电导仪探头用蒸馏水清洗干净	5	(1) 每样未清洗，扣1分，最多扣5分； (2) 清洗不干净，每样扣0.5分		
5	清洗绝缘子	(1) 清洗金属部件污物。用湿润毛巾将绝缘子的金属、水泥胶铸部位擦拭干净，再将试品放入洗盘内清洗； (2) 清洗瓷部件。先量取40～60mL蒸馏水将试品应清洗部位浸润，再借助毛刷等物刷洗，洗除钢帽、钢脚及浇注水泥面以外全部瓷表面的污秽，再用剩余的蒸馏水分若干次将表面刷洗干净。清洗完后，将试品移出盘内，再将刷洗工具放入盘中，将污液混合均匀，静置3～5min，使得污物充分溶解后待测	12	(1) 金属部件污物清洗不干净，扣2分； (2) 蒸馏水用量不准确，扣3分； (3) 污秽液溅出托盘外，扣3分； (4) 清洗液未静置，扣2分； (5) 瓷部件表面污秽清洗不干净，扣2分		
6	电导率测量	(1) 使用电导仪测量污秽液得电导率并记录测量数据； (2) 使用水银温度计测量清洗液温度并记录测量数据	10	(1) 测量过程不正确，扣3分； (2) 读数不正确，扣2分； (3) 操作不正确，扣5分		
7	灰密测量	(1) 取出一张滤纸称重并记录数据； (2) 过滤污液：使用漏斗将溶解饱和得污水用过滤纸过滤，再将过滤纸和残渣一起用烘箱干燥后称重，记录重量	10	操作不正确，每项扣5分		
8	电导率换算	将温度为t（℃）时的污秽绝缘子清洗液电导率换算至室温时为20℃的电导率	5	(1) 不会用计算公式$\sigma_{20}=K_t\sigma_t$换算，扣5分； (2) 换算不正确，扣2分		
9	20℃的电导率换算成盐量浓度	根据20℃的电导率σ_{20}，通过查表得出盐量浓度S_a	5	盐量浓度不正确，扣5分		

续表

序号	作业名称	质量要求	分值	扣分标准	扣分原因	得分
10	计算等值附盐密度	正确计算等值附盐密度 $S_{DD}=S_aV/A$	5	等值附盐密度计算不正确，扣5分		
11	计算灰密	正确计算非溶性沉积物密度 NSDD=1000×（W_f-W_i）/A	10	非溶性沉积物密度计算不正确，扣10分		
12	分析判断	结合线路实测盐密值，确定线路污秽等级	10	操作不正确不得分		
13	安全文明生产	（1）动作熟练、规范； （2）清理工作现场，符合文明生产要求	10	（1）现场不做清理，扣3分； （2）不交还工器具，扣2分； （3）动作不熟练，扣1～5分		
14	否决项	最终结果偏离正常值10倍以上，本项得0分				

2.2.6 SX1ZY0401 矩形铁塔基础施工分坑测量

一、作业

（一）工器具、材料、设备

（1）工器具：卷尺、标杆、锤（榔头）等。

（2）材料：木桩、细铁丝、小铁钉、记号笔。

（3）设备：光学经纬仪 J2、J6 型均可。

（二）安全要求

使用光学经纬仪轻拿稳放。

（三）操作步骤及工艺要求（含注意事项）

1. 工作前准备

（1）着装规范。

（2）选择工器具，并做外观检查。

（3）选择设备，并做外观检查。

2. 作业过程

（1）检查中心桩。

（2）钉前后方向桩。

（3）测水平角准备工作。

（4）钉垂直线路方向桩。

（5）画开挖面。

3. 工作终结

工作完毕后清理现场，交还工器具。

4. 注意事项

（1）仪器出箱时应用手托轴座或度盘，不可单手提望远镜。

（2）仪器架设高度合适，便于观察测量。

（3）气泡无偏移，对中清晰。

（4）对光后刻度盘清晰，便于读数。

（5）定位后要复测校核。

（6）仪器装箱，三角架清除泥土并收起。

二、考核

（一）考核场地

培训场地选取平坦可打桩地面操作，派两人配合。

（二）考核时间

考核时间为 50min，在规定时间内完成。

（三）考核要点

（1）正确选择、检查和使用工具、仪器，进行外观检查。

（2）选用材料的规格、型号、数量符合要求，进行外观检查。

（3）仪器架设。

① 仪器安装高度便于操作。

② 光学对点器对中，对中标志清晰。

③ 调整圆水泡，圆水泡中的气泡居中。

④ 仪器调平。

⑤ 对光，使分化板十字丝清晰明确。

⑥ 调焦，使标杆在十字丝双丝正中。

（4）基础分坑。

① 坑口方正，均匀分布于中心桩附近。

② 数据准确无误。

（5）画平面图，要干净、整洁。

三、评分标准

行业：电力工程　　　　工种：送电线路工　　　　等级：一

编号	SX1ZY0401	行为领域	e	鉴定范围		送电	
考核时间	50min	题型	A	满分	100分	得分	
试题名称	矩形铁塔基础施工分坑测量						
考核要点及其要求	（1）正确选择、检查和使用工具、仪器，进行外观检查。 （2）选用材料的规格、型号、数量符合要求，进行外观检查。 （3）仪器架设操作熟练程度及注意事项。 （4）基础分坑，数据准确无误，坑口方正，均匀分布于中心桩附近。 （5）所绘制的画平面图干净、整洁。 （6）一人操作，两人配合						
现场工器具、材料	（1）工器具：卷尺、标杆、锤（榔头）等。 （2）材料：木桩、细铁丝、小铁钉、记号笔。 （3）设备：光学经纬仪J2、J6型均可						
备注	无						

评分标准

序号	作业名称	质量要求	分值	扣分标准	扣分原因	得分
1	着装	正确佩戴安全帽，穿工作服，穿绝缘鞋，戴劳保手套	5	（1）未正确佩戴安全帽，扣1分； （2）未穿工作服，扣1分； （3）未穿绝缘鞋，扣1分； （4）未戴手套进行操作，扣1分； （5）工作服领口、袖口扣子未系好，扣1分		

续表

序号	作业名称	质量要求	分值	扣分标准	扣分原因	得分
2	选用工器具、材料	工器具、材料选择：光学经纬仪 J2、J6 型均可；卷尺、标杆、锤（榔头）各 1 把；木桩、细铁丝、小铁钉、记号笔满足要求	10	（1）光学经纬仪、卷尺、标杆、锤（榔头），漏选一项扣 2 分，最多扣 8 分； （2）木桩、细铁丝、小铁钉、记号笔，漏选一项扣 1 分；数量不满足要求，一项扣 0.5 分，最多扣 2 分		
3	检查中心桩	（1）将经纬仪放于铁塔中心桩 O 上，对中、调平、对光； （2）将标杆插于线路方向桩上，前方、后方均要测，检查中心桩是否正确	7	（1）没有对中、调平、对光，扣 3 分； （2）前方、后方均要测，检查中心桩是否正确，没有检查或判断错误，扣 4 分		
4	钉前后方向桩	（1）将望远镜瞄准标杆，调焦，用十字丝双丝段精密夹住标杆； （2）瞄准前后方向桩，仪器控制方向，钢卷尺控制距离，钉下前后方各一桩，前 A 桩后 B 桩，使 $AO=BO=1/2\ (X+Y)$。X、Y 分别为矩型铁塔基础根开，X 为长，Y 为宽	8	操作不正确，每项扣 4 分		
5	测水平角准备工作	（1）将仪器换象手轮转于水平位置，手轮上标线为水平； （2）打开水平度盘照明反光镜并调整，使显微镜中读数最明亮； （3）转动显微镜目镜，使读数最清晰	12	操作不正确，每项扣 4 分		
6	钉垂直线路方向桩	（1）转动水平度盘手轮，使读数为一个好计算的整数角度（或直接记住原先读数）； （2）将镜筒旋转 90°，钉 C 桩；倒镜后，钉 D 桩，同样使 $CO=DO=1/2\ (X+Y)$	10	操作不正确，每项扣 5 分		

续表

序号	作业名称	质量要求	分值	扣分标准	扣分原因	得分
7	画开挖面	(1) 用细铁丝连接 AD，在此铁丝上量出 $DP=0.707\ (Y+A)$，$DQ=0.707\ (Y-A)$，得 P、Q 两点，A 为基坑边长； (2) 取 $2A$ 线长，将两端分别置于 P、Q 两点，拉紧线的中点即得 M 点，翻转至反方向即得 N 点； (3) 沿 $NPMQ$ 在地面上画线，即得第一只基坑面； (4) 同样用细铁丝连接 AC，在此铁丝上量出 $CP=0.707\ (Y+A)$，$CQ=0.707\ (Y-A)$，得 P、Q 两点，A 为基坑边长； (5) 取 $2A$ 线长，将两端分别置于 P、Q 两点，拉紧线的中点即得 M 点，反方向即得 N 点； (6) 沿 $NPMQ$ 在地面上画线，即得第二只基坑； (7) 同样连接 BD 和 BC，得出 M、N 两点，得第三、第四只基坑	21	操作不正确，每项扣 3 分		
8	复核检查	认真检查一次，确实保证分坑尺寸正确	5	不检查不给分		
9	仪器装箱	(1) 仪器装箱； (2) 三脚架清除泥土	12	(1) 一手握住仪器，另一手旋下固定螺旋，不正确，扣 3 分； (2) 仪器装箱一次成功，每失误一次扣 1 分，最多扣 3 分； (3) 三脚架收回，扣上皮带，操作不正确扣 3 分； (4) 三脚架泥土不擦，扣 3 分		
10	安全文明生产	(1) 按时间完成； (2) 动作熟练、规范； (3) 现场清理干净	10	(1) 操作不熟练，扣 1～4 分； (2) 现场清理不干净，扣 1 分； (3) 未在规定时间完成，每超时 2min 倒扣 1 分		
11	否决项	经纬仪掉落，该项目不得分				

2.2.7 SX1ZY0402 带位移转角铁塔基础分坑测量

一、作业

（一）工器具、材料、设备

（1）工器具：卷尺、标杆、锤（榔头）等。

（2）材料：木桩、细铁丝、小铁钉、记号笔。

（3）设备：光学经纬仪 J2、J6 型均可。

（二）安全要求

使用光学经纬仪轻拿放稳。

（三）操作步骤及工艺要求（含注意事项）

1. 工作前准备

（1）着装规范。

（2）选择工器具，并做外观检查。

（3）选择设备，并做外观检查。

2. 操作步骤

（1）测量数据计算及铁塔基础分坑示意图的绘制。

（2）检查中心桩。

（3）架设经纬仪。

（4）分坑操作。

（5）完善平面图的绘制，并完成自查。

（6）工作终结，自查验收、退场。

3. 工艺要求：

（1）仪器出箱时应用手托轴座或度盘，不可单手提望远镜。

（2）仪器架设高度合适，便于观察测量。

（3）气泡无偏移，对中清晰。

（4）对光后刻度盘清晰，便于读数。

（5）每次定位后要复测校核。

（6）仪器装箱，三角架清除泥土并收起。

二、考核

（一）考核场地

培训场地选取平坦可打桩地面操作，派两人配合。

（二）考核时间

考核时间为 50min，在规定时间内完成。

（三）考核要点

（1）正确选择、检查和使用工具、仪器，进行外观检查。

（2）选用材料的规格、型号、数量符合要求，进行外观检查。

（3）仪器架设规范。

（4）基础分坑。

① 测量数据计算准确无误。

② 铁塔基础分坑示意图的绘制。

③ 瞄准前后仪器控制方向，用钢卷尺控制距离，钉下前、后桩。

④ 用卷尺标出四个坑口开挖线，坑口方正。

(5) 画平面图，平面图干净、整洁。

三、评分标准

行业：电力工程　　　　工种：送电线路工　　　　等级：一

编号	SX1ZY0402	行为领域	e	鉴定范围		送电	
考核时间	50min	题型	A	满分	100分	得分	
试题名称	带位移转角铁塔基础分坑测量						
考核要点及其要求	(1) 正确选择、检查和使用工具、仪器，进行外观检查。 (2) 选用材料的规格、型号、数量符合要求，进行外观检查。 (3) 仪器架设规范。 (4) 基础分坑，测量数据计算准确，绘制分坑示意图，坑口方正。 (5) 所绘制的画平面图干净、整洁						
现场工器具、材料	(1) 工器具：卷尺、标杆、锤（榔头）等。 (2) 材料：木桩、细铁丝、小铁钉、记号笔。 (3) 设备：光学经纬仪 J2、J6 型均可						
备注	无						

评分标准

序号	作业名称	质量要求	分值	扣分标准	扣分原因	得分
1	着装	正确佩戴安全帽，穿工作服，穿绝缘鞋，戴劳保手套	5	(1) 未正确佩戴安全帽，扣1分； (2) 未穿工作服，扣1分； (3) 未穿绝缘鞋，扣1分； (4) 未戴手套进行操作，扣1分； (5) 工作服领口、袖口扣子未系好，扣1分		
2	选用工器具、材料	工器具、材料选择：光学经纬仪 J2、J6 型均可；卷尺、标杆、锤（榔头）各1把；木桩、细铁丝、小铁钉、记号笔满足要求	10	(1) 光学经纬仪、卷尺、标杆、锤（榔头），漏选一项扣2分； (2) 木桩、细铁丝、小铁钉、记号笔，漏选一项扣1分，数量不满足要求一项扣0.5分，最多扣2分		
3	测量数据计算及铁塔基础分坑示意图的绘制	(1) 计算出基础分坑过程中所需数据； (2) 并绘制出分坑示意图	5	(1) 图形绘制不完整、数据标注不清或不完整，每处扣1分，最多扣4分； (2) 图形不整洁美观，扣1分		
4	检查中心桩	检查中心桩确保无移位	5	没有检查，扣5分		

续表

序号	作业名称	质量要求	分值	扣分标准	扣分原因	得分
5	仪器安置和调整	将经纬仪放于线路转角中心桩 O 上，仪器对中、整平、调焦	10	(1) 对中偏离目标点，每偏离 1cm 扣 2 分，最多扣 4 分； (2) 仪器整平后水准器泡，每偏离 1 格扣 2 分，最多扣 4 分； (3) 仪器反复调整超过两次，倒扣 3 分； (4) 分化板十字丝不清晰、明确，扣 2 分		
6	分坑操作	(1) 指挥将标杆插于线路前后方向桩上； (2) 将望远镜瞄准前方（或后方）标杆，调焦，并将十字丝精密对准标杆； (3) 将仪器换向手轮转于水平位置； (4) 打开水平度盘照明反光镜并调整； (5) 转动显微镜目镜； (6) 读水平角度； (7) 将镜筒旋转对准后（或前）方向桩上的标杆； (8) 计算转角角度； (9) 将镜筒旋转定在 1/2 内角位置上，指挥定出横担方向； (10) 在中心桩与横担方向桩拉紧细铁丝； (11) 用钢卷尺在铁丝上从中心桩向线路内角方向量出计算出的位移值，在该点上打桩并钉钉； (12) 将经纬仪移至位移后杆塔中心桩上； (13) 将镜筒对准横担方向桩，记住水平度盘读出的角度 α 值； (14) 将镜筒旋转，使水平度盘读数为 $\alpha-45°$ 或 $\alpha+45°$，并指挥钉桩，钉出第一个基础坑方向桩； (15) 按基础图纸尺寸，仪器控制方向，钢卷尺控制距离定出 A、B 两点，并取卷尺标出坑口线； (16) 镜筒倒转 180°，钉出第二个基础坑方向，并在地面上画出第二个基础坑； (17) 将镜筒旋转 90°，钉出第三个基础坑方向，并在地面上画出第三个基础坑； (18) 将镜筒旋转 180°，钉出第四个基础坑方向，并在地面上画出第四个基础坑	50	(1) 标杆未竖直，扣 1 分； (2) 十字丝双丝段未夹住标杆，扣 2 分； (3) 手轮上标线未调整为水平，扣 2 分； (4) 显微镜中读数不清晰，扣 2 分； (5) 读数不清晰，扣 2 分； (6) 水平角度读数错误，扣 3 分； (7) 读线路转角读数错误，扣 3 分； (8) 计算转角读数错误，扣 3 分； (9) 定出横担方向错误，扣 3 分； (10) 操作错误，扣 2 分； (11) 位移桩位置不正确，扣 3 分； (12) 操作错误，扣 4 分； (13) 操作、读数不正确，扣 2 分； (14) 操作不正确，扣 3 分； (15) 操作不正确，扣 3 分； (16) 操作不正确，扣 4 分； (17) 操作不正确，扣 4 分； (18) 操作不正确，扣 4 分		

续表

序号	作业名称	质量要求	分值	扣分标准	扣分原因	得分
7	复核检查	认真检查一次，确实保证分坑尺寸正确	5	不检查不给分		
8	仪器装箱	(1) 仪器装箱，三脚架清除泥土； (2) 按时间完成	5	(1) 一手握住仪器，另一手旋下固定螺旋，操作不正确扣1分； (2) 仪器装箱一次成功，每失误一次，扣2分； (3) 三脚架收回，扣上皮带，操作不正确扣1分； (4) 三脚架泥土不擦，扣1分		
9	安全文明生产	(1) 按时间完成； (2) 动作熟练、规范； (3) 现场清理干净	5	(1) 未在规定时间完成，每超时2min倒扣1分； (2) 动作不熟练，扣1～4分； (3) 现场未清理干净，扣1分		
10	否决项	经纬仪掉落该项目不得分				

2.2.8 SX1ZY0501 110kV及以上架空线路安全事故案例分析

一、作业

（一）工器具、材料、设备

（1）工器具：无。

（2）材料：事故录像资料、事故分析报告书、相关规程规范等。

（3）设备：多媒体设备。

（二）安全要求

（1）认真检查提供的事故资料或观看事故录像全过程资料，根据《国家电网公司电力安全工作规程》《国家电网公司安全生产事故调查规程》进行事故分级。

（2）按照“四不放过”原则对事故进行分析，要求原因分析正确、定性合理、防范措施有力。

（三）操作步骤及工艺要求（含注意事项）

（1）观看典型事故案例录像及相关材料。

（2）收集事故情况。

① 收集人身伤亡事故。

② 收集电网、设备事故。

③ 编写事故调查报告。

二、考核

（一）考核场地

在培训基地选多媒体教室进行考核。

（二）考核时间

考核时间为45min，在规定时间内完成。

（三）考核要点

（1）事故等级定性准确。

（2）发生事故的过程、事实和原因清楚。

（3）防范措施有针对性和可操作性。

（4）事故归属清楚，责任划分明确，处理意见依据正确，责任明确，处理恰当。

三、评分标准

行业：电力工程　　　　工种：送电线路工　　　　等级：一

编号	SX1ZY0501	行为领域	e	鉴定范围		送电	
考核时间	45min	题型	C	满分	100分	得分	
试题名称	110kV及以上架空线路安全事故案例分析						
考核要点及其要求	（1）由考评人员播放事故视频资料或提供事故案例全过程资料。 （2）要求单独操作。 （3）要求着装正确。 （4）采用笔试、答辩方式进行考核						

续表

编号	SX1ZY0501	行为领域	e	鉴定范围		送电	
考核时间	45min	题型	C	满分	100分	得分	
试题名称	110kV及以上架空线路安全事故案例分析						
现场工器具、材料	(1) 工器具：无。 (2) 材料：事故录像资料、事故分析报告书、相关规程规范等。 (3) 设备：多媒体设备						
备注	无						

评分标准

序号	作业名称	质量要求	分值	扣分标准	扣分原因	得分
1	着装	穿工作服	2	着装不规范，扣2分		
2	事故等级认定	事故等级定性准确	8	事故定性错误，扣8分		
3	事故原因分析	准确记录事故情况，事故原因分析清楚	25	(1) 发生事故的原因不清楚，漏一项扣3分； (2) 造成事故的直接原因不清楚，扣10分； (3) 造成事故的主要原因不清楚，扣10分； (4) 造成事故的间接原因不清楚，扣5分； (5) 事故中的违章行为不清楚，一处扣2分		
4	防范措施	防范措施有针对性和可操作性	25	(1) 防范措施没有针对性或针对性不强，扣10分； (2) 主要防范措施，每漏一项扣5分； (3) 次要防范措施，每缺一项扣3分； (4) 防范措施不完善，扣3分； (5) 防范措施有安全缺陷，每处扣2分		
5	提出处理意见	(1) 事故归属清楚，责任划分明确； (2) 处理意见依据正确，责任明确，处理恰当	15	(1) 事故归属划分不正确，扣5分； (2) 引用的规程、规范、标准不正确，扣3分； (3) 事故责任人认定不正确，扣5分； (4) 处罚错误，一处扣3分； (5) 该受处罚未受处罚，扣3分		
6	现场答辩	(1) 问题1； (2) 问题2	20	回答不正确，每题扣10分		

2.2.9 SX1ZY0502 220kV线路直线杆倒杆致两相导线严重损伤事故的处理

一、作业

（一）工器具、材料、设备

（1）工器具：无。

（2）材料：提供线路杆型图纸、平断面图和导线参数。

（3）设备：模拟操作设备。

（二）安全要求

无。

（三）操作步骤及工艺要求（含注意事项）

（1）模拟查看事故现场（口头回答查看内容）。

（2）宣讲安全措施。

（3）主要工器具及材料准备（口头安排人员准备）。

（4）宣讲电杆组装的技术规范及要求。

（5）讲解电杆组立后的技术规范及要求。

（6）讲解架线及导线连接的技术规范及要求。

（7）讲解附件安装的技术规范及要求。

（8）抢修施工（每项都应分解，指挥要细化），模拟实际操作，各项工作都要仔细分派人员、交代工作、提出要求。

二、考核

（一）考核场地

在培训场地指定一基直线杆模拟操作。

（二）考核时间

考核时间为60min，在规定时间内完成。

（三）考核要点

（1）工作步骤清楚。

（2）符合规程技术规范要求。

（3）工器具及材料选用合理。

（4）工艺合理。

（5）安全措施完备。

三、评分标准

行业：电力工程　　　　　　　　工种：送电线路工　　　　　　　　等级：一

编号	SX1ZY0502	行为领域	e	鉴定范围	送电	
考核时间	60min	题型	C	满分	100分	得分
试题名称	220kV线路直杆倒杆导致两相导线严重损伤事故的处理					
考核要点及其要求	（1）工作步骤清楚。 （2）符合规程技术规范要求。 （3）工器具及材料选用合理。 （4）工艺合理。 （5）安全措施完备					
备注	无					

续表

评分标准						
序号	作业名称	质量要求	分值	扣分标准	扣分原因	得分
1	着装	正确佩戴安全帽，穿工作服，穿绝缘鞋，戴手套	5	(1) 未正确佩戴安全帽，扣1分； (2) 未穿工作服，扣1分； (3) 未穿绝缘鞋，扣1分； (4) 未戴手套进行操作，扣1分； (5) 工作服领口、袖口扣子未系好，扣1分		
2	模拟查看事故现场（口头回答查看内容）	(1) 了解设备损伤程度（包括相邻杆塔的损坏情况），找出事故原因； (2) 现场统计抢修材料型号及数量； (3) 了解施工现场地形、地貌，了解运输道路； (4) 确定抢修方案，画出施工方案草图； (5) 查看有关图纸和资料，了解有关技术数据； (6) 编制施工安全技术措施； (7) 准备工具及材料	7	每错一项扣1分		

续表

序号	作业名称	质量要求	分值	扣分标准	扣分原因	得分
3	宣讲安全措施	(1) 切实办好停电手续，认真验电，工作现场两侧杆塔挂接地线，宣讲正确，指定专人负责操作； (2) 所选用的起重工用具要认真检查，不合格者严禁使用，并严禁超载使用，宣讲正确，指定专人负责检查； (3) 运杆时要切实绑牢，排杆要有防止电杆滚动措施，宣讲正确，指定专人负责检查； (4) 立杆要严格按施工图布置各吊点及地锚埋设点，宣讲正确，指定专人负责检查并亲自参与检查； (5) 立杆时除指定人员外，其他人员应在1.2倍杆高距离以外，宣讲正确，指定专人负责督促检查； (6) 电杆起立地面后要停止牵引，认真检查各绑扎点、各受力点、各地锚、抱杆脚等并冲击，确无问题后方可继续起立，宣讲正确，指定专人负责检查并亲自参与检查； (7) 所有地锚要有专人监护。牵引绳在绞磨芯上缠绕不少于5圈，宣讲正确，指定专人负责检查； (8) 抱杆脚要在同一水平面上，两脚要用钢丝绳锁牢，如有必要要有防沉、防滑措施，宣讲正确，指定专人负责检查并亲自参与检查； (9) 电杆起立自始至终要随时调整左右临时拉线，保持主牵引地锚中心、电杆结构中心、制动地锚中心及人字抱杆顶点在同一垂直面上，宣讲正确，指定专人负责检查并亲自参与检查； (10) 电杆起立在60°左右时，要拴好后临时拉线，绞磨要开始减速；80°时，要停止牵引，利用调整拉线的方法使电杆正直，正式拉线做好后，方可拆除牵引及临时拉线，宣讲正确，指定专人负责检查并亲自参与检查； (11) 起吊导线时，线下不得有闲人逗留，不得跨越受力牵引绳，不得站在受力牵引绳内角侧，宣讲正确，指定专人负责检查并亲自参与检查； (12) 现场工作人员应严格遵守《安规》，服从同一指挥，并相互监督《安规》的实施（根据现场具体情况增加），安全员及工作人员发言补充安全措施	24	每错一项扣2分		

续表

序号	作业名称	质量要求	分值	扣分标准	扣分原因	得分
4	主要工器具及材料准备（口头安排人员准备）	（1）接地线两副； （2）电焊或氧焊设备及有关材料，工器具准备正确充足； （3）排杆用工具及垫木等，工器具准备正确充足； （4）100kN以上钢抱杆或铝合金抱杆一副（长度视杆高而定）； （5）8～10m小型抱杆一副； （6）机动绞磨一台； （7）30kN滑轮组两套（临时拉线用）； （8）50kN滑轮组两套（制动用）； （9）100kN四轮滑轮组一套（牵引用）； （10）100kN地锚3～4块（视土质而定）； （11）30～50kN地锚3块（视土质而定）； （12）牵引钢绳一根，直径为12.5mm，200～300m； （13）临时拉线钢丝绳四根，直径为12.5mm，30～50m； （14）起吊用吊点钢丝绳套，钢丝绳直径20mm左右，4根； （15）100kN双轮滑车一只或50kN单滑轮两只（抱杆头用）； （16）50kN单滑车两只（吊点用）； （17）20kN单滑车两只（绞磨导向及吊导线线用）； （18）钢丝绳套、卸扣若干； （19）导线压接材料及工具； （20）断线钳、钢锯、汽油盘等； （21）紧线器四套； （22）拉线金具、钢绞线及有关材料； （23）电杆及叉梁、横担、抱箍、拉杆等铁附件； （24）导线、金具、绝缘子等	12	每错一项扣0.5分		

续表

序号	作业名称	质量要求	分值	扣分标准	扣分原因	得分
5	宣讲电杆组装的技术规范及要求	(1) 检查电杆基础质量及安装尺寸符合要求，宣讲正确； (2) 电杆质量合格：预应力混凝土电杆不得有纵、横向裂纹，普通混凝土电杆不得有纵向裂纹，横向裂纹不应超过0.1mm，所有安装孔位置及尺寸准确，宣讲正确； (3) 电杆焊接质量合格。焊好的电杆分段或整根电杆的弯曲度不应超过其对应长度的2%，回答正确； (4) 电杆各构件的组装应牢固。螺栓穿入方向、螺杆露出螺母的长度、螺栓拧紧扭矩符合规范	8	每错一项扣2分		
6	讲解电杆组立后的技术规范及要求	(1) 电杆组立及架线后其偏差在允许范围内； (2) 拉线制作安装及调整符合要求	4	每错一项扣2分		
7	讲解架线及导线连接的技术规范及要求	(1) 压接管位置符合规范：一个档距内每根导线只允许有一个压接管；压接管与悬垂线夹的距离不应小于 S_m；压接管不得出现在设计规定不准接头的档内； (2) 压接质量合格，压接管上打有压接操作人员的钢印号码； (3) 导线弧垂应保持原设计要求	3	每错一项扣1分		
8	讲解附件安装的技术规范及要求	(1) 绝缘子安装前应认真检查并将表面清擦干净； (2) 悬垂线夹安装前应包铝包带，铝包带应紧密缠绕，其缠绕方向应与外层铝股的绞制方向一致；所缠铝包带可露出夹口，但不应超过10mm，其端头应夹于线夹内压住； (3) 悬垂线夹安装后，绝缘子串应垂直地平面，个别与垂直位置的位移不应超过5°，且最大偏移值不应超讨200mm； (4) 防振锤应与地面垂直，安装距离偏差不大于±30mm	4	每错一项扣1分		

续表

序号	作业名称	质量要求	分值	扣分标准	扣分原因	得分
9	抢修施工（每项都应分解，指挥要细化）模拟实际操作，各项工作都要仔细分派人员、交代工作、提出要求	（1）办理停电许可工作手续，指定专人办理； （2）人员分工安排，符合组织分工原则； （3）进入现场装设接地线，指挥正确，操作也正确； （4）清理事故现场，运输抢修材料，布置施工现场，用原基础或安装新基础，指挥正确，操作也正确； （5）排杆、焊杆、电杆组装，指挥正确，操作也正确； （6）吊点布置，指挥正确，操作也正确； （7）抱杆组立，指挥正确，操作也正确； （8）立杆，指挥正确，操作也正确； （9）更换部分导线，按原导线长度进行压接，指挥正确，操作也正确； （10）将导、地线挂上杆塔，指挥正确，操作也正确； （11）附件安装，指挥正确，操作也正确； （12）恢复线路设备运行状态，指挥正确，操作也正确； （13）检查抢修质量，指挥正确，操作也正确； （14）拆除接地线，清理现场，指挥正确，操作也正确	28	每错一项扣2分		
10	其他工作及要求	（1）工作总结：用规范语言报告工作结束，可以恢复送电； （2）指挥要求：指挥熟练、果断、正确	5	（1）工作总结用语不规范，扣3分； （2）指挥不熟练、不正确，扣2分		

2.2.10 SX1ZY0601 指挥用两根单抱杆整体立15m呼称高铁塔

一、作业

（一）工器具、材料、设备

（1）工器具：50kN抱杆，12～15m高两根；机动绞磨两台；临时拉线钢丝绳30m两根，直径为11～12.5mm；单滑车20～30kN两只；锚桩角钢18～20根（土质不好用地锚）；铁塔地脚螺母套筒扳手一把；牵引滑车50kN，三轮和两轮各两台；钢丝绳套6根，直径为15.5mm；牵引钢丝绳150～200m两根，直径为11～12.5mm；卸扣数量满足要求，大锤一把，红、绿旗。

（2）材料：无。

（3）设备：15m呼称高铁塔。

（二）安全要求

（1）认真检查所使用的工器具是否符合规定规格、型号。

（2）防止高空坠落措施。

① 杆塔组立时塔上不留"剪刀铁"。

② 使用检验合格的安全带，安全带绑在牢固的地方。

（3）防止工器具造成的人身伤害。

① 工器具选配不得以大代小。

② 所使用工器具必须符合规定规格、型号，严格按操作规程执行。

③ 绑扎点选择合理，衬垫到位，确保起吊系统不超载，各类控制拉线应严密监视和调整。

（4）防止高空坠物伤人措施。

① 塔上不留活铁和活脚钉，严防滑落伤人。

② 塔上工具固定，防止落物伤人。

③ 工具物件用小绳传递，杜绝乱抛乱扔。

④ 较大、较重的物体用绞磨起吊，不得用人牵引。

（三）操作步骤及工艺要求（含注意事项）

（1）工作准备。

（2）人员分工。

（3）宣讲安全措施。

（4）按要求布置六处临时拉线锚桩及两处绞磨机锚桩，如土质不行要埋钢地锚（分派人员、交代工作、提出要求）。

（5）抱杆组立（分派人员、交代工作、提出要求）。

（6）铁塔起立（分派人员、交代工作、提出要求）。

（7）拆除抱杆（分派人员、交代工作、提出要求）。

（8）指挥清理现场。

二、考核

（一）考核场地

（1）在培训场地现场考核或模拟考核。

(2) 场地宜选择在地形平坦、场地面积较大的地方进行。

(二) 考核时间

考核时间为60min，在规定时间内完成。

(三) 考核要点

(1) 工作步骤清楚。

(2) 符合规程技术规范要求。

(3) 工器具及材料选用合理。

(4) 工艺合理。

(5) 安全措施完备。

三、评分标准

行业：电力工程　　　　工种：送电线路工　　　　等级：一

编号	SX1ZY0601	行为领域	e	鉴定范围		送电	
考核时间	60min	题型	B	满分	100分	得分	
试题名称	指挥用两根单抱杆整体立15m呼称高铁塔						
考核要点及其要求	(1) 工作步骤清楚。 (2) 符合规程技术规范要求。 (3) 工器具及材料选用合理。 (4) 工艺合理。 (5) 安全措施完备。 (6) 现场安全文明生产						
现场工器具、材料	(1) 工器具：50kN抱杆，12～15m高两根；机动绞磨两台；临时拉线钢丝绳30m两根，直径为11～12.5mm；单滑车20～30kN两只；锚桩角钢18～20根（土质不好用地锚）；铁塔地脚螺母套筒扳手一把；牵引滑车50kN，三轮和两轮各两台；钢丝绳套6根，直径为15.5mm；牵引钢丝绳150～200m两根，直径为11～12.5mm；卸扣数量满足要求，大锤一把，红、绿旗。 (2) 材料：无。 (3) 设备：15m呼称高铁塔（已组装完毕）						
备注	无						

评分标准

序号	作业名称	质量要求	分值	扣分标准	扣分原因	得分
1	着装	正确佩戴安全帽，穿工作服，穿绝缘鞋，戴手套	5	(1) 未正确佩戴安全帽，扣1分； (2) 未穿工作服，扣1分； (3) 未穿绝缘鞋，扣1分； (4) 未戴手套进行操作，扣1分； (5) 工作服领口、袖口扣子未系好，扣1分		

续表

序号	作业名称	质量要求	分值	扣分标准	扣分原因	得分
2	工作准备	(1) 检查工器具型号、质量及数量符合安全要求； (2) 检查基础尺寸； (3) 检查铁塔组装情况	8	(1) 工器具型号、质量及数量未安排专人检查并亲自参与抽查每种扣1分，最多扣4分； (2) 基础尺寸未安排专人做检查并亲自参与，扣2分； (3) 铁塔组装情况未安排专人做检查并亲自参与，扣2分		
3	人员分工	(1) 安排副指挥1人； (2) 安排安全员1人； (3) 临时拉线每点2人，共12人； (4) 机动绞磨每台2人，共4人； (5) 机动人员2～4人	5	每错一项扣1分		
4	宣讲安全措施	(1) 所有起重工用具认真检查，不合格者严禁使用，严禁超载使用，指定安全员督促所有工作人员执行； (2) 现场工作人员要听从指挥，注意信号，密切配合。除指定人员，其他人员都应在塔高1.2倍距离以外，并不得让行人进入工作现场，指定安全员督促所有工作人员执行； (3) 锚桩要安装牢固，受力后要认真检查，并应有一人看护，指定专人负责； (4) 铁塔离地后要认真检查各受力点，并冲击检查，指定专人负责并亲自参与； (5) 铁塔吊点绑扎要对称，要选择有水平材或斜材支撑的地方，要有防止滑动措施，指定专人负责； (6) 铁塔立起离地后，要慢慢移动对准螺栓，不得用冲击力，指定专人负责； (7) 起立过程中，要密切监护，铁塔不得挂住其他设施（安全措施要根据现场情况增加），指定副指挥负责； (8) 吊点绑扎要考虑不能损伤铁塔，绑扎点要用麻包等保护，必要时要补强或加吊点，指定专人负责并亲自参与； (9) 地脚螺栓要按要求拧紧，铁塔组立偏差合格，指定专人负责并亲自参与	9	每错一项扣1分		

续表

序号	作业名称	质量要求	分值	扣分标准	扣分原因	得分
5	按要求布置六处临时拉线锚桩及两处绞磨机锚桩，如土质不行要埋钢地锚（分派人员、交代工作、提出要求）	（1）铁塔根部两处：锚桩位置距基础应大于1.2倍塔高，临时拉线基本平行线路方向，两处锚桩之间的距离应稍大于铁塔根开，指挥正确，交代清楚，要求正确； （2）铁塔根部两处：锚桩位置距基础应大于1.2倍塔高，临时拉线基本平行线路方向，两锚桩之间的距离应稍大于铁塔左右横担展伸总宽度，指挥正确，交代清楚，要求正确； （3）左右两处：锚桩位置距基础应大于1.2倍塔高，两锚桩位置连线与抱杆根部连线在一条直线上并垂直于线路方向，指挥正确，交代清楚，要求正确； （4）绞磨锚桩位置分别位于铁塔根部桩销位置外侧并不影响绞磨操作，指挥正确，交代清楚，要求正确； （5）要求所有锚桩位置大于铁塔全高的1.2倍以外，指挥正确，交代清楚，要求正确	8	（1）质量要求中(1)～(3)项错一项扣2分； （2）质量要求中(4)～(5)项错一项扣1分		
6	抱杆组立（分派人员、交代工作、提出要求）	（1）将两根抱杆放于铁塔两边并平行于铁塔，抱杆头部放在铁塔下横担上，两腿齐平紧靠基础，指挥正确，操作结果也正确； （2）将滑轮组三轮滑车一侧挂于抱杆头部，滑轮组两轮滑车侧挂于抱杆根部，指挥正确，操作结果也正确； （3）每根抱杆顶上绑好四根临时拉线，要注意浪风绳方向，注意不能妨碍滑轮组工作，临时拉线之间又不得互相干扰，指挥正确，操作结果也正确； （4）抱杆根用钢丝绳与铁塔基础连接作制动用，指挥正确，操作结果也正确； （5）将牵引钢丝绳上绞磨，控制好左右后临时拉线，用一副木抱杆将抱杆立起，指挥正确，操作结果也正确； （6）木抱杆失效时要拉紧控制绳，让木抱杆缓缓放倒至地面，指挥正确，操作结果也正确； （7）重复操作将第二根抱杆立起，指挥正确，操作结果也正确； （8）拆除抱杆制动，检查并调整抱杆位置（土质不好抱杆腿部要支垫），指挥正确，操作结果也正确； （9）调整临时拉线，并将临时拉线切实扎牢在锚桩上，指挥正确，操作结果也正确； （10）注意左右两侧有两根妨碍铁塔起立的临时拉线要做好拆除准备，绑扎时不能被压住，指挥正确，操作结果也正确	20	每错一项扣2分		

续表

序号	作业名称	质量要求	分值	扣分标准	扣分原因	得分
7	铁塔起立（分派人员、交代工作、提出要求）	（1）铁塔上按技术要求绑扎吊点，指挥正确，操作结果也正确； （2）将滑轮组的二轮滑车从抱杆根部取下挂至铁塔吊点上，指挥正确，操作结果也正确； （3）在每根抱杆根部加一垂直角铁桩（要求靠紧抱杆），指挥正确，操作结果也正确； （4）角铁桩及抱杆根部用一钢丝绳套套住并挂一转向滑车； （5）牵引钢丝绳经转向滑车进绞磨芯，在绞磨芯上缠绕不得少于5圈，指挥正确，操作结果也正确； （6）开动机动绞磨，使牵引绳受力，检查各滑轮及绑扎点，指挥正确，操作结果也正确； （7）指挥同时开动两台机动绞磨，使铁塔头部平稳离地，指挥正确，操作结果也正确； （8）铁塔头部离地后停止牵引，进一步检查各受力点及所有锚桩并冲击检查，指挥正确，操作结果也正确； （9）确认无问题后将中间两根妨碍铁塔起立的临时拉线从桩锚上拆下并抛过塔身，指挥正确，操作结果也正确； （10）前方临时拉线上准备两根大绳，必要时用大绳拉动临时拉线，让铁塔横担过前临时拉线，指挥正确，操作结果也正确； （11）指挥两台绞磨同时工作，并指挥控制其牵引速度，使铁塔平稳起立。铁塔根部人员及时用钢钎移动铁塔，指挥正确，操作结果也正确； （12）副指挥负责指挥控制使滑轮组始终垂直地面； （13）指挥时密切注意铁塔始终不能碰触抱杆、临时拉线等； （14）铁塔全部离地前，要用大绳绑住铁塔脚（最少绑两脚）并指定人员拉住，同时通知负责监护临时拉线人员，凡是未受力的临时拉线都要派人压紧，防止临时拉线及锚桩受冲击力； （15）铁塔全离地时，左右临时拉线受力成倍增大，要密切监视锚桩受力情况以确保安全； （16）铁塔悬空后塔下工作人员稳住塔脚，看哪只脚最低就先连接那只脚的地脚螺栓； （17）机动绞磨慢慢放松，进一个地脚螺栓上一个螺母（一只铁塔脚只上一个不加垫片的螺母），四脚落地后加垫片将螺母拧紧	34	每错一项扣2分		

续表

序号	作业名称	质量要求	分值	扣分标准	扣分原因	得分
8	拆除抱杆（分派人员、交代工作、提出要求）	（1）慢慢压松左右两侧临时拉线，并控制前后临时拉线配合松动机动绞磨，使抱杆缓缓倒下； （2）倒抱杆时，抱杆根部用钢丝绳锁住，在铁塔基础上控制作为制动； （3）抱杆倒地后派人上塔拆下滑轮组，用吊绳慢慢放下，检查铁塔组立偏差	6	每错一项扣2分		
10	其他工作及要求	（1）按时完成； （2）指挥要求：指挥熟练、果断、正确	5	（1）未在规定时间完成，每超时2min扣1分； （2）指挥不熟练、不正确，扣1～3分		

2.2.11 SX1ZY0701 组织指挥导线、架空地线架设

一、作业

(一) 工器具、材料、设备

(1) 工器具：无。

(2) 材料：无。

(3) 设备：无。

(二) 安全要求

无。

(三) 操作步骤及工艺要求（含注意事项）

(1) 查看施工图纸，了解工程概况。

(2) 模拟回答查看工作现场的内容。

(3) 组织分工。

(4) 宣讲安全措施。

(5) 宣讲技术规范及要求。

(6) 施工准备。

(7) 跨越架搭设。

(8) 导线、架空地线展放。

(9) 紧线及弧垂观测。

(10) 附件安装。

(11) 自检工作。

(12) 工作结束。

二、考核

(一) 考核场地

在培训场地模拟考核（口述）。

(二) 考核时间

考核时间为60min，在规定时间内完成。

(三) 考核要点

(1) 工作步骤清楚。

(2) 符合规程技术规范要求。

(3) 工器具及材料选用合理。

(4) 工艺合理。

(5) 安全措施完备。

三、评分标准

行业：电力工程　　　　　　　　　工种：送电线路工　　　　　　　　　　等级：一

编号	SX1ZY0701	行为领域	e	鉴定范围		送电	
考核时间	60min	题型	C	满分	100分	得分	
试题名称	组织指挥导线、架空地线架设						
考核要点及其要求	(1) 工作步骤清楚。 (2) 符合规程技术规范要求。 (3) 工器具及材料选用合理。 (4) 工艺合理。 (5) 安全措施完备。 (6) 现场安全文明生产						
现场工器具、材料	无						
备注	在培训场地模拟考核（口述）						

评分标准

序号	作业名称	质量要求	分值	扣分标准	扣分原因	得分
1	着装	正确佩戴安全帽，穿工作服，穿绝缘鞋，戴手套	5	(1) 未正确佩戴安全帽，扣1分； (2) 未穿工作服，扣1分； (3) 未穿绝缘鞋，扣1分； (4) 未戴手套进行操作，扣1分； (5) 工作服领口、袖口扣子未系好，扣1分		
2	认真看施工图纸，了解工程概况	(1) 线路架设长度； (2) 导线、架空地线型号； (3) 绝缘子、金具型号及连接方式，导线、架空地线不准接头情况； (4) 地形情况； (5) 交叉跨越情况； (6) 初步选定弧垂观测档并计算观测值； (7) 讲出工程所需主要材料名称及数量	3.5	每错、漏一项扣0.5分		

续表

序号	作业名称	质量要求	分值	扣分标准	扣分原因	得分
3	模拟回答查看工作现场的内容	（1）查交叉跨越的电力线、通信线、公路、铁路、河流等（含需要办停电申请的被跨电力线名称及电源点）； （2）查运输道路、选定紧线、挂线点及导线展放方向； （3）查各杆塔、拉线情况，必要时调整及加固； （4）确定临时补强拉线位置及数量； （5）查地形、地貌及特殊地形选用的特殊措施； （6）查沿线村庄和庄稼，派对外联系人进行赔偿洽谈； （7）确定弧垂观测档及观测点，确定弧垂观测方法	3.5	每错、漏一项扣0.5分		
4	组织分工，确定人员	（1）作业负责人； （2）安全员； （3）停、送电联系人员； （4）对外联系人员； （5）技术负责人员； （6）质检员； （7）材料管理人员； （8）弧垂观测人员； （9）液压人员； （10）施工班组	5	每错、漏一项扣0.5分		
5	宣讲安全措施清楚明了（模拟实际操作）	（1）所有被跨越电力线必须停电并做好验电、接地工作，所有断路器要挂警告牌或设专人看守； （2）所有跨越架要保证高度和宽度，并要切实牢固，并派专人看守； （3）跨越有人通行但没有跨越架的地方有专人看守； （4）在有可能磨伤导线的地方、有可能挂住导线的地方，要采取措施并派人看守； （5）每基杆塔要挂上合格的放线滑车，每基杆塔都有专人看守； （6）所有看守人员，牵引人员或人力拖线带队人员、指挥人员之间的通信联络要畅通； （7）液压人员要严格按液压技术规程操作，指定专人负责； （8）所有紧线工用具要认真检查，不合格者严禁使用，严禁超载使用； （9）所有工作人员不得跨在导线上或站在导线内角侧； （10）现场工作人员要正确着装，戴安全帽； （11）杆塔上工作人员要使用安全带，要按《安规》操作，杆塔下要加强监护； （12）现场工作人员要严守《安规》，互相关心施工安全，监督《安规》及现场安全措施的落实； （13）增加补充安全措施，安全员和大家发言	13	每错、漏一项扣1分		

续表

序号	作业名称	质量要求	分值	扣分标准	扣分原因	得分
6	宣讲技术规范及要求	(1) 放线过程中，对展放的导线及架空地线应认真进行外观检查，对制造厂在线上设有的损伤或断头标志的地方，应查明情况，妥善处理； (2) 放线滑车的轮槽尺寸、轮槽底部直径及轮槽材料应与导线或架空地线相适应，保证符合国家现行标准，指定专人负责检查，保证导线、架空地线通过时不受损伤； (3) 尽力减小导线损伤，如受损伤要按规范标准进行补修处理或割断重新以接续管连接，指定专人负责检查，讲出导线损伤补修标准； (4) 导线、架空地线的弧垂不平衡偏差应在允许范围内，讲出标准； (5) 架线后应测量导线与被跨越物的净空距离，计入导线蠕变伸长换算到最大弧垂时，必须符合设计规定，讲出规定； (6) 绝缘子金具等要求检查测试合格，指定专人负责检查； (7) 架线后要及时进行附件安装，指定专人负责通知； (8) 悬垂线表安装后，绝缘子串应垂直于地面。个别情况的位移不应超过 5°，偏移最大值不超过 200mm，指定质检人员负责检查； (9) 各种螺栓、穿钉及弹簧销穿入方向合格，讲解穿钉及弹簧销穿入方向，指定质检人员负责检查； (10) 导线与线夹、导线与防振锤夹紧部位应缠绕铝包带，铝包带缠绕方向应与导线外层铝股的绞制方向一致，铝包带可露出夹口，但不应超过 10mm，其端头应回夹内压住，指定质检人员负责检查； (11) 引流线（耐张调线）应呈近似悬链线状自然下垂，其对杆塔及拉线等的电气间隙必须符合设计要求，指定专人负责检查	11	每错、漏一项扣 1 分		
7	施工准备	(1) 导地线提前运至导线展放点，并放好放线盘，要派专人看守； (2) 通过选择线轴控制压接管的位置； (3) 每基杆塔提前挂好放线滑车； (4) 耐张杆塔提前拉好临时拉线	4	每错、漏一项扣 1 分		

续表

序号	作业名称	质量要求	分值	扣分标准	扣分原因	得分
8	跨越架搭设	（1）重要公路、铁路、河流等要事先联系好，搭好可靠的跨越架，指定专人负责； （2）该搭跨越架的地方都要搭好可靠的跨越架，指定专人负责； （3）跨越架要注意高度符合下方通行车、船安全通过限距，指定专人负责检查并亲自参与； （4）跨越架方向要与线路方向垂直，指定专人负责检查并亲自参与； （5）跨越架中心要以线路中心吻合，指定专人负责检查并亲自参与； （6）跨越架宽度要比两边距离大1～1.5m，指定专人负责检查并亲自参与	12	每错、漏一项扣2分		
9	导线、架空地线展放	（1）派专人带领人员拖导线、架空地线（或牵引钢丝绳），所拖放的线要尽量走直线，而且线与线之间不能交叉； （2）导线、架空地线拖至直线杆塔后，应及时通过放线滑轮； （3）滑轮上应挂上一根大绳，大绳一端绑住导线或架空地线（或牵引钢丝绳），另一端将导线通过滑轮，注意线头一定要绑好； （4）线拉至挂线点应多拖点距离，考虑导线及耐张绝缘子串挂上杆塔； （5）导线如和地面坚硬物发生摩擦，应采取措施防止导线受损； （6）如需要接头要由专人负责压接，接头检查合格要打钢印	6	每错，漏一项扣1分		
10	紧线及弧垂观测	（1）导线、架空地线挂好后，及时通知紧线； （2）紧线牵引应在导线方向的直线延长线上，对地夹角一般为30°左右，尽量不用换向滑轮； （3）紧线牵引受力后要通知全线检查，确没有挂住其他障碍物后方可继续紧线； （4）紧线快至合格弧垂时要减慢牵引速度，听从弧垂观测人员的指挥； （5）弧垂观测人员要注意气温变化，变化如超过5℃要及时调整观测值； （6）弧垂合格后要停止牵引，让导线或架空地线稳定后再次观测，合格后再通知在牵引绳上画印； （7）牵引绳放松，将牵引绳上的印记比至导线或架空地线上，按要求做耐张线夹； （8）紧线将线挂上； （9）观测弧垂并要求合格； （10）重复操作至所有线全部挂上	20	每错、漏一项扣2分		

续表

序号	作业名称	质量要求	分值	扣分标准	扣分原因	得分
11	附件安装	(1) 导线（或架空地线）全部挂好后就可以通知附件安装； (2) 一般由杆上作业人员用专用工具自行提升导线或架空地线，安装线夹； (3) 按设计要求安装防振锤，注意包好铝包带及螺栓穿入方向； (4) 按要求安装引流线（耐张跳线），如果是用螺栓或耐张线夹做线夹时就要注意导线自然弧垂方向	4	每错、漏一项扣1分		
12	自检工作	(1) 认真检查工作现场并验收施工质量，质检人员组织检查； (2) 测量交叉距离，测量人员负责检查； (3) 整理工用具，拆除跨越架，指挥正确，操作也正确； (4) 被停电线路联系恢复送电，停电联系人员负责	4	每错、漏一项扣1分		
13	其他工作及要求	(1) 按时完成； (2) 指挥要求：指挥熟练、果断、正确； (3) 措施全面（要求根据现场情况补充）	9	(1) 未在规定时间完成，每超时2min倒扣1分； (2) 指挥不熟练、不正确，扣1～3分； (3) 指挥不果断，扣2分； (4) 措施不全面（没有根据现场情况补充），扣2分		